DUDEN

Wie gebraucht man Fremdwörter richtig?

DUDEN-TASCHENBÜCHER
Praxisnahe Helfer zu vielen Themen

Band 1:
Komma, Punkt und alle anderen Satzzeichen

Band 2:
Wie sagt man noch?

Band 3:
Die Regeln der deutschen Rechtschreibung

Band 4:
Lexikon der Vornamen

Band 5:
Satz- und Korrekturanweisungen

Band 6:
Wann schreibt man groß, wann schreibt man klein?

Band 7:
Wie schreibt man gutes Deutsch?

Band 8:
Wie sagt man in Österreich?

Band 9:
Wie gebraucht man Fremdwörter richtig?

Band 10:
Wie sagt der Arzt?

Band 11:
Wörterbuch der Abkürzungen

Band 13:
mahlen oder malen? Gleichklingende, aber verschieden geschriebene Wörter

Band 14:
Fehlerfreies Deutsch Grammatische Schwierigkeiten verständlich erklärt

Band 15:
Wie sagt man anderswo? Landschaftliche Unterschiede im deutschen Wortgebrauch

Band 17:
Leicht verwechselbare Wörter

Band 18:
Wie schreibt man im Büro?

Band 19:
Wie diktiert man im Büro?

Band 20:
Wie formuliert man im Büro?

Band 21:
Wie verfaßt man wissenschaftliche Arbeiten?

DUDEN

Wie gebraucht man Fremdwörter richtig?

**Ein Wörterbuch
mit mehr als 30000 Anwendungsbeispielen**

von Karl-Heinz Ahlheim

DUDENVERLAG
Mannheim/Wien/Zürich

Ref
PF
3071
.D821
Bd.9
1970
59933

Das Wort DUDEN ist für Bücher aller Art für den Verlag
Bibliographisches Institut & F.A. Brockhaus AG
als Warenzeichen geschützt

Alle Rechte vorbehalten
Nachdruck, auch auszugsweise, verboten
© Bibliographisches Institut, Mannheim 1970
Satz u. Druck: Zechnersche Buchdruckerei, Speyer
Bindearbeit: Pilger-Druckerei GmbH, Speyer
Printed in Germany
ISBN 3-411-01139-4

VORWORT

Die herkömmlichen Fremdwörterbücher beschränken sich im wesentlichen darauf, die Bedeutungen der Fremdwörter zu erklären. Über den richtigen Gebrauch der Fremdwörter im Satzzusammenhang erfährt man in ihnen nichts. Das vorliegende p h r a s e o l o g i s c h e Fremdwörterbuch will diese Lücke schließen. Es enthält die wichtigsten Fremdwörter des täglichen Sprachgebrauchs. Ohne auf die üblichen Informationen (wie ausführliche Bedeutungsangaben, grammatische Angaben, Betonungs- und Ausspracheangaben), die man von einem Fremdwörterbuch erwartet, zu verzichten, zeigt es vor allem, wie die Fremdwörter wirklich gebraucht werden. Durch mehr als 30 000 Anwendungsbeispiele, d. h. durch charakteristische Fügungen, Wendungen und Beispielsätze, wird das praktische Verständnis für das Fremdwort geweckt und vertieft. Wir glauben daher, daß dieses Taschenbuch jedem Sprachteilhaber ein geeignetes Hilfsmittel an die Hand gibt, die im Umgang mit Fremdwörtern häufig anzutreffenden Schwierigkeiten zu überwinden.

Mannheim, im September 1970

ZUR ANLAGE DES BUCHES

I. Allgemeines

1. Die äußere Form der Wortartikel

Die Stichwörter und Unterstichwörter sind **halbfett**, die Aussprache- und Bedeutungsangaben *kursiv*, die erläuternden Zusätze und Anwendungsbeispiele in Normalschrift gedruckt:

> **Eklat** *[eklá]*, der; des Eklats, die Eklats (bildungsspr.): *öffentliches Aufsehen, Auftritt, Skandal:* die Angelegenheit wird mit einem peinlichen E. enden ...
> **abonnieren**, abonnierte, hat abonniert ... **abonniert sein** ...

Gelegentlich in einem Artikel aufgeführte Zusammensetzungen, die mit dem Stichwort gebildet sind, sind g e s p e r r t gedruckt und in Schrägstriche eingeschlossen:

> **Apotheke**, die; der Apotheke, die Apotheken: 1) ... 2) /meist in Zus. wie: H a u s a p o t h e k e, R e i s e a p o t h e k e/ ...

2. Bedeutungen und Anwendungsbeispiele

Stichwörter mit mehreren Bedeutungen werden wie folgt behandelt:

a) Minimale Bedeutungsunterschiede (Bedeutungsnuancen) werden durch das Semikolon zwischen den einzelnen Bedeutungsangaben kenntlich gemacht:

> **elegant** ... : 1) *modisch-schick; gepflegt, geschmackvoll* ...

b) Bedeutungsvarianten, die mehr oder weniger von einer gemeinsamen Grundbedeutung ausgehen, ferner deutlich erkennbare Bedeutungsübertragungen (im Verhältnis zur eigentlichen Bedeutung) werden durch halbfette Kleinbuchstaben gegliedert:

> **Dreß** ... : a) *Sportkleidung:* ... b) (ugs.) *besondere Kleidung; Anzug:* ...
> **Getto** ... : a) *einer Minderheit vorbehaltenes oder zugewiesenes abgeschlossenes Wohngebiet:* ... b) /übertr./ *Isolation:* ...

c) Bedeutungen, die stärker voneinander abweichen, werden durch halbfette arabische oder, wenn mehrfache Untergliederung erforderlich ist, römische Ziffern gegliedert:

> **Dramatik** ... : 1) (bildungsspr.) *erregende Spannung:* ... 2) /Literaturw./ *dramatische Dichtkunst:* ...

Die Bedeutungsangaben werden durch geeignete Anwendungsbeispiele, die durch Semikolon oder (bei Aufzählungen) durch Komma getrennt werden, veranschaulicht. In diesen Beispielen wird das jeweilige Stichwort, wenn es in unveränderter Form gebraucht wird, mit dem ersten Buchstaben abgekürzt:

> **Grill** ... : *Bratrost:* ein elektrischer G.; Würstchen vom G.; Hähnchen, Fleisch auf dem G. braten.

Feste Fügungen oder Wendungen werden, wenn sie nicht einen eigenen Bedeutungspunkt bilden, an den Bedeutungspunkt, zu dem sie sinngemäß gehören, angeschlossen und durch ein vorangestelltes Sternchen (*) gekennzeichnet. Sie sind zusätzlich halbfett gedruckt, wenn sie soviel Eigengewicht haben, daß sie formal wie selbständige Unterstichwörter (mit Bedeutungsangaben, Anwendungsbeispielen usw.) behandelt werden:

> **Idee** ... : 1) *Gedanke, Vorstellung, Einfall, Überlegung, Plan:* ...
> * eine fixe Idee *(= Zwangsvorstellung);* * keine I. davon! (ugs.; *= davon kann überhaupt nicht die Rede sein!)* ... 2) ... 3) /nur in der festen Verbindung/ * **eine I.** (ugs.): *eine Kleinigkeit, ein bißchen:* das Bild hängt eine I. zu hoch ...
> **Nation** ... * **Vereinte Nationen:** *überstaatliche Organisation zur Erhaltung des Weltfriedens:* die Vollversammlung der Vereinten Nationen.

Der bildliche Gebrauch eines Wortes wird im allgemeinen nicht in einem eigenen Bedeutungspunkt, sondern im Anschluß an die Anwendungsbeispiele, die die eigentliche Wortbedeutung betreffen, anhand instruktiver Beispielsätze dargestellt:

> **Aktie** ... : *Anteilschein am Grundkapital einer Aktiengesellschaft:* ...
> /bildl./ (ugs.): die Aktien steigen, sind gestiegen *(= die Aussichten bessern sich, haben sich gebessert).*

3. Stilschichten und Stilvarianten

Bedeutungen und Verwendungsweisen eines Wortes, die nicht normalsprachlich sind, werden wie folgt gekennzeichnet:

alltagssprachlich:	gelockerte Ausdrucksweise des alltäglichen Sprachgebrauchs
umgangssprachlich:	stärker gelockerte, gewöhnlich nur in der gesprochenen Sprache übliche, ungezwungene, meist recht anschauliche Ausdrucksweise
salopp:	recht nachlässige, burschikose, oft gefühlsbetonte Ausdrucksweise
derb:	ungepflegte, grobe und gewöhnliche Ausdrucksweise
vulgär:	sehr ordinäre Ausdrucksweise
bildungssprachlich:	nicht alltägliche Ausdrucksweise, die bereits eine erhebliche Sicherheit im Umgang mit Fremdwörtern voraussetzt (die Kennzeichnung beinhaltet nicht zugleich eine positive Wertung)
gehoben:	nicht alltägliche, gewählte Ausdrucksweise, die in der gesprochenen Sprache oft gespreizt oder feierlich wirkt

II. Besonderheiten bei den Wortarten

1. Substantive

Bei den Substantiven werden neben dem Artikel die ausgeschriebenen Formen des Genitivs Singular und des Nominativs Plural angegeben. Kommt ein Substantiv nur im Singular oder nur im Plural vor oder ist der Gebrauch des Singulars oder Plurals in irgendeiner Weise eingeschränkt, so wird das ausdrücklich ⟨in Winkelklammern⟩ vermerkt, und zwar gesondert für jeden Bedeutungspunkt:

> **Chaos** *[kąoß]*, das; des Chaos ⟨ohne Mehrz.⟩ : ...
> **Bigamie**, die; der Bigamie, die Bigamien ⟨Mehrz. ungew.⟩ : ...

2. Adjektive

Bei den Adjektiven wird angegeben, in welchem Umfang diese an den typischen Verwendungsweisen ihrer Wortart teilhaben. Einschränkungen des Gebrauchs (auch wenn das nur für einzelne Bedeutungspunkte gilt) werden ausdrücklich genannt. Wir bedienen uns im einzelnen folgender Kennzeichnungen:

attributiv bedeutet, daß ein Adjektiv als nähere Bestimmung bei einem Substantiv oder Adjektiv stehen kann (z. B.: ein arrogantes Auftreten; extrem niedrig).

als Artangabe bedeutet, daß ein Adjektiv uneingeschränkt in Verbindung mit *sein* oder mit beliebigen anderen *Verben* verwendet werden kann (z. B.: sein Auftreten ist arrogant; er tritt arrogant auf).

prädikativ bedeutet, daß ein Adjektiv mit den sog. kopulativen Verben *(sein, werden, scheinen usw.)* verbunden werden kann:

> **abrupt** ⟨Ad.; attr. und als Artangabe⟩ ...
> **desorientiert** ⟨Adj.; gew. nur attr. und präd.; gew. ohne Vergleichsformen⟩ ...

3. Verben

Hinter dem Stichwort stehen bei Verben die 3. Person Einzahl des Präteritums und des Perfekts:

> **pausieren**, pausierte, hat pausiert ...

Weitere grammatische Angaben stehen in Winkelklammern. Dabei gilt im einzelnen folgendes:

Verben, die eine Ergänzung im Akkusativ haben und ein persönliches Passiv bilden können, erhalten die Kennzeichnung ⟨tr.⟩ = transitiv. Verben, die das Reflexivpronomen im Akkusativ bei sich haben, erhalten die Kennzeichnung ⟨refl.⟩ = reflexiv. Die übrigen Verben erhalten die Kennzeichnung ⟨intr.⟩ = intransitiv:

> **oxydieren** ... ⟨intr.⟩ : ...

Häufig kann ein Verb sowohl transitiv als auch intransitiv oder reflexiv verwendet werden:

> **organisieren** ... ⟨tr. und refl.⟩ : ...

Zusätzlich zu den Kennzeichnungen ⟨tr.⟩, ⟨refl.⟩ und ⟨intr.⟩ werden in den Winkelklammern die sinnotwendigen Ergänzungen angegeben:

> **parieren** ... : 1) ⟨etwas p.⟩ ... 2) ⟨ein Reittier p.⟩.
> **passieren: I.** ⟨tr.; passierte, hat passiert⟩: 1) ⟨etwas, (selten auch:) jmdn. p.⟩: *etwas durchreisen, überqueren* ... 2) ⟨etwas p.⟩: *etwas ... durch ein Sieb ... geben und fein pürieren*. **II.** ⟨intr.; passierte, ist passiert⟩: 1) ... 2) ⟨etwas passiert jmdm.⟩: *etwas stößt jmdm. zu* ...

III. Ausspracheangaben

Ausspracheangaben stehen in eckigen Klammern hinter allen Wörtern, deren richtige Aussprache Schwierigkeiten bereitet. Die verwendete Lautschrift (phonetische Schrift) ergänzt das lateinische Alphabet um die folgenden Sonderzeichen:

å	ist das dem o genäherte a; z. B.: Fallout [fålaut].
ch	ist der am Hintergaumen erzeugte Ach-Laut (Velar); z. B.: Epoche [...che].
e	ist das schwache e; z. B.: Bakterie [...ie].
i	ist das nur angedeutete i; z. B.: Gangway [gängwei].
ng	ist das am Hintergaumen erzeugte n; z. B.: Fonds [fong].
r	ist das nur angedeutete r; z. B.: Flirt [flört].
s	ist das stimmhafte (weiche) s; z. B.: Friseur [...sör].
ß	ist das stimmlose (harte) s; z. B.: Asphalt [aßfalt].
sch	ist das stimmhafte (weiche) sch; z. B.: Etage [etasche].
th	ist der mit der Zungenspitze hinter den oberen Vorderzähnen erzeugte stimmhafte Reibelaut; z. B.: Thriller [thriler].
u	ist das nur angedeutete u; z. B.: Coach [koutsch].

IV. Zeichen von besonderer Bedeutung

.	Untergesetzter Punkt bedeutet betonte Kürze; z. B.: Egoist.
_	Untergesetzter Strich bedeutet betonte Länge; z. B.: egal.
...	Drei Punkte stehen bei Auslassung von Teilen eines Wortes oder Satzes; z. B.: dividieren [diw...].
( )	Runde Klammern schließen erläuternde Zusätze ein, besonders Angaben zur Verwendungsweise und Stilschicht eines Wortes; z. B.: Domizil, das; des Domizils, die Domizile (bildungsspr.): ...
/ /	Schrägstriche schließen ebenfalls erläuternde Zusätze (besonders jedoch Zuordnungen zu Fachbereichen) ein, wenn diese unmittelbar vor den Bedeutungsangaben stehen; z. B.: Ekzem, das; des Ekzems, die Ekzeme: /Med./ ...
[ ]	Eckige Klammern schließen Ausspracheangaben und beliebige Auslassungen ein; z. B.: Dompteur [domptör]; Duett, das; des Duett[e]s, die Duette: ...
⟨ ⟩	Winkelklammern schließen grammatische Angaben ein; z. B.: eklatant ⟨Adj.; gew. nur attr.⟩: ...
→	Der nach rechts zeigende Pfeil steht im fortlaufenden Text anstelle des Verweiszeichens vgl. (= vergleiche!).
*	Das Sternchen steht vor festen Fügungen oder Wendungen; z. B.: horizontal: ... *das horizontale Gewerbe (salopp): *Prostitution*.

V. Die in diesem Buch verwendeten Abkürzungen

Abk.	Abkürzung	Math.	Mathematik
Adj.	Adjektiv	Med.	Medizin
Adv.	Adverb	Mehrz.	Mehrzahl
allg.	allgemein	Meteor.	Meteorologie
alltagsspr.	alltagssprachlich	Mil.	Militär
Archit.	Architektur	militär.	militärisch
Astron.	Astronomie	Mus.	Musik
attr.	attributiv	oberd.	oberdeutsch
Ausspr.	Aussprache	östr.	österreichisch
Bankw.	Bankwesen	Part.	Partizip
Bauk.	Baukunst	Pharm.	Pharmazie
Bauw.	Bauwesen	Phil.	Philosophie
Berufsbez.	Berufsbezeichnung	philos.	philosophisch
bes.	besonders, besondere[r]	Phot.	Photographie
		Phys.	Physik
bildl.	bildlich	physikal.	physikalisch
bildungsspr.	bildungssprachlich	Pol.	Politik
Biol.	Biologie	polit.	politisch
Bot.	Botanik	präd.	prädikativ
Buchw.	Buchwesen	Präp.	Präposition
bzw.	beziehungsweise	Rechtsw.	Rechtswissenschaft
chem.	chemisch	refl.	reflexiv
Chem.	Chemie	Rel.	Religion, Religionswissenschaft
dgl.	dergleichen		
d. h.	das heißt	scherzh.	scherzhaft
dichter.	dichterich	Schulw.	Schulwesen
Einz.	Einzahl	schweiz.	schweizerisch
Gastr.	Gastronomie	Seew.	Seewesen
geh.	gehoben	sog.	sogenannt
gemeinspr.	gemeinsprachlich	Soldatenspr.	Soldatensprache
gew.	gewöhnlich	Sprachw.	Sprachwissenschaft
Ggs.	Gegensatz	Sprw.	Sprichwort
Gramm.	Grammatik	südd.	süddeutsch
hist.	historisch	Techn.	Technik
indekl.	indeklinabel	Textilk.	Textilkunde
insbes.	insbesondere	Theaterw.	Theaterwissenschaft
intr.	intransitiv	tr.	transitiv
iron.	ironisch	u. a.	1) unter anderem
i. S.	im Sinne		2) und andere[s]
Jh.s	Jahrhunderts	u. ä.	und ähnliche
jmd.	jemand	übertr.	übertragen
jmdm.	jemandem	ugs.	umgangssprachlich
jmdn.	jemanden	ungebr.	ungebräuchlich
jmds.	jemandes	ungew.	ungewöhnlich
kath.	katholisch	urspr.	ursprünglich
Kaufm.	Kaufmannssprache	usw.	und so weiter
klass.	klassisch	Verkehrsw.	Verkehrswesen
Konj.	Konjunktion	Verw.	Verwaltung
Krim.	Kriminalistik	volkst.	volkstümlich
Kunstw.	Kunstwissenschaft	Wirtsch.	Wirtschaft
Kurzf.	Kurzform	z. B.	zum Beispiel
landsch.	landschaftlich	zoolog.	zoologisch
Landw.	Landwirtschaft	Zus.	Zusammensetzung[en]
Literaturw.	Literaturwissenschaft		

A

Abitur, das; des Abiturs, die Abiture ⟨Mehrz. selten⟩: *Abgangs-, Reifeprüfung an einer höheren (weiterführenden) Schule:* das A. machen, nachholen, bestehen; durchs A. fallen (ugs.); ins [schriftliche] A. steigen (ugs.); vom mündlichen A. befreit werden.

Abituri̯ent, der; des Abiturienten, die Abiturienten: *jmd., der die Reifeprüfung abgelegt hat; jmd., der kurz vor oder in der Reifeprüfung steht:* die Abiturienten des Gymnasiums dürfen während der Hofpause rauchen. **Abituri̯entin,** die; der Abiturientin, die Abiturientinnen.

abkommandieren, kommandierte ab, hat abkommandiert ⟨tr., jmdn. a.⟩: /meist Mil./ *jmdn. [vorübergehend] irgendwohin beordern:* einen Soldaten zu einer anderen Einheit, an die Front, ins Revier, zur Küche a.; einen Polizisten zum Außendienst a.; zwei Schüler zum Lotsendienst a.

abno̱rm ⟨Adj.; nur attr. und präd.; gew. ohne Vergleichsformen⟩: **1)** *im krankhaften Sinne vom Normalen abweichend:* abnorme Anlagen; eine abnorme Neigung zu kleinen Mädchen haben; a. veranlagt sein. **2)** ⟨im verstärkenden Sinne bei anderen Adjektiven⟩: *ungewöhnlich, außergewöhnlich:* eine a. häßliche Frau; a. große Füße.

a̱bnormal ⟨Adj.; nur attr. und präd.; gew. ohne Vergleichsformen⟩ (alltagsspr.): *[geistig] nicht normal; unsinnig:* ein abnormales Benehmen; sich a. gegenüber jmdm. verhalten; was er tut, ist gänzlich a.

Abonnement [abon*ᵉ*mã*ŋ*], das; des Abonnements, die Abonnements: **a)** *für eine bestimmte Zeit erworbenes Anrecht auf den wiederholten Bezug bestimmter Waren, insbesondere von Zeitschriften und anderen periodisch erscheinenden Druck-Erzeugnissen:* ein A. auf eine Zeitung (ugs. auch: einer Zeitung) haben; eine Zeitschrift im A. beziehen; im Abonnement essen. **b)** *für einen längeren Zeitraum gültige Berechtigung (Dauerkarte) zum Besuch einer bestimmten Anzahl kultureller oder sportlicher Veranstaltungen:* ein A. beim Club für die Spielzeit 1968/69 haben; ein A. für die Volksbühne erwerben; ein A. beantragen. **c)** /übertragen/ *fiktiver Anspruch auf etwas:* der HSV schien über lange Jahre hin ein A. auf die norddeutsche Fußballmeisterschaft zu haben.

Abonne̱nt, der; des Abonnenten, die Abonnenten: *Inhaber eines Abonnements:* A. einer Gastwirtschaft sein; die Abonnenten einer Tageszeitung; neue Abonnenten werben.

abonni̱e̱ren, abonnierte, hat abonniert ⟨tr., etwas a.⟩: *einen befristeten Daueranspruch auf etwas erwerben:* eine Fachzeitschrift für ein Jahr a.; eine Konzertreihe, Matineeveranstaltungen im Kino a. – **abonni̱ert sein** ⟨auf etwas a. sein⟩: **a)** /konkret/ *ein Abonnement auf etwas (bes. auf Zeitungen oder Zeitschriften) besitzen:* sie ist schon etliche Jahre auf das Modejournal abonniert. **b)** /übertr./ (ugs.) *etwas mit Selbstverständlichkeit immer wieder bekommen; [angeblich] auf etwas eingeschworen sein:* P. Keres war auf den zweiten Platz bei den Weltmeisterschaftsturnieren abonniert; die Deutschen sind auf Sauerkraut und Eisbein abonniert.

a̱breagieren, reagierte ab, hat abreagiert ⟨tr. und refl.⟩: **1)** ⟨etwas a.⟩: *eine emotionale Spannung durch ein entlastendes Verhalten oder Tun zur Lösung bringen:* seinen Ärger, seine Wut, seine schlechte Laune, eine Enttäuschung a.; seinen Zorn an jmdm.

abrupt

a. (= *auslassen*); man soll Ärger nicht durch riskantes Fahren, mit riskantem Fahren a. 2) ⟨sich a.⟩ (alltagsspr.): *zur Ruhe kommen, sich beruhigen:* der muß sich zuerst einmal a.

abrupt ⟨Adj.; attr. und als Artangabe⟩: **a)** *plötzlich, jäh, unvermittelt, übergangslos:* eine abruptes Ende finden; der Übergang war sehr a.; a. abbrechen; sich a. einem anderen Gesprächsteilnehmer zuwenden. **b)** *ohne Zusammenhang, abgehackt:* in abrupten Sätzen sprechen; sein Vortrag wirkte a.

absolut ⟨Adj.; attr. und als Artangabe⟩: **1 a)** *uneingeschränkt, unbedingt:* absolute Freiheit; absolute Wahrheit; absolutes Vertrauen; die Gültigkeit dieses Satzes ist a.; dieser Satz gilt a. **b)** ⟨gew. nur attr.⟩: *vollkommen, ungetrübt, ungestört:* absolute Stille; die absolute Harmonie ihrer Seelen. **c)** ⟨nur attr.⟩: *äußerste, höchste, letzte:* bis an die absolute Grenze seines Wesens vordringen; die absolute Spitze einer politischen Karriere erklommen haben; die absolute Höchstgeschwindigkeit eines Rennwagens. **d)** ⟨in Verbindung mit einem anderen Adjektiv oder adverbial⟩ (alltagsspr.): *völlig, ganz und gar, ohne jede Einschränkung:* a. richtig, falsch, ungefährlich; ein a. neuwertiges Auto; ich will a. sichergehen; diesen Plan können wir a. gutheißen. **e)** ⟨in Verbindung mit einer Verneinung⟩ (ugs.; emotional verstärkend): *überhaupt, ganz und gar, völlig:* a. unmöglich; a. nichts mehr zu essen haben; du hast hier a. nichts verloren; damit kann ich a. nichts anfangen; dieses Verhalten ist mir a. unbegreiflich. **f)** (ugs.) *unbedingt, unter allen Umständen:* eine a. notwendige Maßnahme; etwas a. wissen wollen; er wollte a. mit ihr spazierengehen. **2)** /vorwiegend Phil./ *rein, beziehungslos:* das absolute Denken; das absolute Sein; der absolute Wert des Geldes. **3)** /in der Fügung/ *absolute Mehrheit: *Mehrheit aus mehr als 50% der Stimmberechtigten:* die absolute Mehrheit erringen; auf die absolute Mehrheit verzichten.

Absolution, die; der Absolution, die Absolutionen ⟨Mehrz. selten⟩: /kath. Rel./ *Lossprechung der Sünden seitens eines Priesters im Anschluß an die Beichte:* jmdm. die A. erteilen, verweigern.

Absolvent, der; des Absolventen, die Absolventen: *jmd., der die vorgeschriebene Ausbildungszeit (oder einzelne Abschnitte davon) an einer Lehr- oder Bildungsanstalt programmgemäß (meist auch: erfolgreich) abgeleistet hat:* A. der Grundschule, der Mittelschule, des Gymnasiums, einer Kunstakademie; die Absolventen der vorklinischen Semester.

absolvieren, absolvierte, hat absolviert ⟨tr.⟩: **1 a)** ⟨etwas a.⟩ (bildungsspr.): *die vorgeschriebene Lehrzeit an einer Ausbildungsstätte ableisten:* die Volksschule, das Gymnasium mit Erfolg, ohne Erfolg a.; einen Lehrgang a. **b)** ⟨etwas a.⟩: *etwas ausführen, durchführen, erledigen:* ein Programm, eine Aufgabe, ein Pensum, eine sportliche Übung a.; die Fußballer absolvierten ihr morgendliches Pflichttraining trotz des Platzregens ohne Murren. **2)** ⟨jmdn. a.⟩ (selten): /kath. Rel./ *jmdm. die Absolution erteilen.*

Abstinenzler, der; des Abstinenzlers, die Abstinenzler (bildungsspr., ironisch): *erklärter Alkoholgegner;* (im weiteren Sinne auch:) *jmd., der auf die sinnlichen Lebensgenüsse verzichtet:* er ist A.

abstrakt ⟨Adj.; attr. und als Artangabe⟩: **a)** ⟨gew. nur attr.; ohne Vergleichsformen⟩: *vom Dinglichen gelöst, rein begrifflich:* abstraktes Denken. **b)** *theoretisch, nur gedanklich, ohne unmittelbaren Bezug zur Realität:* abstraktes Wissen; eine abstrakte Staatstheorie; abstrakte Überlegungen anstellen; sich a. mit einer Sache beschäftigen; diese Antwort ist mir zu a. **c)** ⟨ohne Vergleichsformen⟩: /bildende Kunst/ *ungegenständlich:* abstrakte Kunst, Malerei; ein abstraktes Bild; a. zeichnen, malen.

abstrus ⟨Adj.; attr. und als Artangabe⟩

(bildungsspr.): *verworren, von dunklem Sinn, unverständlich; abwegig:* abstruse Ideen, Vorstellungen; ein abstruses Verhalten; eine abstruse Darstellung; abstruse Wünsche äußern; seine Vorschläge wirken reichlich a., nehmen sich a. aus.

absurd ⟨Adj.; attr. und als Artangabe⟩: *ungereimt, sinnlos, unsinnig:* ein absurder Gedanke; ein absurdes Verlangen; a. klingen; etwas für a. halten; etwas a. finden; das ist wirklich a.; es wäre a., einen Homosexuellen in der Jugendfürsorge einzusetzen.

Abszeß, der; des Abszesses, die Abszesse: a) /Med./ *Eiterherd, abgegrenzte Eiteransammlung in einem nicht vorgebildeten Gewebshohlraum:* einen A. eröffnen *(= aufschneiden),* ausräumen; kalter *(= nicht mit Fieber verbundener)* A.; in die Bauchhöhle perforierender, durchbrechender A. **b)** (bildungsspr.) *Eitergeschwür:* einen A. im Nacken, im Gesicht haben; einen A. aufdrücken.

ad acta, nur in der Wendung: * **etwas ad acta legen** (bildungsspr.): **a)** /konkret/ *Schriftstücke als erledigt ablegen, zu den Akten legen.* **b)** /übertr./ *eine Angelegenheit als erledigt betrachten und der Vergessenheit anheimgeben:* diesen Fall können wir jetzt hoffentlich bald ad acta legen.

ad absurdum, nur in den Wendungen: * **etwas, jmdn. ad a. führen** (bildungsspr.): *die Unsinnigkeit oder Nichthaltbarkeit einer Behauptung oder Ansicht erweisen:* eine Behauptung, eine Anschauung, ein Urteil, jmdn. mit seinen Ansichten ad absurdum führen.

addieren, addierte, hat addiert ⟨tr., etwas a.⟩: *zusammenzählen* (im Ggs. zu: subtrahieren): Zahlen, die einzelnen Posten einer Rechnung a. – ⟨auch intr.⟩: ihr solltet a., aber nicht multiplizieren. – /bildl./: die glücklichen Stunden des Lebens a.

Addition, die; der Addition, die Additionen: *das Zusammenzählen, das Hinzufügen:* eine A. ausführen, durchführen.

ad hoc ⟨Adv.⟩ (bildungsspr.): *eigens zu diesem Zweck, für diesen Fall; für jetzt, für den Augenblick:* **a)** ⟨selbständig, in Verbindung mit bestimmten Verben⟩: etwas ad hoc vereinbaren, ad hoc bilden. **b)** ⟨mit nachgestelltem Substantiv gekoppelt⟩: Ad-hoc-Bildung, Ad-hoc-Vereinbarung.

Adjutant, der; des Adjutanten, die Adjutanten: /Mil./ *dem Kommandeur einer militär. Einheit beigeordneter Offizier:* er ist sein A.

Admiral, der; des Admirals, die Admirale, auch: die Admiräle: /Mil./ *Seeoffizier im Generalsrang:* er ist A. der Bundesmarine.

Adonis, des Adonis, die Adonisse (bildungsspr.): *Jüngling oder junger Mann von auffallend schöner Gestalt:* er ist ein ausgesprochener A.

adoptieren, adoptierte, hat adoptiert ⟨tr., jmdn. a.⟩: *jmdn. an Kindes Statt annehmen:* ein Kind, einen Jungen, ein Mädchen, eine Waise a.

Adoption, die; der Adoption, die Adoptionen (bildungsspr.): *Annahme an Kindes Statt:* die A. eines Kindes.

ad rem! (bildungsspr.): *zur Sache!*

Adressat, der; des Adressaten, die Adressaten: *Empfänger [einer Postsendung]:* der A. ist verzogen, verstorben.

Adresse, die; der Adresse, die Adressen: **1)** *Postanschrift, Wohnungsangabe:* die alte, neue, genaue, angegebene A.; seine A. hinterlassen, wechseln; jmds. A. haben, besitzen, wissen; jmdm. seine A. geben. **2)** vgl. Dankadresse, Glückwunschadresse. **3)** /in den festen Wendungen/: **a)** * **etwas an jmds. A. richten:** *etwas für jmds. Aufmerksamkeit bestimmt haben:* die Gewerkschaften richteten eine nachdrückliche Warnung an die A. der Arbeitgeberverbände. **b)** (ugs.) * **sich an die richtige A. wenden.** (ugs.): *sich an die zuständige Stelle wenden.* **c)** * **an die falsche, verkehrte,** (ironisch:) **richtige A. kommen** (ugs.): *an den Unrechten geraten, abblitzen.*

adressieren, adressierte, hat adressiert ⟨tr.⟩: **1)** ⟨etwas a.⟩: *etwas (einen Brief, ein Paket u. dgl.) mit einer Anschrift versehen:* Pakete a. **2)** ⟨etwas an jmdn. oder etwas a.⟩: *etwas an ei-*

nen bestimmten Empfänger schicken oder mit der Post schicken lassen: er hatte das Paket versehentlich an das Finanzamt adressiert. **3)** ⟨jmdn. a.⟩ (geh.): *jmdn. unmittelbar und gezielt ansprechen:* mit dieser Bemerkung wollte er mich a.

adrett ⟨Adj.; attr. und als Artangabe⟩: **a)** /meist auf Personen (bes. weiblichen Geschlechts) bezogen/ *nett, hübsch, gut angezogen, sorgfältig gekleidet, von gefälliger Erscheinung:* ein adrettes Mädchen; sie ist sehr a.; a. angezogen sein. **b)** /selten auf Sachen bezogen/ *schmuck, hübsch anzusehen, sauber:* eine adrette Motorjacht; ein adrettes Kostüm.

Advent, der; des Advent[e]s, die Advente ⟨Mehrz. selten⟩: **a)** *der die letzten vier Sonntage einschließende Zeitraum, der das christliche Kirchenjahr einleitet:* der A. sollte eine Zeit der Einkehr und Selbstbesinnung sein. **b)** ⟨in Verbindung mit einem vorangestellten Zahlwort⟩: *einer der vier Sonntage der Adventszeit:* sein Geburtstag fiel auf den zweiten A.

Affäre, die; der Affäre, die Affären: **1 a)** (landsch. ugs.) *Sache, Angelegenheit:* das ist eine A. von höchstens zwei Stunden *(= in höchstens zwei Stunden ist das erledigt);* das ist eine A. von 1 000 Mark *(= das kostet immerhin 1 000 Mark);* wie soll man sich in dieser A. verhalten? **b)** (ugs.) *große Sache, Staatsangelegenheit:* eine, keine A. aus etwas machen. **c)** *unangenehmer, peinlicher Vorfall, dunkle Geschichte; Skandalgeschichte:* eine dunkle, peinliche, üble A.; jmdn. in eine A. hineinziehen; in eine A. verwickelt sein; eine A. aus der Welt schaffen; sich aus einer A. heraushalten. **2)** *Liebschaft, Verhältnis:* eine A. mit jmdm. (mit einer Frau, einem Mann) haben; ihre zahlreichen Affären haben sie für die Liebe verdorben. **3)** /in der festen Wendung/ * **sich aus der A. ziehen** (ugs.): *sich mit Geschick [ohne Schaden] aus einer unangenehmen Situation herauswinden:* er hat sich klug, geschickt aus der A. gezogen.

Affekt, der; des Affekt[e]s, die Affekte ⟨Mehrz. selten⟩: **a)** *heftige Erregung, Zustand einer außergewöhnlichen seelischen Angespanntheit:* im A. handeln; eine Tat im A. begehen; einen A. abreagieren. **b)** ⟨nur Mehrz.⟩: *Leidenschaften:* seinen Affekten ausgeliefert sein; seine Affekte steuern *(= beherrschen).*

affektiert ⟨Adj.; attr. und als Artangabe⟩ (bildungsspr.): *geziert, gestelzt, gekünstelt; eingebildet:* affektiertes Benehmen, Getue, Gehabe; affektierte Sprache; ein affektierter Mensch; a. sein; sich a. geben.

Affront [*afrõ*ŋ], der; des Affronts, die Affronts (bildungsspr.): *schwere Beleidigung, Schmähung, Kränkung; dreiste Unverschämtheit:* ein unerhörter, schwerer, absichtlicher, deutlicher A.; ein A. gegen die, gegenüber der Regierung; etwas als A. auffassen.

Agent, der; des Agenten, die Agenten: **1)** *in staatlichem Geheimauftrag tätiger Spion:* einen Agenten entlarven, überführen; Agenten in ein Land einschleusen. **2 a)** (veraltend) *Handelsvertreter:* A. einer Versicherung; er ging als A. einer großen Spirituosenfirma nach London. **b)** *jmd., der berufsmäßig Künstlern Engagements vermittelt:* die gefeierte Sängerin pflegt Verträge nur über ihren Agenten abzuschließen.

Agentur, die; der Agentur, die Agenturen: **a)** *Geschäftsstelle eines Handelsvertreters, Vertretung:* eine A. betreiben, übernehmen; unsere Schweizer A. wird sich mit Ihrem Bevollmächtigten in Verbindung setzen. **b)** *Büro, das Künstlern Engagements vermittelt, Vermittlungsbüro:* sich durch eine A. an ein Theater vermitteln lassen.

aggressiv [...*if*] ⟨Adj.; attr. und als Artangabe⟩: **a)** *angriffslustig, streitsüchtig; herausfordernd:* ein aggressives Verhalten, Vorgehen; ein aggressiver Ton; a. sein, werden, fragen, antworten. **b)** /nur auf die Fahrweise beim Autofahren bezogen; im Ggs. zu → defensiv/ *sportlich riskant (mit einem Schuß Rücksichtslosigkeit):* aggres-

sives Fahren, aggressive Fahrweise, ein aggressiver Fahrer; a. fahren.
Aggressivität [...iwi...], die; der Aggressivität ⟨ohne Mehrz.⟩: *Streitbarkeit, aggressives Verhalten:* deine A. ist unerträglich.
agieren, agierte, hat agiert ⟨intr.⟩: **a)** *handeln, tätig sein, wirken:* für jmdn., gegen jmdn. a.; er pflegt als Drahtzieher im Hintergrund zu a. **b)** *(wie ein Schauspieler) eine bestimmte Rolle spielen, auftreten:* auf der weltpolitischen Bühne a.
agil ⟨Adj.; attr. und als Artangabe⟩ (bildungsspr.): *behend, flink, geschäftig, wendig, regsam:* ein agiler alter Herr; ein agiler Geschäftsmann; nachts bin, werde ich immer besonders a.
Agitation, die; der Agitation, die Agitationen ⟨Mehrz. selten⟩: *politische Hetzpropaganda, Wühlarbeit:* die ständige A. der Rechtsradikalen stellt eine Gefahr für die Demokratie dar.
agitieren, agitierte, hat agitiert ⟨intr.⟩ (bildungsspr.): *politische Hetzpropaganda treiben:* für oder gegen jmdn., für oder gegen eine Sache a.; im Hintergrund a.
Agonie, die; der Agonie, die Agonien ⟨Mehrz. selten⟩: *Todeskampf:* **a)** /Med.; nur auf Menschen, seltener auf Tiere, bezogen/: in der A. liegen; in die A. fallen; aus der A. nicht mehr erwachen. **b)** /bildlich/: die A. des römischen Imperiums.
Akademie, die; der Akademie, die Akademien: **1)** *gelehrte Gesellschaft, in der sich bedeutende Vertreter verschiedener geistes- und naturwissenschaftlicher oder künstlerischer Disziplinen zur reinen (gelegentlich auch: zweckfreien) Forschung zusammenschließen:* die A. der Wissenschaften; einer A. angehören; korrespondierendes Mitglied einer A. sein. **2)** *Fachhochschule für einen bestimmten Wissenschaftszweig:* die medizinische A. besuchen; auf die pädagogische A. gehen (ugs.).
Akademiker der; des Akademikers, die Akademiker: *jmd., der eine [abgeschlossene] Universitäts- oder Hochschulausbildung hat:* sie hat einen A. geheiratet.
akademisch ⟨Adj.; attr. und als Artangabe⟩: **1)** *an einer Universität oder Hochschule [erworben, erfolgend, üblich]; an eine Universität oder Hochschule gebunden, Universitäts..., Hochschul...:* akademische Ausbildung, Bildung; akademischer Betrieb (ugs.); ein akademischer Beruf; akademischer Nachwuchs *(= die Studierenden);* a. gebildet; akademische Freiheit *(= Freiheit im Aufbau und in der Gestaltung des Studiums);* die akademische Laufbahn *(= die Laufbahn eines Universitätslehrers)* einschlagen; akademisches Viertel *(= Zeitraum von 15 Minuten, um den Vorlesungen und sonstige akademische Veranstaltungen über die angegebene volle Stunde hinaus später zu beginnen pflegen);* akademisches Proletariat *(= diejenigen Akademiker, die gesellschaftlich und beruflich nicht den Platz einnehmen können, der ihnen auf Grund ihrer Ausbildung eigentlich zukäme, und die darum häufig in nichtakademischen Berufen arbeiten oder von Gelegenheitsjobs leben);* seine Eltern wünschen, daß er a. ausgebildet wird. **2a)** *wissenschaftlich, trocken, theoretisch:* ein sehr akademischer Vortrag. **b)** *müßig, überflüssig:* die Frage nach dem Preis des Bildes ist rein a., weil der Besitzer es niemals verkaufen wird.
akklimatisieren, sich; akklimatisierte sich, hat sich akklimatisiert ⟨refl.⟩ (bildungsspr.): *sich an eine veränderte Umwelt anpassen; sich eingewöhnen, sich einleben:* sie werden sich hier bald akklimatisiert haben; an das Großstadtleben muß man sich langsam und allmählich a.
Akkord, der; des Akkord[e]s, die Akkorde: **1)** /Mus./ *Zusammenklang von mehr als zwei Tönen mit verschiedener Tonhöhe:* ein voller, heller, falscher A.; einen A. anschlagen, greifen, spielen. **2)** ⟨Mehrz. selten⟩: *vereinbarter Stücklohn:* im A. arbeiten; A. arbeiten, schaffen (ugs.).

akkurat: 1) ⟨Adj.; attr. und als Artangabe⟩ (veraltend): *sorgfältig, exakt, peinlich sauber:* a. gekleidet; mit einem akkuraten Scheitel; eine akkurate Handschrift; seine Arbeit war stets a.; sich a. kämmen; sie arbeitet sehr a. **2)** ⟨Adv.⟩ (landsch. ugs.): *gerade; genau so:* was für ein schöner Bub, a. der Vater noch einmal!; a. hab' ich den Pastor vorbeigehen sehen.

Akkuratesse, die; der Akkuratesse ⟨ohne Mehrz.⟩ (bildungsspr.): *Sorgfalt, Genauigkeit:* etwas mit aller, mit gewohnter A. tun; die A. seiner Aussprache, seiner Formulierung; die A. eines Kanzleibeamten haben.

Akontozahlung, die; der Akontozahlung, die Akontozahlungen: *Anzahlung, Abschlagszahlung:* eine A. auf einen Rechnungsbetrag (= *Anzahlung, Abschlagszahlung eines bestimmten Teilbetrags von einem Gesamtbetrag*); eine A. leisten.

Akribie, die; der Akribie ⟨ohne Mehrz.⟩ (bildungsspr.): *höchste Genauigkeit, Sorgfalt:* mit wissenschaftlicher A. [vorgehen]; mit äußerster A.

Akrobat, der; des Akrobaten, die Akrobaten: *jmd., der artistische, turnerische oder gymnastische Übungen beherrscht und [im Zirkus oder Varieté] vorführt:* als A. auftreten.

akrobatisch ⟨Adj.; gew. nur attr. und präd.⟩: *wie bei einem Akrobaten; halsbrecherisch:* eine akrobatische Übung, Leistung, Körperbeherrschung; seine Eislaufkür ist mir zu a.

Akt, der; des Akt[e]s, die Akte: **1 a)** *Handlung, Tat; Tätigwerden, Vorgehen:* ein symbolischer, schöpferischer feindseliger, einseitiger A. – ⟨häufig in Verbindung mit einem Genitivattribut⟩: ein A. der Gnade, der Höflichkeit, der Nächstenliebe, der Verzweiflung, des Wahnsinns. **b)** /häufig in Zus. wie: Festakt, Staatsakt/ *feierliche Handlung, Zeremoniell:* der A. der Trauung, der Vertragsunterzeichnung. **2)** *Abschnitt, Aufzug eines Bühnenstücks:* eine Komödie, Tragödie in drei Akten; der Zwischenfall ereignete sich gegen Ende des zweiten Aktes. – /übertr./: der letzte A. der Tragödie von Stalingrad. **3)** /bildende Kunst, Photogr./ *künstlerische Darstellung des nackten menschlichen Körpers:* ein weiblicher, männlicher A.; einen A. malen, zeichnen; für einen A. Modell stehen. **3)** (selten) *Vollzug des Beischlafs, Geschlechtsverkehr:* der eheliche A.; der Film zeigt den A. zweier Halbwüchsiger.

Akte, die; der Akte, die Akten: **1 a)** /Verwaltungswesen/ *die Gesamtheit aller zu einem bestimmten Fall oder Vorgang zusammengetragenen schriftlichen Unterlagen:* eine A. anlegen, an den zuständigen Bearbeiter weiterleiten; eine A. studieren; die Akten dem Staatsanwalt übergeben; aus seinen Akten konnte er ersehen (entnehmen), daß er vorbestraft war. **b)** ⟨nur Mehrz.⟩: *(in einem Ordner gesammelte) Schriftstücke, Urkunden:* geheime, vertrauliche, erledigte, unerledigte Akten; ein Schriftstück zu den Akten nehmen (= *als Dokument ablegen*), legen (= *als erledigt in einem Ordner ablegen*). **2)** /in den ugs. Wendungen:/ **a)** *die Akten über etwas schließen:* eine Sache für abgeschlossen erklären, sich nicht mehr länger um eine Angelegenheit kümmern: über diesem trüben Kapitel wollen wir jetzt endlich die Akten schließen. **b)** *etwas zu den Akten legen:* etwas als abgeschlossen, erledigt ansehen.

Akteur [aktör], der; des Akteurs, die Akteure ⟨meist Mehrz.⟩ (bildungsspr.; häufig leicht abwertend oder scherzh.): *handelnde Person, an einem Geschehen unmittelbar Beteiligter:* die 22 Akteure auf dem grünen Rasen (= *zwei Fußballmannschaften beim Spiel*); die einzelnen Akteure des Londoner Postraubs.

Aktie [akzjᵉ], die; der Aktie, die Aktien ⟨Einz. selten⟩: /Wirtsch./ *Anteilschein am Grundkapital einer Aktiengesellschaft:* sein Geld in Aktien anlegen; Aktien erwerben, ankaufen, zum Kauf anbieten; die Aktien sind im Kurs gestiegen, gefallen; eine Aktie zu (oder: über) 100 DM. – /bildl./ (ugs.): die Aktien steigen, sind gestiegen (= *die Aussichten bessern*

Aktivität

sich, haben sich gebessert); wie stehen die Aktien? *(= wie geht's?).*

Aktion, die; der Aktion, die Aktionen: **1)** *gemeinsames, gezieltes Vorgehen; planvolle Unternehmung, Unternehmen, Maßnahme:* eine gemeinschaftliche, koordinierte, konzertierte *(= gemeinsame, durch das Zusammenwirken verschiedenartiger Kräfte oder Gruppen bewirkte),* großangelegte, überstürzte A.; eine diplomatische A. für den Frieden; eine militärische A. gegen Kuba; eine notwendige A. zur Entlastung des Straßenverkehrs; eine A. starten (ugs.). – ⟨auch in Verbindung mit bestimmten schlagwortartigen Begriffen⟩: A. *(= Unternehmen)* Sorgenkind, A. Sühnezeichen, A. „Saubere Leinwand", A. „Brot für die Welt". **2 a)** /bes. Sport/ *Handlung, Tätigkeit, Bewegung; Spielzug:* er wollte den Ball im Scherenschlag wegschlagen. Bei dieser A. verletzte er sich; diese A. mißglückte ihm; seine Aktionen *(= gezielte, eintrainierte Bewegungen, Spielzüge)* werden immer langsamer; er ist längst nicht mehr so schnell in seinen Aktionen wie vor zwei Jahren. **b)** /in der festen präpositionalen Fügung/ ** in A.: in Tätigkeit:* in A. treten; in A. sein; etwas in A. sehen, beobachten.

Aktionär, der; des Aktionärs, die Aktionäre: *Besitzer von Aktien einer Aktiengesellschaft:* die Hauptversammlung der Aktionäre.

Aktionsradius, der; des Aktionsradius, die Aktionsradien [...i^{e}n] ⟨Mehrz. ungebr.⟩: *Wirkungsbereich; Fahr-, Flugbereich:* einen großen, kleinen A. haben; den A. eines Fahrzeugs bestimmen.

aktiv [...*if*, in Gegenüberstellung zu → passiv auch: *aktif*] ⟨Adj.; attr. und als Artangabe⟩: **1)** *tätig; unternehmend, geschäftig, rührig; zielstrebig:* aktive Teilnahme, Beteiligung, Mitarbeit; sich an einer Sache a. beteiligen; a. mitarbeiten; gesellschaftlich, politisch a.; er ist trotz seines hohen Alters noch sehr a.; wir müssen in dieser Angelegenheit a. werden *(= müssen uns einschalten);* a. Stellung nehmen *(= einen verbindlichen Standpunkt einnehmen);* der Rechtsaußen stand auf keinen Fall abseits, weil er nicht a. ins Spiel eingegriffen hat *(= weil er sich nicht unmittelbar in den Spielablauf eingeschaltet hat).* **2)** /in bestimmten festen Fügungen/: **a)** ** aktive Bestechung:* /Rechtsw./ *Verleitung einer beamteten oder im Militär- oder Schutzdienst stehenden Person durch Geschenke u. dgl. zu einer Handlung, die eine Amts- oder Dienstpflichtverletzung enthält:* wegen aktiver Bestechung angeklagt sein. **b)** ** aktive Handelsbilanz:* /Wirtsch./ *Handelsbilanz eines Landes, bei der die Ausfuhren die Einfuhren überwiegen.* **c)** ** aktive Schutzimpfung:* /Med./ *Schutzimpfung durch Einbringung von abgeschwächten lebenden oder abgetöteten Erregern in den Organismus.* **d)** ** aktives Mitglied: Mitglied eines Vereins oder einer Gruppe, das sich an Unternehmungen des Vereins bzw. der Gruppe unmittelbar beteiligt.* **e)** ** aktives Wahlrecht:* /Pol./ *das Recht, zu wählen.* **f)** ** aktiver Wortschatz: Gesamtheit aller Wörter, die man in seiner Muttersprache beherrscht und beim Sprechen effektiv gebraucht.* **3)** ⟨ohne Vergleichsformen⟩: /Mil./ *im ständigen und unmittelbaren Militärdienst stehend, nicht auf den militär. Reservedienst bezogen:* aktiver Militärdienst, Soldat, Offizier; a. sein; a. dienen.

Aktive [...w^e], der; des Aktiven, die Aktiven: **a)** /Sport/ *Mitglied eines Sportvereins, das sich regelmäßig an den vom Verein durchgeführten Wettkämpfen beteiligt:* die Aktiven versammeln sich um 22 Uhr im Vereinslokal. **b)** *Mitglied eines Karnevalvereins, das sich mit eigenen Beiträgen an der Vorbereitung und Ausgestaltung von Karnevalssitzungen beteiligt:* der langjährige A. des MCV ...

Aktivität [...*iw*...], die; der Aktivität, die Aktivitäten ⟨Mehrz. ungebr.⟩: *rege Tätigkeit, Betriebsamkeit; Regsamkeit; Unternehmungsgeist:* geringe, vermehrte, erhöhte, verminderte,

Aktualität

geistige, politische, gesellschaftliche A.; A. entfalten, zeigen.

Aktualität, die; der Aktualität, die Aktualitäten: **a)** ⟨ohne Mehrz.⟩: *Gegenwartsbezogenheit, Zeitnähe; unmittelbare Wirklichkeit; Bedeutsamkeit für die unmittelbare Gegenwart:* ein Ereignis, ein Thema, ein Film ist von außerordentlicher, unmittelbarer, brennender, besonderer A.; etwas gewinnt, verliert an A., büßt seine A. ein. **b)** ⟨nur Mehrz.⟩: *Tagesereignisse, jüngste Geschehnisse:* man kann sich nicht einfach über die Aktualitäten hinwegsetzen.

Akustik, die; der Akustik, die Akustiken: **1)** ⟨ohne Mehrz.⟩: /Phys./ *Lehre vom Schall:* die A. ist ein Teilgebiet der Physik. **2)** ⟨Mehrz. selten⟩: *Klangwirkung, Klangverhältnisse innerhalb eines [geschlossenen] Raums:* das Theater hat eine gute, schlechte (selten: keine) A.

akustisch ⟨Adj.; attr. und als Artangabe, aber gew. nicht präd.; ohne Vergleichsformen⟩: **a)** *die Akustik betreffend, Schall..., Klang..., Geräusch..., klanglich:* akustische Signale; die akustischen Verhältnisse eines Raums (= *die Akustik);* eine Reportage a. untermalen. **b)** *auf dem Weg über das Gehör erfolgend* (von der Sinneswahrnehmung), *Gehör...:* akustische Wahrnehmung; akustische Eindrücke; akustischer Typ (= *Menschentyp, der Gehörtes besser aufnimmt als Gesehenes);* etwas a. wahrnehmen.

akut ⟨Adj.; gew. nur attr. und präd.⟩: **1)** *dringend, vordringlich; unmittelbar [anrührend], brennend:* ein akutes Problem; ein akuter Notstand; die Verschmutzung der Flüsse stellt eine akute Gefahr für die Fische dar; die Frage der Trinkwasserversorgung ist jetzt nicht a., wird erst in einigen Jahren a. **2)** /Med., im Ggs. zu →*chronisch/ plötzlich auftretend, von heftigem und kurzdauerndem Verlauf* (auf vorwiegend entzündliche Erkrankungen bezogen): eine akute Gallenblasenentzündung; ein akuter Hautausschlag; ein akuter Fall von Gastritis;

eine akute Phase einer chronischen Entzündung; die Leukämie ist in ein akutes Stadium eingetreten; ein akuter Blinddarm (Fachjargon; = *akute Entzündung des Blinddarms);* ein akuter Bauch (Fachjargon; = *plötzlich auftretende heftige Beschwerden im Bauch als Symptom einer gefährlichen Erkrankung von Bauchorganen);* diese Entzündung ist nicht a.; eine (chronische oder subakute) Erkrankung wird a.

Akzent, der; des Akzent[e]s, die Akzente: **1)** /Sprachw./: **a)** *Haupton, Betonung (eines Wortes, einer Silbe):* der A. liegt auf der zweiten Silbe des Wortes; die zweite Silbe trägt den A. **b)** *Betonungszeichen:* du hast den A. über dem „a" vergessen; den A. richtig, falsch setzen. **2)** ⟨ohne Mehrz.⟩: *Tonfall, Aussprache, Klangfärbung, Sprecheigentümlichkeit:* einen fremden, ausländischen, fremdländischen, starken, unverkennbaren A. haben; mit hartem, französischem, englischem A. sprechen; seinen A. ablegen. **3)** *Nachdruck; Schwergewicht, Schwerpunkt; Wichtigkeit:* besondere, neue, bedeutsame, entscheidende Akzente setzen; die Akzente verschieben sich, werden verschoben; dadurch bekommt die ganze Angelegenheit einen anderen A.

akzeptabel ⟨Adj.; attr. und als Artangabe⟩ (bildungsspr.): *annehmbar, brauchbar:* ein akzeptabler Vorschlag; etwas für [nicht] a. halten; etwas a. finden; das wäre die akzeptabelste Lösung für alle Beteiligten; eure Bedingungen sind für uns nicht a.; dieser Mann ist für mich als Mitarbeiter nicht a.; er hat sich ganz a. geschlagen, aus der Affäre gezogen.

akzeptieren, akzeptierte, hat akzeptiert ⟨tr.; etwas, jmdn. a.⟩: *etwas* (seltener: *jmdn.) annehmen, billigen, hinnehmen; mit etwas* (seltener: *jmdm.) einverstanden sein:* einen Vorschlag, ein Angebot, [günstige] Bedingungen, eine These, eine Meinung [als richtig], jmds. Auffassung a.; ihre Familie hat ihn jetzt endlich als Schwiegersohn akzeptiert; ich kann diesen

Mann [als Mitarbeiter] nicht a. – ⟨gelegentlich ohne Objekt in formelhaften Wendungen⟩: ich akzeptiere, wir akzeptieren!, akzeptiert! (= einverstanden! abgemacht!).

à la carte [alakart]: /Gastr./ *nach der allgemeinen Speisekarte* (auf das Speisen im Restaurant bezogen); ⟨bildungsspr. auch:⟩ *nach der Tageskarte:* à la carte essen, speisen; ein Menü à la carte nehmen, wählen.

Alarm, der; des Alarm[e]s, die Alarme ⟨Mehrz. selten⟩: **1a)** *vereinbartes Gefahrensignal, Warnungszeichen; Gefahrmeldung:* A. geben. **b)** *Alarmzustand, Alarmdauer:* obwohl während der halben Nacht A. war, ... **2)** *Beunruhigung, Aufregung; erhöhte Aufmerksamkeit:* *blinder A. (= *grundlose Aufregung*); *A. schlagen (= *laut vernehmlich vor einer akuten Gefahr warnen*).

alarmieren, alarmierte, hat alarmiert ⟨tr.; jmdn., etwas a.⟩: **1)** *eine Person oder eine Institution um unverzügliches Eingreifen bitten; eine Person oder eine Institution über einen vorliegenden Einsatzfall in Kenntnis setzen:* die Polizei, die Feuerwehr, die Bergwacht, den Seenotrettungsdienst, den Arzt, die Spionageabwehr a. **2)** *beunruhigen, aufscheuchen, wachrufen; warnen:* sein Gehupe alarmierte die ganze Straße; die heftigen Bauchschmerzen hätten sie alarmieren müssen.

Album, das; des Albums, die Alben, ugs. auch: die Albums: *Sammelbuch, Gedenkbuch, Stammbuch:* Bilder in ein A. einkleben.

alias ⟨Adv.; in Verbindung mit einem nachgestellten [Personen]namen⟩: *anders, sonst auch, oder auch, auch ... genannt, eigentlich:* gesucht wird der Scheckfälscher Charles Fabri, a. Carlo Fabricio, a. Charly Smith, a. Karl Schmidt.

Alibi, das; des Alibis, die Alibis: **a)** *[Nachweis der] persönliche[n] Abwesenheit vom Tatort zur Tatzeit, Nachweis der Nichttäterschaft, Unschuldsbeweis:* ein stichhaltiges, einwandfreies, lückenloses, lückenhaftes, billiges, falsches, schwaches A.; er hatte sich, ihm vorsorglich ein ausreichendes A. für diesen Abend verschafft; jmds. A. erschüttern. **b)** /übertr./ *Rechtfertigung, Entschuldigung, Ausrede:* nach einem billigen A., ein billiges A. für ein bestimmtes Verhalten suchen.

Alimente, die ⟨Mehrz.⟩ *Unterhaltsbeiträge des gesetzlichen Vaters für sein uneheliches Kind:* er zahlt seit 10 Jahren A. für ihn.

Alkohol, der; des Alkohols, die Alkohole: **1a)** ⟨ohne Mehrz.⟩: /im speziellen Sinne von/ *Äthylalkohol, Weingeist; Spiritus:* reiner, hochprozentiger, [un]genießbarer A.; A. destillieren; $1,5^0/_{00}$ A. im Blut haben; eine Wunde mit A. desinfizieren. **b)** ⟨ohne Mehrz.⟩: *alkoholisches (Weingeist enthaltendes), geistiges Getränk:* [viel, wenig, keinen] A. trinken, zu sich nehmen; A. meiden; keinen A. vertragen; dem Alkohol verfallen sein; A. löst die Zunge (= *macht gesprächig, redselig*); seinen Kummer, seinen Schmerz, seinen Zorn im A. ertränken. – *jmdn. unter A. setzen (= *betrunken machen*); *unter Alkohol stehen (= *betrunken sein*). **2)** /Chem./ *organische Verbindung mit einer oder mehreren Hydroxylgruppen:* einwertiger, zweiwertiger, mehrwertiger A.; die höheren Alkohole sind bei normaler Temperatur fest und geruchlos.

Alkoholika, die ⟨Mehrz.⟩: *alkoholische Getränke, Spirituosen:* sich reichlich mit A. versorgen, eindecken (ugs.; = *sich einen ausreichenden Vorrat an alkoholischen Getränke zulegen*).

Alkoholiker, der; des Alkoholikers, die Alkoholiker: *Gewohnheitstrinker:* er ist A.

alkoholisch ⟨Adj.; gew. nur attr. und präd.; ohne Vergleichsformen⟩: **1)** ⟨gew. nur attr.⟩: /Chem./ *den Äthylalkohol betreffend, mit diesem zusammenhängend:* alkoholische Gärung (= *Gärung, bei der Äthylalkohol entsteht*). **2)** *Weingeist enthaltend; Weingeist enthaltende Getränke betreffend:* alkoholische Getränke; alkoholischer

Allee

Exzeß *(= übermäßiger Genuß von Alkoholika);* diese Lösung ist stark a.

Allee, die; der Allee, die Alleen: *auf beiden Seiten von gleichmäßigen Baumreihen eingefaßte Straße:* eine breite, dunkle A.

allergisch ⟨Adj.; attr. und als Artangabe⟩: **1)** ⟨gew. ohne Vergleichsformen⟩: /Med./: **a)** *eine krankhafte Reaktion auf Reize, die von körperfremden Stoffen ausgehen, zeigend* (auf den Organismus bezogen): eine allergische Reaktion; ich bin a. gegen Primeln; auf bestimmte Stoffe a. reagieren. **b)** ⟨nur attr.⟩: *auf einer Überempfindlichkeitsreaktion des Organismus beruhend* (auf krankhafte Veränderungen im Organismus bezogen): eine allergische Erkrankung, ein allergischer Hautausschlag. **2)** /übertr./ (ugs.) *überempfindlich, besonders empfindlich; einen inneren Widerstand, eine Abneigung gegen etwas oder jmdn. entwickelnd bzw. verspürend:* in einem bestimmten Punkt a. sein; ich bin a. gegen Heimatfilme, gegen Lügen, gegen Polizisten; Wolfgang reagiert a. auf militärische Uniformen.

Allotria, das; des Allotria[s] ⟨urspr. eine Mehrzahlform: die A.⟩ (selten): *Unfug, dummes Zeug:* A. treiben, machen.

Allüren, die ⟨Mehrz.⟩ (bildungsspr.): *Benehmen, Umgangsformen; Auftreten, Gehabe:* merkwürdige, sonderbare, weltmännische A. [haben]; schlechte, keine A. haben; die A. eines Filmstars, eines Millionärs, eines Boxers haben, annehmen; bestimmte A. ablegen.

Almosen, das; des Almosens, die Almosen: **a)** (veraltend) *milde Gabe, kleinere Spende für einen Bedürftigen:* jmdm. ein A. geben, jmdn. um ein A. bitten; von A. leben. **b)** /übertr./ (ugs., abwertend) *dürftige Bezahlung, schäbiger Lohn:* ich arbeite nicht für ein A.; ich nehme kein A. [an], ich will korrekt entlohnt werden.

alphabetisch ⟨Adj.; attr. und als Artangabe; ohne Vergleichsformen⟩: *abecelich, nach dem Alphabet, nach der Buchstabenfolge des Alphabets:* alphabetische Ordnung, Reihenfolge; Karteikarten a. einordnen; der Aufbau dieses Buchs ist streng a.; die Schüler der Klasse wurden a. aufgerufen.

alpin ⟨Adj.; nur attr. und präd.; ohne Vergleichsformen⟩: **1)** *die Alpen oder das Hochgebirge betreffend; in den Alpen oder im Hochgebirge vorkommend; für die Alpen oder das Hochgebirge charakteristisch, Hochgebirgs-...:* die alpine Vegetation, Landschaft, Tierwelt; alpine Schigebiete, alpine (sportliche) Bedingungen; die Flora ist hier bereits überwiegend a. **2)** ⟨nur attr.⟩: *das Bergsteigen im Hochgebirge betreffend:* eine alpine Ausrüstung, Seilschaft. **3)** ⟨nur attr.⟩: /Schisport/: **a)** /in der festen Verbindung/ ***alpine Kombination:** *Verbindung von Abfahrtslauf und Slalom (u. zwar Spezialslalom, gelegentlich auch Riesenslalom):* er hat die alpine Kombination gewonnen. **b)** /in der freien Verwendung/ *in der alpinen Kombination vorkommend, zu ihr gehörend, sie betreffend:* alpine [Schi]rennen, Wettbewerbe, Rennläufer, Disziplinen.

Altar, der; des Altar[e]s, die Altäre: *erhöhter Opfer- und Abendmahlstisch in christlichen Kirchen; heidnische Brandopferstätte:* an den, vor den, zum A. treten; vor dem, am A. niederknien. – *ein Mädchen, eine Frau zum A. führen (geh.; = heiraten). – /bildl./ ***jmdn. oder etwas auf dem A. der Gerechtigkeit, der Moral, des Parteiproporzes u. a. opfern** (geh.): *jmdn. oder etwas für die Gerechtigkeit, für die Moral u. a. opfern:* sie mußte ihre Liebe auf dem A. der Familienehre opfern.

Alternative [...ti̯wᵉ], die; der Alternative, die Alternativen (bildungsspr.): **a)** ⟨gew. nur Einz.⟩: *freie, aber unabdingbare Entscheidung zwischen zwei Möglichkeiten (der Aspekt des Entweder–Oder):* vor der A. stehen; vor die A. gestellt sein, werden; sich vor die A. gestellt sehen; jmdn. vor die A. stellen, dieses oder jenes zu tun. **b)** *Zweitmöglichkeit, Gegenvorschlag, andere Möglichkeit:* eine echte, klare, keine, keine andere A. haben; das ist keine überzeugende A. zu meinem Vorschlag; es gibt keine A.; mehrere, keine Alternativen anbieten; es gibt verschiedene fast gleichwertige Alternativen zur Lösung dieses Problems.

Altistin, die; der Altistin, die Altistinnen: *Sängerin mit Altstimme:* eine gefeierte, berühmte A.

altruistisch ⟨Adj.; attr. und als Artangabe⟩ (bildungsspr.): *selbstlos, uneigennützig:* ein altruistischer Mensch; seine Handlungsweise war sehr a.; a. handeln.

Amateur [...tø̞r], der; des Amateurs, die Amateure: **a)** *jmd., der eine bestimmte Tätigkeit aus reiner Liebhaberei (als Hobby) betreibt:* ein photographischer Wettbewerb für Amateure. **b)** *aktives Mitglied eines Sportvereins, das eine bestimmte Sportart zwar regelmäßig, aber nicht gegen Entgelt betreibt:* der Dorfverein konnte seinen Amateuren lediglich die Reisespesen ersetzen. **c)** (häufig abwertend) *Nichtfachmann, Dilettant:* ein A. sollte keine elektrische Leitung installieren.

Amazone, die; der Amazone, die Amazonen: **1)** /Sport/ *Turnierreiterin:* ein Jagdspringen für Amazonen. **2)** (bildungsspr., selten) *sportliches, hübsches Mädchen von knabenhaft schlanker Erscheinung:* sie ist eine A. von Gestalt.

Ambition, die; der Ambition, die Ambitionen ⟨meist Mehrz.⟩ (bildungsspr.): *beruflicher Ehrgeiz; ehrgeiziges Streben:* sportliche, militärische, politische, wissenschaftliche Ambitionen; keine Ambitionen [in einer bestimmten Richtung, Hinsicht] haben.

ambulant ⟨Adj.; attr. und als Artangabe; ohne Vergleichsformen⟩: **1)** /Med./ *in der Sprechstunde des Arztes oder in der Wohnung des Patienten erfolgend, nicht mit einem längeren stationären Aufenthalt in einer Klinik verbunden:* ambulante Behandlung, Wundversorgung; der Verunglückte konnte nicht a. behandelt werden. **2)** /Wirtsch./ *nicht ortsgebunden, ohne festen Standort umherziehend:* ambulantes Gewerbe; ambulanter Händler; sein Geld a. verdienen.

Amnestie, die; der Amnestie, die Amnestien: *allgemeiner, für eine unbestimmte Zahl von Fällen geltender, aber auf bestimmte Gruppen von (häufig politischen) Straftaten beschränkter vollständiger oder teilweiser gesetzlicher Straferlaß:* eine A. erlassen, verkünden; A. gewähren; eine Straftat, eine Person fällt [nicht] unter die A.

amnestieren, amnestierte, hat amnestiert: ⟨tr., jmdn. a.⟩: *jmdm. durch Gesetz die weitere Verbüßung einer Freiheitsstrafe erlassen:* durch Gesetz vom... wurden die meisten Demonstrationstäter amnestiert.

Amok fahren, fuhr Amok, hat/ist Amok gefahren: *mit einem [Kraft]fahrzeug wild durch die Gegend fahren und rücksichtslos alles zusammenfahren, was einem in den Weg kommt:* ein betrunkener Soldat fuhr mit einem gestohlenen Panzer [in den Straßen der Stadt] Amok. **Amokfahrer**, der; des Amokfahrers, die Amokfahrer: *jmd., der Amok fährt.* **Amokfahrt**, die; der Amokfahrt, die Amokfahrten: *wilde und rücksichtslose [Todes]fahrt mit einem [Kraft]fahrzeug.*

Amok laufen, lief Amok, hat/ist Amok gelaufen: *in einem Anfall von Geistesgestörtheit mit einer Waffe in der Hand umherlaufen und blindwütig töten:* Geistesgestörter lief Amok und tötete fünf Passanten. – /bildl./ *in einem Wutanfall herumtoben und seine Umgebung terrorisieren:* der Chef läuft mal wieder Amok. **Amokläufer**, der; des Amokläufers, die Amokläufer: *jmd., der in einem Anfall von Geistesgestörtheit mit einer Waffe in der Hand herumläuft und blindwütig tötet.*

amoralisch ⟨Adj.; attr. und als Artangabe⟩: *sich über die herrschende*

Moral hinwegsetzend, ohne sittliche Maßstäbe; moralisch verwerflich: eine amoralische Lebensführung, Handlungsweise; nach amoralischen Grundsätzen leben; sein Verhalten ist a.; a. leben, handeln.

Amortisation, die; der Amortisation, die Amortisationen ⟨Mehrz. selten⟩: **1)** /Wirtsch./ *allmähliche Tilgung einer Schuld nach vorgegebenem Plan:* eine kurzfristige, langfristige A.; die A. des aufgenommenen Bauspardarlehens erstreckt sich über 10 Jahre, erfolgt innerhalb von 10 Jahren. **2)** (bildungsspr.) *Deckung der für ein Investitionsgut aufgewendeten Anschaffungskosten durch den mit dem Investitionsgut erwirtschafteten Ertrag:* durch den verminderten Getreideanbau und durch die witterungsbedingten Flurschäden verzögert sich die A. des teuren Mähdreschers.

amortisieren, amortisierte, hat amortisiert ⟨tr.⟩: **1)** etwas a.⟩: /Wirtsch./ *eine Schuld nach einem vorgegebenen Plan allmählich tilgen:* eine Hypothek, ein Darlehen, eine Grundschuld a. **2)** (bildungsspr.): **a)** ⟨etwas a.⟩: *die Anschaffungskosten für ein Investitionsgut durch den mit diesem erwirtschafteten Ertrag decken bzw. wieder flüssig machen:* wir werden die Waschmaschine in spätestens zwei Jahren amortisiert haben. **b)** ⟨etwas amortisiert sich⟩: *die Anschaffungskosten durch Ertrag wieder einbringen* (auf Investitionsgüter bezogen): ein Pkw. wird sich bei einem Privatmann, der den Wagen nur zum Vergnügen fährt, niemals a.

Amouren [amurᵉn], die ⟨Mehrz.⟩ (veraltet, aber noch scherzh.): *Liebschaften, Liebeserlebnisse, Liebesabenteuer* (fast ausschließlich vom Standpunkt des Mannes aus gesehen): seine zahlreichen A. haben ihn für die Liebe verdorben.

amourös [amuröß] ⟨Adj.; nur attr.; ohne Vergleichsformen⟩: **a)** *mit der Liebe zusammenhängend, Liebschaften betreffend:* amouröse Abenteuer, Neigungen. **b)** *der Liebe zugetan, verliebt:* ein amouröses Wesen.

Ampulle, die; der Ampulle, die Ampullen: /Med., Pharm./ *kleiner, keimfrei verschlossener (zugeschmolzener) Glasbehälter für Injektionslösungen:* eine Packung mit fünf Ampullen Morphium; eine A. aufsägen.

Amputation, die; der Amputation, die Amputationen: /Med./ *operative Absetzung (Abtrennung) eines endständigen Körperteils (insbes. von Gliedmaßen mit Durchtrennung des Knochens):* eine A. des Fußes, der Hand, des Unterschenkels dicht unterhalb des Kniegelenks, der Gebärmutter, der weiblichen Brust; eine A. vornehmen.

amputieren, amputierte, hat amputiert ⟨tr.⟩: /Med./: **a)** ⟨etwas a.⟩: *einen endständigen Körperteil, insbesondere eine Gliedmaße, operativ abtrennen:* einen Finger, einen Arm, das Bein, das männliche Glied, den Unterschenkel bis zum Knie a.; sie mußten ihm den Fuß a. **b)** ⟨jmdn. a.⟩: *an jmdm. eine Amputation vornehmen:* sie mußten ihn dringend [am Arm] a., um eine Ausbreitung der Nekrose zu verhindern; er ist [am Bein] amputiert.

Amulett, das; des Amulett[e]s, die Amulette: *kleinerer, als Anhänger (vor allem um den Hals) getragener Gegenstand in Form eines Medaillons, eines Kreuzes, eines Symbolzeichens u. dgl., dem besondere unheilabwehrende Zauberkräfte zugeschrieben werden:* ein A. auf der Brust, um den Hals tragen.

amüsant ⟨Adj.; attr. und als Artangabe⟩: *Vergnügen bereitend, ergötzlich, belustigend, unterhaltsam:* eine amüsante Geschichte, Unterhaltung; ein amüsantes Abenteuer erleben; sie ist eine amüsante Frau; sein Bericht war sehr a.; er kann sehr a. erzählen.

amüsieren, amüsierte, hat amüsiert ⟨tr. und refl.⟩: **1)** ⟨jmdn. a.⟩: *jmdn. erheitern, belustigen; jmdm. Vergnügen bereiten:* der Gedanke, die Vorstellung, sein verdutztes Gesicht amüsierte mich; selbst nackte Playgirls vermochten ihn nicht mehr zu

anarchisch

a.; ich habe ihn offensichtlich mit meinem Bericht amüsiert. **2a)** ⟨sich a.⟩: *sich angenehm die Zeit vertreiben, sich vergnügen, seinen Spaß haben:* sich toll (ugs.), köstlich, königlich a.; man sich dabei, dort, auf der Reeperbahn, in Kopenhagen, genügend a. **b)** ⟨sich über etwas oder jmdn. a.⟩: *sich über etwas oder jmdn. lustig machen, belustigen:* sie a. sich über mich und mein ausgefallenes Hobby; die Studenten amüsierten sich darüber, daß der Professor selbst bei strahlendem Sonnenschein nur mit Regenschirm spazierenging.

analog ⟨Adj.; attr. und als Artangabe; ohne Vergleichsformen⟩: /nicht auf Personen bezogen/ *entsprechend, ähnlich, vergleichbar; gleichartig, übereinstimmend:* analoge Verhältnisse, Bedingungen, Erscheinungen; in analogen Fällen; in analoger Weise; a. den Bestimmungen; a. der älteren Rechtsauffassung; das neue Parteiprogramm ist [zu] dem früheren a.; diese Fälle sind [durchaus, ganz] a.; eine Gesetzesvorschrift ist a. [zu einer anderen, zu einem ähnlichen Fall] anwendbar; diese Fälle sind a. zu behandeln.

Analogie, die; der Analogie, die Analogien: *Entsprechung, Ähnlichkeit, Gleichheit von Verhältnissen, Übereinstimmung:* die [un]vollständige, teilweise, auffallende A. der Meinungen, Vorschläge; zwischen diesen beiden Mordfällen besteht eine [geheimnisvolle, versteckte, offensichtliche] A. [im Motiv, in der Ausführung]; die verschiedenen Vorschläge zeigen nur in einem Punkt eine A., weisen nur in einem Punkt eine A. auf; dieses Schlagwort wurde in A. zu früheren erfolgreichen Slogans für den Wahlkampf ausgewählt.

Analphabet [auch: ...bet], der; des Analphabeten, die Analphabeten: *jmd., der des Lesens und Schreibens unkundig ist:* es gibt leider immer noch sehr viele Analphabeten in diesem Land.

Analyse, die; der Analyse, die Analysen: **1)** *systematische Untersuchung eines Gegenstandes oder Sachverhaltes hinsichtlich aller einzelnen Komponenten oder Faktoren, die seine Realität begründen:* eine gründliche, sorgfältige, sachgerechte, nüchterne, kritische, nähere, oberflächliche, schriftliche A.; eine A. der Marktlage, des Wahlergebnisses, der öffentlichen Meinung, der Gesellschaftsstruktur, einer Handschrift, eines Charakters, der Persönlichkeitsstruktur eines Menschen; eine A. durchführen, machen, anstellen, vornehmen, erbitten, anfordern. **2)** /Chem./ *Ermittlung der Einzelbestandteile von zusammengesetzten Stoffen oder Stoffgemischen mit chem. oder physikal. Methoden:* eine quantitative (= hinsichtlich der vorhandenen Menge eines Einzelstoffs), qualitative (= hinsichtlich der Beschaffenheit der Einzelstoffe) A. durchführen.

Anämie, die; der Anämie, die Anämien: /Med./ *jede Erkrankung, die auf einer Verminderung des roten Blutfarbstoffs und meist auch der roten Blutkörperchen im Blut beruht, Blutarmut:* er leidet an einer schweren, perniziösen A.

analysieren, analysierte, hat analysiert ⟨tr.; etwas, jmdn., sich a.⟩: *einen Gegenstand oder Sachverhalt (selten auch: eine Person oder sich selbst) hinsichtlich aller einzelnen Komponenten oder Faktoren, die seine Realität begründen, eingehend untersuchen:* die Marktlage, das Wahlergebnis, eine Handschrift, sich selbst, eine andere Person a.

Anamnese, die; der Anamnese, die Anamnesen: /Med./ *Vorgeschichte einer Krankheit nach den Angaben des Patienten:* eine A. aufnehmen, erheben; jmds. A. kennen.

Anarchie, die; der Anarchie, die Anarchien ⟨Mehrz. selten⟩ (bildungsspr.): *[Zustand der] Herrschafts-, Gesetzlosigkeit; Auflösung einer bestehenden Ordnung:* in A. fallen, in A. versinken; es herrscht [offene, politische, moralische] A.

anarchisch ⟨Adj.; attr. und als Artangabe⟩ (bildungsspr.): *gesetzlos, ohne feste Ordnung; chaotisch:* dort

Anekdote

herrschen anarchische Zustände; die Verhältnisse in diesem Land sind a.; a. leben.

Anekdote, die; der Anekdote, die Anekdoten: *kurze, pointierte, oft witzige Geschichte, die eine Persönlichkeit, eine soziale Schicht, eine Epoche u. a. charakterisiert:* eine kleine, lustige, unbekannte A.; eine A. vom Alten Fritz, aus dem Dreißigjährigen Krieg erzählen; Anekdoten um Adenauer.

Angina, die; der Angina, die Anginen ⟨Mehrz. selten⟩: /Med./ *Hals-, Rachen-, Mandelentzündung, durch unspezifische Erreger hervorgerufene Infektionskrankheit im Bereich des lymphatischen Gewebes des Hals- und Rachenraums:* er hat eine leichte, schwere, fieberhafte A.

Animosität, die; der Animosität, die Animositäten ⟨Mehrz. selten⟩ (bildungsspr.): *ablehnende, feindselige Grundeinstellung, Abneigung; Erbitterung:* eine [heftige, unüberwindliche] A. gegen jmdn. haben; voller A. sein.

Annalen, die ⟨Mehrz.⟩ (bildungsspr.): *Jahrbücher, chronologisch geordnete Geschichtswerke:* in den A. des zweiten Weltkriegs, des 20. Jh.s; etwas steht in den A., ist in den A. aufgezeichnet; das wird in die A. [der Geschichte] eingehen *(= wird niemals vergessen werden).*

annektieren, annektierte, hat annektiert ⟨tr., etwas a.⟩: /Pol./ *etwas gewaltsam und widerrechtlich in seinen Besitz bringen* (von einem Staat oder von der Regierung eines Landes hinsichtlich der Aneignung fremder Landes- oder Gebietsteile gesagt): Hitler hatte 1968 das Sudetenland annektiert.

anno, häufiger **Anno:** *im Jahre:* im Frühjahr a. 1870/71; A. dazumal (ugs.; *= ganz früher, in alter Zeit);* A. Tobak (ugs.; *= in längst vergangener Zeit);* A. Domini *(= im Jahre des Herrn, nach Christi Geburt).*

annoncieren [anõŋsiːrᵉn], annoncierte, hat annonciert ⟨tr. und intr.⟩: **a)** ⟨intr.⟩: *eine Zeitungsanzeige aufgeben:* in einer Tageszeitung, in einer Illustrierten, im Mitteilungsblatt der Gemeinde [mehrfach, mehrmals, dreimal, wöchentlich] a.; wer annonciert, steigert seinen Umsatz. **b)** ⟨tr., etwas a.⟩: *etwas durch eine Annonce ankündigen:* das Erscheinen eines Buchs, eine Neuauflage, einen Film a.

Annonce [anõŋsə], die; der Annonce, die Annoncen: *private oder geschäftliche Anzeige in einer Zeitung oder Zeitschrift:* eine kleine, große, verschlüsselte A.; eine A. aufgeben, in die Zeitung setzen, [in der Zeitung] anstreichen; die Annoncen lesen; sich auf eine A. [hin] melden, bewerben.

annullieren, annullierte, hat annulliert ⟨tr., etwas a.⟩: *etwas [von Amts wegen] für ungültig, für nichtig erklären:* ein Gesetz, einen Vertrag, einen Pakt, ein Gerichtsurteil, eine Ehe a.

anonym ⟨Adj.; attr. und als Artangabe; ohne Vergleichsformen⟩: **a)** /nur auf Personen bezogen/ *ungenannt; unbekannt:* ein anonymer Verfasser, Briefschreiber, Auftraggeber, Anrufer; a. bleiben *(= im Hintergrund bleiben).* **b)** *namenlos:* die anonyme Masse der Fußballanhänger; die anonyme Schar der Fernsehteilnehmer; diesen Film hat irgendein anonymer Regisseur gemacht. **c)** /nur auf Sachen oder Vorgänge bezogen/ *von unbekannter Hand, von einem unbekannten Urheber:* einen anonymen Brief, Telefonanruf bekommen; eine anonyme Anzeige; der Telefonanruf war a.; das Buch ist a. *(= unter einem Decknamen) erschienen.*

Anonymität, die; der Anonymität ⟨ohne Mehrz.⟩: *Unbekanntheit des Namens; Namenlosigkeit:* seine A. lüften, aufgeben, preisgeben; die A. wahren; etwas im Schutze der A. tun; sich in die A. flüchten; aus der A. heraustreten; in der A. [der Großstadt] untertauchen; aus der A. auftauchen.

Anorak, der; des Anoraks, die Anoraks: *Windbluse mit angearbeiteter Kapuze:* sie trägt einen blauen, roten, gefütterten A.

Antenne, die; der Antenne, die Antennen: a) *Vorrichtung zum Senden oder Empfangen elektromagnetischer Wellen:* eine A. anbringen, installieren; die A. erden; die A. [auf den nächstgelegenen Sender] einstellen, ausrichten; die A. (am Auto) herausziehen. b) *Gefühl, Sinn:* keine, die richtige A. für etwas haben.

Antialkoholiker, der; des Antialkoholikers, die Antialkoholiker: *Alkoholgegner:* er ist ein erklärter, überzeugter, fanatischer A.

Antibiotikum, das; des Antibiotikums, die Antibiotika: /Med./ *biologischer Wirkstoff aus Stoffwechselprodukten von Mikroorganismen, der andere Mikroorganismen im Wachstum hemmt oder abtötet:* Penizillin ist ein hochwirksames A.; ein A. anwenden, spritzen, verabreichen.

antik ⟨Adj.; attr. und als Artangabe; ohne Vergleichsformen⟩: **1)** ⟨gew. nur attr. und präd.⟩: *dem klassischen Altertum angehörend, auf das klassische Altertum zurückgehend:* ein antiker Krug, Schriftsteller, Philosoph; ein antikes Kunstdenkmal; das antike Erbe, Drama, Weltbild; dieser Becher ist a. **2)** /auf Sachen, bes. Einrichtungsgegenstände, bezogen/ *altertümlich:* antike Möbel; a. eingerichtet sein; ein antikes Schlafzimmer haben; dieser Schrank ist a.

Antike, die; der Antike ⟨ohne Mehrz.⟩: *das klassische Altertum und seine Kultur:* die griechische, römische A.

Antipathie, die; der Antipathie, die Antipathien ⟨Mehrz. selten⟩ bildungsspr.): /meist im Ggs. zu → Sympathie/ *Abneigung, Widerwille gegen jmdn.* (seltener auch: *gegen etwas):* eine unerklärliche, unüberwindliche, ausgesprochene, starke, heftige, persönliche A. gegen eine Person, gegen Hunde, Katzen, gegen eine Partei, gegen den Klerus, gegen Hosenträger haben.

Antiquar, der; des Antiquars, die Antiquare: *jmd., der berufsmäßig mit Altertümern handelt, Altbuchhändler:* etwas beim A. erwerben, über den A. bekommen, beziehen.

Antiquariat, das; des Antiquariat[e]s, die Antiquariate: a) *Altbuchhandlung:* in einem A. [herum]stöbern (ugs.) b) *Altbuchhandel:* Bücher im A. erwerben.

antiquarisch ⟨Adj.; attr. und als Artangabe, aber nicht präd.; ohne Vergleichsformen⟩: *im Antiquariat, über ein Antiquariat, gebraucht:* antiquarische Bücher; ein Buch a. bestellen, kaufen, erwerben, bekommen, beziehen; diese Noten sind nur noch a. vorhanden.

antiquiert ⟨Adj.; attr. und als Artangabe⟩ (bildungsspr.): *veraltet, nicht mehr zeitgemäß, altmodisch, von vorgestern:* antiquierte Ansichten; eine antiquierte Methode, Unternehmensführung; ein antiquiertes Parteiprogramm; die Studienordnung an den deutschen Hochschulen ist a.; a. anmuten, aussehen, denken.

apart ⟨Adj.; attr. und als Artangabe⟩: *von eigenartigem Reiz; geschmackvoll* (auf Personen und Sachen bezogen): eine aparte Krawatte, aparte Schuhe; ein apartes Negligé; ein apartes Mädchen; eine aparte Frau; eine aparte Erscheinung; dein Wildlederkostüm ist sehr a.; a. gekleidet, angezogen sein.

Apartment [ᵉpɑ'rtmᵉnt], das; des Apartments, die Apartments (bildungsspr.): *Kleinstwohnung [in einem meist luxuriösen Mietshaus]:* ein A. in einem Hochhaus mieten, bewohnen.

Apathie, die; der Apathie, die Apathien ⟨Mehrz. ungebr.⟩: *stumpfe Teilnahmslosigkeit:* in A. fallen, versinken; in [völliger] A. verharren; jmdn. aus seiner A. herausreißen.

apathisch ⟨Adj.; attr. und als Artangabe⟩: *teilnahmslos, auf äußere Reize nicht oder kaum ansprechend:* einen apathischen Gesichtsausdruck haben; einen apathischen Eindruck machen; ganz a. aussehen; völlig a. dasitzen, im Bett liegen; er ist seit zwei Tagen völlig a.

Aperitif, der; des Aperitifs, die Aperitifs, auch: die Aperitife: *appetitanregendes alkoholisches Getränk:* einen A. nehmen (= *trinken).*

apostrophieren, apostrophierte, hat apostrophiert ⟨tr.⟩ (bildungsspr.): **1a)** ⟨jmdn. a.⟩: *jmdn. feierlich oder gezielt anreden; sich deutlich auf jmdn. beziehen:* zu Beginn seines Vortrags apostrophierte er den Altbundeskanzler mit wohlgesetzten, feierlichen Worten; mit dieser Bemerkung wollte er mich a. **b)** ⟨etwas a.⟩: *etwas besonders erwähnen, sich auf etwas beziehen:* er apostrophierte immer wieder die Leistung und politische Bedeutung seiner Partei für den Wiederaufbau Deutschlands. **2)** ⟨jmdn., etwas als etwas a.⟩: *jmdn. oder etwas in einer bestimmten Eigenschaft herausstellen, als etwas bezeichnen:* einen Menschen als gescheit, dumm, clever, als Mäzen, als Freund der Armen a.; ein Auto als schnittig, schnell, als Sportwagen a.

Apotheke, die; der Apotheke, die Apotheken: **1)** *Gewerbebetrieb für den Verkauf* (seltener: *für die Herstellung*) *von Heilmitteln:* eine A. eröffnen, besitzen, leiten; ein Medikament in einer A. kaufen. **2)** /meist in Zus. wie: Hausapotheke, Reiseapotheke/ *Schränkchen oder Behältnis zur privaten Aufbewahrung von Heilmitteln für den Haus- oder Reisebedarf.* **3)** /übertr./ (ugs.) *teurer Laden, Geschäft, das für seine hohen Preise bekannt ist:* dieses Geschäft ist eine richtige A.; in dieser A. kaufe ich keinen Anzug.

Apotheker, der; des Apothekers, die Apotheker: **1)** *jmd., der die Berechtigung zur Leitung einer Apotheke erworben hat:* er ist A. **2)** /übertr./ (ugs.) *Inhaber eines als teuer bekannten Geschäftes:* diese (teuren) Schuhe kann dir nur ein A. angedreht haben.

Apparat, der; des Apparat[e]s, die Apparate: **1)** *zusammengesetztes mechanisches, elektrisches, optisches Gerät:* ein hochempfindlicher, komplizierter A.; einen A. einschalten, ausschalten, bedienen; ein A. funktioniert. – /dazu verschiedene alltagsspr. Sonderanwendungen, die auf Kurzbezeichnungen beruhen/: **a)** *Fernsprecher:* am A. sein, bleiben; jmdn. an den A. rufen [lassen], holen [lassen]; Münzen in den A. [hinein]werfen, hineinstecken; in den A. rufen. **b)** *Radio-, Fernsehgerät:* den A. einschalten, ausschalten, anmachen, ausmachen, einstellen, abstellen. **c)** *Elektrorasierer:* mein A. hat einen verstellbaren Scherenkopf. **d)** *Photoapparat:* seinen A. dabeihaben, mitnehmen, mitbringen. **2)** ⟨Mehrz. selten⟩: *Gesamtheit der zu einer Institution gehörenden Menschen und [technischen] Hilfsmittel:* der militärische, parteipolitische, verwaltungstechnische, bürokratische A.; der umständliche, schwerfällige, kostspielige, komplizierte A. der deutschen Gerichte. **3)** (salopp) *Gegenstand, der durch seine außergewöhnliche Größe oder durch seine ungewöhnliche Beschaffenheit Aufsehen erregt* (gelegentlich auch auf Personen bezogen): mit einem solchen A. *(= Hut)* auf dem Kopf würde ich mich als Frau nicht unter die Leute wagen; ein toller A. von einem Busen; Mann, hat der einen A. *(= Penis)*!; mit diesem A. *(= mit dieser Frau)* möchte ich nicht verheiratet sein!

Apparatur, die; der Apparatur, die Apparaturen: *Gesamtanlage zusammengehörender Apparate und Instrumente:* eine kostspielige, hochempfindliche, komplizierte A.

Appartement [apart^{e}mang, schweiz. auch: ...mänt], das; des Appartements, die Appartements (schweiz. auch: die Appartemente) (bildungsspr.): **1)** *komfortable Kleinwohnung:* ein A. [mit Kochnische] in einem Hochhaus mieten, bewohnen. **2)** *Zimmerflucht in einem größeren Hotel:* wir werden uns ein A. im Palast-Hotel nehmen; wir werden ein ganzes A. für uns haben.

Appell, der; des Appells, die Appelle: **1)** *an eine Person (bzw. an einen ansprechbaren Bezirk in ihr), an eine Personengruppe oder an eine Institution gerichteter [mahnender] Aufruf,* insbesondere: *aufrüttelnder Mahnruf zu einem bestimmten Verhalten:* einen dringenden, beschwörenden A. an die Weltöffentlichkeit richten; der A. an die [männliche, weibliche] Eitelkeit, an das Ehrgefühl, an das Gewissen, an die Vernunft; der A. zur Mäßigung, Einigkeit, Zusammenarbeit, Standhaftigkeit, zum Durchhalten; der A. an die Demonstranten zur Auflösung der Protestversammlung (auch: die Protestversammlung aufzulösen) blieb unbeachtet, wurde nicht beachtet, verhallte ungehört; der Vertreter der USA wandte sich mit einem flammenden A. an die Vereinten Nationen, die Kriegführenden zur sofortigen Feuereinstellung zu veranlassen. **2)** /im militär. Bereich oder im Bereich militärähnlich aufgebauter Organisationen/ *Antreten, [dienstplanmäßig befohlene] ordnungsgemäße Aufstellung einer Einheit zur Entgegennahme einer bestimmten Nachricht oder eines Befehls:* zum [morgendlichen, abendlichen, außerplanmäßigen] A. erscheinen, antreten; sich zum A. aufstellen; einen A. abhalten; einen überraschenden A. ansetzen.

appellieren, appellierte, hat appelliert ⟨intr.; an jmdn., etwas. a.⟩: *sich mit einem ernsten Mahnruf an jmdn. oder etwas wenden; einen bestimmten Bezirk eines Menschen gezielt ansprechen:* an die Wähler, an die Jugendlichen, an die Vernunft, an die Einsicht der Besonnenen, an das Gewissen der Nation, an jmds. Humor, an jmds. Eitelkeit a.

Appetit, der; des Appetit[e]s, die Appetite ⟨Mehrz. ungebr.⟩: **a)** *Eßlust, Hunger:* einen großen, starken, gesunden, gesegneten A. haben; keinen A. haben; A. auf etwas (seltener auch: nach etwas) haben; A. auf Kuchen, Fleisch, Kaviar, frisches Obst, darauf haben; A. nach Näschereien haben; sich eines gesegneten Appetits erfreuen (ironisch i. S. von: *immer viel essen*); A. bekommen; der A. kommt beim Essen; guten A.! (Zuspruch beim Essen); seinen A. verlieren; jmdm. [mit etwas, durch etwas] den A. verderben; wenn man dir beim Essen zusieht, vergeht einem der [ganze] A.; diese Nachricht hat mir den A. verschlagen, hat mir den A. genommen; die köstlichen Auslagen in den Feinkostgeschäften reizen den A.; ein Aperitif vor den Mahlzeiten regt den A. an, steigert den A.; wer abnehmen will, muß vor allem seinen A. zügeln; hoffentlich bringt ihr heute abend einen tüchtigen Appetit mit!; der entwickelt einen ganz schönen A.! (ugs.); in diesem Lokal kann man Austern mit [gutem] A. (= *mit Genuß, ohne Bedenken*) essen; er stocherte lustlos in seinem Teller herum. Er aß offensichtlich ohne [rechten] A. **b)** /übertr./ (bildungsspr.) *heftiges Verlangen nach etwas:* ich habe A. auf ein gutes Glas Wein, auf eine amerikanische Zigarette, nach einem spannenden Kriminalfilm, nach einem guten Buch, auf ein knuspriges Mädchen (salopp).

appetitlich ⟨Adj.; attr. und als Artangabe⟩: **a)** *appetitanregend, zum Verzehr reizend; sauber, hygienisch einwandfrei:* die Butter ist a. verpackt; das Essen ist a. zubereitet; die Marmelade ist nicht [mehr] a.; in einem appetitlichen Lokal, von einem appetitlichen Teller essen; Herr Ober, bitte bringen Sie mir eine appetitlichere Serviette! **b)** /übertr./ *von ansprechendem Äußeren, adrett:* ein appetitliches Mädchen; dieser junge Mann ist nicht gerade a.

applaudieren, applaudierte, hat applaudiert ⟨intr.⟩: **a)** *Beifall klatschen:* begeistert, stürmisch, lebhaft, heftig, pro forma, an der falschen Stelle a. **b)** ⟨jmdm., einer Sache a.⟩: *jmdm., einer Sache Beifall spenden:* Das Publikum applaudierte dem jungen Pianisten für seinen gelungenen musikalischen Vortrag; das Publikum applaudierte [begeistert] seinem gelungenen Vortrag.

Applaus, der; des Applauses, die Applause ⟨Mehrz. ungebr.⟩: *Beifall, Händeklatschen, beifällige Zustimmung:* großer, heftiger, lebhafter, begeisterter, [lang]anhaltender, stürmischer, donnernder, dröhnender, schwacher, kurzer, mäßiger, gedämpfter A.; der A. setzt ein, bricht los, verrauscht, verebbt; A. spenden, bekommen, ernten; den A. [nicht] verdient haben; nicht mit A. geizen; jmdn. mit A. begrüßen, empfangen.

Approbation, die; der Approbation, die Approbationen (bildungsspr.): *staatliche Zulassung (zur Berufsausübung) als Arzt oder Apotheker:* jmdm. die A. erteilen, verweigern, entziehen; seine A. verlieren.

approbiert ⟨Adj.; nur attr.; ohne Vergleichsformen⟩ (bildungsspr.): *zur Berufsausübung staatlich zugelassen* (auf Ärzte und Apotheker bezogen): ein approbierter [Tier]arzt; der seit zehn Jahren, in Österreich approbierte Zahnarzt.

a priori, 1) /Phil./ *von der Erfahrung oder Wahrnehmung unabhängig, rein begrifflich:* gibt es Aussagen, die a priori gültig sind? 2) (bildungsspr.) *von vornherein, grundsätzlich:* in diesem Mordfall ist a priori jeder der Anwesenden verdächtig.

Aquarell, das; des Aquarells, die Aquarelle: /Malerei/ *mit Wasserfarben gemaltes Bild:* an der Wand hing ein A. von Picasso.

Aquarium, das; des Aquariums, die Aquarien [...i^{e}n]: **a)** *Glasbehälter zur Aufzucht, Pflege und Beobachtung von kleinen Wassertieren und Wasserpflanzen:* Fische im A. halten. **b)** *Gebäude mit zahlreichen kleineren Aquarien zur Ausstellung von Wassertieren (meist in einem zoolog. Garten):* wir haben das A. des Berliner Zoos besucht.

Äquator, der; des Äquators ⟨ohne Mehrz.⟩: *größter Breitenkreis, der die Erde in eine nördliche und eine südliche Hälfte teilt:* den Ä. überqueren, passieren, kreuzen.

Ära, die; der Ära, die Ären ⟨Mehrz. ungebr.⟩ (bildungsspr.): *Zeitalter, größerer Zeitabschnitt:* die Entdeckung der Atomkraft leitete eine neue Ä. ein; die Ä. Adenauer *(= der von Adenauer als Bundeskanzler geprägte Zeitabschnitt der deutschen Geschichte);* eine neue Ä. bricht an, zieht herauf; eine Ä. geht zu Ende.

Architekt, der; des Architekten, die Architekten: *auf einer Hochschule ausgebildeter Fachmann auf dem Gebiet des Bauwesens:* er ist [gelernter] A.

Architektur, die; der Architektur, die Architekturen: **1a)** ⟨Mehrz. selten⟩: *Baukunst:* die antike, griechische, moderne A.; A. studieren. **b)** ⟨Mehrz. selten⟩: *Baustil:* die einfache, großartige, prachtvolle, barocke, maurische, ungewöhnliche, kühne A. eines Gebäudes. **2)** ⟨meist Mehrz.⟩ (bildungsspr., selten): *bautechnische Einzelheit, in sich geschlossenes Bauelement:* die einzelnen geometrischen Architekturen an der Fassade des Bauwerks sind harmonisch zu einem Ganzen verwoben.

Archiv [...if], das; des Archivs, die Archive [...w^e] (bildungsspr.): **a)** *Urkunden-, Dokumentensammlung:* ein umfangreiches, zeitgeschichtliches A.; ein A. anlegen, erweitern. **b)** *Raum oder Gebäude für die Aufbewahrung von gesammelten Urkunden oder Dokumenten:* im A. arbeiten; etwas im A. der Tageszeitung finden.

Areal, das; des Areals, die Areale (bildungsspr.): *Bodenfläche, Gelände:* das Fabrikgelände umfaßt ein riesiges A.

Arena, die; der Arena, die Arenen: **a)** *Kampfplatz, Kampfbahn:* in die A. treten. **b)** /übertr./ (bildungsspr.) *Schauplatz:* die politische, militärische A.

Argument, das; des Argument[e]s, die Argumente: *Beweisgrund, Rechtfertigungsgrund; Begründung:* ein starkes, gewichtiges, einleuchtendes, überzeugendes, schwaches A.; Argumente für etwas, gegen etwas vorbringen, anführen, ins Feld führen; sich jmds. Argumente zu eigen machen; sich jmds. Argumenten verschließen.

Argumentation, die; der Argumentation, die Argumentationen: *Darlegung der Argumente, Beweisführung:* deine A. ist irgendwie schief.

argumentieren, argumentierte, hat argumentiert ⟨intr.⟩: *Argumente vorbringen, seine Gründe oder Beweise darlegen:* er argumentierte [so, dahingehend], daß ...

Argusaugen, die ⟨Mehrz.⟩; gewöhnlich nur in der präpositionalen Fügung: *mit Argusaugen (bildungsspr.): mit scharfen, wachsamen Augen; kritisch, mißtrauisch:* jmdn., etwas mit A. beobachten, bewachen; über jmdn., etwas mit A. wachen; mit A. aufpassen.

Arie [*arie*], die; der Arie, die Arien: *Sologesangstück mit Instrumentalbegleitung (bes. in Oper und Oratorium):* die A. des Sängers aus dem „Rosenkavalier", im „Rosenkavalier"; die A. der Agathe aus dem „Freischütz" singen; eine A. schmettern (ugs.).

Armee, die; der Armee, die Armeen: **1 a)** *Gesamtheit aller Streitkräfte eines Landes, Heer:* die russische, amerikanische, sieggewohnte, schlagkräftige, zerschlagene A.; in die A. eintreten; aus der A. austreten, entlassen werden; in der A. dienen. **b)** *großer Truppenverband, Heereseinheit, Heeresabteilung (im Kriege):* die erste, zweite, sechste A. [unter General X]; die verschiedenen deutschen Armeen an der Westfront. **2)** /übertr./ *sehr große Anzahl, Unzahl:* eine ganze A. von Vertretern fällt täglich in die Großstädte ein.

Aroma, das; des Aromas, die Aromen und Aromata, alltagsspr. auch: die Aromas: **1)** *würziger Duft, Wohlgeruch; stark ausgeprägter Eigengeruch oder Eigenschmack (insbes. eines pflanzlichen Genußmittels):* ein feines, gutes, starkes, eigenartiges, köstliches, schwaches, unangenehmes, aufdringliches, natürliches A.; dieser Kaffee hat kein A.; der schwarze Würztabak gibt, verleiht dieser Zigarette ein kräftiges A. **2)** *natürlicher oder künstlicher Geschmacksstoff für Lebensmittel, Speisen oder Getränke, Würzmittel:* einem Kuchenteig, einem Getränk ein A. zusetzen.

aromatisch ⟨Adj.; attr. und als Artangabe⟩: *würzig, wohlriechend, wohlschmeckend:* ein aromatischer Kaffee, Tee, Honig, Tabak, Südwein; aromatische Weintrauben, Birnen; a. duften; dieser Kaffee ist wirklich sehr a.

Arrangement [*arangsch^emang*], das; des Arrangements, die Arrangements: **1)** (bildungsspr.): **a)** (selten) *Anordnung, künstlerische Gestaltung, Zusammenstellung:* das A. [einer Gesellschaftsreise, eines musikalischen Abends, einer Hochzeitsfeier] übernehmen; sich um das A. einer Veranstaltung kümmern. **b)** *[künstlerisch] Angeordnetes, aus einzelnen Komponenten geschmackvoll zusammengestelltes Ganzes:* ein reizvolles, hübsches A. von Blumen; ein kunstvolles A. aus verschiedenen pikanten Salaten, aus kalten Platten, Pasteten u. a. **2)** (bildungsspr.) *Übereinkunft, Vereinbarung:* zu einem A. kommen; ein A. mit einer Person, einer Personengruppe, einer Institution u. dgl. treffen, finden; ein [befriedigendes, vernünftiges] A. zwischen mehreren Partnern oder Gegnern. **3)** /Mus./ *Bearbeitung eines Musikstücks für andere Instrumente, als für die es geschrieben ist, oder für ein Orchester:* das A. dieses Potpourris besorgte, schrieb Helmut Zacharias; die Titelmelodie aus dem Film „Doktor Schiwago" in einem A. für kleines Orchester.

arrangieren, arrangierte, hat arrangiert ⟨tr. u. refl.⟩: **1)** ⟨etwas a.⟩: **a)** (bildungsspr.) *sich um die Vorbereitung und den planvollen Ablauf einer Sache kümmern:* ein Fest, einen Diskussionsabend, ein Podiumsgespräch, eine Reise, ein Festessen a.; die Demonstration war bestens, geschickt arrangiert. **b)** (alltagsspr.) *in die Wege leiten, zustande bringen:* ich werde das schon a.; das wird sich a. lassen; ein vertrauliches Gespräch zwischen mehreren Personen a.; kannst du für mich nicht [beiläufig, unauffällig] eine Begegnung, ein Abenteuer mit dieser Frau a.?; ein raffiniert arrangiertes Zusammentreffen. **2)** ⟨etwas a.⟩: /Mus./ **a)** *ein Musikstück für andere Instrumente, als für die es geschrieben ist, oder für Orchester bearbeiten:* eine

Arrest

Violinsonate für Klavier a. b) *eine Schlagermelodie für die einzelnen Instrumente eines Unterhaltungsorchesters bearbeiten.* 3) ⟨sich a.⟩ (bildungsspr.): *eine Übereinkunft treffen, sich verständigen, sich zusammenraufen:* a) hier hilft nichts, als sich zu a.; die beiden Kontrahenten müssen sich a. b) ⟨sich mit jmdm., etwas a.⟩: wir müssen uns mit den Ostblockländern [in diesem Punkt, über die Frage des Atomverzichts] a.; sie arrangierten sich miteinander, daß ...

Arrest, der; des Arrestes, die Arreste: 1) /Rechtsw., Mil./ *leichte Freiheitsstrafe, Haft:* jmdn. in A. nehmen; [acht Tage] geschärften, verschärften A. bekommen. 2) *Nachsitzen in der Schule:* A. haben, bekommen, absitzen, schieben (salopp); einen Schüler mit zwei Stunden A. bestrafen.

arriviert [...*iw*...] ⟨Adj.; gew. nur attr.; gew. ohne Vergleichsformen⟩ (bildungsspr.): *erfolgreich, anerkannt:* ein arrivierter Mann, Geschäftsmann, Politiker, Boxer, Künstler, Schriftsteller.

arrogant ⟨Adj.; attr. und als Artangabe⟩: *anmaßend, dünkelhaft, eingebildet; herausfordernd:* ein arroganter Mensch, junger Mann, Bursche, Kerl; ein arrogantes Benehmen, Wesen, Auftreten haben; er ist [sehr, ganz schön, nicht] a.; a. auftreten, lächeln, abwinken; jmdn. a. behandeln; eine arrogante Miene aufsetzen; einen arroganten Ton jmdm. gegenüber anschlagen.

Arroganz, die; der Arroganz ⟨ohne Mehrz.⟩: *Dünkelhaftigkeit, anmaßendes Benehmen, Anmaßung, Überheblichkeit:* er tritt mit einer unglaublichen A. auf.

Arsenal, das; des Arsenals, die Arsenale: 1) *Zeughaus, Waffenlager, Gerätelager:* ein umfangreiches, ausgedehntes A. von Waffen, Pistolen, Jagdmessern; ein A. von Atombomben anlegen. 2) /übertr./ (bildungsspr.) *Vorrat[slager]; Sammlung:* ein A. von Whiskyflaschen, Tabakspfeifen. – /bildl./: aus dem A. seines Wissens, seiner Kenntnisse.

Arterie [...*ie*], die; der Arterie, die Arterien: /Med./ *Schlagader, Pulsader, Blutgefäß, das Blut vom Herzen zu einem Organ oder Gewebe hinführt (im Gegensatz zur →Vene):* das Blut spritzte aus der verletzten A.

Artikel, der; des Artikels, die Artikel: 1) *Handelsgegenstand, Ware:* ein gefragter, begehrter, gangbarer, beliebter, seltener, billiger, teurer A.; dieser Artikel geht bei uns gut, nicht (alltagsspr.; = *verkauft sich gut bzw. schlecht*). 2) *Zeitungsaufsatz, kürzere Abhandlung:* ein informativer, nichtssagender, kürzerer, längerer A.; einen A. schreiben, abfassen, veröffentlichen, lesen; ein A. erscheint in einer Zeitschrift. 3) *Abschnitt eines Gesetzes oder Vertrags:* nach A. 105 des Grundgesetzes; in Artikel 3 des Vertrags steht ... 4) /Gramm./ *Geschlechtswort:* der männliche, weibliche, sächliche, bestimmte, unbestimmte A.

Artist, der; des Artisten, die Artisten: *im Zirkus und Varieté auftretender Künstler (bes. für Geschicklichkeitsübungen):* er ist A.; die Artisten unter der Zirkuskuppel.

artistisch ⟨Adj.; attr. und als Artangabe⟩: 1a) ⟨nur attr.⟩: *den Artisten betreffend, auf den Artisten bezogen, Artisten...:* eine artistische Nummer im Varieté: eine artistische Glanzleistung. b) *wie ein Artist, wie bei einem Artisten, nach Art eines Artisten:* artistisches Können; artistische Fähigkeiten; seine Körperbeherrschung ist geradezu a.; a. turnen. 2) *ein Höchstmaß an körperlicher Gewandtheit und Geschicklichkeit besitzend bzw. aufweisend; seine technischen oder künstlerischen Mittel in Vollendung beherrschend:* die artistische Fingerfertigkeit eines Pianisten; die artistische Ballbehandlung des deutschen Rechtsaußen ist bewundernswert; die Sätze von Thomas Mann sind a. gebaut.

As, das; des Asses, die Asse: 1) *werthöchste Karte in vielen Kartenspielen:* keine Asse in der Hand haben; ein As ausspielen, abwerfen, drücken (ugs.). 2) (ugs.) *hervorragender Spitzenkönner*, bes.: *Sportskanone:* dieser Mann ist ein As; alle internationalen Asse der Leichtathletik waren bei dem Sportfest vertreten. 3) /Tennis/ *plazierter Aufschlagball, der vom Gegner nicht mehr zurückgeschlagen werden kann:* ein As servieren; mit vier Assen hintereinander gewann er Spiel und Satz.

Askese, die; der Askese ⟨ohne Mehrz.⟩: *streng enthaltsame und entsagende Lebensweise (insbes. zur Verwirklichung sittlicher und religiöser Ideale); Selbstüberwindung, Bußübung:* in [strenger] A. leben; sexuelle A. üben.

Asket, der; des Asketen, die Asketen (bildungsspr.): *enthaltsam [in Askese] lebender Mensch:* er ist ein A.

asketisch ⟨Adj.; attr. und als Artangabe⟩ (bildungsspr.): **a)** *entsagend, enthaltsam; Bußübungen verrichtend:* eine asketische Lebensweise; ein streng asketisches Leben führen; a. leben. **b)** *auf Askese hinweisend, wie ein Asket aussehend:* asketische Gesichtszüge; eine asketische Erscheinung.

asozial [selten auch: ...*ąl*] ⟨Adj.; attr. und als Artangabe⟩: *gesellschaftsschädigend; gemeinschaftsfremd:* asoziale Elemente; ein asoziales Verhalten; deine Ansichten sind ausgesprochen a.; mancher junge Mensch wird a., weil seine Eltern in der Erziehung versagen; nicht jeder Gammler lebt, verhält sich a.

Aspekt, der; des Aspekt[e]s, die Aspekte (bildungsspr.): *Blickrichtung, Betrachtungsweise, Blickpunkt; Gesichtspunkt; Ansicht, Anblick:* ein neuer, interessanter, ungewöhnlicher, kühner, schiefer A.; etwas unter einem ganz anderen, ethischen, sozialpolitischen A. sehen, betrachten; unter dem A. der deutschen Wiedervereinigung, der europäischen Integration, der Völkerverständigung; dadurch gewinnt, bekommt die Angelegenheit gleich einen freundlicheren A.; man kann selbst der trostlosesten Situation immer noch einen positiven A. abgewinnen.

Asphalt [*aßfalt*], der; des Asphalt[e]s, die Asphalte ⟨Mehrz. ungebr.⟩: *bes. als Straßenbelag verwendetes Gemisch aus Bitumen und Mineralstoffen:* spiegelnder, aufgeweichter A.

Aspik, der (östr. meist: das); des Aspiks, die Aspike ⟨Mehrz. ungebr.⟩: /Gastr./ *gallertartige Masse für Fisch-, Fleisch-, Geflügel-, Wild- oder Gemüseeinlagen:* Hering in A.

Aspirant, der; des Aspiranten, die Aspiranten: *Bewerber, Anwärter [auf ein Amt]:* ein neuer, hoffnungsvoller A.; es meldeten sich mehrere Aspiranten für, (seltener:) auf diesen Posten.

Assessor, der; des Assessors, die Assessoren: *Anwärter der höheren Beamtenlaufbahn nach der zweiten Staatsprüfung (im Schuldienst und bei der Justiz):* er ist A. [geworden].

Assistent, der; des Assistenten, die Assistenten: *Gehilfe, Mitarbeiter (bes. im wissenschaftlichen Dienst):* der A. von Professor X; der neue A. des Fußballbundestrainers. **Assistentin,** die; der Assistentin, die Assistentinnen.

Assistenz, die; der Assistenz, die Assistenzen ⟨Mehrz. ungew.⟩ (bildungsspr.): *Beistand, aktive Mithilfe:* der moderne Chirurg kann bei einer schwierigen Operation auf die A. eines Narkosefacharztes nicht verzichten.

assistieren, assistierte, hat assistiert ⟨intr.⟩: **a)** ⟨jmdm. a.⟩: /vorwiegend auf chirurgische Operationen bezogen/ *jmdm., der eine selbständige Arbeit ausführt, nach dessen Anweisungen zur Hand gehen; jmdn. bei einer Arbeit als Assistent unterstützen:* dem Zauberkünstler assistieren zwei hübsche Blondinen; ein ganzes Team von Spezialisten assistierte dem Operateur bei der Herztransplantation. **b)** *als Assistent (Arzt oder Schwester) für eine Operation eingeteilt sein:* „wer assistiert heute?" fragte Professor X.

Ästhet, der; des Ästheten, die Ästheten (bildungsspr.): *Mensch mit einem [übermäßig] stark ausgeprägten*

Ästhetik

Schönheitssinn: er ist ein ausgesprochener Ä.

Ästhetik, die; der Ästhetik, die Ästhetiken ⟨Mehrz. ungew.⟩: /Phil./ *Wissenschaft vom Schönen, Lehre von der Gesetzmäßigkeit und von der Harmonie in der Natur und in der Kunst.*

ästhetisch ⟨Adj.; attr. und als Artangabe⟩ (bildungsspr.): 1) ⟨nicht präd.; ohne Vergleichsformen⟩: *die Ästhetik betreffend, nach den Gesetzen der Ästhetik:* ästhetische Gründe, Gesichtspunkte, Maßstäbe; ein ästhetisches Problem; man muß diesen Film vor allem ä. werten, würdigen. 2) *schön, ansprechend, ausgewogen, geschmackvoll; köstlich, beglückend:* [k]ein ästhetischer Anblick, Genuß; dein verfleckter Anzug wirkt nicht gerade ä., sieht nicht gerade ä. aus, ist nicht gerade ä.

Asthma, das; des Asthmas ⟨ohne Mehrz.⟩: /Med./ *Atemnot, bei verschiedenen Krankheiten anfallsweise auftretende Kurzatmigkeit:* sie leidet unter [schwerem] A.

asthmatisch ⟨Adj.; attr. und als Artangabe; gew. ohne Vergleichsformen⟩: /Med./: **a)** *kurzatmig; an Asthma leidend:* ein asthmatisches Kind. **b)** *durch Asthma hervorgerufen, symptomatisch bei Asthma [auftretend]:* ein asthmatischer Husten; a. röcheln; a. husten; diese Anfälle sind a.

Astrologe, der; des Astrologen, die Astrologen: *jmd., der Astrologie betreibt, Sterndeuter:* sich von einem Astrologen ein Horoskop aufstellen lassen.

astrologisch ⟨Adj.; nur attr.; ohne Vergleichsformen⟩: *die Astrologie betreffend, zur Astrologie gehörend, mit den Mitteln der Astrologie erfolgend:* eine astrologische Zukunftsdeutung; eine astrologische Zeitschrift.

Astronaut, der; des Astronauten, die Astronauten: *Weltraumfahrer:* die beiden Astronauten an Bord der Mondlandefähre befinden sich wohlauf.

Astronomie, die; der Astronomie ⟨ohne Mehrz.⟩: *Stern-, Himmelskunde als exakte Naturwissenschaft:* A. studieren.

astronomisch ⟨Adj.; attr. und als Artangabe; ohne Vergleichsformen⟩: **1)** ⟨nicht präd.⟩: *die Astronomie betreffend, mit den Mitteln der Astronomie erfolgend, sternkundlich:* ein astronomisches Fernrohr; die mittlere Mondentfernung des Mondes von der Erde a. berechnen. **2)** ⟨nur attr. und präd.⟩: /übertr./ *unvorstellbar [groß], riesig:* das sind astronomische Zahlen; deine Forderungen nehmen allmählich astronomische Ausmaße an; die Preise in diesem Laden sind wirklich a.

Asyl, das; des Asyls, die Asyle: **1)** ⟨Mehrz. ungebr.⟩: *Zuflucht, Zufluchtsort, Freistätte:* [k]ein A. haben; A. suchen; jmdn., bei jmdm. um [politisches] A. bitten; jmdn. um A. ersuchen; in einer Botschaft um A. nachsuchen; einem Flüchtling, einem Verfolgten A. gewähren, geben; jmdm. A. zusichern. **2)** *Heim für Obdachlose:* Unterkunft in einem A. finden; in einem A. untergebracht werden.

Atelier [at^eljẹ], das; des Ateliers, die Ateliers: **a)** *Arbeitsraum eines bildenden Künstlers:* das A. des Malers glich einem Ausstellungsraum für moderne Kunst. **b)** *Arbeitsraum eines Maßschneiders:* ich lasse meine Anzüge in einem A. anfertigen. **c)** *Arbeitsraum für photographische oder Filmaufnahmen:* der Film wurde in den Ateliers von Geiselgasteig gedreht.

Äther, der; des Äthers, die Äther: **1)** ⟨ohne Mehrz.⟩: **a)** (dichterisch) *Himmelsluft, wolkenlose Weite des Himmels:* der lichte, unendliche, strahlend-blaue Ä.; majestätisch schwebte der Adler durch den Ä.; die Lerche erhebt sich in den Ä. **b)** /übertr./ (geh.) *die Luft als Medium für die Ausbreitung elektrischer Wellen:* Grüße in den Ä. schicken, senden; Millionen hörten seine Stimme über den Ä. **2)** /Chem./ *das Oxyd eines Kohlenwasserstoffs;* (im engeren Sinne:) *Diäthyläther, eine farblose, brennbare, leicht flüchtige, häufig als Narkotikum verwendete Flüssigkeit:* jmdn. mit Ä. betäuben.

ätherisch ⟨Adj.; gew. nur attr. und präd.⟩: **1)** (bildungsspr.) *engelhaft zart, erdentrückt, vergeistigt:* ein ätherisches Wesen; eine ätherische Erscheinung; dieses Mädchen ist, wirkt ausgesprochen ä. **2)** ⟨ohne Vergleichsformen⟩: /Chemie/ *ätherartig und leicht flüchtig:* ätherische Öle.

Athlet, der; des Athleten, die Athleten: **1)** *Wettkämpfer:* ein junger, erfahrener A.; die wettkampferprobten Athleten der deutschen Equipe. **2)** *Kraftmensch, muskulös gebauter Mann:* gegen die bulligen, kraftvollen Athleten der deutschen Hintermannschaft hatten die sensiblen Techniker der südamerikanischen Fußballelf keine Chance.

athletisch ⟨Adj.; meist attr.; selten auch als Artangabe⟩: *sportlich durchtrainiert, kräftig, muskulös:* von athletischem Körperbau; eine athletische Figur; a. gebaut sein.

Atlantik, der; des Atlantiks ⟨ohne Mehrz.⟩: *der Atlantische Ozean:* den A. überqueren, überfliegen; das Flugzeug stürzte über dem A. ab; ein Tief nähert sich vom A. her dem Festland.

atlantisch ⟨Adj.; nur attr.; ohne Vergleichsformen⟩: **1)** *den Atlantischen Ozean betreffend, zum Atlantischen Ozean gehörend:* die atlantische [Steil]küste; atlantische Störungen (im Wetter). **2)** *den militär. Nordatlantikpakt betreffend, zu ihm gehörend:* die atlantische Gemeinschaft, das atlantische Bündnis.

Atlas, der; des Atlas und des Atlasses, die Atlasse und die Atlanten: **1)** *Sammlung von Landkarten, die in einem Kartenwerk zusammengefaßt sind:* ein geographischer, physikalischer A. **2)** *Bildkartenwerk:* ein A. der Anatomie.

Atmosphäre, die; der Atmosphäre, die Atmosphären ⟨Mehrz. ungebr.⟩: **1)** /Phys./ *Gashülle eines Gestirns; Lufthülle der Erde:* das Raumschiff tauchte wieder in die A. der Erde ein. **2)** *eigenes Gepräge, Ausstrahlung, Fluidum; Stimmung:* eine freundliche, behagliche, beschauliche, gemütliche, gepflegte, gespannte, frostige, eisige, kühle, gespenstische, unheimliche, gereinigte, sachliche A.; es herrschte eine A. des Vertrauens, der Freundschaft, der Herzlichkeit, des gegenseitigen Mißtrauens, der Gereiztheit; diese Weinstube hat eine intime A.; das Blumenfenster gibt, verleiht dem Raum eine freundliche A.; das Interview des Herrn X hat die politische A. vergiftet.

Atom, das; des Atoms, die Atome: /Phys., Chem./ *kleinster Materieteil eines chemischen Elementes, der noch solche für das Element charakteristische Eigenschaften besitzt:* mehrere Atome verbinden sich zu einem Molekül.

Attaché [ataschẹ], der; des Attachés, die Attachés/ /Pol./: **a)** *erste (unterste) Dienststellung eines angehenden Diplomaten bei einer Vertretung seines Landes im Ausland.* **b)** /meist nur in Zus. wie: Handelsattaché, Kulturattaché, Militärattaché/ *Auslandsvertretungen eines Landes zugeteilter Fachberater.*

Attacke, die; der Attacke, die Attacken (bildungsspr.): **1a)** *Angriff:* zur A. übergehen; eine A. gegen, auf Sitte und Moral. **b)** /in der festen Wendung/ *eine A. gegen jmdn., etwas reiten: sich mit scharfen Worten gegen jmdn. oder etwas wenden:* eine [heftige, scharfe] A. gegen die CDU, gegen den Bundeskanzler, gegen die Notstandsgesetze reiten. **2)** /meist in Zus. wie: Herzattacke, Fieberattacke/ *Krankheitsanfall:* eine harmlose, schmerzhafte, ernst zu nehmende A.

attackieren, attackierte, hat attackiert ⟨tr.; jmdn., etwas a.⟩ (bildungsspr.): *jmdn. oder etwas mit scharfen Worten angreifen:* die deutsche Delegation wurde in der Presse heftig attackiert; die Regierung attackierte die maßlosen Forderungen der Gewerkschaften.

Attentat [selten auch: ...ạt], das; des Attentat[e]s, die Attentate: **1)** *Mordanschlag auf einen politischen oder weltanschaulichen Gegner:* ein politisches, hinterhältiges, feiges, wohlvorbereitetes A.; das A. auf R. Kennedy;

Attentäter

ein A. gegen jmdn. vorbereiten, planen; auf, gegen R. Dutschke wurde gestern ein A. verübt; Martin Luther King fiel einem heimtückischen A. zum Opfer, wurde das Opfer eines heimtückischen Attentats; das A. konnte vereitelt werden. **2)** /übertr., in der festen Wendung/ (alltagsspr., scherzh.) *ein A. auf jmdn. vorhaben: etwas (insbes. eine Dienstleistung) von jmdm. erbitten wollen, wovon der Gebetene vermutlich nicht sehr begeistert sein wird.*

Attentäter [selten auch: ...*tät^er*], der; des Attentäters, die Attentäter: *jmd., der ein Attentat verübt:* der A. konnte entkommen, fliehen, gefaßt werden.

Attest, das; des Attest[e]s, die Atteste: *ärztliche Bescheinigung über einen Krankheitsfall:* ein A. schreiben, vorlegen, verlangen.

Attitüde, die; der Attitüde, die Attitüden (bildungsspr.): **a)** *[gekünstelte] Körperhaltung, Pose:* in dieser frechen A. kann man sie oft auf Illustriertenbildern bewundern. **b)** ⟨Mehrz. selten⟩: *innere Einstellung:* mit der A. eines abgeklärten und gereiften Mannes.

Attraktion, die; der Attraktion, die Attraktionen: **1)** ⟨ohne Mehrz.⟩ (bildungsspr., selten): *Anziehung, Anziehungskraft:* etwas verliert seine A. **2)** ⟨Mehrz. selten⟩: *Glanzstück, Zugnummer, Schlager, Hauptanziehungspunkt:* der Striptease auf einem Löwen war die A. des Abends, der Veranstaltung, der Vorführung; Circus X wartet mit einer neuen A. auf; eine besondere A. in der Stadt stellt der Fernsehturm dar.

attraktiv [...*if*] ⟨Adj.; attr. und als Artangabe⟩: **a)** /auf Personen und deren Äußeres, Kleidung usw. bezogen/ *anziehend, hübsch, elegant:* eine attraktive Frau, Erscheinung; a. gekleidet sein, angezogen sein; sie ist außerordentlich, nicht sonderlich a. **b)** /nicht auf Personen bezogen/ *verlockend, interessant, begehrenswert, erstrebenswert:* ein attraktives Angebot, Unternehmen; ein attraktiver Posten, Beruf; der Beruf des Flugzeugführers gehört noch immer zu den attraktivsten technischen Berufen; die Nationalmannschaft von Luxemburg ist als Gegner in den Ausscheidungsspielen zur Fußballweltmeisterschaft nicht a. genug.

Attrappe, die; der Attrappe, die Attrappen: *für Ausstellungszwecke bestimmte [täuschend ähnliche] Nachbildung einer Ware, Schaupackung, Blindpackung:* im Schaufenster lagen nur leere Attrappen.

Audienz, die; der Audienz, die Audienzen (bildungsspr.): *feierlicher Empfang bei einem hochgestellten staatlichen oder kirchlichen Amtsträger (mit Gelegenheit zu einer Unterredung):* eine kurze, einstündige A. beim Papst, beim König, beim Bundespräsidenten; jmdn. um A. bitten, ersuchen; jmdn. in A. empfangen; jmdm. eine A. gewähren.

Auditorium, das; des Auditoriums, die Auditorien [...*i^en*] (bildungsspr.): *Zuhörerschaft:* ein dankbares, aufgeschlossenes, begeistertes A.; vor einem kritischen A. sprechen.

aufpolieren, polierte auf, hat aufpoliert ⟨tr., etwas a.⟩: **a)** (alltagsspr.) *einen Gegenstand wieder auf Hochglanz bringen:* ein Auto, die Lackierung eines Kühlschranks, Möbel a. **b)** /übertr./ (ugs.) *wiederherstellen, auffrischen:* sein Ansehen, seinen Ruf, sein Renommee [wieder] a.; seine Kenntnisse [in Latein] a.

Auktion, die; der Auktion, die Auktionen: *Versteigerung:* etwas auf einer A. erwerben, erstehen; eine A. abhalten; Auktionen besuchen.

Auktionator, der; des Auktionators, die Auktionatoren: *jmd., der eine Versteigerung leitet, Versteigerer.*

ausmanövrieren, manövrierte aus, hat ausmanövriert ⟨tr.; jmdn., etwas a.⟩: *eine Person, eine Personengruppe, eine Institution durch geschickte Manöver ausspielen, ausstechen, aus dem Rennen werfen:* einen Gegenspieler, einen Konkurrenten a.; durch die Einführung des Mehrheitswahlrechts hätten die beiden großen Parteien die kleineren glatt ausmanövriert.

ausrangieren [...*rangseh*...], rangierte aus, hat ausrangiert ⟨tr., etwas a.⟩ (alltagsspr.): *etwas als alt, abgenutzt oder unbrauchbar aussondern, ausscheiden, wegwerfen:* eine Lokomotive, ein Flugzeug, einen Wagen, alte Kleider, Schuhe a.

ausstaffieren, staffierte aus, hat ausstaffiert ⟨tr. und refl.; jmdn., sich, etwas a.⟩: *jmdn., sich, etwas mit [notwendigen] Gebrauchsgegenständen, mit Zubehör u. a. ausrüsten, ausstatten:* sie hat ihre Tochter bestens, gut, vollständig ausstaffiert; wir mußten uns nach unserer Flucht in den Westen ganz neu a.; der Wagen ist mit Schonbezügen und Teppichboden ausstaffiert.

austricksen, trickste aus, hat ausgetrickst ⟨tr., jmdn. a.⟩ (ugs.): /besonders auf das Fußballspiel u. andere Ballspiele bezogen/ *einen Gegenspieler durch einen Trick, eine geschickte Körpertäuschung u. dgl. ausspielen bzw. ausschalten:* der Rechtsaußen trickste den Verteidiger [geschickt] aus.

autark ⟨Adj.; attr. und als Artangabe⟩ (bildungsspr.): *sich selbst genügend, auf niemanden angewiesen, selbständig, insbes.: wirtschaftlich [vom Ausland] unabhängig:* eine autarke Wirtschaft, Währung, Politik; wirtschaftlich a. sein, bleiben.

Autarkie, die; der Autarkie, die Autarkien ⟨Mehrz. ungew.⟩: *Unabhängigkeit, Selbständigkeit, insbes.: wirtschaftliche Unabhängigkeit eines Landes [vom Ausland]:* politische A. anstreben; in vollständiger wirtschaftlicher A. leben.

authentisch ⟨Adj.; attr. und als Artangabe; ohne Vergleichsformen⟩ (bildungsspr.): *echt, zuverlässig, wahrheitsgemäß, glaubwürdig, verbürgt:* ein authentischer Bericht, Text; authentisches Material; authentische Unterlagen; diese Textfassung kann als a. gelten; a. versichern, berichten; etwas ist a. verbürgt.

Autogramm, das; des Autogramms, die Autogramme: *eigenhändig geschriebener Namenszug (insbes. einer bekannten Persönlichkeit):* [keine] Autogramme geben; Autogramme sammeln; jmdn. um ein A. bitten; sich von jmdm. ein A. geben lassen.

Automat, der; des Automaten, die Automaten: 1) *selbsttätig funktionierende Vorrichtung:* a) *Apparat, der nach Münzeinwurf selbsttätig Waren abgibt oder eine Dienst- oder Bearbeitungsleistung erbringt:* Geld in einen Automaten [hinein]werfen; Zigaretten am Automaten, aus dem Automaten ziehen, holen; von einem Automaten (ugs.; = *Münzfernsprecher*) aus anrufen; einen Automaten für Würstchen, mit Würstchen aufstellen, anbringen; einen Automaten aufbrechen, knacken (ugs.), wieder auffüllen; der A. ist leer, funktioniert nicht, ist außer Betrieb. b) *Werkzeugmaschine, die Arbeitsvorgänge nach Programm selbsttätig ausführt:* menschliche Arbeitskraft durch Automaten ersetzen. c) (ugs.) *automatische Sicherung zur Verhinderung von Überlastungsschäden in elektrischen Anlagen:* der A. ist herausgesprungen; den Automaten [wieder] hineindrücken. 2) /auf Menschen bezogen/: a) /in Vergleichen/: wie ein A. arbeiten; mit der Sturheit eines Automaten arbeiten. b) /übertr./ *seelenloser Arbeitsmensch, der ein vorgegebenes Arbeitsprogramm mit monotoner Genauigkeit ausführt:* er ist ein willenloser, seelenloser A.; ich bin doch kein A.!

Automatik, die; der Automatik, die Automatiken ⟨Mehrz. selten⟩: /Techn./ *Vorrichtung (Apparatur), die einen eingeleiteten technischen Vorgang ohne weiteres menschliches Zutun steuert und regelt:* ein Personenwagen mit eingebauter A.; die A. eines Photoapparates, einer Armbanduhr; die A. einschalten, ausschalten.

automatisch ⟨Adj.; attr. und als Artangabe⟩: 1) /Techn./: a) ⟨nur attr. und (selten) präd.⟩: *mit einer Automatik versehen, ausgestattet:* eine automatische Kamera, Armbanduhr, Waschmaschine; die automatische Schaltung eines Kraftfahrzeugs. **b)** *durch Selbststeuerung oder Selbstregelung erfolgend:* die automatische Steuerung, Regelung, Zündung einer Raketenstufe; die automatische Fertigung, Verpackung von Produktionsgütern; diese Anlage ist a.; a. erfolgen, ablaufen, geregelt werden, gesteuert werden, arbeiten; sich a. einschalten, ausschalten, umschalten. **2)** ⟨gew. nicht präd.⟩ (alltagsspr.): **a)** *unwillkürlich, zwangsläufig, mechanisch, gleichsam wie im Reflex erfolgend:* a. grüßen, antworten, erwidern, reagieren; eine automatische Geste, Bewegung, Reaktion. **b)** *ohne weiteres Zutun (des Betroffenen) von selbst erfolgend:* die Totogewinne werden den Tippern a. überwiesen; die Kinderfreibeträge werden vom Finanzamt a. in der Lohnsteuer berücksichtigt; die beiden Sieger der Aufstiegsrunden steigen a. in die Fußballbundesliga auf.

Autor, der; des Autors, die Autoren: *Urheber;* (im allg.:) *Verfasser eines Schriftwerks oder eines [literarischen] Textes:* ein neuerer, junger, gefragter, viel gelesener A.; der A. eines Romans, eines Bühnenstücks, eines Aufsatzes.

autorisieren, autorisierte, hat autorisiert ⟨tr.⟩ (bildungsspr.): **1)** ⟨jmdn. a.⟩: *jmdn. zu etwas ermächtigen, jmdn. bevollmächtigen, etwas zu tun:* der Sprecher der SPD war vom Parteivorstand autorisiert [worden], diese Erklärung abzugeben. **2)** ⟨etwas a.⟩: *etwas genehmigen:* eine vom Autor autorisierte Übersetzung (eines Romans).

autoritär ⟨Adj.; attr. und als Artangabe⟩ (bildungsspr.): *in [illegitimer] Autoritätsanmaßung handelnd bzw. regierend; diktatorisch:* eine autoritäre Regierung, Herrschaft, Staatsführung, Erziehung; ein autoritärer Staat; diese Maßnahmen sind a.; a. regieren, handeln, vorgehen.

Autorität, die; der Autorität, die Autoritäten: **1)** ⟨ohne Mehrz.⟩: *auf Leistung oder Tradition beruhender maßgebender Einfluß einer Person oder Institution und das daraus erwachsende Ansehen:* persönliche, elterliche, väterliche, staatliche, politische, kirchliche, geistige A.; die A. der Eltern, des Vaters, des Staates, der Schule, eines Vorgesetzten, des Parlaments, der Regierung; A. haben, besitzen, erlangen, genießen (geh.); seine A. verlieren, einbüßen; der Lehrer genießt bei seiner Klasse, in seiner Klasse keine Autorität; seine A. in einer Sache geltend machen; sich bei jmdm. A. verschaffen; mit seiner ganzen A. für etwas eintreten; dieser Zwischenfall konnte sein A. nicht erschüttern; jmds. A. untergraben. **2)** *einflußreiche, maßgebende Persönlichkeit, die allgemein hohes Ansehen genießt:* eine wissenschaftliche, medizinische, anerkannte, internationale A.; er gilt als A. Auf dem Gebiet der Hirnchirurgie, für Organverpflanzungen, in der Frage der Kindererziehung.

autoritativ [...*if*] ⟨Adj.; meist attr., selten präd. und als Artangabe; ohne Vergleichsformen⟩ (bildungsspr.): *sich auf echte Autorität stützend, in legitimer Vollmacht handelnd; maßgebend:* autoritative Maßnahmen, Weisungen; eine autoritative Entscheidung; die Stellung des Kanzlers ist a.; einen Fall a. behandeln; a. regieren.

Autosuggestion, die; der Autosuggestion, die Autosuggestionen ⟨Mehrz. selten⟩: *Selbstbeeinflussung; das Vermögen, ohne äußeren Anlaß, Vorstellungen in sich zu erwecken.*

avancieren [*awaŋßirᵉn*], avancierte, ist/(selten:) hat avanciert ⟨intr.⟩: *befördert werden, (in einen höheren Dienstrang) aufrücken:* zum Unteroffizier, zum Hauptmann, zum Oberinspektor, zum Bürochef, zur Chefsekretärin a.; schnell, rasch, automatisch a. – (häufig ironisch): zum Bürotrottel, zum Gepäckträger, zum Laufburschen a.

Avantgardist [*awaŋgg*...], der; des Avantgardisten, die Avantgardisten (bildungsspr.): *Vorkämpfer, Neuerer (bes. auf dem Gebiet der Kunst und Literatur).*

avantgardistisch [awaŋg...] ⟨Adj.; attr. und als Artangabe⟩ (bildungsspr.): *vorkämpferisch:* avantgardistische Bestrebungen, Ansichten; seine Vorschläge sind sehr a.; a. malen, zeichnen.

avanti [aw...] (ugs., scherzh.): *vorwärts!, los!, weiter!*

Aversion [aw...], die; der Aversion, die Aversionen (bildungsspr.): *Abneigung, Widerwille:* eine A. gegen Hunde, Katzen, Männer, Frauen, gegen eine bestimmte Person, gegen Zwiebeln, gegen Marschmusik; er hat eine ausgesprochene, ausgeprägte, unbegründete, krankhafte A. gegen Maikäfer.

avisieren [aw...], avisierte, hat avisiert ⟨tr.; etwas, jmdn. a.⟩ (bildungsspr.): *etwas oder jmdn. ankündigen:* eine Warenlieferung, einen Brief, ein Paket, eine Rechnung a.; der Beauftragte der Firma ist bereits in Hamburg avisiert; die Ankunft des Politikers wurde heute telefonisch avisiert.

B

Baby [bẹibi], das; des Babys, die Babys: **1a)** *Säugling; Kleinkind:* ein kleines, süßes, niedliches B.; ein B. erwarten, bekommen, kriegen (ugs.); das B. wickeln, füttern, ausfahren. **b)** /in Vergleichen, auf Kinder oder Erwachsene bezogen/: du benimmst dich, schreist wie ein B.; du bist doch kein B. mehr! **2)** /vor allem in der Anrede und in Grußformeln/ (salopp, scherzh.) *Mädchen; Freundin:* Hallo, B.!; wie geht's, B.?

Babysitter [bẹibisitᵉr], der; des Babysitters, die Babysitter (bildungsspr.): *Person, die kleine Kinder bei gelegentlicher Abwesenheit der Eltern [gegen Entgelt] beaufsichtigt:* sich einen B. nehmen, kommen lassen; B. spielen (ugs.).

Bagage [bagaseʰᵉ], die; der Bagage, die Bagagen ⟨Mehrz. ungew.⟩ (ugs.): *Gesindel, Pack:* ich kann diese ganze [elende] B. nicht mehr sehen.

Baiser [bäse], das; des Baisers, die Baisers: /Gastr./ *süßes Schaumgebäck.*

Bajonett, das; des Bajonett[e]s, die Bajonette: *auf einen Karabiner (oder ein Gewehr) aufsetzbare Stoß- und Stichwaffe mit Stahlklinge, Seitengewehr:* ein blitzendes, blankes B.; das B. aufpflanzen; den Gegner mit aufgepflanztem B. angreifen.

Bakken, der; des Bakken[s], die Bakken: /Schisport/ *Sprunghügel (einer Sprungschanze); Sprungschanze;* über den B. gehen (= *springen*).

Bakterie [...iᵉ], die; der Bakterie, die Bakterien ⟨meist Mehrz.⟩: /Biol., Med./ *Abteilung einzelliger, kernloser, stäbchenförmiger Kleinstlebewesen des Pflanzenreichs, deren zahlreiche Arten (darunter viele Krankheitserreger) sich durch Zweiteilung oder durch Sporenbildung vermehren;* /gemeinspr. oft i. S. von/ *Krankheitserreger:* die natürlichen Bakterien der Mundhöhle, des Dickdarms; die harmlosen, schädlichen Bakterien in der Milch, im Wasser; Bakterien abtöten, vernichten, unschädlich machen; verschiedene Bakterien sind gegen Penizillin widerstandsfähig.

bakteriell ⟨Adj.; gew. nur attr.; ohne Vergleichsformen⟩: /bes. Med./ *Bakterien betreffend, durch Bakterien hervorgerufen:* eine bakterielle Infektion, Erkrankung; die bakterielle Zersetzung von Lebensmitteln.

Balance [balaŋßᵉ], die; der Balance, die Balancen ⟨Mehrz. ungew.⟩: *Gleichgewicht:* die B. halten, herstellen, verlieren; er konnte sich sicher, nur mühsam in der B. halten; um die B. kämpfen; aus der B. kommen.

balancieren [balaŋßirᵉn oder balangßirᵉn], balancierte, hat balanciert ⟨tr. und intr.⟩: **1)** ⟨etwas b.⟩: *etwas*

Balkon

im Gleichgewicht halten: Teller, Tassen, Gläser, ein Tablett mit Geschirr, einen Ball auf dem Kopf, einen Stab auf der Nase b.; der Kellner balancierte die Cocktails sicher durch die herumstehenden Partygäste. **2)** ⟨intr.⟩: **a)** *das Gleichgewicht halten, sich im Gleichgewicht halten, sich im Gleichgewicht fortbewegen:* über ein Seil, über ein schmales Brett, über die Reckstange b.; er balancierte mit seinen nackten Füßen geschickt über die spitzen Steine des Strandes ins Wasser; auf einem Bein b.; der Wagen balancierte auf zwei Rädern durch die Kurve. **b)** /übertr./ *mit Anstrengung einen mittleren Standpunkt zwischen zwei oder mehreren konträren Objekten, Mächten u. a. gewinnen; einen mühsamen Ausgleich zwischen konträren Dingen finden:* auf dem schmalen Pfad zwischen Sieg und Niederlage balancierend, erreichte der Schachmeister schließlich ein Remis; zwischen Himmel und Hölle b.; die Finanzpolitik balanciert geschickt zwischen Inflation und Deflation.

Balkon, der; (bei der Auxspr.: [...o͟n]:) des Balkons, die Balkone; bei der Ausspr. [balko͟ng] oder [balko͟ŋg]: des Balkons, die Balkons: **1)** *mit einem Geländer oder Gitter versehener freischwebender, betretbarer Gebäudevorsprung eines Stockwerks:* ein schmaler, langer, enger, überdachter, sonniger B.; der vordere, hintere B. eines Hauses; auf den Balkon hinaustreten; auf dem B. sitzen, liegen, frühstücken; die Tür zum Balkon öffnen, sshließen. **2)** *höher gelegener Zuschauerraum im Kino oder Theater:* Balkon nehmen, sitzen. **3)** (salopp) *üppiger Busen:* sie hat einen tollen B.

Ballade, die; der Ballade, die Balladen: *episch-dramatisches Gedicht:* eine B. von Goethe, von Bürger, von Schiller; eine B. vortragen.

Ballerina, die; der Ballerina, die Ballerinen: *Ballettänzerin:* sie ist B. am Mannheimer Theater.

Ballett, das; des Ballett[e]s, die Ballette: **1)** *Bühnentanz; folkloristischer Schautanz:* ein klassisches, modernes B.; ein B. von Tschaikowski, Adam, Bartok, Strawinski; B. tanzen; ein B. einstudieren, aufführen. **2)** *Tanzgruppe [eines Theaters]:* ein B. zusammenstellen, aufbauen, neu besetzen; im B. tanzen, auftreten; zum B. gehen; sie ist Tänzerin beim B.; es tanzt das B. des MCV; das berühmte B. des Bolschoitheaters gastierte in Mannheim.

Balletteuse [balätö͟se], die; der Balletteuse, die Balletteusen: *Ballettänzerin:* er ist mit einer B. verlobt.

Ballon, der; (bei der Ausspr.: [...o͟n]:) des Ballons, die Ballone; (bei der Ausspr.: [balo͟ng] oder [balo͟ŋg]:) des Ballons, die Ballons: **1)** *mit Gas gefüllter Ball, der leichter als Luft ist; im weiteren Sinne auch ein solcherart konstruiertes Luftfahrzeug:* ein bunter, roter, bemalter B.; einen B. [an einem Bindfaden] aufsteigen lassen; einen B. aufblasen; die Luft aus einem B. herauslassen; ein B. steigt, fliegt davon, schwebt, [zer]platzt, zerknallt; ein B. verliert, gewinnt an Höhe; ein B. hält seinen Kurs, komm vom vorgesehenen Kurs ab; ein B. sinkt herab, schwebt nieder, wird abgetrieben, treibt ab; in einem B. sitzen, aufsteigen. **2)** (salopp) *Kopf:* einen roten B., so einen B. bekommen (= *rot werden, erröten*); jmdm. eins vor den B. knallen.

Balsam, der; des Balsams, die Balsame ⟨Mehrz. ungew.⟩ (geh.): *Linderung, Labsal:* dein Brief ist B. für mein [einsames] Herz; diese Nachricht war B. für seine Ohren; das saftige Grün der Wiesen ist B. für meine Augen; deine Worte sind B. auf meinen Schmerz.

Balustrade, die; der Balustrade, die Balustraden (bildungsspr.): *Brüstung, Geländer mit kleinen Stützsäulen:* sich über die B. beugen.

Bambus, der; des Bambus oder des Bambusses, die Bambusse; /Bot./ *meist tropische oder subtropische verholzende Graspflanze, die bis zu 40 m hoch werden kann und deren leichte Stämme vielfach verwendet werden*

Bankrott

können: eine Blumenwand, ein Spazierstock, eine Angel aus B.

banal ⟨Adj.; attr. und als Artangabe⟩: *flach, fade, schal, geistlos; alltäglich, abgedroschen:* ein banaler Witz, Einfall; eine banale Frage, Bemerkung, Situation; ein banales Geschwätz, Kompliment; deine Ansichten sind mir zu b.; b. daherreden.

Banause, der; des Banausen, die Banausen (abschätzig): *Mensch mit unzulänglichen und flachen Ansichten zu geistigen und künstlerischen Dingen; Mensch ohne Kunstverstand; Spießbürger:* ein großer, schlimmer, widerlicher B.; ein musikalischer, literarischer, politischer B.; er ist ein B. auf künstlerischem Gebiet; ihr seid doch alle Banausen!

banausisch ⟨Adj.; attr. und als Artangabe⟩ (bildungsspr.): *ohne Verständnis für geistige und künstlerische Dinge; ungeistig; kleinlich im Denken, spießig:* ein banausischer Mensch; banausische Ansichten; seine Vorstellungen von moderner Musik sind ausgesprochen b.; als b. gelten.

Band [bănd], die; der Band, die Bands: *Gruppe von Musikern (bes. im Jazz), Tanzkapelle:* eine B. zusammenstellen; in einer B. spielen; die B. spielt zum Tanze auf.

Bandage [bandāseh^e], die; der Bandage, die Bandagen: *fester Schutz- oder Stützverband:* den Arm in eine B. legen; eine B. anlegen, abnehmen, entfernen.

bandagieren [bandasehir^en], bandagierte, hat bandagiert ⟨tr. und refl.⟩: a) ⟨etwas b.⟩: *etwas mit einer Bandage versehen, binden, wickeln:* die [gebrochene] Hand, den Arm, einen [verstauchten] Finger, den [verletzten] Fuß, das Bein, den Kopf b. b) ⟨jmdn., sich b.⟩: *jmdn., sich eine Bandage anlegen:* der Arzt mußte ihn b.; die Fußballspieler werden bandagiert, b. sich.

Banderole, die; der Banderole, die Banderolen: *Steuerband als Verschlußstreifen an zoll- oder steuerpflichtigen Waren, bes. an Tabakfabrikaten:* die B. ist [noch] unbeschädigt, unversehrt; die B. durchschneiden, durchreißen.

Bandit, der; des Banditen, die Banditen: *[Straßen]räuber, Strauchdieb, Gauner:* die Polizei konnte diesen Banditen das Handwerk legen.

bankerott vgl. bankrott.

Bankerott vgl. Bankrott.

¹Bankett, das; des Bankett[e]s, die Bankette (bildungsspr.): *Festmahl, Festessen:* ein B. geben, veranstalten; auf dem B. zu Ehren der englischen Königin; an einem festlichen B. teilnehmen; einem B. präsidieren.

²Bankett, das; des Bankett[e]s, die Bankette ⟨meist Mehrz.⟩: *[erhöhter, befestigter] Randstreifen einer Kunststraße:* die Bankette sind [nicht] befestigt, [nicht] befahrbar.

Bankier [bankje], der; des Bankiers, die Bankiers: *Inhaber (selten: Vorstandsmitglied) einer Bank:* er ist B.

bankrott, selten auch: bankerott ⟨Adj.; attr. und als Artangabe; ohne Vergleichsformen⟩: a) /Wirtsch.; bes. auf Gewerbetreibende bezogen/ *zahlungsunfähig:* ein bankrotter Kaufmann, Geschäftsmann; eine bankrotte Firma; ein bankrottes Unternehmen; er, seine Firma, sein Betrieb ist [wirtschaftlich] b.; jmdn. b. machen (ugs.); b. gehen (ugs.); sich [für] b. erklären (ugs.). b) /übertr./ *vernichtet, völlig am Ende, zusammengebrochen; gescheitert, als wertlos erwiesen:* er ist innerlich, moralisch b.; eine bankrotte Politik, Zivilisation; die Wirtschaft des Landes ist b.; die bankrotten Ideale der Kriegsgeneration.

Bankrott, selten auch: Bankerott, der; des Bank[e]rott[e]s, die Bank[e]rotte: a) /Wirtsch.; bes. auf Gewerbetreibende bezogen/ *Zahlungsunfähigkeit, Zahlungseinstellung, finanzieller Ruin:* vor dem B. stehen; seinen B. anmelden, erklären, verkünden, ansagen, vertuschen, verschleiern; ihm, seiner Firma droht der B.; jmdn. vor dem B. bewahren, retten; jmdn., eine Firma in den B. treiben; das führt zum B.; B. machen (ugs.); er hat innerhalb eines Jahres zweimal [betrügerischen] B. gemacht (ugs.). b) /übertr./ (bildungsspr.) *völliger [innerer] Zusammenbruch, Versagen, Scheitern:* gesundheitlicher, körperlicher, geistiger, seelischer, moralischer, politischer, wirtschaftlicher B.

Bar, die; der Bar, die Bars: 1) *intimes Nachtlokal mit erhöhtem Schanktisch, an dem die Gäste auf hohen, dreibeinigen Hockern sitzen können:* eine dämmerige, gemütliche, intime, verrufene, berüchtigte, teure B.; in eine B. gehen; jmdn. in eine B. führen, (salopp:) schleppen; in Bars verkehren; die B. hat ab 19 Uhr abends, bis in die Morgenstunden geöffnet; eine B. besuchen, aufsuchen. 2) *erhöhter Schanktisch in einem [Nacht]-lokal mit charakteristischen Barhockern für die Gäste:* an der B. sitzen, stehen; die betrunkenen Rowdys zerschlugen die B. 3) /häufig in der Zus. und im Sinne der Zus. Hausbar/: a) *Raum in einem Privathaus, der im Stil einer Nachtbar eingerichtet ist und für private Feste geeignet ist:* im Keller eine B. einrichten; einen Kellerraum als B., zur B. ausbauen; im Souterrain des Hauses befindet sich eine gemütliche B. b) *kleiner Schanktisch mit Barhockern für eine solche Privatbar:* eine einfache, kostbare B.; eine Bar aus Eichenholz, in Palisander; bedienen Sie sich! Getränke finden Sie in der B.

Baracke, die; der Baracke, die Baracken: *Behelfsheim, einstöckiger, nicht unterkellerter, leichter [Holz]-bau (als provisorische Unterkunft):* eine alte, baufällige, dunkle, schmutzige B.; in einer Baracke, in Baracken wohnen, untergebracht sein; eine B. aufstellen, abreißen.

Barbar, der; des Barbaren, die Barbaren (bildungsspr., abwertend): a) *grausamer Mensch, Rohling, Wüstling.* b) *ungesitteter und ungebildeter Mensch:* er ist ein B.

barbarisch ⟨Adj.; attr. und als Artangabe⟩: 1 a) *wild, roh, grausam:* barbarische Methoden, Zustände, Strafen, Sitten [und Gebräuche]; ein barbarischer Strafvollzug; barbarische Rücksichtslosigkeit; er kam auf barbarische Weise ums Leben; das ist ja b.!; jmdn. b. behandeln, züchtigen, bestrafen; im zweiten Weltkrieg sind viele wertvolle Kunstschätze b. zerstört, vernichtet worden; mit barbarischer Unbekümmertheit fuhr er an der Unfallstelle vorbei. b) *ungesittet, ungebildet, unfein:* eine barbarische Sprache; ein barbarischer Umgangston; er drückt sich sehr b. aus; seine Unbekümmertheit in Fragen der bildenden Kunst ist wirklich b. 2) (ugs., emotional übertreibend) *entsetzlich, scheußlich, kaum zu ertragend:* eine barbarische Hitze, Kälte; es ist heute b. kalt; sein Klavierspiel klingt b.; b. schimpfen, schreien, toben; der Lärm ist b.

Bariton, der; des Baritons, die Baritone: /Mus./: a) ⟨Mehrz. ungew.⟩: *mittlere männliche Stimmlage zwischen Baß und Tenor:* einen hellen, dunklen, hohen, tiefen, weichen B. haben, singen; B. singen. b) ⟨Mehrz. selten⟩: *Sänger mit Baritonstimme:* ein lyrischer, gefeierter B.; der erste, zweite B. an einer Oper; einen B. engagieren, verpflichten; die Baßpartie mit einem B. besetzen.

barock ⟨Adj.; gew. attr., selten auch als Artangabe; ohne Vergleichsformen⟩: 1) /Kunstw./ *im Stile des Barocks; von üppigem Formenreichtum; verschnörkelt:* barocke Formen; ein barockes Bauwerk; eine barocke Kirche; barocke Ornamentik; eine barocke Musik, Dichtung; eine barocke Oper; die Verzierungen des Altars wirken ausgesprochen b., muten geradezu b. an. 2) /übertr./ (bildungsspr.) *seltsam, eigenartig, verschroben:* ein barocker Einfall; eine barocke Phantasie, einen barocken Geschmack haben.

Barock, der oder das; des Barocks ⟨ohne Mehrz.⟩: *europäischer Kunststil von etwa 1600–1750, der durch Formenreichtum und üppigen Zierrat charakterisiert ist:* prunkvoller, pathetischer, schwülstiger, strenger, früher, später, deutscher, italienischer, niederländischer B.; die Bauwerke, die Malerei, die Musik, die Literatur, die Menschen, das Lebensgefühl des Barocks; im Zeitalter des Barocks; der Baustil dieser Kirche ist B.

Barometer, das; des Barometers, die Barometer: /Meteor./ *Luftdruckmesser, der die Wetterveränderungen anzeigt:* ein genaues, ungenaues, hochempfindliches B.; das B. sinkt, fällt, fällt ab, steigt, steigt an, klettert in die Höhe (ugs.), steht auf veränderlich, steht auf Regen, zeigt schönes Wetter an, verspricht gutes Wetter; auf dem B. ist Sturm angezeigt; den Stand des Barometers ablesen. – /bildl./: das politische B. steht auf Sturm; die Börse ist das sicherste B. für die wirtschaftliche Entwicklung.

Baron, der; des Barons, die Barone: *Freiherr* (als Adelstitel).

Baronesse, die; der Baronesse, die Baronessen: *Freifräulein, Freiin.*

Baronin, die; der Baronin, die Baroninnen: *Freifrau.*

Barras, der; des Barras ⟨ohne Mehrz.⟩ /Soldatenspr./ *Kommiß, Heerwesen; Militärdienst:* warst du noch beim B.?; ich brauche, Gott sei Dank, nicht mehr zum B. (ugs.); er muß zum B. (ugs.); er geht zum B. (ugs.).

Barriere, die; der Barriere, die Barrieren: *Schranke, Sperre, Hindernis; Schlagbaum:* **a)** /konkret/ eine natürliche, künstliche, unüberwindliche B.; eine B. aus Stangen, Holz, Stacheldraht; der Bahnübergang ist durch Barrieren gesichert; eine B. errichten, aufbauen, abbauen, durchbrechen, überspringen. **b)** /übertr./ eine lebendige B. aus Polizisten; er hat eine B. aus Haß, Verbitterung und Verachtung um sich errichtet; er verschanzt sich hinter einer B. aus Arbeit und pedantischem Pflichtbewußtsein; die Lymphknoten bilden eine natürliche B. im Organismus gegen eingedrungene Krankheitserreger.

Barrikade, die; der Barrikade, die Barrikaden: **1)** *provisorische Straßensperre zur Verteidigung, bes. bei Straßenschlachten:* Barrikaden bauen, errichten; sich hinter den Barrikaden verschanzen; Barrikaden aus Stacheldraht, gefällten Bäumen. **2)** /übertr.; in den festen Wendungen/ (ugs.): * **auf die Barrikaden gehen:** *entrüstet protestieren;* * **jmdn. auf die Barrikaden treiben, bringen:** *einen Sturm der Entrüstung bei jmdm. auslösen.*

Basalt, der; des Basalt[e]s, die Basalte: *dunkles Ergußgestein, das bes. im Straßen- und Molenbau als Schotter verwendet wird:* Straßenbelag aus B.

Basar, der; des Basars, die Basare; auch: Bazar, der; des Bazars, die Bazare (bildungsspr.): **1)** *Händlerviertel und Warenmarkt in orientalischen Städten:* er hat einen Berberteppich auf dem Basar von Tanger erstanden. **2)** *Warenverkauf für wohltätige Zwecke:* einen B. zugunsten der Kriegsblinden veranstalten.

Basis, die; der Basis, die Basen: **1)** (bildungsspr.) *Grundlage, Ausgangspunkt:* eine sichere, feste, gesunde, solide, breite, schmale, geeignete B.; eine gemeinsame B. für etwas suchen, finden; wir müssen das Unternehmen auf eine breitere B. stellen; diese Vorschläge bilden die geeignete B. für künftige Verhandlungen; der Botschafteraustausch schafft die B. für eine neue Ostpolitik; der Betrieb ruht, steht auf einer guten materiellen B.; die ideologische B. eines Parteiprogramms; die Mitarbeit in der Jugendfürsorge, beim Roten Kreuz erfolgt auf freiwilliger B.; Forschungen auf europäischer B.; wir arbeiten auf wissenschaftlicher B.; auf der B. gegenseitigen Vertrauens. **2)** /Mil./; häufig in Zus. wie: Raketenbasis, Versorgungsbasis/ *militärischer Stützpunkt [auf fremdem Hoheitsgebiet]:* die westlichen Basen in der Türkei; neue Basen anlegen; eine B. auflösen. **3)** /Math./: **a)** *Grundlinie einer geometrischen Figur; Grundfläche eines Körpers:* die B. eines Dreiecks, einer gleichseitigen Pyramide. **b)** *Grundzahl einer Potenz*

Bassin

oder eines Logarithmus: die Zahl e (= 2,71828...) ist die B. der natürlichen Logarithmen. **4)** /Kunstw./ *Sockel einer Säule oder eines Pfeilers:* eine ausladende, reich verzierte B.

Bassin [baßäng], das; des Bassins, die Bassins: *künstlich angelegtes Wasserbecken:* ein längliches, rundes, ovales, kleines, großes B.; ins B. springen; am Rande des Bassins sitzen; das B. mit Wasser füllen; das B. leerpumpen, reinigen; im B. schwimmt ein Goldfisch.

basta! (ugs.): *genug!, Schluß!: so bleibts!, so wirds gemacht!:* du gehst in die Schule, und damit basta!

Bastard, der; des Bastard[e]s, die Bastarde: **1)** /Biol./ *durch Kreuzung entstandenes Individuum, dessen Eltern verschiedenes Erbgut besitzen:* ein pflanzlicher, tierischer B.; einen B. züchten; ein B. aus einem Neger und einer Weißen, aus Löwe und Tiger, aus Zebra und Pferd. **2)** (bildungsspr., abwertend) *uneheliches Kind:* dreckiger, elender B.!

Bataillon [bataljon], das; des Bataillons die Bataillone: /Mil./ *Truppenabteilung, kleinste Form eines militär. Verbandes (Teil eines Regimentes):* ein kampfstarkes B.

Batterie, die; der Batterie, die Batterien: **1)** /Mil./: **a)** *der → Kompanie entsprechende militär. Grundeinheit bei der Artillerie:* eine bespannte, motorisierte B.; eine B. liegt an der Front, wird an die Front verlegt; die erste, zweite B. **b)** *Gruppe von gleichkalibrigen Geschützen, die gleichzeitig abgefeuert werden können:* eine feindliche B. geht in Stellung, wird in Stellung gebracht; eine B. leichter, schwerer Geschütze; eine B. feuert; eine B. abschießen; der Abschuß einer B. **2)** /Elektrotechnik/ *aus mehreren zusammengeschalteten Elementen oder Akkumulatorenzellen bestehende Stromquelle:* eine B. von 6 Volt; eine B. für eine Taschenlampe, für eine elektrische Eisenbahn; die B. eines Kraftwagens aufladen; die B. ist leer, gibt keinen Strom mehr ab; die B. eines Kraftwagens lädt sich beim Fahren von selbst auf; die B. einer Taschenlampe austauschen, erneuern; eine Lichtquelle wird von einer B. gespeist. **3)** /gew. nur auf Flaschen mit alkoholischen Getränken bezogen/ (ugs.) *größere Anzahl:* eine B. leerer, voller Flaschen; eine B. von Wein- und Schnapsflaschen stand auf dem Tisch.

Bazar vgl. Basar.

Bazillus, der; des Bazillus, die Bazillen: **a)** ⟨meist Mehrz.⟩: /Med./ *Gattung sporenbildender Spaltpilze mit zahlreichen Krankheitserregern:* gefährliche, harmlose Bazillen; ein Organismus beherbergt Bazillen, scheidet Bazillen aus, gibt Bazillen ab; Bazillen abtöten, vernichten; einen [neuen] B. entdecken, isolieren. **b)** ⟨nur Einz.⟩ (bildungsspr.): /in Vergleichen/ diese revolutionäre Idee verseucht die Jugend wie ein gefährlicher B., verbreitet sich wie ein gefährlicher B. **c)** /übertr./ (bildungsspr.): der B. der Angst, der Furcht, der Lieblosigkeit, der Gleichgültigkeit.

Beat [bit], der; des Beat[s], die Beats ⟨Mehrz. ungew.⟩: /Mus./ *Gattung moderner Tanz- und Unterhaltungsmusik, die durch einen hämmernden und schlagenden Rhythmus mit gleichmäßiger Betonung jedes Taktes charakterisiert ist:* heißer B.; ich höre gern B.

Beatle [bit^el], der; des Beatles, die Beatles: *schlaksiger Jugendlicher mit langmähniger Pilzkopffrisur:* er läuft als B. herum; er ist ein B.

becircen [bezirz^en], becircte, hat becirct ⟨tr., jmdn.. b.⟩ (alltagsspr.): *einen Mann (seltener: eine Frau) bezaubern, betören, verführen, umgarnen* (im allgemeinen auf die Frau als Verführerin bezogen): sie hat ihn becirct; er hat sich von ihr b. lassen.

Beefsteak [bífßtěk], das; des Beefsteaks, die Beefsteaks: /Gastr./ *kurzgebratenes Rinds[lenden]stück:* ein zartes, zähes, englisches, englisch gebratenes, halb durchgebratenes, durchgebratenes B. — * *deutsches* **Beefsteak:** *flache gebratene Fleisch-*

schnitte aus gehacktem Rind- oder Schweinefleisch.

beige [b̯esch] ⟨Adj.; attr. und als Artangabe⟩: *sandfarben:* ein beiges Hemd, Kleid, Auto; ein beiger Mantel; diese Schuhe sind b.; eine Hose, einen Pullover b. färben; ein Auto b. lackieren, spritzen; dieser Hut sieht b. aus.

Benjamin, der; des Benjamins, die Benjamine: *jüngster Sohn, Jüngster: jüngstes Mitglied einer Mannschaft, einer Personengruppe oder eines Vereins:* Peter ist unser B.; hat Ihnen mein B. nicht Bescheid gegeben?; er ist der B. der Klasse; ausgerechnet der B. des Vereins schoß alle vier Tore.

Benzin, das; des Benzins, die Benzine: *Gemisch aus gesättigten Kohlenwasserstoffen, das als Treibstoff oder Lösungsmittel verwendet wird:* B. tanken, zapfen; mit B. fahren; er hat kein B. mehr im Tank; einen Fleck mit B. entfernen; eine Hose mit B., in B. reinigen; das Feuerzeug mit B. füllen.

bestialisch ⟨Adj.; attr. und als Artangabe⟩: **1)** (abwertend) *unmenschlich, viehisch, grausam, teuflisch:* bestialische Grausamkeit; ein bestialischer Mord, Mörder; er wurde b. zu Tode geprügelt; er wurde auf bestialische Weise umgebracht; er hat einen bestialischen Zug im Gesicht; das ist ja b.!; b. wüten, toben. **2)** ⟨nicht präd.⟩ (ugs.; emotional übertreibend): *fürchterlich, unerträglich:* hier stinkt es b.; er war b. betrunken; das sind ja bestialische Gerüche.

Bestialität, die; der Bestialität, die Bestialitäten ⟨Mehrz. selten⟩ (bildungsspr.): *unmenschliche Grausamkeit, grausames Vorgehen, grausame Tat:* der Mörder zerstückelte sein Opfer mit unbeschreiblicher B.; die Bestialitäten der Soldaten gegenüber der Zivilbevölkerung.

Bestie [...i̯ᵉ], die; der Bestie, die Bestien: **1a)** *wildes Tier:* eine große, hungrige, lauernde B.; die aufgeschreckten Bestien stürzten sich auf den Wärter. **b)** /in Vergleichen; auf den Menschen bezogen/: er wütete wie eine wilde B.; er verwandelte sich in eine B. **2)** /übertr.; auf den Menschen bezogen/ *brutaler Mensch, Unmensch:* man sollte diese Bestien zum Tode verurteilen.

Bestseller, der; des Bestsellers, die Bestseller (bildungsspr.): /gew. auf Bücher bezogen/ *Ware, die einen außergewöhnlich guten Absatz findet, Verkaufsschlager:* einen B. schreiben; dieser Roman ist ein B.; diese Schallplatte verspricht ein B. zu werden.

Beton [betǫng, auch: betǫng, selten auch eindeutschend: betǫn], der; des Betons, die Betons (bei eindeutschender Ausspr.: die Betone): /Bauw./ *Baustoff aus einer Mischung von Zement, Wasser und Zuschlagstoffen (wie Sand, Kies):* B. mischen, gießen; mit B. bauen; die Fahrbahndecke, das Fundament des Hauses ist aus B.; B. wird an der Luft fest, hart. – /bildl./: die Deckung der deutschen Fußballnationalmannschaft ist aus B. (= *ist unbezwingbar*).

betonieren, betonierte, hat betoniert ⟨tr., etwas b.⟩: /Bauw./ *mit Beton bauen, ausbauen; mit einem Betonbelag versehen:* der Keller des Hauses ist betoniert; eine Straße, eine Hofeinfahrt, eine Garage, die Start- und Landebahnen eines Flugplatzes b. **2)** /übertr./ (bildungsspr.) *eine Sache, einen Zustand, eine Haltung u. a. starr und unverrückbar festlegen:* die Regierung in Bonn muß alles vermeiden, was die Spaltung Deutschlands betoniert.

bezirzen vgl. becircen.

Bibel, die; der Bibel, die Bibeln: **1)** *die Heilige Schrift des Alten und Neuen Testaments:* die B. aufschlagen; ein Kapitel, ein Wort aus der Bibel [vor]lesen; in der B. lesen; auf die B. schwören; etwas steht in der B. **2)** (ugs.) *maßgebendes Buch, maßgebende Schriften:* das Bürgerliche Gesetzbuch ist die B. des Juristen.

Bibliothek, die; der Bibliothek, die Bibliotheken: **a)** *[systematische] private oder öffentliche Sammlung von*

Bibliothekar

Büchern, Bücherei: eine kleine, große, reichhaltige, wertvolle, berühmte, private, öffentliche B.; seine, eine B. erweitern, ergänzen, ordnen, verkaufen; dieses Buch fehlt in meiner B. **b)** *Raum oder Gebäude zur Aufbewahrung einer Büchersammlung:* in die B. gehen; ein Buch aus der B. holen, entleihen; in der B. sitzen, arbeiten.

Bibliothekar, der; des Bibliothekars, die Bibliothekare: *[wissenschaftlicher] Verwalter und Betreuer einer Bibliothek:* er ist B. **Bibliothekarin,** die; der Bibliothekarin, die Bibliothekarinnen.

biblisch ⟨Adj.; gew. nur attr. und präd.; ohne Vergleichsformen⟩: **a)** *die Bibel betreffend, aus der Bibel stammend, in der Bibel stehend:* eine biblische Geschichte; die Biblische Geschichte (als Lehrstoff); ein biblischer Name, Vorname, Prophet; ein biblisches Zitat, Gleichnis. **b)** ⟨steigernd und verstärkend⟩ (bildungsspr.): ein biblisches *(= sehr hohes)* Alter; biblische Erhabenheit.

Bigamie, die; der Bigamie, die Bigamien ⟨Mehrz. ungew.⟩: *Doppelehe:* in B. leben; B. ist in den abendländischen Ländern strafbar; er wurde wegen B. verurteilt.

Bikini, der; des Bikinis, die Bikinis: *zweiteiliger Damenbadeanzug:* ein modischer, knapper B.; im B. baden; einen B. tragen.

Bilanz, die; der Bilanz, die Bilanzen: /Wirtsch./ *abschließende vergleichende Gegenüberstellung von Einnahmen bzw. Vermögen einerseits und Ausgaben bzw. Schulden andererseits (bezogen auf ein Geschäftsjahr):* eine aktive, positive, passive, negative, gesunde, ausgeglichene, erfolgreiche, klare, offene B.; eine B. aufstellen, vorlegen, gliedern, analysieren, verschleiern, frisieren, prüfen, veröffentlichen, publizieren; die B. eines Unternehmens. **b)** /übertr.; auf persönliche Verhältnisse bezogen/ (ugs.) *Überprüfung der finanziellen Mittel, die man [noch] zur Verfügung hat:* B. machen. **2)** /übertr./ *Fazit, Ergebnis:* die erfreuliche B. der deutschen Außenpolitik; die traurige, blutige, erschreckende, erschütternde B. des Pfingstreiseverkehrs: dreißig Tote und Hunderte von Verletzten; [die] B. ziehen; die deutsche Fußballnationalmannschaft hat im laufenden Spieljahr alle internationalen Begegnungen gewonnen: eine zufriedenstellende, stolze B.

Billett *[biljät],* das; des Billett[e]s, die Billette und die Billetts (im deutschen Sprachraum, mit Ausnahme der Schweiz, veraltend): *Einlaßkarte, Eintrittskarte; Fahrkarte, Fahrschein:* ein B. [1. Klasse] lösen; ein B. für die Hin- und Rückfahrt nehmen; ein B. fürs Theater, fürs Kino vorbestellen, kaufen.

Biologe, der; des Biologen, die Biologen: *Wissenschaftler auf dem Gebiet der Biologie:* er ist B.

Biologie, die; der Biologie ⟨ohne Mehrz.⟩: *Lehre von der belebten Natur und von den Gesetzmäßigkeiten im Lebensablauf bei Mensch, Tier und Pflanze:* die B. des Menschen, des menschlichen Organismus; die B. gehört zu den Naturwissenschaften; die Schüler der Quarta haben zwei Wochenstunden B.

biologisch ⟨Adj.; meist nur attr., selten auch als Artangabe; ohne Vergleichsformen⟩: **1 a)** *auf die Biologie bezüglich; mit den Mitteln der Biologie [erfolgend];* im Rahmen, im Sinne der Biologie: eine biologische Untersuchung, Abhandlung, Darstellung, Arbeit, Zeitschrift; die biologische Deutung des Lebens, der Mensch ist b. mit den Menschenaffen verwandt; biologische Funde aus der Frühzeit der Menschheit. **b)** *die Lebensvorgänge betreffend, Lebens...; die Lebensvorgänge beeinflussend, den Organismus verändernd:* die biologische Wirkung der radioaktiven Strahlen; die Erbinformation gehört noch immer zu den biologischen Rätseln; die biologischen Vorgänge im Organismus. **c)** *naturbedingt, naturgewollt, naturgemäß; in der naturbedingten Anlage des Lebens begründet:* die biologische Funktion der Frau, des Mannes, der Geschlechtsorgane; das Altern stellt einen biologischen Prozeß dar; der Tod ist eine biologische Notwendigkeit; der Untergang der Körperzellen unterliegt einem biologischen Gesetz; die biologische Veranlagung eines Menschen. 2) /Pharm./ *aus natürlichen Pflanzenauszügen hergestellt* (von Arzneimitteln gesagt): ein biologisches Heilmittel, Präparat. 3) *auf schädliche Kleinstlebewesen bezogen, mit deren Hilfe erfolgend bzw. schädigend:* biologische Waffen; biologische Kriegführung.

Biskuit [*biskwịt*], das ; des Biskuit[e]s, die Biskuits (auch: die Biskuite): /Gastr./ *Feingebäck aus Mehl, Eiern und Zucker:* feine, zarte, lockere Biskuits; Biskuits backen; nimmst du noch ein B.?; Biskuits zum Tee, zum Wein reichen.

bizạrr ⟨Adj.; attr. und als Artangabe⟩ (bildungsspr.): *seltsam, ungewöhnlich; launenhaft, verrückt:* bizarre Schatten, Formen, Gegenstände; b. geformte Wolken; ein bizarres Gesicht; einen bizarren Einfall haben; bizarre Bewegungen, Verrenkungen machen; die Baumkronen sehen gegen den nächtlichen Sternhimmel ganz b. aus; deine Gedanken sind wirklich b.

Bịzeps, der; des Bizepses, die Bizepse: /Med., Biol./ *der zweiköpfige Oberarmmuskel, der den Arm im Ellbogengelenk beugt:* seinen B. zeigen; einen starken, kräftigen B. haben; ein Schlag auf den B.

blamabel ⟨Adj.; attr. und als Artangabe⟩: *beschämend:* ein blamables Ende, Ergebnis; eine blamable Situation, Angelegenheit; diese Niederlage ist für die Mannschaft äußerst b.; der deutsche Fußballmeister gab im Europapokalendspiel eine blamable Vorstellung; es ist schon b., sich so aufzuführen; dieses Versagen scheint mir sehr b. [zu sein]; sich b. aufführen, benehmen.

Blamage [*blamạseh*ᵉ], die; der Blamage, die Blamagen; *die aus einer peinlichen Situation oder aus einem miß-*glückten *Vorgehen resultierende [persönliche] Bloßstellung oder Schmach:* eine empfindliche, scheußliche, tödliche (emotional übertreibend) B. erleiden, hinnehmen müssen; das ist für uns alle eine große B.; das bedeutet für ihn eine ziemliche (ugs.) B.; das wird mit einer bösen (ugs.) B. enden; in den Augen der Öffentlichkeit ist das eine ungeheuere B.; man sollte ihm die öffentliche B. ersparen; er hat Angst vor der B.

blamieren, blamierte, hat blamiert ⟨tr. und refl.; jmdn., sich B.⟩: *jmdn. oder sich selbst vor anderen bloßstellen, lächerlich machen; jmdm. oder sich selbst Schande bereiten:* er hat ihn vor seinen ganzen Kollegen blamiert; er hat sich aufs peinlichste (geh.), böse (ugs.), unsterblich (emotional übertreibend), bis auf die Knochen (salopp) blamiert; er hat uns durch sein Benehmen, Auftreten, mit seinen peinlichen Affären vor der ganzen Öffentlichkeit blamiert; ich fühle mich durch dieses Vorgehen blamiert; der blamiert die ganze Innung, den ganzen Verein (ugs.).

Blankoscheck, der; des Blankoschecks, die Blankoschecks (seltener: die Blankoschecke): /Bankw./ *Scheck, der noch nicht [vollständig] ausgefüllt ist (auf dem insbes. noch kein Geldbetrag aufgeführt ist), der aber bereits unterschrieben ist:* jmdm. einen B. geben; einen B. unterschreiben, unterzeichnen.

Blankovollmacht, die; der Blankovollmacht, die Blankovollmachten: *unbeschränkte Vollmacht:* jmdm. B. geben.

blasiert ⟨Adj.; attr. und als Artangabe⟩: *hochnäsig, hochmütig, überheblich, eingebildet:* blasiertes Getue, Gehabe, Benehmen; ein blasierter Jüngling; eine blasierte Frau; sie ist sehr b.; b. tun; sich b. geben, benehmen; b. daherreden, antworten, erwidern; das blasierte Verhalten der CDU hat die FDP in die Opposition gedrängt.

Blasphemie, die; der Blasphemie, die Blasphemien ⟨Mehrz. selten⟩: *Gottes-*

blasphemisch

lästerung, verletzende Äußerung über etwas Heiliges: B. begehen; das ist B.!

blasphemisch ⟨Adj.; attr. und als Artangabe⟩(bildungsspr.): *gotteslästernd; das sittliche Empfinden erheblich verletzend:* blasphemische Äußerungen, Bemerkungen; die Szene in diesem Film ist, wirkt ausgesprochen b.

Blazer [blḛⁱsᵉr], der; des Blazers, die Blazer: *Clubjacke [mit auffälligem Clubabzeichen]:* ich habe mir einen blauen B. gekauft.

bleu [blö̱] ⟨indekl. Adj.; nur als Artangabe; ohne Vergleichsformen⟩: *blau mit Grün- oder Grauschimmer:* das Kostüm ist b.; der Stoff schimmert, changiert b.

Blockade, die; der Blockade, die Blockaden: *[militär.] Absperrung der gesamten Zufahrtswege und Zufuhrwege (insbes. der Häfen und Küsten) eines Staates oder Territoriums durch einen anderen Staat (als polit. Druckmittel):* die B. Kubas durch amerikanische Kriegsschiffe im Jahre 1962; die B. Berlins, von Berlin im Jahre 1949; die Berliner B. von 1949; die wirtschaftliche B. (Englands) gegen Rhodesien; die B. über, gegen ein Land, einen Hafen, eine Stadt verhängen; die B. aufheben, durchbrechen, umgehen, aufrechterhalten.

blockieren, blockierte, hat blockiert: ⟨tr. und intr.⟩: **I.** ⟨tr., etwas b.⟩: **1)** *die Zufahrtswege eines Territoriums oder eines Staates, insbes. Häfen und Küsten, absperren (von einem anderen Staat gesagt):* eine Stadt, ein Land, einen Hafen, die Seewege zu einem Land b. **2a)** *etwas [ohne Absicht] versperren, den Durchgang, die Durchfahrt versperren, verstopfen:* die Bundesstraße war wegen eines Autounfalls, durch einen Autounfall längere Zeit blockiert; Schneewehungen blockierten die Bahnlinie; die Strecke war durch Lawinen blockiert; die Streikposten blockierten die Eingangstore des Fabrikgeländes. **b)** /übertr./ (bildungsspr.) *etwas, insbes. die Durchführung eines geplanten Vorhabens, [durch Widerstand] vorübergehend unmöglich machen, zum Stocken bringen, verhindern:* die Verabschiedung der Gesetze wurde immer wieder durch die Opposition blockiert; Frankreich blockierte die Aufnahme Englands in die EWG; Verhandlungen, ein Gespräch, eine Entscheidung b. **3)** *ein [techn.] Gerät, eine Maschine u. a. außer Funktion setzen:* Sand blockiert das Getriebe eines Kraftfahrzeugs; die Bremse blockiert die Räder; das Lenkradschloß blockiert die Lenkung. **II.** ⟨intr.⟩: *vorübergehend nicht funktionieren* (gew. auf Gegenstände, die sich bewegen oder drehen, bezogen): die Räder blockieren *(= drehen sich nicht);* die Steuerung blockiert.

blondieren, blondierte, hat blondiert ⟨tr., etwas b.⟩: *Haare mittels Chemikalien aufhellen:* meine Frau will sich [die Haare] b. lassen.

Blondine, die; der Blondine, die Blondinen: *blonde Frau:* eine hübsche, üppige, kesse B.

blümerant ⟨Adj.; selten attr., gew. nur prad.; gew. ohne Vergleichsformen⟩ (ugs.): *schwindelig, flau:* mir wird ganz b. vor den Augen; mir ist b. [zumute]; ich habe so ein blümerantes Gefühl in der Magengegend.

Bob, der; des Bobs, die Bobs: /Sport; häufig in Zus. wie: Zweierbob, Viererbob, Bobrennen/ *Rennschlitten:* ein schneller, langsamer B.; der B. Deutschland I fuhr die schnellste Zeit; B. fahren.

Bodycheck [bo̱ditschäk], der; des Bodychecks, die Bodychecks: /Eishockey/ *hartes, aber nach den Regeln in bestimmten Fällen erlaubtes Rempeln des Gegners:* ein erlaubter, unerlaubter, harter, gekonnter (ugs.), geschickter B.; B. an der Bande, im Angriffsdrittel, im Verteidigungsdrittel; einen B. anbringen, ansetzen.

Boiler [bo̱ᵘlᵉr], der; des Boilers, die Boiler: *Gerät und Behälter zur Bereitung und Speicherung von heißem Wasser, Warmwasserspeicher:* einen B. im Bad, in der Küche anbringen, installieren; Warmwasser aus dem B.

nehmen; den B. einschalten, anstecken, ausschalten, entkalken.
Bolero, der; des Boleros, die Boleros: **1)** /Mus./ *scharf akzentuierter spanischer Tanz im ³/₄-Takt mit Kastagnettenbegleitung:* einen B. tanzen, spielen. **2)** /Mode/: **a)** *zur spanischen Nationaltracht gehörendes kurzes, offenes, reich verziertes (besticktes) Herrenjäckchen.* **b)** *der zu diesem Jäckchen getragene rundaufgeschlagene spanische Hut.* **c)** *kurzes Damenjäckchen:* einen B. tragen.
Bombardement [*bombardᵉmāŋs*], das; des Bombardements, die Bombardements: /Mil./ *anhaltender Bombenangriff; anhaltende Beschießung mit schweren Geschützen:* ein schweres, starkes B.; das B. auf eine Stadt.
bombardieren, bombardierte, hat bombardiert ⟨tr.⟩: **1)** ⟨etwas, (seltener auch:) jmdn. b.⟩: **a)** /Mil./ *ein [militär.] Ziel mit Bomben belegen, beschießen:* eine Stadt, eine Brücke, eine Festung, die feindlichen Linien b.; wir wurden im Morgengrauen von feindlichen Jagdbombern angegriffen und bombardiert. **b)** /übertr./ (alltagsspr.) *mit [harten] Gegenständen bewerfen:* die Demonstranten bombardierten das Botschaftsgebäude [mit Steinen]; der Schiedsrichter wurde mit Flaschen, Apfelsinen und Tomaten bombardiert; die Kinder bombardierten sich mit Kissen. **2)** ⟨jmdn., (seltener:) etwas mit etwas b.⟩ (alltagsspr.): /übertr./ *eine Person oder eine Institution mit Worten oder Gedanken bedrängen:* jmdn. mit Vorwürfen, mit Fragen, mit Beschimpfungen b.; der Schauspieler wurde mit Liebesbriefen bombardiert; die Behörde wurde mit Eingaben bombardiert.
bombastisch ⟨Adj.; attr. und als Artangabe⟩ (bildungsspr.): *hochtrabend, schwülstig:* eine bombastische Rede, Reklame, Aufführung; diese Musikshow ist mir zu b.; etwas b. ankündigen, anpreisen, aufziehen.
Bombe, die; der Bombe, die Bomben: **1a)** /Mil./ *mit Sprengstoff gefüllter und mit einem Zünder versehener Hohlkörper aus Metall:* Bomben werfen, abwerfen, abschmeißen (ugs.); eine Bombe entschärfen; eine Bombe wird von einem Flugzeug ausgeklinkt; Bomben fallen auf ein militärisches Ziel, gehen über der Stadt nieder, gehen auf eine Brücke nieder, gehen im Zielgebiet nieder; das Flugzeug setzte die B. genau auf die Eisenbahnlinie; die Bomben trafen, verfehlten ihr Ziel; eine B. detoniert, explodiert; die Bomben richteten in der Stadt große Zerstörungen an; die Stadt wurde durch Bomben zerstört, verwüstet; die feindlichen Stellungen wurden mit schweren Bomben belegt, eingedeckt. **b)** (ugs., verhüllend) *Atombombe:* seit zwei Jahren hat jetzt auch Rotchina die B. **c)** /in Vergleichen, auf die Sprengkraft einer Bombe bezogen/: die Nachricht schlug wie eine B. ein, wirkte unter den Versammlungsteilnehmern wie eine B., platzte wie eine B. in die Versammlung. **d)** /übertr./ (ugs.) *unerwartete peinliche Situation oder Konstellation, die erheblichen Zündstoff in sich birgt und bei Bekanntwerden unangenehme Folgen für bestimmte Personen nach sich zieht:* die B. von den langjährigen militärischen Fehlinvestitionen platzte, mußte schließlich platzen; er ließ die B. platzen. **2)** /übertr./ *auf Gegenstände, die von der äußeren Form her einer Bombe vergleichbar sind, bezogen;* häufig in Zus. wie: Eisbombe, Sauerstoffbombe/: die bei dem Grubenunglück verunglückten und eingeschlossenen Bergleute wurden durch eine B. mit Lebensmitteln versorgt, wurden mit Hilfe einer B. geborgen. **3)** /übertr./ (Sportjargon) *wuchtiger, knallharter Torschuß im Fußball (seltener im Handball):* eine flache, halbhohe, knallharte, unhaltbare B. aufs Tor donnern, schießen, knallen; eine B. loslassen; die B. krachte ans Lattenkreuz; eine tolle B. von Beckenbauer verfehlte nur knapp das Tor.
Bomber, der; des Bombers, die Bomber: **1)** /Mil./ *Bombenflugzeug:* ein zweimotoriger, viermotoriger, ferngelenkter B. **2)** /übertr./ (Sportjargon)

Bon

Fußballspieler (seltener auch: *Handballspieler*), *der wuchtig und hart zu schießen (bzw. zu werfen) vermag:* Uwe Seeler war lange Jahre hindurch der B. vom Dienst beim HSV.

Bon [*boŋ* oder *bɔŋ*], der; des Bons, die Bons: **1)** *Gutschein für Speisen oder Getränke:* die Belegschaftsmitglieder erhielten Bons im Werte von 11 DM; auf Bons essen; Bons ausgeben; Bons in Zahlung geben. **2)** *Kassenzettel:* die Ware wird nur gegen den B. ausgeliefert; wenn Sie später umtauschen wollen, müssen Sie den B. aufbewahren.

Bonbon [*boŋboŋ*, seltener auch:*boŋboŋ*], der oder das;des Bonbons, die Bonbons: **1)** *geformte Zuckerware mit aromatischen Zusätzen:* sich einen süßen, sauren, süßsauren B. in den Mund schieben; jmdm. ein [un]gefülltes, eingewickeltes B. anbieten; Bonbons lutschen. **2)** /übertr./ (bildungsspr.) *das Beste unter vergleichbaren Dingen der gleichen Art:* ein besonderes B. des Programms war der Auftritt der Callas; ich lese die Zeitung nicht vollständig, ich suche mir nur die Bonbons heraus.

Bonbonniere [*boŋbonjär*ᵉ], die; der Bonbonniere, die Bonbonnieren: *geschmackvoll ausgestattete Pralinenpackung:* er schenkte ihr eine große B.

bongen, bongte, hat gebongt ⟨tr.⟩ (ugs.): *einen →Bon [an der Registrierkasse] ausstellen:* **a)** ⟨etwas b.⟩: ein Essen, ein Menü, ein Gericht, ein Glas Bier, einen Geldbetrag b. **b)** ⟨mit Unterdrückung des Objekts⟩: richtig, falsch b.; „ich habe noch nicht gebongt", sagte der Kellner, „Sie können noch umbestellen".

Bonmot [*boŋmo*], das; des Bonmots, die Bonmots: *treffende, geistreiche Wendung; Wortwitz:* ein [witziges] B. des Altbundeskanzlers; ein B. prägen, anbringen; ein B. kursiert, macht die Runde; ein B. entsteht.

Bonus, der; des Bonus oder des Bonusses, die Bonus oder die Bonusse (auch: die Boni) /Wirtsch./: **a)** (im Handel:) *Gutschrift für Kunden oder Vertreter:* die Kfz-Versicherung gewährt bei unfallfreiem Fahren nach drei Jahren einen jährlichen B. von 50% auf die Versicherungssumme. **b)** (bei Aktiengesellschaften:) *Sondervergütung, bes. in Form eines Zuschlags zur Dividende bei einmaligen Gewinnen:* ein einmaliger B.; einen B. geben, gewähren.

Bonze, der; des Bonzen, die Bonzen (abwertend): *einflußreicher, engstirniger Partei- oder Verbandsfunktionär:* die braunen, roten, fetten, widerlichen Bonzen; die größten Bonzen sitzen in den Gewerkschaften.

Boom [*bum*], der; des Booms, die Booms (bildungsspr.): *[plötzlicher] wirtschaftlicher Aufschwung, Hochkonjunktur* (auch auf die Börse bezogen): ein unerwarteter, überraschender, beispielloser B.; der B. in der Autoindustrie, im Reiseverkehr nach Afrika, am Taschenbuchmarkt; nach dem Kriege setzte in Amerika ein ungeheurer B. in der Chemiefaserproduktion ein; der B. am, auf dem Goldmarkt hält an, kommt zum Stillstand, wird durch Regierungsmaßnahmen gestoppt; der B. am Kupfermarkt wurde durch Streikgerüchte angeheizt; es kommt zu einem neuen B. an der Wertpapierbörse; die Nachricht löste einen neuen B. aus; es kam nicht zu dem erwarteten B. im Verkauf von Farbfernsehgeräten.

Bordell, das; des Bordells, die Bordelle: *Dirnenhaus, Freudenhaus:* ein B. besuchen, aufsuchen, betreten; in ein B. gehen; die wenigsten Prostituierten wohnen in einem B.; die Polizei überprüfte alle männlichen Gäste des Bordells; die Gesundheitsbehörde ließ das B. schließen; ich wußte, daß sie eines Tages in einem B. landen (ugs.) würde.

borniert ⟨Adj.; attr. und als Artangabe⟩: *geistig beschränkt, engstirnig:* bornierte Ansichten; ein bornierter Mensch; dieser Mann ist b.; wie kann man nur so b. sein, handeln.

Börse, die; der Börse, die Börsen: **1)** /Wirtsch./: **a)** *regelmäßiger Markt für Wertpapiere und vertretbare Waren:*

die Frankfurter, Hamburger, Amsterdamer B.; die B. ist, verläuft lebhaft, ruhig, freundlich, stürmisch; an der B. spekulieren, kaufen, verkaufen, bieten, gewinnen, verlieren; Wertpapiere an der B. notieren, umsetzen, handeln; Wertpapiere über die B. verkaufen; die B. beruhigt sich, behauptet sich, bleibt fest, lustlos; die B. beobachten, beaufsichtigen, kontrollieren; der Preis für Baumwolle ist an der Hamburger B. gesunken, gestiegen; Kaffee wird an vielen Börsen gehandelt. **b)** *Gebäude für die regelmäßige Abhaltung eines Wertpapier- oder Warenmarktes:* die B. ist geöffnet; die Pariser B. ist geschlossen; die B. stürmen. **2)** (bildungsspr., selten) *Geldbeutel, Geldtäschchen:* eine lederne, volle, leere B.; Geld aus der B. nehmen; seine B. zücken (salopp).

Boß, der; des Bosses, die Bosse (ugs.): /häufig in vertraulicher Rede/ *Chef, Vorgesetzter; Betriebsleiter:* mein früherer, jetziger, zukünftiger B.; der B. ist in Ordnung; unser B. ist in Urlaub; wir wollen doch mal sehen, wer hier der B. ist; der B. der Gangsterbande ist uns leider entwischt.

Botanik, die; der Botanik ⟨ohne Mehrz.⟩: *Pflanzenkunde:* die B. ist ein Teilgebiet der Biologie; B. studieren; Vorlesungen in B.; er ist Ordinarius für B. an der Universität X.

Botaniker, der; des Botanikers, die Botaniker: *Pflanzenkundler, Wissenschaftler und Forscher auf dem Gebiet der Botanik:* er ist B.

botanisch ⟨Adj.; nur attr.; ohne Vergleichsformen⟩: **a)** *die Botanik betreffend, pflanzenkundlich:* eine botanische Arbeit, Sammlung; botanische Studien. **b)** /in der festen Verbindung/ ***botanischer Garten:** *für Schau- und Lehrzwecke geeignete Park- oder Gartenanlage, in der nach einer bestimmten Systematik einheimische und fremdländische Blumen, Bäume und andere Pflanzen kultiviert werden:* einen botanischen Garten besuchen; der Botanische Garten in Gütersloh.

Bouillon [buljong, buljong oder bujong], die; der Bouillon, die Bouillons: /Gastr./ *Fleischbrühe, Kraftbrühe:* eine kräftige, heiße, fette B. [mit Einlage, mit Ei]; im Lokal eine B. bestellen; eine Tasse B.

Boutique [butik], die; der Boutique, die Boutiques oder die Boutiquen [...kᵉn] (bildungsspr.): *kleiner Laden für (meist exklusive) modische Neuheiten:* eine teure B.; ich habe dieses Minikleid in einer B. gekauft.

Bowle [bolᵉ], die; der Bowle, die Bowlen: **a)** *kaltes* (seltener auch: *warmes*) *Getränk aus Wein, Schaumwein, Zucker, Früchten u. a. aromatischen Zutaten:* eine kalte B.; eine B. ansetzen; B. trinken. **b)** *größeres, meist bauchiges [Glas]gefäß zum Auftragen dieses Getränks:* eine B. aus Glas, Kristall; eine B. kaufen.

Box, die; der Box, die Boxen; auch: **Boxe,** die; der Boxe, die Boxen: **1)** *abgeteilter Pferdestand (in einem Pferdestall), in dem sich das Pferd frei bewegen kann:* die Pferde werden aus den Boxen geholt. **2a)** *[durch Zwischenwände] abgeteilter Einstellplatz für Kraftwagen in einer Großgarage.* **b)** ⟨gew. nur Mehrz.⟩: *abgegrenzter Montageplatz für Rennwagen an einer Rennstrecke:* der Rennwagen mußte an die Boxen, fuhr an die Boxen, wurde an die Boxen gewinkt. **3)** *Abstellraum, Unterstellraum für Gegenstände verschiedener Art.* **4)** ⟨nur in der Form: Box⟩: *einfache Rollfilmkamera in Kastenform:* meine B. macht die besten Bilder. **5)** /auf andere Objekte übertr.; meist in Zus. wie K ü h l b o x, M u s i k b o x/ *kastenförmiger Behälter oder Gegenstand.*

Boy [beu], der; des Boys, die Boys: **1)** *Laufjunge, Bote;* [livrierter] *junger Diener:* der B. brachte ihn im Lift nach oben; der B. bringt das Gepäck zum Wagen. **2)** (ugs., abwertend) *junger Bursche, junger Mann:* was für einen harmlosen B. hat die sich denn jetzt als neuen Begleiter ausgesucht?

Boykott, der; des Boykott[e]s, die Boykotte: *mit verschiedenartigen, insbesondere wirtschaftlichen Zwangsmaßnahmen (wie Waren-, Liefersperre) verbundene Ächtung eines Landes,*

boykottieren

eines Unternehmens, einer Personengruppe oder einer einzelnen Person: offener, stiller, organisierter, wirtschaftlicher, politischer B.; der B. der Gewerkschaften gegen die Notstandsgesetze, gegen die Regierung; den B. über ein Land verhängen; einem Land den B. erklären, androhen; die Linksradikalen riefen zum B. gegen die Regierung auf.

boykottieren, boykottierte, hat boykottiert ⟨tr.⟩ (bildungsspr.): **a)** ⟨etwas b.⟩: *etwas mit Boykott belegen:* ein Land, einen Staat b. **b)** ⟨etwas b.⟩: *die Ausführung oder Durchführung von etwas erschweren oder durch unsaubere Mittel zu verhindern suchen:* er hat diesen Plan, das Unternehmen, die Arbeit boykottiert. **c)** ⟨jmdn., seltener auch: etwas b.⟩: *eine Person oder Sache bewußt übergehen oder auszuschalten suchen; jmdn. oder etwas bewußt und mit Verachtung meiden:* sie boykottierten ihren Vorgesetzten, ihren Chef; die Studenten boykottierten das Lokal.

Brachialgewalt, die; der Brachialgewalt ⟨ohne Mehrz.⟩: *rohe körperliche Gewalt:* mit B. vorgehen; B. anwenden.

Brasil, die; der Brasil, die Brasil[s]: *Zigarre aus dem dunkelbraunen, würzigen Brasiltabak:* eine schwarze, dunkle, leichte, schwere, milde B. rauchen.

Bratsche, die; der Bratsche, die Bratschen: /Mus./ *um eine Quint tiefer als die Violine gestimmtes Streichinstrument:* B. spielen.

bravissimo! (bildungsspr.): /als beifälliger Zuruf/ *sehr gut!, vortrefflich!, ausgezeichnet!:* b. rufen. **bravo!** /als beifälliger Zuruf/ *gut!, trefflich!:* b. rufen, schreien. **Bravo**, das; des Bravos, die Bravos: *beifälliger Zuruf, Beifallsruf:* mit zahlreichen Bravos wurde der Redner verabschiedet; ein lautes, beifälliges B. ertönte.

Bravour [*brawur*], die; der Bravour ⟨ohne Mehrz.⟩ (bildungsspr.): **1)** *Schneid, Tapferkeit:* die Soldaten kämpften, schlugen sich mit [großer] B. **2)** *vollendete Meisterschaft, meisterhafte Technik; außergewöhnlicher Glanz [in der Darbietung]:* mit B. singen, tanzen; eine Aufgabe mit B. lösen; er turnte die schwierige Rechübung mit viel B.

Bravourleistung [*brawur...*], die; der Bravourleistung, die Bravourleistungen: *Glanz-, Meisterleistung:* eine B. vollbringen; mit 40 Jahren die 10000 Meter unter 30 Minuten zu laufen ist eine große B.,

bravourös [*brawuröß*] ⟨Adj.; attr. und als Artangabe⟩: *tapfer, großartig, meisterhaft:* eine bravouröse Leistung; er ist ein bravouröser Kämpfer; er hat sich b. geschlagen.

Break [*brek*, im Sportjargon meist: *bre^{i}k*], der oder das; des Breaks, die Breaks: /Sport/ *bei Mannschaftsspielen ein plötzlicher, unerwarteter Durchbruch aus der Verteidigung heraus; Überrumpelung des Gegners aus der Defensive, Konterschlag:* ein gelungenes, mißlungenes B.; ein Tor aus einem B., durch ein B. erzielen.

Bredouille [*bredulj̊e*], die; der Bredouille, die Bredouillen ⟨Mehrz. ungew.⟩ (ugs., veraltend): *Bedrängnis, Verlegenheit:* in der B. sein, sitzen; aus der B. herauskommen.

Brevier [*...wir*], das; des Breviers, die Breviere: **1)** /kath. Rel./: **a)** *Gebetbuch des kath. Klerikers mit den Stundengebeten:* im B. lesen. **b)** *tägliches kirchliches Stundengebet:* das B. beten. **2)** (bildungsspr.) *kurze Sammlung wichtiger Stellen aus den Werken eines Schriftstellers oder Dichters:* ein B. zusammenstellen, herausgeben.

Brigade, die; der Brigade, die Brigaden: **1)** /Mil./ *unterste Truppenabteilung eines Großverbandes des Heeres.* **2)** /im Sprachgebrauch der DDR/ *kleinste Arbeitsgruppe in einem Produktionsbetrieb.* **3)** /Gastr./ *Gesamtheit der in einem Restaurationsbetrieb beschäftigten Köche und Küchengehilfen.*

Brikett, das; des Brikett[e]s, die Briketts (auch noch: die Brikette): *geformte Preßkohle:* Briketts im Keller aufschichten; ein B. aufs Feuer legen; mit Briketts heizen.

brillant [*briljant*] ⟨Adj.; attr. und als Artangabe⟩ (bildungsspr.): *glänzend:* ein brillanter Redner, Schauspieler, Vortrag, Abend; Franz Beckenbauer ist ein brillanter Techniker, hat eine brillante Technik; seine Ballbehandlung ist b.; mir geht es b.; er hat ein brillantes Gedächtnis; sie sieht b. aus.

Brillant [*briljant*], der; des Brillanten, die Brillanten: *geschliffener Diamant:* ein kleiner, großer, funkelnder, einkarätiger, hochkarätiger, kostbarer B.; ein mit sechs echten Brillanten besetztes Armband; einen Brillanten in Weißgold, in Platin fassen.

Brillanz [*briljanz*], die; der Brillanz ⟨ohne Mehrz.⟩ (bildungsspr.): *Glanz, glänzende Technik, Virtuosität:* die [außerordentliche] technische B. eines musikalischen Vortrags; etwas mit B. formulieren, vortragen.

brillieren [*brilji...* oder *brili...*, selten auch: *brij...*], brillierte, hat brilliert ⟨intr.⟩ (bildungsspr.): *glänzen, sich durch eine bestimmte Fertigkeit hervortun:* mit seiner Technik, mit seiner Fahrkunst, mit seiner rhetorischen Gewandtheit b.

Brimborium, das; des Brimboriums ⟨ohne Mehrz.⟩ (ugs.): *überflüssiger Aufwand, Drum und Dran; unwesentliches Gerede, Umschweife:* macht nicht so viel B.!; etwas mit großem B. aufziehen.

brisant ⟨Adj.; nur attr. und präd.; gew. ohne Vergleichsformen⟩: **a)** /Waffentechnik/ *hochexplosiv; sprengend, zermalmend:* ein außerordentlich brisanter Sprengstoff; eine brisante Dynamitladung; diese Granaten haben eine äußerst brisante Wirkung; diese Bombe ist nicht so b. in ihrer Wirkung. **b)** /übertr./ (bildungsspr.) *viel Zündstoff enthaltend, gefährlich:* er hielt eine brisante Rede; sein Vortrag war äußerst b.; die Veröffentlichung dieses brisanten Briefes ist nicht ratsam.

Brisanz, die; der Brisanz, die Brisanzen: **a)** /Waffentechnik/ *Sprengkraft:* die B. einer Bombe, einer Granate; die Granaten haben unterschiedliche Brisanzen. **b)** ⟨Mehrz. ungebr.⟩ (bildungsspr.): /bildl./: die B. eines Vortrags, einer Rede, einer Veröffentlichung, eines Unternehmens.

Brokat, der; des Brokat[e]s, die Brokate: *kostbares, mit Gold- oder Silberfäden durchwirktes, gemustertes [Seiden]gewebe:* schwerer, alter, kostbarer B.; ein Abendkleid aus B.

Bronchie [*...iᵉ*], die; der Bronchie, die Bronchien ⟨meist Mehrz.⟩: /Med./ *eine der Verzweigungen des rechten und linken Hauptastes der Luftröhre:* die Bronchien sind frei, angegriffen, entzündet; Sekret aus den Bronchien abhusten.

Bronchitis, die; der Bronchitis, die Bronchitiden: /Med./ *Entzündung der Schleimhaut im Bereich der Luftröhrenäste:* eine akute, chronische, hartnäckige B.

Bronze [*brongßᵉ*], die; der Bronze, die Bronzen: **1)** ⟨Mehrz. ungebr.⟩: *Metallegierung aus Kupfer und Zinn mit verschiedenen Zusätzen (wie Zink, Phosphor):* Kunstgegenstände, Werkzeuge aus, in B. **2)** (bildungsspr., selten) *Kunstgegenstand aus Bronze:* ich habe mir mehrere Bronzen gekauft.

broschiert ⟨Adj.; attr. und als Artangabe; ohne Vergleichsformen⟩: /auf Druck-Erzeugnisse bezogen/ *ohne festen Umschlag, nur zusammengeheftet oder geleimt:* ein broschiertes Buch, Werk; eine broschierte Ausgabe von Thomas Mann; eine broschierte Zeitschrift; der Band ist b., ist nur [noch] b. erhältlich, kommt nur b. in den Handel.

Broschüre, die; der Broschüre, die Broschüren: /Buchw./ *geheftete Druckschrift geringeren Umfangs ohne festen Einband:* eine billige, kleine, aktuelle, politische B.

brünett ⟨Adj.; nur attr. und präd.; ohne Vergleichsformen⟩: *eine dunkelbraune Haarfarbe, einen dunkelbraunen Teint besitzend:* einen brünetten Teint haben; sie ist ein brünetter Typ; sie ist b.

Brünette, die; der Brünette, die Brünetten: *Mädchen oder Frau mit brünetter Haarfarbe oder ebensolchem Teint:* eine attraktive B.

brüsk ⟨Adj.; attr. und als Artangabe, aber gew. nicht präd.; gew. ohne Vergleichsformen⟩ (bildungsspr.): *barsch, schroff, rücksichtslos; unvermittelt und abweisend zugleich:* eine brüske Frage, Antwort, Ablehnung, Bewegung; in einem brüsken Ton antworten; er wies mich b. ab; er wandte sich b. ab; sich b. umdrehen; b. auffahren, stehenbleiben; etwas b. ablehnen, zurückweisen.

brüskieren, brüskierte, hat brüskiert ⟨tr., jmdn. b.⟩ (bildungsspr.): *jmdn. schroff und rücksichtslos behandeln, jmdm. vor den Kopf stoßen; jmdn. auf verletzende Weise herausfordern:* er hat mich bewußt, vor allen Leuten brüskiert; ich fühle mich brüskiert; ich wollte Sie durch mein Verhalten nicht b.

brutal ⟨Adj.; attr. und als Artangabe⟩: *roh, gefühllos; gewalttätig; schonungslos, rücksichtslos;* ein brutaler Mann, Kerl, Verbrecher, Raub, Mord; mit brutaler Gewalt, Kraft, Hand, Macht, Härte, Gleichgültigkeit gegen jmdn. vorgehen; mit brutaler Leidenschaft, Gier stürzte er sich auf sie; er hat einen brutalen Mund, ein brutales Gesicht, Kinn, einen brutalen Zug im Gesicht; einen brutalen Ton anschlagen; etwas mit brutaler Offenheit sagen; die Polizei ging b. gegen die Demonstranten vor; der Krieg macht die Menschen b.; man wird b. im Umgang mit Verbrechern; seine Hände sind b.; ich wurde b. aus dem Schlaf gerissen.

Brutalität, die; der Brutalität, die Brutalitäten: **a)** ⟨ohne Mehrz.⟩: *Roheit, Gefühllosigkeit:* nackte, unglaubliche B.; mit B. vorgehen. **b)** *brutale Tat, Gewalttätigkeit:* die Besatzungssoldaten leisteten sich unzählige Brutalitäten gegenüber der Zivilbevölkerung.

brutto ⟨Adv.⟩: /Kaufm./: **a)** *mit Verpackung:* eine Warenladung von b. 2 Tonnen; wir liefern b.; die Ware wiegt b. 50 kg. **b)** *ohne Abzug der [regelmäßigen] Abgaben oder Unkosten:* er verdient, bekommt 1000 DM b. im Monat; er hat ein monatliches Gehalt von 1000 DM b.; (ugs.:) er hat monatlich 1000 DM b.

Budget [büdseh̲e̲], das; des Budgets, die Budgets (bildungsspr.): *Staatshaushaltsplan, privater Haushaltsplan, Voranschlag über die zu erwartenden Einnahmen und Ausgaben eines Staates, eines Landes, einer Gemeinde oder einer Privatperson:* ein B. aufstellen, dem Parlament zur Beratung vorlegen, erweitern, ausweiten, einschränken, genehmigen, ausgleichen, belasten; über ein B. beraten, abstimmen; das übersteigt mein B.; das ist in meinem B. nicht vorgesehen; unser B. ist ausgeglichen.

Buffet [büfe̲, schweiz. u. südd. ugs.: büfe], das; des Buffets, die Buffets; auch: Büfett, das; des Büfett[e]s, die Büfette (auch: die Büfetts); öst. auch: Büffet [büfe]: **1)** *Anrichte, Geschirrschrank:* ein modernes, antikes, eichenes B.; ein B. in Teakholz, aus Nußbaum. **2a)** *Schanktisch in einer Gaststätte:* am B. stehen; sein Bier am B. trinken. **b)** *Verkaufstisch in einem Restaurant oder Café:* seine Bestellung am B. aufgeben; sich am B. Kuchen aussuchen. **3)** /gew. in der Fügung/ ***kaltes B.:** *auf einem Tisch zur Selbstbedienung zusammengestellte, meist kunstvoll arrangierte kalte Speisen (Salate, Pastetchen u. dgl.):* ein kaltes B. für eine Party zusammenstellen; es gab kaltes B.

bugsieren, bugsierte, hat bugsiert ⟨tr.⟩: **1)** ⟨etwas b.⟩: /Seew./ *ein Schiff ins Schlepptau nehmen:* ein Schlepper bugsierte das Schiff aus dem Hafen. **2)** ⟨jmdn., etwas b.⟩ (ugs.): /übertr./ *jmdn. oder etwas mühevoll irgendwohin bringen, lotsen:* er bugsierte mich sicher nach Hause, an den Bahnhof, durch die neugierig Herumstehenden hindurch; ich werde sie heimlich aus dem Zimmer, aus dem Haus b.; er bugsierte meinen Wagen gekonnt durch den dicksten Verkehr in die Innenstadt.

Bukett, das; des Bukett[e]s, die Bukette: **1)** (geh.) *Blumenstrauß:* ein B. dunkelroter Rosen; ein B. aus Tulpen und weißem Flieder; ein B. binden.

2) /Gastr./ *Duft, Blume von Wein, Weinbrand u. dgl.:* dieser Wein hat ein feines, erlesenes, edles B.

Bulldozer, der; des Bulldozers, die Bulldozer: *schweres Raupenfahrzeug (Bagger) für Geländeebnung oder Erdbewegungen.*

Bulletin [bül[e]täng], das; des Bulletins, die Bulletins (bildungsspr.): **a)** *offizieller Tagesbericht einer Regierung oder einer Kommission über politische, wirtschaftliche, militär. u. a. Vorgänge oder Verhandlungen:* ein kurzes, knappes, zusammenfassendes, ausführliches B. der Regierung über die Koalitionsverhandlungen; die Genfer Abrüstungskonferenz gab ein B. über die Ergebnisse der letzten Sitzung heraus; ein B. veröffentlichen. **b)** *amtlicher Informationsbericht über den Gesundheitszustand einer hochgestellten Persönlichkeit:* die behandelnden Ärzte stellten in einem B. fest, daß sich der Gesundheitszustand des Präsidenten wesentlich gebessert habe; nach dem neuesten, jüngsten ärztlichen B.

Bully, das; des Bullys, die Bullys: /[Eis]hockey/ *Anspiel, Wiederanspiel oder Weiterführung des Spiels (nach einer Spielunterbrechung), im Eishockey durch Einwerfen des Pucks seitens des Schiedsrichters:* ein B. ausführen; die Spieler stellten sich zum B. auf; das B. mußte wiederholt werden; B. an der blauen Linie, vor dem gegnerischen Tor.

Bumerang [auch: bu...], der; des Bumerangs, die Bumerange oder die Bumerangs: *gekrümmtes Wurfholz, das beim Verfehlen des Ziels zum Werfer zurückfliegt:* einen B. werfen, schleudern. – /bildl./ (bildungsspr.): der Streik kann für die Streikenden zum B. werden (= *kann für die Streikenden unter Umständen größere Nachteile als Vorteile oder überhaupt nur Nachteile bringen);* die Demonstration erwies sich als B. (= *traf die Demonstranten durch die unerwarteten negativen Folgen selbst).*

Bungalow [bunggalo], der; des Bungalows, die Bungalows: *einstöckiges [Sommer]haus, Flachbau:* ein B. am Meer, am Hang; ein langgestreckter B.

Büro, das; des Büros, die Büros: **1 a)** *Amtszimmer, Dienstzimmer, Geschäftsstelle:* das B. eines Polizeireviers, des Parteivorstandes, des Fraktionsvorsitzenden, der Generalagentur einer Versicherungsgesellschaft, eines Steuerberaters; in einem B. arbeiten, beschäftigt sein. **b)** (ugs.) *[kleine] Firma, [kleiner] Betrieb; Arbeitsraum eines Betriebsangestellten:* ins B. gehen, kommen, im B. sitzen; ich habe noch im B. zu tun. **2)** *die Gesamtheit der in einem Büro (1 a) angestellten Personen:* wenden Sie sich bitte an mein B.!; das erledigt, regelt mein B.; schicken Sie den Antrag an unser B.!

Bürokratie, die; der Bürokratie, die Bürokratien ⟨Mehrz. ungew.⟩ (abwertend): *engstirniges Beamtenwesen, schwerfälliger Verwaltungsapparat, Amtsschimmel:* die B. der deutschen Gerichte.

bürokratisch ⟨Adj.; attr. und als Artangabe⟩ (abwertend): *beamtenhaft, peinlich genau und schwerfällig:* ein bürokratischer Verwaltungsapparat; ein bürokratischer Beamter, Mensch; sich b. genau an die Vorschriften halten; bürokratischer kann man einen Fall gar nicht behandeln; finden sie einmal einen Beamten, der nicht b. ist; in dieser Behörde herrscht ein bürokratischer Trott.

C

Café [kaf<u>e</u>], das; des Cafés, die Cafés: *Gaststätte, in der man vornehmlich Gebäckwaren zu Kaffee oder Tee verzehrt:* ins C. gehen; im C. sitzen.

campen [k<u>ä</u>mp^en], campte, hat gecampt ⟨intr.⟩: *im Zelt oder Wohnwagen übernachten bzw. leben:* wir wollen in diesem Jahr mit den Kindern in Südfrankreich c.

Camping [k<u>ä</u>...], das; des Campings ⟨ohne Mehrz.⟩: *das Übernachten bzw. Leben [auf Zeltplätzen] im Zelt oder Wohnwagen:* wir fahren zum C.

Catenaccio [katenatscho], der; des Catenaccio[s] ⟨ohne Mehrz.⟩: /Sport/ „Riegel", *besondere Verteidigungstechnik im Fußballspiel, bei der sich die gesamte Mannschaft, wenn der Gegner angreift, kettenartig vor dem eigenen Strafraum zusammenzieht:* der italienische C. war nur schwer zu durchbrechen, zu knacken (ugs.).

Cellist [tschäl... oder schäl...], der; des Cellisten, die Cellisten: /Mus./ *ausgebildeter Cellospieler:* er ist C.

Cello [tsch<u>ä</u>lo oder sch<u>ä</u>lo], das; des Cellos, die Cellos und die Celli: /Mus./ *viersaitiges Streichinstrument (eine Oktave höher als der Kontrabaß), das beim Spielen auf dem Fußboden steht und zwischen den Knien gehalten wird:* C. spielen; auf dem C. spielen; ein Musikstück für C. komponieren.

Champagner [schampanj^er], der; des Champagners, die Champagner: /Gastr./ *in Frankreich hergestellter weißer oder roter Schaumwein aus vorwiegend in der Champagne gewachsenen Weinen:* ein trockener, halbtrockener, herber, weißer, roter, perlender, alter, junger C.; mit C. anstoßen.

Champignon [sch<u>a</u>mpinjong], selten auch: scha_ŋpinjo_ŋg], der; des Champignons, die Champignons: /Gastr./ *wohlschmeckender Edelpilz mit rosaroten bis dunkelbraunen Lamellen und Stielmanschette:* Champignons züchten, sammeln, zubereiten; Filetsteak mit Champignons.

Champion [tsch<u>ä</u>mpj^en, auch: sch<u>ä</u>mpj^en, selten auch: sch<u>a</u>mpjon], der; des Champions, die Champions (bildungsspr.): a) *der jeweilige Meister (bzw. die jeweilige Meistermannschaft) in einer Sportart; Spitzensportler:* der deutsche, englische, australische C. im Tennis; der weiße, schwarze C. verlor seinen Titel im Schwergewicht; der deutsche C. im Tischtennis von 1967; der Club ist ein würdiger C. b) /in Vergleichen/: er ließ sich feiern wie ein C.; er hat Allüren wie ein C.

Championat [scham...], das; des Championat[e]s, die Championate (bildungsspr.): *Meisterschaft in einer Sportart:* das C. der Springreiter, im Tennis; das C. gewinnen, erringen.

Chance [scha_ŋgß^e, auch: scha_ŋgß^e], die, der Chance, die Chancen: *günstige Gelegenheit, Erfolgsmöglichkeit, gute Aussichten:* eine gute, ausgezeichnete, glänzende, bessere, einmalige, erneute, schwache, hauchdünne (ugs.) C.; [keine, wenig, viel, alle, genügend] Chancen haben; nicht die kleinste, geringste, leiseste (landsch. ugs.) C. haben; nicht den Hauch, Anflug einer C. haben (ugs.); noch eine einzige, letzte C. haben; eine C. sehen, erspähen, wittern, erhalten, bekommen, verpassen, verschenken, vertun, ausnützen; seine C. erkennen, wahrnehmen, wahren; die Chancen [gegeneinander] abwägen; jmdm. eine neue C. geben (= *ihm die Möglichkeit zur Rehabilitation oder Bewährung geben*); eine C. winkt, bietet sich; sich eine C. [bei, in etwas] ausrechnen; sich Chancen [auf den Sieg] ausrechnen; sich eine C. nicht entgehen lassen; durch seine Sturheit hat er sich alle Chancen auf, zur Beförderung verdorben; man muß ihm eine C. lassen; es bleibt mir noch eine winzige C., zu gewinnen; die neue Stellung bietet, eröffnet ihm ungeahnte Chancen für seine Karriere; das war die C. meines Lebens; die Chancen [auf den Sieg] sind vertan; die Chancen stehen schlecht, sinken, steigen; mit dem aufkommenden Regen verringerten sich die Chancen der deutschen Mannschaft, den Wettbewerb zu gewinnen; wie stehen die Chancen?; die Chancen stehen schlecht, sinken auf Null (ugs.), sind gleich Null (ugs.); die C., daß er gewinnt, steht eins zu tausend; hier[in] liegt meine C.; wo liegen die Chancen der deutschen Politik?; worin erblickst du deine C.?; ich räume dem HSV gegen Mailand wenig Chancen für, auf den Sieg ein; die Mannschaft erspielte sich mehrere hundertprozentige (alltagsspr.) Chancen, spielte zahlreiche todsichere Chancen heraus, ließ alle Chancen aus (ugs.); sie ist eine Frau mit Chancen (= *sie hat Erfolg bei Männern*); er hat mit seiner Schüchternheit viel Chancen bei [älteren] Frauen.

Chanson [*schangßong*], das; des Chansons, die Chansons: /Mus./ *witzig-freches, geistreiches rezitativisches Lied mit oft zeit- oder sozialkritischem Inhalt:* ein freches, politisches, satirisches, melancholisches C.; ein C. singen, vortragen; ein C. über die Liebe.

changieren [*schangsehir*e*n*], changiert, hat changiert ⟨intr.⟩: *in verschiedenen Farben schillern* (insbesondere auf Stoffe bezogen): dieser Stoff changiert grün und blau; das Kleid changiert in verschiedenen Blautönen.

Chaos [*kao*ß], das; des Chaos ⟨ohne Mehrz.⟩: *völlige Verwirrung, Durcheinander; Auflösung aller Ordnungen:* moralisches, soziales, wirtschaftliches, politisches C.; der Verkehrsunfall löste auf der Autobahn ein C. aus; auf den Bundesstraßen herrschte über die Pfingstfeiertage ein ziemliches C.; ein C. droht, bricht aus; der Krieg stürzte das Land in ein unsagbares, rettungsloses, furchtbares, heilloses C.; das mußte zum C. führen; Ordnung in das C. bringen; ein wildes C. von Stimmen, von Angstschreien; C. bricht über ein Volk herein; dem C. entrinnen; vor dem C. bewahren.

Charakter [*k*...] der; des Charakters, die Charaktere: **1 a)** ⟨Mehrz. selten⟩: *Gesamtheit der geistig-seelischen Eigenschaften eines Menschen, seine eigentümliche Sinnes- und Wesensart:* einen guten, anständigen, reinen, edlen, sauberen, einwandfreien, geraden, geradlinigen, aufrichtigen, zuverlässigen, starken, festen, sympathischen, [un]ausgeglichenen, schwachen, schlechten, feigen, schwierigen, fragwürdigen, unaufrichtigen, gemeinen, kleinlichen, primitiven, lieblosen, hochmütigen, dämonischen, korrupten, ruhelosen C. haben; ein Mann von C. (= *ein charakterfester Mann*); seinen C. wahren, ändern, verlieren; schlechter Umgang verdirbt den C.; das Leben formt, prägt, stählt den C. eines Menschen; C. zeigen (= *sich als zuverlässig, standhaft oder mutig erweisen*); seinen wahren C. zeigen, offenbaren; er hat keinen, wenig C.; der C. eines Menschen zeigt sich, offenbart sich in der Not; den C. eines Menschen durchschauen, studieren, analysieren; das liegt im, am C.; das wirft ein schlechtes Licht auf seinen C.; ein C. bildet sich, entwickelt sich; in seinem, ihrem C. vereinigen sich männliche Strenge und weibliche Herzensgüte; die beiden haben ganz verschiedene Charaktere. **b)** *der Mensch als Träger bestimmter Wesenszüge:* er ist ein bedeutender, großer, männlicher, schwieriger, problematischer, übler, labiler, schmieriger C.; die beiden sind ganz gegensätzliche Charaktere. **2)** ⟨ohne Mehrz.⟩: **a)** *charakteristische Eigenart, Gesamtheit der einer Personengruppe oder einer Sache eigentümlichen Merkmale und Wesenszüge:* der spezifische, unverwechselbare C. einer Landschaft, einer Stadt, eines Volkes, einer Handschrift; der tückische, bösartige, fatale C. einer Krankheit, eines Karzinoms; der private, nationale, internationale, politische, völkerverbindende C. einer Veranstaltung; der zivile, amtliche C. eines Schreibens; der vorläufige C. eines Vertragsentwurfes; der konservative

charakterisieren

C. der Partei zeigt sich, offenbart sich in ihrem jüngsten Programm; das Plazet der Kirche gibt, verleiht den Vereinbarungen gleichsam einen bestimmten, endgültigen, dogmatischen C.; der heitere C. der Sinfonie tritt besonders im letzten Satz hervor; die Zeugenvernehmung hatte, gewann immer mehr den C. eines peinlichen Verhörs, nahm den C. eines peinlichen Verhörs an; die Besprechung trägt vertraulichen C.; diese Szene paßt nicht zum C. des Films; die sexuelle Hochkonjunktur liegt im C. unseres Zeitalters. **b)** *die einer künstlerischen Äußerung oder Gestaltung eigentümliche Geschlossenheit der Aussage:* sein Vortrag, sein Spiel hat C.; ein Bauwerk mit C.

charakterisieren [k...], charakterisierte, hat charakterisiert ⟨tr.⟩: **1)** ⟨jmdn., etwas c.⟩: *jmdn. oder etwas in seiner typischen Eigenart darstellen bzw. treffend schildern:* der Schriftsteller hat in seinem Roman die Deutschen gut, treffend, genau, unzureichend charakterisiert; er charakterisierte ihn als alternden Playboy; er pflegt sich selbst als ganz und gar unbürgerlich zu c.; mit knappen Worten jmds. Lebensweise, Verhältnisse c.; wie könnte man diese Situation am besten c.? **2)** ⟨etwas charakterisiert jmdn. oder etwas⟩: *etwas ist für jmdn. oder etwas kennzeichnend:* einfache und kurze Sätze c. die moderne Werbesprache; das Zeitalter des Barocks ist durch üppigen Formenreichtum charakterisiert.

Charakteristik [k...], die; der Charakteristik, die Charakteristiken: *Kennzeichnung, treffende Schilderung der kennzeichnenden Merkmale einer Person oder Sache:* eine treffende, sichere, ausgezeichnete, genaue, ausführliche, knappe C. von jmdm. oder etwas geben; die C. seines Lebensstils, seines Milieus.

Charakteristikum [k...], das; des Charakteristikums, die Charakteristika (bildungsspr.): *ausgeprägte, bezeichnende Eigenschaft eines Menschen;* *hervorstechendes, typisches Merkmal einer Sache:* ein besonderes, auffälliges C.; das wesentliche C. [an] der brasilianischen Art, Fußball zu spielen, ist die enge und perfekte Ballführung; ein hervorstechendes C. aufweisen.

charakteristisch [k...] ⟨Adj.; attr. und als Artangabe⟩: *bezeichnend, kennzeichnend, die spezifische Eigenart einer Person oder Sache erkennen lassend:* eine charakteristische Form, Eigenart, Erscheinung, Bewegung, Geste, Handlungsweise; charakteristische Beispiele, [Schrift]züge; ein charakteristisches Merkmal des neuen Wagentyps ist das hochgezogene Heck; dieser Tabak hat ein charakteristisches Aroma; die befruchtete Eizelle hat bereits alle charakteristischen Eigenschaften des künftigen Menschen; etwas an seinem charakteristischen Geruch, Duft erkennen; er hat einen ganz charakteristischen Gang; der Krankheitsverlauf ist für eine echte Grippe c.; er schreibt ganz c. [für einen Mundartdichter].

charmant [*scharmánt*], auch eindeutschend: scharmant ⟨Adj.; attr. und als Artangabe⟩ (bildungsspr.): *anmutig, liebenswürdig, reizend, bezaubernd:* eine charmante Frau, Dame, Person; ein charmanter Verführer, Schmeichler, Lügner; sie ist sehr c.; Paris ist eine charmante Stadt; sie zeigte sich von ihrer charmantesten Art, Seite; einen charmanten Einfall haben; c. lächeln, erzählen, plaudern.

Charme [*scharm*], der; des Charmes ⟨ohne Mehrz.⟩; auch eindeutschend: Scharm, der; des Scharms ⟨ohne Mehrz.⟩ (bildungsspr.): /vorwiegend auf Personen bezogen/ *Anmut, Liebreiz, Zauber; bezauberndes Wesen:* männlicher, weiblicher, jungenhafter, mädchenhafter, persönlicher, natürlicher, unwiderstehlicher C.; sie hat viel C.; ihr Wesen ist von einem herben C.; mit wienerischem C. plaudern; mit französischem C. lächeln; jmdn. mit gewinnendem C. bitten; C. entfalten, entwickeln; seinen ganzen

C. aufbieten, spielen lassen; sie ist nicht ohne C.; sich von dem C. einer Stadt, einer Landschaft einfangen lassen; man konnte sich ihrem C. nicht entziehen; er verfiel, erlag ihrem bezaubernden C.

Charmeur [*scharmör*], der; des Charmeurs, die Charmeure, früher auch: die Charmeurs (bildungsspr.): *charmanter Plauderer; Mann, der sich Frauen gegenüber betont liebenswürdig und galant gibt und diese darum leicht für sich einzunehmen vermag:* er ist ein großer C.

chartern [*sch...*], charterte, hat gechartert ⟨tr.⟩: **1)** ⟨etwas c.⟩: /Verkehrsw./ *ein Flugzeug oder Schiff mieten:* die Reisegesellschaft fliegt mit einer gecharterten Maschine; ein Schiff für eine Frachtladung c. **2)** /übertr./ (ugs.): **a)** ⟨jmdn. c.⟩: *jmdn. für eine bestimmte Tätigkeit in Anspruch nehmen, sich jmdn. [als Mitarbeiter oder Gehilfen] verschaffen:* er charterte sich zwei Mann für ...; ich werde uns noch einige hübsche Puppen für den Abend c. **b)** ⟨etwas c.⟩: *etwas in Beschlag nehmen, sich etwas sichern:* wir müssen uns noch etwas Trinkbares c.!; ich werde schnell zwei Plätze im Speisewagen c.

Chassis [*schaßí*], das; des Chassis [*...ßíß*], die Chassis [*...ßíß*]: /Techn./: **a)** *Fahrgestell von Kraftfahrzeugen:* das ganze C. des Wagens ist verzogen. **b)** *Montagerahmen (insbes. eines Rundfunk- oder Fernsehgeräts).*

Chaussee [*schoßé*], die; der Chaussee, die Chausseen: *Landstraße:* eine gerade, breite, asphaltierte C.

Chef [*schäf*], der; des Chefs, die Chefs: **1)** *Leiter eines Betriebes; Vorgesetzter; Geschäftsinhaber:* ein angenehmer, verständnisvoller, prima (ugs.), kleinlicher, unbequemer C.; der C. ist [un]beliebt; der C. ist noch nicht da, ist jetzt nicht zu sprechen; wer wird der neue C. der Firma?; sich an den C. wenden; sich beim C. melden; der spielt sich hier als [großer] C. auf; wo finde ich hier den C.?; ich lasse nichts auf den C. kommen (ugs.); der C. des Hauses, des Betriebes, der Regierung, der Bande, des Stabes; der oberste C. des Heeres. **2)** /in salopp vertraulicher Anrede an Unbekannte oder flüchtige Bekannte/: na C., noch'n Bierchen?; hallo C., wo geht's denn hier zum Bahnhof?

Chemikalie [*...iᵉ*], die; der Chemikalie, die Chemikalien ⟨meist Mehrz.⟩: /Chem./ *industriell hergestellter chem. Stoff:* ätzende, giftige, flüssige, pulverförmige Chemikalien; Chemikalien herstellen, aufbewahren; Lebensmittel durch Chemikalien konservieren.

chemisch ⟨Adj.; attr. und (selten) als Artangabe, aber gew. nicht präd.; ohne Vergleichsformen⟩: **a)** *die Chemie betreffend, mit der Chemie zusammenhängend; auf den Erkenntnissen der Chemie basierend, diese anwendend; der Chemie dienlich; in der Chemie vereinbart, verwendet:* die chemische Forschung, Industrie; ein chemischer Betrieb; chemische Apparate; ein chemisches Labor; sein chemisches Praktikum machen; die chemischen Elemente, Grundstoffe; die chemische Formel von Salzsäure; eine chemische Gleichung aufstellen; die chemischen Eigenschaften eines Metalls; die chemische Beschaffenheit, Zusammensetzung einer Lösung prüfen, ermitteln; die chemische Affinität zweier Elemente, zwischen zwei Elementen; die Halogene sind c. miteinander verwandt; c. reiner Kohlenstoff; Alkohol c. rein darstellen; ein c. aktiver Stoff. **b)** *den Gesetzen der Chemie folgend, nach ihnen erfolgend, ablaufend; durch Stoffumwandlung entstehend:* ein chemischer Vorgang, Prozeß; das chemische Verhalten eines Stoffes; eine chemische Umsetzung, Reaktion findet statt, erfolgt; eine chemische Verbindung aus Sauerstoff und Wasserstoff, von Kalium mit Chlor; Natrium reagiert c. mit Chlor; eine chemische Analyse durchführen. **c)** *mit Hilfe von [giftigen, schädlichen] Chemikalien erfolgend, [giftige, schädliche] Chemikalien verwendend:* chemische Reinigung, Waffen, Kriegführung; eine

Chiffre

Hose c. reinigen [lassen]; einen Fleck aus einem Kleidungsstück c. entfernen.

Chiffre [*schifrᵉ*], die; der Chiffre, die Chiffren (bildungsspr.): *geheimes Schriftzeichen, Geheimzeichen; verschlüsselte Kennummer:* eine Anzeige unter C. aufgeben, veröffentlichen; eine C. angeben; eine C. vereinbaren; Chiffren entziffern.

chiffrieren [*sch*...], chiffrierte, hat chiffriert ⟨tr., etwas c.⟩: /Nachrichtentechnik/ *einen Text verschlüsseln, in Geheimschrift abfassen:* eine Nachricht, ein Telegramm, eine Botschaft, einen Text c.

Chips [*tschipß*, auch: *schipß*], die ⟨Mehrz.⟩: /Gastr./ *hauchdünne, in Fett gebackene Kartoffelscheibchen:* knusprige, gesalzene Chips.

Chirurg, der; des Chirurgen, die Chirurgen: /Med./ *Facharzt für Chirurgie:* ein bedeutender C.; einen Chirurgen zu Rate ziehen; ein junger, angehender C. nahm die Blinddarmoperation vor.

Chirurgie, die; der Chirurgie, die Chirurgien ⟨Mehrz. ungew.⟩: /Med./:
a) *Lehre von der operativen Behandlung krankhafter Störungen und Veränderungen im Organismus:* die C. ist ein Teilgebiet der Medizin; die moderne C.; die kleine, große, kosmetische C.; die C. des Bauchraums, des Kopfes, der Organverpflanzungen.
b) *chirurgische Abteilung eines Krankenhauses:* er liegt in der C.; der Verletzte wurde in die C. eingeliefert; er arbeitet als Assistenzarzt in der C.; die C. unserer Klinik hat 122 Betten.

chirurgisch ⟨Adj.; attr. und (selten) als Artangabe, auch nicht präd.; ohne Vergleichsformen⟩: /Med./ *mit den Mitteln der Chirurgie [erfolgend], operativ; die Chirurgie betreffend; für eine operative Behandlung geeignet bzw. vorgesehen:* ein chirurgischer Eingriff, Schnitt; eine chirurgische Operation; eine chirurgische Klinik; die chirurgische Abteilung, Station eines Krankenhauses; ein chirurgischer Fall; chirurgische Instrumente, Messer; einen Patienten c. behandeln.

chloroformieren [*kl*...], chloroformierte, hat chloroformiert ⟨tr., jmdn. c.⟩: *jmdn. mit Chloroform betäuben:* der Zahnarzt chloroformierte seine Patientin.

Choke [*tschoᵘk*], das oder der; des Chokes, die Chokes: /Techn./ *Luftklappe (als Starthilfe) im Vergaser eines Kraftfahrzeugs:* den C. ziehen, hineindrücken, betätigen; das C. klemmt; mit dem C. starten.

Cholera [*ko*..., auch: *ko*...], die; der Cholera ⟨ohne Mehrz.⟩: /Med./ *schwere, epidemisch auftretende Infektionskrankheit mit heftigen Brechdurchfällen:* die asiatische C. bricht aus, grassiert; mehrere Menschen starben an der C.

Choleriker [*k*...], der; des Cholerikers, die Choleriker: *leidenschaftlicher, reizbarer, jähzorniger Mensch:* er ist ein [unberechenbarer] C.

cholerisch [*k*...] ⟨Adj.; attr. und als Artangabe; gew. ohne Vergleichsformen⟩: *jähzornig, leicht aufbrausend:* ein cholerischer Mensch, Typ; ein cholerisches Temperament, Naturell; c. reagieren; er ist von Natur aus c.

¹**Chor** [*kor*], der (seltener: das); des Chor[e]s, die Chore und die Chöre: /Bauk./ *erhöhter Kirchenraum mit [Haupt]altar:* ein gotischer C.; die Sänger nahmen im C. Aufstellung.

²**Chor** [*kor*], der; des Chor[e]s, die Chöre: 1) /Mus./: a) *Gruppe von Sängern, die sich zu regelmäßigem gemeinsamem Gesang zusammenschließen:* ein bedeutender, berühmter, mehrstimmiger, vierstimmiger, gemischter C.; der C. der Wiener Staatsoper gastiert in Berlin; die Mitglieder eines Chors; einem C. angehören; in einem C. singen; der C. stellt sich vor der Bühne auf; der C. tritt auf; einen C. dirigieren, leiten; es singt der C. der Wiener Sängerknaben. b) *Musikstück für gemeinsamen, meist mehrstimmigen Gesang:* einen C. komponieren, einstudieren; einen mehrstimmigen C. singen; der C. der Gefangenen aus „Fidelio". 2)

/in der Fügung/ *im Chor: *gemeinsam:* sie sprachen, riefen, schrien, brüllten im C.; die Kinder sagen das Gedicht im C. auf; die Dampfhämmer hämmerten im C.

Choral [k...], der; des Chorals, die Choräle:/ Rel./ *kirchlicher Gemeindegesang, Kirchenlied:* einen [feierlichen] C. anstimmen, singen, auf der Orgel spielen.

Christ [krißt], der; des Christen, die Christen: /Rel./ *Anhänger [und Bekenner] einer christlichen Religion; Getaufter:* ein gläubiger, frommer, überzeugter, wahrer, guter, entschiedener, eifriger, echter, wahrhafter, barmherziger, freier, wortgläubiger, halber, abtrünniger C.; als C. leben, handeln; sich als C. bekennen.

christlich [k...] ⟨Adj.; attr. und als Artangabe⟩: **a)** *auf Christus oder dessen Lehre zurückgehend; der Lehre Christi entsprechend; im Christentum verwurzelt, begründet:* die christliche Überlieferung, Ethik, Lehre, Geschichte, [Nächsten]liebe, Gnade, Barmherzigkeit; die christlichen Kirchen, Konfessionen, Gemeinschaften, Sekten; christliche Gesinnung, Güte, Milde; eine christliche Lebensauffassung vertreten; der christliche Auftrag, Geist, Glaube; das christliche Erbe, Weltbild; sich in den christlichen Tugenden üben; das christliche Fest der Liebe begehen *(= Weihnachten feiern);* in einem christlichen Haus leben, wohnen; eine christliche Ehe führen; die christliche Deutung des Lebens, der Welt; seine Haltung, Einstellung ist nicht sonderlich c.; es ist c., den Armen zu helfen; auch der christlichste Mensch ist nicht ohne Sünde; er redete mit christlichem Eifer; c. handeln, denken, leben; wir tragen ein christliches Erbe in uns. **b)** /gelegentlich im erweiterten Sinne von/ *kirchlich:* eine christliche Trauung; ein christliches Begräbnis erhalten, bekommen; er läßt sich c. trauen; er wurde c. beerdigt; die christlichen Feste des Kirchenjahres.

Chromosom [k...], das; des Chromosoms, die Chromosom ⟨meisten Mehrz.⟩: /Biol./ *in jedem Zellkern in artspezifischer Anzahl und Gestalt vorhandene, stark färbbare, für die Vererbung bedeutungsvolle Kernschleifen:* ein männliches, weibliches, entspiralisiertes, geschlechtsbestimmendes C.; Chromosomen anfärben, durch Färbung sichtbar machen; Chromosomen teilen sich, spalten sich.

chronisch [k...] ⟨Adj.; attr. und als Artangabe; gew. ohne Vergleichsformen⟩: **1)** /Med./ *sich langsam entwickelnd, langsam [verlaufend]* (auf Krankheiten bezogen; im Ggs. zu →akut): eine chronische Erkrankung, Krankheit, Entzündung; ein chronischer Schnupfen, Katarrh; ein chronisches Leiden; seine Stirnhöhlenvereiterung ist c., droht c. zu werden; die Entzündung nahm einen chronischen Verlauf; diese Krankheit verläuft meist c. **2)** (ugs.; gelegentlich scherzhaft oder ironisierend) *dauernd, ständig, anhaltend, bleibend:* ein chronisches Übel; er ist ein chronischer Lügner; er leidet an chronischer Müdigkeit, Geldknappheit, Faulheit; deine Faulheit wird langsam c.; er ist c. krank.

circa vgl. zirka.

Circulus vitiosus [zirk... wiz...], der; des Circulus vitiosus, die Circuli vitiosi (bildungsspr.): *Teufelskreis, Irrkreis:* wir befinden uns in einem C. v.

City [ßiti], die; der City, die Citys (bildungsspr.): *Geschäftsviertel einer Großstadt, Innenstadt:* die moderne, neugestaltete C. einer Großstadt; die Parkplatznot in der C.; in der C. einen Schaufensterbummel machen, einkaufen; die Geschäfte, Geschäftsstraßen der C.; am Rande der C. wohnen; in die C. fahren.

clever [kläw{^e}r] ⟨Adj.; attr. und als Artangabe⟩: *beweglich, wendig, klug, geschickt:* **a)** /Sport/ *taktisch gut eingestellt, seine technischen Mittel überlegt einsetzend:* ein cleverer Verteidiger, Libero, Spurter; er war als Boxer viel zu c., um sich überrumpeln zu lassen; c. verteidigte die Mannschaft ihren Vorsprung. **b)** (bildungsspr.;

häufig leicht abschätzig oder ironisierend) *überlegen manövrierend; listig, pfiffig, gerissen:* ein cleverer Geschäftsmann, Vertreter, Unternehmer, Politiker, Detektiv; er ist für einen solchen Gegenspieler nicht c. genug; c. vorgehen; er hat sich c. aus der Affaire gezogen.

Clique [klike, auch: klike], die; der Clique, die Cliquen: **a)** (meist abschätzig) *Sippschaft, Klüngel; Personengruppe, die vornehmlich ihre egoistischen Gruppeninteressen verfolgt:* die herrschende, dünkelhafte, reaktionäre C.; eine internationale, gefährliche C. von Waffenschmugglern; er stand allein einer feindseligen C. gegenüber; der ganze Betriebsrat ist eine einzige C. **b)** *interner Kreis, Freundes-, Bekanntenkreis:* eine verschworene C.; er traf sich mit seiner alten C.; sie nahmen ihn in ihre C. auf. **c)** /Fügungen und Wendungen, die zu den Bedeutungen a) und b) passen/: eine kleine, große C.; eine C. bilden; sich zu einer C. zusammenschließen; die ganze C. hatte sich versammelt, eingefunden.

Clou [klu], der; des Clous, die Clous (alltagsspr.): *Glanzpunkt, Höhepunkt, Kernpunkt:* sie, ihre Darbietung war der C. des Abends, der Veranstaltung, des Festes; er hat sich [mit seinem dreifachen Salto] einen neuen, besonderen C. ausgedacht; der C. des neuen Wagens ist die heizbare Heckscheibe; jetzt kommt der C. des Ganzen; alles wartete gespannt auf den angekündigten C.

Clown [klaun], der; des Clowns, die Clowns: **a)** *berufsmäßiger Spaßmacher im Zirkus und Varieté:* ein berühmter, lustiger C. tritt im Zirkus auf; der C. springt in die Manege, macht komische Verrenkungen, unterhält, belustigt die Zuschauer. **b)** /übertr., im abwertenden Sinne; gelegentlich in Vergleichen/ (alltagsspr.): den C. spielen, machen (= *sich albern aufführen):* er benimmt sich wie ein lächerlicher C.; mußt du dich immer wie ein C. aufführen?; du bist ein alberner C.

Coach [ko*u*tsch], der; des Coach[s], die Coachs: /Sport/ *Sportlehrer, Trainer und Betreuer eines Sportlers oder einer Sportmannschaft:* der C. der kanadischen Eishockeynationalmannschaft; die Anweisungen seines Coachs befolgen.

Cockpit, das; des Cockpits, die Cockpits: /Verkehrsw./: **a)** *Plicht, vertiefter Sitzraum für die Besatzung bei Jachten und Motorbooten.* **b)** *Pilotenkanzel eines [Düsen]flugzeugs:* im C. sitzen; in das C. steigen, klettern. **c)** *Fahrersitz bei Sport- oder Rennwagen:* ein enges, schmales C.; im C. sitzen, liegen; ein C. mit übersichtlich angeordneten Instrumenten.

Cocktail [kokte*i*l], der; des Cocktails, die Cocktails: /Gastr./ *Mixgetränk aus Früchten, Fruchtsaft, (meistens) verschiedenen Spirituosen und anderen Zutaten:* ein eisgekühlter, erfrischender, spritziger C.; einen C. mixen, mischen, bereiten, reichen, nehmen.

Cocktailkleid, das; des Cocktailkleid[e]s, die Cocktailkleider: *kurzes Gesellschaftskleid:* ein schwarzes, modisches C.; im C. [ins Theater] gehen; ein C. tragen.

Cocktailparty, die; der Cocktailparty, die Cocktailpartys oder die Cocktailparties: *zwanglose Geselligkeit in den frühen Abendstunden:* ich bin zu einer C. eingeladen.

Comeback [kambäk], das; des Comeback[s], die Comebacks (bildungsspr.): *[erfolgreiches] Wiederauftreten eines bekannten Sportlers, Künstlers, Politikers u. a. nach längerer Pause:* ein erfolgreiches, geglücktes, gelungenes, mißlungenes, spätes, unerwartetes C.; ein C. versuchen, wagen, anstreben, erleben; sein C. feiern; ein C. glückt, mißglückt.

Conférencier [kongferangßie], der; des Conférenciers, die Conférenciers: /Unterhaltungswesen/ *Ansager, Unterhaltungskünstler in einer Schauveranstaltung:* ein geistreicher, witziger C.; durch die Veranstaltung führt als C. ...; der C. des bunten Abends.

Computer [kompjut*e*r], der; des Computers, die Computer: /Techn./ *elek-*

tronische Rechenanlage: den C. füttern (Fachjargon), programmieren; ein C. überwacht, steuert den Verkehrsfluß, speichert Informationen, verarbeitet Informationen, führt logische Operationen durch, liefert Ergebnisse.

Corned beef [ko͜rn[e]d bif], das; des Corned beef ⟨ohne Mehrz.⟩: /Gastr./ *gepökeltes Büchsenrindfleisch:* eine Büchse, Dose [mit] C.

Corpus delicti [k... -], das; des Corpus delicti, die Corpora delicti ⟨Mehrz. selten⟩ (bildungsspr.): *Gegenstand oder Werkzeug einer Straftat, bes. eines Verbrechens; Beweisstück:* der Staatsanwalt legte das C. d., ein feststehendes Messer, dem Gericht als Beweisstück vor.

Countdown [kauntdaun], der oder das; des Countdowns, die Countdowns: **1)** /Techn./: **a)** *bis zum Zeitpunkt Null (Startzeitpunkt) zurückschreitende Ansage der Zeiteinheiten als Einleitung eines Startkommandos, bes. beim Abschuß einer Rakete:* der C. beginnt, dauert 22 Sekunden, wird unterbrochen; einen C. zurücknehmen. **b)** /übertr./ *die Gesamtheit der vor einem [Raketen]start auszuführenden Kontrollen:* der C. war auf drei Tage angesetzt, lief planmäßig ab, verlief reibungslos, wurde unterbrochen, mußte wiederholt werden. **2)** /übertr./ (bildungsspr., scherzh.) *[Start]vorbereitungen, Eröffnung, Einleitung:* der C. des Liebesaktes; der C. einer medizinischen Operation.

Coup [ku], der; des Coups, die Coups: /häufig auf verbotene oder verbrecherische Handlungen bezogen/ *frech und kühn angelegtes Unternehmen; [Hand]streich:* einen großen C. vorhaben, planen; ein geschickter, gewagter, überraschender C.; einen C. [gegen jmdn. oder etwas] starten, landen (ugs.); die Bande beratschlagte den nächsten C.; der raffinierte C. glückte ihnen nicht, mißlang ihnen.

Coupé [kupe], das; des Coupés, die Coupés: **1)** (veraltend, aber noch landsch.): *Abteil eines Eisenbahnwagens:* ein freies C.; in ein C. für Raucher, Nichtraucher einsteigen; ein C. zweiter Klasse belegen. **2)** *geschlossener, meist zweisitziger Personenkraftwagen mit versenkbaren Seitenfenstern (einschließlich der Rahmen):* ein schickes, sportliches, schnittiges, elegantes C. fahren.

Coupon [kupong], der; des Coupons, die Coupons; auch eindeutschend: **Kupon** [kupong], der; des Kupons, die Kupons: /Wirtsch/: **1)** *Zinsschein bei festverzinslichen Wertpapieren:* einen C. einlösen, abschneiden, abtrennen; Coupons besteuern. **2)** *Berechtigungsschein, Gutschein:* einen C. ausschneiden, einschicken, einlösen; Coupons für Benzin.

Courage [kuraseh^e], die; der Courage ⟨ohne Mehrz.⟩ (alltagsspr.): *Mut, Schneid, Beherztheit:* [keine, wenig, viel, große, außerordentliche] C. haben, zeigen; dafür fehlt ihm die [richtige, rechte] C.; ich finde nicht die notwendige C., ihm die Wahrheit zu sagen; dazu gehört schon einige, eine gute Portion (ugs.) C.; sich C. antrinken; die C. verlieren, woher nimmt er nur die C., das zu tun?; Angst vor der eigenen C. haben, kriegen, bekommen (= *plötzlich unsicher werden und keinen Mut mehr haben*).

couragiert [kurasehirt] ⟨Adj.; attr. und als Artangabe⟩ (alltagsspr.): *beherzt:* ein couragierter Mann, Bursche; eine couragierte Frau; c. auftreten, zupacken, für jmdn. eintreten; c. aussehen; sein Auftreten ist sehr c.; sie fährt sehr c.

Cousin [kusäng], der; des Cousins, die Cousins: *Vetter:* mein, ihr C.; ich habe mehrere Cousins; ein C. väterlicherseits, mütterlicherseits; ein C. von mir.

Cousine [kusin^e], die; der Cousine, die Cousinen; auch eindeutschend: **Kusine**, die; der Kusine, die Kusinen: *Base, Onkeltochter oder Tantetochter:* meine, ihre C.; eine C. väterlicherseits, mütterlicherseits; eine C. von mir.

Crack [kräk], der; des Cracks, die Cracks: /Sport/ *bedeutender Sportler, Sportskanone:* er gehört zu den gefeierten Cracks des Tennis der Vorkriegsjahre.

Crackers [kräk{{e}}rß], auch: Cracker [kräk{{e}}r], die ⟨Mehrz.⟩: **1)** /Gastr./ *hartgebackenes, sprödes [„salziges] Kleingebäck:* pikante, würzige C. **2)** *Knallbonbons, Knallkörper.*

Creme [kräm], die; der Creme, die Cremes: **1)** /Kosmetik/ *Hautsalbe:* eine fettende, reizlose, milde, fettarme, kühlende, duftende C.; C. [dünn, dick] auf die Haut auftragen, in die Haut einreiben, einwirken lassen; diese C. schützt die Haut gegen Sonnenbrand; eine C. in der Apotheke zubereiten, herstellen. **2)** /Gastr./: **a)** *[schaumige] Süßspeise:* eine süße, schaumige, lockere C.; eine C. rühren, schlagen, zubereiten, aufkochen lassen, erkalten lassen. **b)** (selten) *[Kaffee]sahne:* nehmen Sie C. zum Kaffee? **3)** ⟨ohne Mehrz.⟩ (bildungsspr.): *gesellschaftliche Oberschicht:* die C. der Gesellschaft.

Crew [kru], die; der Crew, die Crews: **a)** /Seew./ *Schiffsmannschaft, Schiffsbesatzung:* die C. eines U-Bootes. **b)** /Rudersport/ *Mannschaft eines Ruderbootes:* die C. des Deutschlandachters; eine kameradschaftliche, erfolgreiche, zusammengeschweißte, zusammengewürfelte C.

Croupier [krupie], der; des Croupiers, die Croupiers: /Glücksspiel/ *Gehilfe des Bankhalters an einer Spielbank:* der C. sammelt die Jetons ein, eröffnet das Spiel.

Crux, die; der Crux ⟨ohne Mehrz.⟩ (bildungsspr.): *Last, Not, Schwierigkeit:* das ist eine [wahre, echte, ziemliche] C. mit ihm, mit der Mehrwertsteuer.

cum grano salis [k... - -] (bildungsspr.): *mit entsprechender Einschränkung, nicht ganz wörtlich zu nehmen:* Männer sind, cum grano salis, die besseren Autofahrer; Frauen verstehen nichts von Politik, cum grano salis.

Curry [köri, seltener kari], der (auch: das); des Currys ⟨ohne Mehrz.⟩: /Gastr./ *Mischung aus 10 bis 20 gemahlenen Gewürzen mit charakteristischem scharfem Geschmack und Aroma:* Reis mit C.

D

Damast, der; des Damastes, die Damaste: *einfarbiges [Seiden]gewebe mit eingewebten Mustern:* ein Kissenbezug aus glänzendem D.; eine Tafeldecke aus schwerem D.

Dämon, der; des Dämons, die Dämonen: **1)** /Rel./ *personifizierte böse oder gute Macht, die als Mittelwesen zwischen Gott und den Menschen gesehen wird:* ein guter, böser, verborgener, ungeheurer, mächtiger D.; an Dämonen glauben; von einem D. getrieben, besessen sein; ein böser D. ist in ihn gefahren, hat von ihm Besitz ergriffen, treibt ihn [an]; Dämonen beschwören, austreiben, vertreiben; das ist das Werk eines bösen Dämons; einem D. verfallen sein. **2)** (bildungsspr.) *böser oder guter Geist, der als unfaßbares regulatives Prinzip im Menschen existiert und sein Handeln bestimmt:* auf seinen guten D. vertrauen; sich von seinem D. leiten lassen; sein böser D. hat ihn zu dieser Tat getrieben.

Dämonie, die; der Dämonie, die Dämonien ⟨Mehrz. ungew.⟩ (bildungsspr.): *Besessenheit:* die geheimnisvolle, unheimliche D. der Macht; die D. des schöpferischen Menschen.

dämonisch ⟨Adj.; attr.; und als Artangabe⟩ (bildungsspr.): **a)** *teuflisch:* dämonische Bosheit; ein dämonischer Charakter, Trieb; eine dämonische Lust zu töten überkam ihn, überfiel ihn; er handelte unter einem dämonischen Zwang; sein Wesen ist d.; d. lachen, rasen, triumphieren. **b)** *urge-*

waltig; übernatürlich: er hat dämonische Kräfte; dämonische Mächte bestimmen sein Leben; ein dämonisches Feuer glühte in ihm; sie ist d. schön.

Dash [*däsch*], der; des Dashs, die Dashs: /Gastr./ *Spritzer, kleinste Flüssigkeitsmenge bei der Bereitung eines Cocktails:* einen D. Orangensaft, Angostura zu einem Cocktail dazugeben; ein Mixgetränk mit einem D. Zitronensaft abschmecken.

Dankadresse, die; der Dankadresse, die Dankadressen (geh.): *offizielles Dankschreiben:* eine D. an jmdn. richten.

datieren, datierte, hat datiert ⟨tr. und intr.⟩ 1) ⟨etwas d.⟩: *etwas mit einer Zeitangabe versehen* (vorwiegend auf Schriftstücke bezogen): einen Brief, ein Schreiben, eine Urkunde, eine Rechnung, eine Quittung, einen Scheck, einen Vertrag, ein Dokument, ein Bild d.; die Rechnung ist richtig, falsch, [un]genau datiert; ein Brief ist früher, später datiert; das Schreiben ist vom 1. März, von Ostern datiert. 2) ⟨etwas datiert von, aus⟩: *etwas stammt von, aus einer Zeit, geht auf eine bestimmte Zeit zurück:* unsere Bekanntschaft datiert von unserem gemeinsamen Studium in Paris; diese Erfindung datiert aus dem 11. Jahrhundert.

Debakel, das; des Debakels, die Debakel (bildungsspr.): *Zusammenbruch, blamable Niederlage:* ein großes, entsetzliches, fürchterliches D.; das wird mit, in einem D. enden.

Debatte, die; der Debatte, die Debatten: *lebhafte Diskussion; geregelte Aussprache der Abgeordneten im Parlament:* eine ernsthafte, lebhafte, erregte, heiße, hitzige, stürmische, heftige, sachliche, unsachliche, politische, lange, kurze D.; eine D. führen, in Gang bringen, eröffnen, auslösen, entfesseln, abbrechen, unterbrechen, vertagen; die innenpolitische, außenpolitische, wehrpolitische D. im Bundestag ist in vollem Gange; das Parlament tritt morgen in die entscheidende D. über die Notstandsgesetze ein; der Bundeskanzler griff nicht in die D. ein; die D. verlief ohne Zwischenfälle; ich lasse mich mit dir in keine D. [darüber] ein; es gab zwischen uns eine kleine D. darüber, ob ...; die D. ging darum, ob ...; die D. ging, wogte lange hin und her; ich möchte mich an dieser D. nicht beteiligen; was steht zur D.?; ich stelle dieses Problem zur D.; er warf die Frage in die Debatte, ob ...

debattieren, debattierte, hat debattiert ⟨tr. und intr.⟩: *etwas eingehend besprechen, durchsprechen, erörtern:* **a)** ⟨tr., etwas d.⟩: einen Plan, einen Vorschlag, eine Frage d.; eine Gesetzesvorlage im Parlament, in den Ausschüssen d.; wir haben das Problem, den Fall eingehend debattiert. **b)** ⟨intr.⟩: wir haben darüber, über diesen Fall stundenlang debattiert; es wurde heftig, laut, hitzig, lebhaft, erregt debattiert; wir wollen sachlich miteinander d.!

Debüt [*debü*], das; des Debüts, die Debüts (bildungsspr.): *erstes [öffentliches] Auftreten:* ein gelungenes, erfolgreiches, mißlungenes, frühes, spätes D.; sein D. als Sportler, Politiker, Schauspieler, Sänger, junger Landarzt; der Schauspieler gab sein D. am Nationaltheater als Hamlet; sein D. als Schlagersänger in Amerika war eine große Enttäuschung; er hatte, feierte gestern sein D. als Sportreporter beim Fernsehen.

Debütant, der; des Debütanten, die Debütanten (bildungsspr.): *erstmalig [in der Öffentlichkeit] Auftretender, Anfänger:* er ist D.; ein junger, hoffnungsvoller, vielversprechender D.

debütieren, debütierte, hat debütiert ⟨intr.⟩ (bildungsspr.): *zum erstenmal [öffentlich] auftreten bzw. an die Öffentlichkeit treten:* er debütierte als Schauspieler in Hamburg; er debütierte mit viel Erfolg als Strafverteidiger; er debütierte als Referendar an einer Mädchenschule; er debütierte als Schriftsteller mit einem Roman.

dechiffrieren, dechiffrierte, hat dechiffriert ⟨tr., etwas d.⟩: /Nachrichtentechnik/ *etwas entschlüsseln, entziffern, den wirklichen Text einer ver-*

schlüsselten Nachricht herausfinden bzw. herstellen: eine Botschaft, eine Nachricht, einen Text, eine Geheimschrift d.

de facto (bildungsspr.): *tatsächlich, den gegebenen Tatsachen entsprechend* (im Gegensatz zu → de jure): einen Staat, eine Regierung de facto anerkennen; der Vertrag ist de facto wertlos.

Defätismus, der; des Defätismus ⟨ohne Mehrz.⟩ (bildungsspr.): *Miesmacherei, Schwarzseherei* (bes. im militärischen Bereich): das ist purer D.

Defätist, der; des Defätisten, die Defätisten (bildungsspr.): *Miesmacher, Schwarzseher:* ein unverbesserlicher, gefährlicher D.

defätistisch ⟨Adj.; attr. und als Artangabe⟩ (bildungsspr.): *miesmacherisch, zersetzend:* defätistische Äußerungen, Gedanken; ein defätistischer Song, Film; sein Verhalten ist d.; d. handeln, reden, denken.

defekt ⟨Adj.; nur attr. und präd.; ohne Vergleichsformen⟩ (bildungsspr.): *schadhaft, fehlerhaft:* ein defekter Motor, Schalter; die Benzinleitung, die Ölleitung ist d.; er hat defekte Zähne, ein defektes Gebiß.

Defekt, der; des Defekt[e]s, die Defekte: *Mangel, Schaden, Fehler:* der Motor hat einen D.; wir konnten den D. an der Maschine schnell beheben; sie hat einen [schweren, ernsten, bedenklichen] geistigen, seelischen, psychischen, moralischen D.

defensiv [...*if*] ⟨Adj.; attr. und als Artangabe⟩ (bildungsspr.): **a)** *abwehrend, verteidigend; der Verteidigung dienend* (im Ggs. zu → offensiv): ein defensives Bündnis; defensive Maßnahmen; im modernen Fußball ist der Verteidiger nicht nur mit defensiven Aufgaben betraut. **b)** *zurückhaltend, auf Sicherung oder Sicherheit bedacht, vorsichtig* (meist im Ggs. zu → aggressiv): sich d. verhalten; d. vorgehen; d. fahren; eine defensive Fahrweise.

Defensive [...*iwᵉ*], die; der Defensive, die Defensiven ⟨Mehrz. ungew.⟩ (bildungsspr.): *Verteidigung, Abwehr:* in die D. gedrängt werden; in der D. sein; aus der D. zur Offensive übergehend; einen Angriff aus der D. vortragen, starten.

defilieren, defilierte, hat/ist defiliert ⟨intr.⟩: *[feierlich] vorbeiziehen: vorbeimarschieren:* die Soldaten defilierten vor der Ehrenloge der Königin, vor dem Oberbefehlshaber; die Mannequins defilierten über den Laufsteg.

definieren, definierte, hat definiert ⟨tr., etwas d.⟩: **1)** (bildungsspr.): *etwas (insbes. ein Wort oder einen Begriff) hinsichtlich seines Begriffsinhalts genau bestimmen, auseinanderlegen:* einen Begriff, ein Wort, den Inhalt eines Begriffs genau, exakt, ungenau, falsch, schlecht d.; ihr sollt mir den Begriff „Sünde" näher d.; die Liebe wird von den meisten sehr ungenau, oberflächlich, vordergründig als erotische Zuneigung definiert; den Begriff der Zahl mathematisch d. **2)** *etwas näher bestimmen; von etwas angeben, um was es sich handelt:* die Farbe des Kleides ist schwer zu d.; das Fleisch in diesem Lokal ist kaum zu d.

Definition, die; der Definition, die Definitionen (bildungsspr.): *genaue Bestimmung [des Gegenstandes] eines Begriffs durch Auseinanderlegung und Erklärung seines Inhalts:* eine genaue, saubere, exakte, richtige, logisch einwandfreie, ungenaue, falsche, schlechte D. von etwas geben; die D. eines Begriffs, eines Wortes; diese D. des Staatsbegriffs ist unbefriedigend, nicht ausreichend; die marxistische D. des Begriffs „Sozialismus"; wir müssen uns auf eine D. einigen.

definitiv [...*if*] ⟨Adj.; attr. und als Artangabe; ohne Vergleichsformen⟩ (bildungsspr.): *endgültig, ein für allemal, in jedem Fall abschließend:* eine definitive Entscheidung, Erklärung, Vereinbarung; können Sie mir eine definitive Antwort geben?; er hat sich d. festgelegt, entschieden; das ist d. falsch, unmöglich; ich kann Ihnen in dieser Sache nichts Defini-

tives sagen; ist diese Vereinbarung d.?
Defizit, das; des Defizits, die Defizite (bildungsspr.): *Fehlbetrag:* ein geringes, leichtes, starkes, großes, erhebliches, wachsendes, steigendes, vorübergehendes D.; ein D. in der Kasse, in der Staatskasse, im Staatshaushalt, in der Zahlungsbilanz, in der Handelsbilanz haben; ein D. ausgleichen, vermindern, abbauen; ein monatliches, jährliches D. von 10 000 DM.

deformieren, deformierte, hat deformiert ⟨tr., etwas d.⟩: **a)** *etwas verformen:* durch den starken Aufprall wurde die Karosserie des Wagens total deformiert. **b)** *etwas verunstalten, entstellen:* sein Gesicht ist schrecklich deformiert.

degoutant [*degutạnt*] ⟨Adj.; und als Artangabe⟩ (geh.): *ekelhaft:* das ist aber wirklich d., wie der sich aufführt!

degradieren, degradierte, hat degradiert ⟨tr.⟩: **a)** ⟨jmdn. d.⟩: /Mil./ *jmdn. im Dienstrang, Dienstgrad herabsetzen:* einen Unteroffizier zum Gefreiten d.; der Leutnant wurde wegen Feigheit vor dem Feind degradiert. **b)** ⟨jmdn., etwas zu etwas d.⟩: /übertr./ *jmdn., etwas zu etwas herabwürdigen:* er hat uns durch sein Auftreten geradezu zu Schuljungen, zu Lehrjungen, zu Nebenfiguren degradiert; die Spieler der deutschen Mannschaft wurden von ihrem Gegner zu Anfängern degradiert; einen Regenschirm zum Spazierstock d.; eine These zum billigen Schlagwort d.

de jure (bildungsspr.): *von Rechts wegen, rechtlich gesehen* (im Gegensatz zu → de facto): einen Staat, eine Regierung de jure anerkennen; der Vertrag ist de jure gültig.

dekadent ⟨Adj.; attr. und als Artangabe⟩ (bildungsspr.): *typische Zeichen von* → *Dekadenz zeigend, kulturell angekränkelt:* eine dekadente Welt, Kultur, Zivilisation; das Bürgertum ist d.; die moderne europäische Kunst weist dekadente Züge auf, trägt dekadente Züge; dieser Playboy sieht sehr d. aus.

Dekadẹnz, die; der Dekadenz ⟨ohne Mehrz.⟩ (bildungsspr.): *kultureller Niedergang mit charakteristischen [sittlichen] Entartungserscheinungen in den Lebensgewohnheiten und Lebensansprüchen:* die bürgerliche, kulturelle D.; die D. des Bürgertums, in der Kunst, in der Literatur.

Deklamation, die; der Deklamation, die Deklamationen (bildungsspr.): **a)** *kunstvoller Vortrag einer lyrischen oder epischen Dichtung.* **b)** /übertr./ (selten) *hohles Gerede.*

deklamieren, deklamierte, hat deklamiert ⟨tr. und intr.⟩ (bildungsspr.): *eine epische oder lyrische Dichtung kunstvoll vortragen:* **a)** ⟨tr., etwas d.⟩: ein Gedicht d. **b)** ⟨intr.⟩: aus Goethes „Faust" d.

Deklaration, die; der Deklaration, die Deklarationen: **1)** /Pol./ *[feierliche] Erklärung grundsätzlicher Art, die von einer Regierung, von einem Staat oder einer Organisation oder von mehreren Staaten oder Organisationen (gemeinsam) abgegeben wird:* die feierliche D. der Menschenrechte in der Charta der Vereinten Nationen von 1948; die D. von Havanna; die D. über die Neutralität, über den Frieden; in einer gemeinsamen D. aller EWG-Staaten; eine [gemeinsame] D. abgeben; in einer durch Rundfunk und Fernsehen verbreiteten D. der Regierung ... **2)** /Wirtsch./ *Steuererklärung; Zollerklärung.*

deklarieren, deklarierte, hat deklariert: **1)** ⟨etwas d.⟩ (geh.): *etwas feierlich verkünden:* die Bundesregierung deklarierte die Ratifikation des deutsch-französischen Freundschaftsvertrags. **2)** ⟨jmdn. zu etwas d.⟩ (bildungsspr.): *von jmdm. [offiziell] erklären, daß er in einem bestimmten Verhältnis zu einem steht:* er deklarierte ihn zu seinem persönlichen Berater.

deklassieren, deklassierte, hat deklassiert ⟨tr., jmdn. d.⟩: **a)** (bildungsspr., selten) *jmdn. [gesellschaftlich] herabsetzen; jmdn. auf eine [gesellschaftlich] niedrigere Stufe verweisen:* ich lasse mich von diesem Angeber nicht

deklinieren

so ohne weiteres d.; der Arbeiter ist, wird heute gesellschaftlich nicht mehr so stark deklassiert wie früher; sein Plädoyer schien die Richter und die Sachverständigen zu Lehrjungen zu d. **b)** /Sport/ *einen Gegner im Wettkampf vernichtend schlagen; einem Wettkampfgegner so sehr überlegen sein, daß er gleichsam als unqualifiziert für diesen Wettkampf erscheint:* der junge amerikanische Mittelstreckenläufer lief allen Konkurrenten davon, so daß er sie geradezu förmlich deklassierte; die deutsche Fußballnationalmannschaft deklassierte ihren Gegner zum blutigen Anfänger, zum hoffnungslosen Amateur, zur Mittelmäßigkeit.

deklinieren, deklinierte, hat dekliniert ⟨tr., etwas d.⟩: /Sprachw./ *ein Haupt-, Eigenschafts-, Für- oder Zahlwort in seinen Formen abwandeln, beugen:* dieses Substantiv wird schwach, stark dekliniert.

Dekolleté [*dekolte*], das; des Dekolletés, die Dekolletés: *tiefer Ausschnitt an Damenkleidern, der Schultern, Brust oder Rücken entblößt:* ein tiefes, gewagtes, rundes, offenherziges (salopp), aufreizendes, raffiniertes D.; ein Cocktailkleid mit leichtem D. tragen; sie kann in ihrem Alter kein D. mehr tragen.

dekolletiert ⟨Adj.; attr. und als Artangabe; gew. ohne Vergleichsformen⟩: *tief ausgeschnitten, ein Dekolleté aufweisend, tragend:* ein Kleid mit dekolletiertem Rücken, Hals; ihr Kleid ist tief d.; sie ist, geht d.

Dekor, das (auch: der); des Dekors, die Dekors: /Kunstw./ *farbige Verzierung, [Gold]muster (insbes. an Porzellan- und Glaswaren):* ein zartes, feines, modernes, handgemaltes D.; ein D. aus Gold; ein D. entwerfen; ein D. in ein Glas einschleifen.

Dekorateur [...*tör*], der; des Dekorateurs, die Dekorateure: *Raumgestalter, Kunstgewerbler, der die Ausgestaltung und Ausschmückung von Innenräumen, Schaufenstern u. dgl. besorgt:* der D. mißt die Fenster aus, bringt die Gardinen an.

Dekoration, die; der Dekoration, die Dekorationen: **1a)** *Ausschmückung, künstlerische Ausgestaltung* (nur sachbezogen): die D. eines Schaufensters ausführen, besorgen; sie sorgt für die D. des Geburtstagstischs; wir übernehmen die D. des Saales; er ist für die D. der Bühne verantwortlich. **b)** *Gesamtheit der an einem Gegenstand (bes. Raum) oder um einen Gegenstand herum nach einem bestimmten Ausstattungsplan vorübergehend angebrachten ausschmückenden Dinge:* die D. des Schaufensters ist geschmackvoll, sehr modern; er freute sich über die hübsche D. aus Blumen, die auf dem Geburtstagstisch angebracht war; die D. der Bühne wechselt, ändert sich, bleibt während der gesamten Aufführung unverändert, ist sehr modern, wirkt nüchtern, ist überladen; an der D. des Raumes muß noch einiges verändert werden. **2)** *Orden, Ehrenzeichen:* er hat im zweiten Weltkrieg verschiedene Dekorationen bekommen, erhalten.

dekorativ [...*if*] ⟨Adj.; attr. und als Artangabe⟩: *schmückend; einer Sache oder Person einen zusätzlichen und augenfälligen Glanz verleihend:* ein dekorativer Teppich, Schreibtisch, Hut, Anzug, Wagen; eine dekorative Gardine, Lampe, Bodenvase, Tapete; einen Raum d. ausgestalten; Blumen d. anordnen; diese Pose ist, wirkt sehr d., sieht d. aus.

dekorieren, dekorierte, hat dekoriert ⟨tr.⟩: **1)** ⟨etwas d.⟩: *etwas ausschmücken, künstlerisch ausgestalten:* ein Schaufenster, einen Saal, einen Raum, einen Tisch [mit Blumen] d. – /bildl./ (häufig ironisch): seine Brust, sein Frack war [reichlich] mit Orden und Ehrenzeichen dekoriert. **2)** ⟨jmdn. d.⟩: *jmdn. durch Verleihung eines Ordens oder Ehrenzeichens ehren und auszeichnen:* er wurde mit dem Ritterkreuz dekoriert; der Bundespräsident dekorierte ihn mit dem Bundesverdienstkreuz.

Delegation, die; der Delegation, die Delegationen (bildungsspr.): *Abord-*

nung von Bevollmächtigten, wie sie bes. zu [polit.] Tagungen und Konferenzen entsandt wird: eine parlamentarische D. von, aus Mitgliedern des Bundestages weilte in Israel; die deutsche, amerikanische, russische D. bei den Olympischen Spielen; der Außenminister empfing eine zehnköpfige, wirtschaftliche D. der spanischen Regierung, aus Spanien; eine D. der Partei, der Gewerkschaften, der Arbeitgeberverbände, der deutschen Bauernschaft, der Landessportverbände; eine D. von Künstlern, Musikern, Schriftstellern, Sportlern, Leichtathleten, Politikern; eine D. zusammenstellen, auswählen, leiten, führen, anführen, begleiten, entsenden, schicken, empfangen, begrüßen; die deutsche D. reist, fliegt heute ab; die russische D. brach die Verhandlungen ab.

delegieren, delegierte, hat delegiert ⟨tr.⟩ (bildungsspr.): **1)** ⟨jmdn. d.⟩: *jmdn. zu etwas abordnen:* wir werden drei Vertreter unseres Verbandes zu dieser Tagung, Konferenz d.; zwei Schüler unserer Klasse wurden ins Schülerparlament delegiert. **2)** ⟨etwas d.⟩: *Rechte oder Aufgaben auf jmdn. übertragen:* in einem gut organisierten Unternehmen wird der leitende Manager immer den größten Teil seiner Aufgaben an (selten auch: auf) seine Direktoren und Abteilungsleiter d.

Delegierte, der oder die; des oder der Delegierten, die Delegierten (bildungsspr.): *Abgesandte[r]; Mitglied einer → Delegation:* der amerikanische, französische, englische D. bei der UNO, im Weltsicherheitsrat; die deutschen Delegierten für die Olympischen Spiele auswählen.

delikat ⟨Adj.; attr. und als Artangabe⟩ (bildungsspr.): **1)** *wohlschmeckend, lecker, auserlesen fein; mit auserlesenen leiblichen Genüssen; genüßlich:* delikates Gemüse, Fleisch; delikate Genüsse; ein delikater Salat; der Fisch ist, schmeckt sehr d.; wir haben d. gespeist. **2 a)** *zartfühlend, zurückhaltend, behutsam:* er hat eine wohltuende, delikate Art, über peinliche Dinge zu sprechen; ein Thema, ein Problem d. behandeln; er hat mir d. angedeutet, daß ...; er ging mit delikater Vornehmheit über die Frage hinweg. **b)** ⟨nur attr. und präd.⟩: *nur mit äußerster Zurückhaltung behandelbar bzw. durchführbar, heikel; bedenklich, peinlich:* ein delikates Problem, Thema; eine delikate Frage; die Angelegenheit ist äußerst d.

Delikatesse, die; der Delikatesse, die Delikatessen: **1 a)** *Leckerbissen; Feinkost:* Kaviar ist eine [russische] D.; Schwetzinger Spargel gehört zu den gastronomischen Delikatessen; als besondere D. gab es getrüffelte Gänseleber. **b)** /übertr./ (bildungsspr.) *etwas, das demjenigen, der es erlebt, sieht oder bekommt, einen außergewöhnlichen Sinnengenuß vermittelt; erlesene Köstlichkeit; Augenweide, Ohrenschmaus:* das Fußballendspiel verspricht eine sportliche D. zu werden; dieser Film ist eine besondere optische D.; der neue Roman ist eine literarische D.; diese Musik ist eine akustische D. **2)** ⟨nur Einz.⟩ (geh.): *Zartgefühl, Feingefühl, Behutsamkeit, Zurückhaltung:* diese Frage kann nur mit äußerster D. behandelt werden; das heikle Thema erforderte von allen Beteiligten viel Takt und D.

Delikt, das; des Delikt[e]s, die Delikte (bildungsspr.): *Vergehen, strafbare Handlung, Straftat:* ein schweres, schwerwiegendes, leichtes, harmloses, geringfügiges, sittliches, kriminelles D.; ein D. begehen; jmdn. eines Deliktes überführen.

Delinquent, der; des Delinquenten, die Delinquenten (bildungsspr.): *Übeltäter, Verbrecher:* der D. wurde dem Haftrichter vorgeführt, wurde verhört, verurteilt.

Delirium, das; des Deliriums, die Delirien [...i^{e}n]; selten auch: Delir, das; des Delirs, die Delire: /Med./ *schwere Bewußtseinstrübung, die sich u. a. in erheblicher Verwirrtheit und in Wahnvorstellungen äußert:* im D. liegen, sein; in das D. [ver]fallen; aus dem D. erwachen.

Demagoge, der; des Demagogen, die Demagogen (bildungsspr.): *Aufwiegler, gewissenloser Hetzpolitiker:* ein gewissenloser, verantwortungsloser D.; Demagogen peitschen die Massen auf, wiegeln die Demonstranten auf.

Demagogie, die; der Demagogie, die Demagogien ⟨Mehrz. ungew.⟩ (bildungsspr.): *Aufwieglung, Volksverführung, gewissenlose politische Hetze:* die gefährliche D. der Rechtsradikalen.

demagogisch ⟨Adj.; attr. und (seltener) als Artangabe⟩ (bildungsspr.): *aufwieglerisch, hetzerisch, politische Hetzpropaganda treibend:* demagogische Reden, Umtriebe, Manöver; d. reden, vorgehen.

demaskieren, demaskierte, hat demaskiert ⟨tr. und refl.⟩ (bildungsspr.): **1)** ⟨sich d.⟩: **a)** *seine Maske, die man zu einem Kostüm- oder Maskenfest getragen hat, ablegen:* als wir uns um Mitternacht demaskierten, merkte ich, daß ich die ganze Zeit mit meiner eigenen Frau geflirtet hatte. **b)** /übertr./ *sein wahres Gesicht zeigen, offenbaren:* er hat sich durch sein Verhalten vor uns allen [als Verräter] demaskiert. **2)** ⟨jmdn., etwas d.⟩: *jmdn. oder etwas entlarven:* er ist ein Lügner, seine eigenen Worte haben ihn demaskiert; wir werden den Betrüger d.; seine fortgesetzten Betrügereien haben ihn als unseriösen Kaufmann demaskiert.

Dementi, das; des Dementis, die Dementis (bildungsspr.): *offizielle Berichtigung, Widerruf einer Behauptung oder Nachricht:* ein unerwartetes, amtliches, unzweideutiges, energisches, heftiges, schwaches, klares D.; ein D. geben, veröffentlichen; das erwartete D. blieb aus; er sah sich zu einem D. veranlaßt.

dementieren, dementierte, hat dementiert ⟨tr.; etwas d.⟩: *eine Behauptung oder Nachricht offiziell berichtigen oder widerrufen:* eine Nachricht, eine [Zeitungs]meldung, eine Behauptung d.; schwach, scharf, eifrig, eindeutig d.

Demokrat, der; des Demokraten, die Demokraten: *Anhänger der Demokratie, Mensch mit demokratischer Gesinnung:* ein guter, ehrlicher, überzeugter D., echter, eifriger D.

Demokratie, die; der Demokratie, die Demokratien: **1)** /Pol./ *Regierungssystem, in dem im Gegensatz zur Diktatur der Wille des Volkes maßgebend ist und in dem in freien Wahlen gewählte Vertreter des Volkes auf der Grundlage einer Staatsverfassung die Macht im Staat ausüben:* eine freie, freiheitliche, wahre, rechtsstaatliche, christliche, moderne D.; die westliche, englische, amerikanische, parlamentarische, sozialistische D.; die D. funktioniert in diesem Land, hat sich als Regierungsform bewährt; die Demokratien der westlichen Welt. **2)** /allg. übertr./ *innerhalb einer Gruppe oder Gemeinschaft geltendes Prinzip der gleichberechtigten und freien Willensbildung, Mitbestimmung und persönlichen Verantwortlichkeit jedes einzelnen:* die D. in der Partei, in der Familie, in der Schule verwirklichen; in unserem Verein, Betrieb herrscht D.; die Menschen zur D. erziehen.

demokratisch ⟨Adj.; attr. und als Artangabe⟩: *den Grundsätzen oder Spielregeln der Demokratie (1 und 2) entsprechend, nach den Grundsätzen der Demokratie aufgebaut oder verfahrend; freiheitlich, nicht autoritär:* ein demokratischer Staat; die demokratische Staatsform, Verfassung, Ordnung, Ideologie, Selbstbestimmung, Mitbestimmung, Willensbildung; eine demokratische Regierung, Partei, Wahl, Opposition; die demokratischen Länder, Spielregeln, Freiheiten, Grundrechte, Prinzipien, Wähler; diese Entscheidung ist d.; d. eingestellt sein, denken, fühlen, handeln, vorgehen, regieren, wählen; hier geht es durchaus d. zu; bei uns wird d. abgestimmt; wir sind d. organisiert.

demolieren, demolierte, hat demoliert ⟨tr., etwas d.⟩: *etwas gewaltsam zerstören, beschädigen, abreißen:* ein Zimmer, ein Lokal, das ganze Mobiliar, die Wohnungseinrichtung d.; er hat mein Fahrrad total, restlos demoliert; jmdm. das Gesicht, die Fresse d. (derb).

Demonstrant, der; des Demonstranten, die Demonstranten: *Teilnehmer an einer Demonstration (1):* die Polizei ging gegen die Demonstranten vor; jugendliche Demonstranten zogen mit Transparenten durch die Straßen.

Demonstration, die; der Demonstration, die Demonstrationen: 1) *Massenprotest, Massenkundgebung; Protestversammlung, Protestmarsch:* eine [politische] D. veranstalten; die D. der Studenten war polizeilich [nicht] genehmigt, war angemeldet; an einer D. für den Frieden teilnehmen; sich an einer D. beteiligen; die Polizei löste die friedliche D. mit Gewalt auf; die D. löste sich allmählich auf, hatte keinen Erfolg, blieb unbeachtet; eine D. organisieren, durchführen, verhindern; zu einer D. aufrufen. 2) (bildungsspr.): a) *werbende, einladende Darbietung, eindrucksvolle Darstellung, Schau:* die Olympischen Sommerspiele in Japan waren eine eindrucksvolle D. für den Sport; die Modeschau war eine vollendete D. weiblicher Schönheit und Eleganz. b) *nachdrückliche [öffentliche] Bekundung [für oder gegen etwas]; durch ein bestimmtes Verhalten zum Ausdruck kommende Willensäußerung:* zur Feier Freundschaft...; die Bundestagsdebatte wurde zu einer machtvollen D. für den Frieden; der Aufstand war eine überwältigende, unerbittliche D. gegen Diktatur und Unterdrückung. c) *warnende, abschreckende öffentliche Machtbekundung:* eine militärische D.; eine feindselige D. militärischer Stärke. 3) (bildungsspr.) *praktische Veranschaulichung; erläuternde oder beweisende Darlegung:* zur eingehenden D. seiner Thesen führte er verschiedene Filmaufnahmen vor; der theoretische Unterricht wurde durch zahlreiche Demonstrationen am lebenden Objekt ergänzt.

demonstrativ [...*if*] ⟨Adj.; attr. und als Artangabe; ohne Vergleichsformen⟩ (bildungsspr.): 1) ⟨gew. nicht präd.⟩: *in auffallender, oft auch in provozierender Weise seine Einstellung zu etwas bekundend; betont herausfordernd;* ein demonstratives Bekenntnis für Europa; ein demonstratives Ja zu den Notstandsgesetzen; d. stehenbleiben, sitzenbleiben, wegsehen; sich d. umdrehen, abwenden; sie spendeten d. Beifall. 2) ⟨nur attr.⟩ (selten): *anschaulich, verdeutlichend, aufschlußreich:* ein demonstratives Beispiel für ...; eine demonstrative Darlegung.

demonstrieren, demonstrierte, hat demonstriert ⟨tr. und intr.⟩: 1) ⟨tr., etwas d.⟩: a) *etwas in anschaulicher Form darlegen, vorführen, beweisen:* der Schilehrer demonstrierte den Anfängern die Technik des Wedelns; er demonstrierte uns die wirtschaftliche Entwicklung an Hand von authentischem Zahlenmaterial. b) *etwas bekunden:* seine Absicht, seinen guten Willen, seine Entschlossenheit, seine Macht d. 2) ⟨intr.⟩: *an einer Demonstration teilnehmen:* die Studenten demonstrierten vor der amerikanischen Botschaft gegen den Vietnamkrieg; für den Frieden, für die Gleichberechtigung d.

Demontage [*demontaːʒeᵉ*], die; der Demontage, die Demontagen (bildungsspr.): *Abbau, Abbruch* (insbes. auf Industrieanlagen bezogen): die vollständige, totale D. der Fabrikanlagen, der Maschinen; eine D. vornehmen, ausführen, durchführen; die D. ist beendet, abgeschlossen.

demontieren, demontierte, hat demontiert ⟨tr., etwas d.⟩ (bildungsspr.): *etwas abbauen, abbrechen* (bes. auf Industrieanlagen bezogen): Fabrikanlagen, Maschinen [vollständig, teilweise] d.

demoralisieren, demoralisierte, hat demoralisiert ⟨tr., jmdn. d.⟩ (bildungsspr.): *jmdn. entmutigen, jmds. Moral untergraben, einer Person oder Personengruppe durch bestimmte Äußerungen oder Verhaltensweisen die*

Demoskopie

sittlichen Grundlagen für ein Verhalten oder Vorgehen nehmen: Gerüchte demoralisierten die Truppe, die Soldaten, die Zivilbevölkerung; das mußte selbst auf die Tapfersten demoralisierend wirken.

Demoskopie, die; der Demoskopie, die Demoskopien (bildungsspr.): *Meinungsumfrage, Meinungsforschung:* eine D. durchführen; etwas mit Hilfe der D., durch D. ermitteln; das Institut für D. in X.

Dentist, der; des Dentisten, die Dentisten: (früher für:) *Zahnarzt ohne Hochschulausbildung.*

Denunziant, der; des Denunzianten, die Denunzianten (abschätzig): *jmd., der einen anderen denunziert:* ein übler, gemeiner D.; ein D. hat ihn verleumdet, angezeigt; er ist der geborene D.

Denunziation, die; der Denunziation, die Denunziationen (abschätzig): *denunzierende Anzeige:* eine üble, gemeine, verleumderische, infame D.

denunzieren, denunzierte, hat denunziert (abschätzig): *jmdn. aus persönlichen, niedrigen Beweggründen wegen einer ihn belastenden Sache bei der dafür zuständigen (meist amtlichen) Stelle anzeigen:* jmdn. beim Gericht, bei der Polizei, beim Finanzamt, bei der Steuerfahndung, bei der Geschäftsleitung d.

deplaciert [...*zirt*, selten auch: ...*ßirt*] ⟨Adj.; attr. und als Artangabe⟩ (bildungsspr.): *unangebracht, fehl am Platz:* eine völlig deplacierte Bemerkung; sein Zwischenruf war hier [völlig] d.; sein Lachen wirkte an dieser Stelle d.

deponieren, deponierte, hat deponiert ⟨tr., etwas d.⟩: *etwas in Verwahrung geben, hinterlegen:* Geld, Wertpapiere, Schmuck im Safe [einer Bank, eines Hotels] d.; er hat seine Manuskripte im Panzerschrank deponiert; ich habe meine Aktien auf der Bank, bei der Dresdner Bank deponiert; er mußte seine Kamera bei der Zollstelle d.

Deportation, die; der Deportation, die Deportationen: *Zwangsverschickung, Verschleppung, Verbannung* (bes. auf Verbrecher oder politische Häftlinge bezogen): die D. der Gefangenen ins Arbeitslager, nach X.

deportieren, deportierte, hat deportiert: *jmdn. zwangsweise verschicken, verschleppen, verbannen* (bes. auf Verbrecher oder polit. Gegner bezogen): Sträflinge, [Straf]gefangene, politische Häftlinge, einen verurteilten Verbrecher in ein Arbeitslager, in eine Strafkolonie, nach X. d.

Depot [*depo*], das; des Depots, die Depots: **1)** *Vorratslager für Geräte, Nahrungsmittel u. a.:* ein D. mit Lebensmitteln, mit Waffen anlegen; Butter in einem D. lagern. **2)** *Fahrzeugpark für Straßenbahnen oder Omnibusse:* die Linie 4 fährt jetzt ins D.; der Omnibus steht im D.

Depression, die; der Depression, die Depressionen: *Niedergeschlagenheit, seelische Verstimmung:* an, unter Depressionen leiden; zu Depressionen neigen; sie hat ihre schwere seelische D. überwunden.

deprimiert ⟨Adj.; attr. und als Artangabe⟩: *entmutigt, bedrückt, niedergeschlagen:* ich bin sehr, stark, außerordentlich, schrecklich d.; d. ließ er den Kopf hängen, ging er fort; ich traf ihn in einer sehr deprimierten Stimmung, Gemütsverfassung; er kam mir ziemlich d. vor.

derangiert [*derangsehirt*] ⟨Adj.; attr. und als Artangabe; gew. ohne Vergleichsformen⟩ (bildungsspr.): *verwirrt, durcheinander; zerzaust:* ihre Kleidung war ziemlich d.; sie sah d. aus, blickte d. drein (ugs.); mit ihrem leicht derangierten Haar sah sie noch verführerischer aus; ich fühlte mich einigermaßen d.

Derby [*därbi*], das; des Derbys, die Derbys: /Sport/: **a)** *alljährliche Zuchtprüfung (in Form von Pferderennen) für die besten dreijährigen Vollblutpferde:* das diesjährige D. in X. gewann der Hengst Maestoso. **b)** *bedeutender sportlicher Wettkampf von besonderem Interesse:* im D. der beiden Lokalrivalen siegte diesmal der VfR.

Dernier cri [*därnjekri*], der; des Dernier cri, die Derniers cris [*därnjekri*], (bildungsspr.): *letzte Neuheit, der letzte Schrei (speziell in der Mode):* ein Abendkleid aus Metall ist der Dernier cri [in] der Mode; sie ist immer nach dem Dernier cri gekleidet; Schockfarben waren, galten im letzten Sommer als Dernier cri; Ferien auf dem Bauernhof sind jetzt Dernier cri.

Desaster, das; des Desasters, die Desaster (bildungsspr.): *Mißgeschick, Unglück, Unheil; Zusammenbruch:* ein großes, schlimmes, entsetzliches, schreckliches D.

desavouieren [*desawui̯rᵉn*], desavouierte, hat desavouiert ⟨tr.; jmdn., etwas d.⟩ (bildungsspr.): *jmdn. bloßstellen, kränken, jmdn. durch Nichtachtung beleidigen; etwas bewußt übersehen, nicht als verbindlich anerkennen und dadurch geringschätzen:* er hat ihn in aller Öffentlichkeit desavouiert; er hat durch sein Verhalten die Bundesregierung desavouiert; der Amtsrichter desavouierte die höchstrichterliche Grundsatzentscheidung.

Deserteur [...*tör*], der; des Deserteurs, die Deserteure: *Fahnenflüchtiger, Überläufer:* ein feiger, gemeiner D.; die Militärpolizei nahm die Deserteure fest; D. wurde zum Tod verurteilt, erschossen.

desertieren, desertierte, hat/ist desertiert ⟨intr.⟩: *fahnenflüchtig werden, als Soldat eigenmächtig die Truppe verlassen; als Soldat zum Feind überlaufen:* sie sind bei Nacht und Nebel zum Feind desertiert.

Design [*disai̯n*], das; des Designs, die Designs: /Kunstw./ *Plan, Entwurf, Muster, Modell:* ein [neuzeitliches, künstlerisches] D. entwerfen; ein D. für Industrieformen.

Designer [*disai̯nᵉr*], der; des Designers, die Designer: /Kunstw./ *Formgestalter für Gebrauchs- und Verbrauchsgüter:* ein begabter, führender D.; ein D. für Textilien, für Tafelbestecke.

Desinfektion, die; der Desinfektion, die Desinfektionen ⟨Mehrz. selten⟩: /Med./ *Abtötung von Krankheitserregern an einem Menschen, einem Tier, an Gegenständen oder in Räumen, Entseuchung:* eine oberflächliche, sorglose D.; die D. einer Wunde, eines Kleidungsstücks, eines Raums, der Injektionsspritze; Jod dient zur D. von Wunden.

desinfizieren, desinfizierte, hat desinfiziert ⟨tr.; etwas, (seltener:) jmdn. d.⟩: /Med./ *etwas, (seltener:) jmdn. entseuchen, Krankheitserreger an etwas oder jmdm. abtöten:* eine Wunde, seine Hände, Kleidungsstücke, einen Raum d.; eine Spritze mit, durch Alkohol d.

Desinteresse [auch: *däß*... oder ...*räßᵉ*], das; des Desinteresses ⟨ohne Mehrz.⟩ (bildungsspr.): *Interesselosigkeit, Unbeteiligtheit, Gleichgültigkeit:* ein, sein deutliches, offensichtliches D. an, für etwas zeigen, bekunden.

desinteressiert [auch: *däß*... oder (seltener) ...*irt*] ⟨Adj.; seltener attr., meist als Artangabe⟩ (bildungsspr.): *ohne Interesse, gleichgültig, unbeteiligt:* ein desinteressiertes Gesicht machen; er ist, tut, zeigt sich [völlig] d.; ich bin d. an diesem Film; ich bin an allem d.; er saß bei dem Vortrag [ziemlich] d. in der Ecke.

desorientiert [auch: ...*ti̯rt*] ⟨Adj.; gew. nur attr. und präd.; gew. ohne Vergleichsformen⟩ (bildungsspr.): *nicht unterrichtet, nicht im Bilde:* ich bin in dieser Angelegenheit völlig d.; er machte einen desorientierten Eindruck.

despektierlich ⟨Adj.; attr. und als Artangabe⟩ (bildungsspr.): *geringschätzig, abschätzig, abfällig:* eine despektierliche Äußerung, Geste; d. von jmdm. sprechen, über jmdn. lachen; deine Bemerkung war wirklich d. gegenüber der alten Dame; jmdn. d. ansehen, grüßen.

Despot, der; des Despoten, die Despoten (bildungsspr.): **a)** *schrankenloser Gewaltherrscher, Willkürherrscher:* ein orientalischer, mittelalterlicher, finsterer, grausamer D.; die Despoten der Antike; von einem Despoten beherrscht, unterdrückt werden. **b)** /übertr./ *herrischer, tyrannischer*

despotisch

Mensch: er spielte sich als D. auf; seine Familie hat unter diesem Despoten viel zu leiden.

despotisch ⟨Adj.; attr. und als Artangabe⟩: **a)** *in der Art eines Despoten, willkürlich:* ein despotischer König, Fürst, Regent, Staat; d. regieren. **b)** /übertr./ *herrisch, tyrannisch, gebieterisch:* er hat eine despotische Natur; er herrscht d. über seine Familie; sein Charakter ist d.

Dessert [*däßär*, auch: *däßärt*], das; des Desserts, die Desserts (bildungsspr.): *Nachspeise, Nachtisch:* ein leichtes, köstliches, feines, süßes D.; das D. reichen, auftragen, stehen lassen; auf das D. verzichten; als, zum D. gab es Eis.

Dessin [*däßäng*], das; des Dessins, die Dessins (bildungsspr.): *Zeichnung, Muster, Musterung, insbes.: Webmuster:* ein interessantes, modisches D.; das D. eines Gewebes, eines Stoffs, eines Anzugs.

Dessous [*däßu*], das; des Dessous [*däßu* oder *däßuß*], die Dessous [*däßuß*] ⟨meist Mehrz.⟩ (bildungsspr.): *Damenunterwäsche:* zarte, duftige, reizvolle, rosafarbene, seidene Dessous tragen.

destruktiv [*...if*] ⟨Adj.; attr. und als Artangabe⟩ (bildungsspr.): *zersetzend, zerstörend:* eine destruktive Haltung, Einstellung, Politik; diese Vorschläge sind [rein] d.; man muß den destruktiven Neigungen gewisser Kreise entgegenwirken; d. handeln.

Detail [*detaj*], das; des Details, die Details (bildungsspr.): *Einzelheit, Einzelteil:* ein wichtiges, wesentliches, bedeutsames, charakteristisches, unbedeutendes, unwichtiges, unwesentliches D.; sich über praktische, technische Details einer Sache einigen, verständigen; können Sie mir einige Details mitteilen?; wir wollen uns nicht in nebensächlichen Details verlieren!; sich mit, bei Details aufhalten; ich muß noch auf etliche Details eingehen; die Details können wir uns schenken, können wir übergehen, auslassen; ich hätte gern noch einige Details erfahren; ihm entgeht kein D.; ins D. gehen; etwas bis in die kleinsten, letzten Details erzählen, schildern, beschreiben; er hat uns in, mit allen Details davon berichtet.

detaillieren [*detajir^en*], detaillierte, hat detailliert ⟨tr., etwas d.⟩ (bildungsspr.): *etwas im einzelnen darlegen:* ein Angebot, einen Vorschlag d. – ⟨häufig im zweiten Partizip⟩: detaillierte Angaben, Aussagen, Forderungen; einen detaillierten Bericht von etwas geben; detaillierte Auskunft geben.

Detektiv [*...if*], der; des Detektivs, die Detektive [*...w^e*]: **1)** *Privatperson (in einigen Ländern mit polizeilicher Lizenz), die berufsmäßig Ermittlungen aller Art anstellt:* einen D. beauftragen, engagieren; jmdn. durch einen D. überwachen, beobachten lassen. **2)** /außerhalb Deutschlands auch i. S. von/ *Geheimpolizist, Ermittlungsbeamter der Kriminalpolizei:* die Detektive von Scotland Yard; die Detektive der Chikagoer Mordkommission.

Detonation, die; der Detonation, die Detonationen: *starke Explosion:* eine schwache, leichte, schwere, starke, heftige, mächtige D.; die D. einer Bombe, einer Mine, eines Torpedos, einer Granate, einer Dynamitladung; die D. war meilenweit zu hören; ich konnte die D. aus unmittelbarer Nähe beobachten, verfolgen; die D. ließ die Häuser erzittern, erschütterte die Häuser; durch die D. zersprangen die Fensterscheiben.

detonieren, detonierte, ist detoniert ⟨intr.⟩: *unter starkem Knall explodieren:* eine Bombe, Granate, Mine, ein Geschoß, ein Torpedo, Munition detoniert; die Fliegerbombe detonierte auf der Wasseroberfläche.

Deus ex machina [- - *maeh*], der; des Deus ex machina ⟨ohne Mehrz.⟩ (bildungsspr.): *unerwarteter Helfer, rettender Engel; überraschende, unerwartete Lösung eines schwierigen Problems:* in dieser ausweglosen Situation kann nur noch ein Deus ex machina helfen; er war der Deus ex machina, kam als Deus ex machina, der alle Probleme mit einem Schlage löste.

Devise [dewi̱se], die; der Devise, die Devisen: **1)** *Wahlspruch, Losung:* seine [erste, oberste] D. ist: Reichtum schändet nicht; er lebt nach der D. „Lieben und lieben lassen!"; die Tagung stand unter der D. „Mehr Freizeit für die Hausfrau!". **2)** ⟨nur Mehrz.⟩: *Zahlungsmittel in fremder Währung:* Devisen kaufen, eintauschen, umtauschen, ausführen, einführen, beantragen, mit sich führen, ins Ausland mitnehmen; ich habe keine Devisen mehr; ich muß mir noch Devisen besorgen. **3)** /Wirtsch./ *an ausländischen Plätzen zahlbare Zahlungsanweisungen in fremder Währung:* die Ausfuhr von Devisen; Devisen ankaufen, verkaufen; einen Überschuß an Devisen haben, erzielen.

devot [dewo̱t] ⟨Adj.; attr. und als Artangabe⟩ (bildungsspr.): *unterwürfig, demütig:* eine devote Haltung, Verbeugung; er verabschiedete uns mit einem devoten Bückling, mit devoter Liebenswürdigkeit; sein Getue ist mir zu d.; d. grüßen, lächeln; sich d. verbeugen; er kniete d. vor dem Kruzifix nieder.

dezent ⟨Adj.; attr.; und als Artangabe⟩ (bildungsspr.): *schicklich; vornehm, zurückhaltend; unaufdringlich; zart, gedämpft;* ein dezentes Kleid, Kostüm; eine dezente Musik, Beleuchtung, Atmosphäre; der Anzug ist in einem dezenten Blau gehalten; der Stoff hat ein dezentes Muster, einen dezenten Nadelstreifen; sie ist d. gekleidet, angezogen; dieses Parfum ist vielleicht noch dezenter; d. wirken, aussehen.

Dezernat, das; des Dezernat[e]s, die Dezernate: /Verwaltung/ *Geschäftsbereich eines Dezernenten, Sach- und Arbeitsressort einer Behörde oder Verwaltung:* das D. für Verkehr in der Stadtverwaltung.

Dezernent, der; des Dezernenten, die Dezernenten: /Verwaltung/ *Sachbearbeiter mit Entscheidungsbefugnis bei Behörden und Verwaltungen:* er ist D. für Kulturfragen in der Kommunalverwaltung.

dezimieren, dezimierte, hat dezimiert ⟨tr., jmdn. d.⟩ (bildungsspr.): *einer größeren Personengruppe oder Personengemeinschaft erhebliche Verluste zufügen:* Hunger, Krankheiten und Seuchen haben im Mittelalter die Bevölkerung der Städte und Dörfer stark, gewaltig, erheblich dezimiert; durch die täglichen Verluste wurde unsere Einheit, Truppe, Division, Kompanie um die Hälfte dezimiert.

Dia vgl. Diapositiv.

diabolisch ⟨Adj.; attr. und als Artangabe⟩ (bildungsspr.): *teuflisch:* ein diabolisches Lächeln; er empfand eine diabolische Freude darüber, daß ...; mit diabolischem Vergnügen; d. lächeln, grinsen; dieser Plan ist d.

Diagnose, die; der Diagnose, die Diagnosen: /Med./ *Erkennung und (systematische) Benennung einer Krankheit:* eine ärztliche, fachärztliche, fachmännische, richtige, genaue, sichere, unsichere, ungenaue, falsche, vorläufige, endgültige, zurückhaltende, schnelle, kühne D.; eine D. stellen, treffen; eine D. bewahrheitet sich, stellt sich als richtig heraus, erweist sich als fehlerhaft; der Arzt konnte, wollte mir noch keine D. stellen; er wollte sich auf keine D. festlegen; er gab als D. Lungenentzündung an; der Vertrauensarzt bestätigte die D. des Hausarztes; die behandelnden Ärzte konnten sich auf keine gemeinsame D. einigen; aus diesen verschwommenen Symptomen ergibt sich keine eindeutige D.

diagnostizieren, diagnostizierte, hat diagnostiziert ⟨tr. und intr.⟩: /Med./ *eine Krankheit aus ihren Symptomen durch eingehende Untersuchung des Patienten erkennen und benennen:* **a)** ⟨tr., etwas d.⟩: eine Krankheit, eine Blinddarmentzündung, eine Gehirnerschütterung d. **b)** ⟨intr.⟩: der Arzt diagnostizierte vorsichtig, zurückhaltend auf [eine] Migräne.

diagonal ⟨Adj.; attr. und als Artangabe; ohne Vergleichsformen⟩: **a)**

Diagonale

/Math./ *zwei nicht benachbarte Ecken eines Vielecks verbindend:* eine diagonale Gerade, [Verbindungs]linie; diese Linie ist, verläuft d. **b)** /übertr./ *schräg, quer [verlaufend]:* die Schnittwunde geht, zieht, verläuft d. über das ganze Gesicht. **c)** /übertr.; in der festen Verbindung/ *diagonal lesen (bildungsspr.): ein Buch, eine Zeitschrift nicht Zeile für Zeile genau lesen, sondern mehr oberflächlich überfliegen.*

Diagonale, die; der Diagonale, die Diagonalen: /Math./ *Gerade, die zwei nicht benachbarte Ecken eines Vielecks miteinander verbindet:* die Diagonalen eines Quadrats, Rechtecks; die verschiedenen Diagonalen eines Vielecks ziehen, einzeichnen.

Dialog, der; des Dialog[e]s, die Dialoge (bildungsspr.): *Zwiegespräch, Wechselrede:* ein langer, kurzer, knapper, dramatischer, fruchtbarer D.; der gesamtdeutsche Dialog zwischen beiden Teilen Deutschlands; einen D. mit jmdm. führen, fortsetzen; der D. der beiden, zwischen den beiden wurde unvermittelt durch das Läuten des Telefons unterbrochen.

Diamant, der; des Diamanten, die Diamanten: **a)** *aus reinem Kohlenstoff bestehender kostbarer Edelstein von sehr großer Härte, der in der Schmuckindustrie und in der Technik vielfach verwendet wird:* ein roher, [un]geschliffener, reiner, unreiner, wertvoller, kostbarer, hochkarätiger, echter D.; einen Diamanten bearbeiten, schleifen, schneiden, fördern, schürfen; mit Diamanten handeln; der D. strahlt, funkelt, blitzt. **b)** /in Vergleichen/: hart wie ein D.; funkeln wie ein D.

diamanten ⟨Adj.; nur attr.; ohne Vergleichsformen⟩ (bildungsspr.): **1)** *aus Diamant:* eine diamantene Bohrerspitze. **2)** *mit Diamanten besetzt, gearbeitet:* ein diamantenes Armband. **3)** /übertr./ *einem Diamanten vergleichbar, ähnlich (hinsichtlich Härte oder Glanz):* er ist von diamantener Härte; etwas hat einen diamantenen Glanz. – *diamantene Hochzeit: der* 60., *mancherorts auch der* 75. *Jahrestag der Hochzeit.*

Diapositiv [auch: ...*if*], das; des Diapositivs, die Diapositive [...*wᵉ*]; dafür meist die Kurzf.: Di̯a, das; des Dias, die Dias: /Phot./ *durchsichtiges photograph. Bild, das auf eine weiße Bildwand projiziert wird:* er führte farbige Dias aus seinem Urlaub in Spanien vor; heute abend wollen wir Dias betrachten; zeige uns doch bitte deine neuesten Dias!; hast du die Dias schon gerahmt?

di̯ät ⟨Adj.; attr. und als Artangabe; gew. ohne Vergleichsformen⟩: *einer richtigen, gesunden Ernährungsweise entsprechend, im Sinne einer Diät:* eine diäte Lebensweise, Ernährung, Küche; diese Kost ist ausgesprochen streng d.; d. kochen, essen, leben.

Diät, die; der Diät ⟨ohne Mehrz.⟩: *gesunde Ernährungsweise; (bei bestimmten Erkrankungen angezeigte) Schonkost, Krankenkost:* eine leichte, strenge, wirksame, salzlose, salzarme, fettarme, reizlose D.; D. halten; eine D. verschreiben, verordnen, einhalten, durchführen; jmdn. auf D. setzen; eine D. für Gallekrankheiten, für Leberkranke bekommen.

Diäten, die ⟨Mehrz.⟩ (bildungsspr.): *Aufwandsentschädigungen bestimmter Personengruppen (bes. von Abgeordneten), häufig in der Form von Tagegeldern:* hohe, niedrige D. beziehen, bekommen, erhalten; dicke D. einstecken (ugs.); die monatlichen D. der Bundestagsabgeordneten wurden erhöht.

Diffami̯e, die; der Diffamie, die Diffami̯en (bildungsspr.): *Beschimpfung, verleumderische Äußerung:* dieser Bericht ist, bedeutet eine ungeheuerliche D. eines ganzen Berufsstandes, gegenüber einem ganzen Berufsstand.

diffami̯eren, diffamierte, hat diffamiert ⟨tr., jmdn. d.⟩ (bildungsspr.): *jmdn. verleumden, in Verruf bringen:* er hat mich wiederholt, fortwährend diffamiert; er hat diffamierende Äußerungen über mich verbreitet; ich muß diese diffamierende Kritik zurückweisen.

Differenz, die; der Differenz, die Differenzen: **1 a)** *Unterschied, insbes.: Preis-, Gewichtsunterschied:* eine D. von 2 DM, von 3,5 kg, von 10 Minuten; eine kleine, unbedeutende, beträchtliche, große, erhebliche, deutliche D.; die D. zwischen der Anzahl der Krebskranken und der Anzahl der im Frühstadium der Krankheit erkannten Fälle ist zu hoch. **b)** /Math./ *mathematischer Ausdruck der Form a-b bzw. das beim Ausrechnen entstehende Ergebnis:* eine D. bestimmen, ausrechnen; die D. zwischen zehn und acht ist, beträgt zwei; eine positive, negative D. **2)** ⟨meist Mehrz.⟩: *Meinungsverschiedenheit, Unstimmigkeit, Zwist:* ich hatte mit ihm eine kleine D. über die geplanten Ankäufe, wegen der geplanten Ankäufe; wir haben persönliche Differenzen [miteinander]; durch die zunehmenden politischen Differenzen zwischen der CDU und der FDP...; es gab zwischen uns kaum ernsthafte, ernstliche, ernste, wirkliche Differenzen; die zwischen den beiden bestehenden scharfen, schwerwiegenden Differenzen sollten sich beilegen, schlichten, beseitigen lassen; die Differenzen mit ihm verschärften sich; Differenzen aus der Welt schaffen; gelegentlich treten harmlose Differenzen in den Ansichten auf; Differenzen kommen auf, entstehen, klären sich.

differenzieren, differenzierte, hat differenziert ⟨tr., intr. und refl.⟩: **1 a)** ⟨jmdn., etwas d.; auch intr.⟩ (bildungsspr.): *trennen; genau unterscheiden:* man soll die Menschen nicht nach ihrer Rassenzugehörigkeit d.; man muß zwischen Dummheit und Unwissenheit anders d. **b)** ⟨sich d.⟩ (bildungsspr.): *sich aus einer gemeinsamen Grundstruktur heraus eigenständig entwickeln; sich durch eine relative Selbständigkeit in der Entwicklung stärker voneinander abheben:* die Ansichten der Regierungspartei und der Opposition haben sich gerade in Fragen der Ostpolitik immer mehr [voneinander] differenziert; die einzelnen Spezialgebiete der Medizin differenzieren sich immer stärker zu selbständigen Fachgebieten. **c)** ⟨nur im zweiten Part.⟩ (bildungsspr.): *nuancenreich, in den Einzelheiten feine Abstufungen aufweisend; individuell ausgeprägt; reich gegliedert und vielseitig:* ein differenziertes Gefühlsleben; er hat einen differenzierten Charakter; sein Gehör ist äußerst fein differenziert. **2)** ⟨etwas d.⟩: /Math./ *die Ableitung (den Differentialquotienten) einer mathematischen Funktion bilden:* eine Funktion d.

differieren, differierte, hat differiert ⟨intr.⟩ (bildungsspr.): *verschieden sein, voneinander abweichen:* die Aussagen der einzelnen Zeugen differierten erheblich, bedenklich; die Preise d. kaum, nur unwesentlich, um 100 DM; unsere Meinungen, Ansichten d. in verschiedenen Punkten; differierende Angaben machen.

diffizil ⟨Adj.; nur attr. und präd.⟩ (bildungsspr.): **a)** *schwierig, schwer zu behandeln; mühsam:* eine diffizile Aufgabe; die Arbeit an einem solchen Gerät ist sehr d. **b)** *sehr genau; ausgefeilt:* es bedarf diffiziler Überlegungen, Untersuchungen, Vorbereitungen; die modernen medizinischen Untersuchungsmethoden sind sehr d. **c)** *heikel, schwierig, kompliziert:* ein diffiziles Problem; er hat einen sehr diffizilen Charakter.

diffus ⟨Adj.; attr. und als Artangabe⟩: **a)** /Phys./ *ohne geordneten Strahlenverlauf (auf Licht bezogen): diffuses Licht; das Licht ist d.* **b)** /übertr./ (bildungsspr.): *verschwommen, ungeordnet, getrübt:* diffuse Vorstellungen, Gedanken; deine Pläne sind, wirken sehr d.; er hat diffuse Andeutungen gemacht.

Diktat, das; des Diktat[e]s, die Diktate: **1)** *Niederschrift, Nachschrift eines diktierten Textes:* **a)** /allg./: haben Sie das D. schon in die Maschine übertragen?; ein D. aufnehmen. **b)** /Schulw./: ein D. schreiben; der Lehrer gab uns ein leichtes, schweres D.; die Diktate nachsehen, zensieren, zurückgeben; im D. null Fehler haben. **2)** *das Diktieren eines Textes zum*

Diktator

Nachschreiben: die Sekretärin zum D. rufen; einen Brief nach D. schreiben.

Diktator, der; des Diktators, die Diktatoren: **1)** *unumschränkter Machthaber in einem Staat:* der kubanische D. F. Castro; ein grausamer D.; der D. kam durch eine Militärrevolte an die Macht; der D. wurde gestürzt. **2)** /übertr./ *herrischer, despotischer Mensch:* er spielt sich als D. auf; er ist zu Hause ein richtiger D.

diktatorisch ⟨Adj.; attr. und als Artangabe⟩: **1)** *umunschränkt, einem unumschränkten Gewaltherrscher unterworfen:* ein diktatorischer Staat; eine diktatorische Staatsführung, Regierung[sform]; die diktatorischen Bestrebungen, Neigungen des Militärs; dieses Land wird d. regiert. **2)** /übertr./ *gebieterisch, herrisch, keinen Widerspruch duldend, autoritär:* ein diktatorischer Vorgesetzter, Chef, Trainer; diktatorische Maßnahmen; sein Vorgehen ist ausgesprochen d.; der Chefarzt herrscht, regiert d. über das Klinikpersonal; er tritt immer d. auf; er bestimmte d., daß...; er handelte d.; mit diktatorischer Stimme, Geste unterbrach er die Diskussion.

Diktatur, die; der Diktatur, die Diktaturen: **1)** *unumschränkte Gewaltherrschaft in einem Staat; Staat, der diktatorisch regiert wird:* eine totalitäre, faschistische, militärische, revolutionäre, totale, uneingeschränkte, eingeschränkte, gemäßigte D.; in, unter einer D. leben; unter einer D. leiden; eine D. errichten, stürzen; er ist ein Feind der D. **2)** /übertr./ *autoritäre Führung; autoritärer Zwang, den eine Einzelperson, eine Personengruppe oder eine Institution auf andere ausübt:* die D. der Kirche, der Partei, des Regierungschefs, eines Vorgesetzten; eine D. über jmdn. ausüben; wir haben unter seiner D. sehr zu leiden.

diktieren, diktierte, hat diktiert ⟨Tr., etwas d.⟩: **1)** *einen Text zum Nachschreiben aufsagen, vorsprechen:* einen Brief, ein Schreiben, einen Text d.; in die [Schreib]maschine, in die Feder d.; langsam, schnell, laut, leise d.; der Lehrer diktierte den Schülern den langen Satz noch einmal. **2)** (bildungsspr.) *etwas zwingend vorschreiben; jmdm. etwas auferlegen, aufzwingen:* das Gesetz diktiert die Strafen für...; die Preise werden von den Monopolgesellschaften diktiert; die neuesten Damenmoden werden von Paris, die Herrenmoden von London diktiert; die Rocklänge wird von der jeweiligen Mode diktiert; die Sieger diktierten ihrem Gegner ihre Forderungen, Bedingungen; der Schiedsrichter diktierte uns einen unberechtigten Elfmeter; der HSV diktierte [seinem Gegner] das Spiel, den Spielverlauf; der Gegner diktierte den Kampf; der amerikanische Wunderläufer diktierte [seinen Gegnern] das gesamte Rennen, das Tempo; ich lasse mir von dir nicht d., was ich zu tun habe; sein Handeln, sein Vorgehen ist von der Vernunft, vom Verstand, von der Moral, vom Gefühl, von sachlichen Erwägungen, von der Leidenschaft, vom Zorn diktiert.

Diktion, die; der Diktion, die Diktionen (bildungsspr.): *die einem Menschen eigentümliche Ausdrucksweise; Schreibstil:* er hat eine klare, sachliche, einfache, nüchterne, gewählte, brillante, eigentümliche, eigenartige, geschraubte D.; seine D. ist knapp und prägnant; die charakteristische D. eines Romans, eines Briefs, einer Rede, eines Vortrags, eines Dichters, eines Schriftstellers, eines Menschen; dieser Aufsatz zeichnet sich durch eine knappe und wissenschaftliche D. aus.

Dilemma, das; des Dilemmas, die Dilemmas und die Dilemmata (bildungsspr.): *Zwangslage, Klemme (in der man sich für eine von zwei in gleicher Weise schwierigen oder unangenehmen Möglichkeiten entscheiden muß):* in einem [ziemlichen] D. sein; sich in einem [argen] D. befinden; vor einem [quälenden] D. stehen; in ein [schweres] D. geraten; der Streik hat ein wirtschaftliches D. heraufbeschworen; das ganze D. begann mit der Wiederaufrüstung; die Situation in

diplomatisch

Vietnam wächst sich zu einem militärischen D. aus; das Rassenproblem in den USA ist längst zu einem innenpolitischen D. geworden; wie soll ich dir aus diesem [schwierigen, großen] D. heraushelfen?; wie willst du aus diesem D. [wieder] herauskommen?; du hast mich da in ein schönes D. gebracht!; ich sehe keinen Ausweg aus diesem [sittlichen] D.

Dilettant, der; des Dilettanten, die Dilettanten (bildungsspr.; häufig abschätzig): *Nichtfachmann, Laie mit fachmännischem Ehrgeiz; jmd., der sich ohne besonderen beruflichen Ehrgeiz, sondern lediglich aus Freude und Liebhaberei mit einer Sache (bes. mit Musik oder Kunst) beschäftigt:* er ist ein liebenswürdiger, harmloser, gebildeter, eingebildeter, simpler D.; dieser Roman stammt von einem literarischen Dilettanten; das ist die Arbeit eines Dilettanten.

dilettantisch ⟨Adj.; attr. und als Artangabe⟩ (bildungsspr.; abschätzig): *unfachmännisch, laienhaft:* eine dilettantische Arbeit; die Reparatur ist sehr d. ausgeführt; sein Klavierspiel ist ziemlich d.

Dimension, die; der Dimension, die Dimensionen: **1)** /Math./ *Ausdehnung eines geometrischen Grundgebildes hinsichtlich Länge, Breite und Höhe:* die erste, zweite, dritte D.; ein Körper hat drei, eine Fläche zwei Dimensionen. **2)** ⟨nur Mehrz.⟩ (bildungsspr.) /übertr./ *Außmaß, Bereich, Umfang:* ein Unternehmen von gigantischen Dimensionen.

Diplom, das; des Diploms, die Diplome: **1)** *amtliche Urkunde über eine erfolgreich abgelegte Prüfung:* sein D. [als Handelslehrer, als Chemiker, als Physiker] machen; sein D. bekommen, haben; das D. eines Sportlehrers besitzen; die Handwerksinnung überreichte ihm das D. eines Bäckermeisters. **2)** *Ehrenurkunde:* ein D. für gute Leistungen in einem Wettbewerb bekommen; jmdm. ein D. verleihen, aushändigen; er hat im Friseurwettbewerb ein D. errungen; er wurde mit einem D. ausgezeichnet.

Diplomat, der; des Diplomaten, die Diplomaten: **1)** /Pol./ *Person, die im auswärtigen Dienst eines Staates steht und bei einem Fremdstaat als Vertreter ihres Heimatstaates beglaubigt ist:* ein deutscher, französischer, polnischer D.; die Laufbahn eines Diplomaten einschlagen; er ist als D. im Ausland, in Afrika tätig; er wird zum Diplomaten ausgebildet. **2)** /übertr./ *Mensch, der sich durch ein besonderes [Verhandlungs]geschick im Umgang mit seinen Mitmenschen auszeichnet:* ein geschickter, kluger, schlauer, gewitzter, ausgesprochener, schlechter D.; er ist der geborene D.; er ist leider kein D.

Diplomatie, die; der Diplomatie ⟨ohne Mehrz.⟩: **1)** /Pol./ **a)** *die Kunst der politischen Kontaktnahme und Verhandlung zwischen offiziellen Vertretern verschiedener Staaten:* die westliche, östliche, russische, amerikanische D.; eine geschickte, kluge, hintergründige D.; die hohe Schule der D. beherrschen. **b)** *Gesamtheit der Diplomaten:* die gesamte ausländische D. war auf dem Ball vertreten, versammelt. **2)** /übertr./ *kluge Berechnung; Verhandlungsgeschick:* mit [großer] D. vorgehen, zu Werke gehen; das ist eine Frage der D.

diplomatisch ⟨Adj.; attr. und als Artangabe⟩: **1)** ⟨nicht präd.; ohne Vergleichsformen⟩ /Pol./ *die politische Diplomatie betreffend; im offiziellen Auftrag einer Regierung handelnd oder erfolgend* (auf zwischenstaatliche Kontakte bezogen): in den diplomatischen Dienst eintreten; einen diplomatischen Vertreter, Beobachter entsenden; diplomatische Kontakte, Bemühungen, Verhandlungen, Gespräche, Erfolge; in diplomatischen Kreisen verkehren; das diplomatische Corps; diplomatische Immunität genießen; die diplomatischen Beziehungen zu einem Staat abbrechen; er reist in geheimer diplomatischer Mission nach ...; seine diplomatische Karriere ist beendet; er steht seit 20 Jahren im diplomatischen Dienst; er will die diplomatische Laufbahn einschlagen; eine diplomatische Note überreichen; einen Staat d. anerkennen; unser Botschafter soll in Moskau d. sondieren, wie die Chancen für neue Ost-West-Gespräche stehen; etwas auf diplomatischem Wege erledigen. **2)** /übertr./ *klug, berechnend:* er ist ein diplomatischer Mensch; sein Vorgehen ist sehr d.; er verhält sich, ist nicht gerade d.; d. vorgehen, zu Werke gehen, antworten, lächeln.

direkt ⟨Adj.; attr. und als Artangabe⟩: **1)** ⟨nicht präd.⟩: **a)** *unmittelbar, auf geradem Wege [bestehend, erfolgend], ohne Zwischenstation:* eine direkte Verbindung zwischen zwei Orten; es gibt eine direkte Zugverbindung (= *es gibt einen durchgehenden Zug*) von Worms nach Dortmund; ich bin auf direktem Weg hierhergefahren; in direkter Linie von jmdm. abstammen; er ist ständig über einen direkten Draht mit dem Weißen Haus verbunden; er kam d. auf mich zu; wir arbeiten, sitzen d. nebeneinander; die beiden Grundstücke sind d. miteinander verbunden; wir kaufen unsere Eier d. beim Bauern; das Haus liegt d. am Strand; er ist d. nach Hause gegangen. **b)** ⟨ohne Vergleichsformen⟩: *eine Person oder Sache inmittelbar betreffend:* ein direktes Interesse an etwas, jmdm. haben; das direkte Gespräch mit einem anderen suchen; direkte Verhandlungen; d. miteinander verhandeln, sprechen; jmdn. d. fragen, ansprechen; wir haben keinen direkten Kontakt mehr miteinander. – ****direkte Rede*** (Gramm.): *wörtlich angeführte Rede.* **2)** (ugs.) *unmißverständlich, eindeutig, unverblümt:* er stellt immer sehr direkte Fragen; er ist in allem so d.; er drückt sich immer sehr d. aus. **3)** ⟨nicht präd.; ohne Vergleichsformen⟩ (ugs.): *geradezu, wirklich, tatsächlich:* das ist ja d. toll, lächerlich; du bist d. einmal müde; da haben wir d. einmal Glück gehabt; das freut mich d.

Direktion, die; der Direktion, die Direktionen: **a)** *Leitung, leitende und verwaltende Tätigkeit:* die D. eines Unternehmens, Betriebs, einer Bank, eines Krankenhauses, eines Orchesters übernehmen; sie haben ihm die D. des Werks übertragen. **b)** *leitende Behörde, leitendes Gremium:* die D. des Hauses besteht aus drei Herren; er wurde neu in die D. berufen; sich an die D. wenden; bei der D. vorsprechen; ich bin zur D. bestellt.

Direktive [...*tįwᵉ*], die; der Direktive, die Direktiven (bildungsspr.): *Weisung, Verhaltensregel:* ich bin an die Direktiven meiner vorgesetzten Dienststelle gebunden; ich muß mich an die Direktiven meines Chefs halten; ich habe strenge Direktiven [bekommen], die ich befolgen muß; man hat mir genaue, ausführliche Direktiven erteilt, mitgegeben; der Botschafter erbat von seinem Außenminister neue Direktiven; meine wichtigste D. lautet, ...

Direktor, der; des Direktors, die Direktoren: *Leiter, Vorsteher eines Unternehmens, einer Behörde oder sonstigen Institution:* der D. einer Bank, einer Sparkasse, eines Instituts, einer höheren Schule, eines Unternehmens, eines Betriebs, eines Krankenhauses, eines Museums; er ist erster, zweiter, stellvertretender, kaufmännischer, technischer, geschäftsführender, leitender D.; jmdn. als D. einsetzen, absetzen; jmdn. zum D. wählen, berufen.

Direktorium, das; des Direktoriums, die Direktorien [...*iᵉn*]: *Vorstand, Geschäftsleitung; leitende Behörde:* das Unternehmen wird von einem vierköpfigen, mehrköpfigen D., von einem aus zwei Juristen und einem Diplomingenieur bestehenden D. geleitet; das D. eines Kreditinstituts, einer Ersatzkasse, eines Konzerns.

Direktrice [...*trißᵉ*], die; der Direktrice, die Direktricen (bildungsspr.): *leitende Angestellte (bes. in der Bekleidungsindustrie):* sie ist D. in einem Kaufhaus.

Dirigent, der; des Dirigenten, die Dirigenten: **1)** /Mus./ *musikalischer Leiter eines Orchesters oder Chors oder eines Bühnenwerks:* ein berühmter, gefeierter D.; einen Dirigenten einladen, verpflichten, feiern, auspfeifen; der D. dirigiert das Orchester, hebt den Taktstock, gibt den Einsatz, klopft ab *(= unterbricht die Probe)*, schlägt den Takt; er ist D. bei den Salzburger Festspielen, an der Oper; er ist der D. des Rundfunksinfonieorchesters. **2)** /Sport/ *Mitglied einer Ballspielmannschaft (bes. im Fußball), das als zentrale Figur im Angriff oder in der Abwehr den Spielverlauf entscheidend bestimmt und insbes. seine Mitspieler immer geschickt einzusetzen versteht:* Beckenbauer war der D. im Mittelfeld, in der Abwehr; er war der D. der deutschen Mannschaft.

dirigieren, dirigierte, hat dirigiert ⟨tr. und intr.⟩: **1)** ⟨etwas d.; auch intr.⟩: /Mus./ *einem Klangkörper als Dirigent vorstehen; die Aufführung eines Chor-, Orchester- oder Bühnenwerks musikalisch leiten:* ein Orchester, einen Chor, einen Gesangverein, eine Oper, eine Sinfonie, eine Opernaufführung, ein Konzert d.; mit dem Taktstock, ohne Taktstock, mit den Händen, gestenreich, mit sparsamen Gesten, nach der Partitur, auswendig d.; Herbert von Karajan dirigiert bei den Salzburger Festspielen. **2a)** ⟨etwas d.⟩: *etwas leiten, lenken, steuern; dafür sorgen, daß etwas in einer bestimmten Form oder in einer bestimmten Richtung abläuft, verläuft, sich abwickelt:* den Verkehr, den Kurs eines Flugzeugs, ein Geschehen, die Entwicklung von etwas, den Gang der Dinge, eine Tagung, eine Konferenz d. **b)** ⟨etwas, jmdn. d. + Raumergänzung⟩: *etwas oder jmdn. an einen bestimmten Zielort bringen, geleiten oder schicken:* er hat mich [sicher, auf Umwegen] ins Hotel, in mein Zimmer, in meine Wohnung, zum Bahnhof, zum Flugplatz dirigiert; er dirigierte für mich ein Taxi zum Hotel; er dirigierte das Paket an seinen Absender zurück.

Disharmonie, die; der Disharmonie, die Disharmonien: **1)** /Mus./ *Mißklang:* eine D. auflösen; Disharmonien sind charakteristisch für die moderne Musik. **2)** (bildungsspr.) *Unstimmigkeit, Uneinigkeit; Mißverhältnis; Mißton, Mißklang:* die Freundschaft ging an der D. ihrer Wesen zugrunde; man spürte deutlich die peinliche D. in ihrem Gespräch.

disharmonisch [auch: *diß...*] ⟨Adj.; attr. und als Artangabe⟩: *einen Mißklang, eine Unstimmigkeit aufweisend; nicht zusammenpassend; uneinig:* eine disharmonische Ehe; die Farben des Bildes sind, wirken ausgesprochen d.

Diskrepanz, die; der Diskrepanz, die Diskrepanzen (bildungsspr.): *Unstimmigkeit, Mißverhältnis* (nicht auf Personen bezogen): zwischen beiden Aussagen besteht eine starke, große, ziemliche, erhebliche D.; die D. zwischen Plan und Ausführung, zwischen Denken und Handeln, zwischen Traum und Wirklichkeit; es gibt in seinem Verhalten auffallende, deutliche Diskrepanzen.

diskret ⟨Adj.; attr. und als Artangabe⟩ (bildungsspr.): **a)** *vertraulich, nicht für andere bestimmt, geheim:* eine diskrete Unterhaltung; ein diskretes Gespräch; die Nachforschungen sind streng d. [zu betreiben]; diese Meldung, Nachricht ist d. [zu behandeln]; er hat mir d. mitgeteilt, daß ... **b)** *unauffällig, unaufdringlich, zurückhaltend:* ein diskretes Lächeln; ein diskretes Parfüm benutzen; mit einer diskreten Geste gab er mir zu verstehen, daß ... ; er blieb d. im Hintergrund; die Farben des Kostüms sind sehr d.; der Stoff hat ein diskretes Muster. **c)** *taktvoll:* diskrete Zurückhaltung üben; sie überhörte d. die peinliche Bemerkung; sich d. umdrehen; d. zur Seite sehen; d. schweigen; etwas d. übersehen.

Diskretion, die; der Diskretion ⟨ohne Mehrz.⟩ (bildungsspr.): **a)** *Verschwiegenheit; vertrauliche Behandlung (einer Sache):* ich darf Sie in dieser Angelegenheit um strenge, äußerste D. bitten; D. Ehrensache!; darf ich auf Ihre D. rechnen?; D. wahren. **b)** *taktvolle Zurückhaltung, Takt:* er hat dieses heikle Problem mit bewunderungswürdiger D. gelöst; D. üben.

diskriminieren, diskriminierte, hat diskriminiert ⟨tr.; jmdn., etwas d.⟩ (bildungsspr.): *jmdn. oder etwas herabsetzen, herabwürdigen, verächtlich machen:* er hat mich in aller Öffentlichkeit diskriminiert; er hat diskriminierende Äußerungen über mich verbreitet; jmds. Leistung d.; durch dieses Verhalten hat er den deutschen Sport diskriminiert.

Diskurs, der; des Diskurses, die Diskurse (bildungsspr.): *lebhafte Erörterung:* wir hatten einen kurzen, langen, ausführlichen, interessanten, anregenden, aufschlußreichen D. über die eheliche Treue; ich führte mit ihm einen hitzigen D.

Diskus, der; des Diskus und des Diskusses, die Disken und Diskusse: /Sport/ *genormte Wurfscheibe (gewöhnlich aus Holz mit einem Metallrand und Metallkern):* er warf den D. 60 Meter weit; der D. flog weit über die Fünfzigmetermarke [hinaus].

Diskussion, die; der Diskussion, die Diskussionen: *Erörterung, Meinungsaustausch, Aussprache:* eine sachliche, ernste, gründliche, eingehende, offene, ehrliche, freimütige, angeregte, lebhafte, erregte, heftige, stürmische, lange, mehrstündige, schleppende, endlose, private, öffentliche, weltweite D.; die [parlamentarische] D. eröffnen, führen, leiten, lenken, schließen, abbrechen; die D. ist für 20 Uhr angesetzt; die D. endete mit einer Schlägerei; die D. droht abzugleiten; die D. beginnt, kommt in Gang; er beteiligte sich an einer politischen D. zwischen Studenten und Journalisten; der Vortrag löste eine allgemeine D. über die Hochschulreform aus; was steht zur D.?; wer meldet sich zur D.?; etwas zur D. stellen, geben, vorschlagen; er hat sich an der D. nicht beteiligt; ich kann an der D. nicht teilnehmen; sich mit jmdm. auf eine, keine D. einlassen; jmdn. in eine D. verwickeln, hineinziehen; der Vorschlag wurde ohne D. angenommen.

diskutabel ⟨Adj.; attr. und als Artangabe; gew. ohne Vergleichsformen⟩: *erörternswert, erwähnenswert; so beschaffen, daß man darüber reden kann; unter Umständen annehmbar:* ein diskutabler Vorschlag; dein Angebot ist durchaus d.; ich finde diesen Gedanken d.

diskutieren, diskutierte, hat diskutiert ⟨tr., etwas d.; auch intr.⟩: *etwas eingehend mit anderen durchsprechen, erörtern; eine gemeinsame Erörterung über etwas anstellen:* eine Frage, ein Problem, einen Vorschlag, einen Fall d.; über eine Frage, über ein Problem, über einen Vorschlag, über einen Fall d.; wir haben die Angelegenheit, über die Angelegenheit eingehend, lange, mehrere Stunden, sachlich, nüchtern, heftig, leidenschaftlich, lebhaft diskutiert; darüber möchte ich mit Ihnen nicht d.

dispensieren, dispensierte, hat dispensiert ⟨tr., jmdn. von etwas d.⟩ (bildungsspr.): *jmdn. von einer bestehenden Verpflichtung befreien, jmdn. vorübergehend von etwas freistellen, beurlauben:* der Schüler wurde vom Unterricht, vom Singen, vom Turnen dispensiert; man hat ihn bis auf weiteres vom Dienst dispensiert.

disponieren, disponierte, hat disponiert ⟨intr.⟩ (bildungsspr.): *den Ablauf einer Sache, die Durchführung oder die Gestaltung von etwas, über das man verfügen kann, vorausplanen; verfügen, in welcher Weise etwas verwendet oder eingesetzt werden soll:* über sein Vermögen noch freiem Ermessen d.; über seine Freizeit d.

disponiert ⟨Adj.; nur attr. und (häufiger) präd.; ohne Vergleichsformen⟩: **1)** ⟨in Verbindung mit bestimmten Attributen oder mit einer Negation⟩: *in bestimmter Weise für etwas aufgelegt; in einer bestimmten körperlichen oder seelischen Verfassung seiend:* ich bin heute gut, ausgezeichnet, schlecht, nicht [recht] d.; er ist zum Singen, Schwimmen, Scherzen heute nicht d. **2)** /Med./ *für bestimmte Erkrankungen bes. empfänglich oder anfällig:* er ist für Erkältungskrankheiten besonders d.

Disposition, die; der Disposition, die Dispositionen (bildungsspr.): **1a)**

Verfügung über die Verwendung oder den Einsatz einer Sache: ich habe die volle, uneingeschränkte, freie D. über mein Vermögen; etwas steht zu jmds. D.; etwas zu jmds. D. stellen. **b)** *Anordnung, Gliederung; Planung:* eine D. machen; die D. des Aufsatzes ist klar, übersichtlich, sauber, logisch, verworren, ungenau; ich habe meine Dispositionen geändert; seine Dispositionen waren falsch. **2 a)** *angeborene Veranlagung zu einer immer wieder durchbrechenden Eigenschaft oder zu einem typischen Verhalten:* die innere, seelische, psychische, geistige, moralische D. eines Menschen. **b)** /Med./ *Veranlagung oder Empfänglichkeit des Organismus für bestimmte Erkrankungen:* eine ausgeprägte D. für, zu Erkältungskrankheiten haben.

Dispu̱t, der; des Disput[e]s, die Dispute (bildungsspr.): *Wortwechsel; Streitgespräch:* wir hatten [miteinander] einen kleinen, wortreichen, langen, heftigen, erregten D. über Fragen der Kindererziehung; er fing mit mir einen D. über Politik an; wir wollen diesen nutzlosen, sinnlosen, zwecklosen, unergiebigen D. beenden; in einen D. [hinein]geraten; sich in, auf [k]einen D. einlassen; es entspann sich ein endloser D. zwischen, unter den Anwesenden; ein hitziger D. entflammte; er eröffnete den D. mit der These . . .; in einen D. eingreifen; einen wissenschaftlichen D. austragen.

disputi̱e̱ren, disputierte, hat disputiert ⟨intr.⟩ (bildungsspr.): *[gelehrte] Streitgespräche führen; einen Diskussionsgegenstand mit allen geeigneten Argumenten gemeinsam erörtern;* man kann mit ihm über alle möglichen Fragen vorurteilsfrei d.; wir disputierten erregt, leidenschaftlich, heftig [miteinander].

Disqualifikatio̱n, die; der Disqualifikation, die Disqualifikationen: **1)** /Sport/ *Ausschließung eines einzelnen Wettkämpfers oder einer Mannschaft von einem sportlichen Wettbewerb (wegen Verstoßes gegen bestimmte sportliche Regeln):* eine D. aussprechen, bestätigen, anfechten; gegen eine D. Einspruch erheben; er verlor seine Medaille durch nachträgliche D.; die D. des Läufers war nicht gerechtfertigt; Übertreten der Wechselmarke hat im Staffellauf automatische, sofortige D. zur Folge.

disqualifizi̱e̱ren, disqualifizierte, hat disqualifiziert ⟨tr., jmdn. d.⟩: /Sport/ *einen Wettkämpfer oder eine Mannschaft wegen Verstoßes gegen bestimmte sportliche Regeln vom sportlichen Wettkampf ausschließen:* die deutsche Staffel wurde wegen Überlaufens der Wechselmarke disqualifiziert; das Kampfgericht hat den Läufer, die Mannschaft nachträglich disqualifiziert.

Dista̱nz, die; der Distanz, die Distanzen: **a)** *Entfernung, räumlicher Abstand:* eine kurze, geringe, große D.; die D. zwischen zwei Punkten; die D. von Ufer zu Ufer ist nicht allzu weit; eine D. von 150 m; in einer D. von 10 m; mit diesem Gewehr trifft man noch auf eine D. von 800 m sehr genau. **b)** /Sport/ *zurückzulegende Strecke; für einen Wettkampf offiziell angesetzter Zeitraum:* über zwei Drittel der D. konnte er sich in der Spitzengruppe halten; gegen Ende der D. fiel er zurück; er läuft lieber über die kurze D. (= *Sprintstrecken*); die lange D. (= *Langstrecken*) liegt ihm nicht; der Boxkampf ging über die volle D. (= *vorgesehene Rundenzahl*); er benötigte die ganze D., um seinen Gegner nach Punkten zu besiegen. **c)** ⟨ohne Mehrz.⟩: /übertr./ *respektvoller, gebührender Abstand; Zurückhaltung:* bitte, bleiben Sie auf D.!; die D. wahren, halten; jmdm. mit gebührender D. begegnen.

distanzi̱e̱ren, distanzierte, hat distanziert ⟨tr. und refl.⟩: **1)** ⟨sich d.⟩ (bildungsspr.): *deutlich zu erkennen geben, daß man mit einer bestimmten Sache oder Person nichts zu tun hat oder nichts zu tun haben will oder daß man mit jmds. Verhalten nicht einverstanden ist; von etwas oder jmdm. abrücken:* er hat sich in diesem Punkt von seinen Parteifreunden offen di-

distinguiert

stanziert; sich von einer Äußerung, von einem Brief, von einem Schreiben, von einer Veröffentlichung d.; in einem offenen Brief distanzierte sich der Minister von dem Interview seines Staatssekretärs; er hat sich von seiner früheren Einstellung distanziert; sich nachdrücklich, eindeutig, unmißverständlich, deutlich klar von etwas d. 2) ⟨jmdn. d.⟩: /bes. Sport/ *jmdn. [im Wettkampf] überlegen schlagen, weit hinter sich zurücklassen, klar überbieten:* er distanzierte alle Gegner im 5000-m-Lauf; er distanzierte seinen Hauptkonkurrenten im Stabhochsprung um einen halben Meter; er hat seine Kollegen beruflich klar distanziert.

distinguiert [*dißtinggi̱rt*, auch: *dißtingguirt*, selten auch: *dißtä̱nggirt*] ⟨Adj.; attr. und als Artangabe⟩ (bildungsspr.): *vornehm, ausgezeichnet:* ein distinguierter Herr; eine distinguierte Erscheinung; er tritt sehr d. auf; er gibt sich sehr d.; er ist d.

Disziplin, die; der Disziplin, die Disziplinen: 1) ⟨nur Einz.⟩: *Zucht, Ordnung:* hier herrscht strenge, scharfe, eiserne, soldatische, spartanische, militärische D.; ich verlange, fordere, erwarte von euch äußerste D.; D. halten, üben, lernen, bewahren, wahren; der Offizier konnte die D. unter den Truppen nur mühsam aufrechterhalten, wiederherstellen; ihr habt euch an D. zu gewöhnen!; die D. in dieser Klasse ist gut, denkbar schlecht, lasch, locker; ich muß hier zuerst einmal für D. sorgen; ich werde euch schon D. beibringen; von einem Christen wird erwartet, daß er sich einer freiwilligen geistigen und moralischen D. unterwirft; sich der D. fügen; auf D. sehen, achten; ich mußte einen erschreckenden Mangel an D. feststellen; sein Verhalten untergräbt die D. meiner Leute; die D. verletzen; gegen die D. verstoßen; die Burschen sind ohne jegliche D., kennen keine D. 2) (bildungsspr.): a) *Wissenschaftszweig; Spezialbereich einer Wissenschaft:* die naturwissenschaftliche, philosophische, rechtshistorische D.; die Anatomie ist eine selbständige D. innerhalb der Medizin; die verschiedenen, einzelnen geisteswissenschaftlichen Disziplinen; Maschinenbau ist eine technische D.; die Biologie gehört zu den naturwissenschaftlichen Disziplinen. b) *Teilbereich des Sports; Sportart:* die selbständigen Disziplinen der Schwerathletik; die einzelnen leichtathletischen Disziplinen sind: Weitsprung, Dreisprung, Speerwerfen ...; die alpinen Disziplinen des Schisports; die nordischen Disziplinen; er hält den Europarekord in drei schwimmsportlichen Disziplinen.

disziplina̱risch ⟨Adj.; attr. und als Artangabe, aber nicht präd.; ohne Vergleichsformen⟩ (bildungsspr.): *der Dienstordnung, der dienstlichen Zucht gemäß; streng:* dizsiplinarische Maßnahmen, Strafen; ich werde ihn disziplinarisch bestrafen; gegen jmdn. d. vorgehen.

disziplini̱ert ⟨Adj.; attr. und als Artangabe⟩ (bildungsspr.): *an Zucht und Ordnung gewöhnt; zurückhaltend, beherrscht; korrekt:* eine disziplinierte Klasse, Mannschaft, Zuhörerschaft; die Zuschauer waren, verhielten sich außerordentlich d.; der Schauspieler hat seine Rolle sehr d. gespielt; der musikalische Vortrag war, wirkte d.

Diva [*di̱wa*], die; der Diva, die Divas und Di̱ven: *gefeierte Sängerin oder [Film]schauspielerin.*

divergi̱eren [*diw...*], divergieren, hat divergiert ⟨intr.⟩ (bildungsspr.): *auseinandergehen, voneinander abweichen:* unsere Vorstellungen über die Sexualmoral d. erheblich; in mancher Beziehung haben wir stark divergierende Ansichten, Meinungen; das außenpolitische Programm der SPD divergiert in einigen wesentlichen Punkten von dem der CDU.

divers [*diwä̱rß*] ⟨Adj.; nur attr.; ohne Vergleichsformen⟩ (bildungsspr.): *verschieden, unterschiedlich;* (in der Mehrz.:) *etliche, mehrere:* ich habe bei der Bearbeitung diverses Material verwendet; diverse Leute glauben, daß ...; ich habe mir diverse Teppiche zur Auswahl kommen lassen; wir haben diverse Weine probiert.

dividieren [*diw*...], dividierte, hat dividiert ⟨tr., etwas d.⟩: /Math./ *teilen: eine Zahl d.; 3 durch 2 d.*

Division [*diw*...], die; der Division, die Divisionen: 1) /Math./ *Teilung (als vierte Grundrechnungsart; im Ggs. zur → Multiplikation)*: eine D. durchführen, ausführen; die D. zweier Zahlen; die D. geht [ohne Rest] auf. 2) /Mil./ *Truppengroßverband des Heeres und der Luftwaffe:* eine D. aufstellen, [neu] zusammenstellen, verlegen, inspizieren; die erste, zweite, kampferprobte D.; eine D. ist im Einsatz, kommt zum Einsatz, wird dezimiert, wird aufgerieben.

Dogma, das; des Dogmas, die Dogmen: 1) /Rel./ *kirchlicher Glaubenssatz mit dem Anspruch unbedingter Geltung (bes. in der katholischen Kirche)*: ein katholisches, kirchliches, unumstößliches D.; das D. der leiblichen Himmelfahrt Mariens; das D. der Unfehlbarkeit (des Papstes); das D. der Dreifaltigkeit; ein D. verkünden, annehmen, begründen, ablehnen, bekämpfen; die Bischöfe stimmten dem D. zu. 2) (bildungsspr.) *festgelegte Lehrmeinung, starrer Lehrsatz:* ein D. aufstellen, aufgeben; eine These zum D. machen, erheben; sich an ein [philosophisches] D. klammern; ein strenges, unumstößliches, überholtes D.; das ist für mich kein bindendes [politisches] D.; ich bin an kein D. gebunden; er kann nicht länger an diesem D. festhalten; etwas gilt als D.

dogmatisch ⟨Adj.; attr. und als Artangabe⟩: *starr an eine Lehrmeinung oder Ideologie gebunden bzw. daran festhaltend; hartnäckig und unduldsam einen bestimmten Standpunkt vertretend:* die dogmatische Einheit der sozialistischen Länder; eine dogmatische Politik; eine dogmatische Haltung; etwas mit dogmatischer Härte, mit dogmatischem Eifer vertreten; deine Vorschläge sind mir zu d.; d. an einer Überzeugung festhalten; einen Standpunkt d. vertreten.

Doktor, der; des Doktors, die Doktoren: 1) *höchster akademischer Grad, der durch den Dekan einer Fakultät nach Annahme einer wissenschaftlichen Arbeit oder ehrenhalber verliehen wird* (Abk.: Dr.): zum Doktor promovieren, promoviert werden; seinen Doktor machen (ugs.), bauen (salopp); den Titel eines Doktors erwerben; Herr Doktor; er ist Doktor der Medizin (Dr. med.), der Philosophie (Dr. phil.). 2) (ugs.) *Arzt:* ein guter, schlechter D.; den D. rufen, holen, kommen lassen, bestellen, abbestellen; einen, keinen D. brauchen, nötig haben; zum D. gehen; der D. hat mich untersucht, hat mir in den Hals geguckt, hat mir eine Arznei verordnet, hat mir eine Spritze gemacht; der Onkel D. (Kinderspr.) kommt; er ist D. in einem Krankenhaus, in Mannheim; er hat sich als D. in Worms niedergelassen.

Doktrin, die; der Doktrin, die Doktrinen (bildungsspr.): *Lehrmeinung, Lehrsatz, wissenschaftliche Theorie von geforderter absoluter Gültigkeit; politischer Leitsatz, Handlungsgrundsatz:* eine veraltete, überholte D.; eine neue D. aufstellen, verteidigen, vertreten, aufgeben; von einer D. abrücken; an einer D. festhalten.

Dokument, das; des Dokument[e]s, die Dokumente: 1) *Urkunde, Schriftstück mit amtlichem Charakter:* ein altes, vergilbtes, echtes, authentisches gefälschtes, kostbares, belastendes, entlastendes geheimes D.; ein D. prüfen, einsehen, sichten, aufbewahren, unterzeichnen, ablichten, fälschen. 2) *Beweisstück; Zeugnis:* ein bedeutsames, echtes, historisches D.; diese Veröffentlichung ist ein D. des Friedens, der Völkerverständigung; dieser Film ist ein erschütterndes D. des Krieges.

dokumentarisch ⟨Adj.; attr. und als Artangabe; ohne Vergleichsformen⟩ (bildungsspr.): 1) *urkundlich, an Hand von Urkunden:* etwas d. nachweisen, belegen, bezeugen, beglaubigen; dokumentarische Unterlagen beschaffen. 2) ⟨gew. nicht präd.,

Dokumentation

meist nur attr.⟩: *beweiskräftig; der Dokumentation dienend; etwas zuverlässig belegend, verbürgend:* ein dokumentarisches Schriftstück, Buch; ein dokumentarischer Bericht, Film; dieses Informationsmaterial hat dokumentarischen Charakter, ist von dokumentarischem Wert; dokumentarische Aufnahmen, Bilder; der Roman schildert d. die Vorgänge ...

Dokumentation, die; der Dokumentation, die Dokumentationen (bildungsspr.): **1a)** *Zusammenstellung, Ordnung und Nutzbarmachung von Dokumenten oder [Sprach]materialien jeder Art (z. B. von Urkunden, Akten, Zeitschriftenaufsätzen, Begriffen, Wörtern):* eine D. planen, vorhaben; eine D. der deutschen Sprache, des Grundwortschatzes, medizinischer Fachwörter vorbereiten; wir haben in unserer Dienststelle eine Abteilung für technische Dokumentation. **b)** *zu Informationszwecken angelegte Dokumenten- oder [Sprach]materialiensammlung:* wir besitzen eine ausgezeichnete, umfassende D. technischer Begriffe; er hat eine vollständige, aufsehenerregende D. über die politischen und militärischen Vorgänge bei der Kubakrise angelegt. **2)** *Beweis, Bekräftigung:* zur D. der Freundschaft, der friedlichen Absichten ...

dokumentieren, dokumentierte, hat dokumentiert ⟨tr. und refl.⟩ (bildungsspr.): **1a)** ⟨etwas d.⟩: *etwas bekunden, zeigen:* sein Interesse für etwas d.; seinen guten Willen, seine Absichten d. **b)** ⟨etwas dokumentiert sich⟩: *etwas zeigt sich, wird offenbar:* in diesem Verhalten dokumentiert sich deine Intoleranz. **2)** ⟨etwas d.⟩: *etwas beweisen, [durch Dokumente] belegen:* ich werde diese Behauptung durch geeignetes Beweismaterial d.

Dolcefarniente [doltsch*^e*farniänt*^e*], das; des Dolcefarniente ⟨ohne Mehrz.⟩ (bildungsspr.): *„süßes Nichtstun", Müßiggang als Ausdruck eines unbeschwerten Lebensgefühls:* südländisches D.; wir lagen am Strand und gaben uns dem D. hin.

Dolce vita [d*o*ltsch*^e* w*i*ta], das oder die; des bzw. der Dolce vita ⟨ohne Mehrz⟩ (bildungsspr.): *„süßes Leben", Bezeichnung für ein ausschweifendes und übersättigtes Müßiggängertum:* an den Badestränden der Riviera blüht das Dolce vita; er stürzte sich in die allabendliche Dolce vita Roms.

d*o*lmetschen, dolmetschte, hat gedolmetscht ⟨tr., etwas d.; auch intr.⟩: *die Verständigung im Gespräch zwischen zwei oder mehr Personen, die nicht die gleiche Sprache sprechen, durch unmittelbare und wechselweise Übersetzung des Gesprochenen ermöglichen:* wer hat eure Unterhaltung, bei eurer Unterhaltung gedolmetscht?

D*o*lmetscher, der; des Dolmetschers, die Dolmetscher: *jmd., der [berufsmäßig] für andere Gespräche dolmetscht:* einen D. verwenden, benutzen, zuziehen, brauchen; [nicht] ohne D. auskommen; er ist D. bei der EWG in Brüssel; er ist als D. ausgebildet; sie unterhielten sich über einen D. **D*o*lmetscherin,** die; der Dolmetscherin, die Dolmetscherinnen.

Dom*ä*ne, die; der Domäne, die Domänen (bildungsspr.): **1)** *Spezialwissens- oder Tätigkeitsgebiet, in dem man hervorragende Kenntnisse oder Fertigkeiten besitzt:* Mathematik ist seine D. [in der Schule]; viele Jahre hindurch war der Spezialsprunglauf die D. der Norweger; in seiner ureigensten, eigentlichen D., im Abfahrtslauf, ist er unschlagbar. **2)** *Staatsgut, Staatsbesitz:* eine ertragreiche D.; die Weinberge gehören zu einer staatlichen D., zu einer D. des Landes Rheinland-Pfalz; eine D. vom Staat pachten; eine D. verwalten.

domin*ie*ren, dominierte, hat dominiert ⟨intr.⟩ (bildungsspr.): *vorherrschen; an erster Stelle stehen:* in dieser Regierung dominiert die Vernunft; in Bayern dominiert die CSU; auf diesem Bild d. die hellen Farben; eine dominierende (= überragende) Rolle spielen; eine dominierende Stellung, Funktion.

Domizil, das; des Domizils, die Domizile ⟨bildungsspr.⟩: *Wohnsitz, Wohnung, Behausung:* sein D. irgendwo haben, aufschlagen; sein D. wechseln, er will für acht Tage bei mir D. nehmen; er lebt in einem kleinen, aber sehr behaglichen, gemütlichen D.; er hat sein neues D. eingerichtet.

domizilieren, domizilierte, hat domiziliert ⟨intr.⟩ ⟨bildungsspr.⟩: *ansässig sein, wohnen, hausen:* während der großen Ferien d. wir immer in einer kleinen Fischerkate an der Ostsee.

Dompteur [*domptör*], der; des Dompteurs, die Dompteure: *berufsmäßiger Tierbändiger:* ein mutiger, berühmter D.; der D. arbeitet im Löwenkäfig, arbeitet mit seinen Tieren [an einer neuen Nummer], macht sich mit den Tieren vertraut; der D. wurde von einem Tiger angefallen. **Dompteuse** [...*tös*ᵉ], die; der Dompteuse, die Dompteusen: *weiblicher Dompteur, Tierbändigerin.*

Don Juan [*don ehuan*, seltener: *dong sehuang* oder *don sehuang*, selten auch noch: *don juan*], der; des Don Juans, die Don Juans: *Frauenverführer, Frauenheld, Liebling der Frauen:* er ist ein [richtiger, alter, verhinderter] Don Juan; er wurde seinem Ruf als unwiderstehlicher Don Juan gerecht.

dopen [auch: *do*...], dopte, hat gedopt ⟨tr.; jmdn., ein Tier d.⟩: /Sport/ *jmdn. durch Zuführung von [verbotenen] Aufputschungsmitteln zu einer vorübergehenden sportlichen Höchstleistung antreiben* (auch auf Tiere bezogen): der Radfahrer, der Rennläufer, der Sportler, das Rennpferd war gedopt.

Doping [auch: *do*...], das; des Dopings, die Dopings: /Sport/ *unerlaubtes Zuführen von Reizmitteln (Aufputschmitteln) an Sportler oder Tiere (bes. Pferde) zur vorübergehenden Steigerung der physischen Leistung:* man konnte dem Radfahrer kein D. nachweisen; es wurden mehrere Fälle verbotenen Dopings bekannt; der Jockei wurde beim D. erwischt (ugs.).

dosieren, dosierte, hat dosiert ⟨tr., etwas d.⟩ ⟨bildungsspr.⟩: *etwas (bes. eine Arznei) in einer bestimmten Quantität (Dosis) zumessen, verabreichen oder anwenden:* eine Arznei, ein Medikament, Penizillin, Röntgenstrahlen, Wärmestrahlen richtig, falsch, genau d.; ein Heilmittel [zu] niedrig, [zu] hoch d. – /bildl./: eine gut dosierte Mischung aus Realismus und Romantik; jede regelmäßige sportliche Betätigung sollte einigermaßen vernünftig dosiert sein, werden.

dotiert sein ⟨d. sein + Artergänzung⟩ ⟨bildungsspr.⟩: *in bestimmter Weise mit Vermögenswerten ausgestattet sein:* das Rennen ist gut, ausgezeichnet, mit 30 000 DM d.; der Schillerpreis könnte etwas besser, höher d. sein. – ⟨auch attr.⟩: eine reich dotierte Stiftung; wir bieten Ihnen eine hervorragend dotierte Stellung in unserem Hause an.

doubeln [*dub*ᵉ*ln*], doubelte, hat gedoubelt ⟨tr.; jmdn., etwas d.; auch intr.⟩: /Film/ *als → Double (1) die Rolle eines Filmschauspielers bei gefährlichen Szenen übernehmen:* der Hauptdarsteller hat sich in dieser Szene l. lassen; diese Szene ist gedoubelt; in mehreren gefährlichen Rollenpartien mußte der Artist für den Hauptdarsteller d.

Double [*dub*ᵉ*l*], das; des Doubles, die Doubles: **1)** /Film/ *Ersatzmann, der für den eigentlichen Darsteller eines Films bei Filmaufnahmen gefährliche Rollenpartien spielt:* der Regisseur suchte noch einige Doubles für verschiedene Reitszenen. **2)** ⟨bildungsspr.⟩ *Doppelgänger:* du hast ein [auffallendes] D. in dieser Stadt; ich bin meinem D. begegnet.

down [*daun*] ⟨Adv.⟩ (salopp): *herunter, zerschlagen, fertig, erledigt:* ich bin [heute] ziemlich, einigermaßen, völlig, ganz d.

Dozent, der; des Dozenten, die Dozenten: *Lehrbeauftragter an einer Hochschule oder Akademie:* er ist D. für Philosophie, für angewandte Physik [an der Universität X]; er liest als D. an der TH; er hat einen Lehrauftrag als D. an der pädagogischen Hochschule.

dozieren, dozierte, hat doziert ⟨intr.⟩ (bildungsspr.): *lehrhaft, in belehrendem Ton sprechen, vortragen:* in dozierendem Ton sprechen; mußt du immer dozieren, wenn du mit mir sprichst?

Dragée [*drasehe*], das; des Dragées, die Dragées: /Pharm./ *mit einem Zucker- oder Schokoladenüberzug hergestellte Arzneipille:* Dragées herstellen, verpacken, einnehmen, schlucken.

drakonisch ⟨Adj.; meist nur attr., selten auch als Artangabe⟩ (bildungsspr.): *äußerst streng:* drakonische Maßnahmen, Gesetze, Vorschriften, Verordnungen, Strafen, Urteile; mit drakonischer Strenge durchgreifen, vorgehen; d. durchgreifen.

Drama, das; des Dramas, die Dramen: **1)** *Bühnenschauspiel:* ein D. von Schiller, Lessing; ein D. schreiben inszenieren, aufführen. – /als literarische Gattung/: das deutsche, englische, historische, klassische, moderne D. **2)** *aufregendes Geschehen, das sich aus der unglücklichen Verkettung verschiedener außergewöhnlicher Umstände entwickelt und mit einer gewissen unbeeinflußbaren Mechanik abläuft, wobei der unbeteiligte Zuschauer zu einer stärkeren emotionalen Stellungnahme (bes. Anteilnahme) herausgefordert wird:* unsere Urlaubsreise gestaltete sich zu einem großen D.; seine Ehe war ein einziges, endloses D.; mache doch aus dieser Sache kein D.!

Dramatik, die; der Dramatik ⟨ohne Mehrz.⟩: **1)** (bildungsspr.) *erregende Spannung:* die D. eines Geschehens, einer politischen Konferenz, eines sportlichen Wettkampfs, eines Films, eines Romans; das Fußballspiel hatte viel D., war voller D.; in dieser Szene liegt eine große, ungeheure D. **2)** /Literaturw./ *dramatische Dichtkunst:* die moderne, klassische D.

dramatisch ⟨Adj.; attr. und als Artangabe⟩: **1)** *aufregend, spannend, turbulent:* ein dramatisches Geschehen, Spiel, Match, Rennen; eine dramatische Rettungsaktion; die Situation spitzte sich dramatisch zu; der Boxkampf war, verlief sehr d. **2)** ⟨nicht präd., vorwiegend attr.; ohne Vergleichsformen⟩: **a)** *das Drama als literarische Kunstform betreffend:* die dramatische Dichtung, Kunst, Literatur; einen Stoff d. bearbeiten. **b)** *die Handlung des Dramas betreffend:* die dramatische Handlung; der dramatische Stoff, Konflikt, Höhepunkt.

dramatisieren, dramatisierte, hat dramatisiert ⟨tr., etwas d.⟩: *etwas so darstellen, daß es weitaus aufregender oder schlimmer aussieht, als es in Wirklichkeit ist:* Ereignisse, Vorfälle, eine Situation, ein Unglück, ein Mißgeschick, eine Lage, einen Zustand d.

drapieren, drapierte, hat drapiert ⟨tr., etwas d.⟩ (bildungsspr.): *einen Stoff oder ein Gewand (Kleidungsstück) in kunstvolle Falten legen:* Gardinen, Übergardinen, ein Schultertuch, einen Schleier, einen Vorhang d.

drastisch ⟨Adj.; attr. und als Artangabe⟩ (bildungsspr.): *äußerst wirksam; von unverblümter Offenheit, derb:* drastische Maßnahmen ergreifen; ein drastischer Bericht; eine drastische Darstellung, Schilderung; ein drastischer Witz, Spaß; das Beispiel ist sehr d.; er hat die Vorgänge d. geschildert; sich d. ausdrücken.

Dreß, der (östr.: die); des Dresses, die Dresse (östr.: die Dressen): **a)** *Sportkleidung:* die Mannschaft spielt in ihrem traditionellen, im schwarzweißen, roten, gestreiften D.; einen D. anlegen, anziehen, tragen, ablegen, ausziehen, durchschwitzen; ich brauche einen neuen D.; er erschien im ungewohnten D. seines neuen Vereins. **b)** (ugs.) *besondere Kleidung; Anzug:* die deutschen Olympiateilnehmer bekommen alle einen einheitlichen, modischen, eleganten, sportlichen D.; ich habe meinen alten D. angelegt; ich bin bereits in vollem D. (= ich bin bereits fertig angezogen); in diesem D. brauchst du dich hier nicht mehr sehen zu lassen.

dressieren, dressierte, hat dressiert ⟨tr.⟩: **1a** ⟨ein Tier d.⟩: *ein Tier abrichten:* ein Tier, einen Hund, ein

Pferd, einen Tiger, einen Seelöwen d.; der Schäferhund ist auf Menschen dressiert. – /bildl./ (ugs.): seine Kinder sind auf Gehorsam, auf pünktliches Schlafengehen dressiert. **b)** ⟨jmdn., ein Tier d.⟩ (ugs., abschätzig): *jmdn., ein Tier quälen, herumhetzen:* du kannst einen ganz schön d.; ich kann nicht mehr mit ansehen, wie die Kinder den ganzen Tag die Katze d.; er dressiert seine Kinder den ganzen Tag. **2)** ⟨etwas d.⟩: /Gastr./ *Speisen, bes. Fleischspeisen, kunstvoll anrichten:* einen Braten, eine gebratene Gans, eine Gemüseplatte d.

Dressman [*dräßmᵉn*], der; des Dressmans, die Dressmen (bildungsspr.): *dem Mannequin entsprechende männliche Person, die auf Modeschauen Herrenkleidung vorführt:* einige sportliche Dressmen führten die neueste Herrenmode vor.

Dressur, die; der Dressur, die Dressuren: **a)** *Abrichtung eines Tiers:* die D. von Hunden, Pferden; ein Tier zur D. geben. **b)** *Gesamtheit der Fertigkeiten und Übungen, die ein dressiertes Tier in einer Schaunummer vorführt:* eine schwierige, seltene, einmalige, großartige, neuartige D. zeigen, vorführen; eine D. einstudieren, einüben. **c)** /Pferdesport/ *reitsportliche Disziplin, in der Dressurreiter im Wettkampf Pferdedressuren vorführen:* er ist vom Springreiten zur D. gekommen; er hat die D., in der D. gewonnen; die D. gehört zu den olympischen Disziplinen.

dribbeln, dribbelte, hat/ist gedribbelt: /Sport, bes. Fußball/ *einen [Fuß]ball durch kurze Stöße nach vorn treiben:* er ist über das ganze Feld, in den gegnerischen Strafraum gedribbelt; er hat zu lange gedribbelt; er will mit dem Ball [bis] ins Tor d.

Dribbling, das; des Dribblings, die Dribblings: /Sport/ *das Dribbeln mit dem [Fuß]ball:* ein gelungenes, gekonntes, erfolgreiches, gewagtes, kurzes, langes, übertriebenes, sinnloses, mißglücktes D.; zum D. ansetzen; ein D. wagen, versuchen, ansetzen.

Drink, der; des Drinks, die Drinks (bildungsspr.): *höherprozentiges, meist scharfes alkoholisches Getränk:* einen [kurzen] D. nehmen; möchten Sie einen D.?; bitte kommen Sie doch einen D. herein!; darf ich Sie zu einem D. bitten?; darf ich Ihnen noch einen D. servieren?; ich habe uns einen [kühlen] D. gemixt; er hat mir einige Drinks spendiert.

Droge, die; der Droge, die Drogen: /Pharm./ *Präparat pflanzlichen oder tierischen Ursprungs, das als Heilmittel dient;* (auch im Sinne von:) *chemisch einheitlicher Arzneistoff:* eine harmlose, gefährliche, giftige, wichtige, teure D.

Drogerie, die; der Drogerie, die Drogerien: *Einzelhandelsgeschäft für den Verkauf von Drogen, Chemikalien und kosmetischen Artikeln:* eine D. eröffnen, schließen, einrichten, übernehmen, pachten, kaufen, verkaufen; etwas in einer D. kaufen; gibt es hier eine D.?

Drogist, der; des Drogisten, die Drogisten: *Besitzer einer Drogerie; Angestellter einer Drogerie mit abgeschlossener Fachausbildung (Drogistenausbildung):* er ist gelernter D.; er beschäftigt zwei tüchtige Drogisten in seiner Drogerie.

Dschungel, der; des Dschungels, die Dschungel: **a)** *undurchdringlicher tropischer Sumpfwald:* der dichte, undurchdringliche, geheimnisvolle D.; der australische, indische D.; die Tiere des Dschungels; im D. jagen; Großwildjagd im D. **b)** /übertr./ (bildungsspr.) *verwirrendes Durcheinander, Labyrinth:* sich im D. der Paragraphen, der Gesetzesvorschriften, der Verordnungen, der Bürokratie [nicht] zurechtfinden, verirren, verlieren; im D. des Großstadtverkehrs ist der Gelegenheitsautofahrer nahezu hilflos; im D. seiner Gedanken.

Duell, das; des Duells, die Duelle: **a)** *Zweikampf:* ein D. [mit jmdm.] austragen, ausfechten; jmdn. zum Duell herausfordern; sich auf ein, kein D. einlassen; er wurde im D. getötet; ein

Duellant

D. auf Pistolen. **b)** /Sport/ *sportlicher Wettkampf zwischen zwei Einzelsportlern oder zwei Sportmannschaften:* die beiden Rennwagen lieferten sich ein packendes, spannendes, gefährliches, unerbittliches D.; das Fußballspiel war das großartige D. zweier gleichwertiger Mannschaften; im D. der beiden Spitzenreiter siegte ... **c)** /übertr./ (bildungsspr.) *Wortgefecht, Zweikampf mit geistigen Waffen:* die beiden Redner lieferten sich ein scharfes D.

Duellant, der; des Duellanten, die Duellanten (bildungsspr.): *jmd., der sich mit einem anderen duelliert.*

duellieren, sich; duellierte sich, hat sich duelliert ⟨refl.⟩ (bildungsspr.): *einen Zweikampf austragen:* er duellierte sich mit ihm wegen einer Lappalie.

Duett, das; des Duett[e]s, die Duette: /Mus./: **a)** *Komposition für zwei Singstimmen:* ein D. singen, vortragen, komponieren; sie sangen das berühmte D. aus „Hänsel und Gretel". **b)** *zweistimmiger musikalischer Vortrag:* im D. (= zweistimmig) singen; sich zum D. zusammenfinden; ihre Stimmen erklangen im D.

Duo, das; des Duos, die Duos: /Mus./: **a)** *Komposition für zwei ungleiche (meist instrumentale) Klangquellen:* ein D. spielen; ein D. für zwei Klaviere, für Klavier und Violine. **b)** *die Vereinigung der beiden ausführenden Solisten:* [im] D. spielen; das D. musiziert schon seit zehn Jahren zusammen; ein berühmtes D.

düpieren, düpierte, hat düpiert ⟨tr., jmdn. d.⟩ (bildungsspr.): *jmdn. täuschen, jmdn. narren:* der Verteidigungsminister fühlt sich durch das eigenmächtige Vorgehen seiner Ministerkollegen übergangen und düpiert; ich lasse mich nicht so leicht von jmdm. d.

Duplikat, das; des Duplikat[e]s, die Duplikate: *Zweitausfertigung, Zweitschrift eines Textoriginals:* ein D. von einem Schriftstück, von einer Urkunde anfertigen, ausfertigen, herstellen; fügen Sie bitte ein D. Ihres Zeugnisses bei; ich habe gleich zwei Duplikate davon machen lassen.

Duplizität, die; der Duplizität, die Duplizitäten ⟨Mehrz. selten⟩ (bildungsspr.): *Doppelheit, (unerwartetes) doppeltes Vorkommen, doppeltes Auftreten:* die D. der Fälle, der Ereignisse, des Geschehens, der Gedanken.

Dynamo [oft auch: *dünamo*], der; des Dynamos, die Dynamos: *elektrische Maschine, die auf dynamischem Wege (durch Drehung einer Wicklung) Strom erzeugt:* die Fahrradlampe wird von einem D. gespeist; der D. liefert Strom, gibt Strom ab; eine Lichtquelle an einen D. anschließen.

dynamisch ⟨Adj.; attr. und als Artangabe⟩ (bildungsspr.): *energiegeladen, schwungvoll:* eine dynamische Persönlichkeit; er ist ein dynamischer Verleger; sein musikalischer Vortrag ist d.; er spielt sehr d.

Dynastie, die; der Dynastie, die Dynastien (bildungsspr.): **a)** *Herrschergeschlecht, Herrscherhaus:* die D. Hauses Habsburg, der Oranier, der Wittelsbacher; eine kaiserliche, byzantinische, altägyptische D.; eine D. aufbauen, begründen, stürzen; eine D. stirbt aus, geht unter. **b)** /übertr./ *größere Sippe, deren Angehörige über mehrere Generationen hin auf einem bestimmten Sektor, vorwiegend im Bereich der Großindustrie oder des Finanzwesens, eine führende und maßgebende Stellung innehaben:* die D. Krupp, Flick, Thyssen; die D. der Fordfamilie; eine D. von Schauspielern; eine aufstrebende, dekadente D.; eine D. verliert an Macht.

E

echauffiert [*eschofirt*] ⟨Adj.; selten attr., gew. nur als Artangabe; ohne Vergleichsformen⟩ (veraltet, aber noch landsch.): *erhitzt, außer Atem, aufgeregt:* ich bin noch ganz e.; sie sieht e. aus; sie macht einen echauffierten Eindruck.

Echo, das; des Echos, die Echos: **1)** *Widerhall:* in diesem Tal gibt es ein schönes, herrliches, klares E.; das E. seines Rufes hallte laut von den Bergen wider, zurück; die Wände der Höhle warfen ein dumpfes E. zurück, gaben ein hohles E.; das E. des Schusses war weithin zu hören; ein E. pflanzt sich fort. **2)** /übertr./ (bildungsspr.) *Anklang, Reaktion:* seine Rede fand, hatte in der Presse ein positives, starkes, unerwartetes E.; sein Vorschlag blieb ohne E. bei den anwesenden Delegierten; das E. des Publikums auf dieses Theaterstück war ungewöhnlich heftig, schwach, zurückhaltend; wie war das E. des Auslands auf die Demonstrationen?

Effekt, der; des Effekt[e]s, die Effekte (bildungsspr.): **a)** *Wirkung:* einen großen, überraschenden E. mit etwas erzielen; der künstlerische E. dieses Films ist gering, ist gleich Null; den E. lieben; auf E. ausgehen, bedacht sein. **b)** *wirksames [,auf Wirkung abzielendes] Ausdrucks- oder Gestaltungsmittel:* er arbeitet mit billigen, plumpen Effekten; er liebt in seinen Reden den ausgefallenen rhetorischen, theatralischen E.; die optischen, akustischen Effekte eines Films; die farblichen Effekte eines Bildes.

effektiv [...*if*] ⟨Adj.; attr. und als Artangabe, aber gew. nicht präd.; ohne Vergleichsformen⟩ (bildungsspr.): **1)** ⟨meist attr.⟩: *tatsächlich, wirklich:* der effektive Wert, Gewinn, Ertrag, Lohn; der e. erzielte Gewinn; die effektive Arbeitsleistung; ich weiß e., daß ...; ich kann e. nachweisen, daß ...; er ist ihm e. unterstellt. **2)** ⟨nur als Artangabe; meist in Verbindung mit einer Negation⟩: *wirklich, überhaupt, ganz und gar:* er hat e. viel geleistet, gearbeitet; er hat e. nichts getan; ich habe e. keine Ahnung davon; er hat dort e. nichts zu suchen.

Effet [*äfe*], der (selten auch noch: das); des Effets, die Effets ⟨Mehrz. selten⟩: *der einer [Billard]kugel oder einem Ball beim Stoßen, Schlagen, Treten u. ä. durch seitliches Anschneiden verliehene Drall:* der Ball hatte, bekam, erhielt einen starken, ziemlichen E.; einer Kugel E. geben, verleihen; der mit E. geschlagene Ball.

egal ⟨indekl. Adj.; nicht attr., nur als Artangabe; ohne Vergleichsformen⟩: **1)** (ugs.) *gleich; gleichartig; gleichmäßig:* die beiden Dreiecke sind völlig, nicht [ganz] e.; die Werkstücke sind nicht e. gearbeitet; er hat mir die Haare nicht e. geschnitten. **2)** ⟨meist präd.⟩ (ugs.): *einerlei, gleichgültig:* mir ist alles e.; es ist mir ganz e., ob er mich grüßt oder nicht; das kann dir doch e. sein, was er macht; ich halte das für e.; das wird sich e. bleiben.

egalisieren, egalisierte, hat egalisiert ⟨tr., etwas e.⟩: **1)** (bildungsspr.) *etwas Ungleichmäßiges ausgleichen, gleichmachen:* den Saum eines Kleides e. **2)** /Sport/: **a)** *den Vorsprung eines Gegners aufholen, ausgleichen:* der HSV konnte den Vorsprung, das Ergebnis nicht mehr e. **b)** *einen Rekord einstellen:* er konnte den Weltrekord des Amerikaners e.

Egoismus, der; des Egoismus, die Egoismen ⟨Mehrz. ungew.⟩: *Selbstsucht, Ichsucht, Eigennutz:* das ist purer, reiner, krasser E.; sein E. ist grenzenlos; er hat einen gesunden E.; der nationalstaatliche E. der europäischen Völker.

Egoist, der; des Egoisten, die Egoisten: *auf Eigennutz bedachter Ichmensch:* er ist ein hemmungsloser, grenzenloser, rücksichtsloser, kalter, berechnender E.

egoistisch ⟨Adj.; attr. und als Artangabe⟩: *ichsüchtig, selbstsüchtig, nur auf seinen persönlichen Vorteil bedacht:* ein egoistischer Mensch; egoistische Ziele, Interessen verfolgen; e. denken, fühlen, handeln; du bist sehr e.; seine Motive sind e.

egozentrisch ⟨Adj.; attr. und als Artangabe⟩ (bildungsspr.): *betont ichbefangen, ichbezogen, das eigene Ich in den Mittelpunkt stellend:* ein egozentrischer Mensch; eine egozentrische Einstellung, Natur, ; e. denken, urteilen; sein Weltbild ist e.

Eklat [eklạ], der; des Eklats, die Eklats (bildungsspr.): *öffentliches Aufsehen, Auftritt, Skandal:* die Angelegenheit wird mit einem peinlichen E. enden: es kam zu einem großen E.; einen E. vermeiden.

eklatant ⟨Adj.; gew. nur attr.⟩ (bildungsspr.): a) *aufsehenerregend:* ein eklatanter Erfolg; eklatante Enthüllungen. b) *auffallend, offenkundig:* ein eklatantes Beispiel; ein eklatanter Widerspruch, Unterschied; eine eklatante Verletzung des Völkerrechts; ein eklatantes Unrecht.

Ekstase, die; der Ekstase, die Ekstasen (bildungsspr.): *Verzückung, rauschhafter Zustand, in dem der Mensch der Kontrolle des normalen Bewußtseins entzogen ist:* religiöse, erotische, wilde E.; in E. kommen, geraten; im Zustand der E.; sein Gesang versetzte die weiblichen Zuhörer in E.; der Tanz steigerte sich [bis] zur E.

Ekzem, das; des Ekzems, die Ekzeme: /Med./ *nicht ansteckende, vielgestaltige, juckende Hautentzündung:* ein juckendes, nässendes, chronisches, allergisches E.; ein E. der Kopfhaut, im Bereich der Extremitäten; ein E. entwickelt sich, entsteht, bildet sich aus, geht zurück.

Elaborat, das; des Elaborat[e]s, die Elaborate (bildungsspr., abschätzig): *schlechte schriftliche Ausarbeitung, Machwerk:* ein umfangreiches, fragwürdiges E.

Elan, der; des Elans ⟨ohne Mehrz.⟩ (bildungsspr.): *Schwung, Begeisterung:* er arbeitet mit viel, mit wenig, mit großem, erstaunlichem, bewunderungswürdigem, unglaublichem E.; er geht mit wildem, stürmischem, jugendlichen E. an diese Aufgabe; er zeigt noch den gleichen inneren E. wie früher; ich habe keinen E. mehr; ich habe meinen E. verloren; du mußt mehr E. aufbringen; du läßt den nötigen E. bei der Arbeit vermissen; er tut das ohne jeglichen E.

elastisch ⟨Adj.; attr. und als Artangabe⟩: 1) ⟨gew. nur attr. und präd.⟩: /Technik/ *biegsam, dehnbar; federnd* (auf lebloses Material bezogen): eine elastische Stahlfeder; elastische Strümpfe; ein elastisches Gewebe; eine elastische Binde; elastische Muskelfasern; die Reckstange ist e. 2) /übertr./ (bildungsspr.): a) *geschmeidig, federnd:* mit elastischen Schritten, Bewegungen; sein Körper ist noch sehr e.; er bewegt sich, läuft sehr e. b) *beweglich, anpassungsfähig:* eine elastische Politik; e. handeln, vorgehen; die Planung müßte etwas elastischer sein.

Elastizität, die; der Elastizität ⟨ohne Mehrz.⟩: 1)/Technik/ *Biegsamkeit, Dehnbarkeit leblosen Materials:* dieses Holz hat eine große, beachtliche, außerordentliche E.; das Material hat seine E. verloren. 2) /übertr./ (bildungsspr.): a) *Spannkraft, Geschmeidigkeit:* jugendliche E.; seine E. bewahren, verlieren, wiedergewinnen; die E. seiner Bewegungen. b) *Beweglichkeit, Anpassungsfähigkeit:* die E. der Gedanken; die geistige, psychische E.

elegant ⟨Adj.; attr. und als Artangabe⟩: 1) *modisch-schick; gepflegt, geschmackvoll* (auf die äußere Erscheinung einer Person oder Sache, bes. auf die Kleidung eines Menschen, bezogen): ein eleganter Anzug, Hut, Mantel; diese Krawatte ist sehr, äußerst e.; eine elegante Erscheinung, Dame; er ist immer e. gekleidet, angezogen; das Kostüm ist e. im Schnitt, ist e. geschnitten, gearbeitet; der Wagen hat eine elegante Karosserie, Form, Linienführung; er ist e. eingerichtet. **2)** (bildungsspr.) *gepflegt, gewählt, kultiviert* (bes. auch auf die Sprache bezogen); *erlesen, von ausgesuchter Qualität:* er hat eine elegante Diktion; er spricht ein elegantes Französisch; sich e. ausdrücken; e. erzählen, plaudern; ein eleganter Wein; der Kognak hat eine elegante Blume. **3)** *geschickt; vollendet, technisch vollendet, geschmeidig-lässig* (bes. auf Bewegungen bezogen): eine elegante Lösung, Ausrede; sich e. aus der Affäre ziehen; ein Problem, eine Schwierigkeit e. umgehen; er hat das e. übersehen, überhört; mit einer eleganten Bewegung, Handbewegung, Verbeugung; mit elegantem Schwung; sein Lauf ist sehr e. ; er bewegt sich, läuft, spielt, tanzt sehr e.; ein elegantes Dribbling.

Eleganz, die; der Eleganz ⟨ohne Mehrz.⟩ (bildungsspr.): **1)** *unaufdringlicher modischer Schick; geschmackvolle Gepflegtheit* (auf Sachen oder Personen bezogen): die sportliche, unauffällige, makellose E. seiner Kleidung; sie kleidet sich mit vornehmer, damenhafter, erlesener E.; das Wohnzimmer besticht durch seine zeitlose E. **2)** *Gewähltheit, Gepflegtheit (im Ausdruck, im Stil):* die gepflegte E. seiner Rede. **3)** *Gewandtheit, Geschmeidigkeit (in der Bewegung):* die lässige E. seiner Bewegungen, seines Laufs; Beckenbauer führt den Ball mit unnachahmlicher E.

elektrisch ⟨Adj.; attr. und als Artangabe, aber selten präd.; ohne Vergleichsformen⟩: **1)** /Phys./ *auf der Anziehungs- bzw. Abstoßungskraft geladener Elementarteilchen beruhend; durch (geladene) Elementarteilchen hervorgerufen:* der elektrische Strom; ein elektrisches Feld; die elektrische Ladung; etwas ist negativ, positiv e. geladen. **2a)** *die Elektrizität betreffend, sie benutzend, auf ihr beruhend, durch sie hervorgerufen oder bewirkt:* eine elektrische Leitung, Entladung; die elektrische Energie; einen elektrischen Schlag bekommen. **b)** *durch elektrischen Strom angetrieben; mit Hilfe des elektrischen Stroms erfolgend:* ein elektrischer Herd, Rasierapparat, Kocher; elektrisches Licht; eine elektrische Uhr, Zahnbürste; der Motor wird e. angetrieben; der Antrieb ist e.; der Raum wird e. geheizt.

elektrisieren, elektrisierte, hat elektrisiert ⟨tr. und refl.⟩: **1)** ⟨sich e.⟩: *seinen Körper unabsichtlich mit einem Stromträger in Kontakt bringen und dadurch einen leichten elektrischen Schlag bekommen:* ich habe mich an der defekten Waschmaschine elektrisiert; er hat sich versehentlich an der Steckdose elektrisiert. **2)** ⟨jmdn., etwas e.⟩: /Med./ *den Organismus mit elektrischen Stromstößen behandeln:* er wurde mehrmals elektrisiert; man elektrisierte seine Beine. **3)** ⟨jmdn. e.⟩: /übertr./ *jmdn. entflammen, in eine spontane Begeisterung versetzen:* diese Musik hat mich geradezu elektrisiert; er wurde von dieser Frau elektrisiert.

Elektrizität, die; der Elektrizität ⟨ohne Mehrz.⟩: **1)** /Phys./ *das Auftreten elektrischer Ladungen und alle damit verbundenen physikalischen Erscheinungen (z. B. elektrische Ströme, elektrische Felder):* die Lehre von der E.; die Erforschung der E. **2)** /im allg. Sprachgebrauch/ *elektrischer Strom (als Energieart):* E. erzeugen, speichern; eine Stadt mit E. versorgen.

Element, das; des Element[e]s, die Elemente: **1)** (bildungsspr.) *Bestandteil; Wesensmerkmal; Faktor, Kraft:* die einzelnen, verschiedenen Elemente einer Stahlkonstruktion; die moderne Musik enthält wesentliche Elemente des Jazz; die rationalen, irrationalen Elemente in der Malerei; in den politischen Parteien sind konservative, nationalistische, fortschrittliche und demokratische Elemente miteinander verschmolzen; in dieser Mannschaft fehlt ein ordnendes, stabilisierendes E.; die religiösen Elemente in der Philosophie; seine Anwesenheit brachte ein belebendes, heiteres E. in die Gesellschaft; ich

elementar

vermisse das versöhnliche E. in deinem Brief. 2) ⟨nur Mehrz.⟩ (bildungsspr.): *Grundbegriffe, Anfangsgründe, Grundlagen:* die ersten, einfachsten, primitivsten Elemente der Mathematik, der Physik, der Musik, des Tanzes, der deutschen Rechtschreibung. 3) *passende Umgebung, der dem Naturell eines Menschen gemäße Lebensbereich:* hier ist er ganz in seinem E.; sich in seinem E. fühlen; im gewohnten E. sein; die Nacht ist sein E. 4) *Urstoff:* die vier Elemente; Wasser ist das feuchte Element. 5) ⟨meist Mehrz.⟩ (geh.): *Naturkraft, Naturgewalt:* alle Elemente waren entfesselt, hatten sich verschworen; der Sieg des Menschen über die Elemente. 6) /Chem./ *Grundstoff, der mit den Mitteln der Chemie nicht weiter zerlegt werden kann:* Natrium und Aluminium sind chemische Elemente; Silber ist ein metallisches, Phosphor ein nichtmetallisches, Chlor ein gasförmiges, Quecksilber ein flüssiges E.; Uran und Radium sind radioaktive Elemente; ein chemisches E. in reiner Form herstellen, darstellen; ein neues E. entdecken, benennen; die meisten Elemente reagieren chemisch miteinander; bestimmte Elemente zerfallen radioaktiv. 7) ⟨meist Mehrz.⟩ (abschätzig): *Person, die ein im Sinne der bestehenden Gesellschaftsordnung gemeinschaftsfremdes oder gemeinschaftsschädigendes Verhalten zeigt:* asoziale, lichtscheue, dunkle, finstere, fragwürdige, unsichere, verantwortungslose, unsaubere, verkommene, unliebsame, zersetzende, gemeingefährliche, arbeitsscheue, radikale, verbrecherische Elemente.

elementar ⟨Adj.; meist attr., selten auch als Artangabe, aber gew. nicht präd.⟩ (bildungsspr.): 1) *grundlegend, wesentlich; einfach, primitiv:* elementare Rechte, Pflichten, Kenntnisse; eine elementare Tatsache, Voraussetzung; ein elementares Gebot; die elementaren Rechtschreibregeln; ein elementarer Fehler. 2) *naturhaft, Natur...; wild, heftig:* mit elementarer Gewalt, Kraft, Leidenschaft; unvermittelt und e. überfiel, überkam ihn der Schmerz.

eliminieren, eliminierte, hat eliminiert ⟨tr.⟩ (bildungsspr.): a) ⟨jmdn. e.⟩: *jmdn. als Konkurrenten ausschalten, jmdn. aus dem Wege räumen, beseitigen [lassen]:* einen Konkurrenten, Rivalen, Gegner, Gegenspieler e.; der Putsch gelang, weil rechtzeitig alle konservativen Offiziere durch Verhaftung eliminiert worden waren. b) ⟨etwas e.⟩: *etwas aus einem größeren Komplex herauslösen, um es isoliert zu behandeln oder ganz auszuschließen:* einzelne Fragen, Punkte, Probleme aus einem Fragenkomplex e.; wir haben diesen Diskussionspunkt vorerst einmal eliminiert, damit wir in den Grundfragen eine schnellere Einigung erzielen können.

Elite, die; der Elite, die Eliten (bildungsspr.): *die Auslese der Besten, die Besten, die Führungsschicht:* die geistige, intellektuelle, gesellschaftliche, sportliche, politische, revolutionäre, militärische, deutsche, französische, nationale, internationale, europäische E.; die E. der Nation, der Gesellschaft, der Partei, der Offiziere, der Studenten, der Schauspieler; eine E. von Schriftstellern, Politikern, Sportlern; er gehört der jungen Elite von Nachwuchsregisseuren an, die ...; eine E. auswählen.

Elixier, das; des Elixiers, die Elixiere (bildungsspr.): *Heiltrank, Zaubertrank:* ein belebendes E.; ein E. brauen; ein E. gegen das Altern.

eloquent ⟨Adj.; attr. und als Artangabe⟩ (bildungsspr., selten): *beredt, wortreich und ausdrucksvoll:* eine eloquente Schilderung; seine Darstellung der Ereignisse war sehr e.; ein eloquenter Redner; er vermag e. zu plaudern, zu erzählen.

Eloquenz, die; der Eloquenz ⟨ohne Mehrz.⟩ (bildungsspr., selten): *Beredsamkeit:* etwas mit viel, mit außerordentlicher E. berichten, vortragen.

Email [*emaj*], das; des Emails, die Emails; auch: **Emaille** [*emalj^e* oder *emaj*], die; der Emaille, die Emaillen:

Schmelzüberzug (für metallische Werk- oder Schmuckstücke u. a.) als Oberflächenschutz oder zur Verzierung: der Topf ist aus Email; die Emaille splittert, springt ab; weißes, farbiges, blaues Email.

Emanzipation, die; der Emanzipation, die Emanzipationen ⟨Mehrz. selten⟩ (bildungsspr.): *Befreiung aus einem Zustand der Abhängigkeit; Erringung der Gleichberechtigung:* die E. der Frau, der Neger, der unterdrückten Völker; die politische, soziale, gesellschaftliche, rechtliche E.

emanzipiert ⟨Adj.; nur attr.; ohne Vergleichsformen⟩ (bildungsspr.): *aus einem Zustand der Abhängigkeit, der Unterdrücktheit oder überhaupt eingeschränkten Rechtsbesitzes befreit und dadurch der völligen Gleichberechtigung teilhaftig:* die emanzipierte Frau.

Embargo, das; des Embargos, die Embargos: /Wirtsch./ *staatliches Verbot, bestimmte Waren oder Kapital auszuführen:* die Regierung verhängte ein E. für Stahlerzeugnisse; ein E. aufheben.

Emblem [auch: *aŋblɛm*], das; des Emblems, die Embleme (bildungsspr.): *Wahrzeichen, Sinnbild; Hoheitszeichen:* nationale, kirchliche, religiöse, weidmännische Embleme; der Ölzweig ist ein E. des Friedens; Schlüssel und Schloß sind die Embleme des Schlosserhandwerks.

Embolie, die; der Embolie, die Embolien: /Med./ *Verstopfung eines Blutgefäßes durch in die Blutbahn geratene und mit dem Blutstrom verschleppte körpereigene oder körperfremde Substanzen:* eine E. bekommen; eine E. im Bereich der Extremitäten, der Lungenarterien, des Hirns; an einer E. sterben.

Embryo, der (auch: das); des Embryos, die Embryonen und die Embryos: /Biol., Med./ *die Leibesfrucht von der vierten Schwangerschaftswoche bis zum Ende des vierten Schwangerschaftsmonats;* (auch allg. i. S. von:) *ungeborene Leibesfrucht:* die Entwicklung des Embryos verläuft normal; der E. stirbt ab, wächst, entwickelt sich; einen E. abtöten; ein menschlicher, tierischer E.

Emigrant, der; des Emigranten, die Emigranten: *jmd., der aus politischen oder religiösen Gründen in ein anderes Land auswandert:* ein deutscher, russischer, tschechischer, jüdischer, politischer E.; Skandinavien nahm viele Emigranten des Dritten Reiches auf.

Emigration, die; der Emigration, die Emigrationen: **a)** *Auswanderung in ein anderes Land (aus politischen oder religiösen Gründen):* nur die E. hat ihn vor dem Konzentrationslager bewahrt; das Schicksal der E. erleiden, auf sich nehmen; sich für die E. entscheiden. **b)** *die Fremde (als Schicksalsraum der Emigranten):* in der E. leben, bleiben, sterben; aus der E. zurückkehren; in die E. gehen.

emigrieren, emigrierte, ist emigriert ⟨intr.⟩: *aus politischen oder religiösen Gründen in ein anderes Land auswandern:* nach England, Spanien, Amerika, in die Schweiz emigrieren.

eminent ⟨Adj.; nur attr. und (selten) präd.; ohne Vergleichsformen⟩ (bildungsspr.): *hervorragend, außerordentlich, äußerst:* eine Frage von eminenter Wichtigkeit, Bedeutung; er hat eine eminente Begabung; er ist e. tüchtig, fleißig, begabt; sein Klavierspiel zeugt von eminenter Musikalität; das ist e. wichtig für mich; seine Fähigkeiten sind wirklich e.

Eminenz, die; der Eminenz, die Eminenzen: *„Hoheit"* (als Titel und Bezeichnung eines Kardinals): Eure E.!; er begrüßte die anwesenden Eminenzen.

Emotion, die; der Emotion, die Emotionen (bildungsspr.): *Gemütsbewegung, Gefühlsregung, Gefühl:* sich von seinen Emotionen leiten, bestimmen lassen; seinen Emotionen nachgeben; seine Emotionen zügeln, beherrschen, kontrollieren, unterdrücken; sein Gesicht verriet keinerlei seelische E.; er nahm die Nachricht scheinbar ohne jegliche E. auf; sie wurde von starken, heftigen, wilden Emotionen gepackt, geschüttelt; seine Zärtlich-

emotional

keit löste bei ihr eine fremde, unbekannte, sanfte E. aus.
emotional ⟨Adj.; attr. und als Artangabe⟩ (bildungsspr.): *dem Gefühl zugehörend, gefühlsmäßig:* eine emotionale Sprache, Betrachtungsweise, Beurteilung; seine Reaktion war allzu e.; dieser Ausdruck ist e. gefärbt; etwas rein e. beurteilen, betrachten, sehen.
Emphase [ämf...], die; der Emphase, die Emphasen ⟨Mehrz. ungew.⟩ (bildungsspr.): *Nachdruck, Eindringlichkeit:* etwas mit E. sagen, rufen; er spricht, redet mit zu viel E.
emphatisch [ämf...] ⟨Adj.; attr. und als Artangabe⟩ (bildungsspr.): *mit Nachdruck, eindringlich:* etwas e. sagen, betonen, rufen, verkünden, prophezeien; mit einer emphatischen Mahnung, Warnung wandte er sich an die Vertreter der Gewerkschaften; seine Begrüßung war mir ein wenig zu e.
endogen ⟨Adj.; meist attr., selten auch als Artangabe, aber gew. nicht präd.; ohne Vergleichsformen⟩: /Med./ *im Körper selbst, im Körperinneren entstehend bzw. ausgelöst* (auf Stoffe oder Krankheiten bezogen; im Ggs. zu →exogen): endogene Stoffe, Gifte; eine endogene Krankheit, Infektion, Psychose; die Pulsfrequenz wird e. gesteuert; diese Krankheit ist e. bedingt.
Energie, die; der Energie, die Energien: **1 a)** *Tatkraft, Schwung:* er hat viel, wenig, keine E.; große E. für etwas aufbringen; eine ungeahnte, unerhörte E. entfalten, entwickeln, aufbringen, aufbieten, verströmen, ausstrahlen; er besitzt eine nie erlahmende E.; er geht mit wilder, leidenschaftlicher, verbissener, eiserner, gespannter, unbeugsamer, ungebrochener E. an die Sache heran; er hat alle seelische, geistige E. darauf verwandt, daran verschwendet; meine E. erlahmt, erschöpft sich, ist erschöpft; mit E. geladen; voll E.; unter Aufbietung aller E.; mit unbändiger E. auf etwas hinarbeiten; seine ganze E. auf etwas konzentrieren; etwas mit Fleiß und E. betreiben. **b)** *Entschlossenheit, Nachdruck; Strenge:* er wies die Vorwürfe mit aller E. zurück; etwas mit E. sagen, fordern, verlangen, verbieten. **2)** /Phys., Techn./ *die Fähigkeit eines Körpers oder Systems, Arbeit zu leisten:* mechanische, elektrische, chemische E.; die E. des Wassers nutzen, ausnutzen; E. wird frei, geht verloren, wird verbraucht, wird umgewandelt, wird umgesetzt; E. speichern, abgeben.
energisch ⟨Adj.; attr. und als Artangabe⟩: **a)** *tatkräftig, zupackend:* ein energischer Mann, Charakter; sich e. bemühen; einen energischen Blick, ein energisches Gesicht, Aussehen haben; e. vorgehen, durchgreifen; sich e. einsetzen; etwas e. anpacken; seine Bewegungen sind, wirken sehr e. **b)** *entschlossen, nachdrücklich:* einen energischen Brief schreiben; eine energische Antwort; einen energischen Protest vorbringen; energische Maßnahmen; mit energischer Hand; mit einer energischen Handbewegung, Geste; mit energischen Schritten; seine Wünsche e. vortragen; sich e. widersetzen, zur Wehr setzen; etwas e. verlangen, fordern, verneinen, bestreiten, zurückweisen, ablehnen; jmdm. e. entgegentreten; sich e. weigern, sträuben, verteidigen; e. protestieren; jmdm. e. abraten; jmdn. e. ermahnen; einen energischen Spurt anziehen (Sport).
Enfant terrible [a͏ŋfaŋ täri͏beͤl], das; des Enfant terrible, die Enfants terribles [a͏ŋfaŋ täri͏beͤl] (bildungsspr.): *jmd., der durch seine Naivität und Tolpatschigkeit seine Mitmenschen, ohne es eigentlich zu wollen, [ständig] in Verlegenheit bringt oder schockiert:* du hast dich wieder einmal als E. t. aufgeführt, betätigt; ein gräßliches E. t., dieser junge Mann!
Engagement [a͏ŋgaseheͤmaŋg], das; des Engagements, die Engagements: **1)** (bildungsspr.) *Bindung, Verpflichtung:* das politische, militärische E. der USA in Europa; das geistige, moralische, religiöse, wirtschaftliche E.;

ein echtes E. für soziale Gerechtigkeit. **2)** *Anstellung, Anstellungsvertrag eines Künstlers:* er hat ein E. an der städtischen Bühne; ich bin zur Zeit ohne festes E.; ein E. bekommen, erhalten, suchen, antreten, abschließen; ein E. verlängern; jmdm. ein neues E. verschaffen; sein E. kündigen; jmdm. ein [verlockendes] E. anbieten.

engagieren [*anggasehir^en*] oder *anggasehir^en*], engagierte, hat engagiert ⟨tr. und refl.⟩: **1)** ⟨jmdn. e.⟩ (bildungsspr.): *jmdn., bes. einen Künstler, unter Vertrag nehmen, verpflichten; jmdn. zur Erledigung einer bestimmten Aufgabe in Dienst nehmen:* der Schauspieler wurde nach Mannheim, ans Nationaltheater engagiert; der Sänger wurde fest, für ein Gastspiel, für eine Spielzeit, für ein Jahr engagiert; er hat zur Überprüfung einer Angelegenheit einen Privatdetektiv engagiert. **2)** ⟨jmdn. e.⟩ (veraltend): *jmdn. (bes. ein Mädchen, eine Frau) zum Tanz auffordern:* darf ich Sie zum nächsten Tanz e.?; er hat sie mehrmals an diesem Abend engagiert. **3)** ⟨sich e.⟩ (bildungsspr.): *sich binden, sich verpflichten; einen festen geistigen Standort beziehen, sich bekennend für eine Sache einsetzen:* die Amerikaner haben sich stark, allzusehr in Vietnam engagiert; Deutschland muß sich noch stärker als bisher wirtschaftlich, politisch e.; es ist zu bewundern, in welchem Maße sich junge Menschen heute geistig e.

enorm ⟨Adj.; attr. und als Artangabe; ohne Vergleichsformen⟩: *außerordentlich, außergewöhnlich, ungeheuer, erstaunlich:* er ist e. stark, zäh, reich, schnell; er hat enorme Kenntnisse, Möglichkeiten; die Schwierigkeiten sind e.; seine Zähigkeit ist e.; er hat enorme Erfolge aufzuweisen; der Wagen hat ein enormes Leistungsvermögen, eine enorme Beschleunigung; das gibt enormen Auftrieb, enorme Sicherheit; sein Können, Wissen ist e.; ich habe eine enorme Portion, eine enorme Menge gegessen; ich habe e. viel gegessen; er verdient e.; das interessiert mich ganz e.

en passant [*angpaßang*] (bildungsspr.): *im Vorübergehen, beiläufig, so nebenbei:* etwas [nur so] e. p. erledigen, ausführen, machen, sagen, erwähnen, fragen; so e. p. habe ich dabei erfahren, daß...; ganz e. p. kannst du ihm einmal beibringen, daß...

Ensemble [*angßangb^el*], das; des Ensembles, die Ensembles: **1)** *Gruppe von Schauspielern, Tänzern, Sängern oder Orchestermusikern, die bei der gleichen Bühne oder Institution engagiert sind und gemeinsam auftreten:* ein kleines, großes, berühmtes E.; die Mitglieder eines Ensembles; einem E. angehören; ein E. gründen, leiten, zusammenstellen, aufbauen; es spielt das E. des Hessischen Rundfunks unter ... **2)** /Mode/ *Kombination aus Kleid und passender Jacke oder passendem Mantel:* ein modisches, sportliches, herbstliches, sommerliches E.; ein E. für den Nachmittag; ein E. entwerfen, arbeiten lassen.

en vogue [*angwog*] (bildungsspr.): *beliebt, modern, in Mode, im Schwange:* Miniröcke sind zur Zeit e. v.; die Oben-ohne-Mode blieb nur kurze Zeit e. v.; es ist jetzt sehr e. v., seinen Urlaub am Schwarzen Meer zu verbringen.

ephemer [*ef...*] ⟨Adj.; nur attr. und präd.; ohne Vergleichsformen⟩ (bildungsspr.): *den Tag nicht überdauernd, kurzlebig, schnell vorübergehend; unbedeutend:* ein ephemeres Dasein; sein Interesse an der Sache war nur sehr e.

Epidemie, die; der Epidemie, die Epidemien: **1)** /Med./ *zeitlich und örtlich vermehrtes Auftreten einer Infektionskrankheit innerhalb eines größeren Lebensraums, Massenerkrankung, Seuche:* eine E. entsteht, bricht aus, greift um sich, breitet sich aus, greift auf ein anderes Gebiet über; eine E. bekämpfen, unter Kontrolle bringen, verhindern. **2)** /übertr./ (bildungsspr.) *Modeerscheinung, die auf Grund ihrer Verbreitung und wachsenden Beliebtheit als lästig empfunden wird:* die sog. „sexuelle Aufklärung" in den

Illustrierten ist zu einer richtigen, regelrechten E. geworden.

epidemisch ⟨Adj.; attr. und als Artangabe, aber gew. nicht präd.; ohne Vergleichsformen⟩: /Med./ *in Form einer Epidemie [auftretend]* (von Infektionskrankheiten gesagt): das epidemische Auftreten einer Krankheit; eine Krankheit tritt e. auf, breitet sich e. aus.

Episode, die; der Episode, die Episoden (bildungsspr.): *unbedeutende, belanglose Begebenheit, [flüchtiges] Ereignis:* eine kleine, nette, harmlose, lustige, nette, amüsante, heitere, humorvolle, merkwürdige E.; diese Bekanntschaft war letzten Endes nichts weiter als eine vorübergehende, unbedeutende E.; es gab in seinem Leben einige dunkle Episoden.

epochal [...*ehgl*] ⟨Adj.; nur attr. und präd.⟩ (bildungsspr.): **a)** *für einen größeren Zeitabschnitt geltend; bedeutend, aufsehenerregend:* eine epochale Erfindung, Entdeckung; ein epochales Meisterwerk; die Bedeutung der ersten erfolgreichen Herzverpflanzung ist wahrhaft e. **b)** (emotional übertreibend, meist ironisch) *phantastisch, toll:* da hattest du wieder einmal eine epochale Idee; dein Plan ist wirklich e.

Epoche [...*ehᵉ*], die; der Epoche, die Epochen (bildungsspr.): *größerer Zeitabschnitt:* wir stehen am Anfang einer neuen, glanzvollen E.; eine geschichtliche E. geht zu Ende; die E. der Weltraumfahrt hat erst begonnen; eine friedliche, glückliche, verhängnisvolle E. der Menschheitsgeschichte; wir leben in einer E. der großen weltpolitischen Auseinandersetzungen; die Entwicklung der Atombombe leitete eine neue, gefährliche E. ein; in eine entscheidende E. eintreten.

epochemachend ⟨Adj.; nur attr. und präd.; ohne Vergleichsformen⟩ (bildungsspr.): *aufsehenerregend:* eine epochemachende Erfindung; diese Erfindung ist wirklich e.

Equipe [*ekip*], die; der Equipe, die Equipen [*ekipᵉn*]: /Sport/ *Sportmannschaft, bes.: Reitermannschaft:* die deutsche, italienische E. bei den Olympischen Spielen; er gehört zur E. der deutschen Springreiter.

ergo ⟨Adv.⟩ (bildungsspr.): *folglich, also:* er ist 1933 geboren, e. ist er jetzt 37 Jahre alt.

erotisch ⟨Adj.; attr. und als Artangabe⟩: *die sinnliche Liebe, die Sinnenlust betreffend, Liebes...*: eine erotische Begegnung, Beziehung; erotische Kontakte, Konflikte, Spiele, Bilder; erotische Literatur; eine erotische Bibliothek; ein erotischer Roman; sie ist, wirkt ausgesprochen e.; das Verhältnis zwischen ihnen ist betont e.; diese Frau könnte mich e. ansprechen, reizen.

Eskalation, die; der Eskalation, die Eskalationen (bildungsspr.): *der jeweiligen Notwendigkeit angepaßte allmähliche (stufenweise) Steigerung* (bes. auf den Einsatz immer stärkerer militär. oder polit. Mittel bezogen): eine militärische, politische E.; die E. des [kalten] Krieges weitertreiben; die erste, zweite, letzte, oberste Stufe der atomaren E.; die E. des Schreckens, der Angst, der Lust; die technische E. in der Autoindustrie.

eskalieren, eskalierte, hat eskaliert ⟨tr., etwas e.; auch intr.⟩ (bildungsspr.): *etwas allmählich, stufenweise steigern; den Einsatz der Mittel und Kräfte, die zur Erreichung eines (bes. militär. oder polit.) Ziels geeignet sind, entsprechend der jeweiligen Notwendigkeit verstärken:* die Studenten eskalierten ihre Demonstrationen [bis] zum Terror; der Disput eskalierte zum handfesten Streit.

Eskapade, die; der Eskapade, die Eskapaden (bildungsspr.): *mutwilliger Streich; Seitensprung:* das war wieder eine seiner berühmten Eskapaden; er hat sich schon manche leichtsinnige E. geleistet; ich werde die nächtlichen, sündigen Eskapaden meines Sohnes nicht mehr finanzieren; auf derartige Eskapaden kann ich mich nicht mehr einlassen; ich halte das Unternehmen für eine gefährliche militärische, politische E.

Eskorte, die; der Eskorte, die Eskorten: *meist motorisierte militärische oder polizeiliche Geleittruppe, die einer Person bzw. einer Personengruppe oder einem Fahrzeug bzw. einem Fahrzeugverband zur Bewachung beigegeben wird:* eine motorisierte E. von Spezialpolizisten begleitete die Staatskarosse mit dem Präsidenten; der Gefangenentransport wurde von einer militärischen E. bewacht.

eskortieren, eskortierte, hat eskortiert ⟨tr.; jmdn., etwas e.⟩: *militärisches oder polizeiliches Geleit geben (als Ehren- oder Schutzgeleit oder zur Bewachung):* der Gefangenenwagen wurde von drei Polizisten auf Motorrädern eskortiert; Polizeihubschrauber eskortierten den Präsidentenwagen in niedriger Höhe.

Espresso, der; des Espresso[s], die Espressos oder Espressi: *in einer Kaffeemaschine schnell zubereiteter, starker, bitterer Kaffee:* einen E. bestellen, trinken.

Esprit [*eßpri*], der; des Esprits, die Esprits ⟨Mehrz. ungew.⟩ (bildungsspr.): *Geist, Witz:* die Dialoge des Films sind mit viel E. zusammengestellt; E. haben, besitzen, zeigen; mit überlegenem E. antworten.

etablieren, etablierte, hat etabliert ⟨tr. und refl.⟩ (bildungsspr.): **1)** ⟨sich e.⟩: **a)** *sich niederlassen, sich selbständig machen:* er hat sich mit seiner Werbeagentur in Frankfurt etabliert. **b)** (leicht scherzh.) *sich irgendwo häuslich einrichten, [vorübergehend] irgendwo einziehen; sich eingewöhnen:* er hat sich in einem Hochhaus etabliert; ich habe mich für zwei Tage in diesem Hotel etabliert; haben Sie sich hier schon einigermaßen etabliert? **c)** *festen Fuß fassen, einen sicheren Platz innerhalb einer bestehenden Ordnung gewinnen; sich breitmachen:* die Rechtsradikalen wollen sich wieder in Deutschland e.; das demokratische Bewußtsein etabliert sich allmählich in unserem Lande; die Macht hat sich etabliert. **2)** ⟨etwas e.⟩ (veraltend): *etwas einrichten, gründen, eröffnen, begründen:* eine Firma, ein Kino, ein Geschäft, einen Modesalon e.

Etablissement [*etablißᵉmang*], das; des Etablissements, die Etablissements (bildungsspr.): **a)** *kleineres [,gepflegtes] Hotel oder Restaurant für gehobene und intime Ansprüche:* ein stadtbekanntes E., in dem sich die Creme der Gesellschaft amüsiert; ein diskretes, intimes E.; ich wohne in einem angenehmen, ruhigen E. **b)** *Unternehmen, Betrieb:* er hat ein großes, ansehnliches E. gegründet, aufgebaut.

Etage [*etaseh*ᵉ], die; der Etage, die Etagen (bildungsspr.): *Stockwerk:* wir wohnen in der ersten, zweiten, untersten, obersten, letzten E.; er wohnt eine E. über uns; das Haus hat mehrere, fünf Etagen.

Etagere [*etasehär*ᵉ], die; der Etagere, die Etageren (bildungsspr.): **a)** (veraltend) *kleines Bücherbrett, Stufengestell:* auf einer zierlichen E. standen einige alte Bücher, verschiedene Vasen, Zinnteller u. a. **b)** *größere, aufhängbare, mit Fächern versehene Kosmetik- und Toilettentasche:* im Badezimmer hängt eine E. aus Perlon.

Etappe, die; der Etappe, die Etappen: **1 a)** *Teilstrecke, Abschnitt eines zurückzulegenden Wegs:* die erste, zweite, letzte, beschwerlichste, kürzeste, längste E. unserer Reise; er legte die 250 km lange E. der Radrundfahrt in ca. sechs Stunden zurück. **b)** *Zeitabschnitt; Stufe; Entwicklungsabschnitt:* die Wiedervereinigung Deutschlands kann nur in vielen kleinen Etappen erreicht werden; die Währungsreform leitete eine längere, größere, bedeutsame, wichtige E. des deutschen Wiederaufbaus ein; die deutsch-französische Aussöhnung stellt eine entscheidende E. auf dem Weg zur europäischen Integration dar; er ist an der letzten E. seines Lebens angekommen; er hat alle Etappen seiner politischen Karriere durchlaufen; wir stehen vor einer neuen E. der Weltgeschichte. **2)** /Mil./ *Versorgungsgebiet hinter der Front:* in die E. versetzt werden; er hielt sich immer

Etat

in der sicheren E. auf; in der E. liegen; in die E. kommen.

Etat [etá], der; des Etats, die Etats (bildungsspr.): **a)** *[Staats]haushaltsplan:* der Etat für das Jahr 1968 ist ausgeglichen; die Regierung legte den neuen E. den Ausschüssen zur Beratung vor; einen E. aufstellen, vorbereiten, erweitern, kürzen, überschreiten; über den E. beraten, abstimmen. **b)** *über einen begrenzten Zeitraum für bestimmte Zwecke zur Verfügung stehende [Geld]mittel:* der E. des Familienministeriums ist erschöpft; wir müssen den E. aufstocken. − /bildl./ (scherzh.): das übersteigt meinen E.; das geht über meinen E.

etc. vgl. et cetera.

et cetera: *und so weiter* (Abk.: etc.): zum Geburtstag bekam er die üblichen Geschenke: Oberhemd, Socken, Krawatte etc.

ethisch ⟨Adj.; attr. und als Artangabe, aber gew. nicht präd.; gew. ohne Vergleichsformen⟩ (bildungsspr.): *die Sittenlehre betreffend, der Sittenlehre gemäß; sittlich, moralisch:* das entspricht ethischen Grundsätzen; das ist ein ethisches Problem; aus ethischen Gründen heraus handeln; man muß diesen Fall e. betrachten.

Etikett, das; des Etikett[e]s, die Etikette (auch: die Etiketts); gelegentlich auch noch: Etikette, die; der Etikette, die Etiketten: **1)** *an oder auf einem Gegenstand angebrachter beschrifteter Zettel, der den Gegenstand als solchen oder in einer bestimmten Hinsicht (z. B. Verwendungszweck, Preis) kennzeichnet:* Etiketten auf Weinflaschen aufkleben; Etiketten beschriften; die Flasche trägt kein E.; ein E. entwerfen; die Aufschrift auf einem E.; das E. mit dem Preis von einer Bonbonniere entfernen, abmachen, abreißen. **2)** /übertr./ (bildungsspr.) *grobe, vereinfachende, vorschnelle Bezeichnung oder Kennzeichnung einer Person oder Sache:* an ihm klebt das undankbare E. „Materialist".

¹**Etikette** vgl. Etikett.

²**Etikette**, die; der Etikette, die Etiketten ⟨Mehrz. ungew.⟩: *Die Gesamtheit der allgemein oder in einem bestimmten Rahmen geltenden gesellschaftlichen Umgangsfomen; Hofsitte:* die E. gebietet, verbietet, erlaubt etwas, läßt etwas nicht zu; die E. wahren, verletzen; gegen die E. verstoßen; sich nicht um die E. kümmern; er tat das gegen alle Etikette; er war immer sehr auf E. bedacht; auf strenge E. achten.

etikettieren, etikettierte, hat etikettiert ⟨tr.⟩: **a)** ⟨etwas e.⟩: *etwas mit einem Etikett versehen, beschildern; Waren auszeichnen:* Weinflaschen, Konserven, Dosen e.; die Waren werden mit der Hand, maschinell etikettiert. **b)** ⟨jmdn., etwas e.⟩ (bildungsspr.): /übertr./ *jmdn. oder etwas in grober, vereinfachender oder voreiliger Weise als etwas abstempeln:* jmdn. als gut, böse, versponnen, als Schwärmer, Träumer, als einen Querulanten e.; einen Roman als Machwerk e.

Etui [etwí], das; des Etuis, die Etuis: *kleines, flaches Behältnis; Schutzhülle:* ein kostbares, goldenes, silbernes, ledernes E.; seine Brille aus dem E. herausnehmen, ins E. zurückstecken.

evakuieren [ew...], evakuierte, hat evakuiert ⟨tr., jmdn. e.⟩: *die Bewohner eines Hauses oder Gebietes [vorübergehend] aussiedeln:* die Bevölkerung der Innenstadt mußte vorübergehend evakuiert werden, bis das Sprengkommando die Zeitzünderbombe entschärft hatte; viele Berliner wurden während des Krieges nach Pommern, aufs Land evakuiert.

Evangelisation, die; der Evangelisation, die Evangelisationen: /Rel./ *Verkündigung des Evangeliums, insbesondere an Nichtchristen und an Menschen, die dem kirchlichen Glauben und Leben entfremdet sind:* eine E. vorbereiten, durchführen, veranstalten; eine weltweite E.

evangelisch ⟨Adj.; attr. und als Artangabe; ohne Vergleichsformen⟩: /Rel./ = *protestantisch:* die evangelische Kirche, Liturgie, Trauung, Abendmahlsfeier; von evangelischer Konfession sein; er ist ein evangelischer Christ; ich bin und bleibe e.; das evangelische Glaubensbekenntnis beten; wir sind e. getraut; sein Kind e. taufen lassen, erziehen.

Evangelium, das; des Evangeliums, die Evangelien [...i^en]: **1)** /Rel./: **a)** ⟨nur Einz.⟩: *die Frohbotschaft von Jesus Christus:* das E. lehren, verkünden, predigen; an das E. glauben; das E. der Liebe. **b)** *die vier ersten Bücher des Neuen Testaments mit der Geschichte Jesu:* die vier Evangelien; aus den Evangelien vorlesen; das E. des Lukas, Johannes. **c)** *vorgeschriebene gottesdienstliche Lesung aus den vier Evangelien des Neuen Testaments:* der Pfarrer verliest das E. für den heutigen Sonntag. **2)** ⟨nur Einz.⟩ (salopp): /übertr./ *Äußerung oder Schrift, die man als höchste Instanz für das eigene Handeln anerkennt:* alles, was er sagt, ist für sie [das reinste] E.; die Werke von Karl Marx sind sein E.

eventuell [ew...]: **1)** ⟨Adj.; nur attr.; ohne Vergleichsformen⟩: *möglicherweise eintretend oder auftretend, möglich:* bei eventuellen Schwierigkeiten, bei einer eventuellen Komplikation sollten Sie den Arzt anrufen; eventuelle Beschwerden, Beanstandungen, Fragen. **2)** ⟨Adv.⟩: *möglicherweise, unter Umständen, vielleicht:* wir werden uns e. auf der Ausstellung treffen; ich werde e. nicht kommen können; man wird sich e. damit abfinden müssen.

Evergreen [ä́w^ergrin], das (auch: der); des Evergreens, die Evergreens: /Mus./ *Musikstück (insbes. Schlager), das viele Jahre lang einen Platz unter den beliebten und oft zu hörenden Stücken behauptet:* ein E. spielen, singen, vortragen, bringen; Peter Alexander singt Evergreens.

evident [ew...] ⟨Adj.; nur attr. und präd.; ohne Verlgeichsformen⟩ (bildungsspr.): *offenkundig, klar ersichtlich, offenbar:* ein evidentes Unrecht; ein evidenter Fehler, Mangel; hier liegt ein evidenter Irrtum vor; der Unterschied ist wirklich e.

exakt ⟨Adj.; attr. und als Artangabe⟩ (bildungsspr.): *genau, sorgfältig:* eine exakte Definition, Begriffsbestimmung, Frage, Antwort, Auskunft; er ist sehr e.; die Maschine arbeitet, funktioniert e.; deine Angaben, Ausführungen sind mir nicht e. genug; etwas e. bestimmen, definieren, ermitteln, erfassen, festlegen, beschreiben, ausrechnen, berechnen; einen Befehl e. ausführen, durchführen; die exakten Wissenschaften *(= Wissenschaften, deren Ergebnisse auf logischen oder mathematischen Beweisen oder auf genauen Messungen beruhen, z. B.: Mathematik und Physik).*

Examen, das; des Examens, die Examen und Examina: *Prüfung, Abschlußprüfung:* sein E. machen, bestehen, haben; durchs E. fallen (ugs.); sich auf das E. vorbereiten; ins E. gehen (ugs.); im E. stehen; das E. in der Tasche haben (ugs.); ins E. steigen (ugs.); er hat sein E. abgelegt; er hatte ein leichtes, schweres E.; er ist im schriftlichen, mündlichen E. durchgefallen; er hat sich zum E. angemeldet; er wurde zum E. zugelassen.

examinieren, examinierte, hat examiniert ⟨tr.⟩ (bildungsspr.): **a)** ⟨jmdn. e.⟩: *jmdn. in einem Examen prüfen:* einen Prüfling, einen Kandidaten, einen Studenten, einen Schüler e. **b)** ⟨jmdn. e.⟩ (selten): *jmdn. ausfragen, ausforschen:* der Kommissar examinierte den Verhafteten über sein Verhältnis zu der Ermordeten. **c)** ⟨etwas e.⟩ (selten): *etwas gründlich prüfen, untersuchen:* er hatte den Wagen gründlich examiniert, ehe er sich zum Kauf entschloß.

exekutieren, exekutierte, hat exekutiert ⟨tr., jmdn. e.⟩ (bildungsspr.): *jmdn. hinrichten:* der Verurteilte wurde im Morgengrauen exekutiert.

Exekution, die; der Exekution, die Exekutionen (bildungsspr.): **1)** *Vollstreckung eines Todesurteils, Hinrichtung:* eine militärische E.; eine E. ausführen, durchführen, vornehmen; zur E. schreiten; die E. war für 6 Uhr angesetzt, wurde verschoben, wurde aufgeschoben. **2)** /übertr./ (scherzh.)

Exekutive

Durchführung einer besonderen Aktion: als der Schiedsrichter einen Strafstoß verhängte, wollte keiner die E. übernehmen.

Exekutive [...wᵉ], die; der Exekutive, die Exekutiven: /Rechtsw./ *die vollziehende Gewalt im Staat:* die E. liegt in den Händen der Regierung; das Parlament übt eine Kontrollfunktion gegenüber der Exekutive aus.

Exempel, das ⟨des Exempels, die Exempel⟩ (bildungsspr.): *[abschreckendes] Beispiel [für etwas]; Lehrbeispiel:* ein E. für etwas geben. – /meist in festen Wendungen/: *ein E. **statuieren***: durch drastisches Vorgehen in einem Einzelfall ein abschreckendes Beispiel geben;* ***die Probe aufs E. machen, liefern:** *an einem praktischen Fall nachprüfen bzw. demonstrieren, ob bzw. daß eine Sache, Annahme oder Behauptung richtig ist;* ***das ist die Probe aufs E.:** *dadurch ist die Richtigkeit bewiesen.*

Exemplar, das; des Exemplars, die Exemplare: *Einzelstück (bes. Schriftwerk) oder Einzelwesen aus einer Reihe von Gegenständen oder Lebewesen, die in der gleichen Art oder Form mehrfach vorhanden sind:* der Autor erhielt dreißig Exemplare seines Romans zum Eigengebrauch; ich habe gerade das letzte E. der Zeitung verkauft; ich habe von dieser Briefmarke nur zwei beschädigte Exemplare; dieser Gummibaum ist ein besonders schönes E.; ein prächtiges, seltenes E. von einer Schmetterlingsart. – /auf den Menschen übertr./ (ironisch): er ist ein eigenartiges E. von Mensch, von [einem] Lehrer.

exemplarisch ⟨Adj.; attr. und als Artangabe⟩ (bildungsspr.): **a)** *musterhaft, beispielhaft:* ein exemplarisches Verhalten; seine Treue ist wirklich e.; er hat sich e. für ihn eingesetzt. **b)** *warnend, abschreckend; hart und unbarmherzig vorgehend, um abzuschrecken:* exemplarische Maßnahmen; er hat eine exemplarische Strafe verdient; ich werde ihn e. bestrafen; die Strafe für dieses Vergehen muß e. sein; e. durchgreifen, vorgehen.

Exil, das; des Exils, die Exile: *Verbannung; Verbannungsort:* ins E. gehen; im E. leben; aus dem E. zurückkehren; er hat den Roman im E. geschrieben; wir besuchten ihn in seinem freiwilligen, selbstgewählten E.

existent ⟨Adj.; gew. nur als Artangabe; ohne Vergleichsformen⟩ (bildungsspr.): *wirklich, vorhanden:* man kann doch nicht so vorgehen, als ob die Atombombe einfach gar nicht e. wäre; dieses Problem ist für mich nicht e.; dieser Staat ist de facto e.; er betrachtet die Regierung als nicht e.

Existenz, die; der Existenz, die Existenzen: **1)** ⟨Mehrz. selten⟩ (bildungsspr.): **a)** *Dasein, Leben:* die menschliche E.; die geistige E. des Menschen; die gefährdete E. des Künstlers; ein Volk ringt um seine nationale E.; die bloße E. dieses Menschen machte sie glücklich; seine nackte E. retten; um die nackte E. kämpfen; eine kümmerliche E. fristen. **b)** *Vorhandensein, Wirklichkeit:* die E. zweier deutscher Staaten; die E. der außerparlamentarischen Opposition; er wußte nichts von der E. dieses Briefs; der Name verdankt seine E. einem Zufall. **2)** ⟨Mehrz. selten⟩: *materielle Lebensgrundlage; Auskommen:* sich eine [neue] E. aufbauen; er muß schwer um seine wirtschaftliche E. kämpfen; er hat eine sorglose, sorgenfreie, gesicherte E.; er hat sich in Australien eine sichere E. aufgebaut, gegründet, geschaffen; sein Vater hat ihm eine auskömmliche E. verschafft, gesichert; er hat ihm zu einer neuen E. verholfen; meine E. ist bedroht; soll ich meine [ganze] E. aufs Spiel setzen?; er will meine E. vernichten. **3)** ⟨meist in Verbindung mit negativen Attributen⟩ (abschätzig): *Mensch, Person:* in diesem Viertel treiben sich allerlei fragwürdige, dunkle, abenteuerliche, zweifelhafte Existenzen herum; er ist das, was man eine gescheiterte, verpfuschte, gestrandete, verkrachte (ugs.) E. nennt.

exklusiv [...if] ⟨Adj.; attr. und als Artangabe⟩ (bildungsspr.): **a)** *andere ausschließend, nur für einen einzelnen* oder einen ausgesuchten Personenkreis bestimmt, nur einem bestimmten Personenkreis zugänglich; ausschließlich; sich gesellschaftlich absondernd: ein exklusiver Verein, Klub, Kreis, Zirkel; in exklusiven Kreisen, in einer exklusiven Familie verkehren; das Interview ist e. für das Zweite Deutsche Fernsehen bestimmt; der Reporter ersuchte die Schauspielerin um ein exklusives Photo. **b)** *nicht alltäglich; vornehm; einmalig, nur einmal vorhanden:* in einem exklusiven Hotel wohnen; diese Bar ist sehr e.; wir haben e. gespeist; sie trug ein exklusives Modellkleid von Dior.

Exkrement, das; des Exkrement[e]s, die Exkremente ⟨meist Mehrz.⟩: /Med./ *Körperausscheidung, insbes. Kot:* menschliche, tierische Exkremente; Exkremente untersuchen, beseitigen; die Katze verscharrte ihre Exkremente.

Exkurs, der; des Exkurses, die Exkurse (bildungsspr.): *kurze Erörterung eines Spezial- oder Randproblems im Rahmen einer wissenschaftlichen Abhandlung; vorübergehende Abschweifung vom Hauptthema:* er würzte seinen Vortrag mit einem kleinen, amüsanten E. über Psychologie; der Dozent pflegt seine Vorlesungen durch philologische, philosophische, humoristische Exkurse zu unterbrechen; nach diesem kleinen E. wollen wir zum eigentlichen Thema zurückkehren.

Exkursion, die; der Exkursion, die Exkursionen (bildungsspr.): **a)** *wissenschaftlich vorbereitete und unter wissenschaftlicher Leitung durchgeführte Lehrfahrt:* eine E. machen, durchführen, veranstalten; an einer E. nach Rom teilnehmen. **b)** /übertr./ *geistiger Streifzug:* eine E. in die Vorzeit, in die Geschichte des Mittelalters.

exogen ⟨Adj.; meist attr., selten auch als Artangabe, aber gew. nicht präd.; ohne Vergleichsformen⟩: /Med., Biol./ *außerhalb des Körpers entstehend; von außen her in den Organismus eindringend oder eingebracht* (auf Stoffe, Krankheitserreger oder Krankheiten bezogen; im Ggs. zu → endogen): exogene Stoffe, Gifte; eine exogene Erkrankung, Infektion; diese Krankheit ist e. bedingt.

exorbitant ⟨Adj.; meist attr., selten auch als Artangabe⟩ (geh.): *ganz außerordentlich; maßlos:* er hat ein exorbitantes Wissen; seine Erfolge sind e.; exorbitante Forderungen, Wünsche; e. lügen, übertreiben; die Preise sind e. hoch.

exotisch ⟨Adj.; meist attr., selten auch als Artangabe; gew. ohne Vergleichsformen⟩ (bildungsspr.): *überseeisch; fremdländisch; einen fremdartigen Zauber habend oder ausstrahlend:* exotische Tiere, Pflanzen, Bäume, Gewächse; das Gefieder dieses Vogels ist, wirkt e.; eine exotische Frisur; ein exotisches Wesen.

Expansion, die; der Expansion, die Expansionen: **1)** (bildungsspr.) *Erweiterung des Macht-, Einfluß- oder Leistungsbereichs:* das Streben nach politischer oder militärischer E.; eine [beschleunigte, enorme] wirtschaftliche E. **2)** /Phys./ *räumliche Ausdehnung von Gasen oder Dämpfen.*

expansiv [...*if*] ⟨Adj.; gew. nur attr.⟩ (bildungsspr.): *sich ausdehnend, sich ausweitend; auf Ausdehnung oder Erweiterung bedacht oder gerichtet:* eine expansive Politik, Lohnpolitik, Wirtschaftspolitik; ein expansiver Außenhandel, Imperialismus; eine expansive Konjunktur.

Expedition, die; der Expedition, die Expeditionen: **1 a)** *Forschungsreise [in unbekannte oder unerschlossene Gebiete]:* eine abenteuerliche, gefährliche E.; eine E. zum Amazonas, in den brasilianischen Urwald machen, veranstalten, zusammenstellen, organisieren, leiten; an einer E. teilnehmen; sich an einer E. beteiligen. **b)** /Mil./ (selten) *Kriegszug, militärisches Unternehmen:* eine mißglückte militärische E. **2)** *Gruppe zusammengehörender Personen, die von einem Land, einem Verband oder einem Unternehmen zur Wahrnehmung bestimmter (insbesondere sportlicher) Aufgaben ins Ausland entsandt werden:* die

Experiment

deutsche, russische E. bei den Olympischen Spielen. **3)** /Kaufm./ *Versand- oder Abfertigungsabteilung eines Betriebs:* er ist in der E. beschäftigt.

Experiment, das; des Experiment[e]s, die Experimente: **a)** *[wissenschaftlicher] Versuch:* ein wissenschaftliches, physikalisches, medizinisches, psychologisches, technisches E. durchführen, anstellen, wiederholen, beschreiben, vorführen; das E. ist gelungen, geglückt, mißlungen; er will ein neues E. an Mäusen, mit Meerschweinchen, am lebenden Organismus durchführen; er konnte seine Theorie durch Experimente untermauern, erhärten. **b)** *gewagtes Unternehmen, unsichere Sache:* ein gefährliches, lebensgefährliches, kühnes E.; sich auf [keine] Experimente einlassen; er ist kein Freund von Experimenten; das amerikanische E. im Fernen Osten; das russische E. in Kuba.

experimentell ⟨Adj.; attr. und als Artangabe, aber nicht präd.; ohne Vergleichsformen⟩: *auf Experimenten beruhend, mit Hilfe von Experimenten [erfolgend]:* eine experimentelle Bestätigung, Erforschung; die experimentelle Physik; e. vorgehen; etwas e. erforschen, nachweisen.

experimentieren, experimentierte, hat experimentiert ⟨intr.⟩: *Experimente machen, Versuche anstellen:* mit Chemikalien, mit Farben e.; der Trainer experimentierte viel, lange mit der neuen Mannschaft.

Experte, der; des Experten, die Experten: *Kenner, Sachverständiger:* er gilt als bedeutender E. für militärische Fragen; er ist ein anerkannter E. auf dem Gebiet der Verhaltensforschung; einen Experten zu Rate ziehen; das Gutachten eines Experten einholen.

Expertise, die; der Expertise, die Expertisen (bildungsspr.): *Sachverständigengutachten:* eine E. einholen, anfertigen [lassen], beibringen; er legte mir eine E. von Professor X über die Echtheit des Bildes vor; meine Ausführungen stützen sich auf die E. des Gerichtsmediziners; die Richtigkeit einer E. anzweifeln.

explizieren, explizierte, hat expliziert ⟨tr., etwas e.⟩ (bildungsspr.): *etwas näher darlegen, erklären, erläutern:* können Sie mir bitte diesen Plan einmal in allen Einzelheiten e.?

explodieren, explodierte, ist explodiert ⟨intr.⟩: **1)** *mit heftigem Knall zerplatzen, zerbersten:* eine Bombe, eine Granate, ein Blindgänger, ein Kessel, ein Öltank explodiert. **2)** /übertr./ (bildungsspr.) *einen heftigen Gefühlsausbruch haben:* vor Zorn, vor Wut, vor Lachen e.

Explosion, die; der Explosion, die Explosionen: **1)** *mit einem heftigen Knall verbundenes Zerplatzen oder Zerbersten eines Körpers:* eine schwere, starke, heftige, gewaltige E. erschütterte das Schiff; die E. des Dampfkessels war weithin hörbar; eine Atombombe zur E. bringen. **2)** /übertr./ (bildungsspr.) *heftiger Gefühlsausbruch, bes.: Zornausbruch:* die aufgespeicherte Wut der Arbeiter konnte jeden Augenblick zu einer fürchterlichen E. im Volk führen; das rücksichtslose Vorgehen der Regierung löste eine [politische, soziale] E. unter den Studenten aus.

explosiv [...*if*] ⟨Adj.; meist attr., selten auch präd.⟩ (bildungsspr.): **a)** *leicht explodierend:* ein explosives Gemisch. **b)** *zu Gefühlsausbrüchen neigend; spannungsgeladen; unberechenbar:* eine explosive Reaktion; die Situation ist gefährlich e.

Exponent, der; des Exponenten, die Exponenten: **1)** /Math./ *Hochzahl (bes. in der Wurzel- und Potenzrechnung):* n ist der Exponent der Potenz a^n. **2)** (bildungsspr.) *herausgehobener Vertreter einer Gruppe, einer Partei, einer bestimmten Richtung usw.:* er ist der bedeutendste E. des linken Flügels seiner Partei; er ist der eigentliche E. der modernen Malerei.

exponiert ⟨Adj.; gew. attr., selten auch präd.⟩ (bildungsspr.): *hervorgehoben und dadurch Gefährdungen oder Angriffen in erhöhtem Maße ausgesetzt:* an einer exponierten Stelle stehend;

eine exponierte Stellung habend, einnehmend: das Amt des Bundespräsidenten ist besonders e.; er ist [stark] e.

Export, der; des Export[e]s, die Exporte: /Wirtsch./ *Ausfuhr von Waren und Dienstleistungen:* den E. [von Kraftfahrzeugen] verstärken, fördern, erweitern, ankurbeln (ugs.), verringern; der E. überwiegt den Import; diese Waren sind vorwiegend für den E. [nach Übersee, in die USA] bestimmt.

Exporteur [...*tör*], der; des Exporteurs, die Exporteure: /Wirtsch./ *Kaufmann (oder Firma), der im Exportgeschäft tätig ist:* er ist E. für Wein und Spirituosen.

exportieren, exportierte, hat exportiert ⟨tr., etwas e.⟩: /Wirtsch./ *Waren oder Dienstleistungen ausführen:* diese Firma exportiert optische Geräte; er exportiert in der Hauptsache nach Frankreich und Italien.

Exposé [...*se*], das; des Exposés, die Exposés (bildungsspr.): *Darlegung, Bericht, Denkschrift; zusammenfassende Übersicht; Entwurf, Plan; Handlungsskizze (bes. für ein Filmdrehbuch):* ein [kurzes, knappes] E. anfertigen, zusammenstellen, verfassen, ausarbeiten; das E. eines Drehbuchs, eines Dramas; ein E. über die geplanten Notstandsgesetze.

exquisit ⟨Adj.; attr. und als Artangabe⟩ (bildungsspr.): *ausgesucht, erlesen; vorzüglich:* ein exquisites Essen, Mahl; dieser Wein ist ganz e.; wir haben e. gespeist; wir wurden e. bewirtet; wir haben uns e. amüsiert.

Extempore, das; des Extempores, die Extempore[s] (bildungsspr.): *improvisierte Einlage (bes. auf der Bühne); Stegreifrede:* ein guter Kabarettist wird immer darauf bedacht sein, seinen Vortrag mit kleinen Extempores zu würzen.

extemporieren, extemporierte, hat extemporiert ⟨intr.⟩ (bildungsspr.): *aus dem Stegreif reden, schreiben, musizieren usw.; eine improvisierte Einlage (bes. auf der Bühne) geben:* nur wenige Zuschauer bemerkten, daß der Schauspieler an dieser Stelle extemporierte; ich habe mein Manuskript vergessen und bin deshalb gezwungen zu e.

extra: 1) ⟨Adv.⟩: **a)** (alltagsspr.) *besonders, gesondert, für sich, getrennt:* mein Essen geht e., ich zahle selbst; das Frühstück müssen Sie e. bezahlen; sie stellten sich in Dreierreihen auf, die Jungen e. und die Mädchen e. **b)** (alltagsspr.) *zusätzlich, dazu:* ich habe ihm noch extra Mark Trinkgeld e. gegeben; du bekommst eine Strafarbeit e. **c)** (alltagsspr.) *ausdrücklich:* ich habe ihn e. gefragt; er hat mich e. darum gebeten. **d)** (ugs.) *absichtlich:* der hat das e. gemacht; er hat sich e. versteckt. **e)** (alltagsspr.) *eigens (zu einem bestimmten Zweck):* ich bin e. deswegen hergekommen; ich habe e. einen Kuchen für dich gebacken. **f)** (alltagsspr.) *besonders, ausgesucht:* Bohnenkaffee, e. fein gemahlen; ich brauche jetzt einen e. starken Kaffee. 2) ⟨indekl. Adj.; nur attr.; ohne Vergleichsformen⟩ (ugs., selten): *besonderer:* du bekommst heute eine e. Portion.

Extra, das; des Extras, die Extras ⟨meist Mehrz.⟩ (bildungsspr.): *Zubehörteile (bes. an Personenkraftwagen), die über die übliche serienmäßige Standardausrüstung hinausgehen:* der Wagen hat viele modische Extras; der Wagen kostet 7 500 DM ohne Extras; Extras gegen Aufpreis.

Extrakt, der (in der Pharm. meist: das); des Extrakt[e]s, die Extrakte: 1) /Pharm./ *wäßriger, ätherischer oder alkoholischer Auszug aus tierischen oder pflanzlichen Stoffen:* ein eingedickter, zähflüssiger, trockener, dünnflüssiger E.; ein E. aus pflanzlichen, tierischen Rohstoffen, aus Tollkirschen, aus Chinarinde, aus Hefe, aus Farnkraut herstellen; ein E. verdünnen, eindicken; eine Flüssigkeit zu einem dicken E. eindampfen. 2) (bildungsspr.) *Hauptinhalt, Kern, konzentrierte Zusammenfassung der wesentlichsten Punkte eines Schriftwerks, einer Rede u. a. oder eines Geschehens:* der E. eines Romans, eines Theaterstücks, einer Rede.

Extratour

Extratour [...*tur*], die; der Extratour, die Extratouren ⟨meist Mehrz.⟩ (ugs.): *eigensinniges und eigenwilliges Verhalten oder Vorgehen innerhalb einer Gruppe oder Gemeinschaft:* seine ständigen Extratouren werde ich nicht länger dulden; sich Extratouren leisten, gestatten, genehmigen; Extratouren machen.

extravagant [...*wa*...] ⟨Adj.; attr. und als Artangabe⟩ (bildungsspr.): *ausgefallen, überspannt, übertrieben:* eine extravagante Frisur, Aufmachung, Ausstattung; sie ist e. gekleidet; seine Wohnung ist e. eingerichtet; sein Lebensstil ist mir allzu e.

Extravaganz [...*wa*...], die; der Extravaganz, die Extravaganzen (bildungsspr.): *ausgefallenes Verhalten oder Tun; Überspanntheit:* ich kann mir derartige, solche kostspieligen Extravaganzen nicht leisten; ein Schuß sexueller, erotischer E. vermag eine Ehe zu beleben.

extrem ⟨Adj.; meist attr., selten auch präd.⟩ (bildungsspr.): *äußerst; ungewöhnlich; radikal:* die Außentemperaturen sind e. niedrig, hoch; der Wagen ist e. billig in der Unterhaltung, e. sparsam im Verbrauch; extreme Temperaturen, Temperaturunterschiede; extreme Bedingungen vorfinden; ein extremer Nationalismus; die extreme Rechte, Linke [der Partei]; deine Ansichten sind mir zu e.

Extrem, das; des Extrems, die Extreme (bildungsspr.): *äußerster Standpunkt; äußerste Grenze; Übertreibung:* seine überaus heitere Stimmung kann sehr schnell ins andere E. umschlagen; von einem E. ins andere fallen.

exzellent ⟨Adj.; attr. und als Artangabe⟩ (bildungsspr.): *hervorragend, ausgezeichnet, vortrefflich:* ein exzellenter Vorschlag, Plan, Schachspieler, Liebhaber, Unterhalter, Gesellschafter; das Essen schmeckt, ist ganz e.

Exzellenz, die; der Exzellenz, die Exzellenzen: /Titel und Anrede im diplomatischen Verkehr; früher Titel der Minister und hoher Staatsbeamter (Abk.: Exz.)/: Seine E., der französische Botschafter; hatten Eure E. eine angenehme Reise?; Herr Präsident, Exzellenzen, Eminenzen ..., meine Damen und Herren!

exzentrisch ⟨Adj.; attr. und als Artangabe⟩ (bildungsspr.): *überspannt, verschroben:* ein exzentrischer Mensch, Millionär, Schauspieler; ein exzentrisches Leben führen; er wirkt, gibt sich, lebt sehr e.; sein Lebensstil ist e.

Exzeß, der; des Exzesses, die Exzesse (bildungsspr.): *Ausschreitung, Ausschweifung, Übermaß:* es kam zu rohen, wüsten, hemmungslosen Exzessen; er war unersättlich, er suchte den alkoholischen, sinnlichen, erotischen, sexuellen E.; Exzesse in der Liebe, im Trinken; er arbeitet bis zum E.

exzessiv [...*if*] ⟨Adj.; attr. und als Artangabe⟩ (bildungsspr.): *maßlos, unmäßig, ausschweifend:* er ist in allem, was er tut, e.; er hat einen exzessiven Geschmack; e. leben, lieben, trinken.

F

Fabrik, die; der Fabrik, die Fabriken: a) *gewerblicher, mit Maschinen ausgerüsteter Produktionsbetrieb:* eine kleine, große, moderne, chemische, pharmazeutische F.; eine F. für landwirtschaftliche Geräte; eine F. besitzen, leiten, betreiben, schließen, stillegen; in einer F. arbeiten. b) *Gebäude oder Gebäudekomplex, in dem ein gewerblicher Produktionsbetrieb untergebracht ist:* eine F. bauen, errichten; die Personalabteilung ist nicht mehr in der Fabrik untergebracht; den Arbeitern wurde der Zutritt in die Fabrik von Streikposten verwehrt. c) ⟨nur Einz.⟩ (ugs.): *die Belegschaft ei-*

nes gewerblichen Produktionsbetriebs: die gesamte F. war, stimmte gegen den Vorschlag.

Fabrikant, der; des Fabrikanten, die Fabrikanten: *Besitzer einer Fabrik; Hersteller (einer Ware):* ein reicher, mächtiger F.; wir kaufen unsere Waren unmittelbar beim Fabrikanten; wir haben den Fabrikanten gewechselt; wir beziehen unsere Stoffe von einem neuen Fabrikanten.

Fabrikat, das; des Fabrikat[e]s, die Fabrikate: **a)** *in einer Fabrik hergestelltes Erzeugnis:* ein deutsches, inländisches, amerikanisches, ausländisches, gutes, preiswertes, billiges, fehlerhaftes F. **b)** *Warentyp:* Transistorgeräte sind in verschiedenen Fabrikaten lieferbar; das ist ein anderes, besseres, schlechtes F.

Fabrikation, die; der Fabrikation, die Fabrikationen ⟨Mehrz. selten⟩: *Herstellung von Gütern in einer Fabrik:* die F. läuft an; die F. aufnehmen, einstellen; der hat die ganze F. lahmgelegt; wir haben unsere F. auf Transistorgeräte, auf Farbfernseher umgestellt; die halbautomatische, automatische, vollautomatische F. von optischen Geräten.

fabrizieren, fabrizierte, hat fabriziert ⟨tr., etwas f.⟩ (ugs., scherzh. oder abwertend): **a)** *etwas zusammenbasteln:* dieses Fernglas habe ich mir selbst fabriziert. **b)** *etwas anstellen, anrichten:* was hast du denn da wieder fabriziert?; da hast du ja einen schönen Unsinn fabriziert.

fabulieren, fabulierte, hat fabuliert ⟨intr.⟩ (bildungsspr.): *phantastisch ausgeschmückte Geschichten erzählen, munter draufloserzählen:* er kommt ins Fabulieren; er hat einen Hang zum Fabulieren.

¨ible [*fäbᵉl*], das; des Faibles, die Faibles (bildungsspr.): *Schwäche, Vorliebe:* ein [ausgesprochenes] F. für 'twas, jmdn. haben.

ir [*fär*] ⟨Adj.; attr. und als Artangabe⟩: /bes. Sport/ *sportlich sauber, den ,portlichen Regeln entsprechend, anständig, korrekt, ehrenhaft:* ein faires Spiel; ein fairer Kampf, Gegner, Sportsmann; sein körperlicher Einsatz war hart, aber immer f.; er hat ihn f. attackiert; er hat f. gespielt; er hat mir ein faires Angebot gemacht; das ist nicht f. von dir; er hat sich mir gegenüber nicht f. benommen.

Fairneß [*färnᵉß*], die; der Fairneß ⟨ohne Mehrz.⟩ (bildungsspr.): /bes. Sport/ *anständiges, sauberes Verhalten gegenüber einem anderen:* die sportliche F. wahren; das gebietet die [sportliche] F.; man muß die F. in seinem Verhalten bewundern.

Fair play [*fär pleⁱ*], das; des Fair play ⟨ohne Mehrz.⟩ (bildungsspr.): /bes. Sport/ *faires sportliches Spiel; sauberes, ehrenhaftes Verhalten gegenüber einem anderen:* gegen die Regeln des F. p. verstoßen.

Fait accompli [*fätakoŋpli*], das; des Fait accompli, die Faits accomplis [*fäsakoŋpli*] ⟨Mehrz. ungew.⟩ (bildungsspr.): *vollendete Tatsache:* ein F. a. schaffen; jmdn. mit einem F. a. überraschen, überrumpeln; er mußte das als F. a. hinnehmen.

faktisch ⟨Adj.; attr. und als Artangabe, aber nicht präd.; ohne Vergleichsformen⟩ (bildungsspr.): *tatsächlich, wirklich; in Wirklichkeit:* der faktische Erfolg, Gewinn dieses Unternehmens ist gering; das Abstimmungsergebnis hat keine faktische Bedeutung, hat f. keine Bedeutung, ist f. ohne Bedeutung; der Plan kann f. als gescheitert gelten; er hat f. keine Chancen mehr; er hat f. verloren, versagt; f. ist es so, daß ...

Faktotum, das; des Faktotums, die Faktotums, selten auch: die Faktoten (scherzh., wohlwollend): *jmd., der in einem Haushalt oder Betrieb alle nur möglichen Arbeiten und Besorgungen erledigt (sog. ,,Mädchen für alles"):* sie ist unser treues, altes, liebenswertes, zuverlässiges F.

Faktor, der; des Faktors, die Faktoren: **1)** *Umstand; mitbestimmende Urasche; Kraft:* ein wichtiger, bedeutsamer, wesentlicher, maßgebender, bestimmender, entscheidender, tragender, treibender, unsicherer Faktor; die Entwicklung wird von

Faktum

politischen, wirtschaftlichen, militärischen Faktoren bestimmt; unser Verhalten wird von allen möglichen, inneren, äußeren, seelischen, geistigen, körperlichen Faktoren bestimmt; man muß den erzieherischen, moralischen, psychologischen F. in diesem Vorgehen sehen, beachten, berücksichtigen; hier sind vor allem gesellschaftliche Faktoren im Spiel; andere Faktoren spielen hier keine Rolle; Eifersucht war der auslösende F. für diese Tat. **2)** /Math./ *Zahl, die mit einer anderen multipliziert wird, Vervielfältigungszahl:* einen mathematischen Ausdruck mit einem konstanten F. multiplizieren; eine Zahl in [ihre] Faktoren zerlegen; einen gemeinsamen F. ausklammern.

Faktum, das; des Faktums, die Fakten (bildungsspr.): *nachweisbare Tatsache, tatsächliches Ereignis:* ein geschichtliches, historisches, politisches, militärisches, naturwissenschaftliches, medizinisches, unbestreitbares, unleugbares, unabänderliches, schwerwiegendes, bedeutsames F.; wir müssen uns mit den harten Fakten des Krieges auseinandersetzen; von den gegebenen Fakten ausgehen; die realen Fakten zusammentragen, festhalten, nebeneinanderstellen; etwas steht als F. fest, **ist** ein F.

Fallout [fålaut], der; des Fallouts, die Fallouts (bildungsspr.): *radioaktiver Niederschlag aus Kernwaffenexplosionen:* ein starker, geringer, schwacher F.; den F. messen, registrieren.

familiär ⟨Adj.; attr. und als Artangabe⟩: **1)** ⟨nur attr.; ohne Vergleichsformen⟩: *die Familie betreffend, häuslich:* aus familiären Gründen; ein familiärer Anlaß; familiäre Dinge, Angelegenheiten, Verpflichtungen, Sorgen, Probleme, Schwierigkeiten, Bande, Bindungen. **2)** *vertraut; ungezwungen, zwanglos, leger, natürlich, lässig:* es herrschte eine familiäre Atmosphäre; in familiärem Ton miteinander reden, verkehren; unser Verhältnis ist sehr f.; eine familiäre Ausdrucksweise.

famos ⟨Adj.; attr. und als Artangabe⟩ (ugs.): *großartig, prächtig, trefflich, ausgezeichnet:* ein famoser Kerl, Bursche, Einfall; ich finde diese Idee ganz f.; dein Vorschlag ist f.; wir haben uns f. unterhalten, amüsiert; er hat sich f. geschlagen.

Fan [fän], der; des Fans, die Fans: *jmd., der sich überschwenglich für etwas (insbes. für Musik oder Sport) oder jmdn. begeistert:* Hunderte on Fans sprangen vor Begeisterung auf die Stühle oder stürmten auf die Bühne.

Fanatiker, der; des Fanatikers, die Fanatiker: *jmd., der sich mit Leidenschaft und engstirniger Besessenheit für eine Sache einsetzt, begeisterter Anhänger einer Sache oder Idee:* ein wilder, verrückter, rücksichtsloser, religiöser F.

fanatisch ⟨Adj.; attr. und als Artangabe⟩: *sich leidenschaftlich und rücksichtslos für eine Sache oder Idee einsetzend, leidenschaftlich, eifernd, verbissen:* fanatische Begeisterung; ein fanatischer Schachspieler, Fußballanhänger; ein fanatisches Bekenntnis für den Frieden; er ist in seiner Begeisterung allzu f.; seine Wahrheitsliebe ist geradezu f.; sich f. für etwas einsetzen; f. für etwas kämpfen.

Fanatismus, der; des Fanatismus ⟨ohne Mehrz.⟩: *blind-leidenschaftliche Begeisterung für eine Sache oder Idee, Besessenheit:* grenzenloser, krankhafter, wilder, ungezügelter, blinder F.; religiöser, weltanschaulicher, sportlicher, politischer F.

Fanfare, die; der Fanfare, die Fanfaren: **1)** /volkst./ *Dreiklangtrompete ohne Ventile:* F. blasen. **2)** (bildungsspr.) *Trompetensignal, Hornsignal:* Fanfaren erklingen, ertönen; Fanfaren verkündeten das Ende des Wettbewerbs.

Farce [farß[e]],die; der Farce,dieFarcen [...ß^{e}n] (bildungsspr.):*abgeschmacktes Schauspiel; schlechter, billiger Scherz; leeres Getue:* das Ganze ist nichts weiter als eine lächerliche, alberne, dumme F.; die Abrüstungsgespräche sind zu einer politischen F. geworden.

Fassade, die; der Fassade, die Fassaden: **1)** *Vorderseite, Stirnseite (eines Gebäudes)*: das Haus hat eine helle, freundliche, grüne, dunkle, graue, schmutzige F.; die nüchterne, sachliche, gläserne F. des neuen Opernhauses; die F. erneuern, verputzen, anstreichen. **2)** /übertr./ (bildungsspr.): *das Äußere, das den Hintergrund bzw. den wahren Charakter verschleiernde angenehme oder neutrale äußere Erscheinungsbild von etwas oder jmdm.:* hinter der glanzvollen F. des Volksfestes verbarg sich Armut und Not; er versteckt seinen teuflischen Charakter hinter einer freundlichen F.; hinter die F. blicken, schauen.

Faszination, die; der Faszination, die Faszinationen (bildungsspr.): *Bezauberung, Berückung, Bann:* von diesem Menschen geht eine ungeheure, unheimliche, geheimnisvolle F. aus; sich der F. einer Musik hingeben; er erlag der F. des Redners.

faszinieren, faszinierte, hat fasziniert ⟨tr., jmdn. f.⟩ (bildungsspr.): *jmdn. bezaubern, jmdn. in einen Zustand anhaltender Verzückung versetzen; jmdn. [in geheimnisvoller Weise] begeistern oder fesseln:* diese Frau fasziniert mich; der Gedanke an einen Flug zum Mond vermag einen zu f.; ich bin von dieser Vorstellung fasziniert; der Redner faszinierte die Zuhörer. – ⟨häufig im ersten oder zweiten Part.⟩: sie begrüßte ihn mit einem faszinierenden Lächeln, mit faszinierender Liebenswürdigkeit; sie ist eine faszinierende Erscheinung; fasziniert starrte er sie an.

fatal ⟨Adj.; attr. und als Artangabe⟩ (bildungsspr.): **a)** *unangenehm, peinlich, widerwärtig:* eine fatale Situation, Konstellation, Lage, Pflicht; ich habe das fatale Gefühl, den fatalen Eindruck, daß etwas schief gehen wird; die Angelegenheit ist äußerst f.; die Sache sieht f. aus. **b)** *verhängnisvoll:* eine fatale Verkettung von Mißverständnissen; eine fatale Entwicklung; die Sache hat sich f. ausgeweitet; in seinem Gesicht zeigte sich ein fatales Lächeln; er hat eine fatale Neigung zum Bösen.

Fatalismus, der; des Fatalismus ⟨ohne Mehrz.⟩: *Schicksalsgläubigkeit, Standpunkt völliger Ergebung in die angeblich unabänderliche Macht des Schicksals:* er nimmt alles mit erstaunlichem F. hin.

Fatalist, der; des Fatalisten, die Fatalisten: *jmd., der sich dem Schicksal ohnmächtig ausgeliefert fühlt:* er erträgt alles mit der Gelassenheit des Fatalisten; er ist ein F.

fatalistisch ⟨Adj.; attr. und als Artangabe; gew. ohne Vergleichsformen⟩: *schicksalsgläubig, sich dem Schicksal ohnmächtig und unabänderlich ausgeliefert fühlend:* mit fatalistischer Gelassenheit, Ruhe, Todesverachtung; seine Grundhaltung ist f.; er gibt sich betont f.

Fauna, die; der Fauna, die Faunen: /Biol./ *Tierwelt eines bestimmten Gebiets:* die Fauna der Alpen, der Tropen, der afrikanischen Steppe; die mitteleuropäische, die australische F.; ein Gebiet mit reicher F.; die F. eines Gewässers, einer Wiese aufnehmen (= *wissenschaftlich registrieren*); die gesamte F. des Gebiets wurde durch Feuer vernichtet.

Fauxpas [*fopá*], der; des Fauxpas [*fopá(ß)*], die Fauxpas [*fopáß*] (bildungsspr.): *Verstoß gegen allgemeine gesellschaftliche Regeln, Taktlosigkeit:* einen F. begehen; das war ein schlimmer, ärgerlicher, peinlicher, grober F.

favorisieren [*faw...*], favorisierte, hat favorisiert ⟨tr.; jmdn., etwas f.; meist im zweiten Part.⟩: /Sport/ *jmdn. oder etwas (in einem sportlichen Wettbewerb) zum Favoriten erklären, zum Favoriten stempeln:* auf Grund seiner Jugend, seiner Spurtkraft muß man den Läufer für dieses Rennen f.; die Rennwagen von Porsche sind in diesem Rennen leicht, hoch, stark favorisiert.

Favorit [*faw...*], der; des Favoriten, die Favoriten: **1a)** /Sport/ *Wettkampfteilnehmer mit den größten Erfolgsaussichten, erwarteter Sieger in einem sportlichen Wettkampf:* er geht als leichter, großer, klarer, heißer F. ins Rennen; er gilt allgemein als F.; er ist der erklärte F. der Zuschauer; man hat ihn zum Favoriten erklärt, gemacht, gestempelt; nur zwei Mannschaften werden als Favoriten für die Weltmeisterschaft genannt. **b)** /übertr./ *jmd., dem die größten Chancen eingeräumt werden, eine bestimmte Position (bes. über einen Wahlkampf) zu erringen:* er gilt als F. für den Ministerposten; R. Nixon geht als haushoher F. in den Wahlkampf. **2)** (bildungsspr., veraltend) *Günstling, Liebling:* er war der F. der Königin. **Favoritin,** die; der Favoritin, die Favoritinnen.

Fazit, das; des Fazits, die Fazite und die Fazits ⟨Mehrz. selten⟩: *Ergebnis; Schlußfolgerung; Quintessenz:* was ist das F. dieses Films, dieses Romans?; etwa 2000 schwere Verkehrsunfälle sind das traurige F. des verlängerten Wochenendes; bist du schon zu einem F. gekommen?; wenn ich das F. [aus] dieser Debatte ziehen darf, dann ...

Festival [*fäßtiwal* oder *fäßtiw^el*], das; des Festivals, die Festivals (bildungsspr.): *kulturelle Großveranstaltung (vor allem im Bereich des Films und der Musik) von besonderem künstlerischem Anspruch:* der Film wurde auf dem diesjährigen F. in Venedig ausgezeichnet; ein F. für Jazz, für moderne Musik.

Fete [*fät^e*, auch *fet^e*], die; der Fete, die Feten (bildungsspr., scherzh.): *Fest, Party, Budenzauber:* eine tolle, spitze, (salopp), lustige, nette, kleine, große F. feiern; wir hatten gestern eine gemütliche F. zu Hause; wir wollen eine F. machen.

Fetisch, der; des Fetisch[e]s, die Fetische: /bes. Völkerkunde/ *Gegenstand, dem magische Kräfte zugeschrieben werden; Götzenbild:* einen F. verehren, anbeten.

feudal ⟨Adj.; attr. und als Artangabe⟩: **1)** (alltagsspr.): *vornehm, herrschaftlich:* eine feudale Wohnung; ein feudaler Wagen, Park, Lebensstil; ein feudales Hotel; die Unterkunft war sehr f.; wir haben f. gewohnt, gespeist; wir waren f. untergebracht; er hat uns f. empfangen, bewirtet. **2)** (hist.) *das Lehnswesen, das Lehnrecht betreffend:* die feudale Zeit, Tradition, Gesellschaftsordnung.

Feuilleton [*föj^etong*, auch: *föj^etong*], das; des Feuilletons, die Feuilletons: **a)** *literarischer, kultureller oder unterhaltender Teil einer Zeitung:* das F. einer Tageszeitung machen, gestalten, redigieren; für das F. schreiben, arbeiten; die Kurzgeschichte steht im F. **b)** *kleinerer journalistischer oder literarischer Beitrag für den Kultur- und Unterhaltungsteil einer Zeitung:* seine Feuilletons sind meist geistreich und unterhaltend; wir brauchen noch einige Feuilletons für die Wochenendausgabe.

Fiasko, das; des Fiaskos, die Fiaskos: *Mißerfolg, Reinfall; Zusammenbruch:* er hat mit seinen Brieftauben ein schönes (ironisch), arges F. erlebt; sein Eingreifen hat uns vor einem peinlichen, schmählichen F. bewahrt; ein [politisches, militärisches, wirtschaftliches] F. erleiden; diese Veranstaltung war ein einziges F.; das wird mit, in einem schrecklichen F. enden; wenn die Umsätze weiter so zurückgehen, gibt es ein F.

fifty-fifty [*fifti fifti*]: **a)** *halbpart, zu gleichen Teilen:* f. machen. **b)** *unentschieden:* die Sache geht f. aus; die Sache steht f.

Fight [*fait*], der; des Fights, die Fights: /Sport/ *Boxkampf:* ein harter, unerbittlicher, schonungsloser, toller, phantastischer F.; einen F. austragen, gewinnen, verlieren.

fighten [*fait^en*], fightete, hat gefightet ⟨intr.⟩: /Sport, bes. Boxsport/ *hart und draufgängerisch kämpfen (bes. boxen):* hart, schonungslos, erbarmungslos, wild f.

Fighter [*fait^er*], der; des Fighters, die Fighter: /Sport, bes. Boxsport/ *hart und bedingungslos schlagender Boxer; Kämpfertyp:* ein harter, draufgängerischer, unberechenbarer, wilder F.

Fiktion, die; der Fiktion, die Fiktionen (bildungsspr.): *Erfindung, Einbildung, Annahme, Unterstellung:* von

einer F. ausgehen; etwas auf einer [sinnlosen] F. aufbauen; an einer F. festhalten; eine [schöne] F. zerstören, aufrechterhalten; das ist eine literarische, dichterische, politische F.; die F. der deutschen Wiedervereinigung.
fiktiv [...*tif*] ⟨Adj.; gew. nur attr. und präd.; ohne Vergleichsformen⟩ (bildungsspr.): *auf einer Fiktion beruhend, nur angenommen; erdichtet, eingebildet:* ein fiktives Ereignis; ein fiktiver Dialog; die Erzählung ist rein f.
Filet [*file*], das; des Filets, die Filets: /Gastr./: a) *Lendenstück von Schlachtvieh und Wild:* ein zartes, saftiges, abgehangenes, zähes F.; ein F. vom Rind, vom Schwein; ein F. anbraten, braten, grillen. b) *entgrätetes Rückenstück vom Fisch:* ein zartes, frisches, trockenes, gefrorenes F.; F. panieren, braten, räuchern, marinieren; F. vom Kabeljau, Seelachs.
Filiale, die; der Filiale, die Filialen: /Kaufm./ *Zweiggeschäft eines Unternehmens:* die süddeutsche, Mannheimer F. des Unternehmens; eine F. aufbauen, gründen, eröffnen, leiten, schließen, auflösen; die F. einer Bank, eines Lebensmittelgeschäfts, einer Metzgerei.
Filius, der; des Filius, die Filii und Filiusse ⟨Mehrz. ungew.⟩ (scherzh.): *Sohn:* er hat einen fleißigen, pfiffigen F.; wie geht es Ihrem F.?
Filou [*filu*], der; des Filous, die Filous (scherzh.): *Spitzbube, Schelm, Schlaukopf:* er ist ein richtiger, großer, arger F.
filtrieren, filtrierte, hat filtriert ⟨tr., etwas f.⟩: /Techn./ *eine Flüssigkeit oder ein Gas von darin enthaltenen Bestandteilen mit Hilfe eines Filters trennen:* Alkohol, eine Lösung, Urin, die Atemluft f.
Finale, das; des Finales, die Finale (selten auch: die Finales): 1) /Sport/ *Endkampf, Endspiel; Endrunde eines aus mehreren Teilen bestehenden sportlichen Wettbewerbs:* ein packendes, dramatisches, langweiliges F.; das F. ist stark, gut besetzt; ins F. kommen, gelangen, vordringen, vorstoßen; das F. erreichen; sich für das F. qualifizieren; im F. stehen; das F. im Schwergewicht wird von zwei Außenseitern bestritten; das F. des 100-m-Laufs gewann der Läufer aus USA. 2) /Mus./: a) *der letzte (meist vierte) Satz eines größeren Instrumentalwerks:* ein schnelles, langsames, leidenschaftliches F.; ein brillant gespieltes F. b) *mit großem Ensemble dargebotene Schlußszene der einzelnen Akte eines musikalischen Bühnenwerks:* das F. des, aus „Don Giovanni"; im F. des dritten Aktes. 3) (bildungsspr.) *Schlußteil, Abschluß, Schluß:* der Ballettabend bildete das glanzvolle, erregende F. der Festspiele.
Finanzen, die ⟨Mehrz.⟩: 1) *Geldwesen:* der Bundesminister der F.; er verwaltet das Ressort F.; er ist zuständig für Wirtschaft und F. 2 a) *Einkünfte oder Vermögen des Staates oder einer Körperschaft des öffentlichen Rechts:* die F. des Staates, des Landes, der Gemeinde, des Zweiten Deutschen Fernsehens sind geordnet; die F. ordnen, in Ordnung bringen, sanieren. b) (ugs.) *private Geldmittel; Vermögensverhältnisse:* das geht über meine F.; meine F. erlauben diese Ausgaben nicht; wie steht es mit seinen F.?, mit seinen F. sieht es schlecht aus; ich muß erst meine F. überprüfen.
finanziell ⟨Adj.; attr. und als Artangabe, aber nicht präd.; ohne Vergleichsformen⟩: *geldlich, wirtschaftlich:* finanzielle Sicherheit, Hilfe, Unterstützung; er ist in finanziellen Schwierigkeiten; aus finanziellen Gründen, Erwägungen; er ist f. gesichert; seine Lage hat sich f. gebessert, verschlechtert; die Firma steht f. gut da; er will sich f. an der Sache beteiligen.
finanzieren, finanzierte, hat finanziert ⟨tr.; etwas, (seltener:) jmdn. f.⟩: *die für die Durchführung einer Sache notwendigen Geldmittel zur Verfügung stellen:* wer hat das Unternehmen, Projekt, den Bau, die Reise finanziert?; er hat sein Studium selbst finanziert; womit, woraus willst du das f.?; der

Finesse

bunte Abend wird aus privaten Spenden finanziert.

Finesse, die; der Finesse, die Finessen **a)** *Feinheit:* das Auto ist mit allen [technischen] Finessen ausgestattet. **b)** *Kunstgriff, Kniff:* er beherrscht alle spielerischen Finessen des Profifußballers.

fingieren, fingierte, hat fingiert ⟨tr., etwas f.⟩ (bildungsspr.): *etwas vortäuschen:* einen Vorfall, einen Unfall, eine Krankheit, einen Überfall f. – ⟨häufig im zweiten Partizip⟩: ein fingierter Brief, Anruf; unter fingiertem Namen auftreten.

Finish [*finisch*], das; des Finishs, die Finishs: /Sport/ *Endkampf, Endspurt, letzte und entscheidende Phase eines sportlichen Wettkampfs:* es gab ein spannendes, dramatisches F.; der Läufer setzte zu einem tollen F. an; im F. hatte er die besseren Nerven.

Finte, die; der Finte, die Finten: **1)** (bildungsspr.) *Vorwand, Ausflucht, Täuschung:* eine listige F.; auf eine F. hereinfallen; er hat ihn mit einer hinterhältigen F. hereingelegt. **2)** /Sport, bes. Fechten und Boxen/ *Scheinangriff, Scheinhieb, Scheinstoß:* eine F. ansetzen, anwenden.

Firma, die; der Firma, die Firmen: **1)** *kaufmännischer Betrieb, gewerbliches Unternehmen:* eine alte, eingesessene, große, kleine, deutsche, italienische, Wiesbadener, Berliner F.; eine F. gründen, führen, leiten, verkaufen; er arbeitet in seiner eigenen F.; er ist schon viele Jahre bei dieser F. [beschäftigt]. **2)** /Kaufm./ *der ins Handelsregister eingetragene Name eines Geschäfts, Unternehmens:* die F. wurde in Handelsregister eingetragen; die F. ist erloschen, wird geändert in..., lautet „Meyer & Co."*

Firmament, das; des Firmament[e]s, die Firmamente ⟨Mehrz. ungew.⟩ (geh.): *der sichtbare Himmel, das Himmelsgewölbe:* die Sterne leuchten am F.; die unendliche Weite des Firmamentes.

Fiskus, der; des Fiskus, die Fisken und Fiskusse: **a)** *Staatskasse, Staats-*

vermögen: die Steuerbeiträge fließen in, an den F. **b)** *der Staat, soweit er bürgerlichem Recht unterliegt:* das Vermögen fällt an den F.; die Einnahmen, Ausgaben des F.

fit ⟨Adj.; nicht attr., gew. nur präd.; gew. ohne Vergleichsformen⟩: /bes. Sport/ *gut trainiert, in guter Form, zu Höchstleistungen fähig; leistungsfähig:* alle Athleten waren f.; ich muß f. bleiben für dieses Rennen; er hält sich, macht sich durch beständiges Training f.; ich bin heute nicht f. genug; ich fühle mich f.

fixieren, fixierte, hat fixiert ⟨tr.⟩: **1)** ⟨etwas f.⟩: *etwas festsetzen, festlegen, genau bestimmen:* einen Termin, einen Zeitpunkt, einen Standpunkt f.; einen Plan näher, eindeutig, genau, konkret f.; er hat die Abreise auf den 11. 10. fixiert. **2)** ⟨etwas f.⟩: *etwas in Wort oder Bild dokumentarisch festhalten:* einen Vorschlag, eine Aussage, eine Vereinbarung schriftlich f.; er hat die Ereignisse im Film fixiert; der Beschluß ist protokollarisch fixiert. **3)** ⟨etwas f.⟩: /Phot./ *die photographische Schicht eines Bildes nach der Entwicklung haltbar, d. h. lichtunempfindlich machen.* **4)** ⟨jmdn., etwas f.⟩: *jmdn. scharf und unverwandt anblicken, anstarren; etwas genau ins Auge fassen:* er fixierte mich mit festem, starrem, unverschämtem Blick; jmdn. prüfend, kühl, gereizt, zornig f.; heimlich fixierte er das Fenster des gegenüberliegenden Hauses.

Fixum, das; des Fixums, die Fixa ⟨Mehrz. selten⟩ (bildungsspr.): *festes Gehalt, festes Einkommen:* ein wöchentliches, monatliches, jährliches, niedriges, hohes F.; er bekommt ein F. von 1 000 DM monatlich.

flagrant ⟨Adj.; gew. nur attr.⟩ (bildungsspr.): *offenkundig, ins Auge springend, schreiend:* eine flagrante Verletzung des Völkerrechts; ein flagrantes Unrecht; ein flagranter Rechtsbruch, Mißbrauch.

Flair [*flär*], das; des Flairs ⟨ohne Mehrz.⟩ (bildungsspr.): **1)** *Hauch, Atmosphäre, Fluidum; persönliche*

Note: der Wagen hat das F. eines italienischen Sportwagens; sie umgibt sich mit einem F. von Extravaganz und Frivolität. **2)** (selten) *feiner Instinkt, Gespür:* er hat ein ausgeprägtes F. für ungewöhnliche Situationen.

Flanell, der; des Flanells, die Flanelle: /Textilk./ *ein- oder beidseitig gerauhtes Gewebe in Leinen- oder Köperbindung:* ein Nachthemd aus [warmem, weichem] F.

flanieren, flanierte, hat flaniert ⟨intr.⟩ (bildungsspr., veraltend): *müßig umherschlendern:* elegante Damen flanierten durch den Park, in der Geschäftsstraße, vor den Schaufenstern.

flankieren, flankierte, hat flankiert ⟨tr.; jmdn., etwas f.⟩: *in einer bestimmten Ordnung oder Formation auf einer oder (meist) beiden Seiten von jmdm. oder etwas stehen oder sich bewegen:* Offiziere flankierten den Präsidenten auf dem Weg zur Tribüne; der Sarg wurde von einer Ehrenkompanie flankiert; der Pavillon ist von Rosenhecken flankiert.

flattieren, flattierte, hat flattiert ⟨tr., jmdn. f.; auch intr., jmdm. f.⟩ (bildungsspr., veraltend): *hofieren, jmdm. schmeicheln:* er flattiert seinen Chef; er flattiert seiner Schwiegermutter mit mancherlei Artigkeiten.

flexibel ⟨Adj.; attr. und als Artangabe⟩: **1)** /Techn./ *biegsam, elastisch:* flexibles Material, Leder; ein flexibler Kunststoff; das Buch hat einen flexiblen Einband; die Schuhsohlen sind f. [gearbeitet]; das Buch ist f. gebunden. **2)** /übertr./ (bildungsspr.) *geschmeidig, beweglich, anpassungsfähig:* eine flexible Wirtschaftspolitik, Taktik, Strategie; die Wechselkurse sind f.

Flexibilität, die; der Flexibilität ⟨ohne Mehrz.⟩: **1)** /Techn./ *Biegsamkeit, Elastizität:* die F. eines Materials, Gewebes; dieses Leder ist von hoher, geringer F. **2)** /übertr./ (bildungsspr.) *Geschmeidigkeit, Beweglichkeit, Anpassungsfähigkeit:* die F. der Politik; die F. im Denken, Handeln.

Flirt [*flörṯ*], der; des Flirts, die Flirts: *unverbindliche, kokette Liebeständelei mit Worten, Blicken oder Gesten:* ein harmloser, kurzer, unverbindlicher, kleiner, amüsanter F.; einen F. mit jmdm. haben; sich auf einen F. [mit jmdm.] einlassen; einen F. anfangen; sie ist sich für einen F. zu schade.

flirten [*flörṯeⁿ*], flirtete, hat geflirtet ⟨intr.⟩: *mit Worten, Blicken oder Gesten mit einer Frau* (vom Manne gesagt) *oder mit einem Mann* (von der Frau gesagt) *kokettieren:* mit einer Frau, mit einem Mädchen f.; sie flirtete mit jedem Mann; die beiden flirteten miteinander.

Flora, die; der Flora, die Floren: /Biol./ *Pflanzenwelt eines bestimmten Gebiets:* die F. der Alpen, der Mittelgebirge, der Tropen, Südfrankreichs, des Amazonasgebiets; eine reichhaltige, üppige, karge F.; die tropische, arktische, südländische F.; die F. eines Gebiets aufnehmen *(= registrieren);* die F. verändert sich.

Florett, das; des Florett[e]s, die Florette: /Fechtsport/ *leichter Stoßdegen mit vierkantiger Klinge und Handschutz:* [mit dem] F. fechten.

Floskel, die; der Floskel, die Floskeln: *formelhafte Redewendung; nichtssagende, abgedroschene Redensart:* eine nichtssagende, beiläufige, altmodische F.; ein Ausdruck wird zur F., erstarrt zur F.; der Vertragsentwurf enthielt die üblichen, bekannten [juristischen] Floskeln.

Fluidum, das; des Fluidums, die Fluida ⟨Mehrz. ungebr.⟩ (bildungsspr.): *eigentümliche, von einer Person oder Sache ausgehende Ausstrahlung, die eine bestimmte [geistige] Atmosphäre schafft:* die Sängerin hat, besitzt ein ungewöhnliches künstlerisches F.; die Bibliothek strahlt ein besonderes geistiges F. aus.

fluktuieren, fluktuierte, hat fluktuiert ⟨intr.⟩ (bildungsspr.): *schnell wechseln, schwanken:* die Zahl der Grippekranken, der Arbeitslosen, die Verkehrsdichte fluktuiert sehr stark; die Verbraucher rebellieren gegen die ständig fluktuierenden Preise.

Folie [...i^e], die; der Folie, die Folien: *hauchdünnes Blättchen aus Metall, Kunststoff oder einem anderen Werkstoff:* eine metallische, glänzende, dünne F.; eine F. aus Metall, Kunststoff, Aluminium, Papier.

Fond [fong], der; des Fonds, die Fonds (bildungsspr.): *Rücksitz eines Personenwagens:* im F. des Wagens sitzen, Platz nehmen; der Wagen hat einen bequemen, geräumigen, komfortablen F.

Fonds [fong], der; des Fonds [fong(ß)], die Fonds [fongß] (bildungsspr.): *Geld- oder Vermögensreserve (für bestimmte Zwecke):* ein bedeutender, gesetzlicher, freiwilliger F.; ein F. aus privaten Mitteln, aus freiwilligen Spenden, aus Landesmitteln; einen F. für Kriegswaisen, für notleidende Landwirte, für kulturelle Zwecke anlegen, einrichten; einen F. auflösen, in Anspruch nehmen; Beträge aus einem F. nehmen, zur Verfügung stellen; über einen F. verfügen.

Fontäne, die; der Fontäne, die Fontänen: *mächtiger, aufsteigender [Wasser]strahl (bes. eines Springbrunnens):* eine hohe, riesige F.; der Springbrunnen hat zwei kleinere und eine große F.; eine riesige F. von schmierigem Erdöl stieg aus dem Bohrloch auf.

forcieren [forßir^en], forcierte, hat forciert ⟨tr., etwas.⟩ (bildungsspr.): *etwas mit Nachdruck betreiben, vorantreiben, beschleunigen, steigern:* die Durchführung eines Plans, die Produktion, eine Entwicklung, seine Anstrengungen f.; der Läufer forcierte das Tempo, das Rennen. – ⟨häufig im zweiten Part.⟩: *beschleunigt, gewaltsam; gezwungen, unnatürlich:* eine forcierte Durchführung; eine forcierte Haltung; er gibt sich forciert vornehm.

formal ⟨Adj.; attr. und als Artangabe; gew. ohne Vergleichsformen⟩ (bildungsspr.): **a)** *die [äußere] Form von etwas betreffend, auf die [äußere] Form bezüglich:* die formale Anlage, Gestaltung, Struktur, Gliederung eines Dramas; ein formaler Irrtum; die Schwierigkeiten waren rein f.; er hat das Problem f. [gut, elegant] gelöst, bewältigt; er hat sich f. geirrt. **b)** *nur der Form nach (ohne Berücksichtigung des Inhalts); rein äußerlich (ohne Bezug zur Realität), nur nach außen hin; dem Buchstaben nach; vordergründig; nur auf dem Papier vorhanden:* das formale Recht; die formale Geltung eines Gesetzes; seine Kenntnisse auf diesem Gebiet sind rein f.; er gilt f. als Amateur.

Formalien [...i^en], die ⟨Mehrz.⟩: *Formalitäten; Förmlichkeiten:* das sind doch alles bloß unwichtige F.; die notwendigen F. erledigen.

Formalität, die; der Formalität, die Formalitäten: *(behördliche) Formvorschrift; Förmlichkeit, Äußerlichkeit; Formsache:* ich habe noch einige juristische Formalitäten zu erledigen, zu erfüllen; die Genehmigung des Antrags dürfte lediglich eine F. sein; das ist doch nur eine unbedeutende, leere, überflüssige F.

Format, das; des Format[es], die Formate: **1)** *[genormtes] Größenverhältnis eines (Handels)gegenstandes hinsichtlich Länge und Breite (bes. bei Papierbogen):* das F. eines Papierbogens, eines Buchs, einer Zeitschrift, eines Heftes, eines Kartons, eines Briefumschlags, einer Zigarette; ein kleines, großes, mittleres F. **2)** ⟨Mehrz. ungew.⟩: /übertr./ *stark ausgeprägtes Persönlichkeitsbild; überdurchschnittliches Niveau, außergewöhnlicher Rang:* ein Mann, Politiker, Wissenschaftler, Redner von F.; dieser Mann hat [kein] F.; er hat als Sportler internationales F.; eine Sängerin von außergewöhnlichem F.; ich spreche ihm jedes F. ab.

Formation, die; der Formation, die Formationen: *geschlossener und gegliederter Verband von Soldaten oder Angehörigen einer militärähnlich aufgebauten Organisation; geschlossene Reihe:* die feindlichen Verbände, Truppen, Panzer griffen in geschlossener F. an; in geschlossener, offener F. marschieren; die Kunstflugstaffeln flogen in wechselnden Formationen.

formell ⟨Adj.; attr. und als Artangabe⟩ (bildungsspr.): **a)** *förmlich; die Formen wahrend, die Formen beachtend:* eine formelle Begrüßung, Verbeugung, Entschuldigung; der Empfang war sehr f.; er hat sich f. entschuldigt. **b)** *der Form oder Vorschrift nach, äußerlich:* eine formelle Beleidigung, Kränkung, Untersuchung, Anerkennung; eine formelle Einigung erzielen; er hat mich f. beleidigt; er hat sich f. dafür zu verantworten; etwas f. [nicht] anerkennen, billigen; wir brauchen f. sein Einverständnis. **c)** *rein äußerlich, zum Schein [vorgenommen], unverbindlich:* eine rein formelle Höflichkeit, Artigkeit; die Beziehungen zwischen den beiden sind rein f.

formieren, formierte, hat formiert ⟨tr. und refl.⟩: **1)** ⟨jmdn., etwas f.⟩: *Personen in einer bestimmten Ordnung und zu einem bestimmten Zweck auf-, zusammenstellen:* eine Mannschaft, eine Armee, einen Festzug, einen Demonstrationszug f.; der Trainer mußte den Achter neu f. **2)** ⟨sich f.⟩: *sich in einer bestimmten Ordnung aufstellen, vorbestimmte Positionen einnehmen* (auf Personengruppen bezogen); *sich zu gemeinsamem Vorgehen zusammenschließen:* die zerschlagene Division konnte sich in den rückwärtigen Stellungen wieder f.; die gegnerische Hintermannschaft hatte sich längst formiert und fing den Angriff ab; der Festzug formierte sich auf dem Marktplatz; sie formierten sich zur Prozession; sich in einer Reihe, in Dreierreihen, in kleinen Gruppen f.; die Gesellschaft, die Opposition formiert sich; die Linksintellektuellen formieren sich.

Formular, das; des Formulars, die Formulare: *Formblatt; Vordruck, Muster:* ein amtliches, vorgedrucktes F.; ein F. ausfüllen, unterschreiben; [neue] Formulare anfertigen lassen, drucken lassen.

formulieren, formulierte, hat formuliert ⟨tr., etwas f.⟩: *etwas in geeigneter sprachlicher Form ausdrücken, etwas in Worte fassen:* einen Gedanken, einen Plan, eine physikalische Erscheinung, eine Frage, einen Wunsch f.; er soll seine Vorschläge, Forderungen schriftlich, präzis, genau, klar, exakt f.; treffender kann man das nicht f.; er hat seine Ablehnung zu scharf, zu hart, zu schroff formuliert.

Forum, das; des Forums, die Foren (bildungsspr.): **1)** *geeignete Stelle oder geeigneter Personenkreis für die sachverständige Erörterung oder Beurteilung von Problemen oder Fragen, die einen größeren Personenkreis angehen, Plattform, Öffentlichkeit:* der Bundestag ist das geeignete F. für politische Aussprachen; dieser Zwischenfall sollte vor das F. der Weltöffentlichkeit gebracht werden; er sprach vor einem erlauchten, sachverständigen, interessierten F. von Wissenschaftlern; vor das F. der Öffentlichkeit treten; diese Debatte hätte ein größeres, breiteres F. verdient. **2)** *öffentliche Diskussion, Podiumsgespräch:* ein literarisches, politisches, wissenschaftliches, naturwissenschaftliches, medizinisches F.; ein F. veranstalten, durchführen; an einem F. [über die Notstandsgesetze] teilnehmen; ein F. findet statt.
Foto vgl. Photo.
Fotograf vgl. Photograph.
Fotografie vgl. Photographie.
fotografieren vgl. photographieren.
fotografisch vgl. photographisch.
foul [*faul*] ⟨Adj.; attr. und als Artangabe⟩ (Sportjargon): *regelwidrig, unfair:* das ist der foulste Fußballspieler, den ich je gesehen habe; er spielte sehr f.; er macht f. (ugs.); das ist doch f.!
Foul [*faul*], das; des Fouls, die Fouls (Sportjargon): *regelwidriges, unfaires Spiel, Regelverstoß (bes. im Fußball):* ein grobes, unschönes, gemeines, wirkliches, absichtliches, unabsichtliches F.; der Schiedsrichter stellte ihn wegen mehrerer vorsätzlicher Fouls vom Platz; ein F. machen (ugs.), begehen, pfeifen; sein F. wurde mit einem Elfmeter geahndet.

foulen [*faul*ᵉn], foulte, hat gefoult ⟨tr., jmdn. f.⟩ (Sportjargon): *einen Gegner (bes. im Fußball) durch regelwidriges Spiel stören, einen Gegner in unerlaubter Form angreifen oder behindern:* er hat ihn mehrfach, wiederholt hart gefoult; er wurde bös gefoult.

Fragment, das; des Fragment[e]s, die Fragmente (bildungsspr.): **a)** *Bruchstück, Unfertiges; Überrest:* alles, was er anfing, blieb F.; die Fragmente eines Mantels, Anzugs. **b)** *unvollständig überkommenes literarisches oder wissenschaftliches Werk:* der Roman ist nur als F. überliefert.

fragmentarisch ⟨Adj.; attr. und als Artangabe; gew. ohne Vergleichsformen⟩ (bildungsspr.): *bruchstückhaft, unfertig, unvollendet:* ein fragmentarisches Werk; ein fragmentarischer Entwurf; die Ansätze zu einer großen Strafrechtsreform sind f. [geblieben]; der Roman ist nur f. überliefert.

Fraktion, die; der Fraktion, die Fraktionen: /Pol./ *die Gesamtheit der politischen Vertreter einer Partei im Parlament:* die Fraktionen des Bundestages, Landtages; die F. der CDU, SPD, FDP; die F. trat geschlossen zur Abstimmung an.

frankieren, frankierte, hat frankiert ⟨tr., etwas f.⟩: *eine Postsendung (durch Postwertzeichen) für die Versendung frei machen, eine Postsendung mit den für den Versand notwendigen Postwertzeichen versehen:* einen Brief, eine Postkarte, ein Päckchen f.; der Brief ist richtig, falsch, zu niedrig frankiert.

frappant ⟨Adj.; nur attr. und präd.⟩ (bildungsspr.): *auffallend, verblüffend, überraschend:* eine frappante Übereinstimmung, Ähnlichkeit; die Beweisführung ist f.

frappieren, frappierte, hat frappiert ⟨tr., jmdn. f.⟩ (bildungsspr.): *jmdn. überraschen, in Erstaunen versetzen; jmdn. befremden:* sein Erscheinen, seine Einstellung, seine Offenheit frappierte mich; ich war von seiner Ehrlichkeit frappiert; er hat mich durch seinen, mit seinem Vorschlag frappiert; es frappiert mich, daß ...; ich bin frappiert, daß ... – ⟨häufig im ersten Part.⟩: eine frappierende Ähnlichkeit, Übereinstimmung.

frenetisch ⟨Adj.; attr. und als Artangabe⟩ (bildungsspr.): *stürmisch, rasend, wild:* frenetischer Jubel, Beifall, Applaus; frenetische Begeisterung; er wurde f. umjubelt, gefeiert.

frequentieren, frequentierte, hat frequentiert ⟨tr., etwas f.⟩ (bildungsspr.): *etwas häufig besuchen, aufsuchen:* dieses Café wird besonders von Schachspielern frequentiert. – ⟨häufig im zweiten Partizip⟩: ein stark frequentiertes (= *verkehrsreiches*) Autobahnstück; eine frequentierte Veranstaltung.

Frequenz, die; der Frequenz, die Frequenzen: **1)** (bildungsspr.) *Höhe der Besucherzahl, Zustrom, Gästestrom; Verkehrsdichte:* die F. der Kinobesucher nimmt ab, nimmt zu; die tägliche, stündliche, mittlere F. auf diesem Autobahnabschnitt liegt bei etwa x Fahrzeugen. **2)** /Phys./ *Anzahl der Schwingungen von Wellen in der Sekunde:* hohe, niedrige, mittlere Frequenzen; eine F. verdoppeln, erhöhen, erniedrigen, messen; der Sender strahlt Wellen einer bestimmten F. aus, sendet mit, auf einer bestimmten F., sendet auf einer F. von 1 000 Kilohertz. **3)** /Med./ *Anzahl der Atemzüge oder der Herz- bzw. Pulsschläge in der Minute:* die normale F. des Pulses; die F. der Herzschläge steigt [an], nimmt ab; die F. der Atemzüge ändert sich; das Medikament verändert, beeinflußt die F. des Pulses.

frigid ⟨Adj.; attr. und als Artangabe⟩: /Med./ *gefühlskalt, geschlechtlich nicht hingabefähig* (auf Frauen bezogen): eine frigide Frau; sie ist f., ist f. geworden; sie behauptet, daß die Pille sie f. mache; sie gibt sich f.

Frikadelle, die; der Frikadelle, die Frikadellen: /Gastr./ *gebratener Fleischklops:* Frikadellen aus Kalbfleisch.

Frikassee [...*ße*], das; des Frikassees, die Frikassees: /Gastr./ *Ragout aus weißem Hühner- oder Kalbfleisch:* ein feines, pikantes F. aus Kalbfleisch.

Friseur [...sör], der; des Friseurs, die Friseure; eingedeutscht: Frisör, der; des Frisörs, die Frisöre: *jmd., der anderen berufsmäßig das Kopf- und Barthaar pflegt bzw. schneidet:* zum F. gehen; der F. schneidet die Haare, stutzt den Bart, rasiert den Bart. **Friseuse** [...sös^e], die; der Friseuse, die Friseusen; eingedeutscht: Frisöse, die; der Frisöse, die Frisösen.

frisieren, frisierte, hat frisiert ⟨tr. und refl.⟩: **1)** ⟨jmdn., sich, etwas f.⟩: *jmdn., sich kämmen; jmdm. oder sich selbst die Haare [kunstvoll] herrichten; die Haare kämmen oder kunstvoll herrichten:* die Friseuse hat meine Frau gut, hübsch, schlecht frisiert; er hat sich, seine Haare sorgfältig frisiert. sie ist elegant, modisch frisiert. **2)** ⟨etwas f.⟩ (ugs.): *etwas (häufig in betrügerischer Absicht) so herrichten, daß es eine [verbotene] Verbesserung, Verschönerung oder Veränderung gegenüber der durch die Bezeichnung vorgegebenen [Standard]ausführung aufweist:* einen Wagen, einen Motor f.; eine Bilanz, eine Buchführung, eine Statistik, einen Bericht, einen Wein f.

Frisör vgl. Friseur.

Frisöse vgl. Friseur.

Frisur, die; der Frisur, die Frisuren: *geordnete Haartracht; Form, in der man seine Kopfhaare trägt:* eine neue, ausgefallene, moderne, verrückte, schicke F.; meine F. ist hin (ugs.); meine F. hält nicht.

frivol [...*wol*] ⟨Adj.; attr. und als Artangabe⟩ (bildungsspr.): **a)** *leichtfertig, bedenkenlos:* eine frivole Nachlässigkeit; ein frivoler Leichtsinn, Scherz; deine Sorglosigkeit ist wirklich f.; er hat seine Chancen f. aufs Spiel gesetzt; sie haben ein frivoles Spiel mit ihm getrieben. **b)** *das sittliche Empfinden, das Schamgefühl verletzend, schamlos, frech:* einen frivolen Witz, eine frivole Bemerkung machen; in einem frivolen Ton erzählen; er hat sich f. aufgeführt; sie tanzt sehr f.

Frivolität [...*wo*...], die; der Frivolität, die Frivolitäten (bildungsspr.): **a)** *Leichtfertigkeit, Bedenkenlosigkeit:* die unbekümmerte F. seines Vorgehens stieß mich ab. **b)** *Schamlosigkeit, Schlüpfrigkeit:* er schockierte die Damen mit seinen peinlichen Frivolitäten.

Fronde [*frongd^e*], die; der Fronde, die Fronden (bildungsspr.): *scharfe politische Opposition; oppositionelle Gruppe innerhalb einer bestehenden [politischen] Institution (bes. innerhalb einer politischen Partei oder innerhalb einer Regierung:)* die F. gegen den Parteivorsitzenden, gegen den Bundeskanzler verstärkte sich; er gehört der F. gegen den Vorstand des Olympischen Komitees an.

Front, die; der Front, die Fronten: **1 a)** *Vorder-, Stirnseite eines Gebäudes:* der Balkon erstreckt sich über die ganze F. des Hauses; die langgestreckte, breite, baufällige F. eines Gebäudes. **b)** *die ausgerichtete vordere Reihe einer angetretenen Truppe:* die F. abgehen, abreiten, abfahren, abnehmen; der Oberst, der General, der Bundespräsident, der afrikanische Botschafter schreitet die F. der Ehrenkompanie ab. **2)** *Gefechtslinie, an der feindliche Streitkräfte miteinander in Feindberührung kommen; Kampfgebiet:* die vorderste, vordere, rückwärtige, deutsche, rumänische, amerikanische, feindliche, gegnerische F.; die F. hält stand, verschiebt sich, nähert sich, kommt näher, kommt in Bewegung, ist ruhig, beruhigt sich, bricht zusammen; die F. verläuft entlang dem Niederrhein; eine [neue] F. aufbauen; die F. halten, aufgeben, opfern, zurücknehmen, durchbrechen, zum Stehen bringen; die F. konnte an mehreren Stellen aufgebrochen, aufgerissen werden; an die F. gehen, kommen, abtransportiert werden; neue Einheiten an die F. schicken, werfen; er ist, steht seit drei Jahren an der westlichen, östlichen F.; er kämpft an der vordersten F.; die dritte Division wurde aus der F. genommen, gezogen, abgezogen; er kommt unmittelbar von der F.; die Panzer griffen auf breiter F., auf

frontal

einer F. von 50 km Länge an; der Feind konnte auf schmaler F. in unsere Linien einbrechen. 3) ⟨meist Mehrz.⟩: *Trennungslinie; gegensätzliche Einstellung:* die Fronten zwischen Regierung und Opposition sind klar abgesteckt; klare [politische] Fronten ziehen, schaffen; die Fronten verhärten sich, versteifen sich, weichen auf. 4) *geschlossene Einheit, Block:* er hatte eine breite, geschlossene F. von Reaktionären gegen sich; die F. der Atomgegner. 5) /in der festen Wendung/ *F. gegen jmdn., etwas machen: *gegen jmdn. oder etwas opponieren, auftreten, sich imdm. oder einer Sache entgegenstellen, widersetzen:* sie machten [gemeinsam, geschlossen, heftig] F. gegen die Diktatur des Vereinsvorsitzenden. 6) /Sport; in der festen Verbindung/ *in F.: *voran, an der Spitze, in Führung:* die Mannschaft liegt, geht, zieht [mit] 3:2 in F.; er brachte seine Mannschaft durch einen herrlichen Flachschuß in F. 7) /Meteor./ meist in Zus. wie: **Warmfront, Kaltfront**/ *Grenzfläche zwischen Luftmassen von verschiedener Dichte und Temperatur:* eine F. warmer, feuchter, kalter Luftmassen zieht vom Atlantik zum europäischen Festland.

frontal ⟨Adj.; attr. und als Artangabe; gew. ohne Vergleichsformen⟩ (bildungsspr.): *von der Vorderseite kommend, von vorn; unmittelbar nach vorn gerichtet:* ein frontaler Zusammenstoß, Aufprall, Angriff; die Wagen stießen f. zusammen, prallten f. aufeinander; er fuhr f. in den Kühler des anderen Wagens hinein; der Aufprall erfolgte, war f.; der Feind griff f. an.

Frottee [...*te*, ugs. auch: *frote*], das oder der; des Frottee[s], die Frottees ⟨Mehrz. selten⟩: /Textilk./ *stark saugfähiges Woll- oder Baumwollgewebe mit noppiger Oberfläche:* eine Badehose, ein Strandkleid, ein Handtuch aus F.; der Bademantel ist aus einem haltbaren, strapazierfähigen, leichten, schweren F.

frottieren, frottierte, hat frottiert ⟨tr.; jmdn., etwas f.⟩: *jmdn., einen Körper oder Körperteil, sich selbst mit einem wollenen oder Frotteetuch abreiben:* seinen ganzen Körper kräftig mit einem Badetuch f.; er frottierte ihn, sich trocken.

frugal ⟨Adj.; attr. und als Artangabe⟩ (bildungsspr.): /urspr. nur im S. v./ *kärglich, einfach* (auf Speisen bezogen); /heute bereits vielfach in S. v./ (ugs.) *üppig, schlemmerisch* (auf Speisen bezogen): ein frugales Mahl, Abendessen, Frühstück; das Essen war ländlich f.; wir haben f. gespeist, gegessen.

fulminant ⟨Adj.; attr. und als Artangabe⟩ (bildungsspr.): *zündend, glänzend, mitreißend, großartig:* eine fulminante Rede, ein fulminanter Vortrag; die Leistung der Schauspieler war f.; sie haben f. gespielt; (emotional übertreibend:) wir haben f. gespeist.

Fundament, das; des Fundament[e]s, die Fundamente: **1)** *der Unterbau, Grundbau bzw. Sockel eines Bauwerks oder einer größeren Apparatur:* das F. des Gebäudes, des Hauses ist stabil, aus Beton, aus Stein; das Haus steht auf einem schwachen F.; das F. für die Druckmaschinen muß verstärkt werden. **2)** /übertr./ *Grundlage:* das Abitur bildet ein gutes, sicheres, solides F. für die weitere Berufsausbildung; die Regierung steht auf einem starken, schwachen F.; Vertrauen ist das beste, wichtigste F. der Freundschaft; die sittlichen, religiösen Fundamente der abendländischen Kultur; die deutsche Wirtschaft ruht auf einem gesunden, festen, starken, ausreichenden F.; das F. zu etwas legen; an den Fundamenten des Staates, des christlichen Glaubens, der katholischen Kirche rütteln.

fundamental ⟨Adj.; nur attr. und (selten) präd.; gew. ohne Vergleichsformen⟩ (bildungsspr.): *grundlegend; entscheidend, bedeutsam, beträchtlich; schwerwiegend:* fundamentale Arbeiten, Erkenntnisse, Einsichten; ein literarisches Werk von fundamentaler Bedeutung; der Unterschied, Gegensatz zwischen den beiden Darstellungen ist wirklich f.; ein fundamentaler Fehler, Fehlgriff, Irrtum, Verstoß.

fundiert ⟨Adj.; nur attr. und präd.; gew. ohne Vergleichsformen⟩ (bildungsspr.): *fest begründet, untermauert; sicher, zuverlässig, gesichert:* ein fundiertes Wissen; fundierte Kenntnisse; seine Argumente sind gut, ausgezeichnet, hinreichend f.; die Anklage war unzulänglich juristisch f.; ein durch Investitionen hervorragend fundiertes wirtschaftliches Projekt.

Fundus, der; des Fundus, die Fundus ⟨Mehrz. ungew.⟩ (bildungsspr.): *Grundlage, Unterbau; Grundbestand, Grundstock:* er hat einen reichen F. an Lebenserfahrung; sein geistiger F. ist beachtlich; die Bibliothek hat einen beträchtlichen F. an alten Handschriften.

fungieren, fungierte, hat fungiert ⟨intr.⟩ (bildungsspr.): **a)** ⟨jmd. fungiert als jmd. oder etwas⟩: *ist in einer bestimmten Rolle tätig:* Karl fungiert in diesem Spiel als Mittelstürmer, als Schiedsrichter; er fungiert als Sanitäter. **b)** ⟨etwas, jmd. fungiert als etwas⟩: *etwas oder jmd. dient als etwas:* eine Blechbüchse fungierte als Fußball; er fungiere als Prellbock in dieser Auseinandersetzung.

Funktion, die; der Funktion, die Funktionen ⟨Mehrz. ungebr.⟩: **1a)** *Tätigkeit, das Arbeiten:* die F. dieses Organs ist gestört, beeinträchtigt; die F. eines Organs anregen; *in F. sein (= arbeiten, tätig sein); *in F. treten (= wirksam werden, zu arbeiten beginnen); *jmdn., etwas außer F. setzen (= ausschalten). **b)** /nur auf Personen bezogen/ *Amt, Stellung:* er hat eine wichtige, bedeutende, leitende, unbedeutende, nebensächliche, untergeordnete F. in seinem Verein; er hat die F. eines Kassierers, Sekretärs, zweiten Direktors; er übt gleichzeitig mehrere Funktionen aus; jmdm. eine neue F. übertragen; eine F. übernehmen; er hat alle Funktionen im Verein niedergelegt; jmdn. von seinen Funktionen entbinden. **c)** /gew. nur auf Sachen bezogen/ *Aufgabe, Rolle:* die weißen Blutkörperchen haben, erfüllen eine ganz bestimmte F. im Organismus; in dieser Schachaufgabe hat die Dame lediglich die F. eines Läufers, eines Turms, eines Sperrsteins. **2)** /Mathematik/ *veränderliche Größe, die in ihrem Wert von einer anderen abhängig ist:* in der Gleichung $y = 2x^2$ ist y eine [quadratische] F. von x; die Stromstärke ist eine F. der elektrischenSpannung; eine F. graphisch darstellen.

Funktionär, der; des Funktionärs, die Funktionäre: *offizieller Beauftragter eines politischen, wirtschaftlichen oder sozialen Verbandes oder einer Sportorganisation:* ein hoher, führender F. der Partei, der Gewerkschaft, des Vereins, des Leichtathletikbundes.

funktionieren, funktionierte, hat funktioniert ⟨intr.⟩: *in [ordnungsgemäßem] Betrieb sein, richtig arbeiten* (bes. auf Apparate und Maschinen bezogen); *vorschriftsmäßig erfolgen, reibungslos ablaufen:* die Maschine, die Zündung eines Autos, der Kugelschreiber, das Türschloß, die Schreibmaschine, die Bremse funktioniert [nicht], die Zusammenarbeit funktioniert gut, schlecht, reibungslos, tadellos; das parlamentarische Regierungssystem, die Demokratie funktioniert einwandfrei, ohne Schwierigkeiten; die Nachrichtenübermittlung, die Truppenversorgung funktioniert gut, glänzend, vorbildlich; mein Gehirn, mein Herz, mein Verdauungsapparat, mein Gedächtnis funktioniert normal.

Furie [...iə], die; der Furie, die Furien: **1a)** *Rachegöttin der altrömischen Mythologie.* **b)** /in Vergleichen, auf weibliche Personen bezogen/ (bildungsspr.) sie rast, tobt wie eine F.; wie von Furien gehetzt, gejagt, getrieben. **c)** ⟨nur Einz.⟩ (geh.): /übertr./ *Schrecken, Schreckgespenst:* die F. des Krieges. **d)** /übertr./ *wütendes Weib:* sie ist eine [richtige, wilde, rasende, tobende] F.

furios

furios ⟨Adj.; attr. und als Artangabe⟩ (bildungsspr.): *wild, stürmisch; mitreißend, glänzend:* ein furioser Boxkampf; das Finale über 100 m war äußerst f.; die Mannschaft hat f. aufgespielt.

Furnier, das; des Furniers, die Furniere: *dünnes Deckblatt aus Edelholz (auch aus Kunststoff), das auf weniger wertvolles Holz aufgeleimt wird:* ein F. aus Nußbaum, Teakholz, Mahagoni; ein dunkles, helles, gemasertes, F.; ein F. zuschneiden, auftragen, aufkleben, aufpressen; ein F. springt ab, verzieht sich.

furnieren, furnierte, hat furniert ⟨tr., etwas f.⟩: *etwas mit einem Furnier belegen:* Mahagoni auf Eiche f.; einen Tisch f.

Furore, nur in der festen Wendung: **F. machen: Aufsehen erregen, großen Beifall erringen:* er hat mit seinem neuen Roman [schwer, mächtig, groß] F. gemacht.

Furunkel, der; des Furunkels, die Furunkel: /Med./ *tiefgreifende, akut-eitrige Entzündung und Einschmelzung eines Haarbalgs und des umgebenden Gewebes; Eitergeschwür:* er hat einen F. im Nacken; auf seinem Rücken hat sich ein dicker, großer F. gebildet; einen F. vereisen, aufschneiden.

Furunkulose, die; der Furunkulose, die Furunkulosen: /Med./ *ausgedehnte Furunkelbildung:* er leidet an einer F. im Bereich des Nackens.

Futteral: das; des Futterals, die Futterale: *[Schutz]hülle, Überzug, Behälter (für meist kleinere Gebrauchsgegenstände):* ein ledernes, metallenes, gefüttertes, seidenes F.; ein F. für die Brille, das Fernglas, die Lupe; die Brille aus dem F. nehmen.

G

Gag [gäg], der; des Gags, die Gags: *witziger Einfall, Ulk (bes. auch im Film):* ein netter, kleiner, toller, abgedroschener, fauler (ugs.) G.; einen G. landen (ugs.); sich einen [neuen, besonderen] G. einfallen lassen.

Gage [gascheᵉ], die; der Gage, die Gagen: *Künstlergehalt:* er bezieht eine hohe, niedrige, dicke (ugs.), fette (ugs.), kleine G.; seine G. wurde erhöht, gesenkt.

galant ⟨Adj.; attr. und als Artangabe⟩ (bildungsspr.): **a)** *höflich, ritterlich, rücksichtsvoll, aufmerksam Frauen gegenüber* (nur von Männern gesagt): ein galanter junger Mann, Verehrer; eine galante Verbeugung, Geste; sein Benehmen Frauen gegenüber ist stets g.; er ist Frauen gegenüber immer g.; er bot ihr g. den Arm; er küßte ihr g. die Hand; er verbeugte sich g. **b)** ⟨nur attr.⟩: *die Liebe betreffend, Liebes...:* ein galantes Abenteuer, Rendezvous, Erlebnis; eine galante (= *zweideutige*) Anspielung.

Galanterie, die; der Galanterie, die Galanterien ⟨Mehrz. selten⟩ (bildungsspr.): *Ritterlichkeit, Artigkeit, zuvorkommendes, aufmerksames Verhalten eines Mannes gegenüber einer Dame:* mit vollendeter, stolzer G. verbeugte er sich vor ihr.

Galerie, die; der Galerie, die Galerien: **1)** *höher gelegener, nach der einen Seite hin offener, nach der anderen durch Säulen oder ein Geländer abgegrenzter Gang (am Obergeschoß eines Hauses, innerhalb eines großen Saales u. dgl.):* zum Innenhof hin hatte das Schloß rundum eine lange, schmale, breite G.; auf der G. eines Hauses stehen, sitzen. **2)** *oberster Rang im Theater:* wir hatten einen Platz auf der G. bekommen; die G. (= *die Zuschauer auf der Galerie*) klatschte wiederholt Beifall auf offener Szene. **3)** *Kunstsammlung, Kunstausstellung:* das Original des Bildes hängt in einer privaten New Yorker G. **4)** (scherzh.) *große Anzahl:* sie besitzt eine ganze

garnieren

G. von Pelzmänteln; eine G. schöner Frauen.

Gangster [*gängßt^er*], der; des Gangsters, die Gangster (abschätzig): *meist in einer Bande organisierter Verbrecher:* ein gefährlicher, berüchtigter, international bekannter, brutaler G.

Gangway [*gängweⁱ*], die; der Gangway, die Gangways: /Verkehrsw./ *fahrbare Lauftreppe zum Besteigen oder Verlassen eines Flugzeuges oder Schiffes:* die G. an das Flugzeug heranfahren; die G. betreten, herunterkommen.

Ganove [...*ow^e*], der; des Ganoven, die Ganoven (ugs., abschätzig): *Gauner, Spitzbube, Dieb:* ein übler, ausgemachter, kleiner, großer G.

Garage [*garaseh^e*], die; der Garage, die Garagen: *Einstellraum für Kraftwagen:* den Wagen in die G., aus der G. fahren; der Wagen steht in der G.; eine G. mieten.

Garant, der; des Garanten, die Garanten (bildungsspr.): *jmd. oder etwas, das die Gewähr für das Bestehen oder Zustandekommen von etwas bietet:* der neue Bundeskanzler ist der beste G. für die Fortsetzung der bisherigen Politik; der Vertrag ist der stärkste, sicherste G. des Friedens, für die Sicherheit Europas.

Garantie, die; der Garantie, die Garantien: *Bürgschaft, Gewähr; Sicherheit; Versicherung:* ich übernehme die [volle] G. für diesen Mann, für das Gelingen des Unternehmens; das Werk gibt ein Jahr G. auf die Uhr; ich habe noch G. auf meinen Wagen; auf Kugelschreiber gibt es keine G.; die schriftliche Vereinbarung stellt eine gewisse G. dar; weitgehende, rechtliche, militärische Garantien anbieten, verlangen; der Vertrag bietet keine echte G. gegen Gewaltakte; wer gibt mir die G. dafür, daß seine Behauptung stimmt?; das ist unter G. richtig (ugs.).

garantieren, garantierte, hat garantiert ⟨tr., etwas g.; auch intr., für etwas g.⟩ *für etwas bürgen, die Gewähr für etwas übernehmen oder bieten, etwas gewährleisten; etwas zusichern:* das Weinsiegel garantiert [für] die Qualität des Weins; die Grundrechte garantieren die freie Entfaltung der Persönlichkeit; die Pressefreiheit ist verfassungsrechtlich garantiert; ich garantiere Ihnen, daß Sie in diesem Hotel bestens untergebracht sind. – ⟨häufig im zweiten Part.⟩: der Stoff ist garantiert waschecht; du wirst dort garantiert gut bedient (ugs.).

Garderobe, die; der Garderobe, die Garderoben: **1)** (bildungsspr.) *Oberbekleidung; Gesamtbestand an Oberbekleidung, der jmdm. zur Verfügung steht:* ich brauche neue G.; ich muß meine G. erneuern; er hat viel, wenig G.; der Wirt haftet nicht für die G. der Gäste; bitte achten Sie auf Ihre G.! **2)** *Kleiderablage[raum]:* seinen Mantel und Hut an der G. ablegen, aufhängen; wir gaben unsere Mäntel an der G. des Theaters ab. **3)** *An- und Umkleideraum eines Künstlers an der Bühne:* die Sängerin ist noch in ihrer G.; die Journalisten erwarten den Schauspieler vor der G.

Garderobiere [...*biär^e*], die; der Garderobiere, die Garderobieren: **1)** (bildungsspr.) *Kleiderverwahrerin, Garderobenfrau:* die G. nahm unsere Mäntel in Verwahrung. **2)** /Theaterw./ *Gewandmeisterin, Angestellte beim Theater, die den Künstlerinnen und Schauspielerinnen die Garderobe richtet und ihnen beim An- und Auskleiden behilflich ist.*

Gardine, die; der Gardine, die Gardinen ⟨meist Mehrz.⟩: *[durchsichtiger] Fenstervorhang:* seidene, gemusterte, weiße Gardinen; die Gardinen aufziehen, zuziehen, anbringen, anmachen (ugs.), abmachen (ugs.), raffen, waschen, reinigen, spannen; die Gardinen haben sich verzogen, sind beim Waschen eingegangen. – /übertr., in der festen Verbindung/ *schwedische Gardinen (scherzh.): Gefängnis:* hinter schwedische Gardinen kommen; er sitzt hinter schwedischen Gardinen; die Polizei wird ihn hinter schwedische Gardinen bringen.

garnieren, garnierte, hat garniert ⟨tr., etwas g.⟩: *etwas mit etwas verzieren, schmücken, einfassen:* eine Torte mit

Garnison

Buttercreme, mit Marzipan g.; den Geburtstagstisch mit Blumen, mit Röschen g.; aufgeschnittenen Braten mit verschiedenen Gemüsen g.

Garnison, die; der Garnison, die Garnisonen: /Mil./: **a)** *Standort einer Truppe:* die Kompanie liegt, ist in G. **b)** *die an einem Standort stationierten [Besatzungs]truppen:* die G. wird verlegt.

Garnitur, die; der Garnitur, die Garnituren: **1)** *mehrere zusammengehörende Ausstattungsstücke (bes. bei Damenunterwäsche):* eine seidene, baumwollene G., bestehend aus Hemd und Schlüpfer; eine neue G. für den Schreibtisch. **2)** (ugs.) *die Vertreter einer bestimmten Qualitäts- oder Rangstufe einer Gruppe (bes. im Sport);* die erste, zweite, dritte, stärkste, schwächste G. einer Mannschaft, eines Teams; er gehört zur zweiten G. der CDU-Fraktion.

Gaze [*gas*ᵉ], die; der Gaze, die Gazen ⟨Mehrz. ungew.⟩: *weitmaschiges [gestärktes] Gewebe aus Baumwolle, Seide oder anderem Material (u. a. als Strickunterlage und Verbandmull verwendet):* ein Tuch, ein Schleier aus G.

gehandikapt [*gehändikäpt*] ⟨Adj.; nur präd.; ohne Vergleichsformen⟩: *verhindert, benachteiligt:* der Läufer war durch seine Verletzung stark, schwer, ziemlich g.; er ist gegenüber seinem Konkurrenten durch seine geringe Größe g.

Gelatine [*sehe*...], die; der Gelatine ⟨ohne Mehrz.⟩: *reinster geschmack- und farbloser Knochenleim aus tierischen Knochen und Hautabfällen (u. a. zum Eindicken von Säften, zur Filmherstellung und in der Medizin verwendet):* gefärbte G.; G. in Pulverform, in Blattform; G. auflösen.

Gelee [*sehele*], das oder der; des Gelees, die Gelees: **a)** *(mit Zucker) eingedickter Fruchtsaft (vor allem als Brotaufstrich):* G. aus Johannisbeeren herstellen, bereiten, kochen; G. aufs Brot streichen; ein Brot mit Butter und G. **b)** *gallertartig eingedickter Fleischsaft oder Fischsud:* Eisbein, Hering in G.

Gendarm [*sehandarm*], der; des Gendarmen, die Gendarmen (veraltet, aber noch landsch.): *Polizist, bes.; Landpolizist:* der G. hat den Obstdieb abgeführt.

Gendarmerie [*sehan*...], die; der Gendarmerie, die Gendarmerien (veraltend): *ländliche Polizeieinheit; ländliche Polizeistation:* er ist bei der G. in Oberwaldheim; die G. sorgt für Ordnung; er wurde auf die G. bestellt.

General, der; des Generals, die Generale und Generäle: /Mil./ *Offizier der höchsten Rangstufe:* ein deutscher, französischer G.; er ist G. der Infanterie; er ist der ranghöchste, dienstälteste G.; ein G. zu Pferd; er wurde zum G. befördert.

Generation, die; der Generation, die Generationen: **a)** *die Gesamtheit aller innerhalb eines bestimmten kleineren Zeitraums geborenen Menschen; alle einer bestimmten Altersstufe Angehörenden:* die G. der Kriegsteilnehmer, der Nachkriegszeit; frühere, ältere, spätere, kommende Generationen; die junge, neue G.; er gehört zu meiner, deiner, unserer G.; er gehört der älteren, jüngeren G. an; eine G. stirbt aus. **b)** *die einzelnen Glieder der Geschlechterfolge (Eltern, Kinder, Enkel usw.):* das Geschäft befindet sich bereits in der dritten G. im Besitz der Familie; diese Familie stellt den Scharfrichter seit vier Generationen. **c)** *Menschenalter:* diese Krankheit ist seit vielen Generationen so gut wie ausgestorben; er ist eine G. älter als ich.

generell ⟨Adj.; attr. und als Artangabe⟩: *allgemein, allgemeingültig; im allgemeinen; grundsätzlich:* eine generelle Frage, Maßnahme; ich habe seine generelle Zustimmung, sein generelles Einverständnis; wir müssen mit einer generellen Verschlechterung der Marktlage rechnen; sein Einwand ist ganz g.; er hat g. zugestimmt, er hat es g. erlaubt, verboten.

generös [*ge*..., seltener auch: *sehe*...] ⟨Adj.; attr. und als Artangabe⟩ (bildungsspr.): *großmütig, großzügig,* *freigebig:* ein generöses Geschenk; sein Angebot ist wirklich g.; er hat sich sehr g. gezeigt; er hat mir g. geholfen.

Generosität [*ge...*, seltener auch: *sehe...*] die; der Generosität, die Generositäten ⟨Mehrz. ungew.⟩ (bildungsspr.): *Großmut, Großzügigkeit, Freigebigkeit:* ich habe es seiner außerordentlichen G. zu verdanken, daß ...

genial ⟨Adj.; attr. und als Artangabe⟩: **a)** ⟨gew. nur attr., selten auch präd.⟩: *schöpferisch* (auf Personen bezogen): ein genialer Mensch, Denker, Feldherr, Naturwissenschaftler, Arzt, Erfinder, Kopf; dieser Künstler ist wirklich g. **b)** *überragend, vollendet, bahnbrechend, großartig:* eine geniale Erfindung, Entdeckung, Konstruktion, Idee; ein genialer Schachzug, Plan; dieser Vorschlag ist einfach g.; die Lösung des Problems ist g. einfach; das hat er g. erdacht, inszeniert, improvisiert.

Genialität, die; der Genialität ⟨ohne Mehrz.⟩: *schöpferische Begabung des Genies, Schöpferkraft; geniale Großartigkeit:* die G. eines Denkers, Dichters, Erfinders, Naturwissenschaftlers, Komponisten, einer Erfindung, eines Plans.

Genie [*seheni*], das; des Genies, die Genies: **1)** ⟨ohne Mehrz.⟩ (bildungsspr.): *überragende schöpferische Geisteskraft:* er ist ein Mathematiker von großem G.; er ist von seinem G. überzeugt; er glaubt an sein G.; er vertraut auf sein G.; er hat, besitzt G.; das G. des Aristoteles, Mozarts, Einsteins; das G. des Erfinders, Entdeckers, Philosophen. **2)** *hochbegabter, schöpferischer Mensch; Mensch mit außerordentlichen Fähigkeiten auf einem bestimmten Gebiet:* er ist ein politisches, militärisches, wirtschaftliches, künstlerisches, mathematisches, geborenes, anerkanntes, vielseitiges, großes, jugendliches, verbummeltes (ugs.), verkrachtes (ugs.) G.; er ist ein G. der Planung, der Organisation; Deutschland hat viele Genies hervorgebracht.

genieren [*sehe...*], genierte, hat geniert ⟨refl. und tr.⟩: **1)** (sich g.): *gehemmt sein, sich unsicher fühlen:* du brauchst dich vor deiner Mutter nicht zu g.; er geniert sich, mit einem Mädchen spazieren zu gehen. **2)** ⟨etwas geniert jmdn.⟩ (bildungsspr., veraltend): *etwas ist jmdm. peinlich, etwas bringt jmdn. in Verlegenheit:* die Gegenwart ihres Jugendfreundes genierte sie sehr; das braucht dich nicht zu g.

Genitale, das; des Genitales, die Genitalien [*...i*ⁿ*n*] ⟨meist Mehrz.⟩: /Med./ *Geschlechtsteil; Geschlechtsapparat;* (in der Mehrz.:) *Geschlechtsorgane:* das männliche, weibliche G.; die männlichen, weiblichen Genitalien; die Genitalien sind unterentwickelt, nicht voll ausgebildet, überentwickelt; das äußere G. des Mannes, der Frau.

Genre [*sehangr*ᵉ], das; des Genres, die Genres (bildungsspr.): *Gattung, Art; Wesen:* das literarische G. des Romans; das G. der Unterhaltungsmusik; Problemschach stellt ein besonderes G. des Schachspiels dar; die Operette verkörpert das leichte, beschwingte, die Sinfonie das ernste, schwere G. in der Musik; wir speisten in einem Restaurant des gehobenen, anspruchsvollen Genres.

Gentleman, [*dsehänt*ᵉ*lm*ᵉ*n*], der; des Gentlemans, die Gentlemen [*...m*ᵉ*n*] (bildungsspr.): *Mann von Lebensart und Charakter, Ehrenmann, Kavalier:* er ist ein vollendeter, vollkommener, perfekter, wirklicher, echter G.; er benimmt sich wie ein [richtiger] G.; er tritt wie ein G. auf; er hat die guten Manieren eines Gentlemans; eine Vereinbarung unter Gentlemen.

Geographie, die; der Geographie ⟨ohne Mehrz.⟩: *Erdkunde, Länderkunde:* die allgemeine, historische, politische G.; die G. des Welthandels; er hat G. studiert; er hat in G. eine Drei.

geographisch ⟨Adj.; gew. nur attr.; ohne Vergleichsformen⟩: *die Geographie betreffend, erdkundlich:* die geographische Lage eines Ortes; die geographische Länge, Breite.

Geometrie

Geometrie, die; der Geometrie, die Geometrien ⟨Mehrz. selten⟩: /Math./ *Teilgebiet der Mathematik, das sich mit Gebilden der Ebene und des Raums beschäftigt:* die niedere, elementare, angewandte, praktische, analytische, ebene G.; die G. der Ebene, des Raums, der Kugelfläche, des rechtwinkligen Dreiecks; er hat eine Arbeit in G. geschrieben.

geometrisch ⟨Adj.; attr. und als Artangabe, aber gew. nicht präd.; ohne Vergleichsformen⟩: **1)** /Math./ *die Geometrie betreffend, auf den Gesetzen der Geometrie beruhend, durch Begriffe der Geometrie darstellbar:* eine geometrische Figur; ein geometrischer Körper; die geometrische Lösung einer Aufgabe; der geometrische Ort; eine geometrische Reihe; eine Aufgabe g. lösen. **2)** *die Formen geometrischer Figuren aufweisend, in den Formen geometrischer Figuren gestaltet:* geometrische Muster, Ornamente; geometrischer Stil.

Geste, die; der Geste, die Gesten (bildungsspr.): **1)** *die Rede begleitende oder ersetzende Ausdrucksbewegung des Körpers, bes. der Arme und Hände:* eine lebhafte, elegante, wilde, zornige, hilflose, müde, wegwerfende, zustimmende, abwehrende, verlegene, verzweifelte, verkrampfte, unwillkürliche, unmißverständliche, feierliche, knappe, typische, bezeichnende G.; er begleitete seine Rede mit pathetischen, leidenschaftlichen, theatralischen, ausdrucksvollen, eindringlichen, beschwörenden Gesten; er machte eine drohende G.; mit einer einladenden G. [seiner Hände] bat er uns ins Haus; er erzählte mit weit ausholenden Gesten; er machte die G. des Trinkens; er machte sich mir mit Gesten verständlich; eine G. der Verlegenheit, des Bedauerns, des Erschreckens, des Einverständnisses machen; eine stumme G. der Verzweiflung. **2)** *Handlungsweise, die eine [positive] Einstellung einem anderen gegenüber zum Ausdruck bringt oder bringen soll; Zeichen:* ich werte seinen Brief als versöhnliche G.; er lud uns alle zum Abendessen ein, eine wirklich großzügige, noble G.; sein Erscheinen ist nichts als eine höfliche, große, leere G.

Gestik, die; der Gestik ⟨ohne Mehrz.⟩ (bildungsspr.): *Gesamtheit der einem Menschen eigenen Gesten:* mit lebhafter, beredter G. trug er seine Argumente vor.

gestikulieren, gestikulierte, hat gestikuliert ⟨intr.⟩ (bildungsspr.): *sich durch lebhafte Hand-, Arm- oder Kopfbewegungen verständlich machen:* wild, lebhaft, heftig, aufgeregt g.; mit den Händen, mit den Armen g.

Getto, auch: **Ghetto**, das; des G[h]ettos, die G[h]ettos (bildungsspr.): **a)** *einer Minderheit vorbehaltenes oder zugewiesenes abgeschlossenes Wohngebiet:* die Juden des Warschauer Gettos; die amerikanischen Neger leben vielfach in abgeschlossenen, selbstgewählten Gettos. **b)** /übertr./ *Isolation:* sich in ein geistiges, psychisches G. flüchten.

Ghetto vgl. Getto.

Gigant, der; des Giganten, die Giganten (bildungsspr.; emotional übertreibend): *etwas, das in seinen Ausmaßen, in seiner Bedeutung, seiner Größe oder Macht gewaltig ist; jmd., der auf seinem Gebiet als außergewöhnlich bedeutend gilt:* die Giganten (= höchsten Berge) der Alpen; der G. Amerika; die Giganten unter den Großmächten; die Giganten der Landstraße (= Berufsstraßenfahrer); Henry Ford ist einer der Giganten des Großkapitals; Beethoven ist der G. unter den Komponisten.

gigantisch ⟨Adj.; attr. und als Artangabe⟩ (bildungsspr.; emotional übertreibend): *riesenhaft, gewaltig, von ungeheuren Ausmaßen:* ein gigantisches Bauwerk, Unternehmen, Vorhaben, Werk, Projekt; das Bauwerk hat gigantische Summen verschlungen; der gigantische Kampf zweier ebenbürtiger Gegner; seine Leistung ist wahrhaft g.; der Staudamm sieht wahrhaft g. aus; dieses Fußballspiel war wirklich g.

Girlande, die; der Girlande, die Girlanden: *bandförmiges Laub-, Blumen- oder Papiergewinde:* der Marktplatz war mit bunten Girlanden [aus Laub, aus Blumen] geschmückt; Girlanden an der Hausfront anbringen; Girlanden hängen über der Straße.

Gitarre, die; der Gitarre, die Gitarren: *sechssaitiges Zupfinstrument mit flachem Klangkörper, offenem Schalloch, Griffbrett und 12-22 Bünden:* G. spielen; zur G. singen; jmdn. auf der G. begleiten.

glasieren, glasierte, hat glasiert ⟨tr., etwas g.⟩: **1)** /Techn./ *Tonwaren, Porzellan oder Metalle mit einer Schmelzglasur überziehen (und dadurch glätten und haltbar machen):* eine Vase g. **2)** /Gastr./ *Backwaren mit Zuckerguß überziehen; Fleischwaren mit einer glänzenden Schicht aus eingedicktem Fleischsaft oder Bouillon überziehen:* eine Torte g.; einen Braten g.; glasierte Kalbshaxe.

Glasur, die; der Glasur, die Glasuren: **1)** /Techn./ *glasartiger Schmelzüberzug auf Tonwaren, Porzellan oder Metall:* die rote, braune, farblose, matte, glänzende G. einer Vase; G. auf Porzellan auftragen; Tonwaren mit G. überziehen; die G. springt ab, blättert ab. **2)** /Gastr./ *Zuckerguß auf Backwaren:* eine G. aus Puderzucker und Eiweiß; eine G. herstellen; einen Kuchen mit einer G. überziehen.

global ⟨Adj.; attr. und als Artangabe; gew. ohne Vergleichsformen⟩ (bildungsspr.): **1)** *auf die ganze Erde bezüglich, weltumspannend, weltweit, umfassend:* eine globale Abrüstung; globale Friedensgespräche; ein globaler Konflikt; eine Angelegenheit von globaler Bedeutung; das Interesse an der Lösung dieser Frage ist g.; die Maßnahmen zur Bekämpfung der Hungersnot in der Welt müssen g. gesteuert werden. **2)** *allgemein, pauschal:* eine globale Schätzung, Berechnung, Kalkulation, Kritik, Verurteilung; deine Überlegungen sind mir zu g.; er will sich einen globalen Überblick verschaffen; etwas g. durchdenken, behandeln, beurteilen.

Globus, der; des Globus und Globusses, die Globen und Globusse: *Kugel mit der winkel- und flächentreuen Abbildung der Erdoberfläche oder der scheinbaren Himmelskugel auf ihrer Oberfläche:* den G. drehen; ein Land auf dem G. suchen.

glorios ⟨Adj.; attr. und als Artangabe⟩ (bildungsspr.; oft im ironischen Sinne): *glorreich, großartig, glanzvoll:* ein glorioser Einfall; eine gloriose Idee; seine Darbietung war wirklich g.; er hat sich g. geschlagen; er hat uns g. an der Nase herumgeführt.

Glosse, die; der Glosse, die Glossen: **a)** *spöttische Randbemerkung:* eine witzige, gehässige, höhnische G.; Glossen zu etwas machen; eine Glosse über etwas machen. **b)** *kommentierende kritische oder satirische Kurzbetrachtung in einer Zeitung oder Zeitschrift:* eine politische, wirtschaftliche, polemische G.

glossieren, glossierte, hat glossiert ⟨tr., etwas g.⟩ (bildungsspr.): *etwas mit spöttischen Randbemerkungen versehen, begleiten; etwas in einer Zeitung oder Zeitschrift durch eine →Glosse (b) kommentieren:* die Rede des Präsidenten wurde allgemein hämisch, abfällig, zynisch glossiert.

Glückwunschadresse, die; der Glückwunschadresse, die Glückwunschadressen: *offizielles Glückwunschschreiben:* eine G. an jmdn. richten.

Gong, der; des Gongs, die Gongs: **a)** *frei aufgehängter dickwandiger Metallteller, der zur Hervorbringung eines kräftigen, hallenden Tons mit einem Klöppel angeschlagen wird:* den G. schlagen. **b)** *der auf einem Gong (a) erzeugte Ton:* der Gong ertönt; der G. eröffnete, beendete den Boxkampf; den Gong hören, vernehmen, überhören; der G. rettete den Boxer vor einer entscheidenden Niederlage.

gongen, gongte, hat gegongt ⟨intr.⟩: *den Gong schlagen; ertönen* (vom Gong gesagt): der Speisewagenkellner hat zum Mittagessen gegongt; es gongte zum Abendessen.

Gorilla, der; des Gorillas, die Gorillas: **1)** /Gattung der Menschenaffen/:

graduell

ein junger, ausgewachsener G.; der G. richtete sich auf, brüllte, hangelte von Ast zu Ast; einen G. einfangen, aufziehen. 2) *[bulliger] Leibwächter (bes. eines Gangsterbosses):* der Gangsterboß war von seinen Gorillas umgeben.

graduell ⟨Adj.; attr. und als Artangabe; ohne Vergleichsformen⟩ (bildungsspr.): *dem Grad nach, stufenweise:* ein gradueller Unterschied; eine graduelle Abweichung; die Unterschiede sind nur g.; etwas g. steigern, vermindern; etwas nimmt g. zu, ab.

Grafiker vgl. Graphiker.

grammatisch ⟨Adj.; meist attr., seltener als Artangabe, aber gew. nicht präd.; ohne Vergleichsformen⟩: /Sprachw./ *die Grammatik betreffend, den Regeln der Grammatik gemäß:* grammatische Regeln; die grammatische Struktur eines Satzes; die grammatischen Angaben zu einem Wort; ein grammatischer Fehler, Verstoß; der Satz ist g. richtig, falsch; das grammatische Geschlecht eines Hauptwortes; einen Text g. untersuchen, analysieren.

Grammatik, die; der Grammatik, die Grammatiken: a) ⟨nur Einz.⟩: *Teil der Sprachwissenschaft, der sich mit Form und Zuordnung der sprachlichen Elemente beschäftigt; Sprachlehre:* die deutsche, englische, lateinische, vergleichende, historische G.; die Regeln der G. b) *Lehrbuch der Sprachlehre:* eine G. schreiben, verfassen, herausgeben; in einer G. nachschlagen; eine kurzgefaßte, ausführliche G. der deutschen Sprache.

Grandezza, die; der Grandezza ⟨ohne Mehrz.⟩ (bildungsspr.): *stolze Vornehmheit im Benehmen, würdevolle Eleganz in der Haltung:* er verbeugte sich mit spanischer G.; er bewegte sich mit unnachahmlicher G.

grandios ⟨Adj.; attr. und als Artangabe⟩ (bildungsspr.): *großartig, überwältigend:* ein grandioses Panorama, Bild, Erlebnis; seine Leistung ist wirklich g.; die Mannschaft hat einen grandiosen Sieg errungen; sie kämpften, schlugen sich g.; er hat sich g. gesteigert.

Graphiker, der; des Graphikers, die Graphiker, auch eindeutschend: Grafiker, der; des Grafikers, die Grafiker: *Künstler oder Techniker auf dem Gebiet der Graphik:* er ist gelernter G.

graphisch, eindeutschend auch: grafisch ⟨Adj.; attr. und als Artangabe, aber gew. nicht präd.; ohne Vergleichsformen⟩: 1) ⟨nur attr.⟩: *die Graphik betreffend:* das graphische Gewerbe. 2) *in Form eines Schaubildes, durch Linien und Kurven:* eine graphische Darstellung; eine Funktion g. darstellen.

Graphologe, der; des Graphologen, die Graphologen: *jmd., der berufsmäßig Handschriften beurteilt und deutet:* das Gutachten eines Graphologen einholen.

Graphologie, die; der Graphologie ⟨ohne Mehrz.⟩: *Lehre von der Deutung der Handschrift als Ausdruck des Charakters.*

graphologisch ⟨Adj.; attr. und als Artangabe, aber nicht präd.; ohne Vergleichsformen⟩: *die Graphologie betreffend; mit den Mitteln der Graphologie [erfolgend]:* ein graphologisches Gutachten; eine Schrift g. beurteilen, deuten.

grassieren, grassierte, hat grassiert ⟨intr.⟩ (bildungsspr.): *um sich greifen, sich ausbreiten* (auf Krankheiten bezogen): in Norddeutschland grassiert die asiatische Grippe; eine Seuche, Typhus grassiert.

Gratifikation, die; der Gratifikation, die Gratifikationen: *freiwillige finanzielle Sonderzuwendung, die der Arbeitgeber dem Arbeitnehmer zusätzlich zum normalen Arbeitslohn zahlt:* zu Weihnachten erwarten wir wieder eine G. in Höhe eines vollen Monatsgehaltes; eine einmalige, wiederholte G. bekommen, auswerfen.

gratis ⟨Adv.⟩: *kostenlos, unentgeltlich:* etwas g. kommen, erhalten, haben können; jmdm. etwas g. geben, überlassen; bei vier Rundfahrten ist eine g.; er hat mich g. untersucht.

Gratulant, der; des Gratulanten, die Gratulanten: *jmd., der gratuliert, Glückwünschender:* der Jubilar begrüßte, empfing die Gratulanten; die ersten Gratulanten kamen, erschienen schon um acht Uhr.

Gratulation, die; der Gratulation, die Gratulationen: *Glückwunsch, Beglückwünschung:* eine herzliche, verfrühte, verspätete G.; seine G. darbringen; bewegt nahm er die Gratulationen seiner Mitarbeiter entgegen.

gratulieren, gratulierte, hat gratuliert ⟨intr.⟩: **1)** ⟨jmdm. g.⟩: *jmdm. seine Glückwünsche darbringen, jmdn. beglückwünschen:* jmdm. zum Geburtstag, zum Namenstag, zur Verlobung, zur Hochzeit, zur Beförderung, zur neuen Wohnung g.; jmdm. persönlich, mündlich, brieflich, telefonisch, herzlich, aufrichtig g. **2)** ⟨sich g. können, dürfen⟩ (ugs.): **a)** *zufrieden, [heil]froh sein können, dürfen über etwas:* du kannst, darfst dir zu einer solch tüchtigen Frau wirklich g.; er kann sich g., wenn alles so glatt geht. **b)** /mit ironischem oder drohendem Unterton/ *sich auf etwas Unangenehmes gefaßt machen:* wenn das dein Chef erfährt, kannst du dir g.!

gravierend [*graw*...] ⟨Adj.; attr. und als Artangabe⟩ (bildungsspr.): *schwerwiegend, erschwerend, belastend:* ein gravierender Unterschied, Fehler, Vorwurf; ein gravierendes Symptom; die Anschuldigungen gegen ihn sind wirklich g.; etwas als g. werten, ansehen; g. kommt hinzu, daß ...

gravitätisch [*graw*...] ⟨Adj.; attr. und als Artangabe⟩ (bildungsspr.; gelegentlich iron.): *ernst, würdevoll, gemessen:* mit gravitätischen Schritten, Bewegungen; sich g. verneigen, verbeugen; g. stolzieren, schreiten.

Grazie [...*i*ᵉ], die; der Grazie, die Grazien (bildungsspr.): **1)** ⟨ohne Mehrz.⟩ *Anmut, Liebreiz:* sie bewegt sich mit natürlicher, edler, hinreißender, unnachahmlicher, lässiger, tänzerischer G.; seine Bewegungen sind voll, voller G.; ich bin verzückt von der G. ihres Augenaufschlags, ihres Mundes, ihrer Hände. **2)** ⟨meist Mehrz.⟩ (scherzh. oder iron.): *[hübsches] junges Mädchen:* na, ihr zwei Grazien!

grazil ⟨Adj.; attr. und als Artangabe⟩ (bildungsspr.): *schlank, zartgliedrig, zierlich; geschmeidig:* eine grazile Figur; mit kleinen, grazilen Füßen, Schritten; ein graziles Mädchen; ihre Finger sind g.; sie wirkt g., sieht g. aus.

graziös ⟨Adj.; attr. und als Artangabe⟩ (bildungsspr.): *anmutig, lieblich (in Haltung und Bewegung):* eine graziöse Verbeugung; ihre Bewegungen sind, wirken g.; sie machte einen graziösen Knicks; sie bewegt sich, turnt, tanzt, läuft, springt äußerst g.

Gremium, das; des Gremiums, die Gremien [...*i*ᵉ*n*]: *beratende oder beschlußfassende Körperschaft, Ausschuß:* ein politisches, wirtschaftliches, ärztliches, internationales G.; ein G. von Fachgelehrten, Spezialisten, Professoren, Wissenschaftlern, Ärzten, Sportfunktionären; der Fall wird von, in einem fachkundigen G. behandelt; ein G. bilden, zusammenstellen; die Arbeit in den einzelnen Gremien.

Grill, der; des Grills, die Grills: *Bratrost:* ein elektrischer G.; Würstchen vom G.; Hähnchen, Fleisch auf dem G. braten.

grillen, grillte, hat gegrillt ⟨tr., etwas g.⟩: *etwas auf dem Grill braten oder rösten:* Hähnchen, Würstchen, Fleisch, Tomaten g.; ein zart gegrilltes Steak.

Grimasse, die; der Grimasse, die Grimassen: *verzerrtes Gesicht, Fratze:* Grimassen machen, schneiden; sein Gesicht verzerrte sich zu einer scheußlichen, widerlichen, abstoßenden, höhnischen G.; laß diese albernen Grimassen!

grippal ⟨Adj.; nur attr.; ohne Vergleichsformen⟩: /Med./ *grippeartig, mit Fieber und Katarrh verbunden (von Infekten gesagt):* ein grippaler Infekt.

Grog, der; des Grogs, die Grogs: *heißes Getränk aus Rum (auch aus Arrak oder Weinbrand), Zucker und Wasser:*

groggy

ein heißer, kräftiger, starker, steifer (= *starker*) G.; sich einen G. machen, brauen; sich mit einem G. aufwärmen.

groggy ⟨indekl. Adj.; nur als Artangabe; ohne Vergleichsformen⟩: **a)** /Boxsport/ *schwer angeschlagen, taumelnd:* der Boxer hing g. in den Seilen, taumelte g. durch den Ring. **b)** (ugs.) *zerschlagen, fertig, erschöpft:* ich bin ziemlich, restlos, völlig g.; dieser Spaziergang hat mich richtig g. gemacht.

Gros [gro], das; des Gros [gro(ß)], die Gros [groß] ⟨Mehrz. selten⟩ (bildungsspr.): *Hauptmasse einer Personengemeinde oder größeren Gruppe, die meisten:* das G. des Heeres, der Armee, der Bevölkerung, der Zuschauer, der Feriengäste, der Teilnehmer, der Fahrzeuge.

Grossist, der; des Grossisten, die Grossisten: /Kaufm./ *Großhändler:* Waren vom Grossisten beziehen; beim Grossisten einkaufen.

grotesk ⟨Adj.; attr. und als Artangabe⟩ (bildungsspr.): *verzerrt-komisch, absonderlich, lächerlich:* eine groteske Situation, Vorstellung, Übertreibung, Überspitzung; ein grotesker Gedanke, Einfall; seine Erscheinung wirkte g.; diese Darstellung der Dinge ist einfach g.; ich halte das für g.; es kommt mir g. vor, bei diesem kalten Wetter schwimmen zu gehen; es ist g. [zu sehen], wie mild diese Brandstifter auf Grund ihrer angeblichen edlen Motive beurteilt werden; ich finde diese Preise g.

Guerilla [gerilja, selten auch: gerila], der; des Guerilla[s], die Guerillas ⟨meist Mehrz.⟩ (bildungsspr.): *Freischärler, Partisan:* die Guerillas zogen sich am Tag in die Wälder und Berge zurück.

Guirlande [gir...]: = Girlande.

Guitarre [git...]: = Gitarre.

Gully [guli], der oder das; des Gullys, die Gullys: *Senkloch, Schlammfang, mit einem Gitter abgedecktes Abflußloch (auf Straßen oder Plätzen) für Regenwasser, Abwässer, Schlamm u. dgl.:* der G. ist verstopft; das Regenwasser fließt durch das G. ab.

Gymnasiast, der; des Gymnasiasten, die Gymnasiasten: *Schüler eines Gymnasiums:* er ist jetzt G. in der ersten Klasse.

Gymnasium, das; des Gymnasiums, die Gymnasien [...i^{e}n]: *höhere Schule, an der die Ausbildung mit dem →Abitur abgeschlossen wird:* ein altsprachliches, humanistisches (= *mit Schwerpunkt auf den Fächern Latein und Griechisch*), neusprachliches, naturwissenschaftliches, musisches (= *mit Schwerpunkt auf den Fächern Kunsterziehung und Musik*) G.; das G. besuchen; auf das G. gehen (ugs.); das G. verlassen; vom G. abgehen; am G. unterrichten.

Gymnast, der; des Gymnasten, die Gymnasten: /Sport/ *Gymnastiklehrer.*

Gymnastin, die; der Gymnastin, die Gymnastinnen: *Gymnastiklehrerin.*

Gymnastik, die; der Gymnastik ⟨ohne Mehrz.⟩: *Körperschulung durch rhythmische Bewegungsübungen:* seine morgendliche, tägliche G. machen, treiben; seinen Körper durch gezielte G. trainieren.

gymnastisch ⟨Adj.; gew. nur attr.; ohne Vergleichsformen⟩: *die Gymnastik betreffend, im Sinne der Gymnastik [erfolgend]:* gymnastische Übungen; gymnastisches Training.

Gynäkologe, der; des Gynäkologen, die Gynäkologen: /Med./ *Frauenarzt, Facharzt für Frauenkrankheiten:* einen Gynäkologen aufsuchen, sich von einem Gynäkologen untersuchen, behandeln lassen.

Gynäkologie, die; der Gynäkologie ⟨ohne Mehrz.⟩: /Med./ *Lehre von den Frauenkrankheiten (einschließlich Geburtshilfe):* er ist Facharzt für G.; er wurde in G. geprüft; sein Spezialgebiet ist die G.

gynäkologisch ⟨Adj.; attr. und als Artangabe, aber nicht präd.; ohne Vergleichsformen⟩: /Med./ *die Gynäkologie betreffend, mit den Mitteln der Gynäkologie [erfolgend]:* ein gynäkologischer Fall; die gynäkologische Station eines Krankenhauses; eine gynäkologische Untersuchung; die Patientin wurde g. untersucht.

H

Halluzination, die; der Halluzination, die Halluzinationen: *Sinnestäuschung, Wahrnehmungserlebnis ohne Außenreiz:* eine optische, akustische H.; eine H. haben; an, unter Halluzinationen leiden.

Hämorrhoide, die; der Hämorrhoide, die Hämorrhoiden ⟨meist Mehrz.⟩: /Med./ *knotenförmige, krampfaderähnliche Erweiterung des Venengeflechts im unteren Mastdarm und am After:* innere, äußere, juckende Hämorrhoiden; Hämorrhoiden veröden.

Handikap [*händikäp*], das; des Handikaps, die Handikaps (bildungsspr.): *Benachteiligung, Behinderung, Erschwerung:* ein schweres, großes, starkes, entscheidendes H.; etwas erweist sich als H.; der regennasse Rasen war ein ziemliches H. für die Fußballartisten aus Brasilien; er geht mit dem H. einer Schulterverletzung ins Rennen.

hantieren, hantierte, hat hantiert ⟨intr.⟩: *mit etwas beschäftigt sein, an etwas arbeiten; mit etwas umgehen, herumwirtschaften:* mit dem Hammer dem Beil, der Zange, der Säge, dem Gewehr, dem Revolver, dem Messer h.; er hantiert an seinem Wagen, am Fernsehgerät; sie hantiert in der Küche, am Herd, mit ihren Töpfen.

Happening [*häpening*], das; des Happenings, die Happenings (bildungsspr.): *als Kunstereignis postulierte Schauaktion, die aus Elementen alltäglicher Tätigkeiten aufgebaut ist, die jedoch durch die besondere Art der Zusammenstellung und durch die Einbeziehung befremdender oder skurriler Effekte den Zuschauer herausfordert und schockiert:* ein H. machen, veranstalten.

Happy-End [*häpiänd*], das; des Happy-End[s], die Happy-Ends (bildungsspr.): *unerwartet glücklicher Ausgang eines [ausweglosen] Geschehens, bes. einer Liebesgeschichte:* es kam zu einem unerwarteten H.; die Geschichte endete mit einem H.; eine Romanze ohne H.

Hardtop [*ha^{r}dtop*], das; des Hardtops, die Hardtops: /Techn./ *abnehmbares Verdeck (aus Metall oder nicht faltbarem Kunststoff) von Kraftwagen, bes. Sportwagen:* das Auto wird mit H. geliefert; das H. abnehmen.

Harem, der; des Harems, die Harems: a) *die streng abgesonderten Frauengemächer des mohammedanischen Wohnhauses, zu denen kein fremder Mann Zutritt hat:* die Frauen des Sultans sitzen in ihrem H. b) *die Gesamtheit der Frauen, die ein mohammedanischer Mann in seinem Harem (a) besitzt:* ein arabischer Kaufmann mit einem H. von vier Frauen. c) /übertr./ (ugs., scherzh.) *die Gesamtheit der weiblichen Personen (bes. Freundinnen), die [ständig] um einen Mann herum sind:* er hat eine neue Puppe in seinem H.; sie gehört zu seinem H.; er hat einen großen, beachtlichen H.; er hat seinen gesamten häuslichen H. dabei.

Harmonie, die; der Harmonie, die Harmonien: 1) ⟨Mehrz. ungew.⟩ (bildungsspr.): *vollkommene Übereinstimmung, Einklang, Eintracht:* die körperliche, seelische, geistige H. zwischen zwei Menschen; die politische, soziale H. ist gestört; die H. von Kirche und Staat; die eheliche H. wiederherstellen; zwischen uns besteht eine vollkommene H.; diese Familie bot das Bild trauter, schönster, ungestörter, glücklicher H.; in völliger H. zusammenleben, zusammenarbeiten; die ewige H. der Seelen; alles ist [wieder] in bester H. 2) /bildende Kunst, Archit./ *das ausgewogene, maßvolle, gesetzmäßige Verhältnis der Teile zueinander; das künstlerische Ebenmaß der Formen:* die H. der Farben [eines Bildes]; die H. der einzelnen Bauelemente eines Bauwerks; die farbliche, stilistische H.; die H. der Formen; etwas stört, beeinträchtigt die H. eines Bildes. 3) /Mus./

harmonieren

wohltönender Zusammenklang mehrerer Töne oder Akkorde; Wohlklang: die H. der Töne; die H. des Dreiklangs; das System der Harmonien; die Lehre von den Harmonien.
harmonieren, harmonierte, hat harmoniert ⟨intr.⟩: **a)** ⟨etwas harmoniert mit etwas⟩: *etwas paßt gut zu etwas:* die Handtasche harmoniert gut, schlecht mit den Schuhen; die Farben des Anzugs und der Krawatte h. nicht miteinander; Höflichkeit harmoniert selten mit der Wahrheit. **b)** ⟨jmd. harmoniert mit jmdm.⟩: *jmd. paßt gut zu jmdm., jmd. kommt mit jmdm. gut aus; harmonisch zusammenleben, zusammenarbeiten:* der Chef harmoniert gut mit seiner neuen Sekretärin; die beiden h. nicht miteinander.
harmonisch ⟨Adj.; attr. und als Artangabe⟩: **1)** (bildungsspr.) *ausgeglichen, einheitlich, ebenmäßig; übereinstimmend; in gutem Einvernehmen [erfolgend], freundschaftlich; ausgewogen:* eine harmonische Ausbildung, Bildung, Erziehung, Entwicklung; ein harmonisches Zusammenwirken, Zusammenspiel, Wechselspiel; ein harmonisches Leben, eine harmonische Ehe führen; unsere Zusammenarbeit war sehr h.; die Tagung, Sitzung, Debatte verlief außerordentlich h.; die Farben sind h. angeordnet, aufeinander abgestimmt; etwas ist h. in den Farben, in der Farbgebung, in der Form, Formgebung; ein h. zusammengestelltes Programm; ein h. abgestimmtes Menü; ein harmonischer Wein. **2)** /Mus./ *nach den Gesetzen der musikalischen Harmonie [aufgebaut]; Wohlklänge enthaltend, wohlklingend:* die harmonische Musik; ein harmonischer Akkord; harmonische Töne; diese Komposition ist weitgehend h.; ein Lied, eine Melodie klingt h.
Harpune, die; der Harpune, die Harpunen: *Wurfspeer mit Widerhaken und Leine zum [Wal]fischfang:* die H. werfen, schleudern, abschießen; einen Fisch mit der H. erlegen, der Hai wurde von der H. getroffen.

harpunieren, harpunierte, hat harpuniert ⟨tr., ein Tier h.⟩: *einen [Wal]fisch mit der Harpune erlegen:* einen Fisch h.
Haschee [haschê], das; des Haschees, die Haschees: /Gastr./ *pikant gewürztes Gericht aus feingewiegtem oder gemahlenem Fleisch:* feines H. mit Reis; H. zubereiten, würzen.
Hat-Trick [hättrick], auch: Hattrick [hätrik], der; des Hat-Tricks oder Hattricks, die Hat-Tricks oder Hattricks: **a)** /Fußball/ *dreimaliger Torerfolg hintereinander durch den gleichen Spieler:* dem Mittelstürmer gelang der H.; den H. erzielen. **b)** /auf andere sportliche Bereiche übertr./ *dreimaliger, in ununterbrochener Reihenfolge errungener Erfolg in einer bestimmten sportlichen Disziplin, dreifacher Erfolg:* mit seiner dritten deutschen Meisterschaft hintereinander gelang ihm der H.; der H. in der alpinen Kombination.
Hautevolee [otwolé, auch: (h)otwolé], die; der Hautevolee ⟨ohne Mehrz.⟩: *die Creme der Gesellschaft; die reichen Leute; die renommiertesten Vertreter einer bestimmten Gesellschaftsgruppe:* die Berliner, Münchener, städtische H.; die gesamte H. aus Politik und Wirtschaft war auf dem Ball vertreten; er gehört zur H.
Hearing [hiring], das; des Hearings, die Hearings (bildungsspr.): **a)** *öffentliche Untersuchung eines Falles vor einem parlamentarischen Ausschuß durch Befragung und Anhörung der Betroffenen:* ein H. ansetzen, durchführen, veranstalten; ein H. über die Spionagefälle; ein H. vor dem Untersuchungsausschuß. **b)** *öffentliche Anhörung von Interessenvertretern, Fachleuten, Gutachtern zu einem bestimmten Themenkreis:* ein H. über die Notstandsgesetze [durchführen, veranstalten].
Hegemonie, die; der Hegemonie, die Hegemonien ⟨Mehrz. ungebr.⟩ (bildungsspr.): *Vorherrschaft, Vormachtstellung:* politische, wirtschaftliche, militärische, künstlerische, kulturelle H.; die [langjährige, frühere,

angebliche, scheinbare] H. der Vereinigten Staaten auf dem Gebiet der Raumfahrt; die H. verlieren, zurückgewinnen; jmdm. die H. streitig machen; die H. des Geistes.

hektisch ⟨Adj.; attr. und als Artangabe⟩: *unruhig, aufgeregt, sprunghaft, gehetzt, von krankhafter Betriebsamkeit:* eine hektische Atmosphäre, Unruhe, Betriebsamkeit; ein hektisches Treiben; du bist mir zu h.; seine Bewegungen sind, wirken h.; h. hin und her laufen; h. aufspringen, reagieren.

Hemisphäre, die; der Hemisphäre, die Hemisphären (bildungsspr.): *halbe Erd- oder Himmelskugel; Erdhälfte:* die westliche, östliche, südliche, nördliche H.

hermetisch ⟨Adj.; gew. nur als Artangabe, aber nicht präd.; ohne Vergleichsformen⟩ (bildungsspr.): *luft- und wasserdicht; absolut dicht, lückenlos; vollständig isoliert; undurchdringlich:* die Spritzampullen sind h. verschlossen; die Insel ist durch die Überschwemmungen h. von der Außenwelt abgeschlossen; Polizisten riegelten das Regierungsgebäude h. ab.

heroisch ⟨Adj.; attr. und als Artangabe⟩ (bildungsspr.): *heldenhaft, heldenmütig:* ein heroischer Kampf, Sieg, Entschluß; seine Haltung war wirklich h.; sich h. verteidigen, wehren, schlagen; h. kämpfen, untergehen; er hat sich h. dazu durchgerungen.

Herzinfarkt, der; des Herzinfarkt[e]s, die Herzinfarkte: /Med./ *Untergang eines Gewebsbezirks des Herzens nach schlagartiger Unterbrechung der Blutzufuhr in den Herzkranzgefäßen (z. B. infolge Gefäßverschlusses):* einen [leichten, schweren] H. bekommen, erleiden.

Hierarchie [hi-e-...], die; der Hierarchie, die Hierarchien ⟨Mehrz. selten⟩ (bildungsspr.): *feste Rangordnung, Stufenleiter:* die staatliche, politische, behördliche, kirchliche, militärische, betriebliche H.; eine strenge, feste, H.; eine H. aufbauen, umstoßen; gegen eine H. verstoßen.

Hieroglyphen [hi-eroglüf^{e}n], die ⟨Mehrz.⟩ (bildungsspr., scherzh.): *schwer lesbare, schwer zu enträtselnde Schriftzeichen einer Handschrift:* unleserliche H.; ich kann deine seltsamen, ausgefallenen H. nicht entziffern, nicht lesen.

High-Society [haiß^{e}ßai^{e}ti], die; der High-Society ⟨ohne Mehrz.⟩: *die vornehme, große Welt, die feinen und reichen Leute:* er gehört zur H.; die internationale, europäische, Londoner H.

historisch ⟨Adj.; attr. und als Artangabe; ohne Vergleichsformen⟩: **a)** *die Geschichte betreffend, geschichtlich; überliefert, bezeugt:* historische Stätten, Personen, Persönlichkeiten, Begebenheiten, Ereignisse, Tatsachen, Zusammenhänge; der Roman ist rein h.; die Vorgänge sind h. bezeugt, belegt. **b)** ⟨gew. nur attr.⟩: *geschichtlich bedeutungsvoll, denkwürdig; folgenschwer:* ein historischer Augenblick, Moment, Tag, Sieg, Ausruf, Ausspruch, Irrtum, Fehler; eine historische Stunde, Tat, Schlacht, Niederlage, Rede.

Hit, der; des Hit[s], die Hits: *Spitzenschlager, erfolgreiches, allgemein beliebtes Musikstück:* ein neuer H. wurde geboren; dieses Lied verspricht ein H. zu werden; der neueste H. aus den USA; einen H. singen, spielen.

Hobby, das; des Hobbys, die Hobbys: *Steckenpferd:* ein technisches, praktisches, sportliches, interessantes, ausgefallenes H.; ein H. haben, ausüben; einem H. frönen; sich ein [kostspieliges] H. leisten; sein [neuestes] H. ist Reiten; Schwimmen ist mein [eigentliches] H.; ich betreibe, treibe Mathematik [nur] als H.

homogen ⟨Adj.; attr. und als Artangabe⟩ (bildungsspr.): *gleichmäßig [aufgebaut], gleichartig; einheitlich, geschlossen:* ein homogener Organismus; eine homogener Mannschaft, Truppe; die Politik der jetzigen Regierung ist, wirkt nicht h. genug; h. zusammenarbeiten, zusammenwirken; etwas ist h. aufgebaut.

Homöopath, der; des Homöopathen, die Homöopathen: *homöopathisch behandelnder Arzt:* er hat sich als H. niedergelassen; einen Homöopathen konsultieren.

Homöopathie, die; der Homöopathie ⟨ohne Mehrz.⟩: *Richtung der Medizin, die von dem Behandlungsgrundsatz ausgeht, daß man einem Kranken solche Mittel in hoher Verdünnung geben soll, die in stärkerer Konzentration beim Gesunden Krankheitserscheinungen hervorrufen, die den zu behandelnden ähnlich sind:* er hat sich der H. verschrieben.

homöopathisch ⟨Adj.; attr. und als Artangabe; ohne Vergleichsformen⟩: *auf die Homöopathie bezogen, die Mittel der Homöopathie anwendend:* ein homöopathischer Arzt; ein homöopathisches Mittel; die Behandlung ist rein h.; einen Patienten h. behandeln, kurieren.

Homosexualität, die; der Homosexualität ⟨ohne Mehrz.⟩: /Med./ *gleichgeschlechtliche Liebe (speziell zwischen Personen männlichen Geschlechts):* männliche, weibliche H.; die Formen der H.; der H. verfallen sein.

homosexuell ⟨Adj.; attr. und als Artangabe; ohne Vergleichsformen⟩: /Med./ *gleichgeschlechtlich [empfindend, veranlagt], im Geschlechtsempfinden auf Vertreter des eigenen Geschlechts ausgerichtet* (bes. auf Männer bezogen): eine homosexuelle Veranlagung; homosexuelle Neigungen, Praktiken, Beziehungen, Erlebnisse, Kreise; er, sie ist h.; sich h. betätigen, verhalten; h. miteinander verkehren.

Homosexuelle, der oder die; des oder der Homosexuellen, die Homosexuellen: *Mann oder* (seltener:) *Frau mit homosexuellen Neigungen:* die männlichen, weiblichen Homosexuellen.

Honneurs [(h)onö̱rß], die ⟨Mehrz.⟩ (bildungsspr.): /in der Wendung/
*die H. machen: *die Gäste (bei einem Empfang) begrüßen und willkommen heißen.*

Honorar, das; des Honorars, die Honorare: *Vergütung, Entgelt für die (bes. wissenschaftliche oder künstlerische) Arbeitsleistung eines freiberuflich Tätigen:* ein niedriges, hohes, geringes, angemessenes H.; das H. für ärztliche Besuche, ärztliche Behandlung, ärztliche Betreuung; etwas gegen H. durchführen, ausführen, übernehmen; ein H. für etwas nehmen, bekommen, erhalten; ein H. vereinbaren.

Honoratioren, die ⟨Mehrz.⟩ (bildungsspr.): *die angesehensten Bürger eines Ortes:* die H. des Städtchens kamen zusammen, versammelten sich.

honorieren, honorierte, hat honoriert ⟨tr.⟩ (bildungsspr.): **1 a)** ⟨jmdn. h.⟩ (selten): *ein Honorar an jmdn. zahlen:* einen Anwalt, einen Arzt, einen Detektiv h.; er wurde von mir für seine Tätigkeit gut honoriert. **b)** ⟨etwas h.⟩: *jmds. Tätigkeit durch ein Honorar entgelten, für etwas Honorar zahlen:* der Anwalt ließ sich die Beratung mit 33 DM h.; sein Beitrag, seine Einsendung wurde gut, schlecht, mäßig honoriert. **2)** ⟨etwas h.⟩: *etwas, was Anerkennung oder Dank verdient, in angemessener Weise vergelten bzw. belohnen; einer Sache die gebührende Anerkennung gewähren:* seine großartige Leistung wurde mit dem ersten Preis honoriert; die meisten guten Taten dürften wohl erst im Himmel honoriert werden; sie honorierte mein Schweigen mit einem dankbaren Lächeln, (auch:) durch ein dankbares Lächeln; seine Ehrlichkeit wurde mit einer Strafe honoriert (ironisch).

honorig ⟨Adj.; attr. und als Artangabe⟩ (bildungsspr.): *ehrenhaft, anständig:* ein honoriges Angebot; eine honorige Person; die Gesellschaft war wirklich h.; er hat sich sehr h. gezeigt.

Horizont, der; des Horizont[e]s, die Horizonte ⟨Mehrz. ungew.⟩: **1)** *scheinbare Begrenzungslinie zwischen Himmelsgewölbe und Erdoberfläche:* am [fernen] H. werden die Bergspitzen sichtbar; die Sonne geht am H. auf, unter; am H. ziehen Wolken auf; der H. ist, wird blau, hellt sich auf, verdüstert sich; den H. absuchen. – /bildl./: am H. zeigte sich ein Hoffnungsschimmer; am politischen H. zeichnet sich eine Lösung der Krise ab. **2)** /übertr./ *Gesichtskreis, Interessen-, Bildungs- und Verständnisbereich eines Menschen:* einen kleinen, engen, weiten, beschränkten H. haben; seinen H. erweitern; das geht über meinen H.; das übersteigt seinen H.

horizontal ⟨Adj.; attr. und als Artangabe; ohne Vergleichsformen⟩: *waagerecht:* eine horizontale Linie, Fläche, Lage; die Straße verläuft h. – *das horizontale Gewerbe (salopp): Prostitution.

Horoskop, das; des Horoskops, die Horoskope: *astrologische Zukunfts- und Schicksalsdeutung aus der Konstellation der Gestirne bei der Geburt eines Menschen:* ein günstiges, ungünstiges H.; mein H. für die nächsten Tage ist gut; sich ein H. stellen lassen; in meinem H. steht, daß ...

Horsd'œuvre [ordø̱wrᵉ], das; des Horsd'œuvre, die Horsd'œuvres: /Gastr./ *kleineres [appetitanregendes] kaltes oder warmes Vor- oder Beigericht, Vorspeise:* ein [kleines, leichtes] H.; als H. nehmen wir Hummer auf Toast.

Hospital, das; des Hospitals, die Hospitale und Hospitäler (veraltend): *Krankenhaus:* in ein H. gebracht, eingeliefert werden; in einem H. liegen.

Hostie [...iᵉ], die; der Hostie, die Hostien: /Rel./ *[ungesäuertes] Abendmahlsbrot (in Form einer runden Oblate):* die H. darreichen, nehmen, weihen, segnen, schänden, austeilen; die H. ist der Leib Christi, gilt als der Leib Christi.

Hotel, das; des Hotels, die Hotels: *Beherbergungs- und Verpflegungsbetrieb mit einem gewissen Mindestkomfort:* ein kleines, großes, ruhig gelegenes, altes, modernes, billiges, teures, vornehmes, exklusives, renommiertes, erstklassiges, drittklassiges, feudales, deutsches, spanisches, international anerkanntes, schwimmendes (= hotelmäßig ausgebautes Schiff), fliegendes (= hotelmäßig ausgebautes Flugzeug) H.; ein H. von Rang, der Spitzenklasse, der zweiten Kategorie, mit gutem Ruf; ein H. errichten, führen, leiten, übernehmen; in einem H. wohnen, logieren, absteigen, übernachten; das H. ist belegt, überbelegt, geöffnet, geschlossen; der Geschäftsführer, Besitzer, Portier, das Personal eines Hotels.

Hotelier [*hotälje̱*], der; des Hoteliers, die Hoteliers: /Gastr./ *Hotelbesitzer:* er ist gelernter H.

human ⟨Adj.; attr. und als Artangabe⟩ (bildungsspr.): **a)** *menschenwürdig; auf das Wohl der Menschen bedacht, menschenfreundlich, menschlich:* eine humane Gesinnung, Hilfeleistung; humane Bestrebungen; humane Ziele verfolgen; etwas aus humanen Gründen tun; das Programm, das wir zu erfüllen haben, ist ausschließlich h.; h. denken, handeln; die Sterbeerleichterung für einen Todkranken kann durchaus h. sein. **b)** *menschenwürdig, menschenfreundlich, anständig; mild:* eine humane Politik, Bestrafung; unsere Methoden sind durchaus h.; ein humanes Urteil; ein humaner Vorgesetzter, Chef; er wurde h. behandelt; die Gefangenen waren h. untergebracht.

humanitär ⟨Adj.; attr. und als Artangabe⟩ (bildungsspr.): *auf das Wohlergehen der Menschen gerichtet; auf die Linderung menschlicher Not bedacht, wohltätig (im großen Stil):* humanitäre Maßnahmen, Absichten, Bestrebungen; eine humanitäre Forderung, Pflicht, Notwendigkeit; unsere Hilfe ist rein h.; ein notleidendes Volk h. unterstützen.

Humanität, die; der Humanität ⟨ohne Mehrz.⟩ (bildungsspr.): *edle Menschlichkeit:* echte, wahre, höhere, falsche H.; etwas ist eine Frage, ein Gebot der H.; gegen die Gesetze der H. verstoßen.

Humbug, der; des Humbugs ⟨ohne Mehrz.⟩: *Unsinn, dummes Zeug; Schwindel:* das ist doch alles H.; das ist großer, völliger, totaler, ziemlicher, reiner H.; lauter H. erzählen.

Humor, der; des Humors, die Humore ⟨Mehrz. ungew.⟩: *lebensbejahende, heiter-gelassene Grundhaltung, die sich im Scherz, im Witz, in fröhlicher Ausgelassenheit oder auch nur im Lächeln oder Schmunzeln offenbart:* ein echter, kerniger, überlegener, weiser, lächelnder, gütiger, goldener, stiller, befreiender, sonniger, souveräner H.; er hat, besitzt einen unerschöpflichen, gesunden, köstlichen, trockenen, abgründigen, beißenden H.; schwarzer, makabrer H.; den nötigen H. für etwas aufbringen; er hat viel, wenig, keinen H.; er ist ohne jeglichen H.; ich lasse mich nicht um meinen H. bringen; er trägt alles mit H.; seinen H. behalten, bewahren, verlieren; er hat es mit H. aufgenommen.

Humorist, der; des Humoristen, die Humoristen: *Schriftsteller oder Dichter, der überwiegend Werke humorvollen Inhalts verfaßt; Vortragskünstler, dessen Darbietungen durch Witz und Komik gekennzeichnet sind:* Mark Twain gehört zu den Klassikern unter den Humoristen; für den bunten Abend konnte der bekannte H. X als Conférencier verpflichtet werden.

humoristisch ⟨Adj.; attr. und als Artangabe⟩: *humorvoll, heiter, scherzhaft:* ein humoristischer Roman, Film, Erzähler, Mensch; humoristische Einlagen; die Geschichte ist durchaus h. [aufgebaut, angelegt]; er schreibt sehr h.

Hydrant, der; des Hydranten, die Hydranten: /Techn./ *größere Zapfstelle zur Wasserentnahme aus Rohrleitungen:* einen Feuerwehrschlauch an einen Hydranten anschließen; Wasser aus einem Hydranten entnehmen; einen Hydranten aufdrehen, zudrehen.

hydraulisch ⟨Adj.; attr. und als Artangabe; ohne Vergleichsformen⟩: /Techn./ *mit Flüssigkeitsdruck arbeitend; mit Wasserantrieb:* ein hydraulischer Antrieb; eine hydraulische Bremse; das Getriebe ist h.; etwas wird h. gesteuert, angetrieben, geöffnet, geschlossen.

Hygiene, die; der Hygiene ⟨ohne Mehrz.⟩: 1) /Med./ *Gesundheitslehre; Gesundheitsfürsorge; Gesundheitspflege:* öffentliche, private H.; das Institut für H.; er ist Dozent für. H. 2) *Sauberkeit:* die H. in den Waschräumen ist unzulänglich; für die H. sorgen.

hygienisch ⟨Adj.; attr. und als Artangabe⟩: 1) ⟨gew. nur attr.; ohne Vergleichsformen⟩: *die Gesundheitslehre und Gesundheitsfürsorge betreffend; den Grundsätzen der Gesundheitsfürsorge entsprechend:* ein hygienisches Institut; hygienische Maßnahmen, Vorkehrungen. 2) *gesundheitsdienlich; sauber:* ein hygienisches Handtuch; etwas aus hygienischen Gründen tun; die Verhältnisse in diesen Waschräumen sind nicht gerade h.; der Operationssaal ist h. eingerichtet; eine Ware h. verpacken.

Hymne, die; der Hymne, die Hymnen: /übliche Kurzbezeichnung für/ → *Nationalhymne:* die H. erklingt, wird gespielt.

Hypnose, die; der Hypnose, die Hypnosen: *schlaf- oder halbschlafähnlicher Zustand, der durch Suggestion künstlich herbeigeführt werden kann:* leichte, mittlere, tiefe H.; im Zustand der H.; jmdn. in H. versetzen, setzen; die H. ausüben; etwas in H. tun; aus der H. aufwachen, erwachen.

Hypnotiseur [...sör], der; des Hypnotiseurs, die Hypnotiseure: *jmd., der einen anderen in Hypnose versetzen kann:* ein erfahrener H.

hypnotisieren, hypnotisierte, hat hypnotisiert ⟨tr., jmdn. h.⟩: a) *jmdn. in Hypnose versetzen:* er ist leicht, schwer zu h. b) /übertr./ *jmdn. durch Worte, Blicke, Gesten oder ein anderes geeignetes Verhalten derart beeindrucken oder beeinflussen, daß der Betroffene in seinen Reaktionen abhängig und bis zur Willenlosigkeit steuerbar wird:* jmdn. mit seinen Augen, seinen Blicken h.; diese Frau hat ihn hypnotisiert; [wie] hypnotisiert starrte er seine frühere Geliebte an, als sie ihm nach langen Jahren, schöner als je zuvor, wiederbegegnete.

Hypochonder [...eh̯ǫndᵉr, auch: ...kǫndᵉr], der; des Hypochonders, die Hypochonder: *eingebildeter Kranker, egozentrischer Mensch, der in ständiger Selbstbeobachtung lebt und als Folge davon schon geringfügige Beschwerden als Krankheitszeichen zu deuten pflegt:* er ist ein [typischer] H.
hypochondrisch [...eh̯ǫ..., auch: ...kǫ...] ⟨Adj.; attr. und als Artangabe⟩: *die Eigenschaften eines Hypochonders habend:* ein hypochondrischer Mensch; er ist ausgesprochen h.; er gebärdet sich h.
Hypothek, die; der Hypothek, die Hypotheken: **1)** /Rechtsw./ *Pfandrecht an einem Grundstück zur Sicherung einer Forderung:* die erste, zweite, dritte H.; eine H. auf ein Grundstück eintragen lassen; das Haus ist mit einer H. belastet; eine H. aufnehmen, kaufen, verkaufen, tilgen, abtragen; eine Forderung durch eine H. sichern; auf dem Haus liegt noch eine H. **2)** /übertr./ (bildungsspr.) *ständige Belastung, Bürde, ungelöstes Problem:* auf der EWG lastet die schwere H. England; der neue amerikanische Präsident übernimmt als ständige H. die ungelöste Vietnamfrage; jmdm. eine neue, weitere, zusätzliche H. [mit etwas] aufbürden.
Hypothese, die; der Hypothese, die Hypothesen (bildungsspr.): *Unterstellung, unbewiesene Annahme:* eine kühne, gefährliche, gewagte, physikalische, philosophische, politische, militärische H.; eine H. aufstellen, aufgeben, widerlegen; auf einer H. beharren.
hypothetisch ⟨Adj.; attr. und als Artangabe; gew. ohne Vergleichsformen⟩ (bildungsspr.): *nur angenommen, auf einer unbewiesenen Annahme beruhend, vorläufig (noch zu beweisend):* eine hypothetische Behauptung; diese Annahme ist rein h.; etwas h. darstellen, annehmen.
Hysterie, die; der Hysterie ⟨ohne Mehrz.⟩: *auf der Basis einer außergewöhnlichen Gemütslage entstehende übersteigerte seelische Reaktionsbereitschaft mit Neigung zu Affektausbrüchen und ungezügelten, unkontrollierten Verhaltensweisen:* ein Anfall von H.; krankhafte H.; sich in eine Art H. hineinsteigern; H. bricht aus; unter H. leiden.
hysterisch ⟨Adj.; attr. und als Artangabe⟩: *zum Erscheinungsbild der Hysterie gehörend; an Hysterie leidend, überspannt, verrückt; auf Hysterie beruhend:* ein hysterisches Verhalten Lachen, Weinen; hysterische Freude, Wut, Angst; einen hysterischen Anfall bekommen; diese Frau ist h., h. geworden; h. lachen, weinen, heulen, schluchzen, schreien, toben, umherrennen, reagieren.

I

ideal ⟨Adj.; attr. und als Artangabe⟩: *mustergültig, vollkommen; makellos schön oder gut; hundertprozentig geeignet:* ein idealer Mann, Ehemann, Partner, Präsident, Chef, Mittelstürmer; sie ist als Ehefrau einfach i.; ihre Formen, Maße sind i.; ideale Voraussetzungen, Bedingungen, Möglichkeiten vorfinden; die Schneeverhältnisse in den Alpen sind i.; sie ist i. gewachsen, gebaut (ugs.); er ist i. für diesen Posten geeignet.

Ideal, das; des Ideals, die Ideale: **1 a)** *bedeutungsvolles, vollkommenes Urbild, Leitbild:* er hat keine Ideale; er hat seine Ideale verloren; Ideale verwirklichen; er bleibt seinen Idealen treu; die geistigen, sportlichen, politischen, künstlerischen Ideale eines Menschen; die männlichen, weiblichen Ideale; sich von seinen Idealen leiten lassen; der Krieg hat viele Ideale unserer Jugend zerstört; der Weltfrieden ist ein unerreichbares, fernes

idealisieren

I.; er hängt verschrobenen schriftstellerischen Idealen an. b) *Musterbeispiel:* er ist das I. eines guten Lehrers, Chefs, Politikers, Arztes, Schauspielers. 2) *Wunschtraum, erstrebenswertes Ziel:* es ist mein I., Flugzeugführer zu werden; dieser Wagen ist mein I.

idealisieren, idealisierte, hat idealisiert ⟨tr.; jmdn., etwas i.⟩ (bildungsspr.): *jmdn. oder etwas verherrlichen, jmdn. oder etwas schöner und vollkommener darstellen oder sehen, als es der Wirklichkeit entspricht:* die Menschen, den Beruf des Soldaten, den Krieg, eine Frau i.

Idealismus, der; des Idealismus, die Idealismen ⟨Mehrz. ungew.⟩: *Streben nach Verwirklichung sittlicher und ästhetischer Ideale; der Glaube an Ideale und die dadurch bestimmte Lebensführung:* er ist voller I.; er hat viel jugendlichen I.; er tut das aus reinem I.

Idealist, der; des Idealisten, die Idealisten: a) *jmd., dessen Handeln von hohen Idealen und nicht von materiellem Gewinnstreben bestimmt wird:* er ist ein reiner, großer, leidenschaftlicher, glühender I. b) (leicht abschätzig) *der wenig auf dem Boden der Wirklichkeit stehende Schwärmer:* ein verträumter, vertrottelter I.

Idee, die; der Idee, die Ideen: 1) *Gedanke, Vorstellung, Einfall; Überlegung, Plan:* eine neue, gute, glänzende, tolle (ugs.), ganz verrückte, geniale, ausgefallene I.; eine I. haben; ich habe noch keine rechte I. davon, wie ich das anpacken soll; er hat immer tausend Ideen; er ist voller Ideen; er hat den Kopf voller Ideen; ich brauche eine neue I. für ein Filmdrehbuch; mir fehlen die geeigneten Ideen; seine Ideen festhalten, zu Papier bringen; eine I. von jmdm. aufgreifen, weiterentwickeln, weiterführen; das ist keine schlechte I. von ihm; das ist nur so eine I. von mir; das bringt mich auf eine I.; das brachte mich auf die I.,...; wie kommst du denn auf diese I.?; auf eine I. verfallen; sich in eine I. verrennen (ugs.). – *fixe Idee (= Zwangsvorstellung);* *keine I. davon! (ugs.; = davon kann überhaupt nicht die Rede sein). 2) Leitgedanke, Grundgedanke; Begriff; Prinzip:* die politischen, sozialpolitischen, philosophischen Ideen von Marx und Engels; die I. der Freiheit, der christlichen Gnade; eine I. verfechten; für eine I. eintreten; kämpfen, an die europäische I. glauben. 3) /nur in der festen Verbindung/ *eine I. (ugs.): eine Kleinigkeit, ein bißchen:* das Bild hängt eine I. zu hoch; das Kleid muß noch eine I. kürzer sein; bitte Tee mit einer I. *(= mit einem kleinen Schuß)* Rum!

ideell ⟨Adj.; attr. und als Artangabe; ohne Vergleichsformen⟩ (bildungsspr.): 1) ⟨gew. nur attr. und (seltener) präd.⟩: *immateriell, unstofflich; geistig; immaterielle Güter betreffend; geldlich nicht berechenbar, nicht aufwiegbar* (im Gegensatz zu → materiell): der ideelle Gehalt eines Films, Romans; die Ziele, die er verfolgt, sind rein i.; die ideelle Bedeutung des Freiheitsbegriffs; der ideelle Wert eines Schmuckstücks, eines Armbandes, eines Buches; der ideelle Schaden, der jmdm. aus einer üblen Nachrede entsteht; ein großer ideeller Verlust; eine ideelle Einbuße, einen ideellen Schaden erleiden. 2) ⟨nicht präd.⟩ *gedanklich-theoretisch:* die ideellen Grundlagen eines Gesetzes, einer Verfassung, eines praktischen Programms; der ideelle Unterbau des Kommunismus, der freien Marktwirtschaft; eine Politik i. untermauern.

Identifikation, die; der Identifikation, die Identifikationen (bildungsspr.): 1) *Feststellung der Identität einer Person oder Sache:* die I. eines Toten, eines Leichnams, eines Fundgegenstandes; die I. des Täters durch den Tatzeugen; eine I. vornehmen. 2) *das Sichidentifizieren (mit jmdm. oder etwas):* die kindliche I. mit dem Vaterbild; die mythische I. des Menschen mit den göttlichen Mächten; die I. des Staatsbürgers mit der staatlichen Macht.

identifizieren, identifizierte, hat identifiziert ⟨tr. und refl.⟩ (bildungsspr.): **1)** ⟨jmdn., etwas i.⟩: *die Identität einer Person oder Sache feststellen oder bezeugen:* einen Mann, eine Frau, einen Toten, einen Leichnam, ein gestohlenes Schmuckstück i.; er identifizierte den Mantel als sein Eigentum. **2)** ⟨sich, (auch:) jmdn. mit jmdm. oder etwas i.⟩: *sich mit jmdm. oder etwas gleichsetzen, vergleichen; mit jmdm. in etwas übereinstimmen:* junge Menschen suchen nach Vorbildern, mit denen sie sich i. können; diese Partei identifiziert sich offenbar mit dem Staat schlechthin; ich kann mich mit seiner Entscheidung leider nicht i.; das Publikum identifiziert den Schauspieler oft mit seiner Rolle.

identisch ⟨Adj.; attr. und als Artangabe; ohne Vergleichsformen⟩ (bildungsspr.): *völlig gleich, ein und derselbe, ein und dasselbe* (auf Personen oder Sachen bezogen): identische Zwillinge, Gleichungen, Vorschläge; der Festgenommene ist mit dem Gesuchten i.; ich halte die beiden Schriften für i.

Identität, die; der Identität ⟨ohne Mehrz.⟩ (bildungsspr.): **a)** *vollkommene Gleichheit bzw. Übereinstimmung zweier Personen oder Dinge:* echte, wirkliche, scheinbare I.; die I. zwischen den beiden Schriften ist offensichtlich. **b)** *die Echtheit oder Nämlichkeit einer Person:* die I. einer Person, eines Festgenommenen, eines Toten, einer Leiche feststellen; den Nachweis die I. erbringen; seine I. verschleiern; jmds. I. bestätigen.

Idiot, der; des Idioten, die Idioten: **1)** (ugs.) *Dummkopf, Trottel:* so ein I.!; du bist ein großer, richtiger, ausgemachter I.; ich I., wie konnte ich das nur vergessen! **2)** /Med./ *hochgradig Schwachsinniger:* die haben einen Idioten in der Familie.

Idiotie, die; der Idiotie, die Idiotjen: **1)** ⟨Mehrz. ungew.⟩: /Med./ *hochgradiger Schwachsinn:* angeborene, erworbene, schwere, leichte I.; die verschiedenen Formen der I.; an I. leiden. **2)** (ugs.) *Dummheit, Eselei,* *unsinniges Verhalten:* eine große, unbegreifliche I.; welch eine I.!

idiotisch ⟨Adj.; attr. und als Artangabe⟩: **1)** ⟨ohne Vergleichsformen⟩: /Med./ *hochgradig schwachsinnig, verblödet; in der Art eines Schwachsinnigen:* ein idiotisches Kind; das Kind ist i.; er lächelt, lacht i. **2)** (ugs.) *blöde, dumm; widersinnig, unsinnig:* ein idiotischer Vorschlag, Plan, Vertrag; er hat aber wirklich einen idiotischen Namen; das Spiel wurde von einem absolut idiotischen Schiedsrichter geleitet; dieser Einfall ist völlig i.; deine Frage ist völlig i.; ich finde diese Antwort gar nicht i.; das ist doch i., mit vollem Magen schwimmen zu gehen; das Bild sieht i. aus; der Mann fährt geradezu i.; i. fragen, antworten, reagieren.

Idol, das; des Idols, die Idole (bildungsspr.): *Gegenstand abgöttischer Verehrung; Person, die auf Grund der Bewunderung und Verehrung, die ihr zuteil wird, idealisiert wird:* dieser Schauspieler war das unbestrittene I. einer ganzen Generation; Uwe Seeler ist das I. der deutschen Fußballjugend; einem [trügerischen, falschen] I. nacheifern; jmd. zu seinem I. machen; ein I. zerstören.

Idyll, das; des Idylls, die Idylle; auch: **Idylle**, die; der Idylle, die Idyllen (bildungsspr.): *Bild oder Zustand eines friedlichen und einfachen Lebens in (meist) ländlicher Abgeschiedenheit:* ein ländliches, dörfliches, häusliches, familiäres I.; ein I. stören; eine bäuerliche, bürgerliche I. des Wohlbehagens.

Idylle vgl. Idyll.

idyllisch ⟨Adj.; attr. und als Artangabe⟩ (bildungsspr.): *ländlich-friedlich; romantisch-gemütlich, beschaulich:* ein idyllisches Städtchen, Plätzchen; ein i. gelegener Ort; der Garten ist sehr i. [angelegt].

Ignorant, der; des Ignoranten, die Ignoranten (bildungsspr.): *Dummkopf, Nichtswisser, Nichtskönner:* er ist ein [politischer, literarischer] I.

ignorieren, ignorierte, hat ignoriert ⟨tr.; jmdn., etwas i.⟩: *etwas oder jmdn.*

absichtlich übersehen, nicht beachten; etwas unbeachtet lassen: jmds. Befehle, Weisungen, eine Frage, Antwort, einen Zwischenruf, eine Bemerkung, eine Drohung, ein Problem, eine Tatsache, jmds. Interessen, Gefühle, Schmerz, Bedenken, Einwände i.; er hat meine Anwesenheit ganz offensichtlich, völlig, einfach, glattweg, in unverschämter Weise ignoriert; soll ich diesen Mann denn einfach i., wenn ich ihm begegne?

Ileus [*ile-uß*], der; des Ileus, die Ileen oder die Ilei [*ile-i*]: /Med./ *Darmverschluß:* einen I. haben; an einem I. operiert werden.

illegal ⟨Adj.; attr. und als Artangabe; gew. ohne Vergleichsformen⟩: *ungesetzlich, gesetzwidrig; ohne behördliche Genehmigung:* eine illegale Tätigkeit, Arbeit, Partei; die illegale Einfuhr, Ausfuhr von Waren; ein illegaler Grenzübertritt; eure Geschäfte sind i.; was ihr tut, ist i.; i. handeln, arbeiten, vorgehen, einwandern, auswandern.

illegitim ⟨Adj.; attr. und als Artangabe; gew. ohne Vergleichsformen⟩ (bildungsspr.): **1)** *unrechtmäßig, im Widerspruch zur Rechtsordnung [stehend]:* in illegitimer Vollmacht handeln; sein Machtanspruch ist i.; er hat i. darauf verzichtet. **2)** ⟨gew. nur attr.; ohne Vergleichsformen⟩: *unehelich:* ein illegitimes Kind; eine illegitime Tochter; ein illegitimer Sohn.

Illusion, die; der Illusion, die Illusionen: *Selbsttäuschung; eingebildete Wirklichkeit, Scheinwirklichkeit; unrealistische Vorstellung von einem bestimmten Gegenstand oder Menschen:* nichtige, verlorene, kindliche Illusionen; die deutschen Illusionen von einem vereinten Europa; die Illusionen der Jugend, des Lebens; der erhoffte Wahlsieg der Partei war nur eine schöne I.; eine I. hervorrufen, hegen, zerstören; sich die Illusionen der Jugend bewahren, erhalten; seine Illusionen aufgeben, verlieren; er ist voller Illusionen; er hat den Kopf voll Illusionen; jmdm. seine Illusionen lassen; er gab ihr die I. eines sorglosen Lebens; sich einer I. hingeben; einer I. nachjagen; sich über etwas, jmdn. Illusionen machen; ich mache mir keine, wenig Illusionen über meine Zukunft; sich in Illusionen über etwas wiegen; von Illusionen leben; jmdn. von seinen Illusionen heilen.

illusorisch ⟨Adj.; attr. und als Artangabe⟩ (bildungsspr.): *nur in der Illusion existierend; trügerisch; vergeblich, sinnlos, sich erübrigend:* ein illusorischer Wunsch, Plan; deine Frage ist ganz i.; seine plötzliche Absage macht die ganze Angelegenheit i.

illuster ⟨Adj.; nur attr.; ohne Vergleichsformen⟩ (bildungsspr.): *glänzend; vornehm, erlaucht:* eine illustre Persönlichkeit; ein illustrer Kreis von Gästen; die illustre Reihe der amerikanischen Präsidenten; eine illustre Schar, Gesellschaft.

Illustration, die; der Illustration; die Illustrationen (bildungsspr.): **1 a)** *Bebilderung eines Schriftwerkes:* die I. eines Buches übernehmen. **b)** *das Bildmaterial, die Bildbegabe eines Schriftwerkes:* schwarzweiße, farbige, gelungene, drastische Illustrationen; wer hat die Illustrationen gezeichnet? **2)** *Veranschaulichung, Erläuterung:* etwas dient zur I. von etwas.

illustrieren, illustrierte, hat illustriert ⟨tr., etwas i.⟩ (bildungsspr.): **1)** *ein Schriftwerk (Buch, Zeitung u. ä.) bebildern:* eine Zeitung, Zeitschrift, ein Wörterbuch, ein Lexikon mit Photographien, mit Zeichnungen i.; welcher Graphiker hat diesen Band illustriert?; dieser Katalog, Prospekt ist gut, reich, anschaulich, unzureichend, schlecht illustriert. **2)** *etwas veranschaulichen, klarmachen, erläutern:* einen Sachverhalt durch eigene Beobachtungen näher i.; ich möchte Ihnen unsere Untersuchungen anhand einiger Farbdias i.

Illustrierte, die; der Illustrierten, die Illustrierten: *illustrierte Zeitschrift, periodisch erscheinende Zeitschrift, die überwiegend mit aktuellem Bildmaterial ausgestattet ist:* eine neue, farbige I.; eine I. herstellen, herausbringen, machen (ugs.), herausgeben, redigieren; in einer Illustrierten blättern; der Roman erschien als Vorabdruck in einer Illustrierten.

Image [ˈimidseh], das; des Image[s], die Images [ˈimidsehis] ⟨Mehrz. selten⟩ (bildungsspr.): *vorgefaßtes, festumrissenes Vorstellungsbild, das ein einzelner oder eine Gruppe von einer Einzelperson, einer anderen Gruppe oder einer Sache hat; Persönlichkeitsbild, Charakterbild:* ein gutes, solides, untadeliges, positives, schlechtes, negatives I.; das [charakteristische, typische] I. des Unternehmers, Politikers, Arztes, Wissenschaftlers; das angekratzte (salopp) I. des deutschen Films; das ideologische I. der SPD; das I. einer Ware; ein I. erobern, aufbauen, verlieren; sein I. pflegen, auffrischen, aufpolieren (salopp); das hat seinem I. als fairer Sportsmann geschadet; seinem I. als Bundestrainer gerecht werden; seinem I. treu bleiben; um ein angenehmes I. bemüht sein; ein I. entsteht, wird geprägt, wird verwischt, geht verloren.

Imitation, die; der Imitation, die Imitationen (bildungsspr.): **1)** *Nachahmung; vorbildgetreue Nachbildung:* die I. eines Menschen, einer Tierstimme, des Gangs eines Menschen, eines Stils, eines Schmuckstücks. **2)** *unechte Nachbildung, aus unechtem Material hergestellter Gegenstand, der in Form und Aussehen dem nachgebildeten Gegenstand gleicht:* dieser Ring ist eine geschickte, billige, schlechte, raffinierte I. aus Silber; eine I. anfertigen [lassen], herstellen; in den Schaufenstern liegen häufig nur wertlose Imitationen.

imitieren, imitierte, hat imitiert ⟨tr.⟩ (bildungsspr.): **a)** ⟨jmdn., etwas i.⟩: *jmdn. oder etwas nachahmen:* einen Menschen, den Gang eines Menschen, jmds. Stimme, Aussprache, Lachen, Tierstimmen, ein Huhn, eine Katze i.; jmdn. täuschend ähnlich, überraschend gut, glänzend, geschickt i.; jmds. Stil i. **b)** ⟨etwas i.; gew. im zweiten Part.⟩: *etwas künstlich so herstellen, daß es in der Form, im Aussehen und in einzelnen Eigenschaften einem echten Material ähnlich ist:* imitiertes Leder, imitierter Schmuck.

immens ⟨Adj.; attr. und als Artangabe; ohne Vergleichsformen⟩ (bildungsspr.; oft emotional übertreibend): *unermeßlich [groß], ungeheuer:* eine immense Größe, Bedeutung; ein immenses Einkommen; er hat immenses Glück gehabt; sein Reichtum ist i.; er ist i. reich; er hat i. an der Sache verdient.

Immobilien [... iᵉn], die ⟨Mehrz.⟩: /Wirtsch./ *Liegenschaften, Grundstücke, unbeweglicher Besitz:* mit I. handeln; I. vermitteln, taxieren; die Nachfrage nach I. hat sich merklich belebt.

immun ⟨Adj.; selten attr., meist als Artangabe; ohne Vergleichsformen⟩: **1 a)** /Med./ *für Krankheiten unempfänglich, gegen Ansteckung gefeit:* ein gegen Krankheitserreger immuner Organismus; ich bin für mindestens zwei Jahre gegen Tetanusbazillen durch Impfung i. **b)** /übertr./ (bildungssprachlich) *unempfindlich; widerstandsfähig; nicht zu beeindrucken, unbeeinflußbar:* ich bin gegen Kälte, Hitze, Schmerzen, Anfechtungen, Versuchungen, Anfeindungen, Beleidigungen, Lärm i.; das ständige Einnehmen von Schmerztabletten hat seinen Organismus gegen Schmerztabletten fast i. gemacht. **2)** ⟨gew. nur präd.⟩: /Pol./ *unter dem Rechtsschutz der Immunität (2) stehend:* die Bundestags-, Landtagsabgeordneten sind für die Zeit ihrer Tätigkeit im Parlament weitgehend i. hinsichtlich Strafverfolgung.

immunisieren, immunisierte, hat immunisiert⟨tr.; jmdn., etwas i.⟩:/Med./ *den Organismus gegen Krankheitserreger immun machen:* den Organismus aktiv, passiv, durch Impfung i.; ich bin auf natürliche Weise, durch eine überstandene Infektionskrankheit gegen Erreger dieses Typs immunisiert worden; die immunisierende Wirkung eines Impfstoffs.

Immunität

Immunität, die; der Immunität ⟨ohne Mehrz.⟩: **1)** /Med./ *angeborene oder (z. B. durch Impfung) erworbene Unempfänglichkeit des Organismus gegenüber Krankheitserregern:* zeitweilige, vorübergehende, dauernde I.; angeborene oder erworbene I. gegen bestimmte Krankheitserreger. **2)** /Pol./ *verfassungsrechtlich garantierter Schutz der Bundes- und Landtagsabgeordneten vor behördlicher Verfolgung wegen einer Straftat;* die parlamentarische I. eines Abgeordneten; unter dem Schutz der I. stehen; I. genießen; der Bundestag hob durch Mehrheitsbeschluß die I. des Abgeordneten auf.

impertinent ⟨Adj.; attr. und als Artangabe⟩ (bildungsspr.): *frech, unverschämt, dummdreist:* eine impertinente Person; ein impertinenter Bursche; er hat eine impertinente Art, Fragen zu stellen; i. sein, fragen, antworten.

Imponderabilien [... i^{e}n], die ⟨Mehrz.⟩ (bildungsspr.): *Unwägbarkeiten, nicht vorhersehbare und in ihrer Auswirkung nicht berechenbare Gefühls- und Stimmungsmomente, die in jede zu behandelnde Sache durch die daran beteiligten Personen hineingetragen werden:* in dieser Angelegenheit stecken so viele I.; hierbei spielen zahlreiche, viele I. eine Rolle; das alles ist von so vielen I. abhängig.

imponieren, imponierte, hat imponiert ⟨intr.⟩: *auf jmdn. großen Eindruck machen, von jmdm. bewundert, bestaunt werden:* der Mann imponierte durch seinen Fleiß, seine Festigkeit, seine Härte; seine Geschmeidigkeit am Reck, beim Pferdsprung hat mir außerordentlich imponiert; es hat mir mächtig, kolossal imponiert, daß er der alten Dame so selbstlos geholfen hat; Beckenbauer imponierte einmal mehr in der Abwehr, als Ausputzer, als Torschütze; er wollte seiner Freundin mit dem neuen Wagen i. — ⟨häufig im ersten Part.⟩: imponierende Kraft, Größe; imponierende Hände; ein imponierendes Auftreten; seine Selbstsicherheit ist imponierend.

Import, der; des Import[e]s, die Importe: /Wirtsch./ *Einfuhr von Waren und Dienstleistungen* (im Gegensatz zu → Export): ein steigender, ausgedehnter I.; der I. von Konsumgütern, von Personenwagen; der I. aus Frankreich, aus Rumänien, aus Italien, aus Japan, aus den EWG-Ländern, nach Übersee, in die Entwicklungsländer; der I. steigt, wächst, vergrößert sich, überwiegt den Export, geht zurück; den I. erweitern, verstärken, verringern, drosseln.

Importeur [... tör], der; des Importeurs, die Importeure: /Wirtsch./ *Kaufmann (oder Firma), der gewerbsmäßig Waren oder Dienstleistungen aus dem Ausland einführt, Importkaufmann, Importfirma:* ein bekannter, bedeutender I. von Textilien.

importieren, importierte, hat importiert ⟨tr., etwas i.⟩: /Wirtsch./ *Waren oder Dienstleistungen aus dem Ausland einführen:* Waren aus dem Ausland, aus Belgien, nach Deutschland i.

imposant ⟨Adj.; attr. und als Artangabe⟩ (bildungsspr.): *eindrucksvoll, großartig, überwältigend:* eine imposante Persönlichkeit, Erscheinung, Figur, Kulisse; der Bart gibt ihm ein imposantes Aussehen; ein Schiff von imposanter Größe, Länge; der Anblick war i.; die Verkaufsziffern sind ja wirklich i.; etwas sieht i. aus, wirkt i.

impotent ⟨Adj.; gew. nur attr. und präd.; ohne Vergleichsformen⟩: /Med./ *beischlafsunfähig, zeugungsunfähig* (auf den Mann bezogen): ein impotenter Mann, Liebhaber; er ist infolge einer Kriegsverletzung i. [geworden]; die Krankheit hat ihn i. gemacht.

Impotenz, die; der Impotenz, die Impotenzen ⟨Mehrz. ungew.⟩: /Med./ *Beischlafsunfähigkeit, Zeugungsunfähigkeit* (auf den Mann bezogen): er leidet an einer vorübergehenden, dauernden I.; die physisch, psychisch bedingte I. des Mannes.

imprägnieren, imprägnierte, hat imprägniert ⟨tr., etwas i.⟩: /Techn./ *feste*

Stoffe (z. B. Holz, Textilien) zum Schutz gegen Wasser, Feuer, Zerfall u. dgl. mit besonderen Lösungen durchtränken: die Wände eines Schiffes feuerfest i.; einen Stoff, eine Hose, einen Mantel [neu] i.

Improvisation [...*wi*...[, die; der Improvisation, die Improvisationen: **1 a)** *das Handeln od. Arrangieren aus dem Stegreif (ohne Vorbereitung):* die I. einer Rede, eines Mahls. **b)** *das ohne Vorbereitung, aus dem Stegreif Arrangierte oder Dargebotene, Stegreifschöpfung; in der Rolle nicht vorgesehene Texteinlage auf der Bühne:* die Party war eine gelungene I.; seine Reden sind häufig kleinere Improvisationen über ein bestimmtes Thema; der Schauspieler überbrückte die Peinlichkeit der Szene mit einer geschickten I. **2)** *freie Umspielung eines musikalischen Themas ohne feste Form aus dem momentanen Einfall heraus:* er spielte einige eigene Improvisationen auf dem Klavier.

improvisieren [...*wi*...], improvisierte, hat improvisiert ⟨tr. und intr.⟩: **1)** ⟨etwas i.⟩: *etwas ohne Vorbereitung, aus dem Stegreif tun; etwas in kürzester Zeit ohne Vorbereitung arrangieren:* eine Rede, eine Diskussionsrunde, Verse, ein Gedicht, eine Untersuchung, ein Verhör i.; sie hatte für ihre Gäste einen kleinen Imbiß improvisiert; wir hatten aus einigen alten Brettern und Gerümpel so etwas wie eine Bühne improvisiert. **2)** ⟨intr.⟩: **a)** *auf der Bühne eine in der Rolle nicht vorgesehene Texteinlage bringen:* nur wenige Zuschauer merkten, daß der Schauspieler an dieser Stelle improvisiert hatte. **b)** *auf einem Musikinstrument ein Thema oder eine Melodie in freier Form aus der momentanen Stimmung heraus umspielen:* er improvisierte auf dem Klavier.

Impuls, der; des Impulses, die Impulse (bildungsspr.): *plötzlicher (innerer oder äußerer) Antrieb, Anstoß, Anreiz, Beweggrund:* starke, kräftige, mächtige, nationale, politische, demokratische, wirtschaftliche, künstlerische, schöpferische, fruchtbare Impulse; eine fruchtbare Diskussion, von der hoffentlich neue Impulse ausgehen werden; frische Impulse bekommen; einen entscheidenden I. durch etwas erhalten; der neue Trainer gab der Mannschaft die notwendigen Impulse; einem I. folgen, nachgeben.

impulsiv [...*if*] ⟨Adj.; attr. und als Artangabe⟩ (bildungsspr.): *einem plötzlichen Impuls folgend, aus einer Augenblicksstimmung heraus handelnd, rasch und daher oft unüberlegt handelnd; spontan [reagierend], sprunghaft:* ein impulsiver Mensch, Redner, Charakter; seine Gesten sind i.; i. handeln, reagieren, fragen, antworten, aufspringen; etwas i. tun, sagen; i. ergriff sie meine Hände.

Impulsivität [...*iw*...], die; der Impulsivität, die Impulsivitäten ⟨Mehrz. ungebr.⟩ (bildungsspr.): *impulsives Verhalten oder Reagieren, Impulsgetriebenheit; Sprunghaftigkeit:* die I. eines Menschen, Charakters.

Index, der; des Index und des Indexes, die Indexe und Indizes (bildungsspr.): **1 a)** *alphabetisches Stichwortverzeichnis, Sachregister, Namensregister:* im I. nachschlagen; das Wort ist im I. nicht zu finden. **b)** *(seit 1965 abgeschafftes) Verzeichnis der für Katholiken durch päpstlichen Entscheid verbotenen Bücher und Schriftwerke:* das Buch steht auf dem I., wird vermutlich auf den I. gesetzt, kommen. **2)** *Kennziffer zur Unterscheidung gleichartiger Größen:* gleichlautende, aber bedeutungsverschiedene Stichworte werden im Wörterverzeichnis durch vorangestellte Indizes gekennzeichnet (z. B. ^{1}As, ^{2}As, ^{3}As). **3)** *Meßziffer, Meßzahl:* der I. für Konsumgüterpreise ist gestiegen, hat sich geändert, ist konstant geblieben.

indifferent ⟨Adj.; attr. und als Artangabe; gew. ohne Vergleichsformen⟩ (bildungsspr.): *unbestimmt; unentschieden, unentschlossen; gleichgültig, teilnahmslos:* eine indifferente Haltung, Einstellung; er ist politisch, moralisch i.; in moralischen Dingen ist er völlig i.; er verhält sich i. gegenüber den zahlreichen Anfeindungen seiner politischen Gegner; er ist Frauen gegenüber i.

indigniert ⟨Adj.; attr. und als Artangabe; gew. ohne Vergleichsformen⟩ (bildungsspr.): *unwillig, entrüstet, peinlich berührt:* sie warf mir einen indignierten Blick zu; er antwortete in indigniertem Ton; seine Mutter war sehr i.; jmdn. i. anblicken, ansehen; etwas i. zurückweisen; i. erklären ...

indirekt ⟨Adj.; attr. und als Artangabe; gew. ohne Vergleichsformen⟩: *mittelbar, nicht geradezu, auf Umwegen [erfolgend], über einen Dritten [erfolgend]; abhängig:* eine indirekte Verbindung, Methode; indirekter Einfluß; eine indirekte Beleuchtung; indirektes Licht; eine indirekte Bedrohung, Gefahr; die Wahl ist i.; jmdn. i. beeinflussen; etwas hängt i. mit etwas zusammen; das Zimmer wird i. beleuchtet. – ***indirekte Rede:** *nicht wörtliche Rede.* ***indirekte Steuern:** *Steuern, die durch den gesetzlich bestimmten Steuerzahler auf andere Personen abgewälzt werden können.* ***indirekte Wahl:** *Wahl über Wahlmänner.*

indiskret ⟨Adj.; attr. und als Artangabe⟩ (bildungsspr.): **a)** ⟨vorwiegend attr.⟩: *etwas Geheimzuhaltendes oder Vertrauliches in ungebührlicher Weise enthüllend:* indiskrete Äußerungen, Veröffentlichungen. **b)** *taktlos, zudringlich, aufdringlich, über Gebühr neugierig:* eine indiskrete Frage, Bemerkung; Sie sind, fragen sehr i., mein Herr!; ich will ja nicht i. sein, aber ich hätte doch gern gewußt, ...

Indiskretion, die; der Indiskretion, die Indiskretionen (bildungsspr.): **a)** *ungebührliche Preisgabe einer geheimen oder vertraulichen Sache, Mangel an Verschwiegenheit, Mangel an Vertraulichkeit:* eine schwere, schwerwiegende I.; eine I. begehen; die Sache ist durch eine bedauerliche I. bekanntgeworden. **b)** *mangelnder Takt, Zudringlichkeit:* verzeihen Sie bitte meine I., aber wie alt sind Sie eigentlich?

indiskutabel [auch: ...t*a*bel] ⟨Adj.; gew. nur attr. und präd.; ohne Vergleichsformen⟩: *nicht der Erörterung wert; nicht in Frage kommend:* ein völlig indiskutabler Vorschlag, Plan; ein solcher Wagen ist für mich i.; dieser Mann ist als Innenminister i.

indisponiert ⟨Adj.; selten attr., meist als Artangabe, vorwiegend präd.⟩ (bildungsspr.): *unpäßlich; nicht aufgelegt zu etwas:* die Mannschaft traf auf einen indisponierten Gegner; die Künstlerin, Sängerin ist heute i.; der Rennfahrer ging [völlig] i. an den Start.

Individualist [...*wi*...], der; des Individualisten, die Individualisten (bildungsspr.): **a)** *betont eigenwilliger Mensch; Einzelgänger:* er war schon immer ein großer, ausgeprägter, leidenschaftlicher I. **b)** *Mensch, der seine besonderen Fähigkeiten innerhalb einer Gruppe oder Gemeinschaft nur schwer oder gar nicht gemeinschaftsdienlich zu entfalten vermag:* die Mannschaft besteht aus lauter, aus elf hervorragenden Individualisten und ist darum nicht geschlossen genug.

individualistisch [...*wi*...] ⟨Adj.; attr. und als Artangabe⟩ (bildungsspr.): *betont eigenwillig; eigenbrötlerisch:* eine betont individualistische Haltung, Einstellung, Lebensweise; sein Stil ist ausgesprochen i.; i. leben, arbeiten, vorgehen.

Individualität [...*wi*...], die; der Individualität, die Individualitäten ⟨Mehrz. selten⟩ (bildungsspr.): *persönliche Eigenart eines Einzelwesens:* eine bemerkenswerte, ausgeprägte I.; die I. eines Menschen entwickelt sich, zeigt sich, offenbart sich; seine I. aufgeben, verlieren.

individuell [...*wi*...] ⟨Adj.; attr. und als Artangabe⟩ (bildungsspr.): *das Individuum betreffend; dem Individuum eigentümlich; von ausgeprägter Eigenart, persönlich; je nach Wesensart [verschieden]; mit besonderer Note, eigenwillig:* er hat einen sehr individuellen Geschmack, Stil; die individuellen Bedürfnisse, Ansichten, Vorstellungen, Rechte, Freiheiten, Pflichten der Menschen; sein Lebensstil ist betont i.; das ist i. verschieden;

jmdn. i. beurteilen, behandeln; etwas i. gestalten; jmdn. i. erziehen, unterrichten.

Individuum [...wi̯...], das; des Individuums, die Individuen [...duᵉn]: **1)** *der Mensch als Einzelwesen, die einzelne Person:* die Freiheit des Individuums; der Mensch als geistiges I.; sich zu einem normalen I. entwickeln. **2)** (verächtlich) *Person, Kerl, Lump:* ein verantwortungsloses, minderwertiges, gefährliches I.; in der Stadt treiben sich verdächtige, zweifelhafte Individuen herum.

Indiz, das; des Indizes, die Indizien [...iᵉn]: **1)** /Rechtsw., Krim./ *Umstand, dessen Vorhandensein mit großer Wahrscheinlichkeit auf einen bestimmten Sachverhalt (vor allem auf die Täterschaft einer bestimmten Person) schließen läßt; belastender* (auch: *entlastender) Tatumstand:* ein wichtiges, wertvolles, handfestes, eindeutiges, schwerwiegendes, erdrückendes, belastendes, entlastendes, umstrittenes, schwaches, ausreichendes I.; die Indizien einer Tat, eines Verbrechens; eine Reihe von Indizien, die alle gegen den Angeklagten sprechen; eine geschlossene Kette von unumstößlichen, nicht zu erschütternden Indizien; die Summe, Menge der Indizien; die Indizien reichen [nicht] aus für eine Anklage; die Indizien sind gegen ihn, deuten auf seine Täterschaft hin, belasten ihn schwer, entlasten ihn; Indizien gegen jmdn., für jmds. Schuld, Unschuld sammeln, zusammentragen, liefern; die Staatsanwaltschaft brachte neue Indizien, wartete mit überraschenden Indizien auf; der Verteidiger konnte die zahlreichen wackeligen Indizien der Anklage nacheinander widerlegen, entkräften, zerpflücken; das Gericht erkannte die Indizien nicht an; eine Anklage auf Indizien aufbauen; das Urteil stützt sich lediglich auf Indizien; er wurde auf Grund von Indizien verurteilt; er ließ sich in seinen Untersuchungen von falschen Indizien leiten. **2)** ⟨nur Einz.⟩ (bildungsspr.):

/übertr./ *Anzeichen für etwas, symptomatisches Merkmal:* Lohn- und Preisbewegungen sind ein zuverlässiges, sicheres, wichtiges I. für die konjunkturelle Entwicklung einer Volkswirtsshaft; Abendrot gilt als sicheres I. für schönes Wetter.

Industrie, die; der Industrie, die Industrien: *Gesamtheit aller mit der Massenherstellung von Konsum- und Produktionsgütern beschäftigten Fabrikationsbetriebe (als Zweig der Gesamtvolkswirtschaft) oder der Fabrikationsbetriebe einer bestimmten Güterbranche:* die deutsche, amerikanische, japanische, chemische, pharmazeutische, optische, metallverarbeitende, eisenverarbeitende, private, staatliche, lokale, einheimische I.; die I. eines Landes entwickelt sich, gedeiht, blüht; die einzelnen Zweige der I.; die verschiedenen Industrien eines Landes; eine moderne I. aufbauen; in der I. arbeiten, tätig sein; in die I. gehen, abwandern.

industriell ⟨Adj.; attr. und als Artangabe, aber gew. nicht präd.; ohne Vergleichsformen⟩: *die Industrie betreffend, zur Industrie gehörend; in der Industrie [erfolgend, hergestellt]:* industrielle Anlagen, Einrichtungen; die industrielle Herstellung, Fertigung, Nutzung, Entwicklung; etwas i. herstellen; eine Erfindung i. nutzen, auswerten.

Industrielle, der; des Industriellen, die Industriellen: *Eigentümer eines Industriebetriebs; Unternehmer:* ein reicher, einflußreicher, prominenter Industrieller.

infam ⟨Adj.; attr. und als Artangabe⟩ (bildungsspr.): **a)** *niederträchtig, schändlich; unverschämt:* eine infame Lüge, Verleumdung, Entstellung; sie ist eine infame Lügnerin; sein Verhalten war einfach i.; er hat i. gelogen; er hat mich i. verraten, im Stich gelassen. **b)** (emotional übertreibend) *schrecklich, fürchterlich:* ich hatte infame Schmerzen; das hat i. weh getan; es ist i. heiß draußen; ich habe einen infamen Hunger; das ist ein infamer Unsinn; er hat i. übertrieben.

Infamie, die; der Infamie, die Infamien ⟨Mehrz. selten⟩ (bildungsspr.): *Niedertracht, Schändlichkeit:* eine ungeheuerliche, dreiste, bodenlose I.; die I. eines Verhaltens, einer Behauptung.

Infarkt, der; es Infarkt[e]s, die Infarkte: /Med./ *plötzliches Absterben eines durch kleinste Arterien versorgten Gewebestücks oder Organteils nach plötzlicher und andauernder Unterbrechung der Blutzufuhr:* einen I. erleiden; der Arzt stellte einen I. in der Lunge, in den Nieren, der Milz fest; ein I. im Bereich der Vorderwand des Herzens.

Infekt, der; des Infekt[e]s, die Infekte: /Med./ =*Infektion (a):* ein harmloser, schwerer, bakterieller, grippaler I.; er ist für Infekte im Bereich der oberen Luftwege besonders anfällig.

Infektion, die; der Infektion, die Infektionen: /Med./: **a)** *Ansteckung, lokale oder allgemeine Störung des Organismus durch eingedrungene Krankheitserreger:* eine allgemeine, gefährliche, latente, neue, wiederholte, bakterielle I.; diese I. wurde durch Fliegen übertragen; die Quelle, der Herd einer I.; eine I. des Darms, der Leber, der Haut; eine I. entsteht, breitet sich aus. **b)** (mehr volkst.) *Entzündung:* ich habe eine I. am Finger; die I. geht zurück.

infektiös ⟨Adj.; meist attr., selten auch präd.; ohne Vergleichsformen⟩: /Med./ *ansteckend; auf Ansteckung beruhend* (auf Krankheiten bezogen): eine infektiöse Erkrankung, Entzündung, Gelbsucht, Angina; diese Krankheit ist nicht i.; infektiöses (= *durch Erreger verseuchtes*) Material; infektiöse Gegenstände.

infernalisch ⟨Adj.; attr. und als Artangabe⟩ (bildungsspr.; emotional übertreibend): *höllisch, scheußlich, unerträglich:* eine infernalische Hitze, Kälte; ein infernalischer Gestank; der Lärm draußen ist wirklich i.; es ist heute i. heiß; hier stinkt es i.

Inferno, das; des Infernos ⟨ohne Mehrz.⟩ (bildungsspr.): *Hölle, schreckliches, unheilvolles Geschehen, von dem eine größere Menschenmenge gleichzeitig und unmittelbar betroffen wird; Tumult von bedrohlichen Ausmaßen:* während des Bombenangriffs war die Stadt eine einziges, furchtbares, blutiges, schreckliches I.; mitten im I. der Schlacht, des Artilleriefeuers; das I. eines Kaufhausbrandes; das Großfeuer bot das Bild eines nächtlichen Infernos; dem I. entrinnen, entkommen, entgehen; ein I. erleben, überleben; durch den Aufstand der Gefangenen entstand im Gefängnis ein wildes I.; die Zuschauer entfesselten auf dem Fußballplatz ein wahres I.

Infiltration, die; der Infiltration, die Infiltrationen ⟨Mehrz. selten⟩ (bildungsspr.): *[ideologische] Unterwanderung:* die [allmähliche, ständige, fortschreitende] I. des Staates durch rechtsradikale Elemente.

in flagranti (bildungsspr.): *auf frischer Tat:* jmdn. i. f. erwischen, ertappen.

Inflation, die; der Inflation, die Inflationen: **a)** /Wirtsch./ *Geldentwertung durch beträchtliche Erhöhung der umlaufenden Geldmenge (im Verhältnis zum Güterumlauf):* offene, schleichende, galoppierende, fortschreitende, zunehmende, steigende I.; die I. des französischen Franc; eine I. auslösen, verhindern, vermeiden, stoppen; er hat sein Vermögen durch eine I. verloren. **b)** /übertr./ *Schwemme (bes.: Warenschwemme), Überangebot:* die I. auf dem Büchermarkt, von Lexika, an Sexfilmen; wir erleben zur Zeit eine I. von Medizinstudenten.

Influenza, die; der Influenza ⟨ohne Mehrz.⟩: (veraltend) /Med./ *Grippe:* er leidet an einer harmlosen I.; er hat sich eine I. zugezogen.

Informand, der; des Informanden, die Informanden (bildungsspr.): *jmd., der [im Rahmen einer praktischen Ausbildung] mit den Grundfragen eines bestimmten Tätigkeitsbereichs vertraut gemacht werden soll; bes.: Ingenieur, der sich in verschiedenen Abteilungen einer Firma informieren soll:* das Werk schickte mehrere Mitarbeiter in die USA, die sich als Informanden mit den neuen Fertigungsmethoden vertraut machen sollen.

Informant, der; des Informanten, die Informanten (bildungsspr.): *jmd., der [geheime] Informationen liefert; Hintermann, Gewährsmann:* ein sicherer, zuverlässiger, vertrauenswürdiger, unsicherer, unzuverlässiger, zweifelhafter, unbekannter, geheimer I.; die Informanten der Regierung, der Spionageabwehr, der Polizei, einer Zeitung, Zeitschrift, eines Reporters, Berichterstatters; ungenannte Informanten lieferten der Staatsanwaltschaft neues Belastungsmaterial; die Informanten eines Berichts, eines Artikels ermitteln, namhaft machen, kennen; einen [wichtigen] Informanten gewinnen, verlieren.

Information, die; der Information, die Informationen (bildungsspr.): **a)** ⟨Mehrz. ungebr.⟩: *Unterrichtung, Benachrichtigung, Aufklärung:* die I. des Parlamentes über die geplante Aktion durch die Regierung war ungenügend, erfolgte zu spät; wir bedauern die ungenügende, schlechte, falsche I. der Öffentlichkeit in dieser Sache. **b)** ⟨meist Mehrz.⟩: *Nachricht; Auskunft:* nach den neuesten, jüngsten, letzten Informationen aus Bonn ...; die Regierung hat vertrauliche, geheime, wichtige Informationen über ein geplantes west-östliches Gipfeltreffen [in Händen]; Informationen erhalten, weitergeben, sammeln, auswerten, prüfen, preisgeben, zurückhalten; er bezieht seine Informationen von einem amerikanischen Kontaktmann, aus einer zuverlässigen Quelle; einige [weitere] Informationen für die Presse geben; die Informationen stimmten, waren verschlüsselt, gefälscht.

informativ [...*tif*] ⟨Adj.; attr. und als Artangabe⟩ (bildungsspr.): *belehrend, Einblicke oder Belehrung bietend, aufschlußreich:* ein sehr, äußerst informatives Gespräch; informatives Bildmaterial; die Unterhaltung, Vorführung, Darstellung war wirklich i.; dieses Lexikon dürfte auch für den Fachmann noch hinreichend i. sein; er wußte sehr i. über den Fall zu berichten; es wäre sehr i. [für uns], nähere Einzelheiten des Plans zu erfahren.

informatorisch ⟨Adj.; attr. und als Artangabe; ohne Vergleichsformen⟩ (bildungsspr.): *der vorläufigen (nicht ins einzelne gehenden) Unterrichtung dienend, einen allgemeinen Überblick verschaffend:* informatorisches Material; er gab uns einen informatorischen Überblick; das Gespräch hatte rein informatorischen Charakter; sein Bericht war rein i.; er führte uns i. die wichtigsten Abteilungen des Betriebs vor.

informieren, informierte, hat informiert ⟨tr. und refl.⟩ (bildungsspr.): **a)** ⟨jmdn. i.⟩: *jmdm. eine Nachricht oder Auskunft über etwas geben; jmdn. von etwas in Kenntnis setzen, unterrichten:* der Innenminister war über die geplanten Polizeimaßnahmen rechtzeitig, eingehend, genauestens, ausreichend informiert worden; ich möchte vorher [darüber] informiert werden, wenn ...; informieren Sie mich doch bitte kurz, in großen Zügen über den Stand der Dinge, über diesen Mann! – ⟨häufig im zweiten Part.⟩: aus gut informierten Kreisen war zu erfahren, daß ...; er ist immer genau, bestens, hervorragend informiert; der Mann ist falsch, ungenügend, nicht ganz informiert; soweit ich informiert bin, ...; wenn ich richtig informiert bin, ... **b)** ⟨sich i.⟩: *sich über etwas unterrichten, sich mit etwas vertraut machen; Erkundigungen, Auskünfte einholen:* ich habe mich eingehend über das Projekt, über die Lage informiert; sich in der Zeitung, aus der Presse über etwas i.; der Reporter informierte sich beim Chef des Protokolls persönlich, wie der Empfang vonstatten gehen soll, wann der Präsident eintreffen wird.

Ingenieur [*inseh^enjör*], der; des Ingenieurs, die Ingenieure: /Techn./ *auf einer Hoch- oder Fachschule ausgebildeter Techniker* (Abk.: Ing.): graduierter, beratender, leitender, verant-

143

inhalieren

wortlicher I.; er ist I. für Maschinenbau, der Elektrotechnik; sein Studium als I. abschließen.

inhalieren, inhalierte, hat inhaliert ⟨tr., etwas i.⟩: **1)** /Med./ *dampfförmige oder fein zerstäubte Arzneimittel zu Heilzwecken einatmen:* Kamillendämpfe i. **2)** (ugs.) *Tabak [über die Lunge] rauchen; einen Lungenzug machen:* tief, kräftig i.; eine Zigarette über die Lunge i.; eine *i. (= eine Zigarette rauchen).*

initiativ [*inizjatif*] ⟨Adj.; nur attr. und präd.; gew. ohne Vergleichsformen⟩ (bildungsspr.): *die Initiative ergreifend; Unternehmungsgeist besitzend, einsatzfreudig:* in einer Sache i. sein, werden; ein initiativer Politiker, Journalist.

Initiative [...tiwᵉ], die; der Initiative, die Initiativen ⟨Mehrz. ungew.⟩: **a)** *erster tätiger Anstoß zu einer Handlung, erster Schritt:* die deutsche, französische, politische, wirtschaftliche I.; die I. ergreifen, haben, behalten; die I. in einer Sache [an jmdn.] verlieren; jmdm. die I. überlassen, zuschieben; die entscheidende I. zu diesem Schritt ging von ihrem Mann aus; die I. in diesem Punkt ist jetzt von den Amerikanern auf die Russen übergegangen; etwas geschieht auf jmds. I.; etwas aus eigener I. tun; das ist durch fremde I. zustande gekommen; es bedarf hier einer neuen außenpolitischen I. der Bundesregierung. **b)** *Entschlußkraft, Unternehmungsgeist, Schwung:* I. haben, entfalten; er müßte mehr eigene, persönliche I. aufbringen, zeigen; jmds. I. wecken, stoppen, lähmen; jmd. I. in die richtige Bahn lenken; es fehlt ihm an der notwendigen I.; ich mag Männer mit I.; es ist seiner I. zu verdanken, daß ...

Initiator, der; des Initiators, die Initiatoren (bildungsspr.): *Urheber; Begründer; Anstifter:* er ist der [eigentliche] I. des Entwurfs, des Unternehmens; die [wirklichen, verantwortlichen] Initiatoren dieser Schmähschrift halten sich im Hintergrund; den I. einer Sache suchen, kennen.

Injektion, die; der Injektion, die Injektionen: /Med./ *Einspritzung von Flüssigkeiten (bes. von flüssigen Heilmitteln) in den Körper zu therapeutischen oder diagnostischen Zwecken, Spritze:* eine intravenöse, intramuskuläre, schmerzlose I.; eine I. in den Oberarm, in den Handrücken, in den Oberschenkel, unmittelbar in den Herzmuskel; die I. von Calcium muß langsam erfolgen; die I. eines Gegengiftes, eines Serums; jmdm. eine I. geben, verabreichen; eine I. ausführen, machen, vornehmen.

injizieren, injizierte, hat injiziert ⟨tr., etwas i.⟩: /Med./ *eine Flüssigkeit (bes. ein flüssiges Heilmittel) in den Körper einspritzen:* ein Heilmittel, ein Beruhigungsmittel, Penizillin, ein Gegengift, ein Serum i.; ein Herzmittel langsam, schnell, vorsichtig in die Vene, in den Muskel, in den Arm, unmittelbar in den Herzmuskel i.; der Arzt, der Sanitäter, die Krankenschwester injiziert; der Zuckerkranke injiziert sich das Insulin selbst.

inkognito ⟨Adv.⟩ (bildungsspr.): *unter fremdem Namen, unter anderem Namen, anonym:* I. reisen, gehen, fahren, bleiben.

Inkognito, das; des Inkognitos, die Inkognitos ⟨Mehrz. ungew.⟩ (bildungsspr.): *das Auftreten unter fremdem Namen, Anonymität:* sein I. wahren, lüften, preisgeben; er legt Wert auf strenges I.

inkonsequent ⟨Adj.; attr. und als Artangabe⟩: *nicht folgerichtig; unbeständig, widersprüchlich, wankelmütig* (im Gegensatz zu → konsequent): ein inkonsequentes Verhalten; eine inkonsequente Argumentation; ein inkonsequenter Mensch; er ist i. im Handeln, in seinem Verhalten; i. handeln, leben.

Inkonsequenz, die; der Inkonsequenz, die Inkonsequenzen ⟨Mehrz. ungebr.⟩: *mangelnde Folgerichtigkeit; Unbeständigkeit, Widersprüchlichkeit, Wankelmütigkeit;* die I. seines Handelns, Verhaltens; in seiner ablehnenden Haltung zeigt sich eine bedauerliche, bemerkenswerte I.

inkorrekt ⟨Adj.; attr. und als Artangabe⟩ (bildungsspr.): *ungenau, unrichtig, fehlerhaft; unangemessen; unzulässig; unfein, unordentlich:* eine inkorrekte Angabe, Meldung, Wiedergabe, Aussprache; ein inkorrektes Benehmen, Verhalten, Vorgehen; eine inkorrekte Kleidung, Begrüßung; diese Übersetzung ist i.; deine Vorwürfe sind i.; dein Benehmen war i.; i. arbeiten, handeln, vorgehen; sich i. benehmen, aufführen, verabschieden; er ist i. angezogen, gekleidet; hat er sich dir gegenüber, gegen dich i. verhalten?

in medias res (bildungsspr.): /nur in der festen Wendung/ *in medias res gehen: (ohne Einleitung und Umschweife) zur Sache, d. h. zum eigentlichen Kernpunkt eines Themas kommen:* wir gehen gleich i. m. r.

in natura: 1) *in Wirklichkeit, wirklich; leibhaftig:* sie ist i. n. noch viel schöner; ich muß den Wagen erst einmal i. n. sehen; plötzlich stand sie i. n. vor mir. 2) (landsch., ugs.) *in Waren, in Naturalien:* i. n. bezahlen.

inoffiziell ⟨Adj.; attr. und als Artangabe; gew. ohne Vergleichsformen⟩: 1) *nichtamtlich:* eine inoffizielle Meldung, Verlautbarung, Nachricht; von inoffizieller Seite, aus inoffiziellen Kreisen wurde berichtet, daß ...; diese Mitteilung ist i.; i. wurde gemeldet, verlautbarte, wurde mitgeteilt, war zu erfahren, daß ... 2 a) *außerdienstlich, privat:* i. ist er noch Trainer der Fußballmannschaft; diese zusätzliche Tätigkeit ist ganz i.; er macht, erledigt das sozusagen i. b) ⟨gew. nur als Artangabe⟩: *vertraulich, von privater Seite:* ich habe i. erfahren, daß ... 3) *noch nicht endgültig, unverbindlich:* eine vorerst noch ganz inoffizielle Einladung; wir sind bisher nur i. eingeladen.

inoperabel [auch: ...*ra*...] ⟨Adj.; attr. und als Artangabe; ohne Vergleichsformen⟩: /Med./ *nicht operierbar, durch eine Operation nicht heilbar:* ein inoperabler Tumor; diese Krankheit ist i.; der Arzt hält, erklärt diesen Fall für i.

inopportun [auch: ...*tun*] ⟨Adj.; attr. und als Artangabe; ohne Vergleichsformen⟩ (bildungsspr.): *unangebracht, unpassend, ungeeignet; ungünstig, unzweckmäßig:* eine inopportune Maßnahme; weitere Preissteigerungen dürften sich als i. für die gesamtwirtschaftliche Entwicklung erweisen; deine ständige Opposition ist in diesem Falle i.

in petto, nur in der festen Wendung: *etwas in p. haben: etwas im Sinne haben, im Auge haben; etwas bereit haben:* ich habe für dich ein interessantes Grundstück i. p.; er hatte noch einige Überraschungen i. p.

in puncto: *hinsichtlich, betreffs:* i. p. Arbeit, Geld, Essen, Trinken, Liebe, Kinder, Sicherheit; i. p. Sauberkeit ist sie sehr empfindlich.

inquisitorisch ⟨Adj.; attr. und als Artangabe; gew. ohne Vergleichsformen⟩ (bildungsspr.): *peinlich genau (alles ausforschend), unerbittlich (die Wahrheit zu ermitteln suchend):* eine inquisitorische Frage; ein inquisitorischer Blick; jmdn. i. fragen, befragen, ausfragen, ausforschen, anblicken; deine Fragemethode ist mir zu i.

Insekt, das; des Insekt[e]s, die Insekten: *Kerbtier:* ein kleines, großes, seltenes, nützliches, schädliches, gefräßiges, blutsaugendes, giftiges, lästiges, krabbelndes, fliegendes I.; Insekten chemisch bekämpfen, vernichten, sammeln; dieser Vogel vertilgt, frißt Insekten; ich bin von einem I. gestochen worden.

Inserat, das; des Inserat[e]s, die Inserate: *private oder geschäftliche Anzeige in einer Zeitung oder Zeitschrift:* ein kleines, großes, halbseitiges, ganzseitiges I.; ein I. [in einer Zeitung] aufgeben, [in eine Zeitung] einrücken lassen; sich auf ein I. melden, bewerben.

Inserent, der; des Inserenten, die Inserenten: *jmd., der ein Inserat aufgibt:* er gehört zu den besten, ständigen Inserenten dieser Zeitung.

inserieren, inserierte, hat inseriert ⟨intr.⟩: *ein Inserat aufgeben:* in einer Zeitung, in einem Fachblatt i.; häufig, ständig, laufend, mehrfach, wiederholt i.

Inspektion [*inschp*...], die; der Inspektion, die Inspektionen: *Prüfung, Überprüfung, Kontrolle* (auf Personen und Sachen bezogen): eine eingehende, gründliche, kurze, oberflächliche I.; die I. der Truppen durch den General; die I. einer Schule durch den Schulrat; die I. einer Fabrik, der Arbeitsräume, der sanitären Anlagen; eine I. ansetzen, vornehmen, durchführen; einen Wagen zur [kleinen, großen] Inspektion (= *Kontrolle und Wartungsdienst*) geben; der Wagen muß zur I., ist zur I. fällig; die I. verlief zufriedenstellend, brachte keine Beanstandungen.

Inspektor [*inschp*...], der; des Inspektors, die Inspektoren: /häufig in Zus. wie: R e g i e r u n g s i n s p e k t o r, V e r w a l t u n g s i n s p e k t o r/ *Verwaltungsbeamter im mittleren Dienst:* er ist I. im Verwaltungsdienst, im Polizeidienst, im Innendienst, im Außendienst, bei einer Behörde; I. werden; zum I. ernannt, befördert werden, avancieren.

Inspiration [*inßp*...], die; der Inspiration, die Inspirationen (bildungsspr.): *Eingebung, Erleuchtung:* eine künstlerische, dichterische I.; einer göttlichen I. folgen; der Dichter braucht die I., lebt von der I., wartet auf eine I.

inspirieren [*inßp*...], inspirierte, hat inspiriert ⟨tr., jmdn. i.⟩ (bildungsspr.): *jmdn. zu etwas anregen, begeistern; jmdn. erleuchten:* ich lasse mich von guter Musik i.; das Erlebnis hat ihn zu einem Gedicht inspiriert; sich gegenseitig im Gespräch, durch das Gespräch geistig i.; vom Heiligen Geist inspiriert werden.

inspizieren [*inschp*..., auch: *inßp*...], inspizierte, hat inspiziert ⟨tr.; jmd., etwas i.⟩: *jmdn. oder etwas prüfend besichtigen, eine Kontrolle durchführen:* der General inspizierte die Truppe; der Schulrat inspizierte die Schule; ein Werk, eine Fabrik, ein Gelände, eine Gegend, Menschen bei der Arbeit i.; etwas genau, gründlich i.

Installateur [*inßt...tör* oder *inscht...tör*], der; des Installateurs, die Installateure: *Handwerker, der technische Anlagen (Heizungen, Wasser, Gas, Licht usw.) einrichtet, prüft oder repariert:* er ist gelernter I.; der I. schließt die Waschmaschine an, repariert die Wasserleitung; einen I. holen, rufen, bestellen.

Installation [*inßt*... oder *inscht*...], die; der Installation, die Installationen: **a)** *Einrichtung, Einbau oder Anschluß technischer Anlagen:* die I. der elektrischen Leitungen eines Hauses, einer Maschine, einer Wasserleitung; die I. [sachgemäß, unsachgemäß, vorschriftsmäßig] ausführen. **b)** *installierte technische Anlagen in ihrer Gesamtheit:* die I. ist zerstört, ist nicht in Ordnung; die I. überprüfen.

installieren [*inßt*... oder *inscht*...], installierte, hat installiert ⟨tr. und refl.⟩: **1)** ⟨etwas i.⟩: *technische Anlagen einrichten, einbauen oder anschließen:* elektrische Leitungen, eine Fernsehantenne, eine Maschine [vorschriftsmäßig, sauber, richtig vorschrifts-, widrig, falsch] i.; eine Waschmaschine im Badezimmer i.; die Firma X wird den Neubau i. **2)** ⟨sich i.⟩ (bildungsspr.): *sich in einem Raum, in einer Wohnung häuslich einrichten; sich in einer neuen Stellung zurechtfinden:* er hat sich in seiner neuen Umgebung, in seinem neuen Haus, in seiner neuen Wohnung bereits installiert; er konnte sich in seiner neuen Position noch nicht so richtig i.

Instanz [*inßt*..., auch: *inscht*...], die; der Instanz, die Instanzen: **a)** /Rechtsw./ *das für eine Rechtsstreitigkeit zuständige Gericht, verhandelndes Gericht:* in erster, zweiter, dritter I.; der Fall wurde in erster I. entschieden; der Fall ging durch mehrere, alle Instanzen; wir gehen mit dieser Sache notfalls bis in die letzte I. **b)** /übertr./ (bildungsspr.): *zuständige, maßgebende Stelle (bes. bei Behörden):* die staatlichen, gesetzgebenden, rechtsprechenden, politischen, internationalen, unteren, übergeordneten, untergeordneten Instanzen; die UNO gilt als oberste, höchste, zentrale, maßgebende I. für bestimmte völkerrechtliche Angelegenheiten; Gott stellt die absolute, überirdische I. dar, der wir verantwortlich sind; das Gewissen ist die oberste, regulierende I. unserer Entscheidungen.

Instinkt [*inßt..., selten auch: inscht...*], der; des Instinkt[e]s, die Instinkte: **1)** /Biol./ *ererbte, biologische zweckmäßige, meist der Lebens- oder Arterhaltung dienende Verhaltensweise und Reaktionsbereitschaft (bes. bei niederen Tieren), die keiner besonderen Übung bedarf und die regelmäßig und fast gleichbleibend ausgelöst wird:* der tierische Instinkt der Brutpflege, der Fortpflanzung, des Nahrungserwerbs, der Arterhaltung, des Nestbaus; verkümmerte menschliche Instinkte; das Tier folgt seinen Instinkten. **2)** /übertr./ (bildungsspr.): *Trieb* (auf den Menschen bezogen): die niederen Instinkte; er läßt sich ganz von seinen Instinkten leiten; ein gemeiner Instinkt, zu töten, erwachte in ihm. **3)** *sicheres Gefühl für etwas, sechster Sinn:* ein sicherer, feiner, richtiger I.; sie vertraute ihrem [angeborenen] weiblichen I.; einen sicheren I. für etwas haben; er bewies gesunden, politischen I., als er das tat; ich vertraue, folge meinem I.; ich verlasse mich ganz auf meinen I.; mein I. sagt mir, daß ...; sein I. hatte ihn nicht getäuscht, getrogen.

instinktiv [*inßt...tif, auch: inscht...*] ⟨Adj.; attr. und als Artangabe ohne Vergleichsformen⟩: **1)** /Biol./ *instinktgebunden, instinktbedingt; durch einen → Instinkt (1) gesteuert:* ein instinktives Verhalten; die Verhaltensweisen eines Tieres sind i.; ein Tier reagiert i.; der Säugling saugt i. an der Mutterbrust. **2)** /übertr./ (bildungsspr.) *einem sicheren Gefühl folgend, aus einer [richtigen] Ahnung heraus handelnd, gefühlsmäßig [reagierend]:* eine instinktive Bewegung, Reaktion; sein Mißtrauen ist rein i.; etwas i. tun; er tat i. das Richtige; er ließ sich i. fallen; sich i. ducken, festhalten, wehren; er hat das i. erraten.

Institut [*inßt..., selten auch: inscht...*] das; des Institut[e]s, die Institute: *zweckgebundenes öffentlich-rechtliches oder privates Unternehmen, das einen bestimmten Sitz hat und über ein bestimmtes Arbeitspersonal verfügt:* ein öffentliches, privates, gemeinnütziges, geographisches, physikalisches, chemisches, zoologisches I.; das I. für Meereskunde, für Atomforschung; ein I. gründen, aufbauen, leiten; in einem I. arbeiten.

Institution [*inßt..., selten auch: inscht...*], die; der Institution, die Institutionen (bildungsspr.): *einem bestimmten Bereich zugeordnete staatliche oder kirchliche Einrichtung (als solche), die dem Wohl oder Nutzen des Einzelnen oder der Allgemeinheit dient:* eine staatliche, weltliche, kirchliche, christliche, göttliche, gesellschaftliche, öffentliche, kommunale, politische, parlamentarische, demokratische, internationale, nationale, deutsche, typisch amerikanische, moralische, historische, altrömische, neuzeitliche, zentrale I.; die I. des Staates, der Kirche, des Parlamentes, des Bundespräsidenten, der Armee, des Gerichts, des Gefängnisses, des Papstes, der Taufe, der Ehe, der Polizei, der Post; diese I. stammt aus dem Mittelalter; diese I. hat die Aufgabe, hat zum Ziel, ...; eine I. schaffen, [be]gründen, abschaffen, beseitigen; etwas wird zur I.

instruieren [*inßt..., selten auch: inscht...*], instruierte, hat instruiert ⟨tr., jmdn. i.⟩: *jmdn. über etwas in Kenntnis setzen, unterrichten; jmdn. durch Anleitungen und Verhaltensmaßregeln in etwas einweisen:* die Polizei war rechtzeitig, genauestens über die geplanten Demonstrationen instruiert worden; ich habe ihn eingehend darüber instruiert, wie er sich in dieser Angelegenheit verhalten soll; er wurde in dieser Sache bereits instruiert.

Instruktion [*inßt..., auch: inscht...*], die; der Instruktion, die Instruktionen ⟨meist Mehrz.⟩: *Anleitung, Anweisung, Verhaltensregel; Dienst-*

anweisung, Vorschrift: genaue, klare, eindeutige, detaillierte, ausführliche, eingehende, bindende, Instruktionen haben, bekommen; [letzte] Instruktionen erhalten, entgegennehmen; ich habe ihm präzise Instruktionen erteilt, wie er die Verhandlung führen soll; Herr X wird Ihnen noch einige kurze Instruktionen für die Verhandlung geben; ich muß erst weitere Instruktionen einholen, abwarten; jmds. Instruktionen befolgen; ich bin an die Instruktionen meines Chefs gebunden.

instruktiv [*inßt...tif*, selten auch: *inscht...*] ⟨Adj.; attr. und als Artangabe⟩ (bildungsspr.): *lehrreich, aufschlußreich; einprägsam:* eine instruktive Darstellung, Vorführung, Rede; instruktives Bildmaterial; der Vortrag war für Fachleute und Laien gleichermaßen i.; etwas i. darstellen, vortragen, darlegen.

Instrument [*inßt...*, selten auch: *inscht...*], das; des Instrument[e]s, die Instrumente: **1 a)** bes. *für technische oder wissenschaftliche Arbeiten geeignetes Gerät oder Werkzeug; Meßgerät:* ein technisches, optisches, medizinisches, chirurgisches, einfaches, kompliziertes, hochentwickeltes, präzises I.; ein I. zum Messen der Geschwindigkeit; die wichtigsten Instrumente des Arztes, des Uhrmachers; die Instrumente eines Fahrzeugs ablesen, kontrollieren, bedienen; das I. schlägt an, zeigt etwas an, funktioniert [nicht]; nach Instrumenten (= *blind, ohne Erdsicht, nur nach den Angaben der Bordinstrumente*) fliegen. **b)** /übertr./ (bildungsspr.): *Mittel, Werkzeug:* in totalitären Staaten ist das Parlament ein bloßes, leicht zu handhabendes I. der Regierung; er war ein blindes, willenloses I. in den Händen der Verbrecher. **2)** /häufig im Zus.: Musikinstrument/ *Werkzeug, das zur Hervorbringung von Tönen, Klängen oder musikalischen Geräuschen bestimmt ist:* ein ausdrucksvolles, wertvolles, kostbares, verstimmtes I.; ein I. [gut] spielen, beherrschen, stimmen.

inszenieren, inszenierte, hat inszeniert ⟨tr., etwas i.⟩: **1)** *die Aufführung eines Bühnenwerks künstlerisch und technisch vorbereiten und einrichten:* ein Theaterstück, eine Oper i.; der Regisseur hat das Stück neu für die Volksbühne inszeniert. **2)** (häufig abwertend) *etwas einfädeln, ins Werk setzen, arrangieren; etwas auslösen, provozieren:* ein dramatisches Fußballfinale, das kein Regisseur spannender hätte i. können; eine Pressekampagne, einen Angriff gegen jmdn., eine Volksabstimmung, einen Bluff i.; er hatte die Konferenz glänzend inszeniert; er hat den Vorfall, den Streit absichtlich inszeniert.

intakt ⟨Adj.; attr. und als Artangabe; gew. ohne Vergleichsformen⟩ (bildungsspr.): *unbeschädigt, unversehrt; voll funktionierend; in Kraft:* ein intakter Organismus, Motor, Verstand; eine intakte Kompanie, Armee, Regierung; meine Nerven, meine Beine, meine Augen sind [noch] i.; er ist geistig, seelisch, körperlich i.; die deutsche Wirtschaft, Währung ist völlig i.; die Telefonverbindungen sind trotz des Orkans i. geblieben.

integrieren, integrierte, hat integriert ⟨tr. und refl.⟩ (bildungsspr.): **a)** ⟨jmdn., etwas i.⟩: *jmdn. in eine Gruppe oder Gemeinschaft so einfügen, daß er mit dem Ganzen eine harmonische Einheit bildet; etwas einpassen:* jmdn. gesellschaftlich, kulturell, wirtschaftlich, politisch i.; einen Menschen in die Gesellschaft i.; die deutschen Truppen sind vollständig in die Nato integriert. **b)** ⟨etwas i.; häufig im ersten Part.⟩: *etwas vervollständigen, ergänzen:* ein Programm, ein Vorhaben i.; die deutsch-französische Freundschaft ist ein integrierender (= *wesentlicher*) Bestandteil der deutschen Europapolitik; Vertrauen ist ein integrierendes (= *wesentliches*) Merkmal der Liebe. **c)** ⟨sich i.⟩: *sich in eine Gemeinschaft bzw. in ein übergeordnetes Ganzes harmonisch zusammenschließen:* die Nationalstaaten müssen sich in ein übernationales Europa i.

Integrität, die; der Integrität ⟨ohne Mehrz.⟩ (bildungsspr.): *Makellosigkeit, Unbescholtenheit:* ein Mann von unbestrittener, absoluter I.; die I. des Präsidenten dürfte wohl niemand anzweifeln; die I. wahren, respektieren, verletzen.

Intellekt, der; des Intellekt[e]s, die Intellekte ⟨Mehrz. ungew.⟩ (bildungsspr.): *Erkenntnis-, Denkvermögen, Verstand; rein verstandesmäßiges Denken:* der menschliche, männliche, mathematische, philosophische I.; er hat einen hervorragenden, scharfen, brillanten, stark ausgebildeten, schwach ausgebildeten, gut funktionierenden I.; diese Aufgabe beansprucht den I. eines Logikers; seinen I. entwickeln, schulen, ausbilden, verkümmern lassen.

intellektuell ⟨Adj.; attr. und als Artangabe; gew. ohne Vergleichsformen⟩ (bildungsspr.): *den Intellekt betreffend; betont verstandesmäßig; einseitig verstandesmäßig; (nur) geistig; (nur) begrifflich:* die intellektuellen Fähigkeiten eines Menschen; eine intellektuelle Frau; sie hat einen intellektuellen Beruf; der intellektuelle Nachwuchs; intellektuelle Konversation pflegen; intellektuelle Kontakte mit anderen suchen; intellektuelle Begeisterung; seine Überlegenheit ist rein i.; etwas i. betrachten, beurteilen.

Intellektuelle, der oder die; des oder der Intellektuellen, die Intellektuellen (bildungsspr.): *[einseitiger] Verstandesmensch; Geistesarbeiter; sozialkritischer Außenseiter:* die deutschen, europäischen, gemäßigten, radikalen Intellektuellen; die Intellektuellen in Politik und Wirtschaft; er ist ein [kleinbürgerlicher, introvertierter] Intellektueller; er gehört zur Gruppe der Intellektuellen.

intelligent ⟨Adj.; attr. und als Artangabe⟩: *verständig, klug; begabt:* ein intelligenter Junge, Bursche, Mann, Politiker, Redner, Rennfahrer, Fußballspieler; er ist ein intelligenter Kopf; er hat ein intelligentes Gesicht, eine intelligente Schrift; er macht einen intelligenten Eindruck; dieser Schüler ist sehr i.; ich halte ihn für ausgesprochen, äußerst, überdurchschnittlich, wenig, mäßig i.; i. aussehen, handeln, schreiben, reden, vortragen, Fußball spielen.

Intelligenz, die; der Intelligenz, die Intelligenzen ⟨Mehrz. ungew.⟩: 1) *durch eine rasche Auffassungsgabe und ein sicheres Urteilsvermögen gekennzeichnete besondere geistige Fähigkeit, Klugheit:* ein Mann von großer, hoher, beträchtlicher, überragender, strahlender, auffallender, geringer, niedriger I.; er hat, besitzt eine bemerkenswerte praktische, technische, künstlerische, politische, mathematische I.; jmds. I. testen, prüfen; ich schätze den Grad seiner I. nicht besonders hoch ein; ich habe seine I. unterschätzt, überschätzt; dazu braucht man nicht viel, keine besondere I.; etwas mit viel i. tun, erledigen. 2) *Oberschicht der akademisch Gebildeten:* er gehört der sogenannten I. an; die Angehörigen, Vertreter der deutschen, französischen, europäischen, amerikanischen I.; gegen die radikale I. vorgehen; die I. marschiert, tritt auf den Plan; er gehört zur sogenannten I.

Intelligenzler, der; des Intelligenzlers, die Intelligenzler (bildungsspr., meist abschätzig): *jmd., der zur Oberschicht der [akademisch] Gebildeten gerechnet wird:* er ist ein sog. I.

Intendant, der; des Intendanten, die Intendanten: *künstlerischer und geschäftlicher Leiter eines Theaters oder einer Rundfunk- bzw. Fernsehanstalt:* der I. des Schauspielhauses, des Hessischen Rundfunks, des Zweiten Deutschen Fernsehens; die Städtische Bühne hat, bekommt einen neuen Intendanten; einen Intendanten ernennen, wählen, berufen, beurlauben; der I. stellt den Spielplan auf.

intendieren, intendierte, hat intendiert ⟨tr., etwas i.⟩ (bildungsspr.): *etwas anstreben, auf etwas hinarbeiten:* bessere Lebensbedingungen, ein vereinigtes Europa i.; der Trainer hatte das Unentschieden von vornherein intendiert.

Intensität

Intensität, die; der Intensität ⟨ohne Mehrz.⟩ (bildungsspr.): *Heftigkeit, Wirkungsstärke, Kraft; Wirkungsgrad; Eindringlichkeit:* große, geringe, gleichbleibende, wechselnde, zunehmende, abnehmende I.; die I. eines Schmerzes, einer Hautrötung, einer Reaktion, einer Strahlung, eines Duftes, einer Kälte-, Hitzeempfindung, eines Vortrags.

intensiv [...*if*] ⟨Adj.; attr. und als Artangabe⟩ (bildungsspr.): *gründlich, eindringlich, stark, heftig; nachhaltig; durchdringend:* eine intensive Arbeit, Tätigkeit, Zusammenarbeit; intensive Bemühungen; intensive (= *leuchtende*) Farben; eine intensive Reaktion, Durchblutung, Hautrötung; ein intensives Blau, Rot; der Geruch, Duft dieses Parfüms ist sehr i.; das Gewürz ist sehr i. im Geschmack; etwas i. betrachten; jmdn. i. anblicken, ansehen; i. arbeiten, nachdenken, überlegen; i. mit etwas beschäftigt sein, dabei sein; sich i. mit etwas befassen.

Intention, die; der Intention, die Intentionen (bildungsspr.): *Absicht, Bestreben, Vorhaben:* meine Intentionen gehen dahin, daß ...; seine Intentionen realisieren; das kommt meinen Intentionen entgegen.

Interesse, das; des Interesses, die Interessen: **1)** ⟨ohne Mehrz.⟩: *geistige Anteilnahme, Teilnahme, Aufmerksamkeit:* großes, lebhaftes, starkes, reges, wenig, geringes, kein, mäßiges I. für etwas zeigen; ein freundliches, wohlwollendes, ungewöhnliches I. für etwas oder jmdn. bekunden; etwas mit heimlichem, wachsendem I. beobachten, verfolgen; er hat kein I. an Musik, an Malerei, für Fußball; I. verraten, aufbringen; er sollte etwas mehr I. beweisen; sein I. an etwas oder jmdm. verlieren; jmds. I. auf etwas lenken; jmds. I. wecken; sein Vorschlag verdient I.; sein I. für die Politik hat stark abgenommen; jmds. I. an etwas erwacht, erlischt, läßt nach; jmd., etwas steht im Brennpunkt des allgemeinen, öffentlichen Interesses; diese Sache ist nur von privatem, lokalem I.; etwas mit halbem, ohne jedes I. tun; wenig, kein I. daran haben, daß ... **2)** ⟨ohne Mehrz.⟩: *Nachfrage, Bedarf:* zur Zeit besteht kein [großes] I. an Feuerwerkskörpern; wir haben kein I. an ihrem Angebot. **3)** ⟨gew. nur Mehrz.⟩: *Neigungen:* keine, keine geistigen, nur materielle Interessen haben; die beiden haben leider keine gemeinsamen Interessen; unsere Interessen sind sehr verschieden; er lebt nur seinen [privaten, persönlichen] Interessen. **4)** *Vorteil, Nutzen:* im eigenen I. handeln; im I. der Wirtschaft, der Politik, des Friedens, der Öffentlichkeit, des Publikums, der Zuschauer; im I. einer besseren Verständlichkeit; es liegt in unserem gemeinsamen, in unser aller I., daß ... **5)** ⟨gew. nur Mehrz.⟩: *Belange, Bestrebungen; Einflußbereich:* die politischen, militärischen, wirtschaftlichen, sozialen, kulturellen Interessen eines Landes; die Interessen des Staates, der Kirche; seine privaten, geschäftlichen Interessen wahrnehmen; jmds. Interessen vertreten, verletzen, stören; gegen jmds. ureigenste Interessen verstoßen; ich bin mit der Wahrnehmung seiner Interessen beauftragt; hier stehen lebenswichtige deutsche, amerikanische Interessen auf dem Spiel; es handelt sich hier um berechtigte deutsche Interessen.

Interessent, der; des Interessenten, die Interessenten: *jmd., der sein Interesse bekundet, eine Sache zu erwerben, zu mieten, zu pachten, zu übernehmen oder eine Stellung anzutreten:* er hat mehrere [ernsthafte] Interessenten für den Wagen, das Haus, das Grundstück, das Geschäft, die Stellung, das Angebot; neue Interessenten gewinnen.

interessieren, interessierte, hat interessiert ⟨tr., intr. und refl.⟩: **1)** ⟨refl.; sich für etwas, jmdn. i.⟩: *Interesse für etwas oder jmdn. haben, zeigen:* er interessiert sich besonders für Schach; ich interessiere mich für diesen Vorschlag, für diese Erfindung; einige ausländische Fußballclubs i. sich für diesen Fußballer. – Vgl. auch: *interessiert*. **2)** ⟨tr.; jmdn. für etwas oder jmdn. i.⟩: *jmds. Interesse für etwas, jmdn. wecken:* ich konnte ihn für meine Pläne i.; es dürfte nicht leicht sein, den Chef für einen ehemaligen Nazi zu i. **3)** ⟨intr., jmdn. i.⟩: *jmds. Interesse finden, für jmdn. von Interesse sein:* dieser Fall dürfte den Verteidigungsausschuß [stark] i.; dieser Mann interessiert mich nicht mehr.

interes**siert** ⟨Adj., attr. und als Artangabe⟩: *Interesse habend, zeigend; mit Interesse, aufmerksam:* ein interessiertes Gesicht machen; etwas mit interessiertem Blick ansehen; er ist an deinem Wagen [stark] i.; sich i. zeigen; jmdm. i. zuschauen.

Intermezzo, das; des Intermezzos, die Intermezzos und Intermezzi (bildungsspr.): *lustiger Zwischenfall; kleine, unbedeutende Begebenheit am Rande eines Geschehens:* ein kleines, lustiges I.

intern ⟨Adj.; attr. und als Artangabe; ohne Vergleichsformen⟩: **1)** (bildungsspr.) *nur den innersten, engsten Kreis einer Gruppe oder Institution (bes. einer Familie) betreffend, nur im vertrauten Kreis erfolgend:* eine interne Angelegenheit; ein internes Problem; ein interner Streit, Skandal; die internen Vorgänge innerhalb der Partei; diese Regelung, Vereinbarung ist ausschließlich i.; etwas i. behandeln, regeln, klären, vereinbaren. **2)** /Med./ *die inneren Organe, ihre Erkrankungen und deren Behandlung betreffend:* die interne Medizin; er liegt auf der internen Station; er mußte i. behandelt werden.

Internat, das; des Internat[e]s, die Internate: /Päd./ *Lehr- und Erziehungsanstalt, in der die Schüler zugleich wohnen und verköstigt werden:* ein staatlich anerkanntes, gutes, renommiertes I.; ein I. für Jungen, für Mädchen; im I. leben, wohnen; er wird unterrichtet an einem I.; einen Schüler ins I. schicken, stecken (ugs.); er ist vom I. geflogen (ugs.).

international [auch: *in*...]; ⟨Adj; attr. und als Artangabe; ohne Vergleichsformen⟩: **1)** *zwischenstaatlich:* internationale Beziehungen, Verhandlungen, Verträge, Abmachungen, Vereinbarungen; der internationale Handel, Kulturaustausch; i. zusammenarbeiten. **2)** *nicht national begrenzt, überstaatlich, weltweit, in vielen Staaten der Erde [geltend]:* eine internationale Veranstaltung; die internationalen Beziehungen; die internationale Küche; ein internationaler Wettbewerb, Wettkampf; er hat den internationalen Führerschein erworben; der Konflikt ist i.; dieser Künstler ist i. bekannt, berühmt, anerkannt; er hat sich als Künstler i. durchgesetzt. **3)** /Sport/ *eine Nationalmannschaft eines Landes betreffend; in einer nationalen Auswahlmannschaft eines Landes kämpfend, die Farben seines Landes in einem sportlichen Wettkampf vertretend:* das war der erste, zweite, zehnte internationale Einsatz dieses Fußballers in der deutschen Fußballnationalmannschaft; er hat die deutschen Farben i. gut vertreten; er wird i. nicht mehr eingesetzt.

intern**ieren,** internierte, hat interniert ⟨tr., jmdn. i.⟩: **1)** *jmdn. in staatlichen Gewahrsam nehmen, jmdn. in ein Häftlingslager einweisen* (auf Kriegsgefangene oder politische Häftlinge bezogen): einen politischen Häftling, eine Zivilperson, einen Gefangenen i.; wir waren während des Krieges in einem Lager bei Hamburg, in Dachau, in Schweden interniert. **2)** *jmdn., der an einer ansteckenden Krankheit leidet, isolieren bzw. in eine Isolierstation einweisen:* die Kontaktpersonen müssen schnellstens ermittelt und zur weiteren Beobachtung interniert werden.

Internist, der; des Internisten, die Internisten: /Med./ *Facharzt für innere Krankheiten:* ein bedeutender, guter I.; einen Internisten aufsuchen, zu Rate ziehen; an einen Internisten überwiesen werden.

intern**istisch** ⟨Adj.; attr. und als Artangabe; ohne Vergleichsformen⟩: /Med./ *die innere Medizin betreffend, mit den Mitteln der inneren Medizin*

Interpret

[arbeitend, erfolgend]: eine internistische Behandlung, Untersuchung; der Patient muß i. behandelt werden; dieser Fall ist rein i.

Interpret, der; des Interpreten, die Interpreten (bildungsspr.): **a)** *jmd., der bes. Geschriebenes oder Gesprochenes inhaltlich erläutert und ausdeutet:* um dieses Gesetzeswerk zu verstehen, bedarf es eines fachmännischen, juristischen Interpreten. **b)** *reproduzierender Künstler (bes. Musiker, Sänger, Dirigent, Regisseur):* ein bedeutender, hervorragender, guter, eigenwilliger, schlechter I.; die großen Interpreten klassischer Musik; der Regisseur erwies sich als geeigneter I. der Stücke von Brecht; wir konnten für diesen Abend einen berühmten Interpreten gewinnen.

interpretieren, interpretierte, hat interpretiert ⟨tr., etwas i.⟩ (bildungsspr.): **a)** *etwas Geschriebenes oder Gesprochenes inhaltlich erklären, ausdeuten oder auslegen:* einen Text, eine Rede, einen Vortrag, einen Gesetzestext, ein Gesetz, einen Schriftsteller, einen Redner, einen Lehrsatz i.; etwas genau, sorgfältig, richtig, falsch, ungenau, oberflächlich i. **b)** *etwas in einem bestimmten Sinne auslegen, etwas als etwas darstellen:* man wird seinen Rücktritt als Resignation, als Schwäche, als Feigheit i.; jmds. Verhalten falsch i.

Interpunktion, die; der Interpunktion ⟨ohne Mehrz.⟩: /Sprachw./ *Setzung von Satzzeichen, Zeichensetzung:* die richtige, falsche I.; die Regeln der I.; auf die I. achten.

Intervall [...*wal*], das; des Intervalls, die Intervalle (bildungsspr.): *zeitlicher Zwischenraum, zeitlicher Abstand, Zeitspanne; Pause:* in kurzen, kleinen, kürzeren, längeren, unregelmäßigen, regelmäßigen, gleichbleibenden ungleichen Intervallen; die Intervalle zwischen mehreren Herzschlägen; die Anfälle traten in Intervallen von etwa zehn Minuten auf; die Intervalle zwischen den Wehen haben sich verringert; ein Training mit kleineren Intervallen.

intervenieren [..*we*...], intervenierte, hat interveniert ⟨intr.⟩ (bildungsspr.): *dazwischentreten, vermittelnd eingreifen; sich protestierend einschalten; sich aktiv in die Verhältnisse eines anderen Staates einmischen* (von einem Staat bzw. seiner Regierung gesagt): der deutsche Botschafter intervenierte im Kreml, bei der sowjetischen Regierung; die Amerikaner intervenierten mit Waffengewalt in Vietnam; die Regierungspartei intervenierte energisch bei ihrem Koalitionspartner gegen die letzten Veröffentlichungen in der Presse.

Intervention [...*wä*...], die; der Intervention, die Interventionen (bildungsspr.): **a)** *diplomatische, militärische oder wirtschaftliche Einmischung eines Staates in die Verhältnisse eines anderen Staates oder in einen zwischenstaatlichen Konflikt:* eine militärische, bewaffnete, kriegerische, diplomatische, wirtschaftliche I.; die sowjetische I. in Ungarn 1956; die belgische I. im Kongo; eine I. der USA im Nahostkonflikt zugunsten Israels; eine I. befürchten, heraufbeschwören, verhindern, vermeiden; mit einer I. rechnen; gegen eine I. protestieren, vorgehen. **b)** *vermittelndes, regulierendes oder autoritäres Eingreifen eines Einzelnen, einer Gruppe oder einer Institution in einen bestehenden Konflikt oder in eine Krisensituation:* eine private, persönliche amtliche, schriftliche, briefliche, mündliche, telefonische I.; erst die unmittelbare I. des Bundeskanzlers in den Tarifstreit erbrachte eine Einigung der Tarifpartner; die I. der Deutschen Bundesbank am Rentenmarkt, am Devisenmarkt.

Interview [*int*ᵉ*rwju*], das; des Interviews, die Interviews: *für die Öffentlichkeit bestimmtes Informationsgespräch, das ein [Zeitungs]berichterstatter mit jmdm. (bes. mit einer führenden Persönlichkeit) über aktuelle Tagesfragen oder über sonstige Fragen, die durch die Person des Befragten interessant sind, führt:* ein kurzes, ausführliches, aufschlußreiches I.; er gab, gewährte den Journalisten, dem Fernsehen ein I.; ein I. durchführen; der Reporter soll ein I. mit der Filmschauspielerin machen; der Politiker erklärte in einem aufsehenerregenden I. vor zahlreichen Journalisten, daß ...; ein I. absagen, verweigern, ablehnen.

interviewen [*int^{e}rwju^{e}n*], interviewte, hat interviewt ⟨tr., jmdn. i.⟩: *jmdn. in einem Interview befragen:* einen Politiker, einen Sportler, eine Sängerin, eine Hausfrau, i.; jmdn. für den Rundfunk, für das Fernsehen, für eine Tageszeitung i.

Interviewer [*int^{e}rwju^{e}r*], der; des Interviewers, die Interviewer: *jmd., der einen anderen in einem Interview befragt:* ein geschickter, erfahrener I.

intim ⟨Adj.; attr. und als Artangabe⟩: **1a)** *innig, vertraut* (auf das Verhältnis zwischen befreundeten Menschen bezogen): er ist ein intimer Freund von ihm; die beiden verbindet eine intime Freundschaft; wir sind i. miteinander befreundet, bekannt. **b)** ⟨gew. nur attr.⟩: *vertraut, vertraulich:* etwas im intimen Kreis besprechen; wir haben einige intime Dinge zu besprechen. **2a)** (bildungsspr.; verhüllend) *sexuell; mit sexuellen Kontakten bzw. Geschlechtsverkehr verbunden:* intime Beziehungen miteinander haben; das Verhältnis zwischen den beiden ist sehr i.; hatten Sie intimen Verkehr miteinander?; i. miteinander sein, werden; wir waren i. zusammen; i. miteinander verkehren, leben. **b)** ⟨gew. nur attr.⟩: *die Genitalorgane [und deren Pflege] betreffend:* der intime Bereich einer Frau; intime Körperpflege, Hygiene. **3)** ⟨gew. nur attr.; gew. nur im Superlativ⟩ (bildungsspr.): *geheim, verborgen, tiefinnerster:* die intimsten Wünsche, Sehnsüchte eines Menschen; er hat ihre intimsten Gefühle verletzt. **4)** ⟨gew. nur attr.⟩ (bildungsspr.): *tief, gründlich, eingehend:* ein intimer Kenner des Kommunismus; aus einer intimen Kenntnis der Materie heraus urteilen. **5)** (bildungsspr.) *anheimelnd, gemütlich:* ein intimes Theater, Kino, Lokal, Restaurant; eine intime Beleuchtung; dieses Cafe ist, wirkt sehr i.; der Raum ist i. beleuchtet.

Intimsphäre, die; der Intimsphäre, die Intimsphären (bildungsspr.): *der ureigenste, persönliche Tabubereich eines Menschen, einer Gruppe oder Gemeinschaft:* die I. des Menschen ist unverletzlich; die I. des Mannes, der Frau, einer Ehe, einer Familie; in jmds. I. eindringen; jmds. I. verletzen.

Intimus, der; des Intimus, die Intimi (bildungsspr.): *engster Freund, Busenfreund, Vertrauter:* er ist mein [langjähriger] I.

intolerant ⟨Adj.; attr. und als Artangabe⟩ (bildungsspr.): *unduldsam, eine andere Meinung, Haltung, Einstellung usw. nicht gelten lassend* (im Ggs. zu →tolerant): eine intolerante Haltung, Einstellung; ein intoleranter Mensch; er ist als Vorgesetzter sehr i.; er zeigt sich i. gegenüber seinen Mitarbeitern, gegenüber Vorschlägen seiner Mitarbeiter.

Intoleranz, die; der Intoleranz ⟨ohne Mehrz.⟩ (bildungsspr.): *Unduldsamkeit gegenüber einer Meinung, Haltung, Einstellung usw., die von der eigenen abweicht:* die I. des Geistes; politische, religiöse I.; I. in Fragen der Erziehung.

intramuskulär ⟨Adj.; attr. und als Artangabe, aber gew. nicht präd.; ohne Vergleichsformen⟩ /Med./ *unmittelbar in den Muskel hinein [erfolgend]* (auf Injektionen bezogen): eine intramuskuläre Injektion, Spritze; ein Medikament i. injizieren, spritzen, verabreichen.

intravenös [...*we*...] ⟨Adj.; attr. und als Artangabe, aber gew. nicht präd.; ohne Vergleichsformen⟩: /Med./ *unmittelbar in eine Vene hinein [erfolgend]* (bes. auf Injektionen bezogen): eine intravenöse Injektion, Spritze, Narkose, künstliche Ernährung; ein Medikament i. injizieren, spritzen, verabreichen.

Intrigant, der; des Intriganten, die Intriganten (bildungsspr.): *Ränke-*

Intrige

schmied, hinterlistiger Unruhestifter: er ist ein widerlicher, gerissener, heimtückischer, ausgemachter I.; er wurde als I. entlarvt.

Intrige, die; der Intrige, die Intrigen (bildungsspr.): *Ränkespiel:* heimliche, hinterhältige, heimtückische, gemeine, boshafte, innerbetriebliche, politische Intrigen; Intrigen innerhalb eines Betriebs, innerhalb der Partei, am Königshof; Intrigen spinnen, einfädeln, aufdecken, enthüllen; sich in Intrigen verstricken; in jmds. Intrigen geraten; er hat den Posten durch Intrigen bekommen.

intrigieren, intrigierte, hat intrigiert (bildungsspr.): *innerhalb einer Gemeinschaft oder Gruppe Menschen in heimtückischer und hinterhältiger Weise bei anderen in Verruf bringen oder gegeneinander aufhetzen und dadurch Unruhe und Mißtrauen unter den Betroffenen stiften:* ständig, immerzu, heimlich, heimtückisch, in hinterhältiger Weise gegen jmdn. i.; er hat bei meinem Chef gegen mich intrigiert; gegen einen Plan, ein Vorhaben, ein Projekt i.

Intuition, die; der Intuition, die Intuitionen (bildungsspr.): *Eingebung, ahnendes Erfassen:* die dichterische, schriftstellerische, künstlerische I.; eine I. haben; auf eine I. warten; sich auf seine Intuitionen verlassen; sich von einer plötzlichen, spontanen I. leiten lassen.

intuitiv [...*tíf*] ⟨Adj.; attr. und als Artangabe; gew. ohne Vergleichsformen⟩ (bildungsspr.): *auf Eingebung beruhend, einer Eingebung folgend; gefühlsmäßig, instinktiv:* eine intuitive Handlung, Reaktion; intuitives Denken, Erkennen, Erfassen; seine Methode ist rein i.; i. denken; den Inhalt eines Textes i. erfassen; i. vorgehen; i. richtig handeln.

intus ⟨Adv.⟩ (bildungsspr., salopp): /nur in den festen Wendungen/: **1)** *etwas intus haben:* **a)** *etwas begriffen haben, etwas im Gedächtnis haben:* hast du die unregelmäßigen Verben jetzt i.? **b)** *etwas gegessen oder getrunken haben, etwas im Magen haben:* ich habe heute noch nichts i. **c)** *alkoholische Getränke zu sich genommen haben; beschwipst sein:* er hat bereits einige, etliche [Schnäpse, Gläser] i.; er hat ganz schön einen i. **2)** *etwas intus nehmen* (landsch., selten): **a)** *etwas essen oder trinken:* ich muß noch eine Kleinigkeit i. nehmen; ich habe heute noch nichts i. genommen. **b)** *etwas Alkoholisches trinken:* jetzt wollen wir erst einmal einen kräftigen i. nehmen!

invalid[e] [*inw*...] ⟨Adj.; gew. nur attr. und präd.; ohne Vergleichsformen⟩: *krank, gebrechlich und dadurch vorübergehend oder andauernd arbeits-, dienst- oder erwerbsunfähig:* ein invalider Mann, Arbeiter, Soldat; diese Frau ist [seit langem, dauernd, vollständig, teilweise] i.; er ist durch einen Arbeitsunfall i. geworden.

Invalide [*inw*...], der oder die; des oder der Invaliden, die Invaliden: *jmd., der [dauernd] arbeits-, dienst- oder erwerbsunfähig ist:* er ist [seit 20 Jahren] i.; der Krieg hat ihn zum Invaliden gemacht.

Invalidität [*inw*...], die; der Invalidität ⟨ohne Mehrz.⟩: *[dauernde] erhebliche Beeinträchtigung der Arbeits-, Dienst- oder Erwerbsfähigkeit:* frühe, dauernde, teilweise, 50%ige, vollständige I.

Invasion [*inw*...], die; der Invasion, die Invasionen: **a)** /Mil./ *feindliches Einrücken von Truppen in fremdes Hoheitsgebiet:* eine feindliche, kriegerische I.; die amerikanische I. in der Normandie 1944; eine I. vorbereiten, durchführen, verhindern, abwehren. **b)** /übertr./ (bildungsspr.; scherzh. übertreibend): *Auftreten in großer Anzahl, Einfall* (bes. auf Menschen oder Insekten bezogen): wir hatten in diesem Jahr eine I. von Maikäfern, Heuschrecken, Stechfliegen; die Gartenschau erlebte eine [unerwartete] I. von ausländischen Besuchern; wir rechnen mit einer I. von Sexualliteratur aus Dänemark.

Inventar [*inw*...], das; des Inventars, die Inventare: **1)** *die Gesamtheit der zu einem Betrieb, Unternehmen, Haus,*

Hof u. dgl. gehörenden Einrichtungsgegenstände und Vermögenswerte (einschließlich Schulden): totes I. (= *Einrichtungsgegenstände*); lebendes I. (= *Tiere*); dieser Schrank gehört nicht zum I.; das gesamte I. eines Betriebs übernehmen; ein Haus mit dem I. kaufen; das I. eines Unternehmens aufnehmen. – /bildl./: der alte Diener gehört zum eisernen I. des Schlosses. **2)** *Verzeichnis des Besitzstandes eines Betriebs, Unternehmens, Hauses, Hofs u. dgl.:* einen Gegenstand ins I. aufnehmen; ein [genaues] I. aufstellen, errichten; aus dem I. geht hervor, daß ...
Inventur [*inw...*], die; der Inventur, die Inventuren: **a)** /Wirtsch./ *Bestandsaufnahme der Vermögenswerte und Schulden eines Unternehmens zu einem bestimmten Zeitpunkt:* die jährliche I. eines Betriebs; das Geschäft ist wegen I. geschlossen; [die vorgeschriebene] I. machen; diese Waren wurden in der I. nicht berücksichtigt. **b)** /übertr./ (bildungsspr.) *allgemeine Bestandsaufnahme; selbstkritische Überprüfung der eigenen Situation:* ich habe gestern I. gemacht und dabei festgestellt, daß alle Ersparnisse aufgebraucht sind; du mußt in deiner Ehe endlich einmal I. machen.
investieren [*inw...*], investierte, hat investiert ⟨tr., etwas i.⟩: **a)** /Wirtsch./ *Kapital langfristig in Sachgütern anlegen:* Kapital, Geld in ein, einem Unternehmen i.; sein Vermögen gewinnbringend, vorteilhaft [im Ausland, in Grundstücken] i.; die deutsche Wirtschaft muß mehr i. **b)** /übertr./ (bildungsspr.) *etwas für etwas aufwenden, zur Verfügung stellen (in der Hoffnung, daß sich der Aufwand bezahlt macht):* er hat sein ganzes Bargeld in dieses Auto investiert; ich habe viel Zeit und Arbeit in dieses Projekt investiert.
Investition [*inw...*], die; der Investition, die Investitionen: /Wirtsch./ *langfristige Anlage von Kapital in Sachgütern:* geringe, niedrige, hohe, größere, feste, günstige, vorteilhafte, private, staatliche Investitionen; deutsche Investitionen im Ausland; Investitionen in Höhe von zwei Millionen Mark; Investitionen planen, vornehmen, finanzieren, ausweiten, fördern, steuerlich begünstigen; das Land hat größere Mittel für Investitionen im Straßenbau bereitgestellt.
involvieren [*inwolwir^{e}n*], involvierte, hat involviert ⟨tr., etwas i.⟩ (bildungsspr.): *etwas einschließen, in sich begreifen, automatisch mitbeinhalten:* diese Entscheidung involviert eine große Verantwortung; diese Politik involviert den Glauben an ein vereintes Europa.
Ironie, die; der Ironie, die Ironien: **1)** *der verhüllende Spott, der das Kleine, das groß und das Große, das erhaben sein will, zur Selbstverspottung auffordert; versteckter, hintergründiger Spott:* feine, zarte, sanfte, leise, bittere, verletzende I.; etwas voll I. sagen; mit unverhohlener I. antworten; „Gefällt es Ihnen in der neuen Stelle nun besser?" fügte er mit unverhüllter I. hinzu; ich hörte, spürte, fühlte deutlich die I. in seiner Stimme. **2)** (bildungsspr.) *paradoxe Konstellation, die einem als frivoles Spiel einer höheren Macht erscheint:* eine [grausame] I. des Schicksals, des Lebens, der Geschichte.
ironisch ⟨Adj.; attr. und als Artangabe⟩: *voll Ironie, mit feinem, versteckten Spott; [leicht] spöttelnd:* eine ironische Bemerkung, Anspielung, Frage, Antwort; mit einem ironischen Lächeln; diese Äußerung ist offensichtlich i.; der Satz ist i. gemeint, zu verstehen; i. fragen, antworten; sich i. verbeugen; ob ich wieder gesund sei, meinte er i.
irreal ⟨Adj.; attr. und als Artangabe; gew. ohne Vergleichsformen⟩ (bildungsspr.): *nicht → real, unwirklich; wirklichkeitsfremd:* irreale Vorstellungen, Wünsche, Forderungen; er lebt in einer irrealen Traumwelt; die Gestalten seines Romans sind, erscheinen, wirken irgendwie i.; ich halte seine Pläne für i.

irregulär ⟨Adj.; attr. und als Artangabe; gew. ohne Vergleichsformen⟩ (bildungsspr.): *nicht regulär; unvorschriftsmäßig; unrechtmäßig, unsauber; ungewöhnlich:* irreguläre Truppen, Verbände, Einheiten, Maßnahmen, Geschäfte; eine irreguläre Handlungsweise; unter irregulären Bedingungen arbeiten; sein Vorgehen ist i.; das Ergebnis des Spiels ist auf Grund der katastrophalen Bodenverhältnisse und der schlechten Schiedsrichterleistung vollkommen i.; das Tor ist i. zustande gekommen.

irrelevant [...wan̨t] ⟨Adj.; attr. und als Artangabe⟩ (bildungsspr.): *unerheblich, belanglos:* eine irrelevante Bemerkung; ein irrelevanter Einwand; etwas ist politisch, militärisch, rechtlich, faktisch i.; ich halte seine Bedenken für i.; dieses Ereignis ist für die deutsche Politik i.; es ist [für mich] völlig, absolut i., ob er sich an dem Unternehmen beteiligt oder nicht.

irreparabel [auch: ...ab^el] ⟨Adj.; attr. und als Artangabe; ohne Vergleichsformen⟩ (bildungsspr.): *nicht wiederherstellbar; nicht wiedergutzumachen; unersetzbar:* ein irreparabler Schaden; dieser Fehler ist i.; das Gemälde wurde i. zerstört.

irritieren, irritierte, hat irritiert ⟨tr., jmdn. i.⟩: *jmdn. unsicher machen, verwirren, beunruhigen, beirren; jmdn. ablenken, stören, belästigen:* es irritierte mich leicht, einigermaßen, ziemlich, stark, erheblich, daß die Straße fast menschenleer war; er ließ sich durch ihr Lächeln nicht i.; irritiert aufblicken, den Kopf schütteln; sich irritiert fühlen durch etwas; das Läuten des Telefons, der Straßenlärm irritierte ihn.

Ischias [*ischiaß*, selten auch *iß-chiaß*], der oder das (bildungsspr. auch: die); des bzw. der Ischias: /volkst./ *Hüftschmerzen, Hüftweh, anfallsweise auftretende Nervenschmerzen im Ausbreitungsgebiet des Hüftnervs:* I. haben; an I. leiden.

Isolation, die; der Isolation, die Isolationen; auch: Isolierung, die; der Isolierung, die Isolierungen: **1)** /Techn./: **a)** *Abdichtung eines Mediums gegenüber einem anderen Medium durch Anbringung einer nichtleitenden oder schlechtleitenden Schicht, um zu verhindern, daß Energie (Wärme, Strom u. a.) von einem Medium in das andere übertritt:* die I. eines Gebäudes ausführen, durchführen. **b)** *Dichtungs-, Isoliermaterial, Isolierschicht:* die I. einer elektrischen Leitung prüfen, erneuern, ausbessern; die I. ist schadhaft, defekt, unzulänglich. **2)** (bildungsspr.): **a)** *das Absondern von Einzelpersonen (bes. von Infektions- und Geisteskranken oder Häftlingen) aus einer Gemeinschaft:* das Gesundheitsamt ordnete die sofortige, unverzügliche I. aller Kontaktpersonen an; die I. eines Schwerverbrechers von der Gesellschaft. **b)** *das Isoliertsein, die Vereinzelung, das Abgeschlossensein von anderen:* in freiwilliger, unfreiwilliger, aufgezwungener, vollkommener, strenger, geistiger, sozialer, politischer I. leben.

isolieren, isolierte, hat isoliert ⟨tr. und refl.⟩: **1 a)** ⟨jmdn. i.⟩: *jmdn. von anderen absondern, trennen, getrennt halten:* die Kontaktpersonen konnten rechtzeitig [von der übrigen Bevölkerung] isoliert werden; man sollte die reinen Verkehrssünder von den echten Kriminellen im Gefängnis i.; **b)** ⟨sich i.⟩: *sich absondern, seine eigenen Wege gehen:* er isoliert sich immer stärker von seinen Mitmenschen, von seinen Kollegen; er hat sich in der letzten Zeit ganz isoliert; er hat sich durch sein Verhalten selbst isoliert. – ⟨auch im zweiten Partizip⟩: isoliert leben, sich isoliert fühlen. **2)** ⟨etwas i.⟩: /Techn./ *etwas durch Anbringung geeigneter Materialien gegen Schall, Kälte, Hitze, Feuchtigkeit, Elektrizität u. a. schützen, etwas abdichten:* ich habe die schadhafte Leitung mit Isolierband isoliert; die Wände unseres Hauses sind mit Glaswolle isoliert; der Fußboden ist gut, schlecht isoliert.

Isolierung vgl. Isolation.

J

Jackett [sehakät], das; des Jacketts, die Jackette und Jacketts (bildungsspr.): *gefütterte Stoffjacke (als Teil des Herrenanzugs):* ein einreihiges, zweireihiges, einfarbiges, graues, gemustertes, modisches, sportliches J.; sein J. anziehen, ausziehen, ablegen, anbehalten; ein J. passend zur Hose kaufen.

Jalousie [sehalusi], die; der Jalousie, die Jalousien: *von oben nach unten zuziehbarer Schutzvorhang (meist als Lichtblende für Fenster), der im allgemeinen aus einzelnen kleinen Holz-, Metall- oder Kunststofflamellen besteht, die sich beim Schließen zusammenschieben:* die J. am Fenster herunterlassen, zuziehen, hochziehen, aufziehen.

Jargon [sehargong], der; des Jargons, die Jargons (bildungsspr.): *(meist) saloppe Sondersprache einer Berufsgruppe oder einer bestimmten sozialen Schicht; saloppe, ungepflegte Ausdrucksweise:* der J. der Schüler, Studenten, Schauspieler, Mediziner; dieser Ausdruck stammt aus dem übelsten J. der Ganoven; wir haben unseren eigenen J.; er redet in einem derben, ordinären, vulgären J.

Jet [dsehät], der; des Jet[s], die Jets (bildungsspr., salopp): *Flugzeug mit Strahlantrieb, Düsenflugzeug:* ein vierstrahliger, zweistrahliger, komfortabler J.; er benutzt für seine Geschäftsreisen seinen eigenen, privaten J.; in, mit einem J. fliegen; einen J. fliegen, chartern.

Job [dsehob], der; des Jobs, die Jobs (salopp): *[Gelegenheits]arbeit, Beschäftigung, Stelle:* sie hat einen schönen, prima (ugs.), tollen, einträglichen, lukrativen J. als Photomodell; ich brauche unbedingt einen neuen J.; er hat einen J. als Kellner angenommen; einen J. bekommen, verlieren; Fußball ist nun einmal mein J.; er hat in diesem Jahr mehrmals seinen J. gewechselt; dieser J. bringt nichts ein; ich habe einen besseren J. für dich.

Jockei [dsehoki, dsehoke oder joke], der; des Jockeis, die Jockeis: *berufsmäßiger, oft bei einem bestimmten Rennstall verpflichteter Rennreiter:* das Rennen wurde von der Stute Ramona unter J. Herbert X gewonnen.

Jokus, der; des Jokus, die Jokusse ⟨Mehrz. selten⟩ (ugs.): *Scherz, Spaß:* wir haben gestern einen tollen J. veranstaltet.

Jongleur [sehongglör oder sehongglör], der; des Jongleurs, die Jongleure: *Geschicklichkeitskünstler:* ein bekannter J.; er verdient sein Geld als J. im Varieté; als J. auftreten; einen J. engagieren; – /in Vergleichen/: der Rechtsaußen führt den Ball artistisch wie ein J.

jonglieren, [sehongglir^en, auch: sehongglir^en], jonglierte, hat jongliert ⟨intr.⟩: a) *in artistischer Weise mit kleineren Gegenständen Werf-, Fang- oder Balancekunststückchen ausführen:* mit Bällen, Ringen, Keulen, Tellern, Gläsern j. – /bildl./: er jonglierte [geschickt] mit dem Fußball. b) /übertr./ (bildungsspr.) *in verblüffender Weise und mit gleichsam artistischer Intelligenz mit etwas gedanklich umzugehen verstehen:* mit Wörtern, Begriffen, Sätzen, Zahlen, Fakten j.

Journalismus [sehu...], der; des Journalismus ⟨ohne Mehrz.⟩: a) *Pressewesen:* er ist im J. tätig; er kommt vom J. her. b) (bildungsspr., salopp) *charakteristische Art der Zeitungsberichterstattung, typischer journalistischer Schreibstil:* das ist guter, schlechter, billiger J.

Journalist [sehu...], der; des Journalisten, die Journalisten: *Zeitungsberichterstatter, Zeitungsschriftsteller, Pressemann:* ein guter, schlechter, erfahrener, cleverer J.; J. sein, werden; als J. arbeiten, tätig sein; er ist freier J.; er ist J. beim „Mannheimer Morgen"; der Bundeskanzler sprach vor Journalisten, wurde von amerikanischen Journalisten interviewt.

Journalistik [*sehu...*], die; der Journalistik ⟨ohne Mehrz.⟩: *Zeitungswesen, Zeitungswissenschaft:* J. studieren.

journalistisch [*sehu...*] ⟨Adj.; attr. und als Artangabe, aber gew. nicht präd.; ohne Vergleichsformen⟩: *die Journalistik, den Journalismus betreffend; auf dem Gebiet des Journalismus [erfolgend]:* journalistische Fähigkeiten; er hat einen typischen journalistischen Stil; er ist j. sehr begabt; er arbeitet j.; er ist j. tätig.

jovial [*jowigl*] ⟨Adj.; attr. und als Artangabe⟩ (bildungsspr.): *leutselig, gönnerhaft, herablassend freundlich:* ein sehr jovialer Herr, Chef, Vorgesetzter; eine joviale Geste; er hat eine sehr joviale Art, mit einem zu sprechen; er ist mir ein wenig zu j.; sich [zu jedermann] j. geben; j. fragen, antworten; jmdm. j. die Hand auf die Schulter legen; j. tun; jmdn. j. auf die Schulter klopfen; er nickte, lächelte mir j. zu; j. grüßen.

Jovialität [*jow...*], die; der Jovialität ⟨ohne Mehrz.⟩ (bildungsspr.): *Leutseligkeit, Gönnerhaftigkeit, herablassende Freundlichkeit:* jmdn. mit kameradschaftlicher, herablassender J. behandeln.

Jubilar, der; des Jubilars, die Jubilare: *jmd., der ein Jubiläum begeht:* ein rüstiger, noch sehr vital wirkender, greiser, strahlender, lächelnder J.; einen J. ehren, feiern.

Jubiläum, das; des Jubiläums, die Jubiläen: *Gedenktag, denkwürdiger Jahrestag:* er feiert heute sein zehnjähriges, fünfundzwanzigjähriges, vierzigjähriges J. als Betriebsangehöriger; der Ort feiert sein tausendjähriges J.; sein J. festlich begehen.

junior ⟨indekl. Adj.; nur in Verbindung mit einem vorangestellten Personennamen⟩: *der Jüngere* (Abk.: jr. und jun.; Ggs.: → senior): Philipp Holzmann j.; Herr Schulz j.

Junior, der; des Juniors, die Junioren: 1) ⟨Mehrz. ungew.⟩: *Sohn (im Verhältnis zum Vater):* der J. hat die Leitung der Firma j. mitgebracht? 2) ⟨gew. nur Mehrz.⟩: *Jungsportler in der Altersklasse zwischen dem 18. und dem vollendeten 23. Lebensjahr:* die Klasse der Junioren; er darf noch bei den Junioren spielen; die deutschen Junioren gewannen den Leichtathletikländerkampf; er wechselte von den Junioren zu den Männern.

Junktim, das; des Junktims, die Junktims (bildungsspr.): *notwendige Verflechtung mehrerer Dinge, die einander in ihrem Bestand bedingen:* die beiden Gesetzesvorlagen bilden ein J. und können nur gemeinsam verabschiedet werden

Junta [*ehunta*, auch: *junta*], die; der Junta, die Junten (bildungsspr.): *Regierungsausschuß, Regierung (bes. in lateinamerikanischen Ländern):* das Land wird von einer J. aus Offizieren regiert.

Jura, die ⟨Mehrz.⟩ (bildungsspr.): *Rechtswissenschaft:* J. studieren.

Jurisprudenz, die; der Jurisprudenz ⟨ohne Mehrz.⟩ (bildungsspr.): *Rechtswissenschaft:* er studiert J.; er ist Student der J.

Jurist, der; des Juristen, die Juristen: *Rechtskundiger mit akademischer juristischer Ausbildung:* er will J.; werden; er ist ein fähiger, begabter J.; er ist freier (= *nicht beamteter*) J. er ist als J. in der freien Wirtschaft tätig.

juristisch ⟨Adj.; attr. und als Artangabe; ohne Vergleichsformen⟩: *rechtswissenschaftlich; das Recht betreffend; rechtlich:* die juristische Fakultät einer Hochschule; ein juristisches Seminar; eine juristische Arbeit; die erste, zweite, juristische Staatsprüfung; juristische Handlungen; meine Bedenken gegen den Plan sind rein j.; er ist j. ausgebildet, vorgebildet; diese Entscheidung ist j. nicht vertretbar; er ist im Urteil j. begründet.

Jury [*juri, dsehueri, sehüri* oder *sehüri*], die; der Jury, die Jurys (bildungsspr.): 1) *Preisrichterkollegium bei öffentlichen, vor allem sportlichen Wettbewerben:* die Mitglieder der J.; die J. vergab drei Preise; die Entscheidung der J. ist unanfechtbar; die J. des Tanzturniers bestand aus...; er gehört zur J. beim Dressurreiten; die J. leistete sich mehrere krasse Fehlurteile. 2) [Ausspr. nur: *dsehu̯eri*]: /Rechtsw./ *Gesamtheit der Geschworenen bei einem Strafprozeß in angelsächsischen Ländern:* die J. erkannte einstimmig auf schuldig, unschuldig; die Entscheidung, das Urteil der J.; die J. wählte, bestimmte ihren Sprecher.

Jus [*sehü*], die (südd. und schweiz. auch: das); der bzw. des Jus ⟨ohne Mehrz.⟩: /Gastr./ *Fleischsaft, Bratensaft:* eingedickter, brauner J.; aus dem J. von Rinderbraten eine Soße bereiten.

justieren, justierte, hat justiert ⟨tr., etwas j.⟩: *ein [Meß]gerät oder eine Maschine genau einstellen:* eine Waage, ein Tachometer j.

Justiz, die; der Justiz ⟨ohne Mehrz.⟩: *Rechtspflege:* die deutsche, Berliner, amerikanische J.; die Unabhängigkeit der J.; in manchen Bundesländern wird die J. nicht einheitlich gehandhabt; in der J. tätig sein.

Justizmord, der; des Justizmord[e]s, die Justizmorde: *Vollziehung eines auf einem Rechtsirrtum beruhenden Fehlurteils (bes. Hinrichtung):* einen J. begehen, zulassen, verhindern.

Juwel: 1a) das oder der; des Juwels, die Juwelen ⟨meist Mehrz.⟩: *geschliffener Edelstein:* wertvolle, kostbare, teure Juwelen; Juwelen in Gold fassen; das Armband ist mit Juwelen besetzt. **b)** das; des Juwels, die Juwelen ⟨meist Mehrz.⟩: *Schmuckstück:* sie hat ihre sämtlichen Juwelen angelegt. **2)** das; des Juwels, die Juwele (gelegentlich scherzhaft auf Personen bezogen): /übertr./ *besonders wertvolles, geschätztes Stück:* dieser Bungalow ist wirklich ein J.; er hat in seiner Bibliothek einige seltene Juwele; euer Hausmädchen ist ein wahres J.

Juwelier, der; des Juweliers, die Juweliere: *Goldschmied; Schmuckhändler:* Schmuck sollte man nur beim J. kaufen.

K

Kabarett, das; des Kabaretts, die Kabarette oder Kabaretts: **1a)** *bes. zeit- und sozialkritische Kleinkunstbühne:* politisches, literarisches K.; er ist Schauspieler beim K. **b)** *die Aufführung einer Kleinkunstbühne:* gutes K. machen; ins K. gehen (= *eine Aufführung im Kabarett besuchen*). **2)** /Gastr./ *drehbare, mit kleinen Fächern oder Schüsselchen versehene Speise- oder Salatplatte:* die Salate waren auf einem K. angerichtet.

Kabarettist, der; des Kabarettisten, die Kabarettisten: *Darsteller an einer Kleinkunstbühne:* die bekannten K. der Berliner Stachelschweine.

Kabine, die; der Kabine, die Kabinen: *kleiner, umschlossener Raum, [Wohn]zelle:* **a)** *Umkleideraum (in einer Badeanstalt, in Sporthallen oder auf Sportplätzen):* wir haben uns eine K. gemietet; die geschlagene Mannschaft ging ohne aufzublicken in die K.; jetzt kommen sie (die Fußballspieler) wieder aus der K. **b)** *Fernsprechzelle:* von einer öffentlichen K. aus anrufen. **c)** *die Gondel einer Bergbahn:* die K. der Bergbahn schaukelte stark. **d)** *Fahrgastraum eines Passagierflugzeugs:* die K. über die Gangway betreten, verlassen. **e)** *Wohn- und Schlafraum auf Schiffen (für Offiziere und Passagiere):* eine K. erster, zweiter Klasse; eine K. mit vier Betten mieten; die Kabinen für die Offiziere, für die Passagiere; sich in seine K. zurückziehen; in seine K. hinuntersteigen.

Kabinett, das; des Kabinetts, die Kabinette: /Pol./ *Kreis der die Regierungsgeschäfte eines Staates oder Landes wahrnehmenden Minister,*

Kadaver

Regierungsmannschaft: das französische, italienische, Bonner, Düsseldorfer K.; das erste, zweite, dritte K. Adenauer; die Mitglieder, Minister, Sitzungen, Beratungen, Entscheidungen des Kabinetts; ein K. gründen, bilden, umbilden, neu besetzen; der Kanzler stellte sein neues K. vor; der Bundespräsident verabschiedete das alte K.; der Bundestagspräsident vereidigte das neue K.; ein K. stürzen, verlassen; die CDU wird dem neuen K. nicht mehr angehören; Exminister X wird ins K. zurückkehren; im K. sitzen; etwas im K. beraten, beschließen; der Vorschlag wurde vom K. gebilligt; das K. trat geschlossen zurück.

Kadaver [kadɑwᵉr], der; des Kadavers, die Kadaver: *in Verwesung übergehende [Tier]leiche, Aas:* ein menschlicher, zerstückelter, aufgetriebener K.; der K. eines Soldaten, Pferdes, Hundes; ein K. verwest.

Kader, der; des Kaders, die Kader (bildungsspr.): *erfahrener Stamm eines Heeres (bes. an Offizieren und Unteroffizieren) oder einer Sportmannschaft* (auch auf andere Verbände übertragbar): ein K. von jungen Offizieren; der Bundestrainer kann sich auf einen bewährten K. von erfahrenen Spielern stützen; der K. einer Partei; einen [neuen] K. heranbilden.

Kadi, der; des Kadis, die Kadis (ugs.): *Richter:* jmdn. vor den K. bringen; er wurde vor den K. zitiert; mit etwas zum K. gehen, laufen; vor den K. kommen.

Kajüte, die; der Kajüte, die Kajüten: *mit einem gewissen Komfort ausgestatteter Wohnraum auf Schiffen (für die Offiziere oder für Fahrgäste); geschlossener Wohn- und Schlafraum einer Jacht:* die vordere K.; der Kapitän ist in seiner K.

Kalamität, die; der Kalamität, die Kalamitäten (bildungsspr.): *arge Verlegenheit, Übelstand, Notlage:* wir befinden uns in einer großen, peinlichen [wirtschaftlichen] K.; wir müssen zunächst einmal aus der derzeitigen innenpolitischen, außenpolitischen K. herausfinden.

Kaleidoskop, das; des Kaleidoskops, die Kaleidoskope (bildungsspr.): *lebendig-bunte Bilderfolge, bunter Wechsel:* ein buntes K. von Stimmen, Farben, Bildern; das K. der Erinnerungen.

Kaliber, das; des Kalibers, die Kaliber: **1)** /Techn./: **a)** *innerer Durchmesser, lichte Weite von Rohren und Bohrungen (bes. auch von Feuerwaffen):* Waffen aller, verschiedener K.; das K. eines Gewehrs, Geschützes, eines Revolvers, eines Abwasserrohrs; Geschütze leichten, mittleren, schweren Kalibers. **b)** *Durchmesser eines Geschosses, einer Granate:* eine Bombe schwersten Kalibers; Munition vom K. 10,5. **2)** /übertr./ (ugs.) *Art, Schlag, Format* (auf Personen bezogen): Leute seines Kalibers; die beiden sind vom gleichen K.; wir brauchen Boxer vom K. eines Max Schmeling, vom K. Schmelings; der ist von ganz anderem K. als du.

Kalkül, der (auch: das); des Kalküls, die Kalküle (bildungsspr.): *Berechnung, Überschlag; Überlegung, Erwägung:* das ist ein einfaches, kompliziertes, schwieriges K.; man darf an eine solche Sache nicht mit kaufmännischem, logischem, verstandesmäßigem K. herangehen; jmdn., etwas einem politischen K. opfern; etwas ins K. einbeziehen.

Kalkulation, die; der Kalkulation, die Kalkulationen: **1)** /Wirtsch./ *Kostenberechnung, Kostenermittlung, [Kosten]voranschlag:* eine genaue, vorsichtige K. der Kosten; die K. der Preise; in seiner K. für die Herstellungskosten dieses Buches liegt ein Fehler; seine K. stimmt nicht. **2)** /übertr./ *Erwägung, Überlegung; Schätzung, Abwägung:* nach meiner K. dürften wir höchstens noch 25 km zu fahren haben; etwas in seine Kalkulationen miteinbeziehen; bei der K. der eigenen Chancen ...

kalkulieren, kalkulierte, hat kalkuliert ⟨tr. und intr.⟩: **1)** ⟨etwas k.⟩: /Kaufm./ *etwas berechnen, veran-*

schlagen: Kosten, Ausgaben, Preise k.; wir haben die Herstellungskosten des Buches niedrig, hoch, vorsichtig, richtig, falsch kalkuliert. 2) ⟨intr.⟩: *überlegen, erwägen, abschätzen; meinen:* schnell, rasch, blitzschnell, scharf, richtig, falsch k.; die FDP kalkuliert [so]: „Wenn wir den Kandidaten der SPD unterstützen, werden die Verhandlungen über eine kleine Koalition mit der SPD erfolgversprechender sein"; ich kalkuliere, daß es bald regnen wird.

Kalorie, die; der Kalorie, die Kalorien: 1) /Phys./ *Einheit der Energie (Wärmemenge):* eine kleine, große K. 2) ⟨meist Mehrz.⟩ (alltagsspr.) *Maßeinheit für den Energiewert (Nährwert) von Nahrungsmitteln:* 100 g Leberwurst enthalten etwa 260 Kalorien; der normal arbeitende Mensch braucht täglich etwa 2 500 bis 3 000 Kalorien; die meisten Gemüsearten enthalten wenig Kalorien, sind arm an Kalorien; Butter enthält viele Kalorien, ist reich an Kalorien; ich habe heute wieder zu viele Kalorien zu mir genommen.

Kamera, die; der Kamera, die Kameras: *Aufnahmegerät für ein stehendes Bild, für Film und Tonfilm:* **a)** *Film- und Fernsehkamera:* eine einfache, komplizierte K.; die K. läuft, surrt, bewegt sich, schwenkt auf die Zuschauer, registriert jede Bewegung, fängt die Szene ein, hält den Zweikampf fest, versagt, fällt aus; die K. aufbauen, schwenken, auf etwas, jmdn. richten; das Objektiv der K., die Kamera auf etwas, jmdn. richten; einen Film in die K. einlegen; mit verdeckter K. filmen; in die K. blicken; den unbestechlichen Augen der K. bleibt nichts verborgen. – *vor der K. stehen (= Filmaufnahmen machen, einen Film drehen).* **b)** *Photoapparat:* eine automatische, halbautomatische, vollautomatische K.; die K. schußbereit haben.

Kampagne [...*panje*], die; der Kampagne, die Kampagnen: 1) *Hauptbetriebszeit in saisonbedingten Unternehmungen:* eine kurze, lange K.; die Zuckerfabriken sind jetzt mitten in der K., haben jetzt K.; die K. der Karnevalsvereine geht ihrem Ende zu. 2) /gew. in Zus. wie: Pressekampagne, Wahlkampagne/ *Unternehmung, Aktion, Feldzug:* eine militärische, politische, wirtschaftliche K.; eine K. gegen den Hunger in der Welt starten, einleiten; eine K. für den Frieden, für die notleidende Landwirtschaft durchführen.

kampieren, kampierte, hat kampiert ⟨intr.⟩ (ugs.): *[im Freien] übernachten, auf einem improvisierten Nachtlager schlafen; wohnen:* unter freiem Himmel, auf einer Wiese, im Zelt, im Wohnwagen k.; ich mußte für eine Nacht auf einer Couch, auf einer Liege k.; ich werde für acht Tage bei meinem Onkel k.; er kampiert mit seinem Freund zusammen in einer primitiven Mansarde.

Kanalisation, die; der Kanalisation, die Kanalisationen: **1 a)** *System von (meist unterirdischen) Rohrleitungen und Kanälen zum Abführen der Abwässer:* die Gemeinde bekommt jetzt [eine neue] K., wird an die städtische K. angeschlossen; die Gemeinde hat noch keine K.; der Einbrecher konnte durch die unterirdische K. entkommen. **b)** *das Installieren von (meist unterirdischen) Rohrleitungen und Kanälen zur Abführung von Abwässern:* die Baufirma X wird die K. der Fabrik, des Hauses durchführen. **2)** *Ausbau eines Flusses zu einem schiffbaren Kanal:* die K. des Oberlaufs der Mosel; man plant die K. dieses Flusses.

kanalisieren, kanalisierte, hat kanalisiert ⟨tr., etwas k.⟩: **1)** *einen Ort, einen Betrieb u. dgl. mit einer → Kanalisation (1a) versehen:* eine Straße, eine Fabrik, eine Gemeinde k. **2)** *einen Fluß schiffbar machen:* die Mosel, die Saar k.

Kandare, die; der Kandare, die Kandaren: **1)** /Pferdesport/ *zum Zaumzeug gehörende Gebißstange im Maul des Pferdes:* einem Pferd die K. anlegen; die K. anziehen, lockern; mit K. reiten; ein Pferd auf K. zäumen, reiten. **2)** /übertr.; nur in den festen Wendungen/ * jmdn. [fest] **an die K. nehmen:** *jmdn. streng hernehmen und scharf kontrollieren;* * **jmdn. [sicher, fest] an der K. haben, halten:** *jmdn. so streng unter Kontrolle haben, daß er keine Gelegenheit zu Eskapaden hat.*

Kandidat, der; des Kandidaten, die Kandidaten: **1)** *jmd., der sich um ein Amt, eine Stelle oder um einen Sitz in einer Volksvertretung bewirbt:* ein junger, zugkräftiger, aussichtsreicher, vielversprechender K.; jmdn. als Kandidaten für ein Amt vorschlagen, aufstellen, vorstellen, präsentieren, benennen; die SPD stellt einen eigenen Kandidaten für das Amt des Bundespräsidenten [auf]; einen Kandidaten unterstützen, wählen, von, auf der Liste streichen; die CDU brachte ihren Kandidaten durch (= *erreichte, daß er gewählt wurde);* X gilt als aussichtsreichster K. für den Posten ...; wir haben mehrere geeignete Kandidaten für diese Stelle; der Kandidat der SPD liegt gut im Rennen. **2 a)** *Student höheren Semesters, der sich auf seine Abschlußexamen vorbereitet* (Abk.: cand.): K. der Medizin (Abk.: cand. med.), der Philosophie (Abk. cand. phil.). **b)** *Prüfling:* die Kandidaten haben die Prüfung bestanden; einer der Kandidaten ist durchgefallen.

Kandidatur, die; der Kandidatur, die Kandidaturen: *Bewerbung um ein Amt oder um einen Sitz in einer Volksvertretung:* jmds. K. befürworten, unterstützen; seine K. aufrechterhalten, fallenlassen, aufgeben, zurückziehen.

kandidieren, kandidierte, hat kandidiert ⟨intr.⟩: *sich um ein Amt oder um einen Sitz in einer Volksvertretung bewerben:* Herr X kandidiert bei der nächsten Bundestagswahl für die CDU; in welchem Wahlkreis wird er k.?; er kandidiert gegen den Landesvorsitzenden seiner Partei; wiederholt, erneut k.

kannibalisch ⟨Adj.; attr. und als Artangabe⟩ ⟨bildungsspr.): **1)** *roh, ungesittet, grausam, brutal:* mit kannibalischer Grausamkeit, Wildheit; hier herrschen ja kannibalische Sitten!; was die Soldaten hier angerichtet haben, ist geradezu k.; sich k. aufführen; k. wüten. **2)** (emotional übertreibend) *ungeheuer, furchtbar, ungemein:* hier ist es k. heiß; er fühlt sich dort k. wohl.

Kanonade, die; der Kanonade, die Kanonaden: **1)** /Mil./ (veraltend) *anhaltendes Geschützfeuer, Trommelfeuer:* die schweren Mörser eröffneten die K.; die K. dauerte mehrere Stunden. **2 a)** /übertr./ (Sportjargon) *in kurzen Abständen hintereinander erfolgende Schüsse, Würfe (u. a.) auf ein Tor* (im Fußball, Handball usw.): der gegnerische Torhüter mußte eine wahre K. von Schüssen über sich ergehen lassen. **b)** /übertr./ (bildungsspr.; emotional übertreibend) *Worthagel:* eine K. von Schimpfwörtern, Flüchen ergoß sich über ihn.

kanonieren, kanonierte, hat kanoniert ⟨intr.⟩ (Sportjargon): *einen kraftvollen, harten Schuß aufs Tor abgeben* (bes. im Fußball): aufs Tor, an den Pfosten, an die Torlatte k.

Kantersieg (bildungsspr.), der; des Kantersieg[e]s, die Kantersiege: *müheloser, überlegener Sieg:* die Mannschaft errang einen unerwarteten K. über ihren Gegner; das Spiel endete mit einem K.; es gelang ihm ein K.

Kantine, die; der Kantine, die Kantinen: *Verkaufs- und Speiseraum für die Mannschaften und Offiziere einer Kaserne oder für die Belegschaftsmitglieder eines Betriebs oder einer Fabrik:* die K. ist geöffnet, geschlossen; eine K. pachten, eröffnen; der Betrieb bekommt eine K.; wir essen in der K.; Getränke aus der K. holen lassen.

Kanüle, die; der Kanüle, die Kanülen: /Med./: **a)** *Hohlnadel an einer Injektionsspritze:* eine dünne, feine, dicke, stumpfe, gebogene K.; eine K. [auf die Spritze] aufsetzen. **b)** *Röhrchen zum Einführen oder Ableiten von Luft oder Flüssigkeiten:* eine K. anlegen.

Kapazität, die; der Kapazität, die Kapazitäten: 1) ⟨Mehrz. ungebr.⟩: **a)** /Phys., Techn./ *Fassungs- oder Speicherungsvermögen eines technischen Geräts oder Bauteils* (in bezug auf einen bestimmten Stoff oder auf Energie): die K. eines Kondensators, eines Akkumulators, eines Dampfkessels. **b)** *Leistungs- oder Produktionsvermögen einer Maschine, einer Fabrik u. dgl.:* die Maschine hat eine geringe, kleine, große, hohe K., eine K. von 10000 Kilowatt; die K. eines Betriebes vergrößern, erweitern, steigern; die K. einer Maschine [voll] auslasten. **c)** *räumliches Fassungsvermögen:* die K. eines Saales, eines Theaters, eines Stadions; die Sporthalle hat eine K. von 25000 Sitz- und Stehplätzen. **d)** /übertr./ (bildungsspr.) *geistiges Fassungs- oder Leistungsvermögen:* das übersteigt meine [geistige] K. **2)** *hervorragender Fachmann:* er ist eine juristische, wirtschaftswissenschaftliche, militärische K.; er gilt als bedeutende K. auf dem Gebiet der Verhaltensforschung, für Krebskrankheiten; eine medizinische K. zu Rate ziehen.

kapieren, kapierte, hat kapiert ⟨tr., etwas k.; auch intr.⟩ (ugs.): *verstehen, begreifen:* etwas sofort, schnell, gleich, leicht, langsam, schwer, endlich, richtig k.; ist das denn so schwer zu k.? hast du endlich kapiert [,worum es geht]?; er hat nichts, kein Wort kapiert; ihr geht jetzt nach Hause! Kapiert?

Kapital, das; des Kapitals, die Kapitale und Kapitalien [...iᵉn] ⟨Mehrz. selten⟩: **1)** /Wirtsch./ *Geld für Investitionszwecke; [Anlage]vermögen:* er hat viel, wenig, kein K.; ich habe mein K. gut angelegt, investiert; K. aufnehmen, flüssig machen; sein K. aufstokken, vermehren, arbeiten lassen, in ein Geschäft stecken; dieses Projekt hat riesige, enorme, große, ungeheure, immense Kapitalien verschlungen; sein K. angreifen [müssen]; sich bei jmdm., von jmdm. K. für etwas verschaffen; zum Bauen braucht man zuerst einmal eigenes K.; etwas erfordert K.; er verdankt sein gesamtes K. einer zufälligen Hochkonjunktur; er verfügt über ein unbegrenztes K.; mit fremdem, mit jmds. K. arbeiten; er lebt, zehrt von seinem K.; inländisches K. fließt ins Ausland ab; der Wagen ist für ihn totes K. (= *bringt nichts ein*). **2)** /in der festen Wendung/ *K. aus etwas schlagen: *einen mißbilligten Nutzen oder Gewinn aus einer Sache ziehen:* er gehört zu denen, die aus dem deutschen Zusammenbruch K. geschlagen haben. **3)** /übertr.; in der festen Verbindung/ ***geistiges K.:** *Wissen, Kenntnisse, Verstand:* bei dieser Tätigkeit liegt sein gesamtes geistiges K. brach; er stellt uns sein geistiges K. zur Verfügung. **4)** /übertr./ *etwas Wertvolles, das einem* (bes. als Teil des eigenen Körpers) *unmittelbar gehört und das einem die Existenz garantiert oder das den eigentlichen Lebensinhalt für einen darstellt:* meine Gesundheit, mein Verstand ist mein [bestes, wertvollstes] K.; die Beine sind das kostbarste K. des Fußballspielers; ihre Schönheit ist ihr einziges K.; seine Kinder sind sein stolzes K.

Kapitalismus, der; des Kapitalismus ⟨ohne Mehrz.⟩: *Wirtschaftssystem, in dem die Unternehmer, der über die Produktionsmittel verfügt, der Masse der Arbeitnehmer gegenübersteht:* der westliche, amerikanische K.; die Vertreter des K.

Kapitalist, der; des Kapitalisten, die Kapitalisten (meist abschätzig): *Person, deren Einkommen überwiegend aus Kapitalerträgen besteht, Kapitalbesitzer:* ein westlicher, amerikanischer, skrupelloser, ausbeuterischer K.

kapitalistisch ⟨Adj.; attr. und als Artangabe; ohne Vergleichsformen⟩: *den Kapitalismus betreffend, auf ihm beruhend:* eine kapitalistische Wirtschaftsform, Gesellschaftsordnung; die westliche Wirtschaft ist durchweg k. [orientiert].

Kapitulation, die; der Kapitulation, die Kapitulationen: **1)** /Mil./: **a)** *Verträge zwischen militärischen Befehls-*

kapitulieren

habern über *die bedingte oder bedingungslose Unterwerfung einer Seite unter die Befehlsgewalt der anderen:* die K. unterzeichnen, annehmen; dem Feind eine demütigende K. aufzwingen. **b)** *die bedingte oder bedingungslose Unterwerfung (einer Armee, einer Truppe, einer Festung u. dgl.) unter eine feindliche Streitmacht:* eine bedingungslose, bedingte ehrenvolle, schändliche K.; die K. einer Armee, eines Heeres, einer Truppe, einer Festung, einer Stadt, eines Kriegsschiffes; die K. der sechsten Armee bei Stalingrad 1943; die K. vorbereiten, hinausschieben, verhindern, erklären, erzwingen; dem Gegner die K. anbieten. **2)** /übertr./ *das Aufgeben, Nachgeben, das Eingeständnis der eigenen Ohnmacht:* sein Verzicht bedeutet eine persönliche, vorzeitige, schmähliche K.; die K. vor einer Aufgabe, vor den Schwierigkeiten des Lebens.

kapitulieren, kapitulierte, hat kapituliert ⟨intr.⟩: **1)** /Mil./ *sich dem Feind ergeben:* bedingungslos, bedingt, feige [vor dem Feind] k. **2)** /übertr./ *nachgeben, aufgeben, resignieren, die Waffen strecken:* vor einem Problem, vor einer Schwierigkeit k.; vor soviel weiblichem Charme muß man einfach k.; vor diesem Mann braucht ihr doch nicht zu k.!

Kapriole, die; der Kapriole, die Kapriolen ⟨meist Mehrz.⟩ (bildungsspr.): *närrischer Einfall, übermütiger Streich:* mutwillige, tolle, dreiste Kapriolen; Kapriolen vollführen; Kapriolen schlagen *(= verrückt spielen)*.

kapriziös ⟨Adj.; attr. und als Artangabe⟩ (bildungsspr.): *launenhaft, eigenwillig, eigensinnig:* eine kapriziöse Frau; sie ist, wirkt sehr k.; sie kleidet sich sehr k.

Karabiner, der; des Karabiners, die Karabiner: *nichtautomatisches Gewehr:* ein kurzläufiger, langläufiger, kleinkalibriger, großkalibriger K.; den K. laden, sichern, entsichern, anlegen, umhängen, reinigen; die Infanterie ist mit Karabinern ausgerüstet.

Karacho [...*eho*], das; /nur in der Wendung /*mit K. (ugs.): *mit Schwung; mit großer Geschwindigkeit, mit Rasanz:* er fuhr mit [großem] K. um die Ecke.

Karaffe, die; der Karaffe, die Karaffen: *geschliffene, bauchige Glasflasche [mit Glasstöpsel]:* eine K. Wein, Traubensaft; der Kellner servierte den Rotwein in einer K.

Karambolage [...*aseh*^{e}], die; der Karambolage, die Karambolagen (ugs.): **a)** *Zusammenstoß (auf Kraftwagen bezogen):* ich hatte mit meinem Wagen eine leichte, schwere, gefährliche K.; er hatte eine K. mit einem LKW; bei einer K. zwischen mehreren Personenwagen ...; es kam zu einer K. **b)** /übertr./ *Streit, Auseinandersetzung:* ich hatte eine K. mit meinem Chef.

Karat, das; des Karat[e]s, die Karate ⟨Mehrz. ungew.⟩: **a)** *Einheit für die Gewichtsbestimmung von Edelsteinen* (1 Karat = etwa 205 mg): ein Diamant von $^1/_4$, $/^1_2$, 1 Karat. **b)** *Maß für die Feinheit einer Goldlegierung* (reines Gold = 24 Karat): Gold von 18 K.; der Ring ist echt Gold, 14 K.

Karawane, die; der Karawane, die Karawanen: **1)** *Reisegesellschaft in orientalischen Ländern:* eine K. zusammenstellen; mit einer K. durch die Wüste ziehen. **2)** /übertr./ (scherzh.) *größere Menge von Personen oder Fahrzeugen, die sich in einem langen Zug hintereinander fortbewegen:* eine endlose K. von sonnenhungrigen Urlaubsfahrern bewegte sich auf der Autobahn nach Süden.

Kardinal, der; des Kardinals, die Kardinäle: /Titel der nach dem Papst höchsten katholischen Würdenträger/: die Kardinäle wählen den Papst; der Papst ernannte fünf neue Kardinäle.

kariert ⟨Adj.; attr. und als Artangabe; ohne Vergleichsformen⟩: **1)** ⟨gew. nur attr. und präd.⟩: *gewürfelt, gekästelt; ein Schachbrettmuster enthaltend oder aufweisend:* ein kariertes Blatt, Heft; kariertes Papier; sie trägt ein kariertes Kleid; das Handtuch ist blau-weiß k.; der Rock ist schottisch k. 2) ⟨gew. nicht präd., selten attr.⟩ (ugs.): *flau, sonderbar, eigenartig; dumm, unverständlich:* mir ist so k. zumute; er hat so einen karierten Blick; der guckt ganz k. aus dem Fenster, aus der Wäsche, aus dem Hemd; k. daherreden, quatschen.

Karies [...*i-eß*], die; der Karies ⟨ohne Mehrz.⟩: /Med./ *Zahnfäule, akuter oder chronischer Zerfall der harten Zahnsubstanzen:* eine beginnende, fortschreitende K.; Fluor soll die Entstehung von K. verhindern; Kohlehydrate begünstigen die Entstehung einer K.; der Zahn ist von K. befallen; diese Zahnpasta ist wirksam gegen K.

Karikatur, die; der Karikatur, die Karikaturen: 1) *komisch-verzerrende Darstellung, die eine Person, eine Sache oder ein Ereignis durch humoristische oder satirische Hervorhebung und Überbetonung bestimmter charakteristischer Merkmale [der Lächerlichkeit] preisgibt:* eine gelungene, politische, literarische K.; eine K. von jmdm. oder etwas zeichnen; eine K. auf jmdn. oder etwas machen; in der Zeitung ist eine K. über den Wahlkampf, über Adenauer. 2) /übertr./ *Zerrbild, Spottbild:* er könnte die K. eines zerstreuten Professors abgeben; er ist die lächerliche K. eines Präsidenten; durch die Person dieses Mannes wird das hohe Amt zur K. verzerrt; einen entartet zur K.

Karikaturist, der; des Karikaturisten, die Karikaturisten: *Karikaturzeichner:* ein bekannter, berühmter K. hat die Illustration des Buches gezeichnet.

karikieren, karikierte, hat karikiert ⟨tr.; jmdn., etwas k.⟩ (bildungsspr.): *jmdn. oder etwas als Karikatur darstellen oder zur Karikatur machen:* einen Politiker, die Wohlstandsgesellschaft, den Sex k.; mit einigen Federstrichen hatte er ihn treffend karikiert; jmdn. in der Zeitung k.

karitativ [...*tif*] ⟨Adj.; attr. und als Artangabe; ohne Vergleichsformen⟩ (bildungsspr.): *wohltätig, mildtätig, Wohltätigkeits...:* eine karitative Einrichtung; ein karitativer Verband; etwas dient karitativen Zwecken; diese Organisation ist rein k.; k. arbeiten; sich k. betätigen.

Karneval [...*wal*], der; des Karnevals, die Karnevale und Karnevals ⟨Mehrz. ungebr.⟩: *Fastnacht [sfest]:* der rheinische, Düsseldorfer, Kölner, Mainzer K. feiern; zum K. gehen; Prinz K. regiert.

Karnevalist [...*wa*...], der; des Karnevalisten, die Karnevalisten: *jmd., der sich aktiv am Karneval beteiligt:* die Karnevalisten des Mainzer Karnevalvereins.

karnevalistisch [...*wa*...] ⟨Adj.; attr. und als Artangabe; ohne Vergleichsformen⟩: *den Karneval betreffend, mit ihm zusammenhängend, Karnevals...; fastnachtsmäßig:* eine karnevalistische Veranstaltung, Sitzung; ein karnevalistischer Schlager, Umzug; sein Vortrag war mehr k. als ernst; der bunte Abend war k. aufgezogen.

Karo, das; des Karos, die Karos: 1) *Raute, auf der Spitze stehendes gleichseitiges Viereck; eines von mehreren zu einem meist mehrfarbigen Muster verbundenen Quadraten:* eine Tischdecke mit kleinen, großen, blauen, gelben Karos; das Schachbrett besteht aus 32 weißen und 32 schwarzen Karos; ein Heft mit Karos. 2) ⟨ohne Artikel; nur Einz.⟩: /Spielkartenfarbe/: K. spielen, ansagen, drücken, bekennen, abwerfen; K. As, König.

Karosserie, die; der Karosserie, die Karosserien: *der Oberbau bzw. Aufbau eines Kraftwagens:* eine leichte, schwere, formschöne, elegante, flache, sportlich wirkende, stromlinienförmige K.; eine K. aus Metall, aus Kunststoff; eine K. entwerfen, bauen; die K. des Wagens ist anfällig gegen Seitenwind.

Karree [*kare*], das; des Karrees, die Karrees (bildungsspr.): *Viereck, Quadrat:* sich im K. aufstellen; im K. herumlaufen; ein K. bilden; wir wollen gerade mal ums K. (= *um den Häuserblock*) herumgehen.

Karriere [kariär^e], die; der Karriere, die Karrieren: *[erfolgreiche] Laufbahn:* eine schnelle, große, bedeutende, steile, langsame, späte K.; die K. eines Wissenschaftlers, Schauspielers; er steht erst am Anfang einer hoffnungsvollen politischen, wissenschaftlichen K.; seine K. als Offizier ist ruiniert; er hat [in seinem Beruf] schnell, rasch K. gemacht; er hat sich seine K. selbst verbaut, zerstört; seine K. aufs Spiel setzen, opfern, aufgeben; seine K. als Sportler wurde durch diesen Unfall unterbrochen, beendet; er steht auf dem Höhepunkt seiner K.; das wird seiner K. schaden.

Kartell, das; des Kartells, die Kartelle /Wirtsch./ *Zusammenschluß von Unternehmen zum Zwecke gemeinsamer Preis- und Absatzpolitik:* ein erlaubtes, verbotenes K.; ein K. gründen, bilden, aufheben, beanstanden; die Unternehmen haben sich zu einem K. zusammengeschlossen.

Karton [...tong, auch: ...to̱ng oder ...to̱n], der; des Kartons, die Kartons und (bei deutscher Aussprache) die Kartone: 1) *[leichte] Pappe, Steifpapier:* die Einbanddecke des Buches ist aus steifem, festem, starkem, dünnem, leichtem K.; auf K. zeichnen. 2) *Schachtel aus Pappe:* ein kleiner, großer, sperriger K.; einen K. zuschnüren, verschnüren, verpacken, aufschnüren, öffnen; etwas in einem K. aufbewahren, verschicken, transportieren; etwas in einen K. verpacken.

kartoniert ⟨Adj.; attr. und als Artangabe; ohne Vergleichsformen⟩: /Buchw./ *in Karton geheftet:* ein kartonierter Band; eine kartonierte Ausgabe; das Buch ist, erscheint k.; das Buch kostet k. 10,80 DM.

Karzinom, das; des Karzinoms, die Karzinome: /Med./ *Krebsgeschwulst, bösartige Geschwulst:* ein gefährliches, unheilbares, operables, inoperables K.; ein K. erkennen, operieren; ein K. haben; an einem K. erkrankt sein; ein K. entsteht, breitet sich aus.

kaschieren, kaschierte, hat kaschiert ⟨tr., etwas k.⟩ (bildungsspr.): *etwas verdecken, verbergen, verhüllen, bemänteln:* er versuchte seine Unsicherheit hinter einem forschen Auftreten zu k.; geschickt, sorgfältig, sorgsam kaschierte sie ihre häßlichen Beine mit einem langen Mantel, durch einen langen Mantel; die große Sonnenbrille kaschierte ihre verweinten Augen.

Kaserne, die; der Kaserne, die Kasernen: *zur dauernden Unterkunft von Truppen dienendes Gebäude:* in der K. liegen zur Zeit drei Kompanien.

kasernieren, kasernierte, hat kaserniert ⟨tr., jmdn. k.⟩: *Soldaten oder Polizisten in Kasernen unterbringen; die Mitglieder einer Sportmannschaft für eine bestimmte Zeit kasernenmäßig in einem Trainingslager zusammenziehen:* Truppen, Polizeimannschaften k.; die Spieler der Bundesligamannschaft wurden für drei Wochen in der Sportschule X kaserniert.

Kasino, das; des Kasinos, die Kasinos: 1) *Klubhaus, Offiziersheim; besonderer Speiseraum (bes. für Offiziere oder Ärzte):* die Ärzte des Krankenhauses essen meist im K.; die Offiziere treffen sich im K. 2) /meist in der Zus. Spielkasino/ *öffentliches Gebäude, in dem Glücksspiele stattfinden:* er hat im K. die Bank gesprengt; er ist Croupier in einem K.

Kasserolle, die; der Kasserolle, die Kasserollen: /Gastr./ *Schmortopf, Schmorpfanne:* eine kleine, große K. [mit Stiel]; Fleisch in einer K. braten.

Kassette, die; der Kassette, die Kassetten: 1) *verschließbares Holz- oder Metallkästchen zur Aufbewahrung von Geld und Wertsachen:* eine kleine, große, flache, stabile K.; eine K. aus Stahl; sein Geld, Briefe, Schmuck, seine Urkunden in einer K. aufbewahren, verschließen. 2) *flache, feste Schutzhülle für Bücher, Schallplatten u. dgl.:* die neun Symphonien von Beethoven gibt es jetzt in einer schmucken, preiswerten K. 3) /Phot./ *lichtundurchlässiger Behälter in einem Photoapparat oder in einer Kamera, in der den (lichtempfindliche) Film oder die photogr. Platte eingelegt wird:* einen Film in die K. einlegen; die K. wechseln, aus der Kamera herausnehmen.

kassieren, kassierte, hat kassiert ⟨tr.⟩: **1)** ⟨etwas k.⟩: *Geld einnehmen, einziehen, einsammeln:* einen Rechnungsbetrag, Beiträge k.; der Postbote hat die Rundfunk- und Fernsehgebühren bereits kassiert. **2a)** ⟨etwas k.⟩: *etwas für ungültig erklären, insbes.: ein Gerichtsurteil aufheben:* die neue Regierung hat die meisten Verordnungen und Anweisungen der alten Regierung kurzerhand kassiert; der Bundesgerichtshof hat das Urteil des Landgerichts kassiert. **b)** ⟨jmdn. k.⟩: *jmdn. seines Amtes entheben, jmdn. aus seinem Dienst entlassen:* die korrupten Beamten wurden sofort von der Regierung kassiert.

Kassierer, der; des Kassierers, die Kassierer: *Kassenverwalter, Angestellter eines Vereins oder Unternehmens, der die Kasse zu führen hat:* der K. einer Bank, eines Vereins; er wurde einstimmig als K., zum K. gewählt.

Kaste, die; der Kaste, die Kasten (bildungsspr., abwertend): *sich streng gegenüber anderen Gruppen abschließende Gesellschaftsschicht, deren Angehörige ein übertriebenes Standesbewußtsein pflegen:* die K. der Offiziere; er gehört zur exklusiven K. der Golfspieler; er hat die typischen Vorurteile seiner K.

kastrieren, kastrierte, hat kastriert ⟨tr.; jmdn., ein Tier k.⟩: *einem Menschen oder einem Tier die Keimdrüsen operativ entfernen oder ausschalten:* einen Hahn, einen Eber, einen Stier k.; er will sich freiwillig von einem Arzt k. lassen.

Kasus, der; des Kasus, die Kasus: **1)** /Sprachw./ *Fall, Beugungsfall:* die deutsche Sprache hat vier Kasus; Genitiv, Dativ und Akkusativ sind die sog. obliquen *(= abhängigen)* K.; in welchem K. steht dieses Hauptwort?; welchen Kasus regiert, fordert dieses Zeitwort? **2)** (geh.) *Fall, Angelegenheit, Vorkommnis:* man sollte diesen peinlichen K. schnellstens vergessen!

Katalog, der; des Katalog[e]s, die Kataloge: **a)** *Verzeichnis von Büchern, Zeitschriften, Waren usw.:* ein systematischer, alphabetischer bebilderter, veralteter, überholter K.; einen K. aufstellen, zusammenstellen, drucken; das Buch, die Ware ist in unserem K. nicht verzeichnet, wird in unserem K. nicht geführt, aufgeführt. **b)** /übertr./ (bildungsspr.) *lange Reihe, zusammenfassende Aufzählung:* ein K. von Fragen, Forderungen, Bedingungen, Ursachen, Rechten, Pflichten; dieses Land bietet dem Touristen einen ganzen K. von Herrlichkeiten, Sehenswürdigkeiten, Genüssen; der K. ihrer Sünden reicht von ... bis ...

Katarrh, der; des Katarrhs, die Katarrhe: /Med./ *Schleimhautentzündung (bes. im Bereich der oberen Luftwege):* ein leichter, harmloser, starker, schwerer, heftiger, akuter, chronischer K.; an einem K. der oberen Luftwege leiden; sich einen K. zuziehen.

katastrophal ⟨Adj.; attr. und als Artangabe⟩: *verhängnisvoll, entsetzlich, furchtbar, schlimm:* katastrophale Bedingungen, Zustände, Folgen, Auswirkungen; die Lage ist k.; die Ernteschäden werden sich k. für den Verbraucher auswirken.

Katastrophe, die; der Katastrophe, die Katastrophen: *Unheil, Verhängnis, Zusammenbruch; Verheerung, Verwüstung, Unglück großen Ausmaßes:* eine große, furchtbare, geschichtliche, politische, finanzielle, wirtschaftliche, militärische K.; die deutsche K. von 1945; eine K. abwenden, verhindern, vermeiden; einer K. entgehen, entkommen; einer K. zutreiben; diese Politik muß zu einer K. führen; es wird zu einer K. kommen; die K. ist unabwendbar, ist nicht mehr aufzuhalten; aus weiten Teilen der Erde werden Katastrophen gemeldet; es wäre eine entsetzliche K. für uns, wenn ...; die K. forderte zahlreiche Todesopfer; bei der neuerlichen K. im Bergbau kamen viele Menschen ums Leben.

Kategorie

Kategorie, die; der Kategorie, die Kategorien (bildungsspr.): *Klasse, Gattung:* er gehört zu jener seltenen K. von Menschen, die sich alles gefallen lassen; er fällt unter die K. der ängstlichen Autofahrer, der Draufgänger; der läßt sich in keine K. einordnen; es gibt eine K. von Witzen, die im Grunde nur Zoten ohne Pointe sind.

kategorisch ⟨Adj.; attr. und als Artangabe, aber gew. nicht präd.; ohne Vergleichsformen⟩: *keinen Widerspruch duldend, bestimmt, mit Nachdruck:* etwas k. erklären, bestimmen, ablehnen, verbieten, dementieren; er forderte k., daß ...

Katheder, das (auch: der); des Katheders, die Katheder: *Pult, Lehrerpult, Podium:* hinterm K. sitzen; der Lehrer hatte sein Notenbuch auf dem K. liegenlassen.

Katheter, der; des Katheters, die Katheter: /Med./ *Röhrchen aus Metall, Glas, Kunststoff oder Gummi zur Einführung in Hohlorgane zum Zwecke der Entleerung, Füllung, Spülung oder Untersuchung dieser Organe:* einen K. durch die Harnröhre in die Harnblase einführen; einen K. anlegen.

Katholik, der; des Katholiken, die Katholiken: /Rel./ *Angehöriger der katholischen Kirche:* ein frommer, guter, gläubiger, strenger, schlechter K.; er ist ein liberaler K.; sie hat einen Katholiken geheiratet; ein K. geht zur Beichte, zur Kommunion, zur Messe.

katholisch ⟨Adj.; attr. und als Artangabe; ohne Vergleichsformen⟩: /Rel./ *der vom Papst als Stellvertreter Christi geleiteten Kirche angehörend, sie betreffend:* die katholische Kirche; Religion; die katholischen Christen; das katholische Glaubensbekenntnis; eine katholische Ehe; er ist streng, gut k.; sie ist k. geworden; das Kind ist k. getauft; seine Kinder k. erziehen.

kausal ⟨Adj.; attr. und als Artangabe, aber nicht präd.; ohne Vergleichsformen⟩: *ursächlich, das Verhältnis Ursache–Wirkung betreffend:* ein kausaler Zusammenhang; kausale Abhängigkeit; eine kausale Betrachtungsweise; kausale Beziehungen; etwas hängt mit etwas k. zusammen.

Kaution, die; der Kaution, die Kautionen: /Rechtsw./ *Bürgschaft, Sicherheitsleistung in Form einer Geldhinterlegung:* eine hohe, niedere K.; eine K. von, in Höhe von 1000 DM; eine K. für jmdn. stellen, hinterlegen; einen Untersuchungsgefangenen gegen K. freilassen; eine K. verlangen, festsetzen.

Kavalier [*kaw...*], der; des Kavaliers, die Kavaliere: **1)** *Mann, der bes. Frauen gegenüber höflich, taktvoll und hilfsbereit ist:* ein echter, geborener K.; so benimmt sich kein wirklicher K.; ein K. der alten Schule; ein K. am Steuer, der Landstraße (= *ein rücksichtsvoller Autofahrer*); eine Dame wie ein K., als K. behandeln; nun sei mal K.!; ein K. genießt und schweigt (= *spricht nicht von seinen Liebeserlebnissen*). **2)** (scherzh.) *fester Freund eines Mädchens oder einer Frau:* sie hat einen neuen, flotten K.; sie geht mit ihrem jungen K. spazieren.

Keramik, die; der Keramik, die Keramiken: **a)** ⟨ohne Mehrz.⟩: *gebrannter Ton als Grundmaterial für die Herstellung von Steingut, Porzellan und Majoliken; auch Bez. für die Technik der Herstellung solcher Erzeugnisse:* eine Vase aus K.; etwas in K. ausführen. **b)** *einzelnes Erzeugnis aus gebranntem Ton:* wertvolle, japanische Keramiken.

keramisch ⟨Adj.; nur attr.; ohne Vergleichsformen⟩: *zur Keramik gehörend, sie betreffend:* die keramische Industrie; keramische Erzeugnisse; eine keramische Werkstatt; keramische Arbeiten.

Kickstarter, der; des Kickstarters, die Kickstarter: /Techn./ *Fußhebel zum Anlassen eines Motorrads:* den K. treten.

Kidnapper [*kidnäpᵉr*], der; des Kidnappers, die Kidnapper: *Verbrecher, der ein Kidnapping begeht, Kindesentführer:* die K. forderten ein hohes Lösegeld.

Kidnapping [kidnäping], das; des Kidnappings, die Kidnappings ⟨Mehrz. ungew.⟩: *Kindesentführung, Menschenraub:* ein Fall von K.; ein K. begehen.
killen, killte, hat gekillt ⟨tr.⟩ (ugs.): **1)** ⟨jmdn. k.⟩: *jmdn. umlegen, abknallen, umbringen:* dieser Massenmörder hat zehn Frauen gekillt. **2)** ⟨etwas k.⟩ (scherzh.): /übertr./ *eine Flasche mit einem alkoholischen Getränk öffnen und austrinken;* (seltener auch:) *etwas Eßbares aufessen:* wir haben auf meiner Bude noch eine Flasche Schnaps gekillt; wir haben einige Flaschen Bier und zahlreiche Schinkenbrötchen gekillt.
Killer, der; des Killers, die Killer (ugs.): *Totschläger, Mörder:* ein berüchtigter, steckbrieflich gesuchter, gefährlicher K.
Kiosk [auch, bes. östr.: kioßk], der; des Kiosk[e]s, die Kioske: *Verkaufsbude (bes. für Zeitschriften, Tabakwaren und Getränke):* eine Zeitung am K. kaufen.
Klamotte, die; der Klamotte, die Klamotten: **1)** ⟨meist Mehrz.⟩ (salopp): *Kleidungsstücke:* ich habe mir neue Klamotten gekauft; er trägt immer die gleichen alten Klamotten; in abgetragenen, abgewetzten Klamotten herumlaufen; seine Klamotten einpacken, zusammenpacken. **2)** ⟨Mehrz. ungebr.⟩ (bildungsspr., salopp): **a)** *längst vergessenes, aber wieder ausgegrabenes Stück (bes. Theaterstück, Film, Lied, Buch u. dgl.):* dieser Film, Schlager ist eine alte, uralte K. **b)** *derb-komisches, anspruchsloses Theaterstück:* dieses Volksstück ist eine [typische, primitive] K.
Klassement [...mang], das; des Klassements, die Klassements ⟨Mehrz. selten⟩: /Sport/ *[endgültige] Placierung, Ergebnis:* das vorläufige, endgültige K. eines Wettbewerbs bekanntgeben; er wurde zweiter, dritter, letzter im K. der Tourenwagen.
Klassifikation, die; der Klassifikation, die Klassifikationen (bildungsspr.): *Einteilung, Einordnung (nach Klassen):* die systematische, wissenschaftliche K. der Tiere, der Pflanzen; eine K. nach bestimmten Ordnungsprinzipien vornehmen.
klassifizieren, klassifizierte, hat klassifiziert ⟨tr.; jmdn., etwas k.⟩: **a)** *Personen, Tiere oder Sachen nach Klassen einteilen, einordnen:* Tiere, Pflanzen nach der Gattung, der Art, der Familie, nach Stämmen k. **b)** *jmdn. oder etwas als etwas abstempeln:* einen Menschen als Feigling, als dumm, als vermögend k.
Klassik, die; der Klassik ⟨ohne Mehrz.⟩ (bildungsspr.): *Kulturepoche, der eine weitgehende Aufhebung und Ausgewogenheit der Gegensätze gelungen ist und die deshalb eine überzeitliche Vollkommenheit erreicht hat; Epoche kultureller Gipfelleistungen und ihre mustergültigen Werke:* die antike, griechische, römische, deutsche, französische K.; die Dichter der französischen K.; Goethe ist ein Vertreter der deutschen K., gehört zur deutschen K.
Klassiker, der; des Klassikers, die Klassiker (bildungsspr.): *Vertreter der Klassik; Schriftsteller, Künstler oder Wissenschaftler, dessen Werke bzw. Arbeiten als mustergültig und bleibend angesehen werden:* die deutschen, französischen, englischen K.; in der Schule werden vor allem die K. Goethe und Schiller gelesen; E. Wallace gilt als K. des Kriminalromans; die Wiener K. (= *Haydn, Mozart und Beethoven*); die K. der Malerei.
Klausel, die; der Klausel, die Klauseln: *vertraglicher Vorbehalt, Sondervereinbarung:* eine versteckte K. in einen Vertrag einbauen, einsetzen; eine K. über etwas in einen Vertrag aufnehmen; sich durch eine K. absichern.
Klerus, der; des Klerus ⟨ohne Mehrz.⟩: /Rel./ *die Geistlichkeit der katholischen und orthodoxen Kirche, die Priesterschaft; der Priesterstand:* der niedere, hohe, deutsche, italienische K.; der K. eines Landes; die Macht, die Privilegien des K.; der Einfluß des K. auf die Politik.

Klient, der; des Klienten, die Klienten (bildungsspr.): *Auftraggeber, Kunde bestimmter freiberuflich tätiger Personen (wie Rechtsanwalt, Steuerberater) oder bestimmter Institutionen (wie Detektivbüro, Eheanbahnungsinstitut):* im Auftrag eines Klienten handeln; einen Klienten beraten, vertreten; zahlreiche Klienten haben; einen neuen Klienten bekommen; er gehört zu meinen Klienten; einen Klienten verlieren.

Klima, das; des Klimas, die Klimas und (fachspr.) die Klimate: **1)** *der für einen geographischen Ort oder einen geographischen Raum charakteristische mittlere Zustand der Witterungsbedingungen, wie er sich aus der Gesamtheit der dort innerhalb eines größeren Zeitraums üblichen Wetterabläufe ergibt:* ein mildes, gemäßigtes, warmes, gesundes, trockenes, feuchtes, kaltes, heißes, rauhes, strenges, ungesundes, konstantes, wechselndes K.; in diesem Gebiet herrscht ein kontinentales, ozeanisches, tropisches, maritimes *(= mittelmeerländisches)*, wintertrockenes, sommertrockenes K.; das K. des ewigen Frostes; das K. der Steppengebiete; das K. dieses Kurortes ist gesund, ist besonders für Herzkranke geeignet; das dortige K. macht mir zu schaffen; ein K. vertragen, aushalten, wechseln *(= in ein Gebiet mit anderem K. umziehen);* unter einem K. leiden. **2)** /übertr./ *Atmosphäre:* das geistige, politische, wirtschaftliche, soziale K.; in diesem Betrieb herrscht ein gutes, angenehmes, freundliches K.; das K. einer Universität, einer Schule, einer Dienststelle, in einem Verein, in einem Büro; dieser Mann verpestet das ganze K. in unserem Betrieb; das K. in unserem Betrieb hat sich verschlechtert, verbessert.

Klimakterium, das; des Klimakteriums, die Klimakterien [...*i*ᵉ*n*] ⟨Mehrz. ungew.⟩: /Med./ *Wechseljahre:* ein frühes, vorzeitiges, spätes K.; im K. sein, ins K. kommen.

klimatisch ⟨Adj.; gew. nur attr.; ohne Vergleichsformen⟩: **a)** *auf das Klima bezüglich, das Klima betreffend:* die klimatischen Verhältnisse, Bedingungen eines Landes; klimatische Veränderungen; dieser Ort hat eine k. begünstigte [Höhen]lage. **b)** *ein ausgeprägtes [Reiz]klima aufweisend:* ein klimatischer Kurort.

Klinik, die; der Klinik, die Kliniken: *Krankenhaus:* die chirurgische, orthopädische K.; eine fahrbare K.; eine K. eröffnen, leiten, führen; er liegt in der neu erbauten K. für Kreislaufkrankheiten; in eine K. eingeliefert werden; der Arzt hat den Patienten in eine K. überwiesen.

klinisch ⟨Adj.; attr. und als Artangabe, aber gew. nicht präd.; ohne Vergleichsformen⟩: /Med./: **1)** *die Klinik betreffend; in einem Krankenhaus erfolgend:* ein klinischer Fall, Patient; das klinische Studium, Praktikum; die klinische Ausbildung des Arztes; die klinischen Semester; einen Patienten k. untersuchen, behandeln; ein Medikament k. testen, erproben. **2)** *durch ärztlichen Augenschein unmittelbar am Krankenbett des Patienten (in einer Klinik) erfolgend; durch normale ärztliche Untersuchung feststellbar bzw. festgestellt:* der klinische Unterricht am Krankenbett; eine klinische Diagnose; das klinische [Erscheinungs]bild, die klinischen Symptome einer Krankheit; der klinische Tod *(= Aussetzen des Herzschlags und der Atmung);* die Zeichen des klinischen Todes; der Patient ist k. tot, gestorben; eine organische Schädigung ist k. [nicht] feststellbar, faßbar.

Klipper, der; des Klippers, die Klipper: /Verkehrsw./ *großes [amerikanisches] Verkehrsflugzeug:* in, mit einem K. fliegen.

Klischee, das; des Klischees, die Klischees (bildungsspr.): *etwas (z. B. Wort, Redewendung, künstlerische Form), das durch allzu häufige Verwendung seine ursprüngliche Aussagekraft verloren hat und deshalb als abgegriffen und nachgemacht empfunden wird, billiger Abklatsch:* er redet in billigen, abgedroschenen Klischees; dieser Roman enthält eine Unzahl banaler sprachlicher, literarischer Klischees; dieser Film ist nichts weiter als eine geistlose Aneinanderreihung wertloser Klischees; in Klischees denken.

Klistier, das; des Klistiers, die Klistiere: /Med./ *Darmeinlauf, Darmspülung:* ein K. aus warmem Wasser, aus Seifenlauge; jmdm. ein K. machen, geben, verabreichen; ein K. bekommen.

Klo, das; des Klos, die Klos (ugs.): /Kurzwort für/ *Klosett:* aufs K. gehen, müssen/ auf dem K. sitzen.

Klosett, das; des Klosetts, die Klosette und Klosetts: *Abort, Toilette:* das K. ist besetzt, verstopft; aufs K. gehen.

Klub, der; des Klubs, die Klubs: a) *[exklusiver] Verein:* die Mitglieder eines Klubs; einem K. angehören. b) *Gebäude oder Räume eines Gebäudes, in denen sich die Klubmitglieder aufhalten:* ich gehe heute abend in den K.; ich bin für einige Stunden im K.; wir treffen uns im K.

Koalition, die; der Koalition, die Koalitionen: /Pol./ *Bündnis von zwei oder mehr Parteien zum Zwecke einer gemeinsamen Regierungsbildung:* die große K. zwischen CDU und SPD; die kleine K. zwischen CDU und FDP, zwischen SPD und FDP; eine K. bilden, eingehen, verlassen, sprengen; SPD und CDU bildeten zusammen die große K., standen zusammen in der großen K.; die FDP könnte mit der SPD eine kleine K. bilden; aus der K. ausscheiden; die K. ist gescheitert.

Kode [*kod*], der; des Kodes, die Kodes; in der Technik meist: Code [*kod*], der; des Codes, die Codes: *System von vereinbarten Zeichen, das der verschlüsselten Übermittlung von Informationen dient:* ein geheimer, einfacher, komplizierter, alphabetischer, numerischer, militärischer, C.; ein K. aus Buchstaben, Zahlen; ein K. für die Übermittlung geheimer Nachrichten; einen K. aufstellen, vereinbaren, ändern, gegen einen anderen austauschen; einen K. entschlüsseln, entziffern, enträtseln, kennen.

Koexistenz [auch: ...*änz*], die; der Koexistenz, die Koexistenzen ⟨Mehrz. ungew.⟩: /Pol./ *das friedliche Nebeneinanderbestehen von Staaten mit verschiedenen Gesellschafts- und Wirtschaftssystemen:* eine friedliche K. zwischen USA und Rußland; in friedlicher K. miteinander leben.

koitieren [*ko-i*...], koitierte, hat koitiert ⟨intr.⟩ (bildungsspr.): *den Beischlaf vollziehen, sich begatten:* oft, häufig, selten miteinander k.; er hat sicher mit ihr schon koitiert; im Liegen, im Sitzen, im Stehen k.

Koitus, der; des Koitus, die Koitus oder Koitusse (bildungsspr.): *Beischlaf, Geschlechtsverkehr:* der eheliche, außereheliche, voreheliche K.; der K. zwischen Ehepartnern; die Formen des K.; die Stellungen beim K.; der Film zeigt den K. eines Achtzehnjährigen mit einer Vierzigjährigen.

kokett ⟨Adj.; attr. und als Artangabe⟩ (bildungsspr.): *gefallsüchtig, eitel, aufreizend; verspielt, tändelnd* (gew. nicht auf Männer bezogen): ein kokettes Mädchen, Weib; sie hat ein kokettes Lächeln, eine kokette Stimme; ihr Blick war sehr k.; sich k. bewegen; k. reden, lächeln, tanzen; ihr Zimmer ist k. eingerichtet.

Koketterie, die; der Koketterie, die Koketterien ⟨Mehrz. ungebr.⟩ (bildungsspr.): *Gefallsucht, Eitelkeit, aufreizendes Wesen:* weibliche, verführerische K.

kokettieren, kokettierte, hat kokettiert ⟨intr.⟩ (bildungsspr.): **1)** *sich als Frau einem Mann gegenüber kokett benehmen; als Frau seine Reize spielen lassen und dadurch das erotische Interesse eines Mannes auf sich lenken:* sie kokettiert ganz offen, heimlich, immerzu mit ihm. **2)** ⟨mit etwas k.⟩: *etwas kokett herausstellen, in koketter Weise Eindruck mit etwas machen wollen:* sie kokettiert mit ihrem Alter, mit ihren zierlichen Füßen; er kokettiert mit seinen Kenntnissen. **3)** ⟨mit etwas k.⟩ *mit etwas liebäugeln:* er kokettiert mit dem Gedanken, sich einen Sportwagen zu kaufen.

Kolik [auch: ...*ik*], die; der Kolik, die Koliken: /Med./ *krampfartige, anfallsweise auftretende Bauchschmerzen (bes. im Bereich bestimmter Bauchorgane):* eine K. haben, bekommen.

kollabieren, kollabierte, ist/hat kollabiert ⟨intr.⟩: /Med./ *einen Kollaps erleiden:* vor Aufregung, Erschöpfung, plötzlich, mehrfach, wiederholt k.

Kollaborateur [...*tör*], der; des Kollaborateurs, die Kollaborateure (bildungsspr.): *Angehöriger eines von feindlichen Truppen besetzten Gebietes, der mit dem Feind zusammenarbeitet:* er wurde als K. verurteilt.

Kollaboration, die; der Kollaboration, die Kollaborationen ⟨Mehrz. ungebr.⟩ (bildungsspr.): *aktive Unterstützung einer feindlichen Besatzungsmacht gegen die eigenen Landsleute:* der K. verdächtigt werden; er wurde wegen angeblicher K. mit den deutschen Besatzungstruppen exekutiert.

kollaborieren, kollaborierte, hat kollaboriert ⟨intr.⟩ (bildungsspr.): *mit einer feindlichen Besatzungsmacht gegen die eigenen Landsleute zusammenarbeiten:* mit dem Feind k.

Kollaps [auch: *ko*...], der; des Kollapses, die Kollapse: /Med./ *Schwäche- oder Ohnmachtsanfall, der durch ein akutes Versagen des Kreislaufs ausgelöst wird:* einen k. bekommen, erleiden.

Kollege, der; des Kollegen, die Kollegen (bildungsspr.): *jmd., der mit anderen zusammen im gleichen Betrieb oder im gleichen Fachberuf tätig ist; Mitarbeiter:* ein netter, ehemaliger, früherer K.; er ist ein K. von mir, meines Vaters.

kollegial ⟨Adj.; attr. und als Artangabe⟩ (bildungsspr.): **1)** *freundschaftlich, hilfsbereit (wie unter Kollegen):* ein kollegiales Verhältnis; kollegiale Zusammenarbeit; mit kollegialem Gruß; ein kollegialer Rat; sein Verhalten mir gegenüber war sehr k.; k. zusammenarbeiten; er hat mir k. geholfen. **2)** *durch ein Kollegium [erfolgend]:* ein kollegialer Beschluß; k. über etwas abstimmen.

Kollegialität, die; der Kollegialität ⟨ohne Mehrz.⟩ (bildungsspr.): *gutes Einvernehmen unter Kollegen, kollegiale Einstellung, kollegiales Verhalten:* in diesem Betrieb herrscht wenig K.; sein Verhalten zeugt nicht von [großer] K.

Kollekte, die; der Kollekte, die Kollekten: /Rel./ *Sammlung freiwilliger Spenden (Dankopfer) bes. vor und nach einem Gottesdienst:* die heutige, sonntägliche K. ist für die äußere Mission bestimmt; die K. erbrachte über 100 DM.

Kollektion, die; der Kollektion, die Kollektionen: *Mustersammlung von Waren, bes. von Modellen (in der Mode); Auswahl:* das Modehaus X zeigte seine neueste K. für das kommende Frühjahr, hat eine neue K. angekündigt, herausgebracht; Mannequins führen Kollektionen der Pariser Couturiers vor; er besitzt eine herrliche, wundervolle K. von seltenen Steinen; (scherzh.:) diese Frau fehlt noch in meiner K. (= *die muß ich haben*).

Kollektiv [...*tif*], das; des Kollektivs, die Kollektive [...*wᵉ*] (auch: die Kollektivs [...*tifβ*]) (bildungsspr.): **a)** *Arbeits- und Produktionsgemeinschaft in sozialistischen Ländern:* ein wissenschaftliches, landwirtschaftliches K.; in einem K. arbeiten. **b)** *Gruppe, Team, Gemeinschaft:* wir bilden ein gut funktionierendes K.

kollidieren, kollidierte, hat/ist kollidiert (bildungsspr.): **1)** *zusammenstoßen:* auf der Autobahn kollidierten zwei Lastwagen; mehrere Schiffe kollidierten im Nebel [miteinander]; das Passagierschiff ist auf hoher See mit einem Tanker kollidiert. **2)** *in Konflikt geraten; einander widerstreiten:* mit dem Gesetz k.; unsere Interessen, Auffassungen, Meinungen, Ansichten k. miteinander; wenn Privatinteressen mit öffentlichen Interessen k., ... **3)** *sich überschneiden, sich kreuzen:* die beiden Vorlesungen k. [miteinander]; dein angekündigter Besuch kollidiert leider mit einer wichtigen Konferenz, die ich nicht verschieben kann.

Kollier [*kolje*], das; des Kolliers, die Kolliers: *wertvoller Halsschmuck:* ein kostbares K. aus schwarzen Perlen; sie trug ein goldenes, mit Brillanten besetztes K.

Kollision, die; der Kollision, die Kollisionen (bildungsspr.): **1)** *Zusammenstoß von Fahrzeugen:* eine [gefährliche] K. von mehreren Kraftfahrzeugen, Schiffen; eine K. vermeiden, verhindern. **2)** *Konflikt, Widerstreit:* eine K. der Interessen.

Kolonie, die; der Kolonie, die Kolonien: **1)** *auswärtige Besitzung eines Staates:* die ehemaligen deutschen Kolonien in Afrika; eine K. gründen, verwalten, verlieren; eine K. wird selbständig, erlangt ihre Unabhängigkeit. **2)** *Ansiedlung von Menschen außerhalb des Mutterlandes, die dabei ihre völkischen Eigenheiten weitgehend bewahren:* in den USA gibt es zahlreiche Städte mit kleineren und größeren Kolonien deutschstämmiger Bewohner. **3)** *Gruppe von Schlachtenbummlern, die eine Sportmannschaft zu auswärtigen Wettkämpfen (bes. im Ausland) begleitet:* die kleine deutsche K. auf der Gegentribüne feuerte ihre Mannschaft immer wieder lautstark an. **4)** /Biol./ *Zusammenschluß ein- oder mehrzelliger pflanzlicher oder tierischer Individuen einer bestimmten Art zu einem mehr oder weniger lockeren Verband:* die Saatkrähen nisten in Kolonien.

Kolonne, die; der Kolonne, die Kolonnen: *geschlossene längere Reihe:* **a)** /von Personen, bes. Soldaten, in Marschformation/: Kolonnen von Soldaten, Arbeitern; sich in K. aufstellen; in K. marschieren. **b)** /von Fahrzeugen/: eine lange, riesige, endlose K. von Lastwagen, von Personenwagen fuhr über die Autobahn nach Süden; in K. fahren; aus der K. ausscheren. **c)** /von Zahlen/: er hatte die einzelnen Kolonnen schnell addiert.

Kolorit, das; des Kolorit[e]s, die Kolorite ⟨Mehrz. ungebr.⟩ (bildungsspr.): *eigentümliches Fluidum, Atmosphäre; Stil:* das bunte K. einer Stadt, einer Landschaft; das ländliche, bäuerliche, charakteristische K. einer Weinstube.

Koloß, der; des Kolosses, die Kolosse: **a)** (hist.) *Riesenstandbild, Statue:* der K. von Rhodos. **b)** /allg. übertr./ *etwas von riesenhaften Ausmaßen, etwas Gewaltiges, Riesenhaftes:* ein K. von einem Dampfer; der K. China. **c)** /übertr./ (ugs., scherzh.) *Mensch von außergewöhnlicher Körpergröße und Körperfülle, Riese, Ungetüm:* er ist ein richtiger K.; ein K. auf tönernen Füßen (= *einer, der nur massiv aussieht, aber in Wirklichkeit von schwacher Konstitution ist*).

kolossal ⟨Adj.; attr. und als Artangabe; gew. ohne Vergleichsformen⟩: **a)** ⟨gew. nur attr. und präd.⟩: *riesig, gewaltig, Riesen...:* kolossale Bauten; ein kolossales Gebirgsmassiv; das Gemälde ist wirklich k. **b)** /übertr./ (ugs.; meist emotional übertreibend) *sehr groß, von ungewöhnlichen Ausmaßen, riesig; äußerst, sehr; ungewöhnlich, toll:* eine kolossale Hitze, Kälte, Dummheit, Frechheit; ein kolossales Fest, Vergnügen; ich habe kolossalen Hunger, Durst; der Abend war wirklich k.! diese Frau ist einfach k.!; ich habe mich k. geärgert, gefreut; er hat sich k. verändert; das hat mir k. imponiert.

kolportieren, kolportierte, hat kolportiert (bildungsspr.): *eine Nachricht verbreiten, unters Volk bringen; etwas als Gerücht verbreiten; mit etwas, das man erfahren hat, hausieren gehen:* eine Nachricht, ein Gerücht k.; die Presse kolportierte eifrig Informationen über seinen angeblichen Rücktritt.

Kolumnist, der; des Kolumnisten, die Kolumnisten: *Publizist, dem eine bestimmte Spalte einer Zeitung oder Zeitschrift regelmäßig für persönliche Beiträge zur Verfügung steht:* er schreibt als K. beim Stern.

Kombi, der; des Kombi[s], die Kombis: *kombinierter Liefer- und Personenwagen:* er fährt einen neuen K.

Kombination, die; der Kombination, die Kombinationen: **1)** (bildungsspr.) *Zusammenstellung, Verbindung,*

173

kombinieren

[geistige] Verknüpfung; Kopplung: die K. von Buchstaben, Zahlen, Wörtern, Farben; die K. von Rot mit Blau; eine K. von Klugheit und Bescheidenheit, von Dummheit und Arroganz; die K. Schulz-Beckenbauer in der Abwehr der Fußballnationalmannschaft hat sich bewährt. **2)** /Herrenmode/ *Herrenanzug, bei dem Sakko und Hose nicht aus dem gleichen Stoff und nicht in der gleichen Farbe gearbeitet sind:* er trägt eine schicke, modische, hübsche, verrückte K., eine K. aus beiger Hose und blauem Jackett. **3)** /Sport/: **a)** *planmäßiges Zusammenspiel:* eine gekonnte, gute, riskante, gefährliche K.; nach einer herrlichen K. zwischen Uwe Seeler und Haller landete der Ball im Tornetz; eine K. gelingt, klappt (ugs.), läuft, mißlingt. **b)** /in bestimmten festen Verbindungen/ **alpine K.: Verbindung von Abfahrtslauf und Slalom (als schisportlicher Wettbewerb):* die alpine K. gewinnen. – **nordische K.: Verbindung von Sprunglauf und 15-km-Langlauf (als schisportlicher Wettbewerb):* in der nordischen K. siegen; der Olympiasieger in der nordischen K. **4)** (bildungsspr.) *Schlußfolgerung, Vermutung:* eine richtige, falsche, messerscharfe, logische K.; das alles ist nichts weiter als eine kühne K.; Kombinationen anstellen.

kombinieren, kombinierte, hat kombiniert ⟨tr. und intr.⟩: **1)** ⟨etwas k.⟩: *mehrere Dinge zusammenstellen, zusammenbringen, miteinander verbinden, [gedanklich] verknüpfen, koppeln:* verschiedene Farben [miteinander], Rot mit Grün, eine braune Hose mit einem beigen Sakko k.; Pläne, Systeme miteinander k.; eine Maschine mit einem Zusatzgerät, einen Photoapparat mit einem Belichtungsmesser k.; Buchstaben, Wörter, Zahlen, Vorstellungen [miteinander] k. **2)** ⟨intr.⟩: **a)** /Sport/ *planmäßig zusammenspielen:* die deutschen Stürmer kombinieren gut, hervorragend, gefällig, schlecht, weiträumig über die Flügel, engmaschig. **b)** (bildungsspr.) *schlußfolgern; mutmaßen, vermuten:* richtig, falsch, voreilig k., daß...; „[ich] kombiniere: die Ganoven haben von der Aktion Wind bekommen", sagte der Inspektor.

Komet, der; des Kometen, die Kometes: /Astron./ *Haarstern,, Schweifstern: ein periodischer K.;* der Kern, Schweif eines Kometen; einen Kometen entdecken, beobachten.

Komfort [...f_o_r, selten auch: ...f_o_rt], der; des Komforts (bei dt. Ausspr.: des Komfort[e]s) ⟨ohne Mehrz.⟩: *luxuriöse Ausstattung; behagliche Einrichtung:* die Wohnung ist mit allem [modernen] K. eingerichtet, ausgestattet; das Hotelzimmer weist den üblichen K. auf; den gewohnten K. vermissen; auf den gewohnten K. verzichten müssen; unser Ferienhaus besaß einen bescheidenen, mittleren, hohen, großen K.

komfortabel ⟨Adj.; attr. und als Artangabe⟩ (bildungsspr.): *mit allen Einrichtungen ausgestattet, die zum modernen Lebensstandard gehören; behaglich; wohnlich eingerichtet:* eine komfortable Wohnung, Wohnungseinrichtung; ein komfortables Hotel, Zimmer, Auto; das Haus ist sehr k. [eingerichtet]; die Sitze des Wagens sind äußerst k.; er lebt sehr k.

Komik, die; der Komik ⟨ohne Mehrz.⟩ *die einer Situation oder Handlung innewohnende oder die davon ausgehende erheiternde, belustigende Wirkung:* unfreiwillige K.; die K. einer Situation; er hat keinen Sinn für K.

Komiker, der; des Komikers, die Komiker: *Vortragskünstler, der sein Publikum durch das, was er darstellt, und durch die Art, wie er es darstellt, erheitert:* ein bekannter K.; er tritt als K. auf.

Komitee, das; des Komitees, die Komitees: *[leitender] Ausschuß; Gruppe von Personen, die mit der Vorbereitung, Organisation und Durchführung einer Veranstaltung betraut ist:* das K. einer Festveranstaltung, eines Karnevalvereins; die Mitglieder eines Komitees; ein K. einsetzen; einem K. angehören.

Kommandant, der; des Kommandanten, die Kommandanten: /Mil./ *Befehlshaber (eines Kriegsschiffes, einer Festung, eines Flugplatzes u. dgl.):* der K. der Festung, des Flugzeugträgers; der stellvertretende K.
Kommandeur [...*dör*], der; des Kommandeurs, die Kommandeure: /Mil./ *Befehlshaber einer Truppeneinheit zwischen Bataillon und Division:* der K. eines Bataillons, eines Regimentes.
kommandieren, kommandierte, hat kommandiert ⟨tr. und intr.⟩: **1a)** ⟨jmdn., etwas k.⟩: *befehligen, die Befehlsgewalt über jmdn. oder etwas ausüben:* eine Kompanie, ein Bataillon, einen Spähtrupp, 50 Mann, ein Jagdgeschwader k. **b)** ⟨jmdn. k. + Raumergänzung⟩: /vorw. Mil./ *jmdn. irgendwohin beordern, dienstlich versetzen:* Soldaten zu einer anderen Einheit, an die Front k. **c)** ⟨etwas k.⟩: *etwas [im Befehlston] anordnen; ein Kommando geben:* den Vormarsch, Rückzug, einen Stellungswechsel k.; der Leutnant kommandierte: Feuer!, linksum! **2)** ⟨intr.⟩ (ugs.): *Befehle erteilen, den Befehlston anschlagen:* wenn er nicht k. kann, ist er unglücklich; laut, gern, auf dem Kasernenhof k. – ⟨auch tr.⟩: ich lasse mich von dir nicht k.
Kommando, das; des Kommandos, die Kommandos: **1)** ⟨Mehrz. ungew.⟩: *Befehlsgewalt:* das K. über eine Einheit haben, übernehmen; unter wessen K. steht diese Razzia?; ein K. übergeben; jmdn. seines Kommandos entheben. **2a)** *Befehl, Befehlswort:* ein knappes, kurzes, scharfes, militärisches K.; ein K. ertönt; ein K. rufen, brüllen, verstehen; alles hört auf mein K.!; wir rannten beide auf K. los; ich kann nicht auf K. schlafen. **b)** *befohlener Auftrag:* ein K. ausführen. **c)** /Sport/ *vereinbarte Wortfolge, die von einem Starter als Startsignal ausgerufen wird:* jetzt ertönt das K. „Achtung – fertig – los!"; ein K. überhören. **3)** *[militärische] Abteilung, die zur Erledigung eines Sonderauftrags zusammengestellt wird:* ein K. zur Erkundung eines bestimmten Gebiets zusammenstellen; ein K. einsetzen, abstellen, leiten, führen; zu einem K. gehören; einem K. zugeteilt werden.
Kommentar, der; des Kommentars, die Kommentare: **1a)** *mit Erläuterungen, Erklärungen und kritischen Anmerkungen versehenes Zusatzwerk zu einem Druckwerk (bes. zu einem Gesetzeswerk oder einer wissenschaftlichen Schrift):* der K. zum BGB von Palandt; der K. zum Strafgesetzbuch; einen K. zu einem Schriftwerk herausgeben; in einem K. nachschlagen. **b)** *glossierende, kritische Stellungnahme in Presse, Funk oder Fernsehen zu aktuellen Tagesereignissen als selbständige publizistische Kurzform:* der K. des Tages, der Woche; der abendliche K. im Fernsehen; den heutigen K. spricht Professor X.; nach den Nachrichten hören Sie einen K. von Walter X zu den Landtagswahlen, zum Thema „Notstandsgesetze"; einen K. verfassen, schreiben, veröffentlichen; in einem K. zu etwas Stellung nehmen. **2)** (ugs.) *Anmerkung, Bemerkung; Erklärung, Stellungnahme:* einen K. zu etwas geben; erwarten Sie von mir einen K. zu diesen Vorfällen?; kein K.!; K. überflüssig!; er hat mir den Brief ohne jeden K. übergeben; er enthielt sich jedes Kommentars dazu.
Kommentator, der; des Kommentators, die Kommentatoren (bildungsspr.): *Publizist, der in Presse, Rundfunk oder Fernsehen mit einem persönlichen Kommentar zu aktuellen Ereignissen Stellung nimmt:* der politische, wirtschaftliche K. einer Tageszeitung; die ständigen Kommentatoren des Fernsehens.
kommentieren, kommentierte, hat kommentiert ⟨tr., etwas k.⟩: **a)** *ein Druckwerk (bes. einen Gesetzestext oder ein wissenschaftliches Werk) mit kritischen und erläuternden Anmerkungen versehen:* einen Text, ein Gesetz, eine Textstelle k.; eine kommentierte Ausgabe der Ilias. **b)** *in einem → Kommentar (1b) zu aktuellen Tagesereignissen*

Stellung nehmen: eine politische Entscheidung, den Wahlausgang, die Wirtschaftslage k.; die Wahl des Bundespräsidenten wird in der Presse unterschiedlich, einheitlich kommentiert. c) *eine Anmerkung oder Bemerkung zu etwas machen:* mußt du alles, was ich sage, mit deinen dummen Witzen k.?

Kommilitone, der; des Kommilitonen, die Kommilitonen (bildungsspr.): *Studienkollege:* mein Sohn bringt heute zwei Kommilitonen zum Abendessen mit.

Kommiß, der; des Kommisses ⟨ohne Mehrz.⟩ (ugs.): *Wehrmacht, Truppe:* er ist beim K.; er geht, muß zum K.

Kommissar, der; des Kommissars, die Kommissare: /gew. in den Zus.: Polizeikommissar, Kriminalkommissar/ *Dienstrangbezeichnung für Polizeibeamte:* Kommissar X hat den Fall übernommen.

kommissarisch ⟨Adj., attr. und als Artangabe; ohne Vergleichsformen⟩ (bildungsspr.): *einstweilig, vorübergehend, vertretungsweise [ein Amt verwaltend]:* er wurde zum kommissarischen Leiter, Direktor der Schule ernannt; die kommissarische Leitung einer Behörde; ein Amt k. verwalten.

Kommission, die; der Kommission, die Kommissionen: 1) *Ausschuß [von beauftragten Personen]:* eine wirtschaftliche, medizinische K.; eine K. aus Vertretern aller Parteien; eine K. bilden, einsetzen, mit der Untersuchung eines Falles beauftragen; die K. setzt sich aus vier Personen zusammen, nimmt ihre Arbeit auf, wird tätig, tritt zusammen, prüft, untersucht einen Fall, erstattet Bericht. 2) /Kaufm.; gew. in der festen Fügung/ **in K.: im (bzw.: in) Auftrag; zur Erledigung im eigenen Namen, aber auf fremde Rechnung:* etwas (Waren, Bücher) in K. geben, nehmen, erledigen, ausführen; einem Händler Gebrauchtwaren in K. geben; der Händler hat die Ware für seinen Kunden, von seinen Kunden in K. genommen; etwas in K. für jmdn. vermieten, verpachten, verkaufen.

kommunal ⟨Adj.; attr. und als Artangabe, aber nicht präd.; ohne Vergleichsformen⟩: *die Gemeinden betreffend, Gemeinde...;* *gemeindeeigen:* die kommunale Verwaltung; die kommunalen Wahlen, Finanzen, Steuereinnahmen; die Versorgungsbetriebe werden im allgemeinen k. verwaltet.

Kommunion, die; der Kommunion, die Kommunionen: /kath. Kirche/: a) *das heilige Abendmahl:* die heilige, erste K.; zur K. gehen; die K. empfangen; der Priester teilte die K. aus, verweigerte ihm die K. b) (volkst.) *Fest der ersten Kommunion:* wann gehst du zur K.?; er hat in diesem Jahr K.

Kommuniqué [*komunike* und *komünike*], das; des Kommuniqués, die Kommuniqués: *[regierungs]amtliche Mitteilung (über Sitzungen, Verhandlungen, Vertragsabschlüsse u. dgl.), Denkschrift:* ein K. über eine Sitzung, über eine Konferenz vorbereiten, herausgeben, veröffentlichen.

Kommunismus, der; des Kommunismus ⟨ohne Mehrz.⟩: *nach Karl Marx die auf den Sozialismus folgende Entwicklungsstufe, in der alle Produktionsmittel und Erzeugnisse in das gemeinsame Eigentum aller Staatsbürger übergehen und in der alle sozialen Gegensätze aufgehoben sind:* der europäische, russische, chinesische, italienische, französische K.; die Anhänger, Führer des K.; für den K. eintreten, kämpfen.

Kommunist, der; des Kommunisten, die Kommunisten: *Anhänger, Vertreter des Kommunismus; Mitglied einer kommunistischen Partei:* die russischen, jugoslawischen, deutschen Kommunisten; er ist ein alter, bewährter, überzeugter K.

kommunistisch ⟨Adj.; attr. und als Artangabe; ohne Vergleichsformen⟩: *den Kommunismus und seine Grundsätze betreffend; auf den Grundsätzen des Kommunismus aufbauend, basierend:* ein kommunistisches Land; eine kommunistische Partei, Regierungsform, Gesellschaftsordnung, Weltanschauung; dieses Land ist überwiegend k., wird k. regiert; k. *(= als Kommunist)* denken, fühlen, argumentieren, handeln; einen Staat k. unterwandern.

Komödiant, der; des Komödianten, die Komödianten: **1)** (bildungsspr.; veraltend, aber noch scherzh. oder abschätzig) *Schauspieler:* Heinz Rühmann ist wirklich ein wunderbarer, erstklassiger, echter K.; ein schmieriger, heruntergekommener K. von einer drittklassigen Provinzbühne. **2)** (ugs., abschätzig) *jmd., der anderen etwas vorzumachen versucht, Heuchler:* er ist ein richtiger, guter, großer, raffinierter K.

Komödie [...*i*ᵉ], die; der Komödie, die Komödien: **1)** /Theater/ *Lustspiel (als dramatische Gattung und als einzelnes Schauspiel):* die antike, griechische, römische, französische K.; eine K. schreiben, aufführen, inszenieren; das Schauspielhaus bringt die K. X; im Theater wird heute eine [leichte, satirische] K. gespielt, gegeben; in einer K. spielen. **2)** /übertr./ (bildungsspr.) *theatralisches Gebaren; Heuchelei; possenhafte Szene:* ihr lautes Schluchzen war nichts weiter als eine billige K.; alles nur K.!; die Abrüstungskonferenz war eine einzige, große, lächerliche K. − *jmdm. eine K. vorspielen (= jmdm. etwas vortäuschen, vormachen).*

Kompagnon [kɔmpanjoŋ], der; des Kompagnons, die Kompagnons: /Kaufm./ *Gesellschafter, Teilhaber, Mitinhaber eines Geschäfts oder Handelsunternehmens:* er hat noch einen K. im Geschäft.

kompakt ⟨Adj.; attr. und als Artangabe⟩ (bildungsspr.): *gedrungen; dicht, fest, massiv:* sie hat einen kompakten Körper, ein kompaktes Knochengerüst; eine kompakte Bauweise; das Haus ist, wirkt k.; er ist k. gebaut.

Kompanie, die; der Kompanie, die Kompanien: /Mil./ *Truppeneinheit (Grundgliederungseinheit) von ca. 100–250 Mann:* die erste, zweite K.; er ist von der dritten K.; eine K. führen, zusammenstellen.

Komparse, der; des Komparsen, die Komparsen: /Film, Theater/ *stumme, bildfüllende, meist in Massenszenen auftretende Nebenperson ohne Sprechrolle:* in diesem Film haben einige Hundert Komparsen mitgewirkt; der Regisseur sucht, braucht noch einige Komparsen; er verdient sich gelegentlich etwas als K.

Komparserie, die; der Komparserie, die Komparserien ⟨Mehrz. selten⟩: /Film, Theater/ *Gesamtheit der Komparsen:* er gehört zur K.

Kompaß, der; des Kompasses, die Kompasse: *Instrument zur Feststellung der Himmelsrichtung (Nordsüdrichtung) mit Hilfe einer Magnetnadel:* ein exakter, genauer, ungenauer K.; der K. funktioniert nicht; sich nach dem K. richten; nach dem K. marschieren, fliegen.

Kompensation, die; der Kompensation, die Kompensationen (bildungsspr.): *Ausgleich, Ausgleichung; Aufwiegung; Entschädigung:* eine genügende, hinreichende, ausreichende, ungenügende, unzureichende K.; die K. eines Schadens durch eine entsprechende Gegenleistung; die K. eines Fehlers durch einen Wertzuwachs; die K. einer verminderten Organfunktion durch Arzneimittel, durch Mehrleistung eines anderen Organs; die K. eines Minderwertigkeitsgefühls durch arrogantes Auftreten; etwas als K. für etwas bekommen.

kompensieren, kompensierte, hat kompensiert ⟨tr., etwas k.⟩ (bildungsspr.): *etwas durch etwas ausgleichen, aufwiegen:* einen Schaden, einen Verlust, einen Defekt, einen Fehler durch etwas k.; etwas ausreichend, unzulänglich, ungenügend durch etwas k.; er versucht seine Unsicherheit durch verstärkte Aktivität zu k.; seine kaufmännische Gerissenheit vermag seine mangelnde Intelligenz nicht zu k.; ein Sieg kompensiert eine Niederlage; ein Gewinn kompensiert einen Verlust.

kompetent ⟨Adj.; attr. und als Artangabe⟩ (bildungsspr.): *zuständig, maßgebend; geeignet, ein sachgerechtes*

Urteil in einer Angelegenheit abzugeben; sachgerecht: Sie müssen sich an die für diese Angelegenheit, in dieser Angelegenheit kompetente Behörde wenden; ein kompetentes Urteil; das Verwaltungsgericht ist für diesen Fall nicht k.; ich fühle mich nicht k. in dieser Sache; für diese Krankheit dürfte ein Chirurg kompetenter sein als ein Internist; etwas k. behandeln, beurteilen, entscheiden.

Kompetenz, die; der Kompetenz, die Kompetenzen (bildungsspr.): *Zuständigkeit, Befugnis:* diese Angelegenheit fällt in die K. des Bundes, der Länder, des Verwaltungsgerichts; das gehört nicht in meine K.; seine Kompetenzen überschreiten; das liegt außerhalb meiner Kompetenzen.

komplett ⟨Adj.; attr. und als Artangabe; ohne Vergleichsformen⟩: **a)** ⟨gew. nur attr. und präd.⟩: *vollständig:* eine komplette Sammlung, Wohnungseinrichtung, Wäschegarnitur; mein Service ist jetzt k.; die Untersuchungsergebnisse, die Akten sind jetzt k. **b)** *ganz, gesamt, vollzählig, alle zusammen, alles Dazugehörende einbegriffen:* er hat seine komplette Bücherei verkauft; an den alpinen Wettbewerben wird eine komplette Mannschaft teilnehmen; unsere Mannschaft ist jetzt wieder k.; der Wagen kostet k. 8490 DM; das Haus wird nur k. vermietet; er ist k. ausgerüstet; der Wagen muß k. überholt werden. **c)** ⟨nicht präd.⟩ (ugs.; meist scherzh. oder emotional übertreibend): *total, ganz und gar, absolut:* ein kompletter Wahnsinn, Unsinn, Idiot; eine komplette Dummheit; k. versagen; der ist doch k. verrückt!

komplettieren, komplettierte, hat komplettiert ⟨tr., etwas k.⟩ (bildungsspr.): *etwas vervollständigen, etwas auffüllen:* eine Sammlung, eine Bibliothek, eine Garderobe k.

komplex ⟨Adj.; attr. und als Artangabe; ohne Vergleichsformen⟩ (bildungsspr.): *[vieles] umfassend; vielschichtig:* ein komplexes Thema, Programm; die Angelegenheit ist sehr k.; eine Sache k. darstellen.

Komplice [*...izᵉ*, auch *...iβᵉ*], der; des Komplicen, die Komplicen: *Mittäter, Helfershelfer:* er war sein K.; er hatte einen Komplicen dabei; er wurde unwissentlich zu seinem Komplicen; jmdn. zu seinem Komplicen machen.

Komplikation, die; der Komplikation, die Komplikationen: **1)** (bildungsspr.) *Schwierigkeit, Verwicklung, Erschwerung:* als wir an die Grenze kamen, gab es neue, unerwartete Komplikationen; wir müssen jede K. vermeiden. **2)** /Med./ *ungünstige Beeinflussung oder Verschlimmerung eines normalerweise überschaubaren Krankheitszustands, eines chirurgischen Eingriffs oder eines biologischen Prozesses durch einen unvorhergesehenen Umstand:* eine unvorhergesehene, unerwartete, ernste, gefährliche K.; eine K. befürchten; die Entbindung verlief ohne K.; wenn keine weiteren Komplikationen auftreten, können wir Sie in 14 Tagen aus dem Krankenhaus entlassen; man muß bei älteren Patienten immer mit Komplikationen rechnen; als K. kam noch eine Lungenentzündung hinzu.

Kompliment, das; des Kompliment[e]s, die Komplimente: *Höflichkeitsbezeigung, Hochachtung; Artigkeit, Schmeichelei:* ein nettes, schönes, seltenes, ehrliches, geistreiches, albernes, übertriebenes, durchsichtiges K.; jmdm. ein K. für etwas machen; einer Frau Komplimente machen, sagen; etwas als K. auslegen, nehmen; jmdm. ein K. zurückgeben; mein K.!

Komplize, der; des Komplizen, die Komplizen: /eindeutschende, bes. öst. Form für/ →*Komplice.*

kompliziert ⟨Adj.; attr. und als Artangabe⟩: *schwierig, verwickelt, erschwert; umständlich:* eine komplizierte Aufgabe, Rechnung, Frage; er ist ein sehr komplizierter Mensch; er hat einen komplizierten Charakter; komplizierter Knochenbruch (Med.; = *Knochenbruch mit Haut- oder Weichteilverletzungen im Bereich des Bruchs);* der Fall ist äußerst k.; der Apparat ist k. zu bedienen; das macht alles nur noch komplizierter;

etwas k. darstellen; sich k. ausdrükken.

Komplott, das (ugs. auch: der); des Komplott[e]s, die Komplotte: *Anschlag, Verschwörung:* ein heimtückisches K.; ein K. gegen jmdn. schmieden; ein K. durchschauen, aufdekken; er war mit im K.

Komponente, die; der Komponente, die Komponenten (bildungsspr.): *Bestandteil eines Ganzen; Einzelmerkmal, Einzelpunkt, Faktor:* eine wichtige, wesentliche, entscheidende, bedeutsame, nebensächliche, neue K.; die einzelnen, verschiedenen Komponenten einer Sache beachten, berücksichtigen.

komponieren, komponierte, hat komponiert ⟨tr., etwas k.⟩: **1)** (bildungsspr.) *etwas kunstvoll zusammenstellen, aufbauen:* eine Schachaufgabe k. **2)** /Mus./ *ein musikalisches Werk schaffen:* eine Oper, Operette, Symphonie, ein Lied, einen Schlager k.; eine Sonate nach der Zwölftontechnik k.; die Musik zu einem Film k.; ein Stück in jmds. Auftrag, für einen bestimmten Anlaß k.

Komponist, der; des Komponisten, die Komponisten: /Mus./ *jmd., der ein musikalisches Werk komponiert:* ein deutscher, italienischer, russischer, nordischer, klassischer, romantischer moderner, bedeutender K.; der K. einer Symphonie, Oper, eines Schlagers.

Komposition, die; der Komposition, die Kompositionen: **1)** (bildungsspr.) *Zusammensetzung, Zusammenstellung; kunstvolle Anordnung; künstlerischer Aufbau (eines Gemäldes, eines Aufsatzes u. dgl.):* die K. einer Schachaufgabe, einer Rede, eines Dramas, einer Zeichnung. **2)** /Mus./ *Musikstück, Musikwerk:* eine K. von Mozart, Hindemith; eine K. für zwei Klaviere; eigene Kompositionen spielen.

Kompost, der; des Kompostes, die Komposte ⟨Mehrz. selten⟩: /Landw./ *bes. aus pflanzlichen oder tierischen Wirtschaftsabfällen hergestellter Dünger:* K. ansetzen; mit K. düngen.

Kompresse, die; der Kompresse, die Kompressen: /Med./ *feuchter Umschlag:* eine warme, heiße, kalte K.; jmdm. kalte Kompressen [auf die Stirn] machen.

komprimieren, komprimierte, hat komprimiert ⟨tr., etwas k.⟩ (bildungsspr.): *etwas kürzer und knapper fassen und dabei auf das Wesentliche beschränken:* einen Text, den Inhalt einer Rede stark k.

Kompromiß, der (seltener auch: das); des Kompromisses, die Kompromisse: *Übereinkunft auf der Grundlage gegenseitiger Zugeständnisse:* ein echter, ehrlicher, guter, erfreulicher, annehmbarer, notwendiger, unsicherer, fauler (abschätzig), politischer, wirtschaftlicher K.; es kam zu einem K. zwischen den Tarifpartnern; einen K. in einer Angelegenheit suchen, anstreben, finden, ablehnen; einen K. eingehen, schließen; sich auf einen K. einigen; ich mache, kenne, dulde in diesem Punkt keinerlei Kompromisse; ich bin zu keinem K. bereit; ich lasse mich auf keinen K. ein; ein K. bahnt sich an, zeichnet sich ab.

kompromittieren, kompromittierte, hat kompromittiert ⟨tr. und refl.; jmdn., sich k.⟩: *dem Ansehen eines anderen oder seinem eigenen Ansehen durch ein entsprechendes Verhalten empfindlich schaden; jmdn., sich bloßstellen:* jmdn. in aller Öffentlichkeit, vor anderen, vor seinen Kollegen, durch eine Veröffentlichung k.; mit dieser Äußerung hat er sich kompromittiert.

Kondition, die; der Kondition, die Konditionen: **1)** ⟨gew. nur Einz.⟩: *körperlich-seelische Gesamtverfassung eines Menschen, die seine Leistungsfähigkeit bestimmt (bes. auf Sportler bezogen):* er hat eine gute, ausgezeichnete, glänzende, hervorragende, schwache, schlechte, ungenügende, keine K.; seine K. reichte nur für eine Stunde; ihm fehlt es, jegliche K.; die Mannschaft bringt nicht genügend K. mit; seine K. steigern, verbessern, halten, verlieren; die Mannschaft ist, befindet sich in bester, in einer blendenden K.; der

kondolieren

Trainer muß seine Spieler erst einmal in K. bringen. **2)** ⟨gew. nur Mehrz.⟩: /Kaufm./ *Geschäftsbedingungen (Lieferungs-, Zahlungsbedingungen):* vorteilhafte, günstige, schlechte Konditionen; jmdm. gute Konditionen einräumen, gewähren; wir können Ihre Konditionen nicht annehmen; Konditionen vereinbaren, aushandeln, ablehnen.

kondolieren, kondolierte, hat kondoliert ⟨intr.⟩ (veraltend): *jmdm. sein Beileid für einen Trauerfall bezeigen:* jmdm. persönlich, schriftlich k.

Kondom, das oder der; des Kondoms, die Kondome (selten auch: die Kondoms): /Med./ *Gummiüberzug für das männliche Glied zur Empfängnisverhütung und zum Schutz gegen Geschlechtskrankheiten:* ein seidenweiches, farbiges, schwarzes, geplatztes K.; beim Verkehr einen K. benutzen, überziehen.

Konfekt, das; des Konfekt[e]s, die Konfekte ⟨Mehrz. selten⟩: **a)** (nordd.) *Pralinen, feine Zuckerwaren:* ein Stück K.; eine Schachtel mit K. **b)** (südd.) *Teegebäck, Plätzchen:* hat deine Mutter schon K. für Weihnachten gebacken?; wir haben mehrere Sorten K. gekauft.

Konfektion, die; der Konfektion, die Konfektionen ⟨Mehrz. ungew.⟩: /Textilk., Mode/ **a)** ⟨nur Einz.⟩: *serienmäßige Herstellung von Kleidungsstücken:* die fabrikmäßige K. von Anzügen, Kostümen; in der K. arbeiten, tätig sein. **b)** *serienmäßig hergestellte Kleidungsstücke, Fertigkleidung:* dieser Anzug ist billige, minderwertige K.; dieses Kaufhaus führt nur K.; er trägt K.

Konferenz, die; der Konferenz, die Konferenzen: *Sitzung, Tagung, Besprechung, Verhandlung:* eine wichtige, nützliche, private, wirtschaftliche, politische, internationale K.; die K. der Außenminister, der Regierungschefs, der NATO-Partner, der Parteispitzen, der Rektoren; eine K. einberufen, abhalten, verabreden, unterbrechen, abbrechen, vertagen; der Chef ist, befindet sich in einer K. mit seinen Geschäftspartnern; an der K. über Abrüstungsfragen nehmen auch Beobachter neutraler Länder teil.

konferieren, konferierte, hat konferiert ⟨intr.⟩ (bildungsspr.): *eine Konferenz abhalten; beraten, verhandeln:* die Länderchefs konferieren regelmäßig miteinander; der Berliner Bürgermeister konferierte zwei Stunden mit dem russischen Botschafter über die deutsch-russischen Beziehungen.

Konfession, die; der Konfession, die Konfessionen: /Rel./ *Glaubensgemeinschaft mit eigenem Glaubensbekenntnis:* die christlichen Konfessionen; der katholischen, evangelischen K. angehören; Angehörige beider, aller, verschiedener Konfessionen waren vertreten.

konfessionell ⟨Adj.; attr. und als Artangabe, dann gew. nicht präd.; ohne Vergleichsformen⟩: /Rel./ *eine Konfession betreffend, zu einer Konfession gehörend:* eine starke konfessionelle Bindung; die Schüler dieser Schule werden k. getrennt unterrichtet; er ist k. gebunden.

Konfetti, die ⟨Mehrz.⟩; ugs. auch: das; des Konfetti[s] ⟨ohne Mehrz.⟩: *bunte Papierschnitzel (die bes. am Fasching in die Luft geworfen werden):* K. werfen; jmdn. mit buntem K. bewerfen.

Konfirmand, der; des Konfirmanden, die Konfirmanden: /ev. Kirche/ *jmd., der konfirmiert wird oder gerade konfirmiert worden ist:* der Pfarrer stellte der Kirchengemeinde die neuen Konfirmanden vor; die Konfirmanden werden geprüft, eingesegnet, empfangen das heilige Abendmahl.

Konfirmation, die; der Konfirmation, die Konfirmationen: /ev. Kirche/ *kirchliche Einsegnung eines Menschen (insbes. der Heranwachsenden) und Zulassung zum hl. Abendmahl:* K. begehen, feiern; wir haben an Ostern K.; sein Sohn geht zur K. (= *wird konfirmiert*). – *goldene K. (= *Wiedereinsegnung am Tag des fünfzigjährigen Konfirmationsjubiläums*).

konfirmieren, konfirmierte, hat konfirmiert ⟨tr., jmdn. k.⟩: /ev. Kirche/ *jmdn. (bes. einen Heranwachsenden)* *kirchlich einsegnen und damit zum hl. Abendmahl zulassen:* welcher Pastor hat dich konfirmiert?; er wird an Pfingsten konfirmiert.

konfiszieren, konfiszierte, hat konfisziert ⟨tr., etwas k.⟩ (bildungsspr.): *etwas [von Staats wegen, gerichtlich] einziehen, beschlagnahmen:* der Staat hat sein Vermögen, seine Besitzungen, seinen Wagen konfisziert.

Konfitüre, die; der Konfitüre, die Konfitüren: /Gastr./ *Marmelade mit ganzen Früchten:* eine feine K. aus Erdbeeren; K. herstellen.

Konflikt, der; des Konflikt[e]s, die Konflikte (bildungsspr.): **a)** *[bewaffnete, militärische] Auseinandersetzung, Streit; Zerwürfnis:* ein bewaffneter K.; ein begrenzter militärischer K. zwischen zwei Staaten; zwischen den Koalitionspartnern kam es zum offenen K. über finanzpolitische Probleme; die Reformbestrebungen der Studenten führten zum K. mit der konservativen Professorenschaft; einen K. verhindern, beilegen; ein K. bricht aus, entsteht. – **mit dem Gesetz in K. geraten (= wegen einer gesetzwidrigen Handlung polizeilich bestraft werden oder vor Gericht kommen).* **b)** *innerer Widerstreit der Motive, Zwiespalt:* schwere innere Konflikte durchmachen; der K. zwischen Pflicht und Liebe; das bringt mich in einen ernsthaften Konflikt mit meinem Gewissen.

konform ⟨Adj.⟩: /nur in der festen Wendung/ **k. gehen* (bildungsspr.): *einiggehen, übereinstimmen:* ich gehe mit ihm in dieser Sache [völlig] k.; ich kann mit Ihnen darin nicht k. gehen, daß ...; unsere Ansichten über diesen Mann gehen ziemlich k.

konfrontieren, konfrontierte, hat konfrontiert ⟨tr.⟩ (bildungsspr.): **a)** ⟨jmdn. [mit] jmdm. k.⟩: *jmdn. einem anderen persönlich gegenüberstellen, um einen Widerspruch zu beseitigen oder um die Wahrheit in einer bestimmten Sache leichter zu finden:* einen Angeklagten mit einem Zeugen, einen Dieb mit dem Bestohlenen k.; zwei Zeugen [miteinander] k.; ich werde ihn [mit] meinen Imformanten k., um endlich die ganze Angelegenheit zu klären. **b)** ⟨jmdn. mit etwas k.⟩: *jmdn. in die Lage bringen, daß er sich mit etwas, das ihm unangenehm oder unpassend ist, notwendigerweise auseinandersetzen muß; jmdm. etwas deutlich vor Augen führen:* er sah sich mit unerwarteten Problemen und Schwierigkeiten konfrontiert; jmdn. mit der Wirklichkeit, mit der Wahrheit k.

konfus ⟨Adj.; attr. und als Artangabe⟩: *verworren, unklar; verwirrt, wirr, durcheinander:* konfuse Ideen, Gedanken, Vorstellungen; konfuses Gerede, Geschwätz; er redet ein ganz konfuses Zeug; deine Fragen sind sehr k.; er ist ein ganz konfuser Mensch; ich bin völlig k.; k. reden, sprechen, fragen, antworten; diese Musik, dieser Lärm macht mich ganz, völlig k.

kongenial ⟨Adj.; attr. und als Artangabe; ohne Vergleichsformen⟩ (bildungsspr.): *geistig ebenbürtig; in der schöpferischen Leistung vergleichbar:* der Komponist hat in diesem Pianisten einen kongenialen Interpreten gefunden; Text und Musik dieser Oper sind k.; sein Vortrag war dem Werk des Dichters k.; etwas k. nachempfinden.

Konglomerat, das; des Konglomerat[e]s, die Konglomerate (bildungsspr., abwertend): *etwas unsystematisch und bunt Zusammengewürfeltes, Gemisch:* dieser Aufsatz ist ein K. von Ansichten, Meinungen, Thesen; das Bauwerk stellt ein K. der verschiedensten Stilformen dar.

Kongreß, der; des Kongresses, die Kongresse: *[größere] fachliche oder berufliche Versammlung, Tagung:* ein wissenschaftlicher, literarischer, medizinischer, chirurgischer, internistischer K.; die Mitglieder, Teilnehmer, der Präsident eines Kongresses; der K. findet in Mannheim statt; einen K. einberufen, eröffnen, leiten, durchführen; an einem K. teilnehmen; auf einem K. sprechen; zu einem K. fahren, reisen.

kongruent ⟨Adj.; gew. nur attr. und präd.; ohne Vergleichsformen⟩: **1)** /Math./ *deckungsgleich* (von geometrischen Figuren): kongruente Dreiecke, Vielecke, Figuren; die beiden Kreise sind k. **2)** (bildungsspr.) *übereinstimmend:* kongruente Ansichten; unsere Vorstellungen von dieser Sache sind weitgehend k.

Kongruenz, die; der Kongruenz ⟨ohne Mehrz.⟩: **1)** /Math./ *Deckungsgleichheit geometrischer Figuren:* die K. zweier Dreiecke, Figuren, Kreise. **2)** /Grammatik/ *formale Übereinstimmung zusammengehörender Satzglieder oder Gliedteile hinsichtlich Fall, Zahl, Geschlecht und Person:* die K. zwischen Subjekt und Prädikat. **3)** /übertr./ (bildungsspr., selten) *Übereinstimmung:* die K. der Ansichten.

konisch ⟨Adj.; attr. und als Artangabe; ohne Vergleichsformen⟩: /Techn./ *kegelförmig:* ein konischer Bolzen, Zapfen; die Form dieses Körpers ist k.; der Körper ist k. geformt.

Konjunktur, die; der Konjunktur, die Konjunkturen (bildungsspr.): **a)** *wirtschaftliche Gesamtlage von bestimmter Entwicklungstendenz:* eine stabile, günstige, überhitzte, rückläufige K.; die Verbesserung, Verschlechterung, die Entspannung, der Rückgang der K.; die K. fördern, beleben, in Gang bringen, anheizen (salopp), ankurbeln (salopp), dämpfen; die K. steigt, läßt nach. **b)** /allg. übertr./ *günstige Situation:* die augenblickliche politische K. ausnutzen.

konjunkturell ⟨Adj.; attr. und als Artangabe, aber nicht präd.; ohne Vergleichsformen⟩ (bildungsspr.): *die wirtschaftliche Gesamtlage und ihre Entwicklungstendenz betreffend:* die konjunkturelle Entwicklung, Situation; konjunkturelle Maßnahmen, Schwankungen; ein konjunktureller Aufschwung; eine konjunkturelle Belebung; die Preissteigerungen sind k. bedingt.

konkret ⟨Adj.; attr. und als Artangabe⟩ (bildungsspr.): *anschaulich; greifbar, gegenständlich; wirklich; bestimmt, auf etwas Bestimmtes bezogen:* ein konkretes Beispiel; ein konkreter Vorschlag, Plan, Fall; konkrete Anhaltspunkte, Maßnahmen, Vereinbarungen, Vorwürfe; die Untersuchung führte zu keinem konkreten Ergebnis; er hat keine konkreten Erfolge aufzuweisen; die Sache nimmt langsam konkrete Formen an; ich brauche einige konkrete Auskünfte; ich kenne den konkreten Anlaß zu diesem Streit nicht; seine Angaben sind nicht k. genug; seine Anschuldigungen, Vorwürfe sind sehr k.; können Sie nicht etwas konkreter werden mit Ihren Vorschlägen?; sich k. ausdrücken; etwas k. umreißen, darstellen; können Sie das bitte etwas konkreter ausführen? – *konkretes Substantiv (Gramm.; = Hauptwort, das etwas Gegenständliches bezeichnet);* *konkrete Musik (= auf realen Klangelementen, z. B. Straßenlärm, Wasserrauschen, basierende Musik).

konkretisieren, konkretisierte, hat konkretisiert ⟨tr., etwas k.⟩ (bildungsspr.): *etwas verdeutlichen, veranschaulichen, im einzelnen und damit genauer ausführen:* einen Vorschlag, einen Plan, eine Idee, eine Frage k.

Konkurrent, der; des Konkurrenten, die Konkurrenten: *Mitbewerber, [geschäftlicher, sportlicher] Gegner, Rivale:* ein starker, ernsthafter, gefährlicher, zu beachtender K.; er hat mehrere, zahlreiche Konkurrenten im Showgeschäft; einen Konkurrenten fürchten, unterschätzen, ausspielen, ausstechen, besiegen, verdrängen, aus dem Feld schlagen, in den Schatten stellen, überflügeln, hinter sich lassen; einen neuen Konkurrenten bekommen; das Pferd konnte alle Konkurrenten distanzieren; die Firma X ist unser größter K. in der Textilbranche, in Europa, auf dem europäischen Markt; um den ersten Platz kämpfen noch drei Konkurrenten.

Konkurrenz, die; der Konkurrenz, die Konkurrenzen: **1)** ⟨ohne Mehrz.⟩: *Wettbewerb, Rivalität:* eine heftige, scharfe, erbitterte, gnadenlose, starke, schwache K.; jmdm. mit etwas K. machen; sich gegenseitig, sich selbst k. machen [mit etwas]; mit jmdm. in K. treten. 2) ⟨ohne Mehrz.⟩: *[geschäftlicher] Rivale, Konkurrenzunternehmen; die Gesamtheit der [wirtschaftlichen] Gegner:* die einheimische, inländische, ausländische K. fürchten, ausschalten, schlagen, überlisten, im Auge behalten; keine K. haben; [in jmdm.] K. bekommen; zur K. gehen; bei der K. kaufen. 3) /Sport/ *sportlicher Wettkampf:* der Läufer hat sich an verschiedenen Konkurrenzen beteiligt; als nächste K. folgt der Abfahrtslauf; außer K. starten *(= teilnehmen, ohne gewertet zu werden);* er hat alle Konkurrenzen gewonnen.

konkurrieren, konkurrierte, hat konkurriert ⟨intr.⟩ (bildungsspr.): *mit jmdm. oder etwas in Wettbewerb treten:* a) ⟨jmd. konkurriert mit jmdm.⟩: *mit jmdm. um etwas kämpfen, sich mit jmdm. messen; mit jmdm. schritthalten:* noch drei Mannschaften k. [ernsthaft] um den Titel eines deutschen Fußballmeisters; er konkurriert mit ihm um die Gunst der Wähler; intelligenzmäßig, was Ausdauer und Zähigkeit anlangt, in puncto Gerissenheit kann er mit seinen Kollegen nicht k.; er kann mit ihm auf keinem Gebiet k.; b) ⟨jmd. konkurriert mit etwas⟩: *sich mit etwas auf einen [Leistungs]vergleich einlassen:* wir können natürlich mit solchen Preisen nicht k.; unsere Firma kann mit den Produkten dieses Unternehmens durchaus k. c) ⟨etwas konkurriert mit etwas⟩: *eine Sache macht einer anderen Konkurrenz, hält einem Qualitätsvergleich mit einer anderen stand:* der neue Wagentyp kann mit jedem anderen Mittelklassewagen in allen Belangen k.; die Unterhaltungssendungen des ersten Fernsehprogramms können mit denen des zweiten Programms nicht k.

Konkurs, der; des Konkurses, die Konkurse: /Kaufm./ *Zahlungsunfähigkeit, Zahlungseinstellung einer Firma; gerichtliches Vollstreckungsverfahren zur gleichmäßigen und gleichzeitigen Befriedigung aller Gläubiger eines Unternehmens, das die Zahlungen eingestellt hat:* den K. anmelden, beantragen, eröffnen, durchführen, abwickeln, abwenden; die Firma hat K. gemacht, ist in K. gegangen.

Konnex, der; des Konnexes, die Konnexe: 1) (bildungsspr.) *Zusammenhang, Verbindung, Verflechtung:* der notwendige, innere K. zwischen Lohn- und Preispolitik, zwischen Vollbeschäftigung und wirtschaftlichem Wachstum. 2) (bildungsspr., salopp) *persönlicher Kontakt, Umgang:* hast du noch K. mit deinen ehemaligen Klassenkameraden? wir haben nur wenig K. miteinander.

konsequent ⟨Adj.; attr. und als Artangabe⟩: *folgerichtig; bestimmt, beharrlich, zielbewußt; grundsatztreu:* konsequentes Denken, Handeln, Verhalten; die konsequente Weiterführung eines Gedankens; eine konsequente Erziehung; einen konsequenten Standpunkt vertreten; eine konsequente Politik verfolgen; seine Entscheidung ist nicht k.; er ist, bleibt in allem, was er tut, äußerst k.; er ist k. im Denken, im Handeln, ist gegenüber seinen Kindern nicht immer k.; etwas k. tun, betreiben, durchführen, zu Ende führen; einen Standpunkt k. vertreten; er tut k. immer das Gegenteil von dem, was man verlangt; der Mittelstürmer wurde von seinem Gegenspieler k. gedeckt.

Konsequenz, die; des Konsequenz, die Konsequenzen: 1) ⟨gew. nur Einz.⟩: a) *Folgerichtigkeit, Schlüssigkeit:* etwas entwickelt sich mit geschichtlicher, logischer K.; die K. des Denkens, im Denken. b) *Zielstrebigkeit, Beharrlichkeit; äußerster Einsatz:* ein Ziel mit eiserner, unbeirrbarer, bewundernswerter, äußerster, aller K. verfolgen; sich mit letzter K. für etwas einsetzen. 2) ⟨meist Mehrz.⟩: *Folge, Nachwirkung, Auswirkung; Nachspiel:* die Wahlniederlage unserer Partei ist die notwendige, logische, praktische, betrübliche, bittere, unangenehme K. einer verfehlten Parteipolitik; aus dem

Austritt Frankreichs aus der NATO ergeben sich wichtige, bedeutsame, militärische, politische Konsequenzen für die anderen NATO-Staaten; die Konsequenzen seines Verhaltens sind nicht absehbar; er muß alle Konsequenzen seiner Entscheidung allein tragen, auf sich nehmen; er wird das ausbaden müssen, mit allen Konsequenzen; dieses Urteil wird weitreichende Konsequenzen haben; sein unsportliches Verhalten wird noch Konsequenzen haben; die praktischen Konsequenzen einer Sache bedenken, ins Auge fassen; man muß die Konsequenzen fürchten, die solche Demonstrationen auf die Meinung des Auslandes haben können; die Konsequenzen einer Sache sehen, ahnen, scheuen; bis zur letzten K. gehen. – * **die Konsequenzen aus etwas ziehen**: *aus einer klar eingeschätzten Situation die Erkenntnis gewinnen, daß man sich jetzt oder künftig in einer bestimmten Weise verhalten muß:* die Partei hat aus der Wahlniederlage die [einzig richtigen, entsprechenden] Konsequenzen gezogen und ihre Führungsspitze durch neue Kräfte abgelöst. – *die **Konsequenzen ziehen**: *erkennen, daß man einen Fehler gemacht hat, und demgemäß handeln:* nach dieser skandalösen Affäre mußte der Minister die Konsequenzen ziehen und zurücktreten.

konservativ [...*watif*, auch: *kǫn*...] ⟨Adj.; attr. und als Artangabe⟩: *am Hergebrachten festhaltend (bes. auch im politischen Leben), nicht auf Neuerungen bedacht; erhaltend, bewahrend:* konservative Kräfte, Elemente, Gruppen; eine konservative Partei; der konservative Flügel einer Partei; konservative Ansichten, Anschauungen; eine konservative Bauweise; die Unterrichtsmethoden sind vielfach noch sehr k.; er ist absolut k. in seinen Anschauungen; er ist k. eingestellt; sie kleidet sich gern k.

Konserve [...*wᵉ*], die; der Konserve, die Konserven: *etwas (bes. Lebens- oder Genußmittel in Dosen oder Gläsern), das durch Sterilisieren, Gefrierenlassen u. dgl. haltbar gemacht worden ist:* haltbare, billige, teure Konserven; Konserven herstellen, öffnen, verbrauchen; von Konserven leben.

konservieren [...*wirᵉn*], konservierte, hat konserviert ⟨tr. und refl.⟩ (bildungsspr.): **1)** ⟨etwas k.⟩: *etwas (bes. Lebensmittel) durch spezielle Behandlung haltbar machen; Lebensmittel einmachen:* Lebensmittel, Fleisch, Gemüse, Blutplasma, Sperma k.; Obst in Dosen, in Gläsern, tiefgekühlt k.; Gurken in Essig, in Salz k.; einen Leichnam, einen Tierkörper k. **2)** ⟨etwas, sich k.⟩: *etwas, seinen Körper durch Pflege erhalten, bewahren:* ein Bild, ein Gemälde k.; sie hat sich, ihre Schönheit gut konserviert.

Konsorten, die ⟨Mehrz.⟩ (verächtl.): *Leute solcher Art; Mittäter, Mitschuldige, Mitverantwortliche:* Zuhälter, Ganoven u. K.; Müller, Meier u. K. (= *ihresgleichen*): mit solchen K. will ich nichts zu tun haben.

Konsortium, das; des Konsortiums, die Konsortien [...*iᵉn*]/Wirtsch./ *vorübergehender, loser Zweckverband von Unternehmen oder Geschäftsleuten: ein internationales K.; ein K. kapitalkräftiger Bauunternehmer; ein K. bilden, gründen; aus einem K. ausscheiden.

konstant [...*ßt*... oder ...*scht*...] ⟨Adj.; attr. und als Artangabe⟩ (bildungsspr.): *ständig gleichbleibend, unverändert; beharrlich:* mit konstanter Geschwindigkeit fahren; er hält einen konstanten Abstand zum vorausfahrenden Wagen; etwas mit konstanter Bosheit, Unverschämtheit, Frechheit, Hartnäckigkeit tun; das Wetter ist k. schön, schlecht; seine Form (als Sportler) ist seit Wochen k.; k. immer wieder dasselbe tun; k. schweigen, lächeln; sich k. weigern; er schreibt k. von anderen ab.

Konstante [...*ßt*... oder ...*scht*...], die; der Konstante[n], die Konstanten: **a)** /Math./ *allgemeine mathematische Größe, die für die Durchführung* *einer Rechnung einen Festwert hat:* eine physikalische K.; mit einer Konstanten rechnen, operieren; in dieser Formel ist a eine K. **b)** /übertr./ (bildungsspr.) *unveränderliche, feste Größe, fester Wert:* die Verankerung im westlichen Verteidigungsbündnis ist eine K. der deutschen Außenpolitik.

konstatieren [...ßt...], konstatierte, hat konstatiert ⟨tr., etwas k.⟩ (bildungsspr.): *etwas feststellen, bemerken, registrieren; etwas als Tatsache erwähnen:* eine Tatsache, ein Ereignis k.; ich konstatiere, daß wir jetzt alle vollzählig versammelt sind.

Konstellation [...ßt..., selten auch: ...scht...], die; der Konstellation, die Konstellationen (bildungsspr.): *das Zusammentreffen bestimmter Umstände und die daraus resultierende Lage; Gruppierung:* eine günstige, ungünstige, merkwürdige K.; durch den Austritt Frankreichs aus der NATO ergab sich in der westlichen Verteidigungspolitik, für die westliche Verteidigungspolitik eine gänzlich neue K.; die politische K. in Europa hat sich nicht wesentlich verändert.

konsterniert [...ßt...] ⟨Adj.; attr. und als Artangabe; ohne Vergleichsformen⟩ (bildungsspr.): *bestürzt, betroffen, niedergeschlagen:* er machte einen ganz konsternierten Eindruck; er war, wirkte völlig k.; k. fragen, antworten, zu Boden blicken.

Konstitution [...ßt...], die; der Konstitution, die Konstitutionen ⟨Mehrz. selten⟩ (bildungsspr.): *Körperbeschaffenheit, körperliche und seelische Verfassung eines Menschen; Widerstandskraft:* eine gute, gesunde, starke, robuste, schlechte, schwache, angegriffene, labile K. haben, besitzen; sie ist von einer sehr zarten K.; seine körperliche, seelische K. ist nicht die allerbeste.

konstruieren [...ßt..., auch: ...scht...], konstruierte, hat konstruiert ⟨tr., etwas k.⟩: **1)** /Techn./ *etwas entwerfen:* eine Maschine, ein Flugzeug, eine Brücke [auf dem Reißbrett] k.; der Motor dieses Wagens wurde völlig neu konstruiert. **2)** /übertr./ *etwas künstlich zusammenstellen, etwas erfinden:* einen Fall, eine Situation k.; die ganze Darstellung klingt, wirkt recht konstruiert. **3)** /Math./ *etwas nach vorgegebenen Größen zeichnen:* ein Dreieck [aus der Grundseite, der Höhe und einem Winkel] k.

Konstrukteur [...ßt...tör], der; des Konstrukteurs, die Konstrukteure: /Techn./ *Ingenieur oder Techniker, der sich mit der Entwicklung und mit dem Zusammenbau von Maschinen befaßt, Erbauer, Erfinder:* dieser Motor wurde von einem deutschen K. entwickelt.

Konstruktion [...ßt..., auch: ...scht...], die; der Konstruktion, die Konstruktionen: **1 a)** ⟨ohne Mehrz.⟩: *das Entwerfen, die Entwicklung:* die K. eines neuen Motors, einer Maschine. **b)** *Entwurf, Plan:* der Stadtrat hat die ihm vorgelegten Konstruktionen der neuen Sportanlagen geprüft. **2)** *[architektonisches] Gebilde, Gefüge:* die Europabrücke ist eine gigantische K. aus Stahl und Beton; der menschliche Organismus ist eine sehr komplizierte K. **3)** *gedankliches, begriffliches Gefüge, Gedankengebilde, Theorie:* seine Philosophie ist eine höchst fragwürdige, wirklichkeitsfremde K.

konstruktiv [...ßt...tif] ⟨Adj.; attr. und als Artangabe⟩ (bildungsspr.): *aufbauend, positiv; auf die Erhaltung, Stärkung und Erweiterung des Bestehenden gerichtet:* ein konstruktiver Beitrag zur Außenpolitik; ein konstruktiver Vorschlag, Plan; seine Tätigkeit ist nicht k. genug; k. an einer Sache mitarbeiten, mitwirken.

Konsul, der; des Konsuls, die Konsuln: /Pol./ *ständiger Vertreter eines Staates, der mit der Wahrnehmung bestimmter (bes. wirtschaftlicher) Interessen in einem anderen Staat beauftragt ist:* er war mehrere Jahre deutscher K. in Mexiko; er führt den Titel eines Konsuls; einen K. ernennen.

Konsulat, das; des Konsulat[e]s, die Konsulate: /Pol./ *Amt und Amtsgebäude eines Konsuls:* das amerikanische K. in Frankfurt.

konsultieren, konsultierte, hat konsultiert ⟨tr.; jmdn., etwas k.⟩ (bildungsspr.): *jmdn. zu Rate ziehen, sich bei einem Fachmann Rat holen; sich bei oder in etwas Auskunft über etwas verschaffen:* einen Rechtsanwalt, einen Arzt, einen Chirurgen, einen Experten, einen Fachmann k.; ein Wörterbuch, ein Lexikon, einen Fahrplan k.

Konsum, der; des Konsums ⟨ohne Mehrz.⟩ (bildungsspr.): *Verbrauch von Nahrungs- oder Genußmitteln oder anderen Gütern des täglichen Bedarfs; das [wahllose und unkritische] Insichaufnehmen von kulturellen Gütern:* ein starker, großer, beträchtlicher, steigender, geringer K.; der K. an Lebensmitteln, alkoholischen Getränken, Genußmitteln, Zigaretten, Kosmetika, Sexliteratur; sie hat einen beachtlichen K. an Strümpfen, Schuhen; der K. von Bier ist zurückgegangen, ist gestiegen.

Konsument, der; des Konsumenten, die Konsumenten (bildungsspr.): *Verbraucher:* die Deutschen sind die stärksten Konsumenten von Bier, von pornographischer Literatur.

konsumieren, konsumierte, hat konsumiert ⟨tr., etwas k.⟩ (bildungsspr.): *verbrauchen; in sich aufnehmen:* Lebensmittel, Alkohol, Bier, Tabletten, Literatur, Filme, Fernsehstücke k.; sie konsumiert im Jahr zehn Lippenstifte; der Wagen konsumiert einen Liter Öl auf 1000 Kilometer; wir haben reichlich, übermäßig, wenig Butter konsumiert.

Kontakt, der; des Kontakt[e]s, die Kontakte: **1)** *Berührung, Verbindung; [menschliche] Beziehung:* persönliche, private, menschliche, geschäftliche, politische, diplomatische, wirtschaftliche, sportliche Kontakte; ich habe keinen, wenig K. mit ihm; wir standen früher in engem K. miteinander; wir wollen [miteinander] in K. bleiben; er steht in ständigem K. mit seinem Außenminister; K. mit jmdm. aufnehmen, gewinnen; er hat den K. zu seinen Freunden verloren; den K. mit jmdm. suchen; im Kino vermißt man häufig den unmittelbaren K. zwischen Schauspieler und Publikum; neue Kontakte herstellen, [an]knüpfen. **2)** /Elektrotechnik/: **a)** *Berührung zweier Stromleiter:* die beiden Drähte haben K.; das Bügeleisen hat keinen K. (= *bekommt keinen Strom*). **b)** *Vorrichtung zum Schließen eines Stromkreises:* die Kontakte des Steckers sind durchgeschmort, verrostet.

Kontaktmann, der; des Kontaktmann[e]s, die Kontaktmänner und Kontaktleute: *Verbindungs- oder Gewährsmann, durch den Erkundigungen eingeholt oder neue Beziehungen angebahnt werden:* die Kripo bezieht ihre Nachrichten von ihren bewährten Kontaktleuten in der Frankfurter Unterwelt; Herr X ist der neue K. unserer Firma in der Schweiz; der Geheimdienst hat durch die Verhaftung des Agenten seinen wichtigsten, zuverlässigsten K. im Osten verloren.

Kontaktperson, die; der Kontaktperson, die Kontaktpersonen. /Med./ *jmd., der durch Kontakt mit einem anderen, der an einer ansteckenden Krankheit leidet, als Träger von Krankheitserregern verdächtig ist:* eine K. ersten, zweiten, dritten Grades; die Kontaktpersonen im Heidelberger Pockenfall konnten ermittelt werden.

kontern, konterte, hat gekontert ⟨tr.; jmdn., etwas k.; auch intr.⟩: **1)** /Sport/ *den Gegner im Angriff abfangen und aus der Verteidigung heraus selbst angreifen, zurückschlagen:* er ließ den Gegner kommen und konterte ihn geschickt mit einem linken Haken; einen Angriff erfolgreich k. **2)** (bildungsspr.) *sich aktiv zur Wehr setzen, schlagfertig erwidern, entgegnen:* „Ich habe die Kündigung bereits abgeschickt", konterte er [auf] die Vorwürfe seines Chefs.

Kontinent [auch: ...*nänt*], der; des Kontinent[e]s, die Kontinente: 1) *Erdteil:* die fünf Kontinente; der fünfte, schwarze, afrikanische K.; von einem K. zum anderen fliegen. 2) *das europäische Festland* (im Ggs. zu Großbritannien): von England zum K. hinüberfahren, hinüberfliegen; den europäischen K. durchqueren.

Kontingent, das; des Kontingent[e]s, die Kontingente: a) *Beitragssoll, anteilmäßig zu erbringende oder erwartete Leistung:* sein K. erfüllen. b) *Truppenstärke, die ein Mitglied einer Verteidigungsgemeinschaft zu unterhalten hat:* ein kleines, schwaches, großes, beträchtliches, starkes K.; die Bundesrepublik stellt das größte K. [an Soldaten] innerhalb der NATO; ein K. vergrößern, verringern, begrenzen. 2) /Wirtsch./ *begrenzte Warenmenge, die der Einschränkung des Warenangebotes dient; zustehender Anteil:* von dieser Ware steht nur ein begrenztes, bestimmtes K. zur Verfügung; ein Kontingent ausschöpfen, in Anspruch nehmen; er hat sein K. an Büchern schon bekommen.

kontingentieren, kontingentierte, hat kontingentiert ⟨tr., etwas k.⟩: *etwas vorsorglich so einteilen, daß es jeweils nur bis zu einer bestimmten Höchstmenge erworben werden kann; Handelsgeschäfte nur bis zu einem gewissen Umfang zulassen:* Lebensmittel, Vorräte, Trinkwasser, Benzin, Waren, den Export, den Import k.

kontinuierlich ⟨Adj.; attr. und als Artangabe, aber gew. nicht präd.; ohne Vergleichsformen⟩ (bildungsspr.): *fortdauernd, unaufhörlich, anhaltend, ununterbrochen; gleichbleibend, gleichmäßig:* ein kontinuierliches wirtschaftliches Wachstum; eine kontinuierliche Außenpolitik; k. hohes Fieber; wir hatten drei Wochen lang k. schönes Wetter; sein Gesundheitszustand hat sich k. gebessert, verschlechtert.

Kontinuität, die; der Kontinuität ⟨ohne Mehrz.⟩ (bildungsspr.): *Stetig-*

kontra

keit, ununterbrochene Fortdauer, lückenloser Zusammenhang: die historische, politische, wirtschaftliche K.; von dem neuen Bundeskanzler hofft man, daß er die K. der deutschen Außenpolitik wahren wird; die K. des wirtschaftlichen Wachstums sichern; die k. der technischen Entwicklung wurde durch den zweiten Weltkrieg gestört, unterbrochen.

Konto, das; des Kontos, die Konten, auch: die Kontos und (selten) die Konti: 1) *laufende Abrechnung, in der regelmäßige Geschäftsvorgänge (bes. Einnahmen und Ausgaben) zwischen zwei Geschäftspartnern (bes. zwischen Bank und Bankkunden) registriert werden:* ein K. bei einer Bank eröffnen, einrichten, unterhalten, haben, besitzen; ein K. aufheben, auflösen, löschen; ein K. belasten, überziehen, sperren lassen; unser gemeinsames K. hat die Nummer 5743; wir haben den Betrag ihrem K. gutgeschrieben; einen Betrag von einem K., auf ein K. überweisen; eine bestimmte Summe auf ein anderes K. überweisen lassen; Geld auf sein K. einzahlen; ich habe nur noch 80 DM auf meinem K.; der Betrag wurde von meinem K. abgebucht; ich habe gerade die Auszüge aus meinem laufenden K. erhalten; jedes Handelsunternehmen führt Konten für seine Lieferanten und Kunden. 2) /übertr.; in der festen Wendung/ * **etwas geht auf jmds. K.** (ugs.): *jmd. ist für den Erfolg oder Mißerfolg in einer Sache verantwortlich; jmd. ist dafür verantwortlich, daß etwas so oder so geschieht:* dieser Erfolg geht allein auf sein K.; die Niederlage geht allein auf das K. des Torwarts; daß wir in der Ostpolitik nennenswerte Fortschritte gemacht haben, geht vor allem auf das K. des neuen Außenministers.

kontra: 1) ⟨Präp.⟩: *gegen:* der Rechtsstreit Schulze k. Müller. 2) ⟨Adv.; nur in wenigen Verbindungen⟩: *entgegengesetzt, dagegen, in Opposition:* einige waren k.; er ist immer k. eingestellt; mußt du in allen Dingen immer nur k. sein?

Kontra

Kontra, das; des Kontras, die Kontras: **1)** *Gegenansage bei bestimmten Kartenspielen:* ein berechtigtes, unberechtigtes, voreiliges, unüberlegtes, informatorisches K.; jmdm. K. sagen, [ein] K. geben; ein K. annehmen. **2)** /allg., in der festen Wendung/ * **jmdm. K. geben:** *jmdm. energisch widersprechen, gegen jmds. Ansichten Stellung nehmen:* er hat ihm in dieser Sache energisch K. gegeben. **3)** /in der festen Verbindung/ * **das Pro und K.:** *das Für und Wider:* das Pro und K. einer Sache abwägen.

Kontrahent, der; des Kontrahenten, die Kontrahenten (bildungsspr.): *[sportlicher] Gegenspieler, Rivale, Konkurrent:* die beiden Kontrahenten schüttelten sich vor dem Kampf die Hände; Uwe Seeler hatte mit seinem unmittelbaren Kontrahenten in der gegnerischen Abwehr keine allzugroße Mühe; sich mit einem Kontrahenten einigen.

Kontrakt, der; des Kontrakt[e]s, die Kontrakte (bildungsspr.): *Vertrag, Abmachung, [Handels]abkommen:* ein gültiger, ungültiger, nichtiger, notariell beglaubigter K.; ein K. zwischen mehreren Partnern, über einen bestimmten Vertragsgegenstand, für 5 Jahre.; einen K. abschließen, unterzeichnen, erfüllen, brechen, anfechten, lösen.

Kontrast, der; des Kontrastes, die Kontraste (bildungsspr.): *Gegensatz; Unterschied:* ein starker, scharfer, auffallender, deutlicher, seltsamer, wunderlicher, schwacher, geringer K.; der K. zwischen Armen und Reichen, zwischen verschiedenen Charakteren, zwischen verschiedenen Bevölkerungsschichten, zwischen Hell und Dunkel, zwischen Licht und Schatten; der K. der Farben eines Bildes; seine Ansichten stehen in einem auffallenden K. zur Wirklichkeit; die schwarzen Gewitterwolken bildeten einen bizarren K. zu, mit der glitzernden Wasseroberfläche.

kontrastieren, kontrastierte, hat kontrastiert ⟨intr.; etwas kontrastiert mit etwas⟩ (bildungsspr.): *sich deutlich abheben, unterscheiden, abstechen, einen auffallenden Gegensatz bilden:* ihr flachsblondes Haar kontrastierte stark mit ihrem dunklen Teint.

Kontrolle, die; der Kontrolle, die Kontrollen: **1)** *Überwachung, Beaufsichtigung; Überprüfung, Prüfung:* eine genaue, scharfe, strenge, eingehende, flüchtige K.; die K. des Straßenverkehrs durch die Polizei; die Kontrollen an der Grenze sind verschärft worden; wir kamen ohne Aufenthalt durch die K.; der Pilot muß vor jedem Start eine gründliche K. der Bordinstrumente vornehmen; dieser Mann steht unter polizeilicher K.; unsere Lebensmittel stehen unter ständiger K. eines vereidigten Lebensmittelchemikers; etwas unterliegt einer regelmäßigen K.; etwas einer genauen K. unterziehen; eine Maschine zur K. noch einmal laufen lassen. **2)** *Beherrschung, Gewalt:* die K. über sein Fahrzeug verlieren; er hat völlig die K. über sich verloren; ich habe keine richtige K. mehr über das, was ich sage (= *ich weiß nicht mehr genau, was ich sage*); einen Wagen, eine Krankheit, einen Aufstand unter K. haben; die Feuerwehr hatte den Brand, das Feuer [sicher] unter K.; eine Epidemie unter K. bekommen; diese Firma hat die K. über alle inländischen Märkte dieser Ware (= *ist marktbeherrschend*).

Kontrolleur [...*lör*], der; des Kontrolleurs, die Kontrolleure: *Aufsichtsbeamter, Prüfer:* der K. überprüft die Fahrausweise; er ist K. bei der Bundesbahn.

kontrollieren, kontrollierte, hat kontrolliert ⟨tr.⟩: **1)** ⟨jmdn., etwas k.⟩: *prüfen, nachprüfen, überprüfen; überwachen, beaufsichtigen:* der Lehrer kontrolliert die Schüler bei der Arbeit; Arbeiter am Arbeitsplatz [heimlich, unauffällig] k.; die Gefangenen werden scharf kontrolliert; wir wurden beim Grenzübertritt genau kontrolliert; die Polizei kontrolliert die Autobahn, die Fahrzeuge, die Bereifung; Düsenjäger kontrollieren den

Luftraum; der Pilot kontrolliert seine Instrumente; die Amerikaner k. die Anfluggebiete mit Radar. 2) ⟨etwas k.⟩ (bildungsspr.): *etwas unter seinem Einflußbereich haben, beherrschen:* er kontrolliert mit seinen zahlreichen Zeitungen und Zeitschriften einen großen Teil der deutschen Presse; den Kapitalmarkt k.

Kontroverse [...wärße], die; der Kontroverse, die Kontroversen (bildungsspr.): *heftige Auseinandersetzung, Streit; [wissenschaftliche] Streitfrage:* eine kleine, heftige, ausgedehnte, private, wissenschaftliche K.; die K. zwischen dem Bundeskanzler und dem Verteidigungsminister über die geplanten Herbstmanöver; eine K. mit jmdm. über etwas haben.

Konvention [konw...], die; der Konvention, die Konventionen: 1) /Pol./ *völkerrechtliche Vereinbarung (mit Vertragscharakter) über die internationale Einhaltung bestimmter völkerrechtlicher Grundsätze:* die Berner K.; das verstößt gegen die Genfer K. von 1864; die Haager K. verletzen. 2) *Herkommen, Brauch; Förmlichkeit:* bürgerliche, gesellschaftliche, christliche, abendländische, ungeschriebene Konventionen; gegen Konventionen anrennen; mit diesem Roman setzt er sich über alle literarischen Konventionen hinweg.

konventionell [konw...] ⟨Adj.; attr. und als Artangabe; gew. ohne Vergleichsformen⟩ (bildungsspr.): *herkömmlich, nicht modern:* ein konventionelles Abendkleid; eine konventionelle Frisur; konventionelle Waffen (Ggs.: Kernwaffen), Streitkräfte, Energiequellen, Bremsen, Redensarten; eine konventionelle militärische Ausrüstung; seine Ansichten sind mir zu k.; dieser Schriftsteller schreibt k.; sie kleidet sich sehr k.

Konversation [konw...], die; der Konversation, die Konversationen ⟨Mehrz. ungebr.⟩ (bildungsspr.): *[geistreiches] Gespräch, gepflegte Unterhaltung, Plauderei:* eine leichte, amüsante, muntere, unterhaltsame, geistreiche, lebhafte, belanglose, un-

konzentrieren

verbindliche, langweilige, fade, ermüdende, leere K.; K. über die Mode, über Literatur, über Kindererziehung; [mit jmdm.] K. machen; eine K. beginnen, abbrechen, abkürzen, beenden; eine K. kommt in Gang, entspinnt sich, schleppt sich hin, zieht sich hin.

Konvoi [konw*eu*], der; des Konvois, die Konvois: /Mil./ *Verband von Transportfahrzeugen (bes. von Schiffen) zusammen mit den zum Schutz mitfahrenden Geleitfahrzeugen:* ein langer, endloser K.; ein K. von 22 Transportschiffen und 3 Zerstörern; ein K. von Lastwagen; einen K. geleiten, begleiten, sichern, eskortieren, angreifen; ein K. setzt sich in Bewegung, stoppt.

Konzentration, die; der Konzentration, die Konzentrationen ⟨Mehrz. selten⟩ (bildungsspr.): 1) *konzentrische Zusammenziehung, Zusammenballung, Anhäufung (bes. wirtschaftlicher, militärischer oder anderer Kräfte):* eine [starke, vermehrte] K. von Truppen, Streitkräften, militärischen Verbänden; die K. wirtschaftlicher Macht in den Händen eines Unternehmers; die K. eines Industriezweiges in einem bestimmten Gebiet. 2) *geistige Sammlung, Anspannung; gesteigerte Aufmerksamkeit:* erhöhte, äußerste, höchste, gestörte, mangelnde, nachlassende, wachsende K.; meine K. läßt jetzt langsam nach; ich habe heute keine richtige K.; jmds. K. stören; keine K. finden; etwas mit großer K. tun. 3) /Chem./ *Gehalt einer Lösung an gelöstem Stoff:* eine niedrige, geringe, hohe, starke K.; die K. einer Säure prüfen, ermitteln.

konzentrieren, konzentrierte, hat konzentriert ⟨tr. und refl.⟩: 1) ⟨jmdn., etwas k.⟩: *zusammenziehen, zusammenballen, zusammenlegen; vereinigen [und dadurch straffen]:* der Feind hat seine Truppen im Raum X, bei der Stadt Y konzentriert; die Verwaltung eines Unternehmens k.; Kräfte k. 2) ⟨etwas auf etwas, jmdn. k.⟩: *etwas verstärkt auf etwas, jmdn. ausrichten:* wir wollen unsere ganze

konzentriert

Aufmerksamkeit künftig auf dieses Problem k.; die Staatsanwaltschaft hat ihre Untersuchungen im wesentlichen auf zwei Personen konzentriert. **3)** ⟨sich k.⟩: *sich geistig sammeln; seine Gedanken, seine Überlegungen, seine Aufmerksamkeit auf etwas richten:* ich kann mich bei diesem Lärm nicht k.; er will sich künftig ganz auf seine berufliche Weiterbildung k. **4)** ⟨etwas konzentriert sich auf jmdn., etwas⟩: *etwas richtet sich in besonderem Maße auf jmdn., etwas:* die Angriffe der Ostblockpresse k. sich in letzter Zeit stärker auf die Bundesrepublik; die Nachforschungen der Polizei k. sich auf den Raum München, auf zwei italienische Gastarbeiter. – Vgl. auch: *konzentriert*.

konzentriert ⟨Adj.; attr. und als Artangabe⟩: **1)** (bildungsspr.) *gesammelt, aufmerksam, angespannt:* mit konzentrierter Aufmerksamkeit zuhören; ich bin jetzt nicht k. genug, um vernünftig zu arbeiten; k. nachdenken, arbeiten, zuhören, lauschen. **2)** ⟨gew. nur attr. und präd.⟩: /Chem./ *angereichert, einen gelösten Stoff in großer Menge enthaltend (auf das Lösungsmittel bezogen); in einem Lösungsmittel in großer Menge vorhanden (auf den gelösten Stoff bezogen):* konzentrierte Schwefelsäure, konzentrierter Aklohol; diese Lösung ist stark k.

konzentrisch ⟨Adj.; attr. und als Artangabe (ohne Vergleichsformen)⟩: **a)** /Math./ *einen gemeinsamen Mittelpunkt habend (von Kreisen gesagt):* konzentrische Kreise; diese Kreise sind k. **b)** /übertr./ (bildungsspr.) *um einen gemeinsamen Mittelpunkt herum [angeordnet]; auf einen gemeinsamen Mittelpunkt gerichtet, zu einem gemeinsamen[Mittel]punkt hinstrebend:* ein konzentrischer Angriff; konzentrisches Geschützfeuer; die einzelnen Wettkampfstätten liegen k. um das neue Großstadion herum; k. angreifen, vorgehen.

Konzept, das; des Konzept[e]s, die Konzepte (bildungsspr.): **1 a)** *meist stichwortartiger erster Entwurf eines Textes oder einer Rede, Rohskizze, Rohfassung:* das K. einer Rede, eines Aufsatzes; ein K. ausarbeiten, machen; der Redner hatte sein K. vergessen, las aus dem K. ab. **b)** /übertr.; in den festen Wendungen/ **aus dem K. kommen, geraten:* steckenbleiben, den Faden verlieren; **jmdn. aus dem K. bringen:* jmdn. verwirren. **2)** *Plan, Programm:* diese Partei hat kein vernünftiges politisches, außenpolitisches, wirtschaftliches K.; wir brauchen ein neues K. in den Fragen des Bildungswesens; er, sein Erscheinen hat ihm das ganze K. verdorben; sein Besuch paßt mir nicht ins K., in mein K.

Konzeption, die; der Konzeption, die Konzeptionen (bildungsspr.): *klar umrissene Grundvorstellung von etwas; Leitprogramm; gedanklicher Entwurf:* wir brauchen eine neue, klare, vernünftige K. im Bildungs- und Erziehungswesen; eine K. aufgeben, fallenlassen; die wirtschaftliche K. der Partei ist verfehlt, falsch, überholt, unmodern, unzeitgemäß, gut, brauchbar; die eigenwillige französische Politik paßt nicht in die politische, militärische, gesamteuropäische K. der NATO; an einer K. festhalten.

Konzern, der; des Konzerns, die Konzerne /Wirtsch./ *Zusammenschluß von Unternehmen, die eine wirtschaftliche Einheit bilden, ohne dabei ihre rechtliche Selbständigkeit aufzugeben:* ein großer, mächtiger K.; einen K. gründen, bilden, aufbauen, neugliedern.

Konzert, das; des Konzert[e]s, die Konzerte: **1)** /Mus./: **a)** *[öffentliche] musikalische Darbietung, Aufführung:* ein festliches, geistliches, privates, öffentliches K.; ein K. mit H. von Karajan; ein K. für notleidende Künstler, zur Unterstützung junger Künstler; ein K. geben, veranstalten, ankündigen; ein K. findet statt, beginnt, endet, wird verschoben; ins K. gehen; ein K. besuchen; wir waren gestern im K.; in einem öffentlichen K. auftreten, spielen, singen. **b)** *Komposition für [Solo und] Orchester:* das Konzert für Klavier und Orchester in

Es-Dur von ...; die Brandenburgischen Konzerte von Bach; ein K. spielen, aufführen, interpretieren, dirigieren, arrangieren, einstudieren, einüben. 2) /übertr./ (bildungsspr.): a) *Wettstreit:* im K. der Großmächte mitspielen. b) *Zusammenklang, Symphonie:* ein K. von Wohlgerüchen, Düften.

Konzession, die; der Konzession, die Konzessionen: 1) ⟨meist Mehrz.⟩ (bildungsspr.): *Zugeständnis, Entgegenkommen:* größere, weitgehende, geringe, unbedeutende Konzessionen; ich habe ihm in dieser Angelegenheit einige Konzessionen gemacht; ich kann ihm keine weiteren Konzessionen mehr machen. 2) /Verwaltung/ *befristete behördliche Genehmigung zur Ausübung eines Gewerbes:* eine K. für eine Gaststätte, eine Bar beantragen, bekommen; die Behörde hat ihm die K. gegeben, erteilt, entzogen; seine K. als Buchmacher verlieren.

konzipieren, konzipierte, hat konzipiert ⟨tr., etwas k.⟩ (bildungsspr.): *etwas [gedanklich] entwerfen, entwickeln; eine Grundvorstellung von etwas gewinnen:* einen Plan, eine Idee, einen Gedanken, einen Text, eine Rede, einen Aufsatz, einen neuen Rennwagen k.

Kooperation, die; der Kooperation, die Kooperationen (bildungsspr.): *Zusammenarbeit:* eine nützliche, wertvolle, erfolgreiche, internationale, wirtschaftliche, private K.; die K. zwischen mehreren Unternehmen, zwischen Kirche und Staat.

koordinieren, koordinierte, hat koordiniert ⟨tr., etwas k.⟩ (bildungsspr.): *mehrere Dinge oder Vorgänge aufeinander abstimmen:* Pläne, Vorhaben, Projekte, die verschiedenen Abteilungen eines Betriebs k.; die Programme der deutschen Fernsehanstalten müßten besser, stärker [miteinander] koordiniert werden.

Kopie, die; der Kopie, die Kopien: 1) *Abschrift, Durchschrift eines geschriebenen Textes:* eine genaue, saubere, gute, gut leserliche, schlechte, verschmierte K.; von einem Schriftstück mehrere Kopien machen, anfertigen, herstellen; ich lege dem Brief eine K. der Urkunde bei; eine K. beglaubigen lassen; ich habe die K. des Briefs aufbewahrt; er bestätigte die Echtheit der K., die Übereinstimmung der K. mit dem Original; diese K. ist eine Fälschung, ist gefälscht. 2) *[im Massenverfahren hergestellter] Abzug eines Filmstreifens:* von diesem Spielfilm existiert nur noch eine alte K.; der Filmverleih hat die Kopien rechtzeitig an das Filmtheater abgeschickt; diese K. ist verregnet (Fachjargon; = *ist unsauber*). 3) *Nachbildung, Nachschöpfung, Nachgestaltung (bes. eines Kunstwerks):* von diesem Bild hat ein Kunstfälscher mehrere Kopien hergestellt, verkauft; er besitzt nur eine K. des Bildes; diese Kamera ist nur eine billige, wertlose K. eines bekannten deutschen Markenfabrikats. 3) /übertr.; nicht auf Gegenstände bezogen/ (bildungsspr.) *Nachahmung, Abklatsch:* er ist in allen Bewegungen und Gesten eine getreue K. seines Chefs; die angeblich neu zusammengestellte Paarlaufkür ist nichts weiter als eine bewußte, schwache, blasse K. der Olympiakür von Kilius/Bäumler.

kopieren, kopierte, hat kopiert ⟨tr.⟩: 1) ⟨etwas k.⟩: a) *etwas in Zweitausfertigung herstellen, eine → Kopie (1) von etwas herstellen:* eine Urkunde, ein Dokument, ein Zeugnis, ein Schriftstück k. b) *etwas, bes. ein Kunstwerk, nachbilden; etwas nachmachen:* ein Bild, ein Gemälde, ein politisches Modell, ein System, einen Plan k. 2) ⟨jmdn., etwas k.⟩: *jmdn. oder etwas, das einer Person eigentümlich ist, imitieren; jmds. charakteristische Eigenarten übernehmen:* er kopiert seinen Chef, seinen Vorgesetzten; jmds. Gang, jmds. Bewegungen, jmds. Sprechweise, Stil, Lebensweise k.

Kopilot, der; des Kopiloten, die Kopiloten; /Verkehrsw./ *zweiter Flugzeugführer:* der K. übernahm jetzt die Maschine.

Koproduktion, die; der Koproduktion, die Koproduktionen: *Gemeinschaftsherstellung (bes. im Film), Gemeinschaftsarbeit:* eine deutsch-französische, englisch-amerikanische K.; einen Film in K. drehen, herstellen.

Kordon [*kordong*, östr.: *...don*], der; des Kordons, die Kordons und (östr.) die Kordone (bildungsspr.): *Postenkette, militärische oder polizeiliche Absperrung:* ein K. von Polizisten drängte die Demonstranten ab; ein K. von Schiffen schirmte die Landungsstelle ab; einen K. durchbrechen; die Polizei zog einen K. um die Unfallstelle, bildete einen K.

Korona, die; der Korona, die Koronen (ugs., scherzh.): *[fröhliche] Runde, [Zuhörer]kreis, Schar:* da war eine lustige K. zusammen; die ganze K. zog in die nächste Kneipe; er sprach vor der versammelten K. der Universitätsprofessoren.

Koronargefäße, die ⟨Mehrz.⟩: /Med./ *Kranzgefäße des Herzens:* seine K. sind schlecht durchblutet, sind verengt; dieses Medikament erweitert die K.

Korps [*kor*], das; des Korps [*korß*], die Korps [*korß*]: **1)** /Mil./ *größerer Truppenverband:* er gehört dem ersten, zweiten K. an; der Kommandeur, Stab eines Korps. **2)** /Pol.; in der festen Verbindung/ **diplomatisches Korps: die Gesamtheit der bei der Regierung eines Landes beglaubigten Vertreter fremder Staaten:* er gehört dem diplomatischen K. an; der Bundespräsident gab einen Empfang für das diplomatische K. **3)** *studentische Verbindung:* einem K. beitreten.

korpulent ⟨Adj.; attr. und als Artangabe⟩: *beleibt:* ein korpulenter Herr; eine korpulente Dame; sie ist ziemlich k.; sie wirkt k.; man könnte ihn für k. halten.

Korpus, der; des Korpus, die Korpusse (bildungsspr., scherzh.): *Körper:* seinen edlen K. pflegen, sonnen.

korrekt ⟨Adj.; attr. und als Artangabe⟩: *richtig, fehlerfrei; einwandfrei; anständig:* eine korrekte Aussprache, Wiedergabe, Auskunft, Antwort; ein korrektes Benehmen, Vorgehen; er spricht ein korrektes Französisch; diese Maßnahme ist durchaus k.; er ist gegen mich, mir gegenüber stets k. gewesen; k. handeln, vorgehen; sich k. benehmen, verhalten; er ist immer äußerst k. gekleidet, angezogen.

Korrektur, die; der Korrektur, die Korrekturen (bildungsspr.): *Verbesserung, Berichtigung; Änderung:* eine notwendige, kleine, fehlerhafte, unzureichende K.; die K. einer schriftlichen Arbeit, eines Textes, eines Kurses; eine K. vornehmen, ausführen; einige unbedeutende, kleinere Korrekturen an etwas anbringen.

korrespondieren, korrespondierte, hat korrespondiert ⟨intr.⟩ (bildungsspr.): **1)** ⟨mit jmdm. k.⟩: *mit jmdm. im Briefverkehr stehen, mit jmdm. regelmäßig Briefe wechseln:* wir k. schon lange, seit vielen Jahren, regelmäßig miteinander; korrespondiert Ihr miteinander in Englisch oder in Deutsch?; ich habe mit ihm ausführlich über diese Angelegenheit korrespondiert. **2)** (veraltend) *übereinstimmen:* unsere Ansichten k. in dieser Angelegenheit leider nicht.

Korridor, der; des Korridors, die Korridore: **1)** *[Wohnungs]flur, Gang:* ein langer, schmaler, enger, breiter, großer, dunkler, finsterer K.; vom K. aus führt eine Tür ins Schlafzimmer; alle Zimmer öffnen sich zum K. hin. **2)** /Pol./ *schmaler Gebietsstreifen [„der durch das Hoheitsgebiet eines fremden Staates führt]; Luftsektor:* einen K. schaffen; von Westdeutschland kann man nur über den schmalen Korridor der Autobahn durch die DDR nach Berlin; Flugzeuge, die von Westdeutschland nach Berlin fliegen, dürfen nur einen der drei Korridore benutzen.

korrigieren, korrigierte, hat korrigiert ⟨tr.; etwas, jmdn. k.⟩: *etwas, jmdn. berichtigen, verbessern; etwas [nach]regulieren, in Ordnung bringen, ausgleichen:* eine schriftliche Arbeit, Arbeitshefte, Fehler [sorgfältig, oberflächlich] k.; geduldig, höflich korrigierte er immer wieder meine fehlerhafte Aussprache; den Kurs eines Flugzeugs, einer Rakete [leicht] k.; Sie haben die Möglichkeit, diesen Fauxpas sofort zu k.; du mußt mich nicht immerzu k.!; erlauben Sie bitte, daß ich Sie, ihre Ausführungen in einigen wichtigen Punkten korrigiere!

korrupt ⟨Adj.; attr. und als Artangabe⟩ (bildungsspr.): *bestechlich, bestochen; moralisch verdorben und dadurch unzuverlässig:* eine korrupte Gesellschaft, Regierung, Justiz; ein korrupter Beamter, Polizist, Geschäftsmann; eine Demokratie, eine Gesellschaft ist k.; dieses Regierungssystem wirkt k.; ich halte diesen Mann für k.

Korruption, die; der Korruption, die Korruptionen ⟨Mehrz. selten⟩: *Bestechung, Bestechlichkeit; moralischer Verfall:* eine allgemeine, große, politische, moralische K.; die K. der Beamten, der Polizei, in der Industrie, in der Justiz, unter den Mitgliedern der Regierung; K. herrscht, greift um sich; gegen die K. vorgehen; die K. bekämpfen; jmdn. der K. beschuldigen.

Korsett, das; des Korsett[e]s, die Korsette und Korsetts: **a)** *mit Stäbchen versehenes und mit Schnürung oder Gummieinsätzen ausgestattetes Mieder:* ein K. anziehen, tragen; sie verbirgt ihre Fülle unter einem engen, strammen K.; ein K. hält ihre Fettmassen zusammen; ein K. zuschnüren, aufschnüren. **b)** /Med./ *Stützvorrichtung für den Halteapparat des menschlichen Körpers (bes. für die Wirbelsäule):* seit seinem Unfall muß er ein ledernes, elastisches, festes, starres K. um den Rumpf tragen. **c)** /übertr./ (bildungsspr.) *starrer, fester Rahmen:* die fortschrittlichen Kräfte lassen sich nicht in ein starres parteipolitisches K. zwängen; die Studenten versuchen das veraltete K. der arroganten Bildungshierarchie zu sprengen.

Korso, der; des Korsos, die Korsos (bildungsspr.): *Schaufahrt, Umzug:* einen K. veranstalten; der K. bewegt sich langsam durch die Innenstadt; zahlreiche Blumenwagen und Reiter beteiligten sich an dem K.

Koryphäe, die; der Koryphäe, die Koryphäen (bildungsspr.): *jmd., der auf einem bestimmten wissenschaftlichen (seltener auch: künstlerischen oder sportlichen) Gebiet außergewöhnliche Kenntnisse oder Fähigkeiten besitzt und als führende Persönlichkeit (auf seinem Gebiet) anerkannt ist:* er ist eine wissenschaftliche, mathematische, sprachliche, philosophische, schachliche K.; er gilt als große, größte, bedeutende K. auf seinem Gebiet, auf dem Gebiet des Finanzwesens; er ist eine K. im Schach; die Koryphäen der Wissenschaft, der Medizin.

koscher ⟨Adj.; selten attr. und als Artangabe, meist präd.; gew. ohne Vergleichsformen; meist in Verbindung mit einer Negation⟩: *sauber, einwandfrei; unverdächtig, unbedenklich:* dieses Fleisch ist nicht ganz k.; eine nicht ganz koschere Angelegenheit; die Sache ist mir nicht recht k.; hältst du diesen Kerl für k.?; er kommt mir nicht ganz k. vor.

Kosmetik, die; der Kosmetik ⟨ohne Mehrz.⟩: *Körperpflege, Schönheitspflege:* das Vollbad gehört zur täglichen K. der Frau; sie arbeitet in einem Salon für K.

kosmetisch ⟨Adj.; attr. und als Artangabe, aber nicht präd.; ohne Vergleichsformen⟩: *die Kosmetik betreffend, mit ihr zusammenhängend; mit den Mitteln der Kosmetik [erfolgend]:* ein kosmetisches Mittel, Präparat; eine kosmetische Operation (= Schönheitsoperation); die kosmetische Chirurgie; die Haut k. bearbeiten, behandeln.

Kosmonaut, der; des Kosmonauten, die Kosmonauten: *Weltraumfahrer:* ein amerikanischer, russischer K.; die Rückkehr der Kosmonauten aus dem Weltall.

Kostüm, das; des Kostüms, die Kostüme: **1)** /Textilk., Mode/ *aus Rock und Jacke bestehende Damenkleidung:* ein sommerliches, herbstliches, modisches, blaues, braunes, wollenes,

kostümieren

schickes, fesches K.; ein K. für den Sommer, für den Winter; ein K. aus reiner Schurwolle, aus Trevira; ein K. anziehen, tragen. 2) *Tracht:* ein historisches K.; die Schauspieler trugen mittelalterliche Kostüme, Kostüme aus der Zeit des Rokoko. 3) *Maskenanzug, Maskenbekleidung:* in welchem K. gehst du zum Faschingsball?; ich muß mir noch ein K. für den Fasching leihen.

kostümieren, kostümierte, hat kostümiert ⟨tr. und refl.; jmdn., sich k.⟩: *jmdn oder sich selbst mit einem Maskenkostüm verkleiden:* sie hat ihre Buben zum Karneval als Cowboys kostümiert; wir wollen uns für den Ball k.

Kotau, der; des Kotaus, die Kotaus (bildungsspr., salopp): /gew. in der festen Wendung/ *[s]einen K. machen: *sich ehrerbietig vor jmdm. verbeugen; vor jmdm. unterwürfig kriechen:* ich finde es verächtlich, wie er immerzu [s]einen K. vor dem Chef macht. – (scherzh.:) mach deinen K. (= *sage „Guten Tag"!),* und dann ab ins Bett!

Kotelett, das; des Kotelett[e]s, die Koteletts, selten: die Kotelette: /Gastr./ *Rippenstück vom Schwein, Kalb oder Hammel; in der Form eines Rippenstücks haschierte Fleischschnitte vom Fisch, Geflügel oder Wild:* ein mageres, fettes, saftiges K.; ein K. panieren, braten, grillen.

Koteletten, die ⟨Mehrz.⟩: *[kleiner, kurzer] Backenbart:* er trägt gerade, schräge K.; die K. abrasieren, kürzen.

Krawatte, die; der Krawatte, die Krawatten: *Halsbinde, Schlips; kleiner, schmaler Pelzkragen:* eine gemusterte, einfarbige, wollene, seidene K.; eine K. anziehen, umziehen, tragen; die K. binden, aufbinden, aufknoten; die K. sitzt gut, schlecht, ist verrutscht; sie trägt eine kostbare K. aus Nerz.

Kreation, die; der Kreation, die Kreationen: /Mode/ *Modeschöpfung; Modell:* die neuesten Kreationen aus Paris, aus dem Hause Dior; das Modehaus führt seine sommerlichen Kreationen vor; dieses Cocktailkleid ist eine K. von X, aus dem Hause Y.

Kreatur, die; der Kreatur, die Kreaturen: 1) (bildungsspr.) *Lebewesen, Geschöpf:* wir sind alle Gottes Kreaturen; Mitleid haben mit der hungernden, frierenden K. 2a) *bedauernswerter oder verachtenswerter Mensch:* eine arme, armselige, elende, unglückselige, erbärmliche, gemeine, widerliche K. b) (bildungsspr., abschätzig) *Günstling, willenloses, gehorsames Werkzeug eines anderen:* er ist doch nur der willenlose K. seines Chefs.

kredenzen, kredenzte, hat kredenzt ⟨tr.⟩ (bildungsspr.): a) ⟨etwas k.⟩: *etwas zum Trinken oder Essen auftischen, anbieten:* er hat mir einen köstlichen Wein, französischen Käse mit Weißbrot kredenzt. b) ⟨etwas, jmdn. k.⟩ (meist scherzh.): /übertr./ *jmdm. etwas oder jmdn. anbieten, überbringen, zur Verfügung stellen:* sein Vater hat ihm zur Hochzeit ein komplettes Einfamilienhaus und einen neuen Mercedes kredenzt; er kredenzte ihm mit schadenfrohem Lächeln die neuesten Börsenkurse; wenige Stunden nach der Tat konnte er dem Staatsanwalt den Mörder k.

Kredit, der; des Kredit[e]s, die Kredite: 1) /Kaufm./: a) *einer Person oder einem Unternehmen kurz- oder langfristig zur Verfügung gestellte Geldmittel oder Sachgüter:* ein kurzfristiger, langfristiger, mittelfristiger, kleiner, großer, zinsloser, kündbarer, unkündbarer, privater, öffentlicher, gedeckter, ungedeckter K.; ein K. [in Höhe] von 10 000 DM, über 100 000 DM; einen K. beantragen, in Anspruch nehmen, bekommen; die Bank hat ihm einen K. gegeben, gewährt, eingeräumt; er hat bei der Bank einen K. aufgenommen; einen K. überziehen. 2) ⟨Mehrz. ungew.⟩: a) /Kaufm./ *Vertrauen in die Fähigkeit und Bereitschaft einer Person oder Unternehmung, ihre Verbindlichkeiten ordnungs- und fristgemäß zu begleichen; finanzielle Vertrauenswürdigkeit:* bei meiner Bank habe, genieße ich uneingeschränkten K.; sie kaufen alles auf K., gegen K.; auf K. leben. **b)** /allg. übertr./ *Vertrauenswürdigkeit, Glaubwürdigkeit, guter Ruf:* moralischer, persönlicher, politischer, militärischer, wirtschaftlicher K.; seinen K. [bei jmdm.] verspielen, gefährden, verlieren, verscherzen; diese Affäre hat seinem K. in der Partei geschadet, hat seinen K. bei seinen Parteifreunden untergraben; seinen K. wiedergewinnen, zurückgewinnen; sein K. hat durch diese Sache schwer gelitten.

kreieren, kreierte, hat kreiert ⟨tr., etwas k.⟩ (bildungsspr.): *etwas Neues (bes. im Bereich der Mode) entwickeln, schaffen:* eine neue Mode, ein neues Modell, eine neue Linie, eine neue Frisur, einen neuen Stil k.

Krematorium, das; des Krematoriums, die Krematorien [...ien]: *Einäscherungsanstalt:* sein Leichnam wurde im K. verbrannt, eingeäschert.

krepieren, krepierte, hat krepiert ⟨intr.⟩: *[auf elende Weise] umkommen* (auf Menschen bezogen); *verenden* (auf Tiere bezogen): viele Soldaten sind elend, einsam und verlassen, in Rußland, in der Kälte Sibiriens, auf dem Schlachtfeld, vor Hunger, an einem Bauchschuß, an der Cholera krepiert; (scherzh.:) an diesem Wehwehchen wirst du schon nicht k.; dem Bauern sind die ganzen Rinder am Milzbrand krepiert.

Kriminalist, der; des Kriminalisten, die Kriminalisten: *Beamter oder Sachverständiger der Kriminalpolizei:* ein fähiger, begabter, erfahrener K.; die Kriminalisten der Mordkommission, des Einbruchdezernats.

Kriminalistik, die; der Kriminalistik ⟨ohne Mehrz.⟩: *Lehre vom Verbrechen, seinen Ursachen, seiner Aufklärung und Bekämpfung:* die Grundsätze der modernen K.; in K. ausgebildet werden.

kriminalistisch ⟨Adj.; attr. und als Artangabe; ohne Vergleichsformen⟩: *die Kriminalistik betreffend; mit den Mitteln der Kriminalistik [erfolgend]:* kriminalistische Untersuchungen, Fähigkeiten; er hat eine gute kriminalistische Ausbildung, eine große kriminalistische Erfahrung, einen sicheren kriminalistischen Instinkt; seine Untersuchungsmethoden sind rein k.; einen Fall k. untersuchen, abschließen.

Kriminalität, die; der Kriminalität ⟨ohne Mehrz.⟩: *Straffälligkeit; Umfang der strafbaren Handlungen, die in einem bestimmten Gebiet innerhalb eines bestimmten Zeitraums [von einer bestimmten Tätergruppe] begangen werden:* die K. in Deutschland ist angewachsen, hat zugenommen, ist zurückgegangen.

kriminell ⟨Adj.; attr. und als Artangabe⟩: *verbrecherisch; straffällig; strafbar:* eine kriminelle Handlung, Tat, Veranlagung; kriminelle Neigungen; er ist in einem kriminellen Milieu groß geworden; dieser Mann, diese Familie ist durch und durch k.; in einer solchen Umgebung mußte er k. werden. – /übertr./ (gelegentlich scherzh.): manche Autofahrer fahren wirklich k. (= *so rücksichtslos, daß sie eigentlich wie Verbrecher bestraft werden müßten); was der Verteidiger mit seinem Gegner macht, ist schon k. (= hat mit hartem Sport nichts mehr zu tun und müßte eigentlich gerichtlich bestraft werden);* da hat der Bursche doch einen Poker auf der Hand, das ist ja geradezu k.! (= *verboten, unverschämt).*

Kripo [auch: *kripo*], die; der Kripo, die Kripos ⟨Mehrz. selten⟩: /übliches Kurzwort für/ *Kriminalpolizei (= die mit der Aufklärung von Verbrechen oder Vergehen beauftragte Polizei):* die deutsche, Frankfurter K.; die K. von Mannheim; er ist Beamter der K.; er ist bei der K.; die K. untersucht den Fall, tappt im Dunkeln, hat den Fall aufgeklärt.

Krise, die; der Krise, die Krisen: **1)** (bildungsspr.) *kritische Situation; Schwierigkeit:* eine schwere, ernste, gefährliche, leichte, politische, wirtschaftliche, finanzielle, geistige, moralische K.; eine K. der Außenpolitik, der Finanzen, in der Wirtschaft,

kriseln

in einer Ehe; eine K. entsteht, geht vorüber, dauert an; die deutsche Wirtschaft hat einige ernsthafte Krisen durchgemacht, erlebt, gut überstanden; eine K. überwinden; er steckt zur Zeit in einer beruflichen K.; sich in einer K. befinden. **2)** auch: Krisis, die; der Krisis, die Krisen: /Med./ *mit heftigen Schweißausbrüchen verbundener, plötzlich eintretender schneller Fieberanfall als kritischer Wendepunkt im Verlauf einer Infektionskrankheit:* die K. steht noch bevor; auf die K. warten; in der K. sein; in die K. kommen; früher kam bei einer Lungenentzündung die K. meist nach neun Tagen.

kriseln, kriselte, hat gekriselt ⟨intr., es kriselt⟩ (bildungsspr.): *eine Krise steht drohend bevor, es gärt:* es kriselt [bedenklich, gefährlich] in der deutschen Wirtschaft, in der Parteileitung, in seiner Ehe.

Kriterium, das; des Kriteriums, die Kriterien [*...ien*] (bildungsspr.): *Kennzeichen, unterscheidendes Merkmal; Prüfstein:* ein echtes, sicheres, eindeutiges K.; der Preis ist nicht immer ein ausreichendes K. für die Qualität einer Ware; Rötung, Schmerzen und Schwellung gelten als wichtigste Kriterien einer Entzündung; etwas an objektiven Kriterien messen.

Kristall: 1) der; des Kristalls, die Kristalle: *fester, regelmäßig geformter, von ebenen Flächen begrenzter Körper:* ein durchsichtiger, lichtbrechender, farbiger, natürlicher, gewachsener, synthetischer, reiner K.; Kristalle verschiedener Härtegrade; die Form, Struktur eines Kristalls; einen K. [auf]spalten, synthetisch herstellen, schleifen; Kochsalz bildet würfelförmige Kristalle. **2)** das; des Kristalls ⟨ohne Mehrz.⟩: **a)** *geschliffenes Glas:* Weingläser aus [kostbarem, wertvollem] K. **b)** *[Prunk]gegenstand aus geschliffenem Glas:* sie hat ein wundervolles K. in der Vitrine stehen; das K. polieren.

Kritik, die; der Kritik, die Kritiken: **1)** *[wissenschaftliche, künstlerische] Beurteilung, Stellungnahme; Besprechung:* eine sachliche, objektive, gerechte, unsachliche, ungerechte, konstruktive, destruktive, schonungslose, wohlwollende, positive, negative K.; die Künstlerin erhielt in der Presse gute, hervorragende, glänzende, schlechte Kritiken [für ihren Auftritt]; er schreibt Kritiken über Theateraufführungen für die hiesige Tageszeitung; eine K. über ein Buch veröffentlichen, lesen; etwas ist unter jeder K. (= *ist so schlecht, daß man es gar nicht mehr bewerten sollte*). **2)** *Beanstandung, Tadel:* seine ständige K. an ihrer Arbeit ärgerte sie sehr; seine Leistungen bieten keinen Anlaß zur K.; K. an jmdm., an etwas üben.

Kritiker, der; des Kritikers, die Kritiker: **a)** *jmd., der ein wissenschaftliches oder künstlerisches Werk nach wissenschaftlichen bzw. künstlerischen Maßstäben (lobend, tadelnd oder wertneutral) beurteilt oder bespricht:* ein guter, schlechter, versierter, erfahrener K.; er schreibt als K. für den „Mannheimer Morgen"; die Kritiker haben das Stück gut besprochen, zerrissen. **b)** *Tadler, Nörgler:* er wird es schwer haben, sich gegen seine zahlreichen Kritiker zu behaupten.

kritisch ⟨Adj.; attr. und als Artangabe⟩: **1 a)** *nach strengen [wissenschaftlichen, künstlerischen] Maßstäben prüfend und beurteilend, genau abwägend, vorsichtig und streng im Urteil:* eine kritische Besprechung eines Buchs, eines Films; ein kritischer Beobachter, Zuschauer, Zuhörer; ein kritischer Kopf (= *ein Mann mit Urteilsvermögen*); jmdn. mit kritischen (= *prüfenden*) Blicken mustern; das Theaterpublikum hier ist sehr k.; ein Buch k. besprechen; etwas k. prüfen, betrachten. **b)** *eine negative Beurteilung enthaltend, mißbilligend, tadelnd:* kritische Bemerkungen, Äußerungen; sie warf mir einen kritischen Blick zu; seine Stellungnahme war sehr k.; sich k. über jmdn. äußern; k. über etwas urteilen. **2)** *schwierig, heikel, bedenklich, gefährlich:* eine kritische Situation, Lage; ein kritischer (= *ent-*

scheidender) Augenblick, Punkt; der Junge ist jetzt in einem kritischen (= schwierigen) Alter; der Zustand des Patienten ist sehr k., wird immer kritischer; es sieht k. aus; k. *(= ernst, sorgenvoll)* dreinblicken. – * die kritischen Jahre *(= die Wechseljahre der Frau bzw. die entsprechenden Umstellungsjahre im Leben des Mannes).*
kritisieren, kritisierte, hat kritisiert ⟨tr.; jmdn., etwas k.⟩: *jmdn. tadeln, an jmdm. Kritik üben; etwas beanstanden, bemängeln, an etwas Kritik üben:* die Presse hat seine Rede heftig, scharf kritisiert; mußt du mich immerzu, ständig, andauernd k.? er hat die Regierung, die Maßnahmen der Polizei öffentlich, in der Presse, im Fernsehen kritisiert; was hast du denn an mir zu k.?
Krokant, der; des Krokants ⟨ohne Mehrz.⟩: /Gastr./ *Zuckerwerk aus zerkleinerten Mandeln (auch: Nüssen) und Karamelzucker:* Eis mit Sahne und K.
Krokette, die; der Krokette, die Kroketten ⟨meist Mehrz.⟩: /Gastr./ *gebackenes, überkrustetes Klößchen aus Kartoffelpüree, zerkleinertem Fleisch, Fisch u. a.:* knusprige, goldbraune Kroketten; Filetsteak mit Erbsen und Kroketten.
Krösus, der; des Krösus (auch: des Krösusses), die Krösusse: *sehr reicher Mann:* er ist ein [wahrer, richtiger] K.
Kruzifix [auch: *kru...*], das; des Kruzifixes, die Kruzifixe: *[plastische] Darstellung des gekreuzigten Christus:* ein einfaches, kleines, großes, hölzernes, silbernes, goldenes K.; über dem Altar hängt ein mächtiges K. aus Elfenbein, aus Holz; ein K. tragen, anbeten, küssen; der Priester reichte dem Sterbenden das K.
kulant ⟨Adj.; attr. und als Artangabe⟩: *entgegenkommend, gefällig, großzügig (im Geschäftsverkehr):* ein kulantes Angebot, Verhalten; kulante Bedingungen; ein kulanter Geschäftsmann; er ist seinen Kunden gegenüber sehr k.; der Preis ist ziemlich k.; jmdn. k. behandeln, bedienen; jmdm. k. entgegenkommen.

Kulanz, die; der Kulanz ⟨ohne Mehrz.⟩: *Entgegenkommen, Großzügigkeit (im Geschäftsverkehr):* er hat mich mit ausgesuchter K. behandelt, bedient; ich hätte von Ihnen etwas mehr K. erwartet.
kulinarisch ⟨Adj.; meist attr., selten auch als Artangabe, aber nicht präd.; ohne Vergleichsformen⟩ (bildungsspr.): *auf die feine Küche (Kochkunst) bezüglich:* eine kulinarische Delikatesse; kulinarische Genüsse *(= Gaumenfreuden),* Kostbarkeiten; ein kulinarischer Reiseführer durch Frankreich *(= Kochbuch mit französischen Spezialitäten);* eine kulinarische Weltreise; dieser Mann begründete den kulinarischen Ruhm des Hotels; unser Haus ist k. aufs beste gerüstet.
Kulisse, die; der Kulisse, die Kulissen: **1)** ⟨gew. nur Mehrz.⟩: /Theater/ *bewegliche Dekorationswand auf der Bühne; Bühnendekoration:* spärliche Kulissen; die Kulissen bemalen, auf die Bühne schieben; hinter den Kulissen hörte man einen Schrei; der Schauspieler verschwand hinter den Kulissen. **2)** /übertr./ (bildungsspr.) *Schauseite; vorgetäuschte Wirklichkeit, Schein:* hinter den Kulissen *(= fernab von der Öffentlichkeit, im Hintergrund, heimlich)* agieren, tätig sein, schüren, wühlen; die Vorgänge hinter den Kulissen; die Verhandlungen wurden hinter den Kulissen *(= nicht öffentlich, geheim)* geführt; einen Blick hinter die Kulissen eines Prozesses werfen; er läßt sich nicht hinter die Kulissen blicken, schauen; das ist doch alles nur K.! **3)** ⟨gew. nur Einz.⟩: *Rahmen, Umrahmung eines Geschehens oder einer [sportlichen] Veranstaltung:* die akustische K. der Veranstaltung war überwältigend; der Film spielt vor der großartigen K. der schneebedeckten Schweizer Alpen; das Fußballspiel fand vor einer spärlichen, dürftigen K. von nur 500 Zuschauern statt.
Kult, der; des Kult[e]s, die Kulte: **1)** auch: Kultus, der; des Kultus, die Kulte: /Rel./ *an feste Vollzugsformen*

kultivieren

gebundene Religionsausübung einer Gemeinschaft: der jüdische, christliche K.; heidnische Kulte. **2)** /übertr./ (bildungsspr.): **a)** *fanatische, unnatürliche Bewunderung für eine bestimmte Person und der damit im allgemeinen verbundene übertriebene Rummel:* einen [richtigen] K. mit einer Filmschauspielerin, einem Sänger, einem Fußballspieler treiben. **b)** *übertrieben sorgfältige Pflege von etwas:* der Mann treibt einen richtigen K. mit seinem Auto; aus etwas einen K. machen.

kultivieren [...*wir⁽ᵉ⁾n*], kultivierte, hat kultiviert ⟨tr., etwas k.⟩: **1)** /Landw./: **a)** *Land, Boden anbaufähig, urbar machen:* Land, Boden, Urwald k. **b)** *Kulturpflanzen anbauen:* Mais, Reis, Champignons k. **2)** (bildungsspr.) *etwas sorgsam pflegen; etwas bewußt als etwas Besonderes betreiben, pflegen:* seine Fingernägel, seinen Teint, seine Schönheit [sorgsam] k.; er kultiviert diesen eigenartigen Stil als etwas Besonderes; eine Marotte k.

kultiviert [...*wirt*] ⟨Adj.; attr. und als Artangabe⟩ (bildungsspr.): *gesittet, gebildet; gepflegt, verfeinert:* eine kultivierte Frau, Erscheinung; er hat einen sehr kultivierten Geschmack; sein Benehmen, Auftreten, seine Kleidung ist immer sehr, äußerst k.; k. wohnen, speisen, auftreten; sich k. kleiden.

Kultur, die; der Kultur, die Kulturen: **1a)** ⟨nur Einz.⟩: *die Gesamtheit der geistigen und künstlerischen Äußerungen einer Gemeinschaft, eines Volkes:* die abendländische, deutsche K.; die K. der alten Griechen; ein Volk von hoher, primitiver K. **b)** *Kulturvolk:* die alten, antiken, mittelamerikanischen, untergegangenen Kulturen. **2)** ⟨nur Einz.⟩: *feine Lebensart, Bildung und Erziehung:* er ist ein Mensch ohne jede K., mit viel K., von großer K.; er hat, besitzt viel, wenig K. **3)** ⟨nur Einz.⟩: *Bebauung, Pflege und Nutzung von Ackerboden:* ein Stück Boden, Wald in K. nehmen. **4)** /Biol., Med.; meist in Zus. wie: Pilzkultur, Bakterienkultur/ *auf besonderen Nährböden gezüchtete Stämme von Pflanzen oder Lebewesen:* eine K. [von Hefepilzen] anlegen.

kulturell ⟨Adj.; attr. und als Artangabe, aber gew. nicht präd.; ohne Vergleichsformen⟩: *die → Kultur (1a) und ihre Erscheinungsformen betreffend:* die kulturellen Einrichtungen, Veranstaltungen, Möglichkeiten einer Stadt; die kulturelle Entwicklung; der kulturelle Aufstieg, Fortschritt, Niedergang, Verfall; ein abwechslungsreiches kulturelles Programm; am kulturellen Leben teilnehmen; diese Stadt ist der kulturelle Mittelpunkt des Landes; das Gebiet ist k. rückständig; ein k. hochstehendes Land; sich k. entwickeln; diese Stadt hat k. nichts zu bieten.

kupieren, kupierte, hat kupiert ⟨tr., etwas k.⟩: **1)** /Med. /*einen Krankheitsprozeß durch Arzneimittel oder andere therapeutische Maßnahmen aufhalten, verhüten oder unterdrücken:* dieses Medikament vermag die Grippe, den Schnupfen zu k.; eine Krankheit im Anfangsstadium k. **2)** *etwas kürzen, stutzen:* einem Pferd den Schwanz, einem Hund die Ohren k.

Kupon vgl. Coupon.

Kurier, der; des Kuriers, die Kuriere: *Eilbote (bes. im diplomatischen Dienst):* ein diplomatischer, päpstlicher K.; er ist K. im diplomatischen Dienst; eine Nachricht durch einen K. befördern lassen; ein K. überbrachte dem Kommandanten die Meldung.

kurieren, kurierte, hat kuriert ⟨tr., jmdn. k.⟩: **a)** *jmdn. [durch ärztliche Behandlung] von einer Krankheit heilen, gesundheitlich wiederherstellen:* mein Hausarzt hat mich wieder vollständig [von meiner Erkältung, von meinen Beschwerden] kuriert; ich habe mich selbst mit Penizillin kuriert. **b)** (ugs.) *jmdn. von etwas oder jmdm. abbringen; jmdn. dazu bringen, daß er eine innere Bindung an eine bestimmte Sache oder Person zu lösen vermag:* dieser Unfall hat ihn ein für allemal von seiner wilden Fahrerei kuriert; ich habe ihn von seiner Angst kuriert; hoffentlich ist er jetzt endlich von dieser Frau k.!

kurios ⟨Adj.; attr. und als Artangabe⟩ (bildungsspr.)*:* merkwürdig, eigenartig, seltsam, wunderlich, spaßig: *eine kuriose Sache, Situation, Angelegenheit, Geschichte, Idee; ein kurioser Einfall, Plan, Mensch, Bursche; die Vorstellung, daß mein ehemaliger Bursche beim Militär jetzt mein Chef ist, ist wirklich k.; du siehst mit deinem neuen Hut ganz k. aus; etwas fängt k. an, endet k., verläuft k.; das müßte schon k. zugehen, wenn wir dieses Spiel verlieren sollten.*

Kuriosität, die; der Kuriosität, die Kuriositäten (bildungsspr.): **1)** ⟨ohne Mehrz.⟩: *Seltsamkeit, Merkwürdigkeit, Eigenartigkeit, Wunderlichkeit:* die K. eines Verhaltens, einer Situation. **2a)** *etwas, das man selten zu sehen bekommt, etwas Merkwürdiges:* diese Krankheit, Pflanze ist wirklich eine K. **b)** ⟨gew. nur Mehrz.⟩: *ausgefallene Sehenswürdigkeit, Rarität:* die Kuriositäten einer Stadt besichtigen, aufsuchen, zeigen; sich die Kuriositäten einer Sammlung ansehen.

Kuriosum, das; des Kuriosums, die Kuriosa (bildungsspr.): *Merkwürdigkeit; Besonderheit; sonderbare, eigenartige Situation oder Sache:* ein wissenschaftliches, literarisches K.; dieser Roman, Film, Fall, diese Situation, Angelegenheit ist ein K.; es ist schon ein außerordentliches K., daß wir alle unabhängig voneinander den gleichen Gedanken hatten; hier ergibt sich das K., daß ...

kursieren, kursierte, hat/ist kursiert ⟨intr., etwas kursiert⟩: *umlaufen, im Umlauf sein, die Runde machen:* Geld, Banknoten k.; in der Bundesrepublik k. seit einiger Zeit falsche Zehnmarkscheine; in der Stadt k. Gerüchte vom Rücktritt des Oberbürgermeisters; über ihn k. verschiedene Anekdoten.

Kursus, der; des Kursus, die Kurse: *Lehrgang:* ein K. für Anfänger, Fortgeschrittene; an einem K. [über erste Hilfe] teilnehmen; sich zu einem, für einen K. anmelden; er will einen K. in Französisch mitmachen.

Kusine vgl. Cousine.

L

labil ⟨Adj.; attr. und als Artangabe⟩ (bildungsspr.): **a)** *unbeständig, schwankend, beeinflußbar, unstet, wechselhaft:* ein labiler Mensch; er hat einen labilen Charakter; er ist sehr l. in seinen Ansichten; sein Charakter kommt mir sehr l. vor. **b)** /auf den Zustand des Organismus bezogen/ *anfällig, nicht widerstandsfähig, angegriffen, schwächlich:* er hat einen labilen Gesundheitszustand; er macht leider noch einen recht labilen Eindruck; sein Kreislauf ist sehr l.; sie sieht sehr l. aus.

Labor, das; des Labors, die Labors (auch: die Labore): /übliches Kurzwort für/ → *Laboratorium:* er arbeitet im l

Laborant, der; des Laboranten, die Laboranten: /Berufsbez./ *technische Hilfskraft in Labors und Apotheken:* er beschäftigt mehrere Laboranten in seinem Betrieb.

Laboratorium, das; des Laboratoriums, die Laboratorien [...i^en]: *Arbeits- und Forschungsstätte, in der biologische, physikalische, chemische oder technische Versuche durchgeführt werden:* ein chemisches, technisches, modern eingerichtetes L.; ein L. einrichten; der Impfstoff wurde in den Laboratorien der X-Werke entwickelt.

laborieren, laborierte, hat laboriert ⟨intr., an etwas l.⟩ (bildungsspr.): *sich mit einem Leiden herumplagen:*

an einer Grippe, Lungenentzündung, an einem Muskelriß, Hexenschuß l.

Labyrinth, das; des Labyrinth[e]s, die Labyrinthe (bildungsspr.): *etwas, worin man sich nicht zurechtfindet, Irrgarten; Unentwirrbares:* sie kam sich verloren vor in dem geheimnisvollen L. des Schlosses; sie fand keinen Ausweg aus dem L. ihrer Gefühle.

lackieren, lackierte, hat lackiert ⟨tr.⟩: **1)** ⟨etwas l.⟩: *etwas mit einem Lacküberzug versehen, etwas mit Lack spritzen:* Metall, ein Auto, eine Tür, Möbelstücke l.; sich die Fingernägel, die Fußnägel [rot] l.; etwas ist frisch, neu lackiert. **2)** ⟨jmdn. l.⟩ (ugs.): *jmdn. anführen, übers Ohr hauen:* der hat uns schwer, mächtig lackiert mit seiner „preiswerten Spätlese" für nur 6 DM; wenn das nicht klappt, bin ich lackiert, der Lackierte *(= bin ich der Dumme).* **3)** /nur in der festen Wendung/ **jmdm. die Fresse, die Schnauze l.* (derb): *jmdm. das Gesicht mit den Fäusten blutig schlagen:* wenn du ein Wort sagst, werde ich dir die Fresse l.

lackiert ⟨Adj.; gew. attr., selten auch als Artangabe; ohne Vergleichsformen⟩ (ugs.): *geschniegelt; eingebildet:* so ein lackierter Angeber, Stenz, Heini, Affe!; der ist ganz schön l.; nun schau dir diesen Pinsel an, wie l. der daherkommt!

lädiert ⟨Adj.; gew. nur attr. und präd.; gew. ohne Vergleichsformen⟩ (bildungsspr.): *beschädigt, verletzt; angeschlagen, groggy:* ich habe einen lädierten Finger, Fuß; der neue Wagen ist stark, schwer, leicht l.; ich bin heute ziemlich l.

Lakai, der; des Lakaien, die Lakaien: **1)** (hist.) *herrschaftlicher, fürstlicher Diener [in Livree].* **2)** *jmd., der einen anderen unterwürfig bedient, Kriecher:* ich bin doch nicht dein L.!; ich will doch nicht lauter Lakaien um mich haben!

lakonisch ⟨Adj.; attr. und als Artangabe, aber gew. nicht präd.⟩ (bildungsspr.): *kurz und treffend:* eine lakonische Antwort, Erwiderung; l. antworten; „abgelehnt!" sagte er l.

lamentieren, lamentierte, hat lamentiert ⟨intr.⟩: **1)** (ugs.) *sich jammernd und klagend über etwas auslassen, herumjammern, herumstöhnen:* sie lamentiert den ganzen Tag, ständig, immerzu über die steigenden Preise; hör doch auf, den ganzen Tag zu l.! **2)** (landsch.) *jammernd um etwas betteln:* der Bursche lamentiert dauernd, seit zwei Stunden um ein Eis.

Lamento, das; des Lamentos, die Lamentos (ugs.): *Gejammer, Gezeter:* ein großes L. um etwas machen, veranstalten; hör auf mit deinem ständigen, ewigen L.!

lancieren [langßir^{e}n], lancierte, hat lanciert ⟨tr.⟩ (bildungsspr.): **1)** ⟨etwas l.⟩: *etwas (bes. eine Information u. dgl.) im richtigen Augenblick und an der richtigen Stelle bekannt werden lassen, um dadurch eine bestimmte Wirkung zu erzielen:* eine Nachricht in eine große Tageszeitung l.; ein Gerücht geschickt l. **2)** ⟨jmdn. l.⟩: *jmdm. durch geschickte Manipulationen eine bestimmte Position verschaffen:* mit Hilfe ihrer Beziehungen konnte sie ihren Neffen in den Aufsichtsrat der Firma l.

lapidar ⟨Adj.; attr. und als Artangabe⟩ (bildungsspr.): *kurz und bündig, knapp, aber markig:* eine lapidare Feststellung, Aussage, Erklärung; etwas in lapidarer Kürze sagen; diese Formulierung ist wirklich l.; etwas l. ausdrücken, formulieren; ..., antwortete er l.

Lapsus, der; des Lapsus, die Lapsus ⟨Mehrz. selten⟩ (bildungsspr.): *Fehler, Versehen, Schnitzer, Faux pas:* ein harmloser, kleiner, großer, peinlicher, entsetzlicher L.; einen L. begehen; ausgerechnet da passierte ihm der [unangenehme] L. mit der falschen Anrede, mit dem Trinkspruch.

lasziv [...if] ⟨Adj.; attr. und als Artangabe⟩ (bildungsspr.): *schlüpfrig, zweideutig; unanständig, sinnlich-aufreizend, geil:* eine laszive Bemerkung; laszive Bilder; diese Frage ist äußerst l.; l. aussehen, blicken; sich l. bewegen.

latent ⟨Adj.; meist attr., selten auch als Artangabe, aber gew. nicht präd.; ohne Vergleichsformen⟩ (bildungsspr.): *verborgen, versteckt, im Verborgenen [vorhanden], unerkannt, unentdeckt; schleichend:* latente Kräfte, Möglichkeiten; eine latente Gefahr; latente *(= schlummernde)* Energien freimachen; eine latente *(= ohne typische Symptome verlaufende)* Erkrankung, Entzündung; eine latente Phase eines Krankheitsprozesses; diese Bedrohung ist stets l. vorhanden gewesen; die Geschwulst hat sich l. entwickelt.

Latrine, die; der Latrine, die Latrinen (früher Soldatenspr., heute noch scherzh.): *primitive Toilette:* die Soldaten mußten die Latrine reinigen, schrubben; auf unserem Campingplatz hatten wir eine fürchterliche L.; auf die L. gehen.

Latrinenparole, die; der Latrinenparole, die Latrinenparolen (bildungsspr.): *Gerücht:* [politische] Latrinenparolen verbreiten; das ist doch nur eine L.!

lavieren [*law*...], lavierte, hat laviert ⟨intr.⟩ (bildungsspr.): *vorsichtig und genau abwägend verfahren, behutsam vorgehen:* die FDP lavierte geschickt zwischen den beiden großen Parteien.

Lawine, die; der Lawine, die Lawinen: **1)** *an Hängen niedergehende Schnee- und Eismassen* (selten auch auf Stein- oder Staubmassen bezogen): eine große, breite, mächtige L.; eine L. geht nieder, geht in die Tiefe, löst sich vom Hang, geht zu Tal, donnert zu Tal, reißt alles mit sich, begräbt Menschen unter sich; eine L. abschießen *(= künstlich vom Hang lösen);* unter einer L. begraben werden. **2)** /übertr./: **a)** *Kette sich überstürzender Ereignisse, von denen meist eines das andere auslöst:* er brachte durch seine Indiskretion eine ganze, gefährliche L. von Untersuchungen, Nachforschungen, Verdächtigungen ins Rollen; eine L. von Verhaftungen auslösen; eine L. von Lohn- und Preiserhöhungen kommt, rollt auf uns zu. **b)** *große, endlose Menge:* sie hat eine L. von Zuschriften, Anfragen bekommen.

Lazarett, das; des Lazarett[e]s, die Lazarette: *Militärkrankenhaus:* ein provisorisches L. einrichten; in ein L. eingeliefert werden; in einem L. liegen; sie brachten ihn schwerverwundet ins L.; er wurde bereits nach drei Wochen aus dem L. entlassen.

legal ⟨Adj.; attr. und als Artangabe; gew. ohne Vergleichsformen⟩ (bildungsspr.): *gesetzlich, gesetzmäßig:* eine legale Tätigkeit, Handlung[sweise]; ein legales Vorgehen, Verbot; etwas auf legalem Wege erwerben, erreichen; seine Methoden sind nicht l.; die Ziele, die diese Partei verfolgt, sind völlig, absolut l.; etwas l. tun; der Vorsitzende wurde ganz l. gewählt; die beiden sind l. [vor einem Standesbeamten] getraut worden; etwas erfolgt l., kommt l. zustande.

Legalität, die; der Legalität ⟨ohne Mehrz.⟩ (bildungsspr.): *Gesetzlichkeit, Gesetzmäßigkeit:* die L. einer Handlung, einer Tätigkeit; etwas geschieht außerhalb der L.

legendär ⟨Adj.; gew. nur attr. und präd.; ohne Vergleichsformen⟩ (bildungsspr.): **a)** ⟨gew. nur attr.⟩: *sagenumwoben, sagenhaft:* das legendäre Volk der Phäaken; die legendäre Insel Thule. **b)** *sagenhaft, mythisch, phantastisch:* eine legendäre Gestalt; sein Ruf als Schachspieler ist schon fast l.; etwas in ein legendäres Licht rücken. **c)** *sagenhaft, unglaublich, unwahrscheinlich, einmalig:* eine legendäre Leistung; ein legendärer 100-m-Lauf; der neue Rekord im Weitsprung ist wirklich l.

Legende, die; der Legende, die Legenden (bildungsspr.): **1)** *[fromme] Sage:* kirchliche, mittelalterliche Legenden: Legenden über das Leben, die Taten von Heiligen sammeln, erzählen; nach der Legende soll...; die L. berichtet, daß... **2)** *sagenhafte, unglaubwürdige Geschichte, bloße Erfindung, Mythos:* man erzählt sich über diese Frau tolle, die unglaublichsten, die wunderlichsten Legen-

leger

den; es gibt mehrere Legenden über den Untergang dieses Schiffes; Legenden über jmdn., etwas verbreiten, aufbringen, erfinden; er hat uns lauter Legenden aufgetischt; das sind doch alles nur [törichte] Legenden; diese Niederlage hat die L. von seiner Unbesiegbarkeit zerstört; diese Geschichte ist eine L.; er ist bereits zu seinen Lebenszeiten zur L. (= *zur legendären Gestalt*) geworden.

leger [*lesehär*] ⟨Adj.; attr. und als Artangabe⟩ (bildungsspr.): **a)** *lässig, leicht, ungezwungen, zwanglos:* ein legerer Ton; eine legere Unterhaltung; eine legere Handbewegung, Geste; ein legerer Anzug; legere Kleidung; sein Auftreten ist sehr l.; sie ist sehr l. gekleidet; sich l. geben; l. auftreten, grüßen. **b)** *nachlässig, oberflächlich, sorglos:* eine legere Untersuchung, eine legere Kontrollen; die Ausbildung, der Unterricht ist sehr l.; etwas l. handhaben, behandeln.

Legierung, die; der Legierung, die Legierungen: *durch Zusammenschmelzen mehrerer Metalle entstehendes Mischmetall:* eine harte, weiche L.; Messing ist eine L. aus Kupfer und Zink; eine L. herstellen, gewinnen, schmelzen.

Legislative [...*iwᵉ*], die; der Legislative, die Legislativen: *die gesetzgebende Gewalt oder die gesetzgebende Versammlung im Staat, die Gesetzgebung:* das Parlament verkörpert die L. im Staat; der Bundesrat ist eine Institution der L.

legitim ⟨Adj.; attr. und als Artangabe⟩ (bildungsspr.): **1)** *rechtmäßig, gesetzlich anerkannt, im Rahmen bestehender Vorschriften [erfolgend]:* ein legitimes Vorgehen; ein legitimer Anspruch; eine legitime Ehe; eine legitime Methode der Verteidigung; seine Forderungen sind durchaus l.; l. handeln, vorgehen. **2)** *ehelich:* ein legitimes Kind; das Kind wurde l. geboren. **3)** /Modewort/ *allgemein anerkannt; vertretbar; verständlich, vernünftig; korrekt, richtig:* das legitime Verlangen der Jugend nach sexueller Aufklärung; das legitime Bedürfnis des Kindes nach Liebe und Geborgenheit; sich ein legitimes Bild von etwas machen; die wissenschaftliche Beschäftigung mit dem Schachspiel ist durchaus l.; ich halte es für l., die Kinder bereits im Vorschulalter lesen zu lehren.

Legitimation, die; der Legitimation, die Legitimationen ⟨Mehrz. selten⟩ (bildungsspr.): *Berechtigung; Berechtigungsausweis, Berechtigungsnachweis:* die [volle] L. für, zu etwas haben, besitzen, bekommen; er hat keinerlei L., bindende Abmachungen zu treffen; seine L. vorweisen, vorzeigen; etwas mit [ausdrücklicher] L. von jmdm. tun; er handelt ohne L. seines Vorgesetzten.

legitimieren, legitimierte, hat legitimiert ⟨tr. u. refl.⟩ (bildungsspr.): **1)** ⟨jmdn. l.⟩: **a)** *einer Person, einer Gruppe oder einer Institution den Auftrag oder die Vollmacht erteilen, etwas zu tun:* wer hat diesen Mann zu Verhandlungen legitimiert?; sind Sie überhaupt legitimiert, zu unterzeichnen?; nur eine gesamtdeutsche Regierung dürfte legitimiert sein, über solche Fragen zu verhandeln. **b)** ⟨etwas legitimiert jmdn.⟩: *etwas berechtigt jmdn., etwas zu tun; etwas weist jmdn. als Berechtigten aus:* seine Position legitimiert ihn, an allen Sitzungen teilzunehmen; der Presseausweis legitimiert ihn zum ungehinderten Zutritt, als Journalisten. **2)** ⟨sich l.⟩: *sich ausweisen:* er konnte sich durch seinen Reisepaß l.

Lektion, die; der Lektion, die Lektionen: **1)** /Schulw./: **a)** (veraltend) *Unterrichtsstunde:* die wievielte L. hattet ihr jetzt in Französisch? **b)** *Pensum einer Unterrichtsstunde; kurzer Abschnitt eines Lehrbuchs:* wir wiederholen heute die beiden ersten Lektionen; wir nehmen heute die dritte, vierte, zehnte L. durch; hast du deine L. auch gelernt?; kannst du deine L.?; der Stoff ist in 20 leichtverständliche Lektionen eingeteilt. **2)** (bildungsspr.): *Zurechtweisung; einprägsame Lehre:* jmdn. eine L. geben, erteilen; er hat von mir eine gründliche L. in Benehmen bekommen; der Bursche braucht wieder einmal eine gehörige L.; diese Niederlage dürfte eine gute, bittere, heilsame L. für die Mannschaft sein; hoffentlich hat er diese L. begriffen.

Lektüre, die; der Lektüre, die Lektüren ⟨Mehrz. ungebr.⟩ (bildungsspr.): **1)** *Lesestoff:* gute, wertvolle, schlechte, erbauliche, langweilige L.; hast du genügend L. für den Urlaub mitgenommen? **2)** ⟨nur Einz.⟩: *das Lesen:* dieses Buch sei einer eingehenden L. empfohlen!; bei der L. eines Buches.

lesbisch ⟨Adj.; attr. und als Artangabe⟩: /Med./: **a)** /in der Fügung/ ***lesbische Liebe**: *gleichgeschlechtliche Liebe zwischen Personen weiblichen Geschlechts.* **b)** *die lesbische Liebe betreffend, ihr verfallen; nach den Praktiken der lesbischen Liebe erfolgend:* eine lesbische Beziehung, ein lesbisches Verhältnis zwischen zwei Mädchen; diese Frau ist l. [veranlagt]; die beiden Frauen lieben sich l.

Lethargie, die; der Lethargie ⟨ohne Mehrz.⟩ (bildungsspr.): *körperlich-seelischer Zustand eines Menschen, der durch eine allgemeine Antriebs- und Lustlosigkeit in Verbindung mit völliger Trägheit und Teilnahmslosigkeit charakterisiert ist:* in eine gefährliche L. fallen; aus seiner L. erwachen; jmdn. aus seiner L. reißen, aufrütteln.

lethargisch ⟨Adj.; attr. und als Artangabe; gew. ohne Vergleichsformen⟩ (bildungsspr.): *antriebs- und lustlos, träg und teilnahmslos:* in einer lethargischen Stimmung, Phase sein; ich habe zu nichts Lust, ich bin völlig l.; l. aussehen, wirken, blicken, im Bett liegen.

Lexikon, das; des Lexikons, die Lexika oder Lexiken: *alphabetisch geordnetes allgemeines Nachschlagewerk;* (älter auch:) *Wörterbuch:* ein kleines, einbändiges, großes, mehrbändiges, umfassendes L.; ein L. der Physik, der Medizin, für den Landwirt, für den Biologen; ein L. herausgeben, herausbringen, machen, schreiben, bearbeiten, neu auflegen, auf den neuesten Stand bringen; ein L. befragen, zu Rate ziehen; etwas in einem L. nachschlagen, suchen, finden; ein L. gibt Auskunft über etwas, enthält etwas.

Liaison [*liäsong*], die; der Liaison, die Liaisons ⟨Mehrz. ungew.⟩ (bildungsspr.): *Verbindung, enge Bindung, bes.: Liebesverhältnis:* eine feste, echte, langjährige L.; zwischen deiner Tochter und diesem jungen Mann besteht offensichtlich eine [ernste] L., scheint sich eine L. anzubahnen; die L. zwischen der BRD und Frankreich, zwischen den USA und Vietnam, zwischen mehreren wirtschaftlichen Unternehmen.

liberal ⟨Adj.; attr. und als Artangabe⟩: *freiheitlich [gesinnt]; vorurteilslos; für die Rechte des Individuums eintretend:* eine liberale Gesinnung, Politik, Regierung, Partei; liberale Grundsätze, Kräfte; ein liberaler Politiker, Staatsmann; das Programm der Partei ist l.; l. denken, handeln, regieren.

Libero, der; des Liberos, die Liberos: /Fußball/ *nicht mit Spezialaufgaben betrauter freier Verteidiger in der Abwehrkette (sog. Doppelstopper, Ausputzer):* Schnellinger soll L. spielen, den L. machen; die Mannschaft spielt mit, ohne L.

Lift, der; des Lift[e]s, die Lifte und Lifts: *Fahrstuhl, Aufzug:* den L. holen, benutzen; in den L. einsteigen; mit dem L. in den fünften Stock hinauffahren; aus dem L. aussteigen; der L. ist steckengeblieben.

liieren, gew. nur in der Wendung: ***mit jmdm. liiert sein** (bildungsspr.): *mit jmdm. intim befreundet sein, ein Verhältnis mit jmdm. haben:* Karl ist schon seit langem mit diesem Mädchen liiert; die beiden sind eng miteinander liiert.

Limit, das; des Limits, die Limits (bildungsspr.): *äußerste (oberste oder unterste) Grenze hinsichtlich Preis, Anzahl, Menge, Umfang u. a.:* das oberste, unterste, gesetzliche L.; das L. des Butterpreises; das L. des Gewichts in der Leichtgewichtsklasse liegt bei x kg; ein L. vereinbaren, fest-

Limousine

setzen; ein L. überschreiten, unterschreiten; über ein festgesetztes L. hinausgehen.

Limousine [*limu...*], die; der Limousine, die Limousinen: *geschlossener Personenkraftwagen:* eine schwere, schnelle, schnittige, sportliche, fünfsitzige, weiße, silbergraue L.; eine L. mit Schiebedach; eine L. fahren.

Lineal, das; des Lineals, die Lineale: *aus festem Material hergestelltes, mit einer Zentimeterskala versehenes, länglich-schmales, rechteckiges Zeichengerät, das bes. zum Ziehen gerader Linien dient:* mit einem L. Striche ziehen; etwas mit dem L. zeichnen; ein L. anlegen, um eine Linie zu ziehen.

linieren und **liniieren**, lin[i]ierte, hat lin[i]iert ⟨tr., etwas l.; meist im zweiten Partizip⟩: *etwas mit Linien versehen:* ein Heft, ein Blatt, eine Tafel l.; das Heft ist rot, schwarz liniiert; ich schreibe lieber auf liniiertem Papier.

Liquidation, die; der Liquidation, die Liquidationen (bildungsspr.): **1)** *Kostenrechnung freier Berufe:* der Anwalt, Arzt schickte mir eine L. für seine Beratung in Höhe von 250 DM. **2)** dafür meist: Liquidierung, die; der Liquidierung, die Liquidierungen: **a)** (verhüllend) *widerrechtliche Tötung, Beseitigung eines Menschen:* die L. politischer Gegner. **b)** (selten) *Beseitigung, Auslöschung* (sachbezogen): er veranlaßte die L. sämtlicher belastender Unterlagen.

liquidieren, liquidierte, hat liquidiert ⟨tr.⟩: **1)** ⟨etwas l.⟩ (bildungsspr.): *eine Forderung in Rechnung stellen* (nur auf Vertreter freier Berufe bezogen): ich erlaube mir, für ärztliche Beratung und Untersuchung 120 DM zu l.; ein Anwalt liquidiert sein Honorar nach dem Streitwert eines Falles. **2 a)** ⟨jmdn. l.⟩ (verhüllend): *jmdn. (bes. aus politischen Gründen und mit Duldung oder im Auftrag der Regierung eines Landes) umbringen bzw. umbringen lassen:* die Nazis haben Tausende von Unschuldigen heimlich liquidiert; er ließ seinen Konkurrenten durch einen gedungenen Killer kaltlächelnd

l. **b)** ⟨etwas l.⟩: *etwas beseitigen, auflösen, auslöschen:* er hat alles belastende Material vor seiner Festnahme rechtzeitig liquidiert; wir können die zwölf Jahre von 1933–1945 nicht einfach aus der Geschichte l.

Liquidierung vgl. Liquidation (2).

Litanei, die; der Litanei, die Litaneien: *eintöniges Gerede; endlose Aufzählung:* eine monotone, endlose L.; eine ganze L. von Forderungen vortragen.

literarisch ⟨Adj.; attr. und als Artangabe; ohne Vergleichsformen⟩: *die Literatur betreffend; schriftstellerisch:* eine literarische Arbeit, Tätigkeit; das literarische Werk eines Schriftstellers; ein literarisches Talent haben; er ist l. begabt; er ist auf literarischem Gebiet tätig; seine Arbeiten sind vorwiegend l.; l. gebildet sein; l. arbeiten.

Literat, der; des Literaten, die Literaten (bildungsspr.): *Schriftsteller;* (abwertend:) *unschöpferischer, aber produktiver und federgewandter Schreiberling:* ein junger, hoffnungsvoller, cleverer L.; er gehört zu jenen geschäftstüchtigen modernen Literaten, die ihr Geld mit Pornographie verdienen.

Literatur, die; der Literatur, die Literaturen ⟨Mehrz. selten⟩: **a)** *schöngeistiges Schrifttum:* die klassische, moderne, zeitgenössische, russische, dramatische, unterhaltende L.; die schöne L. (= *die Dichtung);* die L. der Antike, der Neuzeit, der Romantik; die Geschichte der L.; dieses Buch gehört zur guten, anspruchslosen L.; dieses Buch wird in die L. eingehen (= *wird einen bleibenden Platz in der L. erringen).* **b)** *Fachschrifttum:* ich kenne die einschlägige, neuere L. über dieses Thema, zu diesem Problemkreis nicht; die medizinische, wissenschaftliche L.; es gibt zu diesem Thema wenig, kaum, eine umfangreiche L.; in diesem Aufsatz ist die wichtigste [inländische, ausländische, amerikanische] L. über dieses Problem zusammengestellt, angegeben, zitiert; er kennt sich in der L. des Schachspiels gut aus; etwas aus der L. kennen, anführen.

Liturgie, die; der Liturgie, die Liturgien: /Rel./ *amtliche oder gewohnheitsrechtliche Form des öffentlichen Gottesdienstes;* (in der ev. Kirche:) *am Altar [im Wechselgesang mit der Gemeinde] gehaltener Teil des Gottesdienstes:* die christlichen Liturgien; die katholische, römische, lutherische L.; die Reform der L.; die L. ändern; eine neue L. einführen.

liturgisch ⟨Adj.; gew. nur attr.; ohne Vergleichsformen⟩: /Rel./ *auf den Gottesdienst bzw. die Liturgie bezüglich:* liturgische Bücher, Formeln, Geräte, Gewänder.

live [*laif*] ⟨Adj.; nicht attr., nur als Artangabe; ohne Vergleichsformen⟩ (bildungsspr.): *original, unmittelbar vom Ort der Aufnahme aus* (auf Fernseh- oder Rundfunkübertragungen bezogen): die Übertragung des Fußballspiels ist, erfolgt l. im deutschen Fernsehen; der Rundfunk sendet, überträgt die Show l.

Livree [*liwre*], die; der Livree, die Livreen: *uniformartige Kleidung von Bediensteten:* ein Portier, Liftboy, Chauffeur in L.; sein Diener trägt eine graue, rote, goldbestickte L.

livriert [*liw...*] ⟨Adj.; nur attr. und präd.; ohne Vergleichsformen⟩ (bildungsspr.): *in Livree [gehend], eine Livree tragend:* ein livrierter Portier, Liftboy, Chauffeur; der Diener ist l.

Lizenz, die; der Lizenz, die Lizenzen: *[behördliche] Erlaubnis, meist von einer Behörde erteilte Genehmigung zur Ausübung einer bestimmten [gewerblichen] Tätigkeit; Ermächtigung zur Ausübung einer bestimmten [gewerblichen] Tätigkeit; Ermächtigung zur Herausgabe eines Druckwerkes, das in einem anderen Verlag erschienen ist:* eine staatliche, internationale L.; eine L. als Rennfahrer, Fußballspieler, Sportlehrer, Trainer, Detektiv haben, besitzen, erwerben, bekommen, er-, halten; die L. zur Eröffnung einer Bar beantragen; jmdm. die L. für etwas ausstellen, erteilen, verweigern, entziehen; seine L. zurückgeben, verlieren; der Verlag hat die L. zur Herausgabe dieses Buchs erworben; etwas ohne L. tun; eine L. läuft ab, wird ungültig.

Lobby [*lobi*], die (auch: der); der bzw. des Lobby, die Lobbys oder Lobbies (bildungsspr.): *Gesamtheit der Personen, die mit mehr oder weniger legalen Mitteln die Gunst der Abgeordneten für ihre eigenen (meist wirtschaftlichen) Interessen oder für die Interessen ihrer Auftraggeber zu gewinnen suchen:* die Bonner L.

Loge [*lọseh*ᵉ], die; der Loge, die Logen (bildungsspr.): **1)** *kleiner abgeteilter Zuschauerraum mit mehreren Sitzplätzen im Theater:* die königliche, fürstliche L.; eine L. mieten; in der L. sitzen. **2)** *geheime Gesellschaft; Vereinigung von Freimaurern und ihr Versammlungsort:* eine L. gründen; einer L. beitreten, angehören; die L. der Freimaurer versammelt sich.

Loggia [*lọdseha* oder *lọdsehja*], die; der Loggia, die Loggias oder Loggien [*...[j]ᵉn*]: /Bauw./ *nach außen offener, überdeckter, jedoch nicht oder kaum vorspringender Raum im Obergeschoß eines Hauses:* wir haben im Urlaub ein Doppelzimmer mit großer L. zum Meer hin.

logieren [*loseh...*], logierte, hat logiert ⟨intr.⟩ (veraltend): *[als Gast vorübergehend] wohnen:* in einem Hotel l.; wir l. zusammen in einer kleinen Mansarde; ich habe für einige Tage bei einem alten Freund in München logiert.

Logik, die; der Logik ⟨ohne Mehrz.⟩: **1)** /Phil./ *die Lehre vom folgerichtigen Denken, vom richtigen Schließen aufgrund gegebener Aussagen:* die Gesetze der L.; die formale L. **2)** (bildungsspr.) *folgerichtiges Denken; Folgerichtigkeit:* die innere L. eines Geschehens; mit strenger, messerscharfer, zwingender L. vorgehen; ihr Verhalten zeugt von typisch weiblicher L.; das verstößt gegen alle, jede L.

Logis [*losehi*],das; desLogis [*losehi[ß]*], die Logis [*losehiß*] (veraltend): *Unterkunft, Bleibe; Wohnung:* ich habe noch kein L.; er zahlt für Kost und L. monatlich 300 DM; er ist bei einem Bauern in L.

logisch

logisch ⟨Adj.; attr. und als Artangabe⟩: **1)** ⟨ohne Vergleichsformen⟩: /Phil./ *die →Logik (1) betreffend, den Gesetzen der → Logik (1) entsprechend:* logische Aussagen, Kategorien; ein logischer Schluß; diese Aussage ist streng l., ist l. anfechtbar; ein Urteil l. entwickeln, aufbauen. **2)** ⟨gew. ohne Vergleichsformen⟩: *denkrichtig, folgerichtig, schlüssig:* eine logische Begründung; logische Zusammenhänge; der Plan ist, erscheint durchaus l.; l. vorgehen; etwas l. entwickeln, begründen. **3)** ⟨selten attr., meist nur präd.⟩ (ugs.): *selbstverständlich, natürlich, klar:* das ist doch die logischste Sache der Welt; es ist doch l., daß ich mitkommen werde.

lokal ⟨Adj.; attr. und als Artangabe, aber selten präd.; ohne Vergleichsformen⟩ (bildungsspr.): *örtlich; örtlich begrenzt, einen engeren Bereich betreffend:* die lokalen Verhältnisse eines Landes; ein lokaler Konflikt, Krieg; lokale Interessen; der lokale Teil einer Tageszeitung; die lokalen Nachrichten im Rundfunk hören; die asiatische Grippe ist bisher nur l. aufgetreten; diese Tierart kommt nur l. in Südamerika vor.

Lokal, das; des Lokal[e]s, die Lokale: *Gastwirtschaft, Restaurant:* ein gemütliches, sauberes, gepflegtes, finsteres, obskures, verräuchertes, ungepflegtes, teures, billiges L.; ein L. aufsuchen; in ein L. gehen; im L. essen.

lokalisieren, lokalisierte, hat lokalisiert ⟨tr., etwas l.⟩ (bildungsspr.): /bes. auf medizinische Sachverhalte bezogen/ *etwas räumlich zuordnen, d. h. den Sitz, die Lage oder den Ausgangspunkt von etwas ermitteln:* einen Krankheitsherd im Körper, eine Geschwulst l.; die Schmerzen lassen sich noch nicht genau l.; ein Geräusch deutlich, näher, genauer l.

Lokaltermin, der; des Lokaltermins, die Lokaltermine: /Rechtsw./ *bes. im Strafprozeß vorkommende Gerichtssitzung, die zu Beweiszwecken außerhalb des Gerichtssaals am Geschehensort abgehalten wird:* einen L. abhalten, durchführen, ansetzen.

Lokomotive [...tiw^e, auch: ...tif^e], die; der Lokomotive, die Lokomotiven: *schienengebundenes Triebfahrzeug, das Eisenbahnzüge zieht oder schiebt:* eine schwere, leichte, große, elektrische L.; eine mit Dampf, Strom, Dieselöl betriebene L.; die L. steht unter Dampf, pfeift, gibt Signal, zieht, schiebt einen Eisenbahnzug, läßt Dampf ab, faßt Wasser oder Kohlen; eine L. führen, fahren, ankuppeln, abkuppeln. – /bildl./: er soll als L. seiner Partei im Wahlkampf fungieren.

Lokus, der; des Lokus oder Lokusses, die Lokusse (ugs.): *Abort, Toilette:* auf den L. gehen, müssen; auf dem L. sitzen.

Lotterie, die; der Lotterie, die Lotterien: **1)** *staatlich anerkanntes Zahlenglücksspiel, bei dem Lose gekauft oder gezogen werden:* eine L. [für einen bestimmten Zweck] veranstalten, durchführen; bei einer L. mitspielen; in der L. gewinnen. **2)** /übertr./ (bildungsspr.) *Vabanquespiel, riskantes Handeln mit Einkalkulieren und Inkaufnehmen aller Eventualitäten:* L. [mit etwas] spielen.

Lotto, das; des Lottos, die Lottos ⟨Mehrz. ungew.⟩: *staatlich anerkanntes Glücksspiel, bei dem 6 Zahlen vorauszusagen sind, die bei der jeweiligen Ziehung als Gewinnzahlen ausgelost werden:* L. spielen; im L. spielen, tippen, gewinnen, verlieren (= *nichts gewinnen*).

loyal [*loajal*] ⟨Adj.,; attr. und als Artangabe⟩ (bildungsspr.): *das Ansehen und die Interessen einer Institution (bes. einer Verfassung oder Regierung) oder einer Person bzw. Personengruppe (z. B. eines Vorgesetzten, einer Partei), der man durch Gesetz oder freie Übereinkunft verpflichtet ist, mit aller Gebühr (auch gegen die eigene Überzeugung) in Ergebenheit hochachtend:* eine loyale Haltung, Gesinnung; eine loyale Zusammenarbeit zwischen den einzelnen Parteimitgliedern; eine loyale Opposition betreiben; er war stets l. gegenüber der Regierung; er hat sich l. an die Verfassung, an die Gesetze gehalten; er ist seinem Chef l.

ergeben; einen Auftrag l. ausführen; er hat seiner Partei immer l. gedient.

Loyalität [*loaj...*] die; der Loyalität ⟨ohne Mehrz.⟩ (bildungsspr.): *loyales Verhalten, Gesinnungstreue:* er hat durch dieses Verhalten seine große, tiefe, unerschütterliche L. gegenüber der Regierung, der Partei bewiesen; die Beamten verpflichten sich zur absoluten L. gegenüber ihrem Dienstherrn; an jmds. L. glauben; sich auf jmds. L. verlassen.

lukrativ [...*tif*] ⟨Adj.; attr. und als Artangabe⟩: *gewinnbringend, einträglich:* ein lukratives Geschäft, Unternehmen; einen lukrativen Job haben; diese Tätigkeit ist sehr l. für ihn; ich halte diese Arbeit für wenig l.

lukullisch ⟨Adj.; attr. und als Artangabe⟩ (bildungsspr.): /nur auf Speisen bezogen/ *üppig, schlemmerisch:* ein lukullisches Mahl, Gericht, Menü, Essen; diese Mahlzeit war wirklich l.; wir haben l. gespeist.

luxuriös ⟨Adj.; attr. und als Artangabe⟩: *allen erdenklichen Komfort aufweisend; kostbar, prunkvoll; üppig, verschwenderisch:* eine luxuriöse Villa, Wohnungseinrichtung; ein luxuriöses Schlafzimmer; ein luxuriöses Leben führen; der Wagen ist sehr l.; l. leben, wohnen; die Wohnung ist l. eingerichtet, ausgestattet.

Luxus, der; des Luxus ⟨ohne Mehrz.⟩: *Ausstattungs-, Material- oder Leistungsaufwand, der den Rahmen dessen, was zu einer normalen Lebenshaltung oder zur Erledigung einer bestimmten Aufgabe notwendig ist, einigermaßen oder in erheblichem Umfang übersteigt; Prunk; Verschwendung; reines Vergnügen:* großer, unmäßiger, maßloser, übertriebener, sinnloser, kleiner, bescheidener L.; [verschwenderischen] L. entfalten; sich den L. eines Sportwagens leisten; sich jeden erdenklichen L. gönnen; er erlaubt sich den L., eine Geliebte zu haben; sie treibt einen großen, ungeheuren L. mit ihren Kleidern (= *sie leistet sich viele teure Kleider*); dieser Wagen ist für mich reiner, der reinste L.; es ist durchaus kein L., daß ...; von L. umgeben sein; im L. leben.

Lymphe [*lümfe*], die; der Lymphe, die Lymphen ⟨Mehrz. selten⟩: /Med./ *dem Blutplasma entstammende, durch Austritt aus den Blutkapillaren entstehende, farblose bis hellgelbe Gewebsflüssigkeit, die in einem eigenen Gefäßsystem zirkuliert:* die L. fließt, zirkuliert, sammelt sich in den Lymphgefäßen, tritt aus den Lymphgefäßen.

lynchen [*lü...*], lynchte, hat gelyncht ⟨tr., jmdn. l.⟩ (bildungsspr.): *jmdn. in einem Akt verbotener Selbstjustiz für eine Tat zur Rechenschaft ziehen, indem man ihn zu Tode prügelt oder in anderer Weise tötet:* die aufgebrachte Menge drohte den Kindesentführer zu l.

Lynchjustiz, die; der Lynchjustiz ⟨ohne Mehrz.⟩ (bildungsspr.): *ungesetzliche Volksjustiz:* L. üben.

M

Magazin, das; des Magazins, die Magazine: **1 a)** *Vorratshaus, Lagerraum (für Waren verschiedener Art):* die Magazine der Firma sind noch voll, fast leer; ein M. einräumen, räumen; die Ersatzteile sind im M. nicht vorhanden. **b)** *für die Allgemeinheit nicht zugänglicher Raum einer Bibliothek, in dem Bücher aufbewahrt werden:* diese Bücher müssen aus dem M. geholt werden. **2)** *Patronenkammer in [automatischen] Gewehren und Pistolen:* ein volles, gefülltes, leeres, leergeschossenes M.; ein [neues] M. einlegen; das M. wechseln. **3)** *periodisch erscheinende, reich bebilderte, unterhaltende Zeitschrift:* ein literarisches, pornographisches M.; das M. er-

Magie

scheint im Verlag X; ein M. herausgeben; in einem M. blättern, lesen.

Magie, die; der Magie ⟨ohne Mehrz.⟩ (bildungsspr.): **1)** *Zauberkunst; Geheimkunst, die sich übersinnliche Kräfte dienstbar zu machen sucht:* *schwarze M. *(= Beschwörung böser Geister zur Abwehr von Feinden);* *weiße M. *(= Beschwörung segenspendender guter Geister).* **2)** /übertr./ *Zauberkraft, Zauber:* die M. des Wortes, einer Stimme.

Magier [...i^er], der; des Magiers, die Magier (bildungsspr.): **a)** *Zauberer, Zauberkünstler:* einige hundert M. aus aller Welt waren auf dem Kongreß der Zauberkünstler vertreten. **b)** /übertr./ *Zauberer:* Tal gilt als der M. des Schachspiels.

magisch ⟨Adj.; attr. und als Artangabe, aber nicht präd.; ohne Vergleichsformen⟩ (bildungsspr.): *zauberhaft, geheimnisvoll, auf unerklärliche, geheimnisvolle Weise [erfolgend]:* magische Kräfte haben; etwas hat für jmdn. eine magische Anziehungskraft; eine magische Ausstrahlung; das Böse scheint ihn m. anzuziehen. – ***magisches Auge:** *Röhre in Rundfunk- oder Tonbandgeräten, die auf einem kleinen Leuchtschirm die Feinabstimmung optisch anzeigt;* ***magisches Quadrat:** *quadratisches Zahlenschema, bei dem die Summe der in einer Zeile, der in einer Spalte und der in einer Diagonale angeordneten Zahlen stets die gleiche ist.*

Magistrat, der; des Magistrat[e]s, die Magistrate: *Stadtverwaltung (als exekutives Verwaltungsorgan):* der M. der Stadt Köln; die Mitglieder des Magistrats; dem M. angehören.

Magnet, der; des Magnet[e]s und des Magneten, die Magnete[n]: *Eisen- oder Stahlstück, das die Eigenschaft hat, Material aus Eisen anzuziehen:* ein starker, hufeisenförmiger M.; die Pole eines Magneten; der M. zieht Eisenfeilspäne an. – /bildl. und in Vergleichen/: diese Frau zieht mich an wie ein M.; Bayern München ist der M., der die Massen anzieht, ins Stadion lockt.

magnetisch ⟨Ad.; attr. und als Artangabe; ohne Vergleichsformen⟩: **1a)** ⟨gew. nicht präd.⟩: *den Magneten und seine Anziehungskraft betreffend; durch einen Magneten [bewirkt], mit Hilfe eines Magneten [erfolgend]:* ein magnetisches Feld; das Fernsehbild wird m. gespeichert. **b)** *die Eigenschaften eines Magneten aufweisend, Eisen anziehend:* ein magnetisches Stück Eisen; diese Nadel ist m.; einen Nagel m. machen. **2)** ⟨gew. nicht attr. und nicht präd.⟩: /übertr./ *in geheimnisvoller, rätselhafter Weise:* er fühlt sich von ihr m. angezogen.

Majestät, die; der Majestät, die Majestäten: **1a)** ⟨nur Einz.⟩: *Hoheit, Herrlichkeit* (Titel und Anrede von Kaisern und Königen): Ihre M., die Königin von England; Seine M., der König von Belgien; Euer, Eure M. haben befohlen, ... **b)** *die Person des Kaisers (bzw. der Kaiserin) oder des Königs (bzw. der Königin):* bei den Trauerfeierlichkeiten waren fast alle europäischen Majestäten zugegen. **2)** ⟨nur Einz.⟩ (geh.): *Herrlichkeit, Erhabenheit, Größe:* die ganze, erhabene M. eines großen Menschen erkennen; die göttliche M.; sie erschauerten vor der M. des Todes; die M. einer Stunde, eines Augenblicks, einer Landschaft, der Bergwelt erleben, spüren.

majestätisch ⟨Adj.; attr. und als Artangabe⟩ (geh.): *erhaben, hoheitsvoll, herrlich:* nichts störte die majestätische Stille des Abends; der Löwe bot einen majestätischen Anblick; das bizarre Blau des Gletschers war wirklich m.; der Strom fließt m. dahin.

Major, der; des Majors, die Majore: *Dienstgrad eines Offiziers (beim Militär, bei halbmilitär. Verbänden, bei der Polizei und bei ähnlich organisierten Verbänden), im Rang zwischen Hauptmann und Oberstleutnant:* ein M. der Reserve; er ist M. bei der Bundeswehr, beim Bundesgrenzschutz, bei der Polizei; sie ist M. bei der Heilsarmee; zum M. befördert werden.

Majorität, die; der Majorität, die Majoritäten (bildungsspr.): *[Stimmen]mehrheit, Mehrzahl:* eine große, starke, schwache, geringe M.; die M. der Abgeordneten stimmte gegen den Antrag; er besitzt die M. der Aktien; er wurde mit einer überwältigenden M. gewählt.

makaber ⟨Adj.; attr. und als Artangabe⟩ (bildungsspr.; Modewort): *grausig, schaudererregend; frivol:* eine makabre Szene; ein makabrer Scherz, Witz, Anblick; diese Art von schwarzem Humor ist mir zu m.; die Vorstellung, daß ein Blinder ein Fernsehgerät in der Lotterie gewinnt, ist wirklich m.; etwas sieht m. aus, wirkt m.; etwas m. darstellen.

Make-up [*me¹kap*], das; des Make-ups ⟨ohne Mehrz.⟩: **a)** *Pflege und Verschönerung der Haut (bes. des Gesichts) mit kosmetischen Mitteln:* meine Frau macht gerade ihr morgendliches M. **b)** *kosmetisches Mittel zur Pflege und Verschönerung der Haut, (bes. des Gesichts):* sie verwendet nur flüssiges M.; M. auftragen. **c)** *die Gesamtheit der auf die Haut(bes. des Gesichts) aufgetragenen kosmetischen Mittel, die der Haut bzw. dem Gesicht ein bestimmtes Flair geben:* ihr M. ist sehr diskret; sie trägt kein M. *(= sie schminkt und pudert sich nicht);* sie trägt nur ein leichtes M. *(= sie schminkt und pudert sich nur wenig);* sie prüfte kritisch ihr M. im Spiegel; ihr M. war nicht in Ordnung; sie mußte ihr M. erneuern.

malade [...*lad*ᵗᵉ] ⟨Adj.; nicht attr., meist nur präd.; ohne Vergleichsformen⟩ (ugs. und mdal.): *krank, unpäßlich, unwohl; (von körperlicher Beanspruchung) erschöpft:* ich bin heute wieder völlig m.; sich m. fühlen; m. aussehen, dasitzen.

Malaise [*maläsᵉ*], die; der Malaise, die Malaisen (bildungsspr.): *Unbehagen, Mißstimmung; unbehagliche, mißliche Lage oder Angelegenheit:* die allgemeine M. unter den deutschen Naturwissenschaftlern dauert an; dieses Land befindet sich in [einer wirtschaftlichen, innenpolitischen] M.

Malheur [*malör*], das; des Malheurs, die Malheure und Malheurs (ugs.): *Pech, Unglück, Mißgeschick* (u. a. auch auf eine unbeabsichtigte Schwängerung beim Geschlechtsverkehr bezogen): ein großes, arges, schreckliches, fürchterliches, peinliches M.; das ist ein richtiges M. mit dem Jungen; mit dem Jungen haben wir dauernd M. *(= Pech oder Ärger);* ich hatte leider M. mit meinem neuen Wagen; es wäre ja schließlich auch gerade kein M., wenn du mal auf dein Abendbrot verzichten müßtest; mir ist da ein M. mit dem Finanzamt passiert; den beiden ist wohl ein kleines M. passiert? *(= die kriegen doch sicher ein Kind).*

maliziös ⟨Adj.; attr. und als Artangabe⟩ (bildungsspr.): *boshaft, hämisch:* ein maliziöser Plan; ein maliziöses Lächeln; dieser Vorschlag ist wirklich m.; m. lächeln.

Mammon, der; des Mammons ⟨ohne Mehrz.⟩ (geringschätzig): *Geld:* dem schnöden M. nachjagen; etwas nur um des schnöden Mammons willen tun.

managen [*mänᵉdsehᵉn*], managte, hat gemanagt ⟨tr.⟩: **1)** ⟨etwas m.⟩ (bildungsspr., salopp): *etwas zustande bringen, bewerkstelligen:* eine Sache, Angelegenheit m.; er hat das geschickt gemanagt. **2)** ⟨jmdn. m.⟩: *einen Berufssportler (bes. einen Boxer) oder einen Künstler geschäftlich betreuen:* Cassius Clay wurde von einem Konsortium von Geschäftsleuten gemanagt.

Manager [*mänᵉdsehᵉr*], der; des Managers, die Manager: **1)** /Wirtsch./ *leitender Angestellter eines [Groß]unternehmens, Wirtschaftsboß:* er ist der Typ des modernen Managers; er gehört zu den erfolgreichen Managern in der deutschen Wirtschaft. **2)** *jmd., der einen Berufssportler (bes. einen Boxer) oder einen Künstler beruflich betreut:* der Boxer hat seinem M. gekündigt; er will sich einen neuen M. suchen.

Mandant, der; des Mandanten, die Mandanten (bildungsspr.): *jmd., der*

Mandat

einem Anwalt ein → Mandat (1) erteilt: der Verteidiger hat einen Freispruch für seinen Mandanten erreicht; er hat für seinen Mandanten Revision eingelegt.

Mandat, das; des Mandat[e]s, die Mandate: **1)** /Rechtsw./ *der einem Anwalt von seinem Klienten erteilte Auftrag, dessen Interessen [in einem Rechtsstreit] als Bevollmächtigter zu vertreten:* ein M. übernehmen, niederlegen, ablehnen. **2)** /Pol./ *das Amt eines [gewählten] Abgeordneten und der damit verbundene politische Auftrag [seitens des Wählers]:* er hat ein M. im Bundestag, im Landtag übernommen; die CDU hat einige Mandate (= *Parlamentssitze*) verloren, gewonnen; er fühlt sich an das M. seiner Wähler gebunden.

Manege [ma*n*ẹ*seh*ᵉ], die; der Manege, die Manegen: *Zirkusarena, Zirkusreitbahn:* eine runde, ovale M.; der Artist betritt, verläßt die M.; die Clowns kommen, rennen in die M., gehen, rennen aus der M.

Manie, die; der Manie, die Manien (bildungsspr.): *krankhaft übersteigerte Neigung, Leidenschaft, Besessenheit:* es ist eine ausgesprochene M. von ihm, die Zeitungsredaktionen mit allen möglichen Zuschriften zu belästigen; das Schachspiel ist bei ihm zur regelrechten M. geworden, hat sich bei ihm zur regelrechten M. entwickelt.

Manier, die; der Manier, die Manieren: **1)** ⟨nur Einz.⟩ (bildungsspr.): *Art und Weise; Eigenart:* Cassius Clay gewann seine Weltmeisterschaftskämpfe im Schwergewicht in überzeugender, bravouröser, bewährter M.; er gewann seinen 1500-m-Lauf in der M. eines Sprinters, eines Nurmi; er hat so seine besondere M., Kontakte anzuknüpfen; jeder kann das nach seiner M. machen. **2)** ⟨gew. nur Mehrz.⟩: *Umgangsformen, Benehmen; Angewohnheiten:* er hat feine, gute, ausgezeichnete, vornehme, schlechte, rüde, keine Manieren; seine Manieren sind unmöglich; jmdm. [bessere] Manieren beibringen.

maniert ⟨Adj.; attr. und als Artangabe⟩ (bildungsspr.): *gekünstelt, unnatürlich:* ein maniertes Benehmen; seine Ausdrucksweise ist, wirkt sehr m.; sich m. benehmen, ausdrükken; m. schreiben.

manierlich ⟨Adj.; attr. und als Artangabe⟩: *artig, wohlerzogen; gesittet, anständig:* ein manierlicher Bursche, Junge; der Junge ist recht m.; m. dasitzen, bei Tische sitzen, essen; sich m. benehmen; es ging ganz m. zu auf unserer Party.

manifestieren, manifestierte, hat manifestiert ⟨tr. und refl.⟩ (bildungsspr.): **1)** ⟨etwas m.⟩: *etwas kundtun, bekunden, zeigen:* seine Entschlossenheit, seinen Willen, seine Absicht, seine Mißachtung für etwas [klar, deutlich] m. **2)** ⟨sich m.⟩: *sich zeigen, offenbar werden:* in dieser Aktion manifestiert sich die Hilflosigkeit der neuen Regierung; der Komfort des Wagens manifestiert sich vor allem in den weichen und bequemen Polstersitzen.

Maniküre, die; der Maniküre, die Maniküren: **1)** ⟨ohne Mehrz.⟩: *Handbes. Nagelpflege:* zur M. gehen; wieviel zahlen Sie für eine M.? **2)** *Hand-, bes. Nagelpflegerin:* zu einer M. gehen; eine M. aufsuchen; sich von einer m. beraten lassen, die Fingernägel pflegen lassen.

Manipulation, die; der Manipulation, die Manipulationen ⟨meist Mehrz.⟩ (bildungsspr.): *Machenschaft, Kniff; Beeinflussung, gezielte Lenkung:* etwas mit geschickten, raffinierten, betrügerischen Manipulationen erreichen; Manipulationen vornehmen.

manipulieren, manipulierte, hat manipuliert ⟨tr. und intr.⟩ (bildungsspr.): **1)** ⟨etwas, jmdn. m.⟩: *etwas, jmdn. beeinflussen, in unreeller Weise auf etwas oder jmdn. Einfluß nehmen; etwas, jmdn. geschickt steuern, lenken; etwas, jmdn. nach seinen Vorstellungen zurechtmachen:* ein Gesetz, den Markt, die Währung, die Gesellschaft, eine Versammlung, die Staatsbürger, die politischen Organe, die Wirklichkeit m. **2)** ⟨mit, an etwas m.⟩: **a)** *mit etwas in einer bestimmten (häufig: nicht* *ganz reellen) Weise verfahren:* die Regierung versucht mit den Wahlkreisen, am bestehenden Wahlsystem zu m. **b)** (veraltend) *mit etwas herumhantieren; an etwas herumprobieren:* mit Feuerwerkskörpern m.; er manipuliert an einem alten Radiogerät.

Manko, das; des Mankos, die Mankos: **1)** /Kaufm./ *Fehlbetrag, Defizit:* ein großes, erhebliches M. in der Kasse haben; ein M. ausgleichen. **2)** *Mangel, Nachteil:* seine ungenügenden englischen und französischen Sprachkenntnisse bedeuten ein großes, erhebliches, echtes M. für ihn; die kleine Schrift des Wörterbuchs ist ein M., das jedoch durch die große Anzahl der Stichwörter ausgeglichen wird; ein M. aufweisen, in Kauf nehmen.

Mannequin [*man^e käng*], das oder der; des Mannequins, die Mannequins: *Vorführdame in der Modebranche:* sie hat die Figur eines Mannequins; ein hübsches, attraktives M. führte die neuesten Modelle aus dem Hause X vor; die Mannequins bewegten sich sicher über den Laufsteg.

Manöver [...w^e r], das; des Manövers, die Manöver: **1)** /Mil./ *größere Truppen-, Flottenübung:* ein mehrtägiges M. durchführen; das Bataillon nimmt an einem M. der NATO-Streitkräfte teil; an diesem M. beteiligten sich auch Einheiten der Marine und der Luftwaffe; ins M. ziehen, gehen; zum M. ausrücken. **2)** /meist in Zus. wie: Wendemanöver, Überholmanöver, Landemanöver/ *mit einer Richtungsänderung verbundener Bewegungsvorgang, der auf bestimmten Überlegungen basiert; Wendung, Schlenker* (vor allem auf [Wasser]fahrzeuge bezogen): mit einem Schiff, einem Segelboot verschiedene M. ausführen; mit einem sehr gewagten, gefährlichen M. überholte er den vor ihm fahrenden Wagen. **3)** *Maßnahme; Manipulation, Schachzug, Kniff:* ein taktisches, strategisches, geschicktes, raffiniertes, schlaues, glänzend durchgeführtes, plumpes, durchsichtiges, betrügerisches M.; sich auf ein M. einlassen; er stellte die sonderbarsten M. an, um das zu erreichen; das sind doch lauter M. (ugs.; = *faule Tricks);* laß doch diese dummen M.! (ugs.; = *dummen Scherze).*

Manschette, die; der Manschette, die Manschetten: **1)** ⟨meist Mehrz.⟩: *[steifer] Ärmelaufschlag an Herrenhemden oder langärmeligen Damenblusen:* ein Hemd mit blütenweißen, steifen, gestärkten, abgewetzten, abgestoßenen, verschlissenen Manschetten; die Manschetten seines Hemdes umschlagen. **2)** *Papierkrause für Blumentöpfe:* der Gärtner legte eine grüne, rote, weiße M. um den Blumentopf. **3)** /Techn./ *Dichtungs-, Isolations- oder Schutzring aus Gummi, Leder, Kunststoff oder anderem Material:* etwas mit einer ledernen M. abdichten. **4)** ⟨nur Einz.⟩: /Freistilringen/ *(unerlaubter) Würgegriff:* einen Gegner in die M. nehmen; eine M. ansetzen. **5)** ⟨nur Mehrz.⟩ (ugs.): /in den festen Wendungen/ ***Manschetten [vor jmdm., etwas] haben, kriegen:** *Angst haben, bekommen:* der hat schwer Manschetten vor seinem Chef.

manuell ⟨Adj.; attr. und als Artangabe, aber selten präd.; ohne Vergleichsformen⟩ (bildungsspr.): *mit der Hand [erfolgend], Hand...; durch Handarbeit [hergestellt], Handarbeits...:* eine manuelle Arbeit, Tätigkeit; die manuelle Herstellung, Fertigung von Gebrauchsgütern; die manuelle Reizung der Geschlechtsorgane; die manuelle Selbstbefriedigung; er ist m. recht geschickt; seine Tätigkeit ist rein m.; die Bearbeitung des Werkstoffs erfolgt m.; etwas m. herstellen, fertigen, bearbeiten; sich m. befriedigen.

Marinade, die; der Marinade, die Marinaden: /Gastr./ *Würztunke:* eine pikante, scharfe, milde M.; Fisch in einer M. aus Essig, Öl, Paprika und verschiedenen Kräutern einlegen; eine M. herstellen.

Marine, die; der Marine, die Marinen: *See-, Flottenwesen eines Staates (einschließlich aller Kriegs- und Handels-*

schiffe und der entsprechenden Einrichtungen): eine große, starke, mächtige M. *(= Handels- oder Kriegsmarine)*; das Land besitzt, hat eine schlagkräftige M. *(= Kriegsmarine)*; eine M. aufbauen, schaffen, vergrößern, ausbauen; er will zur M. gehen, in die M. eintreten.

Marionette, die; der Marionette, die Marionetten (bildungsspr.): **1)** ⟨meist Mehrz.⟩: *an Fäden oder Drähten befestigte, bewegliche Gliederpuppen des Puppentheaters:* der Puppenspieler erklärte mir den Mechanismus seiner Marionetten; eine Handlung mit Marionetten darstellen. – /in Vergleichen/: der Chef behandelt uns wie willenlose Marionetten. **2)** /übertr./ *willenloses Werkzeug, willenlos lenkbares Geschöpf:* der Kanzler degradierte die anderen Regierungsmitglieder zu bloßen Marionetten; er betrachtet uns als Marionetten, mit denen man nach Belieben verfahren kann.

markant ⟨Adj.; attr. und als Artangabe⟩ (bildungsspr.): *scharf und deutlich ausgeprägt, auffallend, bemerkenswert; eigenwillig:* ein markantes Profil; eine markante Erscheinung, Persönlichkeit, Schrift; markante *(= scharf geschnittene)* Gesichtszüge; er hat ein markantes Kinn, eine markante Nase; dies ist ein besonders markantes Beispiel von Bestechung; ein markanter Fall von Feigheit vor dem Feind; seine Bewegungen sind sehr m.; sein Gesicht ist m. geschnitten; m. aussehen, schreiben.

markieren, markierte, hat markiert ⟨tr. und intr.⟩: **I.** ⟨tr.⟩: **1)** ⟨etwas m.⟩ (bildungsspr.): *etwas mit einem Zeichen versehen, etwas kennzeichnen:* eine Buchstelle mit Blei (ugs.), einem Bleistift, durch einen Strich m.; der Kommissar markierte die Stelle, an der das Messer lag, mit Kreide; die Landebahn war durch Lichter markiert; etwas genau, ungenau m.; der Fluß markiert an dieser Stelle die Grenze, den Grenzverlauf. **2)** ⟨jmdn. m.⟩ (Sportjargon):/ bes. auf das Fußballspiel bezogen/ *einen Gegner (in einem Mannschaftswettkampf, bes. im Fußball) genau decken:* der deutsche Verteidiger markierte den gegnerischen Mittelstürmer messerscharf; sein Gegenspieler wurde von ihm genau, gut markiert. **II.** ⟨intr.⟩ (ugs.): *etwas vortäuschen, so tun als ob; sich in einer bestimmten Rolle gefallen:* Mitgefühl, Trauer, Schmerz, einen Zusammenbruch, einen Unfall m.; der markiert doch nur!; den starken Mann, den wilden Mann, den feinen Herrn, den Gekränkten, den Beleidigten m.; er markierte den Harmlosen *(= er stellte sich dumm)*.

Markierung, die; der Markierung, die Markierungen (bildungsspr.): *Kennzeichnung, [Kenn]zeichen, Marke; Einkerbung:* die M. auf einer Ware, Flasche, an einem Glas; eine M. an, auf etwas anbringen; das Motoröl steht an der unteren, oberen M.; er warf den Diskus über die alte M. hinaus.

Markise, die; der Markise, die Markisen (bildungsspr.): *[leinenes] Sonnendach, Schutzdach, Schutzvorhang:* eine gelbe, rote, gestreifte M.; eine M. aus Leinen, aus Kunststoff; die M. über einem Schaufenster herablassen, herunterlassen; unter einer M. sitzen.

Marotte, die; der Marotte, die Marotten: *Schrulle, wunderliche Neigung:* eine wunderliche, seltsame, verrückte, ausgefallene, kindliche, kostspielige, teure M.; das ist auch so eine merkwürdige M. der alten Dame, sich wie ein Teenager zu kleiden; sich einer M. hingeben; bei diesem Vorschlag handelt es sich doch wohl lediglich um die M. *(= verrückte Idee)* eines senilen Beamten.

martialisch [*marzi̯a*...] ⟨Adj.; attr. und als Artangabe⟩ (geh.): *kriegerisch; grimmig, wild, verwegen:* martialische Abenteuer; ein martialischer Unteroffizier; sein Blick ist, wirkt sehr m.; m. aussehen, dreinblicken, mit dem Säbel rasseln.

Märtyrer, der; des Märtyrers, die Märtyrer: **1)** (hist.) *Blutzeuge des christlichen Glaubens:* ein frühchristlicher M.; die M. der Alten *(= frühchrist-*

lichen) Kirche; er starb als M.; in diesem Schrein werden die Reliquien eines Märtyrers aufbewahrt. 2) *jmd., der sich für seine Überzeugung opfert oder der für seine Überzeugung empfindliche Nachteile in Kauf nehmen muß:* die Russen wollten verhindern, daß tschechische Studenten zu politischen Märtyrern wurden; er wurde ein M. seiner politischen Überzeugung; ich lasse mich doch nicht zum M. der Partei machen.

Martyrium, das; des Martyriums, die Martyrien [...i^{e}n] (bildungsspr.): *schweres Leiden, Qual:* ein M. erdulden, erleiden; sein Leben war ein einziges, endloses M.; die Ehe wurde für beide zum M.

Maschine, die; der Maschine, die Maschinen: 1) *jedes Gerät mit beweglichen Teilen, das Arbeitsgänge verrichtet und damit menschliche oder tierische Arbeitskraft einspart:* eine einfache, komplizierte, elektrische, landwirtschaftliche M.; eine M. erfinden, bauen, konstruieren, montieren, zusammenbauen, auseinandernehmen, reinigen, pflegen, warten, schmieren, ölen, reparieren; die M. funktioniert gut, schlecht, arbeitet mit Dampf, Strom, wird von einem Motor angetrieben. – /bildl. und in Vergleichen/: er arbeitet wie eine M.; ich möchte schließlich auch mal eine Pause machen, ich bin doch keine M.! 2 a) ⟨meist Mehrz.⟩: *Schiffsmotor[en]:* die Maschinen anstellen, abstellen; die Maschinen des Schiffs stampften. **b)** (ugs.) *Motor eines Kraftwagens:* der Wagen hat eine gute, robuste M.; die M. läuft gut, ruhig, unruhig; die M. hochdrehen, auf Touren bringen. 3) (alltagsspr.): **a)** *Motorrad:* eine schwere, leichte, schnelle M.; die M. anlassen, anschieben, abstellen, aufbocken; die M. springt an; von der M. springen, steigen. **b)** *Flugzeug:* die fahrplanmäßige M. von Frankfurt nach Rom startet in zehn Minuten; eine M. fliegt ab, landet, fliegt in 5000 m Höhe, steigt, stürzt ab, fliegt London an; eine M. fliegen; aus der M. steigen, klettern. **c)** *Schreibmaschine:* der Chef diktiert seiner Sekretärin mehrere Briefe in die M.; sie schreibt auf ihrer M. 400 Anschläge in der Minute. 4) (ugs., scherzh.) *beliebte Person (meist weiblichen Geschlechts):* Junge, die Frau von dem, ist das eine M.!

maschinell ⟨Adj.; attr. und als Artangabe; aber gew. nicht präd.: ohne Vergleichsformen⟩: *mit Hilfe von Maschinen [erfolgend]; maschinenmäßig:* maschinelle Bearbeitung, Herstellung, Fertigung; eine Ware m. herstellen, verpacken; der Wein wird m. abgefüllt.

Maschinerie, die; der Maschinerie, die Maschinerien ⟨Mehrz. selten⟩ (bildungsspr.): **a)** (veraltend) *maschinelle Einrichtungen, maschinelle Anlagen:* eine komplizierte M.; eine M. aufbauen, betätigen. **b)** /übertr./ *Getriebe, Räderwerk:* die seelenlose M. des Staatsapparates, der Verwaltung; die monotone M. des Alltags; er geriet in die unerbittliche, gnadenlose, erbarmungslose, blinde M. der Justiz; mit den Konzentrationslagern hatten die Nazis eine grausame, teuflische M. des Hasses, der Vernichtung, der Hölle in Gang gesetzt.

Maskerade, die; der Maskerade, die Maskeraden (bildungsspr.): **a)** *Verkleidung, Kostüm, Aufmachung:* eine auffallende, ausgefallene M.; in einer seltsamen M. auftreten. **b)** /übertr./ *Verstellung, Heuchelei:* was soll denn diese lächerliche, alberne M.? Warum sagt er nicht einfach was er will?; eine M. ablegen, aufgeben; auf eine M. verzichten.

maskieren, maskierte, hat maskiert ⟨tr. und refl.⟩: 1) ⟨jmdn., sich m.⟩: *jmdn., sich verkleiden:* wir haben unsere Töchter als Indianermädchen maskiert; sie hatte sich so gut maskiert, daß ihr Mann sie nicht erkannte; wir wollen maskiert zur Party gehen. 2) ⟨etwas m.⟩: *etwas verschleiern, verdecken, verbergen:* seine Absichten, seine wahre Meinung, einen Plan, ein Verhalten [geschickt] m.

Maskottchen, das; des Maskottchens, die Maskottchen: *Glücksbringer, [le-*

Masochist

bender] Talisman: der Verein hält sich einen Ziegenbock als M.

Masochist [...eḥißt, auch: ...chißt], der; des Masochisten, die Masochisten: /Med./ /jmd., der durch Erduldung körperlicher Mißhandlungen seitens eines Geschlechtspartners in geschlechtliche Erregung gerät:* er ist ein M.

masochistisch [...eḥiß..., auch ...chiß...] ⟨Adj.; attr. und als Artangabe; ohne Vergleichsformen⟩: /Med./ *nach Art der Masochisten abartig veranlagt, durch Erduldung körperlicher Mißhandlungen in geschlechtliche Erregung geratend:* seine Sexualität hat masochistische Züge; er ist m. [veranlagt].

Massage [maßasche], die; der Massage, die Massagen: *kräftigende Behandlung des Körpers oder einzelner Körperteile durch bestimmte Handgriffe wie Kneten, Streichen, Klopfen oder durch mechanische, von entsprechenden Apparaten erzeugte Reize:* eine leichte, kurze, kräftige, ausgedehnte, kunstgerechte M.; eine M. der Kopfhaut, der Nackenmuskulatur, des Oberschenkels; M. anwenden; der Arzt hat mir Massagen verordnet; eine Muskelverhärtung durch Massagen behandeln, beseitigen.

Massaker, das; des Massakers, die Massaker (bildungsspr.): *Gemetzel:* ein furchtbares, schreckliches, unmenschliches M.; das M. von Stalingrad, von Auschwitz; der Fuchs hat ein regelrechtes M. unter den Hühnern, im Hühnerstall angerichtet; einem M. entkommen.

massakrieren, massakrierte, hat massakriert ⟨tr.; jmdn., ein Tier m.⟩: *jmdn., ein Tier niedermetzeln; jmdn., ein Tier quälen, mißhandeln:* die eingeschlossenen Soldaten wurden unerbittlich massakriert; die Gefangenen ließen sich widerstandslos m.; diese Burschen haben ihre Pferde ganz schön massakriert. – /übertr./ (scherzh.): der Friseur hat mich regelrecht massakriert *(= hat meinen Kopf schlimm zugerichtet).*

Masseur [...ßör], der; des Masseurs, die Masseure: /Berufsbez./ *ausgebildete männliche Fachkraft, die berufsmäßig die Massage ausübt:* ein guter, tüchtiger M.; der M. knetet den Körper seines Patienten durch.

Masseurin [...ßörin], die; der Masseurin, die Masseurinnen; oder **Masseuse** [...ßös^e], die; der Masseuse, die Masseusen: /weibliche Berufsbez./.

massieren, massierte, hat massiert ⟨tr., jmdn., etwas m.⟩: *jmdn. oder jmds. Körper mittels Massage behandeln, durchkneten; die Hände oder Finger streichend über einem Körperteil hin und her bewegen:* jmdm. den Rücken, die Beine, die Arme m.; der Friseur massierte meine Kopfhaut mit einer kräftigenden Tinktur; sie massiert sich ihre Augenbrauen; der Arzt massierte das Herz, die Herzgegend des Verunglückten; er läßt sich einmal in der Woche massieren, kräftig m.

massiert ⟨Adj.; attr. und als Artangabe⟩ (bildungsspr.): *gehäuft, verstärkt:* ein massierter Angriff; eine massierte Abwehr; der Einsatz der Polizei war sehr m.; m. auftreten, vorkommen, angreifen, verteidigen.

massiv [...if] ⟨Adj.; attr. und als Artangabe⟩ (bildungsspr.): **1)** *fest; dauerhaft; schwer, wuchtig:* der Sessel ist, besteht aus massivem Holz, Material; ein massiver Schrank, Bau, Körperbau; das Armband ist aus massivem *(= reinem)* Gold; er hat massive Knochen; sein Knochengerüst ist recht m.; er ist m. gebaut; m. bauen. **2)** *heftig, derb; handfest; deutlich:* massive Vorwürfe, Drohungen, Beschimpfungen, Beleidigungen; er sah sich massiven Angriffen ausgesetzt; einen massiven *(= spürbar starken)* Druck auf jmdn. ausüben; massiven Widerstand leisten; er hat ihm massive *(= starke)* Unterstützung, Hilfe gewährt; deine Kritik war ziemlich m.; seine Forderungen sind reichlich m. *(= hoch, groß)*; jmdn. m. angreifen, beleidigen, beschimpfen, kritisieren; m. *(= grob, drohend)* auftreten; da wurde ich m. *(= deutlich, direkt, grob).*

Massiv [...if], das; des Massivs, die Massive [...w^e]: /Geogr./ *geschlossene*

Gebirgseinheit, Gebirgsstock: ein gewaltiges, mächtiges, eindrucksvolles M.

Masturbation, die; der Masturbation, die Masturbationen: /Med./ *geschlechtliche Selbstbefriedigung, Onanie:* wechselseitige, gegenseitige M.; die M. bei Männern, Frauen, Jugendlichen.

masturbieren, masturbierte, hat masturbiert ⟨intr.⟩ (bildungsspr.): *Onanie treiben, onanieren:* nach Umfragen sollen 80% aller Jugendlichen regelmäßig m.

Matador, der; des Matadors, die Matadore (bildungsspr.): **1)** *Hauptkämpfer im Stierkampf:* der gefeierte M. gab dem Stier den Todesstoß. **2)** *Spitzenmann, bes.: Spitzensportler, Star; Hauptperson; Rädelsführer:* die Matadore Beckenbauer und Schnellinger waren die Helden der Abwehrschlacht; die Partei schickt jetzt ihre Matadore in den Wahlkampf; er ist der eigentliche M. der Einbrecherbande.

Match [mätsch], das (selten auch: der); des Match[es], die Matchs oder Matche (bildungsspr.): *Wettkampf, Wettspiel:* ein großes, bedeutendes, spannendes, lang dauerndes M.; der Club gewann, verlor das wichtige M. der Abstiegskandidaten, um den Abstieg, um die Meisterschaft; das M. endete unentschieden.

Mathematik, die; der Mathematik ⟨ohne Mehrz.⟩: *Rechenlehre, Rechenkunst:* höhere, angewandte M.; M. studieren; welche Note hast du in M.?; er ist in M. durchgefallen.

Mathematiker, der; des Mathematikers, die Mathematiker: *Wissenschaftler, Forscher, Könner auf dem Gebiet der Mathematik:* ein großer, bedeutender M.; er ist M. an einer technischen Hochschule.

mathematisch ⟨Adj.; attr. aber selten präd.; ohne Vergleichsformen⟩: *die Mathematik betreffend, mit Hilfe der Mathematik [erfolgend], rechnerisch:* mathematische Regeln, Zeichen, Symbole, Formeln; diese Theorie ist rein m.; er ist m. begabt, geschult; etwas m. berechnen.

Material, das; des Materials, die Materialien [...iᵉn]: **1)** *[Roh]stoff, Werkstoff:* diese Sitzgarnitur ist aus gutem, erstklassigem, haltbarem, strapazierfähigem, wertvollem, minderwertigem, schlechtem M. hergestellt; das M. eines Kraftwagens auf seine Haltbarkeit, Elastizität testen; aus welchem M. ist dieses Armband?; radioaktives M. **2)** *Gerätschaften, Gebrauchsgegenstände:* in unserer Firma werden Materialien wie Bleistifte, Kugelschreiber, Papier usw. nur vormittags von 8-11 Uhr ausgegeben. **3)** (bildungsspr.) *Unterlagen:* die Verteidigung konnte weiteres entlastendes M. beibringen; M. für einen Aufsatz sammeln, zusammenstellen; ich muß das vorliegende M. erst einmal prüfen, sichten.

Materialist, der; des Materialisten, die Materialisten: *jmd., dessen Handeln ausschließlich oder vorwiegend von materiellem Gewinnstreben bestimmt wird:* er ist ein harter, rücksichtsloser, schäbiger, ausgesprochener M.

materialistisch ⟨Adj.; attr. und als Artangabe⟩ (bildungsspr.): *ausschließlich oder vorwiegend auf materiellen Gewinn bedacht; durch materielles Gewinnstreben bestimmt:* ein materialistischer Mensch; eine materialistische Lebensauffassung, Lebensweise; sein Streben, Handeln ist rein m.; m. eingestellt sein.

Materie [...iᵉ], die; der Materie, die Materien (bildungsspr.): **1)** ⟨ohne Mehrz.⟩: *Stoff, Urstoff:* lebende, unbelebte, tote, radioaktive M.; Geist und M.; der Geist beherrscht die M. **2)** *Gegenstand (einer Untersuchung, einer Abhandlung u. a.); Gebiet, Wissensgebiet:* eine interessante, schwierige, trockene, unfruchtbare M.; eine M. behandeln, beherrschen, verstehen; er ist ein großer Kenner der M.; er kennt sich in dieser M. aus; ich habe mich noch nicht lange genug mit der M. beschäftigt.

materiell ⟨Adj.; attr. und als Artangabe, aber gew. nicht präd.; ohne Ver-

Matinee

gleichsformen⟩: **1)** *stofflich; körperlich, greifbar:* materielle Güter; der materielle Wert eines Buchs, Bildes; diese Erscheinung konnte bis heute m. nicht erklärt werden. **2)** *finanziell, wirtschaftlich:* die materielle Not; seine materielle Lage ist nicht gut; jmdm. materielle Hilfe, Unterstützung gewähren; es geht ihm m. nicht sehr gut; jmdn. m. unterstützen. **3)** *die rein äußerlichen Dinge des Lebens betreffend; auf Gewinn gerichtet, auf seinen Vorteil bedacht:* eine materielle Einstellung; rein materielle Ziele verfolgen; m. eingestellt sein, denken.

Matinee, die; der Matinee, die Matineen (bildungsspr.): *künstlerische Vormittagsveranstaltung:* eine [musikalische, literarische] M. veranstalten; eine M. besuchen.

Mätresse, die; der Mätresse, die Mätressen: **a)** (hist.) *Geliebte eines Fürsten:* sie war, wurde die M. des Königs; der Kaiser machte sie zu seiner M. **b)** /übertr./ *Geliebte einer hochgestellten Persönlichkeit:* sie war eine der zahlreichen Mätressen des Ministers; als Direktor konnte er sich den Luxus einer M. durchaus erlauben.

Matrose, der; des Matrosen, die Matrosen: *Seemann:* er ist M. auf einem Frachter; Matrosen anheuern; die Matrosen gehen an, von Bord, sind an Land.

Matur, das; des Maturs ⟨ohne Mehrz.⟩ (veraltend) *Abitur:* er hat sein M. glänzend bestanden; er hat sein M. mit Auszeichnung gemacht; willst du M. machen?

maximal ⟨Adj.; attr. und als Artangabe; ohne Vergleichsformen⟩ (bildungsspr.): *äußerste, größtmögliche, Höchst..., Größt...; höchstens:* die maximale Drehzahl eines Motors; der Wagen hat einen maximalen Benzinverbrauch von 12 l auf 100 km; einen maximalen Erfolg, Gewinn erzielen; seine Leistung ist m.; der Wagen fährt m. 160 km/h; er hat an der Sache m. verdient.

Maxime, die; der Maxime, die Maximen (bildungsspr.): *Hauptgrundsatz, Leitsatz, Lebensregel:* die oberste M. seines Handelns ist, lautet: „Leben und leben lassen"; er handelt nach der egoistischen M.: „Jeder ist sich selbst der Nächste."; etwas als M. [aus]wählen; einer M. folgen.

Maximum, das; des Maximums, die Maxima ⟨Mehrz. selten⟩ (bildungsspr.): *das Höchste, Höchstmögliche, Höchstmaß:* ein M. an Objektivität, an Rentabilität, an Sicherheit; das M. an Punkten, die man in diesem Wettbewerb erzielen kann, beträgt 100 Punkte.

Mäzen, der; des Mäzens, die Mäzene (bildungsspr.): *jmd., der Künstler oder Sportler finanziell unterstützt und fördert, Kunstfreund, Kunstgönner:* ein M. hat verschiedene Bilder des jungen Malers aufgekauft, hat eine Ausstellung für den jungen Maler arrangiert; die Fußballspieler dieses Vereins werden von einem großzügigen M. unterstützt; einen M. für einen Roman suchen, finden.

Mechanik, die; der Mechanik, die Mechaniken: **1)** ⟨ohne Mehrz.⟩: /Phys./ *Lehre vom Gleichgewicht und von der Bewegung der Körper:* die M. ist ein Teilgebiet der Physik. **2)** /Techn./ *Getriebe, Triebwerk, Räderwerk, Mechanismus:* die M. einer Uhr, einer Kamera. **3)** /übertr./ (bildungsspr.) *die Zwangsläufigkeit im Ablauf von etwas, das sich der Steuerung und Beeinflussung weitgehend entzieht und dadurch gelegentlich monoton oder seelenlos wirkt:* die reibungslose M. eines Schauprozesses; die seelenlose M. militärischer Ausbildung.

Mechaniker, der; des Mechanikers, die Mechaniker: /Berufsbez./ *Handwerker oder Techniker auf dem Gebiet des Maschinen-, Fahrzeug- oder Gerätebaus:* er ist gelernter, ausgebildeter, ein guter M.; er arbeitet als M. bei der Firma X.

mechanisch ⟨Adj.; attr. und als Artangabe, aber gew. nicht präd.; ohne Vergleichsformen⟩ (bildungsspr.): **1)** *die Mechanik (1) betreffend, maschinenmäßig, maschinell:* mechanische Herstellung, Fertigung; ein mechanischer Antrieb; mechanische Energie;

etwas arbeitet, funktioniert m., wird m. angetrieben. **2)** /übertr./ *gewohnheitsmäßig, unwillkürlich, gedankenlos; zwangsläufig:* ein mechanischer Ablauf; eine mechanische Bewegung; sie degradieren den Zeugungsakt zu einem [rein] mechanischen Vorgang; m. sprechen, antworten; etwas m. wiederholen; etwas ganz m. tun; m. steckte er sich eine Zigarette an; das Fußballspiel lief ohne Höhepunkte m. ab.

Mechanismus, der; des Mechanismus, die Mechanismen (bildungsspr.): *Gesamtheit der Vorrichtungen, die etwas in Funktion bringen oder halten, Triebwerk, Getriebe, Antrieb:* der M. dieses Safes ist einfach, kompliziert; diese Uhr hat einen geheimnisvollen M.; den M. von etwas studieren, kennen; er erklärte mir den M. des Photoapparates.

Medaille [*medalj*ᵉ], die; der Medaille, die Medaillen: **1)** *Gedenk-, Schaumünze:* eine seltene, kostbare M.; eine M. aus Gold, Silber, Bronze, Porzellan; die Vorderseite, Rückseite einer M.; eine M. zur Erinnerung an ...; die M. trägt die Jahreszahl, die Inschrift ...; eine M. [mit jmds. Porträt] prägen, herausbringen. **2)** /übliche volkst. Kurzbez. für/ *Gold-, Silber- oder Bronzemedaille, die ein Sportler für einen bes. bei Olympischen Spielen errungenen Wettkampfsieg bzw. einen zweiten oder dritten Platz als Ehrenpreis erhält:* die deutschen Sportler haben in Mexiko 1968 zahlreiche Medaillen errungen, gewonnen; er hat bei den Europameisterschaften eine M. gemacht; er hat die erste M. für Deutschland errungen.

Medaillon [*medaljoŋ*, auch: *medaljoŋ*], das; des Medaillons, die Medaillons: **1)** *große Schaumünze; Bildkapsel, Rundbildchen:* ein goldenes, silbernes M.; ein M. aus Gold, Silber; sie trägt ein kleines M. mit einem Bild der Gottesmutter um den Hals. **2)** /Gastr.; meist in Zus. wie: Kalbsmedaillon/ *kreisrunde oder ovale Fleischschnitte (meist vom Filetstück):* gegrilltes M. vom Kalb, Rind, Reh, mit Früchten garniert.

Medikament, das; des Medikament[e]s, die Medikamente: *Arznei-, Heilmittel:* ein wirksames, gutes, gut verträgliches, harmloses, unschädliches, gefährliches, starkes M.; ein M. gegen Kopfschmerzen einnehmen; der Arzt hat mir dieses M. gegeben, verordnet; dieses M. hat keine schädlichen Nebenwirkungen.

medikamentös ⟨Adj.; attr. und als Artangabe, aber selten präd.; ohne Vergleichsformen⟩: /Med./ *mit Hilfe von Medikamenten [erfolgend], unter Verwendung von Medikamenten [erfolgend]:* eine medikamentöse Behandlung; jmdn. m. behandeln; eine Entzündung m. heilen.

Meditation, die; der Meditation, die Meditationen (bildungsspr.): *andächtige Vertiefung, geistige Versenkung; sinnende Betrachtung:* eine tiefe, religiöse, philosophische M.; jmds. Meditationen über etwas unterbrechen, stören; jmdn. aus seinen Meditationen herausreißen.

meditieren, meditierte, hat meditiert ⟨intr.⟩ (bildungsspr.): *konzentriert über etwas nachdenken, nachsinnen, Betrachtungen über etwas anstellen:* [lang, in Ruhe] über das Leben, über den Tod, über die Liebe, über ein Problem m.

Medium, das; des Mediums, die Medien [...iᵉn]: **1)** ⟨Mehrz. ungew.⟩: /Sprachw./ *Verhaltensrichtung des Zeitworts, die das Betroffensein des tätigen Subjekts durch das Verhalten kennzeichnet (bes. im Griechischen):* dieses Verb kommt nur im M. vor. **2)** /Phys., Chem./ *etwas, in dem sich physikalische Vorgänge oder chemische Vorgänge abspielen:* ein gasförmiges, flüssiges, festes M.; die Luft ist ein gutes, geeignetes M. zur Leitung von Schallwellen. **3)** /Med., Psychol./ *jmd., an dem sich auf Grund seiner körperlich-seelischen Beschaffenheit Experimente, Untersuchungen (bes. Hypnoseversuche) in bestimmter Weise (gut oder schlecht) durchführen lassen, Versuchsperson, Testperson:*

Medizin

sie ist ein gutes, geeignetes, schlechtes M. für Hypnoseversuche, für Arzneimitteltests. **4)** (bildungsspr.) *jmd., der besonders befähigt ist für angebliche Verbindungen zum übersinnlichen Bereich:* sie fungiert als M. bei spiritistischen Sitzungen. **5)** (bildungsspr.) *Mittel, vermittelnde Instanz; Stelle oder Einrichtung für den Austausch oder die Vermittlung von Meinungen, Informationen oder Kulturgütern:* das Parlament ist immer noch das wichtigste M. für politische Auseinandersetzungen; das akustische M. (= Rundfunk); die optischen Medien Fernsehen und Film; unsere Sprache ist das populärste M. der Verständigung.

Medizin, die; der Medizin, die Medizinen: **1)** ⟨nur Einz.⟩: *Heilkunde, ärztliche Wissenschaft; Teilgebiet der Heilkunde:* die innere, interne, gerichtliche M.; die M. des alternden Menschen; er ist Doktor der M.; M. studieren; er hat sich der M. verschrieben; sich für M. interessieren. **2a)** *Arzneimittel, Arznei:* eine flüssige, angenehm schmeckende, bittere, bewährte M.; seine M. schlucken, einnehmen; der Arzt muß mir noch eine M. gegen meine Kopfschmerzen verschreiben. **b)** /übertr./ *Heilmittel, Mittel:* Schnaps ist die beste M. gegen Erkältungen; gegen Liebeskummer gibt es eine bewährte M.: Vergessen.

Mediziner, der; des Mediziners, die Mediziner: *Arzt:* sie ist mit einem angehenden M. verlobt.

medizinisch ⟨Adj.; attr. und als Artangabe; ohne Vergleichsformen⟩: *zur Heilkunde gehörend, sie betreffend, mit den Mitteln der Heilkunde [erfolgend]:* die medizinische Wissenschaft; eine medizinische Untersuchung; er ist eine medizinische Kapazität, ein medizinischer Laie; eine weitere Schwangerschaft ist vom medizinischen Standpunkt aus abzulehnen; dieser Mann ist ein medizinisches Rätsel, Wunder, Phänomen; dieses Problem ist rein m.; der Fall ist m. ungeklärt; jmdn. m. untersuchen.

Meeting [*miting*], das; des Meetings, die Meetings (bildungsspr.): *Treffen, kleinere politische, sportliche oder sonstige Veranstaltung:* ein [politisches, literarisches, sportliches, leichtathletisches] M. veranstalten; zu einem M. zusammenkommen; wir haben uns bei einem M. der Jungsozialisten kennengelernt.

Melancholie [...*angk*...], die; der Melancholie ⟨ohne Mehrz.⟩: *Schwermut, Trübsinn:* in tiefe, stumpfe, hilflose M. fallen; in M. versinken; etwas erfüllt jmdn. mit M.; jmdn. aus seiner M. herausreißen.

Melancholiker [...*angko*...], der; des Melancholikers, die Melancholiker: *schwermütiger, zur Schwermut neigender Mensch:* er ist ein typischer M.

melancholisch [...*angko*...] ⟨Adj.; attr. und als Artangabe⟩: *schwermütig, trübsinnig:* melancholischer Humor; ein melancholisches Lied, Gedicht; m. sein; bei diesem Regenwetter kann man wirklich m. werden; diese Musik macht, stimmt mich ganz m.; m. lächeln.

Melodie, die; der Melodie, die Melodien: /Mus./ *singbare, in sich geschlossene Tonfolge; Gesangsweise:* eine einfache, harmonische, hübsche, alte, neue, zarte, leise M.; die M. eines Liedes, eines Schlagers; es erklingen bekannte Melodien aus Oper und Operette; diese M. gefällt mir, verfolgt mich, geht mir nicht aus dem Kopf; eine M. suchen, für ihren Text suchen, finden; eine M. singen, spielen, pfeifen, auf den Lippen haben.

melodisch ⟨Adj.; attr. und als Artangabe⟩ (bildungsspr.): *wohlklingend:* eine melodische Sprache; seine Stimme ist, klingt m.; m. sprechen, singen.

Membran, die; der Membran, die Membranen; oder **Membrane**, die; der Membrane, die Membranen: **a)** /Techn./ *dünnes, elastisches Blättchen aus Metall, Kunststoff oder anderem Material:* eine metallene, biegsame, schwingfähige, runde, ovale M.; eine M. leitet Schwingungen weiter. **b)** /Biol./ *dünnes Häut-*

chen im menschlichen, tierischen oder pflanzlichen Organismus: eine elastische, durchlässige, halbdurchlässige, runde, ovale, zarte, durchsichtige M.

Memoiren [*memoar^en*], die ⟨Mehrz.⟩ (bildungsspr.): *Lebenserinnerungen:* seine M. schreiben, veröffentlichen; seine M. sind jetzt in Buchform erschienen.

Memorandum, das; des Memorandums, die Memoranden und Memoranda (bildungsspr.): *[ausführliche diplomatische] Denkschrift:* das Außenministerium hat ein M. an die amerikanische Regierung gerichtet; der russische Botschafter überreichte, überbrachte in Bonn ein M. [seiner Regierung] zur Deutschlandfrage; die Partei veröffentlichte ein M. zum Atomsperrvertrag.

Menetekel, das; des Menetekels, die Menetekel (geh.): *unheildrohendes Zeichen, Anzeichen einer bevorstehenden großen Gefahr:* abergläubige Naturen sehen in den sich häufenden Naturkatastrophen das M. des nahen Weltuntergangs.

Meniskus, der; des Meniskus, die Menisken: /Med./ *ringförmige knorpelige Gelenkscheibe im Kniegelenk:* am M. operiert werden.

Mensa, die; der Mensa, die Mensas und Mensen: *Speisesaal an Hochschulen:* in der M. essen.

Menses, die ⟨Mehrz.⟩: /Med./ *Monatsblutung:* sie hat, bekommt, kriegt ihre M.; ihre M. sind ausgeblieben.

Menstruation, die; der Menstruation, die Menstruationen: /Med./ *Monatsblutung:* der Beginn, das Einsetzen der M.; der Arzt fragte sie, seit wann sie ihre M. habe; sie bekommt ihre M. ganz unregelmäßig.

menstruieren, menstruierte, hat menstruiert ⟨intr.⟩ (bildungsspr.): *die Monatsblutung haben:* seine Tochter hat bereits mit 12 Jahren menstruiert; unsere Hündin menstruiert gerade.

Mentalität, die; der Mentalität, die Mentalitäten ⟨Mehrz. ungebr.⟩ (bildungsspr.): *Denk-, Anschauungs-,* *Auffassungsweise, Sinnes-, Geistesart:* das ist typisch für seine M.; das entspricht seiner M.; er hat die M. eines Sextaners; jmds. M. kennen.

Mentor, der; des Mentors, die Mentoren (geh.): *väterlicher Freund und Berater, Lehrer und Ratgeber:* dieser große Gelehrte ist sein M. gewesen.

Menü, das; des Menüs, die Menüs: /Gastr./ *aus mehreren Gängen bestehende Mahlzeit; Speisenfolge:* ein kleines, einfaches, großes, umfangreiches, reichhaltiges M.; ein M. aus drei, vier, mehreren Gängen; das M. bestand aus Vorspeise, Suppe, Hauptgericht, Nachtisch oder Käse; ein M. zusammenstellen; ich nehme das M. III der Tageskarte; ein M. auswählen; die ersten beiden Menüs sind von der Karte gestrichen.

Meriten, die ⟨Mehrz.⟩ (geh.): *Verdienste; Vorzüge;* jmds. M. kennen, anerkennen, verkennen; dieser vielgeschmähte Wagen hat durchaus auch seine M.

Mesalliance [*mesaliangß*], die; der Mesalliance, die Mesalliancen [...*ß^en*] (geh.): *nicht standesgemäße Ehe; unglückliche Verbindung:* ich halte diese Ehe, dieses Bündnis für eine ausgesprochene M.

Metastase, die; der Metastase, die Metastasen ⟨meist Mehrz.⟩: /Med./ *Tochtergeschwulst:* lokale (= *in unmittelbarer Nachbarschaft der Ausgangsgeschwulst abgesiedelte*), entfernte (= *fern von der Ausgangsgeschwulst abgesiedelte*) Metastasen; diese Geschwulst hat bereits Metastasen in der Leber, in der Lunge gebildet.

methodisch ⟨Adj.; attr. und als Artangabe⟩ (bildungsspr.): **1)** *die Methode betreffend:* die Sache ist klar, wir hätten lediglich noch einige methodische Fragen, Probleme zu erörtern; etwas aus methodischen Gründen tun; die Schwierigkeiten sind rein m.; wir müssen m. streng unterscheiden zwischen ... und ...; die beiden Punkte gehören m. nicht zusammen. **2)** *systematisch, planvoll, Schritt für Schritt, schrittweise; ge-*

Methode

zielt; *nach einem wohldurchdachten Plan [erfolgend]:* der methodische Aufbau einer wissenschaftlichen Arbeit; eine methodische Untersuchung; sein Vorgehen ist streng m.; m. vorgehen; etwas m. prüfen, untersuchen; jmdn. m. zermürben, vernichten.

Methode, die; der Methode, die Methoden (bildungsspr.): **a)** *Handlungsweise, Arbeitsweise, Verfahrensweise; Verfahren, [planmäßiges] Vorgehen:* eine einfache, sichere, praktische, bewährte, neuartige, veraltete, komplizierte, umständliche, unfehlbare, direkte, unmittelbare, besondere, spezielle, physikalische, mathematische M.; eine M. ausarbeiten, wählen, anwenden, erproben; seine Methoden ändern; diese M. hat sich bewährt, hat sich durchgesetzt; die M. von etwas besteht darin, daß . . .; die Pille ist die sicherste M. der, zur Empfängnisverhütung; die Werbung bedient sich amerikanischer Methoden; die Statistik arbeitet mit exakten, streng wissenschaftlichen Methoden; er handelt nach der M. . . . **b)** /gew. nur in den festen Verbindungen/ * *etwas ist, wird, hat M.: etwas geschieht nach einem wohldurchdachten Plan:* seine Beleidigungen werden M. – * **M. in etwas bringen:** *etwas nach einem System ausrichten.*

Metier [*metje*], das; des Metiers, die Metiers (häufig scherzh. oder ironisch): *Beruf; Gewerbe; Aufgabe, Geschäft:* ein einträgliches, lukratives, lohnendes, vornehmes, gefährliches, hartes M. haben; sie geht einem schändlichen M. nach; Soldat sein ist nun einmal mein M.; er beherrscht, versteht, kennt sein M. [als Fußballspieler]; er versteht sich auf sein M.; es gehört zu meinem M., zum M. eines Reporters, Recherchen einzuholen.

Metropole, die; der Metropole, die Metropolen (bildungsspr.): *Hauptstadt; Hauptsitz, Zentrum, Hochburg;* Hannover ist die M. von Niedersachsen; Frankfurt ist die M. des Rhein-Main-Gebiets; Amsterdam gilt als bedeutendste M. des Diamantenhandels in der Welt; Nürnberg war früher die M. des Fußballs in Deutschland.

Migräne, die; der Migräne, die Migränen ⟨Mehrz. ungew.⟩: /Med./ *anfallsweise auftretender, meist einseitiger heftiger Kopfschmerz (u. a. mit Sehstörungen u. Erbrechen verbunden):* ich habe eine heftige, gräßliche, scheußliche M.; sie bekommt wieder ihre M.; sie hat unter M. zu leiden.

Mikrobe, die; der Mikrobe, die Mikroben ⟨meist Mehrz.⟩: /Biol./ *nur mikroskopisch sichtbare pflanzliche oder tierische Organismen:* gefährliche, harmlose Mikroben; die in der Milch vorhandenen Mikroben werden durch Abkochen der Milch abgetötet, vernichtet; Mikroben dringen in den Organismus ein, schmarotzen im Darm des Menschen; Mikroben züchten.

Mikrofon vgl. Mikrophon.

Mikrophon, das; des Mikrophons, die Mikrophone; eindeutschend auch: Mikrofon, das; des Mikrofons, die Mikrofone: *elektrisches Gerät, mit dessen Hilfe Schallschwingungen (Sprache und Musik) in elektrische Schwingungen umgewandelt und über beliebige Entfernungen an einen Empfänger weitergeleitet werden können:* ein hochempfindliches, leistungsstarkes M.; ein M. [auf der Bühne] aufstellen; das M. ist ausgefallen; ins M. [hinein]sprechen, [hinein]singen; der Reporter bat den Filmstar ans M.

Mikroskop, das; des Mikroskops, die Mikroskope: *optisches Gerät zum Betrachten sehr kleiner Dinge mit Hilfe eines stark vergrößernden Linsensystems:* dieses M. vergrößert hundertfach, tausendfach; etwas unter dem M. prüfen, betrachten, untersuchen; ein M. richtig, scharf einstellen.

mikroskopisch ⟨Adj.; attr. und als Artangabe, aber nicht präd.; ohne Vergleichsformen⟩: **1)** *mit Hilfe eines Mikroskops [erfolgend]:* eine mikroskopische Darstellung; ein mikroskopisches Präparat; der mikroskopische Befund einer Blutuntersuchung; etwas ist m. sichtbar; etwas m. untersuchen, darstellen, feststellen. 2) /in der festen Verbindung/ * m. klein: *winzig klein:* m. kleine Lebewesen.

Milieu [*miljö*], das; des Milieus, die Milieus (bildungsspr.): *Umwelt, Lebenskreis; Umweltbedingungen:* das soziale, gesellschaftliche M., in dem man lebt; sie kommt, stammt aus einem ärmlichen, kleinbürgerlichen M.; der Junge ist in einem M. von Haß und Brutalität aufgewachsen; er müßte einmal ein freundlicheres, besseres M. kennenlernen.

militant ⟨Adj.; attr. und als Artangabe⟩ (geh.): *streitbar, angriffslustig; eifernd; kriegslüstern:* eine militante und energische alte Dame; ein militanter Kommunist, Katholik; ein militanter Volksstamm; eine militante Haltung einnehmen; die Araber sind, geben sich, gebärden sich recht m.

Militär: 1) das; des Militärs ⟨ohne Mehrz.⟩: *die Wehrmacht, das gesamte Heerwesen:* das deutsche, französische M.; er ist beim M.; er muß zum M. [einrücken] *(= er muß Soldat werden);* vom M. entlassen werden. 2) der; des Militärs, die Militärs ⟨meist Mehrz.⟩ (bildungsspr.): *[hoher] Wehrmachtsoffizier:* an dem Putsch beteiligten sich hohe, führende Militärs; der soldatische Gehorsam bedeutet ihm alles, wie es sich für einen alten M. gehört.

militärisch ⟨Adj.; attr. und als Artangabe; ohne Vergleichsformen⟩: *das Militär betreffend; soldatisch; kriegerisch:* militärische Einrichtungen, Erfolge, Geheimnisse; eine militärische Operation planen; einen militärischen Befehl ausführen; sein Gang ist m. gerade, aufrecht; seine Haltung, Gesinnung ist ausgesprochen m.; ein Land m. *(= mit Waffengewalt)* erobern, besiegen; das Land wird m. *(= durch die Armee bzw. ihre Offiziere)* regiert.

Militarismus, der; des Militarismus ⟨ohne Mehrz.⟩: *Vorherrschen militärischer Gesinnung im Zivilleben; übermäßiger Einfluß des Militärs auf die Politik eines Landes:* ein gefährlicher, verhängnisvoller M.; die Regierung muß mit allen Mitteln dafür sorgen, daß der M. in Deutschland nicht wiederauflebt.

Militarist, der; des Militaristen, die Militaristen: *Anhänger einer überbetont militärischen Gesinnung und Haltung:* er ist ein unverbesserlicher M.

militaristisch ⟨Adj.; attr. und als Artangabe⟩: *im Geiste des Militarismus [erfolgend], den Militarismus betreffend:* eine militaristische Diktatur; eine militaristische Politik betreiben; seine Ansichten sind, klingen sehr m.

Military [*militeri*], die; der Military, die Militarys; /Sport/ *reitsportliche Vielseitigkeitsprüfung (bestehend aus Geländeritt, Dressurprüfung und Jagdspringen):* die M., in der M. gewinnen; an der M. teilnehmen.

Miliz, die; der Miliz, die Milizen (bildungsspr.): *Volksheer (im Ggs. zum stehenden Heer);* (in sozialistischen Ländern:) *Polizeieinheit mit halbmilitärischem Charakter:* eine gut, schlecht ausgebildete, gut, schlecht ausgerüstete M.; die halbmilitärischen Einheiten, Verbände der M.; eine M. aufstellen; die M. einberufen; Rotchina verfügt über eine M. von schätzungsweise zwei Millionen Mann.

Millionär, der; des Millionärs, die Millionäre: *jmd., der ein Millionenvermögen besitzt; sehr reicher Mann:* er ist mehrfacher, vielfacher M.; er ist durch diese Spekulation zum M. geworden.

mimen, mimte, hat gemimt ⟨intr.⟩ (bildungsspr.): *sich verstellen, so tun, als ob, etwas vortäuschen; in einer bestimmten Rolle agieren:* der ist gar nicht verletzt, der mimt ja nur; den Kranken, Dummen, Harmlosen, Betrogenen, Verzweifelten m.; Mitgefühl, Trauer, Bewunderung, Verbundenheit m.; wir mimten ein Liebespaar, ein Ehepaar.

Mimik, die; der Mimik ⟨ohne Mehrz.⟩ (bildungsspr.): *Gebärden-, Mienenspiel:* der Schauspieler hat eine ausdrucksvolle M.; er überzeugte durch seine M.

Mimose, die; der Mimose, die Mimosen: **1)** *[Topf]pflanze mit meist rosavioletten Blütenköpfchen und feingefiederten Blättern, die bei Berührung nach unten zusammenklappen:* Mimosen pflanzen, umpflanzen. **2a)** /in Vergleichen/: er ist empfindlich wie eine M. *(= überaus empfindlich, leicht verletzbar).* **b)** /übertr./ *überaus empfindsamer, zart besaiteter Mensch:* eine männliche, zarte M.; er ist, eine richtige M.; sie ist alles andere als eine M.

Mine, die; der Mine, die Minen: **1)** /Bergwesen/ *unterirdischer Gang, Stollen; Erzlager:* eine M. erschließen, ausbeuten, stillegen. **2)** /Mil./ *Sprengkörper:* Minen vergraben, legen, sprengen; eine M. geht hoch, explodiert; ein Gelände nach versteckten Minen absuchen; in eine M. treten, fahren. **3)** *Bleistift-, Kugelschreibereinlage:* eine neue schwarze, blaue, rote Mine in den Kugelschreiber einlegen; die M. meines Kugelschreibers ist leer; die M. des Bleistifts ist zerbrochen.

Mineral, das; des Minerals, die Mineralien [...*iᵉn*] und die Minerale: /Chem./ *in der Erdkruste vorkommender anorganischer Stoff, der chemisch einheitlich gebildet und auf natürliche Weise entstanden ist:* gesteinsbildende Mineralien; dieses Wasser enthält die für den Organismus wichtigen Mineralien; Mineralien kommen vor, entstehen, verwittern.

minimal ⟨Adj.; attr. und als Artangabe; ohne Vergleichsformen⟩ (bildungsspr.): *sehr klein, winzig; Mindest...:* ein minimaler Unterschied; ein minimaler Vorteil, Vorsprung, Erfolg; unsere Forderungen sind m.; seine Chance, den Gegner noch einzuholen, ist m.; an minimalen Voraussetzungen sind erforderlich: ...; die Sollstärke einer Kompanie wird m. mit 150 Mann angegeben; ich habe an dieser Sache m. 2 000 DM verdient.

Minimum [auch: *mi*...], das; des Minimums, die Minima ⟨Mehrz. ungew.⟩ (bildungsspr.): *Mindestmaß, Mindestwert; sehr kleine Menge, geringe Anzahl, sehr wenig:* ein M. an Vertrauen, Entgegenkommen, Sicherheit erwarten; er kommt mit einem M. an Arbeitskräften aus; diese Sache erfordert nur ein M. an Kraft, Einsatz, Material; wir konnten die notwendigen Ausgaben auf ein M. reduzieren.

Minister, der; des Ministers, die Minister: /Pol./ *Mitglied der Regierung eines Staates oder Landes, das im allgemeinen einen bestimmten Geschäftsbereich (→ Ministerium) verwaltet:* ein guter, loyaler, korrupter, ehemaliger, früherer M.; der M. des Auswärtigen *(= Außenminister),* der Innern *(= Innenminister),* der Justiz, der Verteidigung, für Verkehr, für das Post- und Fernmeldewesen; er ist M. ohne besonderen Geschäftsbereich; die Minister des Bundes, der Länder; der Bundeskanzler schlägt dem Bundespräsidenten die Minister vor; einen M. vereidigen, ernennen; die Presse hat durch ihre Veröffentlichungen den M. zum Rücktritt gezwungen; der M. ist zurückgetreten.

ministeriell ⟨Adj.; meist attr., selten auch als Artangabe, aber nicht präd.; ohne Vergleichsformen⟩ (bildungsspr.): *einen Minister oder ein Ministerium betreffend; von einem Minister oder einem Ministerium ausgehend:* eine ministerielle Entscheidung; ein ministerieller Erlaß; etwas m. verfügen.

Ministerium, das; des Ministeriums, die Ministerien [...*iᵉn*]: /Pol./: **a)** *oberste Regierungs- und Verwaltungsbehörde eines Staates oder Landes, die einen bestimmten Aufgabenbereich (→ Ressort) verwaltet:* das M. des Äußeren, des Auswärtigen, des Innern, der Finanzen; ein M. verwalten, leiten, übernehmen. **b)** *Amtssitz eines Ministers:* das M. liegt in der Godesberger Straße; der Minister befindet sich bereits im M.

Minorität, die; der Minorität, die Minoritäten (bildungsspr.): *[Stimmen]-minderheit, Minderzahl:* eine kleine, unbedeutende, starke M.; nur eine schwache M. der Abgeordneten stimmte gegen den Antrag; seine politischen Gegner sind in der M.

Minus, das; des Minus, die Minus (bildungsspr.): *Verlust, Defizit* (im Ggs. zu →Plus): das schlechte Wetter bedeutet für mein Geschäft ein M. von mehreren tausend Mark; ein M. in seinen Einnahmen durch Überstunden ausgleichen.

minus: 1) ⟨Konj.⟩: /Math./ *weniger* (Zeichen: —): sieben m. vier ist drei (7 − 4 = 3). **2)** ⟨Präp.⟩: /bes. Kaufm./ *abzüglich:* sie haben 250 DM, m. 75 DM Anzahlung, zu entrichten. **3)** ⟨Adv.⟩: **a)** /Elektrot./ *negativ* (auf die Ladung bezogen; Zeichen: —): der Strom fließt von plus (+) nach m. (−). **b)** *unter dem Nullpunkt (Gefrierpunkt) liegend* (auf die Temperaturskala bezogen; nur als Zeichen geschrieben: —): das Thermometer ist auf −10° (gesprochen: minus zehn Grad) gefallen. − Vgl. auch: *plus.*

Minute, die; der Minute, die Minuten: **a)** *der sechzigste Teil einer Stunde (als Zeiteinheit):* eine halbe, ganze, volle, knappe M.; die Eier sollen vier Minuten kochen; ich mußte zehn Minuten auf ihn warten; ich kam 20 Minuten zu spät; ich hatte mich um einige, wenige Minuten verspätet; es ist jetzt elf Uhr und zwanzig Minuten. **b)** /übertr./ *kurzer Augenblick, kurze Zeitspanne:* es blieben uns nur noch wenige, ein paar Minuten ...; wir nutzten jede freie M., die wir hatten; hast du eine M., einige Minuten Zeit für mich?; wenige Minuten später schien bereits wieder die Sonne; oft entscheidet eine einzige, kurze Minute über ein ganzes Leben; wir genossen das Geschenk dieser kostbaren, wunderbaren Minuten unseres Zusammenseins; die Minuten dehnten sich, wurden unendlich lang, wollten nicht vorbeigehen; für wenige, kurze Minuten gab er sich der Hoffnung hin, daß ...; hier geht es um Minuten; nach wenigen Minuten war er bereits wieder hier; ich schlafe immer bis zur letzten M., (ugs.:) bis auf die letzte M.; er läßt es immer auf die letzte M. ankommen; in der nächsten M. war er bereits verschwunden; in letzter M. konnte ich gerade noch zur Seite springen; in den entscheidenden Minuten war er nicht da; in seinen letzten Minuten, in den letzten Minuten seines Lebens wollte er mit seinem Schöpfer allein sein; vor ein paar Minuten war er noch hier.

minuziös ⟨Adj.; attr. und als Artangabe⟩ (bildungsspr.): *bis ins kleinste genau, peinlich genau, äußerst gründlich:* minuziöse Vorbereitungen; mit minuziöser Pünktlichkeit, Genauigkeit, Gründlichkeit; seine Zeichnung ist in allen Details äußerst m.; etwas m. ausarbeiten, vorbereiten.

miserabel ⟨Adj.; attr. und als Artangabe⟩: *erbärmlich, armselig; schlecht, völlig unzulänglich; nichtswürdig, gemein:* er lebt unter miserablen Bedingungen; ein miserables Leben führen; er hat einen ganz miserablen Gesundheitszustand; das ist ein ganz miserabler Schurke, Lügner; mein Einkommen ist m.; seine Leistungen sind m.; es geht ihm m.; ich fühle mich m.; er hat sich m. benommen, aufgeführt.

Misere, die; der Misere, die Miseren ⟨Mehrz. selten⟩ (bildungsspr.): *Jammer, Not, Trostlosigkeit, Unglück:* eine private, persönliche, familiäre, berufliche, wirtschaftliche, finanzielle, politische, wissenschaftliche M.; die M. der steigenden Preise; die anhaltende M. der Naturwissenschaften in Deutschland; eine M. überwinden; in eine M. hineingeraten; sich in einer M. befinden; aus einer M. herauskommen; jmdm. aus einer M. heraushelfen.

Mission, die; der Mission, die Missionen: **1)** (bildungsspr.) *Auftrag, Aufgabe:* eine schwierige, heikle, dringliche, diplomatische, politische, heilige, peinliche, delikate, gefährliche M.; eine M. übernehmen, erfüllen; ich betrachte es als meine M., ...; meine M. ist erfüllt, gescheitert, be-

Missionar

endet; in einer bestimmten M. kommen; der deutsche Botschafter ist in geheimer M. nach Moskau abgereist; jmdn. mit einer besonderen M. betrauen. **2)** (bildungsspr.) *Gruppe von Personen, die mit einem bestimmten Auftrag (bes. im sportlichen Bereich) ins Ausland reist, Gesandtschaft:* er leitet die deutsche M. bei den Olympischen Spielen; eine M. entsenden; die wirtschaftliche M. setzt sich zusammen aus . . . **3)** /Rel./ *Verbreitung der christlichen Glaubenslehre unter den Völkern der Erde; Heidenbekehrung:* in der M. tätig sein, arbeiten. –
* **Innere M.**: *Gesamtheit der Einrichtungen der Diakonie und der christlichen Wohltätigkeit (bes. im eigenen Volk) innerhalb der evangelischen Kirche.* – * **Äußere M.**: *die eigentliche Tätigkeit der Heidenbekehrung außerhalb des eigenen Landes.*

Missionar, der; des Missionars, die Missionare: *in der Missionsarbeit tätiger Geistlicher oder Prediger:* er geht als M. in den Urwald Südamerikas; deutsche Missionare haben das Christentum unter den Wilden verbreitet.

missionieren, missionierte, hat missioniert ⟨tr.; jmdn., etwas m.⟩: *ein Land oder dessen Bewohner mit der christlichen Glaubenslehre bekannt machen und zum Christentum bekehren:* größere Gebiete des europäischen Festlandes wurden im 7./8. Jh. von irischen Mönchen missioniert; es gibt heute nur noch wenige Stämme von Eingeborenen, die nicht missioniert [worden] sind.

Mixed [mikßt], das; des Mixed[s], die Mixed[s]: *gemischtes Doppel (im Tennis, Tischtennis und Federballspiel):* Herr X hat zusammen mit Frau Y das M., im M. gewonnen; er tritt nur im M. an; er spielt nur im M.

mixen, mixte, hat gemixt ⟨tr., etwas m.⟩ (bildungsspr.): **a)** *aus verschiedenen [alkoholischen] Zutaten ein Getränk zusammenmischen:* darf ich Ihnen einen Drink, Cocktail m.?; der Arzt hat die Arznei selbst gemixt. **b)** /bildl. und übertr./ *verschiedene Dinge miteinander kunstgerecht [nach Art eines Cocktails] mischen:* einen Schallplattencocktail aus alten und neuen Schlagern m.; woraus hast du denn diese Sauce gemixt?

Mixer, der; des Mixers, die Mixer: **1)** *Barkeeper (Schankkellner oder Barinhaber), der alkoholische Mixgetränke für seine Gäste zusammenstellt:* er arbeitet als M. in einer Bar. **2)** *[elektrisches] Gerät zum Mischen und Mengen von Getränken und Speisen; Mischbecher:* die einzelnen Zutaten eines Cocktails in einen M. geben, schütten, in einem M. kräftig durchmischen.

Mob, der; des Mobs ⟨ohne Mehrz.⟩ (geh.): *Pöbel:* in den Straßen wütete der aufgepeitschte M.

mobil ⟨Adj.; attr. und als Artangabe⟩: **1)** ⟨ohne Vergleichsformen⟩: **a)** *für den Kriegszustand gerüstet, kampfbereit:* mobile Truppen, Reserven; die Truppen sind m.; [das Heer] m. machen. **b)** /übertr.; in der festen Wendung/ * **etwas, jmdn. [gegen jmdn., etwas] machen** (ugs.).: *mit sehr viel Aufwand erreichen, daß jmd. oder etwas [gegen jmdn. oder etwas] aktiv wird; jmdn. oder etwas [gegen jmdn. oder etwas] zum Eingreifen bewegen:* er hat die ganze Stadt, die ganze Bevölkerung gegen diesen Plan m. gemacht; er hat alle zuständigen Behörden in dieser Sache m. gemacht. **2)** *beweglich; rüstig, munter, frisch:* eine noch recht mobile alte Dame; sein Verstand ist noch sehr m.; ich hoffe noch recht lange einigermaßen m. zu bleiben.

Mobile, das; des Mobiles, die Mobiles:/Kunstw./ *hängend befestigtes graziles Gebilde aus Drähten und beweglichen, vielgestaltigen [Metall]formen, das durch Luftzug, aufsteigende Warmluft oder Anstoß in Schwingung gerät:* ein M. aus Metallplättchen, aus Stroh; ein M. basteln, aufhängen.

Mobiliar, das; des Mobiliars, die Mobiliare ⟨Mehrz. selten⟩: *bewegliche Habe, Hausrat, Gesamtheit der Möbelstücke einer Wohnung oder eines Hauses:* sie haben bei der Überschwemmung ihr ganzes M. verloren, er will sein altes M. verkaufen; neues M. kaufen; sein M. versichern lassen; das M. der Firma wird versteigert; das M. des Raums bestand aus einem Bett, einem Stuhl und einem alten Tisch.

mobilisieren, mobilisierte, hat mobilisiert ⟨tr.; jmdn., etwas m.⟩ (bildungsspr.): *verfügbar machen:* Truppen, eine Armee, die Miliz, Reserveeinheiten m. *(= für den Ernstfall einsatzbereit machen);* Kräfte m.; alle, die letzten Reserven m. *(= frei machen, wecken).*

möblieren, möblierte, hat möbliert ⟨tr., etwas m.; meist im zweiten Partizip⟩: *etwas mit Möbeln ausstatten, einrichten:* wir haben uns vollständig neu möbliert; eine möblierte Wohnung, ein möbliertes Zimmer mieten; möbliert wohnen; wir vermieten unsere Zimmer nur möbliert.

Modalität, die; der Modalität, die Modalitäten ⟨meist Mehrz.⟩ (bildungsspr.): *Art und Weise, Ausführungsart, Verfahrensweise, Spielart:* er war noch nicht so vertraut mit den Modalitäten des Strafprozesses.

Modell, das; des Modells, die Modelle: **1 a)** *verkleinerte, meist plastische Ausführung von etwas, was gebaut oder zusammengebaut werden soll:* das Modell eines Flugzeugs, eines Schwimmstadions, einer Trabantenstadt entwerfen, vorlegen. **b)** *Muster, Entwurf, vorbildliche Form:* das M. eines neuen Hochschulgesetzes; dies ist eines von mehreren denkbaren Modellen für eine gesamteuropäische Regierung. **2)** *Typ, Ausführungsart eines Fabrikats:* das ist das neueste M. von Simca; dieses Fernsehgerät ist ein veraltetes M.; mehrere deutsche Automobilfirmen werden in diesem Jahr wieder neue Modelle auf den Markt bringen. **3)** *nur einmal in seiner Art nach besonderem Entwurf hergestelltes modisches Kleidungsstück:* ein M. aus dem Hause Dior; ein Pariser, Londoner M.; die neuesten Modelle aus der Frühjahrskollektion vorführen, zeigen. **4)** *Mensch, Tier oder Gegenstand als Vorbild oder Vorlage für ein Werk der bildenden Kunst:* sie war sein M. für die meisten seiner Aktzeichnungen; einem Maler M. stehen, sitzen.

modellieren, modellierte, hat modelliert ⟨tr.; jmdn., etwas m.⟩: /Kunstw./ *von jmdm. oder etwas aus formbarem Material eine plastische Nachbildung oder einen plastischen Entwurf herstellen:* ein Künstler hat ihn, seinen Kopf, diese Gruppe in Ton, in Wachs, in Gips modelliert.

Moderator, der; des Moderators, die Moderatoren: *meist leitender Redakteur einer Fernsehanstalt, der durch eine Sendung (bes. Magazin- oder Dokumentarsendung) führt und dabei die einzelnen Programmpunkte ankündigt, erläutert und kommentiert:* er ist M. beim Zweiten Deutschen Fernsehen; der M. der Sportschau.

modern ⟨Adj.; attr. und als Artangabe⟩: **a)** *der Mode entsprechend, modisch; neuzeitlich:* ein modernes Kleid, Kostüm; eine moderne Frisur; einen modernen Wagen fahren; unsere Wohnungseinrichtung ist ganz m.; m. eingerichtet sein; sich m. kleiden; der Anzug ist m. geschnitten. **b)** *zeitgemäß; neu[zeitlich], heutig; aufgeschlossen, fortschrittlich, vorurteilsfrei:* die moderne Zeit, das moderne Leben; ein moderner Lebensstil; moderne wissenschaftliche Erkenntnisse; der moderne Mensch, Christ; die moderne Literatur, Musik, Malerei; sie ist eine moderne Frau; sie hat moderne Ansichten über die Ehe; diese Romanze ist ein modernes Märchen vom Schneewittchen; diese Irrfahrt ist eine moderne Odyssee; ein moderner Odysseus; unsere Arbeitsmethoden sind m.; wir sind sehr modern in Erziehungsfragen; m. denken, handeln, schreiben, komponieren.

modernisieren, modernisierte, hat modernisiert ⟨tr., etwas m.⟩: *etwas modisch oder neuzeitlich herrichten oder umgestalten, umbauen; etwas erneuern:* ein Haus, eine Wohnung, ein Lokal, einen Betrieb, ein Unternehmen, den Regierungsapparat, die Verwaltung, die Arbeitsmethoden m.

Modifikation, die; der Modifikation, die Modifikationen (bildungsspr.): *Abwandlung, Spielart:* der Austragungsmodus der Eishockeyweltmeisterschaft hat im Laufe der Jahre zahlreiche Modifikationen erfahren.

modisch ⟨Adj.; attr. und als Artangabe⟩ (bildungsspr.): *der neuesten Mode entsprechend, nach dem neuesten Chic:* ein modischer Hut; modische Schuhe; modische Formen; modisches Beiwerk; diese Farben sind sehr m.; sich m. kleiden.

Modus [selten auch: mo...], der; des Modus, die Modi: **1)** (bildungsspr.) *Art und Weise, Form:* wir müssen einen vernünftigen, brauchbaren M. für gesamtdeutsche Gespräche finden; er lehnt den traditionellen M. des ehelichen Zusammenlebens ab; wir müssen uns auf einen bestimmten M. in der gemeinsamen Ostpolitik einigen; die Schachweltmeisterschaft wird künftig nach einem neuen M. ausgetragen, durchgeführt. – * **M. vivendi:** = *erträgliche Übereinkunft, Verständigung.* – * **M. procedendi:** = *Verfahrensart.* **2)** /Sprachw./ *Aussageweise des Zeitworts:* den M. eines Zeitworts bestimmen; welchen M. verlangt diese Satzkonstruktion?; in welchem M. steht dieses Verb?

mokieren, sich; mokierte sich, hat sich mokiert ⟨refl.⟩ (bildungsspr.): *sich abfällig oder spöttisch über jmdn. oder etwas äußern, sich über jmdn. oder etwas lustig machen:* ihr Vater mokiert sich über sie, weil sie Miniröcke trägt; sie mokierte sich über seine angeblich veralteten Erziehungsmethoden.

Moment: 1) der; des Moment[e]s, die Momente: **a)** *Augenblick, Zeitpunkt:* jetzt ist der richtige, geeignete M. gekommen, um ...; einen günstigen M. abwarten, erwischen; den günstigsten M. wählen, verpassen; im M. seiner Ankunft; in einem unbewachten M. muß er die Karten ausgetauscht haben; in diesem, im gleichen, nächsten M. kam er zur Tür herein; er muß jeden M. kommen; etwas im gegebenen M. tun; im entscheidenden M. versagen; er hat das im unpassendsten M. gesagt; vor diesem M. hatte er sich gefürchtet; ich habe mich lange auf diesen M. gefreut. **b)** *Augenblick, kurze Zeitspanne, kurze Zeit:* hast du einen [kleinen, kurzen] M. Zeit für mich?; einen M. lang glaubte ich, ...; einen lichten M. haben; er zögerte einen M., dann ...; es gibt Momente im Leben, die ...; M. mal! (ugs.); einen M. bitte!; warte doch einen M.!; im M. *(= zur Zeit)* habe ich kein Geld; im ersten M. befürchtete ich, ...; für einen flüchtigen M. sah ich ihn inmitten der Menge. **2)** das; des Moment[e]s, die Momente (bildungsspr.): *Umstand, Faktor, Punkt, Merkmal, Gesichtspunkt:* ein wichtiges, entscheidendes, psychologisches M.; die Angst war das auslösende M. für diese Tat; der Verteidiger brachte als überraschendes M. die angebliche Unzurechnungsfähigkeit seines Mandanten ins Spiel; eine bedeutsames M. übersehen, nicht berücksichtigen; bei diesem Unfall kommt noch das M. der Erschöpfung hinzu; die Untersuchung brachte keine wesentlichen neuen Momente.

Monarch, der; des Monarchen, die Monarchen: *legitimer fürstlicher Herrscher, gekröntes Staatsoberhaupt (bes. Kaiser oder König):* der greise M. dankte ab.

Monarchie, die; der Monarchie, die Monarchien: **a)** *Staatsform, in der die Staatsgewalt von einem Monarchen ausgeübt wird:* eine kaiserliche, königliche, alte M.; eine absolute *(= unumschränkte),* konstitutionelle *(= durch Verfassung eingeschränkte)* parlamentarische *(= durch ein Parlament eingeschränkte)* M.; England hat eine M. **b)** *von einem Monarchen regiertes Land:* Norwegen ist eine M.; in Europa gibt es mehrere Monarchien; die Holländer leben in einer M.

mondän ⟨Adj.; attr. und als Artangabe⟩ (bildungsspr.): *nach Art der großen Welt; betont lässig und modern; von aufdringlicher Eleganz:* eine mondäne Frau; ein mondäner Badeort; ein mondänes Lokal; ihre Kleider sind, wirken sehr m.; ihre Wohnung, ihr Schmuck ist sehr m.; das Nachtlokal ist äußerst m. aufgezogen; m. eingerichtet sein; sie kleidet sich betont m.

Moneten, die ⟨Mehrz.⟩ (salopp): *Geld:* ich habe nicht genügend M. bei mir; ich brauche dringend M.

monieren, monierte, hat moniert ⟨tr., etwas m.⟩ (bildungsspr.): *etwas bemängeln, beanstanden; etwas tadeln, rügen:* jmds. Verhalten, Leistungen m.; das Publikum monierte die zu leise Stimme des Redners; Mama monierte meinen saloppen Aufzug; was hast du denn jetzt schon wieder an mir zu m.?; am Spiel der deutschen Elf ist vor allem zu m., daß nicht genügend über die Flügel gespielt wurde.

Monitor, der; des Monitors, die Monitoren: /Techn./ *kleines Fernsehkontrollgerät für Reporter, Kommentatoren u. a., die nach dem Fernsehbild sprechen:* das Bild auf dem M. ist ausgefallen; der Reporter verfolgt das Spiel auf dem M.

Monitum, das; des Monitums, die Monita (bildungsspr.): *Beanstandung, Rüge:* jmdm. ein [ernstes, scharfes] M. erteilen; ein M. bekommen, einstecken müssen.

Monokel, das; des Monokels, die Monokel: *Einglas:* ein M. tragen; der Geheimrat klemmte sich sein M. ins Auge.

Monogramm, das; des Monogramms, die Monogramme: *aus den Anfangsbuchstaben des Namens, Vornamens oder des Namens und Vornamens bestehendes Namenszeichen (oft in künstlerischer Ausführung):* sein M. in ein Wäschestück einnähen; der Ring trägt sein M.

Monolog, der; des Monolog[e]s, die Monologe (bildungsspr.): *Selbstgespräch (bes. als literarische Form, z. B. in einem Drama):* der berühmte M. von Hamlet aus Shakespeares gleichnamigem Drama; einen M. sprechen; er langweilte mich mit seinem endlosen M. über die Ehe; statt des erhofften gesamtdeutschen Dialoges gibt es bis jetzt lediglich zwei deutsche Monologe.

Monopol, das; des Monopols, die Monopole: **a)** /Wirtsch./ *marktbeherrschende Stellung eines Unternehmens:* ein privates, öffentlichrechtliches, öffentliches, staatliches, amerikanisches M.; die Firma hat das M. auf dem Gebiet des . . .; ein M. ausüben, errichten, ausnutzen; über ein M. verfügen; ein M. entsteht. **b)** /übertr./ (bildungsspr.) *Vorrangstellung, Vorrecht:* diese Partei beansprucht für sich das M., den Bundeskanzler zu stellen; auf ein M. verzichten.

Monstranz, die; der Monstranz, die Monstranzen: /kath. Rel./ *(meist kostbares) Gefäß zum Tragen und Zeigen der geweihten Hostie:* eine kostbare, wertvolle, goldene M.; bei einer Prozession trägt der Priester die M.; der Priester erteilt den Segen mit der M.

monströs ⟨Adj.; attr. und als Artangabe⟩ (bildungsspr., abwertend): *durch unverhältnismäßige Größe unästhetisch wirkend; unförmig, mißgestaltet:* ein monströses Buch, Auto; er hat monströse Füße; der Kopf des Jungen ist, wirkt, erscheint durch die Geschwulst richtig m.; etwas sieht m. aus.

Monstrum, das; des Monstrums, die Monstren, selten auch: die Monstra: **1)** (bildungsspr.) **a)** *mißgestalteter Mensch oder mißgestaltetes Tier, Mißgeburt:* ein menschliches, tierisches M.; er läuft als bedauernswertes, häßliches M. herum. **b)** *Ungeheuer, Scheusal* (auf Personen bezogen): sie hatte richtige Angst vor diesem widerlichen, besoffenen M. **2)** *großer, unförmiger Gegenstand; etwas, das unverhältnismäßig groß und unförmig ist und darum unästhetisch wirkt, etwas Riesiges und Ungeheuerliches:* was soll ich denn mit diesem entsetzlichen M. von Hut anfangen?; das M. China.

Montage [*montąsch^e*], die; der Montage, die Montagen: *Aufstellung, Auf-*

bau, Zusammenbau, Zusammensetzung (bes. von Maschinen): die M. eines Stahlrohrgerüstes, einer Maschine, einer Brücke; eine M. durchführen; auf M. gehen, arbeiten.

Monteur [...*tör*], der; des Monteurs, die Monteure: /Berufsbez./ *jmd., der Montagearbeiten ausführt:* die Firma schickte uns einen M., der den Heizkörper, den Fernsehapparat, die Antenne reparierte; er wurde von seiner Firma als M. ins Ausland geschickt.

montieren, montierte, hat montiert ⟨tr., etwas m.⟩: *technische Einrichtungen (bes. Maschinen) aufbauen, aufstellen, zusammenbauen, installieren:* eine Maschine, ein Gerüst, ein Klapprad m.

Montur, die; der Montur, die Monturen (ugs., scherzh.): *Kleidung, bes.: Arbeitskleidung; Uniform:* seine M. anziehen, ablegen; in seine M. steigen (salopp); sich in seine M. werfen (salopp); er stürzte in voller M. (= *mit seinen Kleidern*) ins Wasser; er zeigte uns stolz seine neue, blaue M., die er als Polizist tragen muß.

Monument, das; des Monument[e]s, die Monumente (bildungsspr.): *Denkmal:* **a)** /konkret/: ein riesiges M. aus Stein; ein M. errichten. **b)** /übertr./: diese Handschrift gehört zu den wertvollsten antiken, mittelalterlichen, historischen Monumenten; diese Erfindung ist ein großartiges M. menschlichen Geistes.

Moral, die; der Moral, die Moralen ⟨Mehrz. ungew.⟩: **1)** *Grundsätze sittlichen Verhaltens; sittliches Verhalten, Sittlichkeit:* die christliche, natürliche, praktische, bürgerliche, politische, sexuelle M.; eine doppelte, brüchige M.; hier herrscht eine strenge M.; die eheliche M. ist sehr locker, gelockert, ist stark gesunken; die Gesetze der M. beachten; gegen die geltende, herrschende M. verstoßen; ohne M. leben; über die M. wachen. **2)** ⟨ohne Mehrz.⟩: *Disziplin; innere Kraft, Selbstvertrauen:* die Moral der Truppe, in unserer Mannschaft ist gut, schlecht, gebrochen, ungebrochen; dieser Sieg hat die M. unserer Mannschaft, unserer Spieler gestärkt. **3)** ⟨ohne Mehrz.⟩: *Nutzanwendung, Lehre:* die M. der Geschichte, des Films ist ...; daraus ergibt sich als M. ...

moralisch ⟨Adj.; attr. und als Artangabe⟩: **a)** ⟨gew. nicht Präd.⟩: *auf die Moral bezüglich; der Moral entsprechend:* eine moralische Verpflichtung, Pflicht; moralische Bedenken, Einwände; ein Verhalten ist m. gut, schlecht, einwandfrei, neutral; sich m. entrüsten. **b)** *sittlich gut, im Einklang mit den Moralgesetzen [stehend]; sittenstreng; brav* (im allg. im Ggs. zu: unmoralisch): ein moralisches Verhalten, Leben; sie ist in allem immer sehr m.; m. handeln.

Moralist, der; des Moralisten, die Moralisten (bildungsspr., abschätzig): *Sittenrichter, Moralprediger:* ein strenger M.; er spielt gern den Moralisten.

morbid ⟨Adj.; attr. und als Artangabe⟩ (geh.): *angekränkelt, verzärtelt; morsch, brüchig:* er ist in einer morbiden Verfassung; er hat eine morbide Gesundheit, einen morbiden Gesundheitszustand; eine morbide Moral; unsere Wohlstandsgesellschaft ist durch und durch m.; ich halte diese neuen und verrückten künstlerischen Formen für m.

Morpheus [*mor̯foiß*], nur in der festen Wendung: * **in Morpheus Armen liegen** (geh.): *in süßem Schlaf liegen, selig schlummern.*

Morphinist [*morf*...], der; des Morphinisten, die Morphinisten: /Med./ *Morphiumsüchtiger:* er ist seit langem M.; der Arzt ließ den Morphinisten zur Entziehung in eine Anstalt überweisen.

Mosaik, das; des Mosaiks, die Mosaiken: **1)** /Kunstw./ *Einlegearbeit aus verschiedenfarbigen Stein- oder Glassplittern:* ein buntes, antikes, wertvolles M.; ein M. legen; bunte Steine zu einem M. zusammenfügen. **2)** /übertr./ (bildungsspr.) *buntes Allerlei, farbige Mischung, Vielfalt:* ein [buntes] M. der Farben, der Düfte, der Klänge, der Melodien.

Motiv [...*if*], das; des Motivs, die Motive [...*w^e*] (bildungsspr.): **1)** *Beweggrund, Ursache, Anlaß:* es gibt kein vernünftiges, klares, überzeugendes, einleuchtendes, zwingendes M. für diese Tat; das M. dieser Tat, für diese Tat war Eifersucht; er hatte ein naheliegendes, plausibles, persönliches M. für diesen Mord; Angst, Liebe und Haß sind die stärksten, mächtigsten Motive menschlichen Handelns; jmds. Motive kennen, durchschauen, verstehen; ich kenne seine wahren Motive nicht; das Motiv einer Tat suchen, finden; jmdm. ein M. unterstellen; für dieses Verbrechen fehlt jedes M.; etwas aus privaten, eigennützigen, niederträchtigen, gemeinen, uneigennützigen, politischen, selbstlosen, materiellen, ideellen Motiven [heraus] tun; er versucht nur, vom wirklichen, eigentlichen Motiv seiner Tat abzulenken; etwas ohne jedes, ohne erkennbares M. tun. **2)** *Leitgedanke, partielles Thema eines literarischen oder musikalischen Werkes oder eines Werkes der bildenden Kunst:* ein literarisches, dramatisches, künstlerisches, musikalisches M. gestalten; das M. der belohnten Treue, der bösen Fee im deutschen Märchen; einzelne Motive der Ouvertüre klingen im dritten Akt der Oper wieder an, kehren im dritten Akt wieder. **3)** *ein durch besondere Form oder Farbe zur künstlerischen (bes. photographischen) Wiedergabe reizender Gegenstand:* nach einem geeigneten M. für eine Aufnahme suchen; diese Sonnenblume hier wäre ein schönes M.; dieser Maler bevorzugt ländliche Motive.

motivieren [...*wir^e n*], motivierte, hat motiviert ⟨tr., etwas m.⟩ (bildungsspr.): *etwas begründen:* wie will er sein Verhalten, sein Vorgehen, seine Tat m.?; eine Handlung politisch, religiös, weltanschaulich m.; er möchte sein Versagen mit seiner langen Erkrankung m.

Motor, der; des Motors; die Motoren: **1)** auch: Motor, der; des Motors, die Motore: /Techn./ *Kraftmaschine zum Antrieb einer anderen Maschine, eines Fahrzeugs u. a.:* ein leichter, schwacher, starker, schwerer, hochgezüchteter, elastischer, defekter M.; die Aufhängung eines Motors; der M. eines Kraftwagens, Schiffs, einer Waschmaschine, eines Rasierapparates; der M. ist noch kalt, ist warm, ist heiß, hat sich heißgelaufen, kocht, setzt aus, bleibt stehen, streikt (ugs.), ist abgesoffen (ugs.), blockiert, springt gut, leicht, schlecht an, läuft ruhig, unruhig, läuft auf vollen Touren, arbeitet, funktioniert gut, dreht sich langsam, schnell, brummt, surrt, dröhnt, tuckert, singt, klopft, heult, heult auf; der M. dieses Wagens leistet 40 PS, hat einen Hubraum von 1485 ccm, macht maximal 5200 Umdrehungen in der Minute, verbraucht viel Öl, Benzin; die Motoren des Schiffs bringen zusammen eine Leistung von 5000 PS; einen M. anlassen, anstellen, anschalten, einschalten, abstellen, ausschalten; den M. eines Wagens warmlaufen lassen, hochjagen, schonen, strapazieren, überholen, waschen, abwürgen; mit laufendem M. parken. **2)** /übertr./ (bildungsspr.) *treibende Kraft* (meist auf Personen bezogen): er ist der eigentliche M. des Unternehmens; sein unerschütterlicher Glaube war der M. all seiner Bemühungen.

Motto, das; des Mottos, die Mottos: *Denk-, Wahl-, Leitspruch:* sein M. ist: „Wer rastet, rostet"; über dem Buch steht das M. ...; ein Kapitel des Romans trägt ein M.; sich etwas als M. wählen; ein M. haben; nach dem M. leben ...; er handelte, arbeitete nach dem M. ...; die Versammlung stand unter dem M. ...

multipel ⟨Adj.; attr. und als Artangabe⟩ (bildungsspr.): *vielfältig:* eine multiple Persönlichkeit; die multiplen Formen moderner Architektur; seine Kenntnisse sind sehr m.; ein Problem m. darstellen.

Multiplikation, die; der Multiplikation, die Multiplikationen: /Math./ *Vervielfachung, Malnehmen:* die M. zweier Zahlen; eine M. ausführen, durchführen.

multiplizieren, multiplizierte, hat multipliziert ⟨tr., etwas mit etwas m.⟩: /Math./ *eine Zahl mit einer anderen malnehmen, vervielfachen:* 5 mit 6, a mit b, mehrere Zahlen miteinander m.

Mumie [...i^e], die; der Mumie, die Mumien (bildungsspr.): *durch Einbalsamierung vor Verwesung geschützter Leichnam:* die gut erhaltenen Mumien altägyptischer Könige. – /in Vergleichen/: sie sieht aus wie eine wandelnde, ausgetrocknete M. (= *sie ist eingefallen und welk*).

Munition, die; der Munition ⟨ohne Mehrz.⟩: **a)** *Schießmaterial für Feuerwaffen:* kleinkalibrige, großkalibrige, scharfe, leichte, schwere M.; M. für eine Pistole, für einen Karabiner; er hat nur noch drei Schuß M.; der Leutnant gab die M. aus. **b)** /übertr., in der festen Wendung/ * **seine [ganze] M. verschossen haben** (ugs.): *keine Argumente oder Trümpfe mehr haben; keinen [siegbringenden] Treffer mehr erzielen* (Sport).

Museum, das; des Museums, die Museen: *Ausstellungsgebäude für Kunstgegenstände und wissenschaftliche Sammlungen:* ein landesgeschichtliches, völkerkundliches, prähistorisches (= *vorgeschichtliches*), privates M.; ein M. für moderne Kunst; ein M. einrichten, eröffnen, besuchen; das M. besitzt zahlreiche kostbare Gemälde aus dem 16. Jh.; das M. ist von 8–12 Uhr geöffnet; das M. ist geschlossen; ins M. gehen; dieses Bild hängt in einem M.

Musical [mjusik^e l], das; des Musicals, die Musicals: /Mus./ *Sonderform der Operette, in der darstellerische Elemente mit einfachen, anspruchslosen Lied- und Tanzformen organisch verbunden sind:* ein amerikanisches M.; ein M. von L. Bernstein; ein M. schreiben, komponieren, aufführen; in einem M. mitwirken; eine Melodie aus einem M. spielen.

Musik, die; der Musik ⟨ohne Mehrz.⟩: **a)** *Tonkunst:* die M. des Barock, der Renaissance, der alten Griechen; die antike, mittelalterliche, moderne M.; M. studieren; sich nicht für M. interessieren. **b)** *Werke der Tonkunst; musikalische Weisen:* leichte, heitere, beschwingte, ernste, schwere, gute, klassische, romantische, moderne M.; M. hören, lieben; die M. zu diesem Film komponierte, schrieb Michael Jary; M. machen, (auf dem Plattenspieler) auflegen, (im Rundfunk) einschalten; aus dem Lautsprecher ertönte, drang leise, zarte, gedämpfte, laute, wilde M.; M. erklingt, erschallt. **c)** *das Spiel, der Vortrag musikalischer Werke; musikalische Klänge:* die M. setzt wieder ein, bricht ab, setzt aus, schwillt auf und ab, dringt aus dem Fenster, auf die Straße. – /bildl./ (geh.): in meinem Herzen war eine wunderbare M.

musikalisch ⟨Adj.; attr. und als Artangabe⟩: **1)** ⟨nicht präd.; ohne Vergleichsformen⟩: *die Musik betreffend; durch Musik [erfolgend]:* eine musikalische Veranstaltung; er hat eine gute musikalische Ausbildung genossen; der musikalische Höhepunkt der Festspiele; eine musikalische Einlage, Rarität; ein musikalischer Bilderbogen (= *Potpourri*); musikalische Interessen haben; m. begabt sein; einen Dokumentarfilm m. untermalen. **2)** *musikbegabt, ein überdurchschnittliches Musikverständnis habend bzw. beweisend:* ein sehr musikalischer Vortrag; der Junge ist wirklich m.; m. (Klavier) spielen, dirigieren, singen.

Musikant, der; des Musikanten, die Musikanten (mdal. und ugs.; gelegentlich abschätzig): *Musiker, der zum Tanz oder zu Umzügen aufspielt:* die Musikanten spielten zum Tanz auf.

Musiker, der; des Musikers, die Musiker: /Berufsbez./ *Tonkünstler (Sammelbezeichnung für Komponisten, Dirigenten und Instrumentalisten):* die Musiker eines Orchesters; er gehört zu den bedeutendsten Musikern des 20. Jahrhunderts; er war früher ein bekannter M.; er will M. werden.

Muskulatur, die; der Muskulatur, die Muskulaturen ⟨Mehrz. ungew.⟩: *Muskelgefüge, Gesamtheit der Mus-*

keln eines Körpers oder Körperteils: die M. des Bauches, Kopfes, der Arme, Beine; er hat eine kräftige, starke, gut ausgebildete M.; durch dieses Training wird die gesamte M. des Körpers beansprucht.

muskulös ⟨Adj.; attr. und als Artangabe⟩ (bildungsspr.): *mit kräftigen Muskeln ausgestattet, sportlich-kräftig:* er hat einen muskulösen Körper; ein muskulöser Boxer, Ringer, Mann; die Beine der Tänzerin sind sehr m.; er wirkt m.; er ist m. gebaut.

mysteriös ⟨Adj.; attr. und als Artangabe⟩ (bildungsspr.): *geheimnisvoll, rätselhaft:* ein mysteriöser Vorfall, Zwischenfall, Telefonanruf, Brief, Anrufer, Briefschreiber; dieser Mordfall ist, bleibt sehr m., wird immer mysteriöser; die Sache begann, entwickelte sich, endete äußerst m.

Mysterium, das; des Mysteriums, die Mysterien [...iᵉn] (geh.): *[religiöses] Geheimnis, geheimnisvolles, mit dem Verstand nicht ergründbares Geschehen:* ein unergründliches, unfaßbares, göttliches M.; das M. des Lebens, des Todes, der Menschwerdung, der Zeugung, der Liebe, des Glaubens, der göttlichen Gnade; ein M. zu ergründen suchen, entweihen.

mystisch ⟨Adj.; gew. nur attr.; ohne Vergleichsformen⟩ (geh.): *geheimnisvoll, dunkel, rational nicht erklärbar; überirdisch:* die Frühgeschichte der Menschheit ist in mystisches Dunkel getaucht; eine mystische Verehrung erfahren; eine mystische Frömmigkeit.

Mythos, der; des Mythos, die Mythen; selten auch: **Mythus,** der; des Mythus, die Mythen: **1)** ⟨nur Einz.⟩ (bildungsspr.): *Legendenbildung, Legende:* der M. vom tausendjährigen Reich der nationalsozialistischen Herrschaft; er pflegte den M. der Unbesiegbarkeit, der sich um seine Person gebildet hatte; einen M. aufbauen, zerstören. **2)** ⟨nur Mehrz.⟩: *die von Göttern, Helden und Geistern handelnden Sagen und Dichtungen eines Volkes:* die antiken, germanischen Mythen.

N

naiv [*na-if*] ⟨Adj.; attr. und als Artangabe⟩ (bildungsspr.): *kindlich, treuherzig, unbefangen; arglos, harmlos, ahnungslos, einfältig:* ein naiver Mensch; eine naive Frage, Antwort; etwas mit naiver Unbekümmertheit tun; eine naive Freude über etwas empfinden; sie ist wirklich reichlich n.; deine Frage ist sehr n.; es ist sehr n. von dir zu glauben, daß . . .; n. fragen, antworten; . . ., sagte er n.;

Naivität [*na-iwi-...*] ,die; der Naivität, die Naivitäten ⟨Mehrz. ungew.⟩ (bildungsspr.): *Treuherzigkeit, kindliche Unbefangenheit; Arglosigkeit, Einfältigkeit:* große, unglaubliche N.; die N. einer Frage, einer Antwort; sie hat die N. eines Kindes; sie ist von einer seltenen N.; etwas mit ziemlicher N. tun, sagen.

Narkose, die; der Narkose, die Narkosen: /Med./ *allgemeine Betäubung des Organismus mit zentraler Schmerz- und Bewußtseinsausschaltung durch Zufuhr eines Betäubungsmittels:* eine leichte, tiefe, kurze, lange, anhaltende N.; die verschiedenen Stufen, Stadien einer N.; eine N. vorbereiten, einleiten, vornehmen, steuern; jmdn. in N. versetzen, unter N. setzen; in N. liegen; er hat in der N. geredet; aus der N. erwachen, aufwachen.

narkotisieren, narkotisierte, hat narkotisiert ⟨tr.; jmdn., ein Tier n.⟩: /Med./ *jmdn., ein Tier unter Narkose setzen, betäuben:* der Patient wurde durch eine Spritze narkotisiert; der Löwe wurde in einen Käfig verladen, nachdem er mit Hilfe eines Spezialgewehrs narkotisiert worden war.

Nation

Nation [*nazjon*], die; der Nation, die Nationen: *Volksgemeinschaft, die sich im Staat manifestiert:* die deutsche, französische, polnische N.; die europäischen, afrikanischen Nationen; eine starke, mächtige, reiche, einflußreiche, schwache, arme, zivilisierte, Handel treibende, junge N.; eine N. entsteht, wird geboren; eine N. gründen. – * **Vereinte Nationen:** *überstaatliche Organisation zur Erhaltung des Weltfriedens:* die Vollversammlung der Vereinten Nationen.

national [*nazjonal*] ⟨Adj.; attr. und als Artangabe, aber gew. nicht präd.; ohne Vergleichsformen⟩: **a)** ⟨gew. nur attr.⟩: *eine Nation betreffend; zur Nation gehörend:* nationale Interessen; das nationale Prestige; ein nationaler Gedenktag; die nationale Verantwortung; nationale Überheblichkeit; diese sportliche Niederlage gilt vielen als nationales Unglück; etwas als nationale Schande betrachten. **b)** *innerstaatlich:* etwas auf nationaler Ebene regeln; etwas n. regeln, vereinbaren. **c)** *vaterländisch gesinnt; überwiegend die Interessen der eigenen Nation vertretend:* eine nationale Partei; nationale Gruppen; seine Politik ist betont n.; n. denken, fühlen.

Nationalhymne, die; der Nationalhymne, die Nationalhymnen: *Lied, das in Text und Melodie das spezifische Nationalbewußtsein eines Volkes ausdrückt und bei feierlichen öffentlichen Anlässen gesungen oder gespielt wird:* die deutsche, russische N.; die N. singen, spielen; die N. erklingt, ertönt. – Vgl. auch: *Hymne.*

Nationalismus, der; des Nationalismus ⟨ohne Mehrz.⟩: *übersteigertes Nationalbewußtsein:* der deutsche, französische N.; ein extremer N.

nationalistisch ⟨Adj.; attr. und als Artangabe⟩: *ein übersteigertes Nationalgefühl habend, zeigend, darauf beruhend:* nationalistische Tendenzen, Bestrebungen, Gruppen; die Außenpolitik dieser Regierung ist in hohem Maße n.; etwas sehr n. sehen, betrachten.

Nationalität, die; der Nationalität, die Nationalitäten (bildungsspr.): *Staatsangehörigkeit, Staatszugehörigkeit:* welcher N. sind Sie?; sie orteten ein U-Boot unbekannter N.; die N. wechseln.

Naturalien [...*gli*ᵉ*n*], die ⟨Mehrz.⟩: *Lebensmittel, Waren:* er nimmt lieber N. statt Geld; in N. bezahlen; jmdn. in N. entlohnen.

naturalisieren, naturalisierte, hat naturalisiert ⟨tr., jmdn. n.⟩: /Rechtsw./ *einem Ausländer die Staatsbürgerrechte des Gastlandes verleihen, ihn einbürgern:* der jugoslawische Fußballspieler X wurde in Deutschland naturalisiert, hat sich in Deutschland n. lassen.

Naturell, das; des Naturells, die Naturelle (bildungsspr.): *natürliche Wesensart, Gemütsart, Eigenart, Temperament:* er hat ein gutmütiges warmherziges, freundliches, liebenswürdiges, angenehmes, heiteres, ernstes, verschlossenes, sensibles N.

Navigation [*naw*...], die; der Navigation ⟨ohne Mehrz.⟩: /Seew., Flugw./ *Gesamtheit der Maßnahmen zur Bestimmung und Einhaltung des gewählten Flug- bzw. Fahrkurses in der See- und Luftfahrt:* er ist für die N. des Flugzeugs verantwortlich.

Necessaire [*neßeßär*], das; des Necessaires, die Necessaires: *kleines Täschchen oder anderes Behältnis für verschiedene Gebrauchsgegenstände wie Toiletten- oder Nähutensilien, die man bes. auf Reisen ständig braucht:* ein ledernes, elegantes, gefüttertes N.; ich habe mein N. mit dem Rasierzeug vergessen.

negativ [*negatif*, auch: *nä*..., selten auch: ...*tif*] ⟨Adj.; attr. und als Artangabe⟩: **1)** (bildungsspr.): **a)** *verneinend, ablehnend:* eine negative Antwort, Einstellung, Haltung; die Entscheidung in dieser Angelegenheit war n., fiel n. aus; etwas n. entscheiden; die Antwort fällt n. aus. **b)** *ungünstig, schlecht; ergebnislos:* eine negative Entwicklung; ein negatives Ergebnis; ein negativer Wahlausgang; einen negativen Verlauf nehmen; die Verhandlungen waren, blieben n.; die Sache verlief n.; ich beurteile die Lage sehr n.; diese Entscheidung könnte sich für uns n. auswirken. 2) ⟨gew. nur attr. und präd.; ohne Vergleichsformen⟩: /Math./ *kleiner als Null* (auf Zahlen oder math. Ausdrücke bezogen; Zeichen: —): eine negative Zahl; ein negativer Ausdruck; in der Gleichung y = — (x + 1) hat die Klammer ein negatives Vorzeichen; das Ergebnis der Gleichung ist n. 3) ⟨ohne Vergleichsformen⟩: /Phys./ *eine der beiden Formen elektrischer Ladung bezeichnend* (im Ggs. zu → positiv; Zeichen: —): die negative Elektrode; der negative Pol einer Stromquelle; eine negative Ladung; n. geladen sein. – Vgl. auch: *positiv.* 4) ⟨ohne Vergleichsformen⟩: /Med./ *keinen krankhaften Befund zeigend:* eine negative Reaktion; die Urinuntersuchung ist n. [ausgefallen].

Negativ [n*e*gatif oder nạ...], das; des Negativs, die Negative [...wᵉ]: /Phot./ *das auf einem belichteten und entwickelten Film oder auf einer ebensolchen photographischen Platte sichtbare Bild (mit vertauschten Tonwerten):* ein scharfes, hartes (= kontrastreiches), weiches (= kontrastarmes), unterbelichtetes, überbelichtetes N.

negieren, negierte, hat negiert ⟨tr., etwas n.⟩ (bildungsspr.): *etwas verneinen, bestreiten, in Abrede stellen; etwas absichtlich nicht beachten:* er negiert jede Schuld an dem Unfall; eine Tatsache n.; du kannst doch die Weisungen deines Vorgesetzten nicht einfach n.!

Negligé [neglis*e*hẹ], das; des Negligés, die Negligés: *leichtes und bequemes Kleidungsstück, das eine Frau nach dem Aufstehen, bes. vormittags, im Haus zu tragen pflegt, Hauskleid, Morgenrock:* ein reizvolles, durchsichtiges, gewagtes N.; sie hat mich im N. empfangen.

nervös [...w*ö*ß] ⟨Adj.; attr. und als Artangabe⟩: **1)** ⟨gew. nicht präd.; ohne Vergleichsformen⟩ (bildungsspr.): *das Nervensystem oder die Nerven betreffend, vom Nervensystem ausgehend, im Bereich des Nervensystems [auftretend], durch die Nerventätigkeit bewirkt:* nervöse Beschwerden, Schmerzen, Zuckungen; ein nervöses Leiden; diese Krankheit ist rein n. bedingt; ich halte seine Magenschmerzen für rein n.; der Blutdruck wird n. gesteuert. **2)** *nervenschwach; reizbar, fahrig, aufgeregt:* nervöse Unruhe, Spannung, Hast, Gereiztheit, Stimmung; eine nervöse Atmosphäre verbreiten; ein nervöser Mensch, Junge; der Mann ist sehr n.; seine Bewegungen sind, wirken n. und unsicher; in dieser Umgebung muß man ja n. werden; du machst mich ganz n. mit deinem Geklapper; n. rauchen, hin und herlaufen, mit den Fingern auf den Tisch trommeln.

Nervosität [...wos...], die; der Nervosität ⟨ohne Mehrz.⟩: *Nervenschwäche; nervöse Gereiztheit, Erregtheit, Unruhe, Reizbarkeit:* unter den Zuschauern, bei den Zuschauern herrschte große, starke, ziemliche N., kam eine leichte N. auf, machte sich N. bemerkbar; die N. wuchs, steigerte sich noch, als bekannt wurde, daß ...; unter starker N. zu leiden haben; er zitterte vor N.; er brachte vor lauter N. kein vernünftiges Wort heraus; deine ständige N. regt mich auf.

Nestor, der; des Nestors, die Nestoren (bildungsspr.): *ältester lebender Gelehrter eines Wissenschaftszweiges:* er ist der N. der deutschen Germanisten.

netto ⟨Adv.⟩: /Kaufm./ *rein, nach Abzug von Skonto und Rabatt und nach Abzug der Verpackungskosten* (auf Preise bezogen; Ggs.: → brutto): der Wagen kostet n. 7 600 DM; ich habe für die letzte Lieferung n. 18 600 DM bezahlt.

Neuralgie, die; der Neuralgie, die Neuralgien: /Med./ *anfallsweise auftretende Nervenschmerzen:* eine N. im Bereich des Gesichts, Kopfes; eine N. des Ischiasnervs.

neuralgisch ⟨Adj.; attr. und als Artangabe⟩: **1)** ⟨gew. nur attr. und präd.; ohne Vergleichsformen⟩: /Med./ *auf einer Neuralgie beruhend, auf eine Neuralgie hindeutend:* neuralgische Schmerzen, Beschwerden; diese Schmerzen sind rein, nicht n. **2)** (bildungsspr.) *empfindlich, kritisch; anfällig:* eine neuralgische Reaktion; das ist mein neuralgischer Punkt, meine neuralgische Stelle (*= hier bin ich sehr empfindlich*); in diesem Punkt bin ich sehr n.; n. reagieren.

Neurose, die; der Neurose, die Neurosen: /Med./ *auf der Basis gestörter Erlebnisverarbeitung entstehendes Fehlverhalten mit seelischen Ausnahmezuständen und verschiedenen körperlichen Funktionsstörungen (ohne organische Ursachen):* eine leichte, schwere, ausgeprägte N. haben; eine N. behandeln.

neurotisch ⟨Adj.; attr. und als Artangabe; ohne Vergleichsformen⟩: /Med./ *im Zusammenhang mit einer Neurose stehend, auf Grund einer Neurose [erfolgend], durch eine Neurose bedingt:* eine neurotische Fehlhaltung, Erkrankung; neurotische Züge, Symptome; neurotische Angst; unter einem neurotischen Zwang handeln; seine Beschwerden sind rein n.; ein neurotischer Mensch; n. reagieren.

neutral ⟨Adj.; attr. und als Artangabe⟩ **1)** ⟨gew. ohne Vergleichsformen⟩: *[politisch] unabhängig; unparteiisch; unbeteiligt; bes.:* keinem Staatenbündnis angehörend, sich an einem Krieg nicht beteiligend (von einem Staat gesagt): ein neutraler Standpunkt, eine neutrale Haltung, Beurteilung; die Verhandlungen finden auf neutralem Boden statt; das Spiel wird auf neutralem Platz ausgetragen; die UN entsandte neutrale Beobachter in das Krisengebiet; ein neutrales Land; die Schweiz war, blieb im zweiten Weltkrieg n.; ich bin, bleibe, verhalte mich in dieser Angelegenheit völlig, absolut n.; der Schiedsrichter hat das Spiel n. geleitet, hat n. gepfiffen. **2)** ⟨gew. nur attr., selten auch präd.⟩: /vorwiegend auf Farben bezogen/ *zu [fast] allen anderen Farben passend, mit ihnen harmonierend; farblich oder in der Form mit anderen Dingen harmonierend:* neutrale Farben; das ist eine neutrale Krawatte, die ich praktisch zu allen Anzügen tragen kann; diese Schuhe sind n. in der Farbe und in der Form. **3)** ⟨ohne Vergleichsformen⟩: /Chem./ *auf Lösungen oder chem. Verbindungen bezogen/ weder sauer noch alkalisch [reagierend]:* eine neutrale Lösung, Flüssigkeit; diese Flüssigkeit verhält sich chemisch n.

neutralisieren, neutralisierte, hat neutralisiert ⟨tr.⟩: **1)** ⟨etwas, jmdn. n.⟩ (bildungsspr.): *etwas ausschalten, unwirksam machen; jmdn. hinsichtlich seines Einflusses ausschalten:* Einflüsse, jmds. Macht n.; ein Land militärisch, politisch, wirtschaftlich n.; konservative Kräfte in der Partei wollen den Parteivorsitzenden n. **2)** ⟨etwas n.⟩: /Sport/ *einen Wettkampf (bes. hinsichtlich der Wettkampfwertung) vorübergehend unterbrechen:* das Autorennen wurde für fünf Minuten neutralisiert. **3)** ⟨etwa n.⟩: /Chem./ *einer sauren Lösung so lange eine Base bzw. umgekehrt einer alkalischen Lösung so lange eine Säure zusetzen, bis die Lösung neutral ist (d. h. weder basisch noch sauer reagiert):* eine [saure, alkalische] Lösung n.

Neutralität, die; der Neutralität ⟨ohne Mehrz.⟩: *neutrales Verhalten, Unparteilichkeit, Nichteinmischung in fremde Angelegenheiten, insbes. die Nichtbeteiligung eines Staates an einem bewaffneten Konflikt oder Krieg:* die N. wahren, einhalten, aufgeben; sich zur N. verpflichten; seine absolute, strikte N. in einem Konflikt erklären; die N. eines Landes achten, respektieren, verletzen.

New Look [*njulŭk*], der oder das; des New Looks ⟨ohne Mehrz.⟩ (bildungsspr.): *neue Linie, neuer Stil:* der N. L. in der Mode, in der Autoindustrie, in der Literatur, im Film.

Nihilist, der; des Nihilisten, die Nihilisten (bildungsspr.): *jmd., der dem Leben jeden objektiven Sinn und Wert abspricht und der die Existenz einer vernünftigen Seinsordnung bestreitet:* er ist ein [zynischer] N.

Niveau [*niwo*], das; des Niveaus, die Niveaus ⟨Mehrz. selten⟩: **1)** *Bildungsstand, Bildung; Rang, Stufe, Qualitätsstufe:* ein hohes, niedriges, gutes, erstaunliches, beachtliches N.; das kulturelle N. einer Veranstaltung; das künstlerische N. einer Ausstellung; das geistige N. der Wohlstandsgesellschaft; das N. dieser Zeitung ist nicht besonders hoch; die Darbietung hatte ein gewisses N.; seine Rede hatte N.; er hat kein N.; N. zeigen; das N. wahren; wir müssen versuchen, das mittlere N. der deutschen Kunstturner zu heben, anzuheben; die Debatte zeugte von dem hohen sittlichen N. der Parlamentarier, des Parlaments; die Aussprache stand auf einem beachtlichen N.; die Diskussion bewegte sich auf dem N. von Halbstarken; unter sein N. hinabsteigen. **2)** *ebene Fläche; Höhenstufe, Höhenlage; Stand:* das N. (= *der Wasserspiegel)* eines Flusses, eines Gewässers heben, senken; unser Grundstück liegt 10 m über dem N. der Hauptstraße; die Preise haben das höchste N. des Vorjahres erreicht.

nivellieren [*niw...*], nivellierte, hat nivelliert ⟨tr.; jmdn., etwas n.⟩ (bildungsspr.): *Menschen hinsichtlich ihrer differenzierten Lebensäußerungen, Lebensformen und Wesensart gleichmachen, gleichschalten:* das wirtschaftliche Wachstum nivelliert mehr und mehr alle sozialen Unterschiede; dieses Bildungssystem hat nivellierenden Charakter.

nobel ⟨Adj.; attr. und als Artangabe⟩: **a)** (bildungsspr.) *vornehm, edel:* eine noble Gesinnung, Wesensart; er stammt aus einer noblen Familie; noble Gefühle; einen noblen Anzug tragen; n. gekleidet sein; sein Charakter ist wirklich n.; er ist sich zu n. für diese Tätigkeit; er tut immer schrecklich n.; du kommst dir wohl sehr n. vor. **b)** (alltagsspr.) *großzügig, freigebig:* ein nobles Trinkgeld, Geschenk; eine noble Geste; seine Spende ist wirklich n.; sich n. zeigen, geben, verhalten; er hat uns n. bewirtet, beschenkt.

Nomade, der; des Nomaden, die Nomaden (bildungsspr.): **1)** *Angehöriger eines Hirten- oder Wandervolks ohne festen Wohnsitz:* die Massai sind afrikanische Nomaden; die Tuareg leben als Nomaden in der Sahara; Nomaden seßhaft machen; Nomaden werden seßhaft, ziehen umher. **2)** /übertr./ (häufig scherzh.) *ruheloser Mensch; Mensch, der nie sein Ziel erreicht und sich ewig auf der Wanderschaft befindet:* er zieht von einem Hotel zum anderen, ein richtiger N.; wir alle sind Nomaden auf dem Weg zu Gott.

nominell ⟨Adj.; attr. und als Artangabe, aber nicht präd.; ohne Vergleichsformen⟩ (bildungsspr.): *[nur] dem Namen, dem Papier nach [bestehend]:* der nominelle Wert des Geldes, eines Wertpapiers; er gehört n. zu unserer Abteilung, praktisch jedoch ...

nominieren, nominierte, hat nominiert ⟨tr.⟩: **a)** ⟨jmdn. n.⟩: *jmdn. benennen, namentlich vorschlagen:* der Bundestrainer hat die deutsche Fußballmannschaft für das Länderspiel nominiert; er hat Beckenbauer und Müller für die Nationalelf nominiert. **b)** ⟨jmdn. zu etwas n.⟩: *jmdn. zu etwas ernennen:* er wurde zum Leiter der Delegation, zum Mannschaftskapitän, zum Polizeipräsidenten nominiert.

Nonchalance [*noŋschalaŋß*] die; der Nonchalance ⟨ohne Mehrz.⟩ (bildungsspr.): *Lässigkeit, Ungezwungenheit, Unbekümmertheit:* er bewegt sich mit äußerster N.; ich bewundere die große, außerordentliche, liebenswürdige N., die er in allem, was er tut, an den Tag legt.

nonchalant [*noŋschalaŋ*, auch (bei attributivem Gebrauch nur): *noŋschalant*] ⟨Adj.; attr. und als Artangabe; ohne Vergleichsformen⟩ (bildungsspr.)): *lässig, ungezwungen, unbekümmert:* in einer nonchalanten Pose verabschiedete er sich von ihr; er nahm die Niederlage mit nonchalanter Gelassenheit hin; er ist, wirkt äußerst n.; seine Bewegungen sind überzeugend n.; n. über etwas hinweggehen; ..., sagte er n.

Nonkonformismus, der; des Nonkonformismus ⟨ohne Mehrz.⟩ (bildungsspr.): *ausgeprägte individualistische Haltung bes. in politischen, religiösen, weltanschaulichen oder sozialen Fragen:* politischer, sozialer, religiöser, literarischer N.; einen bedingungslosen N. [in der Politik] vertreten.

Nonkonformist, der; des Nonkonformisten, die Nonkonformisten (bildungsspr.): *jmd., der bes. in politischen, religiösen, weltanschaulichen oder sozialen Fragen eine ausgeprägte individualistische Haltung einnimmt:* er gilt als bedingungsloser, unerbittlicher [politischer] N.

normal ⟨Adj.; attr. und als Artangabe⟩: **a)** *der Norm entsprechend, regelrecht, regelmäßig:* ein normales Maß, Gewicht; normale Größe; ein ganz normaler Zustand; ein normales Motorengeräusch; der Fernsehapparat hat ein normales Bild; sein Puls, Herzschlag, seine Atmung ist n.; der Wagen, Motor läuft n.; n. funktionieren, reagieren. **b)** *gewöhnlich, üblich:* es gab ein ganz normales Mittagessen; ich habe nur einen normalen Anzug angezogen; eine ganz normale Frage; ich bin n. müde, abgespannt, hungrig; ein normales Leben führen; es ist doch völlig n., daß man zu einem anstrengenden Arbeitstag müde ist; etwas als n. empfinden; sein Leben verläuft n. **c)** *geistig oder seelisch gesund, nicht geistes- oder gemütskrank:* ein geistig normaler Mensch; er ist geistig, seelisch absolut n.; er ist nicht n. im Kopf; bist du noch n.?; er hat ganz n. reagiert; er hat ganz n. geantwortet; sich n. benehmen; der wird wohl nie wieder ganz n. werden.

normalisieren, normalisierte, hat normalisiert ⟨tr. und refl.⟩ (bildungsspr.) **a)** ⟨etwas n.⟩ (selten): *normale Verhältnisse schaffen; bewirken, daß etwas wieder so wird, wie es normalerweise ist:* die Polizei hatte große Mühe, die Lage einigermaßen zu n. **b)** ⟨sich n.⟩: *wieder normale Formen annehmen, wieder in normalen Bahnen verlaufen, sich wieder normal gestalten:* die Verhältnisse, Zustände haben sich normalisiert; unsere Beziehungen beginnen sich zu n.

normieren, normierte, hat normiert ⟨tr., etwas n.⟩ (bildungsspr.): *etwas nach einer bestimmten Norm festlegen, einheitlich regeln:* Größen, Weiten, die Herstellung bestimmter Gegenstände, Schreibungen, die Rechtschreibung von Fachwörtern n.

Notar, der; des Notars, die Notare; /Rechtsw./ *staatlich vereidigter Volljurist, zu dessen Aufgabenbereich die Beglaubigung und Beurkundung von Rechtsvorgängen gehört:* der N. wird amtlich, von der Justizverwaltung bestellt; er ließ den Vertrag von einem N. beurkunden lassen; etwas bei einem N. hinterlegen.

notariell ⟨Adj.; attr. und als Artangabe, aber nicht präd.; ohne Vergleichsformen⟩: /Rechtsw./ *durch einen Notar [erfolgend], von einem Notar beglaubigt oder beurkundet:* die notarielle Beglaubigung, Beurkundung eines Vertrags; einen Vertrag n. beglaubigen lassen.

notieren, notierte, hat notiert ⟨tr. und intr.⟩: **1)** ⟨etwas, jmdn. n.⟩: *sich eine Notiz über etwas oder jmdn. machen; sich etwas vormerken, aufschreiben; jmdn. aufschreiben, um ihn später zu tadeln:* [sich] etwas genau, sorgfältig, gewissenhaft n.; [sich] einen Namen, eine Adresse, einen Termin, ein Datum, das Ergebnis einer Untersuchung n.; er notierte die Zahlen in einem Notizbuch, in eine Kladde; ich habe mir seine Vorschläge auf einem Blatt Papier notiert; der Ober notierte [sich] unsere Bestellungen; der Bundestrainer hat sich mehrere junge Spieler für die Nationalelf notiert; die Polizei konnte die Nummer des Wagens, den Fahrer n.; der Schiedsrichter notierte [sich] den Spieler wegen seiner fortwährenden Proteste; ich habe mir im Geiste, in Gedanken notiert, daß Sie uns ab nächsten Monat wieder zur Verfügung stehen. **2)** ⟨intr.⟩: /Wirtsch./: **a)** *den Kurs eines Wertpapiers (auch einer Ware) an der Börse festsetzen und veröffentlichen:* die Hamburger Börse notierte X-Aktien mit 135; X-Aktien wurden an der Börse schwächer, wurden mit 150 notiert. **b)** *einen bestimmten Börsenkurs haben, erhalten:* X-Aktien notierten [an der Börse] 170, notierten 10 Punkte höher.

Notiz, die; der Notiz, die Notizen (bildungsspr.): **1 a)** ⟨meist Mehrz.⟩: *Aufzeichnungen, Notiertes, Vermerk:* kurze, knappe, handschriftliche, sorgfältige, stenographische Notizen; ich habe mir einige, ein paar Notizen von seinem, über seinen Vortrag gemacht; er hat mit Bleistift einige Notizen auf den Rand der Buchseite gekritzelt; darf ich Ihre Notizen für das Protokoll verwenden?; sich auf jmds. Notizen stützen. **b)** ⟨meist Einz.⟩: *kurze Nachricht, Meldung, Hinweis, Anzeige:* in der Zeitung fand ich eine kleine, unscheinbare, flüchtige N. über diesen Vorfall. **2)** ⟨im allg. in Verbindung mit einer Negation⟩ /nur in der festen Wendung/ * **N. von etwas oder jmdm. nehmen:** *etwas oder jmdn. beachten:* er hat keine, keinerlei, wenig, kaum, nicht die geringste N. von mir, von meinem neuen Wagen genommen; hat er überhaupt N. davon genommen?

notorisch ⟨Adj.; attr. und als Artangabe, aber gew. nicht präd.; gew. ohne Vergleichsformen⟩ (bildungsspr.): *offenkundig, allbekannt; berüchtigt; gewohnheitsmäßig:* er ist ein notorischer Unruhestifter, Querulant, Schreihals; er ist bekannt als notorischer Säufer; er ist n. betrunken, krank; er muß n. an allem herumkritisieren; er ist n. pleite.

Novum [*nowum*], das; des Novums, die Nova ⟨Mehrz. selten⟩ (bildungsspr.): *Neuheit, noch nicht Dagewesenes; neuer Gesichtspunkt:* daß eine Frau erste Vorsitzende wird, ist ein N. in unserer Vereinsgeschichte.

Nuance [*nüãngßᵉ*], die; der Nuance, die Nuancen (bildungsspr.): **1)** ⟨meist Mehrz.⟩: *Abstufung, feiner Übergang; Ton, [Ab]tönung:* farbliche, stilistische Nuancen; die feinen, zarten, unmerklichen Nuancen eines musikalischen Vortrags, eines Gemäldes; etwas ist reich an Nuancen. **2)** *Schimmer, Spur, Kleinigkeit:* das Bild ist mir eine N. zu dunkel, zu hell; die Aufnahmen könnten [um] einige Nuancen schärfer sein.

nuanciert [*nüãngßirt*] ⟨Adj.; attr. und als Artangabe⟩ (bildungsspr.): *nuancenreich, reich differenziert, fein abgestuft:* nuancierte Farben; eine nuancierte Ausdrucksweise, Sprache; seine Ausdrucksmittel sind sehr n.; n. singen; das Orchester spielt äußerst n.

nuklear ⟨Adj.; meist attr., selten auch als Artangabe, aber gew. nicht präd.; ohne Vergleichsformen⟩ (bildungsspr.): **a)** *mit der Kernspaltung zusammenhängend, diese betreffend, durch Kernenergie erfolgend, Kern...:* die nukleare Forschung, Technik; nukleare Waffen, Sprengstoffe; das Schiff wird n. angetrieben. **b)** *die Atomwaffen betreffend, mit Kernwaffen zusammenhängend, durch Kernwaffen erfolgend, Kernwaffen...:* nukleare Aufrüstung, Abrüstung, Verteidigung; ein nuklearer Angriff; die Streitkräfte werden n. ausgerüstet.

numerieren, numerierte, hat numeriert ⟨tr.; etwas, jmdn. n.⟩: *etwas, jmdn. [zur deutlichen] Unterscheidung mit Nummern (in einer fortlaufenden Reihenfolge) versehen; etwas beziffern:* Briefe, Pakete, Kleidungsstücke n.; die Sitzplätze des Kinos sind [nicht] numeriert; die einzelnen Spieler der Fußballmannschaft sind fortlaufend numeriert; der Kurswagen hat numerierte Plätze.

O

Oase, die; der Oase, die Oasen: **a)** *fruchtbare Wasserstelle in der Wüste:* die Karawane rastete in einer Oase, in der Oase X. **b)** /übertr./ (geh.) *Ort, der auf Grund seiner ruhigen und abgeschlossenen Lage ein beschauliches Leben ermöglicht:* dieses Haus ist eine O. des Friedens, der Ruhe, des Glücks.

Obduktion, die; der Obduktion, die Obduktionen: /Med., Rechtsw./ *[gerichtlich angeordnete] Leichenöffnung:* eine O. gerichtlich anordnen, vornehmen, durchführen; der Staatsanwalt verlangt eine O. des Toten.

obduzieren, obduzierte, hat obduziert ⟨tr.; jmdn., ein Tier o.⟩: *einen menschlichen oder tierischen Leichnam [auf gerichtliche Anordnung hin] operativ öffnen:* das Gericht ließ den Toten, die Leiche o; wegen Tollwutverdachts wurde der Hund getötet und obduziert.

Objekt, das; des Objekt[e]s, die Objekte: **1)** (bildungsspr.) *Sache, Gegenstand; Handlungsziel:* er hat mir verschiedene wertvolle, interessante, teure Objekte zum Kauf angeboten; dieses Geschäft ist kein geeignetes O. für meine Firma; sie machten ihn zum O. ihrer Angriffe, ihres Spottes.– * ein [untauglicher] Versuch am untauglichen O. *(= der Gegenstand, auf den sich eine Handlung erstreckt, ist von vornherein für dieses Handlung ungeeignet [,und die Art und Weise des Vorgehens ist obendrein ebenfalls unpassend]);* * die Tücke des Objekts *(= die an sich mit einer Sache gelegentlich verbundenen, wenn auch nicht immer eintretenden Schwierigkeiten, die den Betroffenen, weil er sie nicht einkalkuliert hat, im positiven Fall dann doch überraschen).* **2)** /Sprachw./ *Satzergänzung:* das O. eines Satzes bestimmen.

objektiv [...*if*] ⟨Adj.; attr. und als Artangabe⟩: *sachlich, unvoreingenommen unparteiisch* (im Ggs. zu →subjektiv): eine objektive Darstellung, Prüfung, Untersuchung, Entscheidung; ein objektiver Richter, Schiedsrichter, Berichterstatter, Zeuge, Bericht; diese Darstellung ist o. falsch; objektive Gründe, Voraussetzungen); er bemüht sich stets o. zu sein, zu bleiben; das Urteil ist [nicht] o.; etwas o. darstellen, untersuchen, prüfen, betrachten.

Objektiv [...*if*], das; des Objektivs, die Objektive [...*w*ᵉ]: /Optik/ *die dem abzubildenden Objekt zugewandte Linse oder Linsenkombination eines optischen Geräts:* ein einfaches, kompliziertes, lichtstarkes, mehrlinsiges O.; das O. einer Kamera, eines Fernglases, eines Mikroskops; die Brennweite eines Objektivs; das O. eines Photoapparates auswechseln.

obligat ⟨Adj.; attr. und als Artangabe; gew. ohne Vergleichsformen⟩ (bildungsspr.): *unerläßlich, unentbehrlich, erforderlich:* er brachte seiner Frau den obligaten Nelkenstrauß mit; die Kamera gehört bei ihm zum obligaten Reisegepäck; das Frühstücksei ist bei mir o.; nach dem Frühstück zündete er sich o. *(= gewohnheitsmäßig)* eine Zigarette an; sie fiel o. *(= pflichtgemäß)* in Ohnmacht.

obligatorisch ⟨Adj.; attr. und als Artangabe; gew. ohne Vergleichsformen⟩: *verbindlich, vorgeschrieben, Pflicht...; unerläßlich:* er bekam seinen obligatorischen Stempel in den Reisepaß; er machte seinen obligatorischen Antrittsbesuch; der Besuch dieser Vorlesung ist o.; er kontrolliert o. alle Papiere; Haltegurte gehören o. in jedes Auto.

Obolus, der; des Obolus, die Obolusse ⟨Mehrz. selten⟩ (bildungsspr., scherzh.): *Scherflein, kleiner Beitrag:* seinen O. entrichten, beisteuern spenden; ich habe meinen bescheidenen, kleinen O. schon dazugegeben.

obskur ⟨Adj.; attr. und als Artangabe⟩ (bildungsspr.): *dunkel, verdächtig, zweifelhaft:* eine obskure Gestalt, Persönlichkeit; ein obskures Lokal

Hotel; diese Zeitschrift ist ziemlich o.; die Gegend, in der er wohnt, ist sehr o.; die Sache kommt mir recht o. vor.

Obstruktion, die; der Obstruktion, die Obstruktionen (bildungsspr.): *Widerstand; Verschleppungs-, Verzögerungstaktik:* er blockiert die Ausführung des Plans durch seine ständige O.; die Opposition versucht, durch systematische O. die Verabschiedung des Gesetzes im Parlament zu verhindern.

obszön ⟨Adj.; attr. und als Artangabe⟩ (bildungsspr.): *unanständig, unzüchtig, schlüpfrig:* eine obszöne Photographie, Zeitschrift; ein obszöner Film, Roman; obszöne Witze erzählen; diese Bilder sind sehr o.; der Text dieser Schallplatte ist reichlich o.; sie bewegt sich ziemlich o.; dieser Schriftsteller schreibt vorwiegend o.; eine Frau o. anblicken; den Geschlechtsakt o. darstellen.

Odium, das; des Odiums ⟨ohne Mehrz.⟩ (bildungsspr.): *Makel:* er wird das O. seiner kommunistischen Vergangenheit nicht los; an ihm haftet das O. eines Verräters.

Odyssee, die; der Odyssee, die Odysseen (bildungsspr.): *Irrfahrt:* unsere Reise war die reinste O.; nach einer langen, schier endlosen O. kamen wir endlich wieder zu Hause an.

offensiv [...*if*] ⟨Adj.; attr. und als Artangabe⟩ (bildungsspr.): *nach vorn gerichtet, nicht zurückhaltend, nicht abwartend, nicht verteidigend* (im Ggs. zu → *defensiv*): eine offensive Außenpolitik verfolgen; ein offensiver Plan; eine offensive Verteidigung; das Plädoyer des Verteidigers war bemerkenswert o.; die Mannschaft wurde o., müßte offensiver spielen.

Offensive [...*iwᵉ*], die; der Offensive, die Offensiven: *planmäßig vorbereiteter Angriff (bes. im militär. Bereich):* eine militärische, politische, parlamentarische, wirtschaftliche O.; der Feind begann im Morgengrauen eine O. auf breitester Front; eine feindliche O. auffangen, abfangen; eine O. gegen jmdn. oder etwas planen, vorbereiten, starten; die feindliche O. stockte, brach zusammen, kam zum Erliegen; zur O. übergehen; aus der Defensive in die O. übergehen.

offerieren, offerierte, hat offeriert ⟨tr.; etwas, jmdn. o.⟩: *etwas, jmdn. anbieten, darbieten:* er hat mir seinen alten Wagen zum Kauf offeriert; er hat mir offeriert, sein Teilhaber zu werden; einen solch unseriösen Kaufmann wollen Sie mir als Geschäftspartner o.?

Offerte, die; der Offerte, die Offerten: /Kaufm./ *Warenangebot, Angebot, Preisangebot:* eine günstige O.; eine O. machen, ablehnen; unsere O. enthält zahlreiche Sonderangebote.

offiziell ⟨Adj. attr. und als Artangabe; gew. ohne Vergleichsformen⟩: **a)** *amtlich; öffentlich; verbürgt:* eine offizielle Nachricht, Mitteilung; das offizielle Wahlergebnis; die Sitzung hatte offiziellen Charakter; von offizieller Seite wurde bekannt, ...; ein offizielles Schreiben; sich an eine offizielle Stelle wenden; der Bürgermeister gab einen offiziellen Empfang für ...; das Ergebnis ist jetzt o.; diese Meldung gilt als o.; mir ist o. davon nichts bekannt; ich habe o. noch nichts davon gehört, daß ...; man hat ihn o. ersucht, ...; man spricht ganz o. darüber; er hat mich o. davon unterrichtet, in Kenntnis gesetzt; etwas o. verbieten, untersuchen, durchführen. **b)** *förmlich, feierlich:* ich habe eine offizielle Einladung bekommen; bei solchen Gelegenheiten ist, wird er immer ganz o.; jetzt wird es o.; ich habe ihn o. eingeladen; jmdn. o. bitten, ersuchen, etwas zu tun.

Offizier, der; des Offiziers, die Offiziere: **1 a)** *gehobener Dienstgrad vom Leutnant an aufwärts (beim Militär und bei militärähnlich aufgebauten Organisationen):* der erste, zweite O. eines Schiffs; O. sein, werden; zum O. befördert werden. **b)** *[militär.] Vorgesetzter vom Leutnant an aufwärts:* einen O. grüßen, befördern, degradieren; die Offiziere wohnen außerhalb der Kaserne, haben ein eigenes Kasino. 2) /Schach/ *jede Figur mit Ausnahme der Bauern und des Königs:* einen O. gewinnen, verlieren, schlagen; einen O. gegen drei Bauern eintauschen.

offiziös ⟨Adj.; meist attr., seltener auch als Artangabe: gew. ohne Vergleichsformen⟩ (bildungsspr.): *halbamtlich [und deshalb nicht verbürgt]:* eine offiziöse Meldung, Nachricht, Zeitschrift, Zeitung; von offiziöser Stelle war zu erfahren, daß ...; diese Meldung ist lediglich o., aber nicht offiziell; o. wurde berichtet, daß ...

okay [o^ukeⁱ oder oke] ⟨Adj.; nicht attr., nur als Artangabe; ohne Vergleichsformen⟩ (ugs.): *in Ordnung, einverstanden, gut, schön* (Abk.: o. k. oder O. K.): okay, er kann mitspielen; die Sache ist okay; der Mann ist okay; ich finde ihn ganz okay.

Ökonomie, die; der Ökonomie, die Ökonomien ⟨Mehrz. ungew.⟩ (bildungsspr.): *Wirtschaftlichkeit; Sparsamkeit, geringer Aufwand:* äußerste, erstaunliche, strenge, wirtschaftliche, künstlerische, gedankliche Ö.; die Ö. der aufgewandten Mittel.

ökonomisch ⟨Adj.; attr. und als Artangabe⟩ (bildungsspr.): *sparsam, haushälterisch, wirtschaftlich:* eine ökonomische Finanzpolitik; die Darstellung dieses schwierigen Schachproblems mit nur sieben Steinen ist sehr ö.; er hat die ihm zur Verfügung stehenden Mittel ö. eingesetzt.

Oktave [...qw^e], die; der Oktave, die Oktaven: /Mus./: **a)** *Intervall im Abstand von acht Tönen:* etwas eine O. höher, tiefer spielen. **b)** *Akkord aus dem ersten und achten Ton (der Tonleiter):* Oktaven spielen.

Okzident [selten auch: ...dänt], der; des Okzidents ⟨ohne Mehrz.⟩ (bildungsspr.): *Abendland, Westen* (im Ggs. zu → Orient): er hat den ganzen O. bereist.

Oldtimer [o^uldtaim^er], der; des Oldtimers, die Oldtimer (bildungsspr.): **a)** (scherzh., aber anerkennend) *alter Kämpe; altes, bewährtes Rennpferd:* der O. Schulz hatte die Abwehr der deutschen Mannschaft gut organisiert. **b)** *Automodell aus der Frühzeit des Automobilbaus:* er gewann das für O. ausgeschriebene Rennen.

oliv [olif], ⟨Adj.; gew. nur als Artangabe; ohne Vergleichsformen⟩: *olivenfarbig, bräunlich-grün:* die Handtasche ist o.; der Zaun ist o. gestrichen.

Olympiade, die; der Olympiade, die Olympiaden: *die Olympischen Spiele:* die O. von, in Mexiko; er nimmt zum dritten Mal an einer O. teil; die Amerikaner werden auch die nächste O. gewinnen.

Olympioni̯ke, der; des Olympioniken, die Olympioniken: **a)** *Olympiasieger, Gewinner einer Gold-, Silber- oder Bronzemedaille bei Olympischen Spielen:* die USA stellte den Hauptteil der O. in den leichtathletischen Disziplinen. **b)** *Olympiakämpfer, aktiver Teilnehmer an Olympischen Spielen:* die deutschen Olympioniken schnitten wider Erwarten gut ab, holten viele Medaillen.

Omelett [omlät], das; des Omelett[e]s, die Omelett und Omeletts; auch: (östr. nur so): **Omelette** [omlät], die; der Omelette, die Omeletten [...t^en]: *Eierkuchen:* ein zartes, goldgelbes, feines, dickes, gefülltes O.; O. mit Pilzen, mit Kräutern, mit Käse bestellen; ein O. anrühren, backen, servieren.

Omen, das; des Omens, die Omen und Omina (bildungsspr.): *Zeichen, Vorzeichen:* ein gutes, glückliches, schlechtes, böses O.; diese Nachricht ist ein gutes O.; etwas als gutes, schlechtes O. nehmen, werten, ansehen.

ominös ⟨Adj.; attr. und als Artangabe⟩ (bildungsspr.): *von schlimmer Vorbedeutung, unheilvoll; bedenklich, verdächtig, anrüchig:* eine ominöse Zahl; die ominöse siebte Runde bei den Boxkämpfen; ominöse Worte sprechen; was er sagte, klang alles recht o.; das Schnitzel ist o. groß; die Bratwurst ist, riecht, schmeckt sehr o., sieht reichlich o. aus.

Omnibus, der; des Omnibusses, die Omnibusse: *vielsitziger Kraftverkehrswagen (Personenbeförderungsmittel):* ein gelber, roter, zweistöckiger O.; der Schaffner, Fahrer, die Fahrgäste eines Omnibusses; Sie müssen einen O. der Linie 15 nehmen; einen O. fahren, besteigen, verpassen; auf den O. warten; mit dem O. fahren; aus dem O. aussteigen.

Onanie, die; der Onanie ⟨ohne Mehrz.⟩ (bildungsspr.): *[manuelle] Reizung der [eigenen] Genitalien bis zum Orgasmus:* wechselseitige, gegenseitige O.; die O. bei Knaben, Mädchen, Männern, Frauen; O. treiben.

onanieren, onanierte, hat onaniert ⟨intr.⟩: *Onanie treiben, bei sich oder einem Geschlechtspartner den Orgasmus durch manuelle Reizung der Geschlechtsorgane auslösen:* sie onanierte in seinem Beisein; sie onanierten wechselseitig.

Ondit [*o_ngdi*], das; des Ondits, die Ondits (geh.): *Gerücht:* nach dem neuesten O. aus Bonn ...; einem O. zufolge ...

operabel ⟨Adj.; attr. und als Artangabe; ohne Vergleichsformen⟩: /Med./ *operierbar:* ein operabler Tumor; der Patient ist in diesem Zustand nicht o.; er hält diese Krankheit für o.

Operateur [...*tör*], der; des Operateurs, die Operateure: 1) /Med./ *Arzt, der eine Operation durchführt:* ein guter, ruhiger, zuverlässiger O.; der O. führte den Schnitt mit ruhiger Hand. 2) /Film/ *Kameramann:* der O. mußte die Aufnahmen wiederholen.

Operation, die; der Operation, die Operationen: 1) /Med./ *chirurgischer Eingriff:* eine leichte, schwierige, gefährliche, kosmetische O.; eine O. ist notwendig, angezeigt, geboten, erfolgreich; eine O. durchführen, riskieren; sich einer O. [am Blinddarm] unterziehen; bei einer O. assistieren. 2) (bildungsspr.): **a)** *Vorgang, Arbeitsvorgang; Verfahren:* eine taktische O.; diese Maschine vermag mehrere Operationen gleichzeitig auszuführen. **b)** *militärische Unternehmung, zielgerichtete Truppenbewegung:* eine militärische O. leiten, abbrechen; die O. gegen die feindlichen Raketenbasen schlug fehl.

operieren, operierte, hat operiert ⟨tr.⟩: 1) ⟨jmdn., etwas o.⟩: *einen chirurgischen Eingriff an jmdm. (bzw. an einem Tier) oder an einem [krankhaft veränderten] Körperteil vornehmen:* einen Patienten, einen Verletzten o.; sie ist an der Gallenblase operiert worden; einen Tumor, einen Blinddarm o. 2) ⟨intr.⟩ (bildungsspr.): *zu Werke gehen, verfahren, vorgehen; mit etwas umgehen:* geschickt, umsichtig, vorsichtig, taktisch klug, erfolgreich, erfolglos o.; mit Begriffen, mit Zahlen, mit Geräten, mit Maschinen o.; gegen jmdn. o.; die Halbstürmer der deutschen Mannschaft operierten fast ausschließlich im eigenen Strafraum.

opponieren, opponierte, hat opponiert ⟨intr.⟩ (bildungsspr.): *sich widersetzen, sich engagiert gegen jmdn. oder etwas stellen; ständig widersprechen, ständig dagegenarbeiten:* er hat wiederholt gegen die autarken Entscheidungen seines Chefs opponiert; er beschränkt sich darauf, gegen alle Vorschläge zu o.; die Minister der Koalitionspartei opponierten in dieser Sache geschlossen gegen den Bundeskanzler.

opportun ⟨Adj.; attr. und als Artangabe, meist präd.; gew. ohne Vergleichsformen⟩ (bildungsspr.): *passend, angebracht, gelegen, günstig, zweckmäßig:* er hat da einen durchaus opportunen Vorschlag gemacht; die Politik der Stärke ist heute nicht mehr o.; es gilt in diesem Lande als o., einer christlichen Partei anzugehören oder katholisch zu sein, wenn man Karriere machen will; o. handeln.

Opportunist, der; des Opportunisten, die Opportunisten (bildungsspr.): *jmd., der sein Tun und Handeln aus reinen Nützlichkeitserwägungen heraus schnell und bedenkenlos den Erfordernissen der jeweiligen Situation anpaßt:* ich halte ihn für einen politischen, gewissenlosen hemmungslosen Opportunisten.

opportunistisch ⟨Adj.; attr. und als Artangabe⟩ (bildungsspr.): *aus reinen Nützlichkeitserwägungen heraus [erfolgend], in der Art eines Opportunisten handelnd:* eine [rein] opportunistische Handlungsweise; eine opportunistische Politik betreiben; man unterstellt ihm opportunistische Motive; o. sein, handeln.

Opposition, die; der Opposition, die Oppositionen: **1)** ⟨nur Einz.⟩ *Widerstand; Widerspruch, Gegensatz:* in den Reihen der eigenen Partei hat sich eine, starke, scharfe O. gegen den Parteivorsitzenden gebildet; die innerparteiliche O. gegen den Parteivorsitzenden wächst; eine vernünftige, fruchtbare, sinnlose O. machen, treiben; in O. zu jmdm., zu etwas stehen; in hartnäckiger O. verharren; etwas aus [purer] O. tun; ich rechne mit einer starken O. von Seiten der CDU. **2)** ⟨Mehrz. selten⟩: /Pol./ *die Gesamtheit der in der Regierung nicht vertretenen [und mit der Regierungspolitik nicht einverstandenen] Parteien und Gruppen:* die parlamentarische, außerparlamentarische O.; die CDU bildet zur Zeit allein die O.; er wird die O. führen, anführen; die CDU möchte auf keinen Fall in die O. gehen; der Vorschlag kam aus den Reihen der O.

Optik, die; der Optik, die Optiken: **1)** ⟨nur Einz.⟩ /Phys./ *Lehre vom Licht:* die O. ist ein Teilgebiet der Physik. **2)** *der die Linsen enthaltende Teil eines optischen Geräts:* diese Kamera hat eine einfache, gute, lichtstarke, vergütete (= mit einem Antireflexbelag versehene), entspiegelte O. **3)** ⟨nur Einz.⟩ (bildungsspr.): **a)** *optischer Eindruck, den etwas oder jmd. bei jmdm. hinterläßt:* der Raum hat eine interessante O.; die Parlamentarier sollten bei Bundestagsdebatten manchmal etwas mehr auf die O. achten, an die O. denken; wie leicht entsteht eine falsche O. **b)** *Sehweise:* es kommt alles auf die richtige oder falsche O. an; unsere Zeit gewinnt eine gänzlich neue, veränderte religiöse O.

Optiker, der; des Optikers, die Optiker: /Berufsbez./ *Fachmann für die Herstellung, Wartung und den Verkauf optischer Geräte:* der O. hat meine Brille repariert.

optimal ⟨Adj.; attr. und als Artangabe; gew. ohne Vergleichsformen⟩ (bildungsspr.): *bestmöglich, beste, Best...*: der Motor bringt die optimale Leistung; eine optimale Wirkung erzielen; der Gewinn, Erfolg ist o.; ich habe o. daran verdient.

Optimismus, der; des Optimismus ⟨ohne Mehrz.⟩: *lebensbejahende, zuversichtliche Lebensauffassung und die entsprechende Grundhaltung:* er hat einen gesunden, fröhlichen, erfreulichen, unerschütterlichen, kindlichen O.; er hegt einen übertriebenen, ungerechtfertigten O.; die erneute Niederlage dämpfte den O. der Mannschaft gehörig, konnte den O. der Mannschaft nicht erschüttern; es besteht wieder Grund zum O.

Optimist, der; des Optimisten, die Optimisten: *lebensbejahender, zuversichtlicher Mensch:* er ist ein großer, unverbesserlicher O.; ich bleibe trotz allem O.

optimistisch ⟨Adj.; attr. und als Artangabe⟩: *lebensbejahend, zuversichtlich:* ein optimistischer Mensch; eine optimistische Haltung, Einstellung; ich bin in dieser Angelegenheit durchaus o.; ich beurteile die Lage recht o.

Option, die; der Option, die Optionen: /Kaufm., Rechtsw./ *Voranwartschaft auf den Erwerb einer Sache oder auf das Recht zur zukünftigen Lieferung einer Sache:* die O. auf etwas besitzen, erwerben.

optisch ⟨Adj.; attr. und als Artangabe, aber gew. nicht präd.; ohne Vergleichsformen⟩: **1)** *das Sehen [mit Hilfe von Linsen] betreffend; Seh...:* ein optisches Gerät, Instrument; optische Fehler (= *Abbildungsfehler*); durch diesen Spiegel wird das Bild o. verzerrt. – * optische Täuschung (= *den objektiven Gegebenheiten widersprechende Gesichtswahrnehmung*). **2)** *den äußeren Eindruck, den Augenschein betreffend:* der optische

Eindruck eines Raums; etwas ist o. interessant; diese Ausstellung hat mich o. stark beeindruckt.

opulent ⟨Adj.; attr. und als Artangabe⟩ (bildungsspr.): *üppig, reichhaltig:* ein opulentes Mahl, Essen; das Frühstück war sehr o.; wir haben o. gespeist.

Opus, das; des Opus, die Opera (bildungsspr., gelegentlich scherzh.): *Werk, Arbeit, Kunstwerk:* dieser Roman ist sein erstes, letztes, bedeutendstes O.; zu seinem O. gehören zahlreiche Fernsehspiele, Erzählungen und Gedichte; ich habe Ihr O. gelesen; ich weiß nicht, was ich mit diesem unfertigen O. anfangen soll; dieser Film ist ein gewaltiges O.

orakeln, orakelte, hat orakelt ⟨intr.⟩ (bildungsspr.): *in dunklen Andeutungen sprechen:* „euch wird das Lachen schon noch vergehen", orakelte er; hast du verstanden, was der Redner über die Zukunft Europas orakelt hat?

Orchester [orkä́ßt͏ᵉr, landsch. (bes. östr.) auch: orch...], das; des Orchesters, die Orchester: **1)** *Ensemble von Instrumentalmusikern verschiedener Besetzung:* ein kleines, großes, berühmtes O.; ein Musikstück für Klavier und O.; ein O. leiten, dirigieren, gründen, neu besetzen, verstärken *(= vorübergehend die Zahl der Mitglieder erhöhen);* ein O. probt, spielt, setzt ein, bricht ab; einem O. angehören; im, in einem O. spielen, mitwirken. **2)** *Raum für die Musiker vor der Opernbühne:* die Musiker nahmen im O. Platz.

Order, die; der Order, die Ordern ⟨Mehrz. selten⟩: *Auftrag, Weisung, Anweisung:* wir haben unsere O.; er hat eine klare, eindeutige O. bekommen; unsere [neue] O. lautet: ...; er hat O., den Vertrag sofort abzuschließen, sobald ...; er hat O. gegeben, hinterlassen, daß ...; ich muß erst weitere O. abwarten; er verstößt damit gegen eine ausdrückliche O. seines Vorgesetzten.

ordern, orderte, hat geordert ⟨tr., etwas o.⟩: /Kaufm./ *eine Ware bestellen, einen Auftrag über die Lieferung einer bestimmten Ware erteilen:* unsere Firma hat die Anzüge und Kleider der Frühjahrskollektion bereits vor 14 Tagen geordert; der Geschäftsführer des Restaurants orderte für das bevorstehende Fest zusätzlich einige Hundert Brathähnchen.

ordinär ⟨Adj.; attr. und als Artangabe⟩ ⟨gew. nur attr.⟩ (bildungsspr.): **1)** *alltäglich, gewöhnlich:* der Schrank ist aus ganz ordinärem Sperrholz; das sind ganz ordinäre Nudeln, aber keine Spätzle. **2)** *niedrig, gemein, unfein, vulgär:* ein ordinärer Witz, Film; das ist ein ganz ordinärer Kerl; er hat so ordinäre Hände; sie spricht einen ordinären Dialekt; sie ist, wirkt ziemlich o.; o. sprechen, lachen; jmdn. o. behandeln; sich o. benehmen.

Ordinarius, der; des Ordinarius, die Ordinarien [...iᵉn]: *ordentlicher Professor (Inhaber eines Lehrstuhls) an einer Hochschule:* er ist O. für Kunstgeschichte, für Staatsrecht [an der Universität X].

Organ, das; des Organs, die Organe: **1 a)** /Biol./ *Körperteil eines mehrzelligen Lebewesens, der auf eine bestimmte einheitliche Funktion spezialisiert ist und eine entsprechende Zellstruktur aufweist:* ein menschliches, tierisches, pflanzliches, lebenswichtiges, gesundes, krankes O.; Herz und Nieren gehören zu den inneren Organen; ein natürliches O. durch ein künstliches ersetzen; ein O. verpflanzen, auspflanzen, einpflanzen, spenden; ein O. funktioniert normal. **b)** ⟨nur Einz.⟩ (bildungsspr.): /übertr. in bestimmten festen Verbindungen/ *Sinn, Gefühl, Empfindung:* ein, kein O. für etwas haben; ihm fehlt jedes O. für derartige Dinge. **2)** *Stimme:* er hat ein lautes, durchdringendes, volltönendes O.; sie hat ein schrilles, unangenehmes, hohes, schwaches O. **3)** ⟨Mehrz. ungew.⟩ (bildungsspr.): *Zeitung, Zeitschrift, Fachblatt, Sprachrohr:* dieses Blatt ist das amtliche O. der Regierung, das offizielle O. der Partei, der Gewerkschaft, des Welt-

Organisation

schachbundes. **4)** (bildungsspr.) *Beauftragter, Person oder Institution, die bestimmungsgemäß im Auftrag einer anderen Person oder Institution tätig wird:* ein beratendes, untergeordnetes, übergeordnetes O.; die staatlichen, politischen Organe; die gesetzgebenden, ausführenden, rechtsprechenden Organe des Staates, der Staatsgewalt; die Gewerkschaften sind die repräsentativen Organe der Arbeitnehmerschaft.

Organisation, die; der Organisation, die Organisationen: **1)** ⟨nur Einz.⟩: *Vorbereitung, Arrangieren, Bewerkstelligung:* eine gute, schlechte, reibungslose O.; das ist alles nur eine Frage der O.; die O. klappte gut; die O. der ganzen Veranstaltung lag in den Händen von... **2)** ⟨nur Einz.⟩: *Aufbau, Gliederung:* eine lockere, straffe O.; die O. einer Partei, eines Unternehmens; die innere O. der Kirche. **3)** *organisierte Personengruppe, Zweckverband:* eine politische, militärische, sportliche, wirtschaftliche, private, internationale, weitverzweigte, bewährte, anonyme, geheime O.; eine O. gründen, leiten; einer O. angehören, beitreten.

organisatorisch ⟨Adj.; attr. und als Artangabe; ohne Vergleichsformen⟩ (bildungsspr.): *den Aufbau und die Gliederung von etwas betreffend:* das Ganze ist ein organisatorisches Problem; organisatorische Aufgaben, Mängel; er ist ein organisatorisches Genie *(= er ist ein Genie im Organisieren);* die Schwierigkeiten hierbei sind rein o.; sich o. betätigen.

organisch ⟨Adj.; attr. und als Artangabe; ohne Vergleichsformen⟩: **1)** ⟨gew. nur attr.⟩: /Biol./ *zur belebten Natur gehörend, diese betreffend:* organische Stoffe, Düngemittel; organisches Wachstum. **2)** ⟨gew. nur attr.⟩: /Chem./ *die Kohlenstoffverbindungen betreffend:* organische Chemie *(= Chemie der Kohlenstoffverbindungen);* organische Verbindungen; eine organische Säure. **3)** /Med./ *auf ein Organ des Körpers bezüglich, von ihm ausgehend:* organische Veränderungen; eine organische Erkrankung, Schädigung; ein organischer Befund; er ist o. krank, gesund; diese Herzbeschwerden sind nicht o. [bedingt]. **4)** (bildungsspr.) *geordnet, gegliedert; nach bestimmten natürlichen Gesetzmäßigkeiten erfolgend, naturgemäß:* eine organische Entwicklung; der Aufbau dieser Grammatik ist nicht sehr o.; o. wachsen; sich o. entwickeln; etwas fügt sich o. in etwas ein.

organisieren, organisierte, hat organisiert ⟨tr. und refl.⟩: **1)** ⟨etwas o.⟩: *etwas aufbauen, einrichten, planmäßig ordnen; etwas in die Wege leiten, vorbereiten, in Gang bringen:* die Verteidigung, Abwehr, Flucht, den Widerstand, einen Aufstand, eine Party, eine Ausstellung, eine Gesellschaftsreise, ein Festessen o.; der Betriebsausflug war gut, schlecht organisiert. **2a)** ⟨jmdn., etwas o.; häufig im zweiten Partizip⟩: *Personen zu einem Zweckverband zusammenschließen; einen Zweckverband neu ordnen, umstrukturieren:* die Arbeiter in den Gewerkschaften, Sportler in Vereinen o.; eine Partei, einen Klub neu, demokratisch o.; ein straff, lose organisierter Verband. **b)** ⟨sich o.⟩: *sich zu einem Zweckverband zusammenschließen:* sich politisch, gewerkschaftlich o.; die Studenten haben sich organisiert. **3)** ⟨etwas o.⟩ (ugs.): *etwas, das im Augenblick gerade nicht zur Hand ist, schnell und ohne große Umstände, manchmal auch auf nicht ganz rechtmäßige Weise besorgen, herbeischaffen:* wir müssen für unsere Party noch Schnaps, Zigaretten, einige Damen o.; ich habe uns etwas zu essen organisiert.

Organismus, der; des Organismus, die Organismen: **1)** /Biol./: **a)** *das Gesamtsystem der Organe des Körpers vielzelliger Lebewesen:* der menschliche, tierische, pflanzliche O.; der lebende O.; durch die Grippe wird der gesamte O. geschwächt; ein Stoff schädigt den O.; Bakterien dringen in den O. ein, siedeln sich im O. an. **b)** ⟨meist Mehrz.⟩ *tierisches oder pflanzliches Lebewesen:* Bakterien sind kleinste, winzige Organismen; die meisten Organismen benötigen zum Leben Sauerstoff. **2)** ⟨Mehrz. selten⟩: (bildungsspr.): /übertr./ *einheitlich gegliedertes Ganzes; Gebilde:* ein politischer, sozialer O.; eine Großstadt ist ein sehr komplizierter O.

Organist, der; des Organisten, die Organisten: *Orgelspieler:* der O. spielte einen Choral auf der Orgel.

Orgasmus, der; des Orgasmus, die Orgasmen (bildungsspr.): *Höhepunkt der geschlechtlichen Erregung:* frigide Frauen haben keinen O., gelangen selten zum O.; er vermochte bei ihr mehrmals hintereinander den O. auszulösen; sie erlebte bei ihm nur einen unvollständigen O.

Orgie [...i^e], die; der Orgie, die Orgien (bildungsspr.): *ausschweifendes Fest, wüstes Gelage, wilde Ausschweifung:* eine wilde, wüste, hemmungslose, zügellose, nächtliche O.; sexuelle Orgien feiern, veranstalten. – /bildlich/: das Fest war eine wahre O. der Lust. – /übertr./: ihr Haß gegen ihn feierte wahre Orgien *(= ihr Haß war zügellos).*

Orient [auch: *oriänt*], der; des Orients ⟨ohne Mehrz.⟩: *die Länder Vorder- und Mittelasiens; die östliche Welt, der Osten, das Morgenland* (im Ggs. zu → Okzident): der vordere, mittlere, hintere, fernöstliche, ferne, dunkle, geheimnisvolle O.; Stoffe, Gewürze, Tabak aus dem O.; in den O. reisen, den O. bereisen.

orientalisch ⟨Adj.; attr. und als Artangabe; ohne Vergleichsformen⟩ (bildungsspr.): *den Orient betreffend, morgenländisch, östlich:* orientalische Länder, Lebensgewohnheiten, Sitten, Gerichte; orientalische Pracht; der orientalische Zauber des nächtlichen Tokios; die Kleidung dieser Menschen ist typisch o.; ihre Gastfreundschaft war geradezu o. *(= groß wie im Orient);* o. *(= mit aller Pracht, ausgelassen)* feiern; wir wurden o. *(= aufwendig)* bewirtet.

orientieren, orientierte, hat orientiert ⟨tr. und refl.⟩: **1a)** ⟨jmdn. o.⟩: *jmdn.*

original

über etwas unterrichten, jmdn. informieren: die Mitglieder des Kabinetts waren über diese Vorgänge nicht orientiert [worden]; ich habe meine Mitarbeiter über die voraussichtliche Entwicklung hinreichend orientiert; der Chef war, zeigte sich nicht orientiert; er ist gut, schlecht, einseitig, genau orientiert. **b)** ⟨sich o.⟩: *sich über etwas informieren, sich einen Überblick verschaffen:* er will sich zunächst einmal über die wirtschaftliche Situation der Bauern o.; der Chef hat sich bereits orientiert, worin die eigentlichen Schwierigkeiten bestehen. **2)** ⟨sich o.⟩: *den richtigen Weg, die richtige Richtung ermitteln; sich zurechtfinden:* er kann sich im allgemeinen auch in einer fremden Stadt gut o.; er orientiert sich nach den Sternen, am Stand der Sonne, nach dem Kompaß, anhand der Landkarte. **3)** ⟨sich an etwas, jmdm. o.⟩ (bildungsspr.): /übertr./ *sich nach etwas, jmdm. richten, sein Verhalten nach etwas oder jmdm. ausrichten:* die deutsche Außenpolitik wird sich immer an der außenpolitischen Grundtendenz der Westmächte o.; unsere Werbung orientiert sich an den Verbraucherwünschen.

Orientierung, die; der Orientierung, die Orientierungen ⟨Mehrz. selten⟩: **a)** *Kenntnis von Weg und Gelände, das räumliche Sichzurechtfinden:* er hat eine gute, schlechte, keine O. in der Dunkelheit; die O. verlieren. **b)** (bildungsspr.) *Ausrichtung; [geistige] Einstellung:* die politische O. der Bundesrepublik nach Frankreich; der Außenminister versprach eine stärkere politische O. der Bundesrepublik nach den USA; die geistige, religiöse O. des modernen Menschen am Christentum, an Christus; die zunehmende O. des Menschen auf die Technik (Sprachgebrauch der DDR).

original ⟨Adj.; attr. und als Artangabe; ohne Vergleichsformen⟩: **1)** ⟨gew. nur attr.; gew. ungebeugt⟩: *ursprünglich, echt:* o. Lübecker Marzipan; o. Schweizer Käse; der Stoff ist o. englisch. **2)** ⟨nur als Artangabe,

Original

aber selten präd.⟩: *direkt, unmittelbar:* das Fußballspiel wird im Fernsehen o. übertragen; der Reporter meldete sich o. vom Tatort.

Original, das; des Originals, die Originale: **1)** *Urfassung, Urschrift, Urtext; Vorlage, Urbild:* das O. einer Urkunde, eines Zeugnisses, einer Handschrift, einer Partitur, eines Entwurfs; dieses Bild ist eine Fälschung. Das O. *(= das echte Bild)* hängt in einem New Yorker Museum; ich schicke Ihnen eine Abschrift des Briefs. Das O. können Sie bei mir einsehen; ein O. kopieren; dieses Bild ist im O. noch viel reizvoller; ein schönes Aktfoto! Aber das O. *(= die abgebildete Person)* wäre mir lieber. **2)** *Sonderling, Type, Kauz; Spaßvogel:* er ist ein [richtiges, Mannheimer, Berliner] O.

Originalität, die; der Originalität, die Originalitäten ⟨Mehrz. ungew.⟩: **1)** ⟨nur Einz.⟩: **a)** *Echtheit:* die O. eines Dokumentes, eines Schriftstücks, eines Bildes; er hat sich die O. des Briefs durch einen Sachverständigen bestätigen, bescheinigen lassen; er hat die O. der Handschrift bezweifelt. **b)** (bildungsspr.) *Ursprünglichkeit, gedankliche Selbständigkeit, schöpferische Leistung:* dieses Kunstwerk zeichnet sich durch besondere O. aus. **2)** (bildungsspr.) *Besonderheit, wesenhafte Eigentümlichkeit, Sonderbarkeit* (bes. auf Personen bezogen): ein Mensch von ausgeprägter, besonderer O.; die O. des Stils, der Bewegungen, der Handschrift eines Menschen; die O. einer Reportage.

originell ⟨Adj.; attr. und als Artangabe⟩: *neu, neuartig, ursprünglich* (gew. nicht auf Personen bezogen); *einzigartig, ausgefallen; eigentümlich, urwüchsig, auf eine besondere Art komisch* (gew. auf Personen bezogen): eine originelle Methode, Darstellung; der Film hat einen sehr originellen Inhalt; ein origineller Einfall, Gedanke, Plan; die Thematik dieses Schachproblems ist, wirkt noch o.; diese Melodie ist wirklich sehr o.; etwas o. finden, darstellen, aufbauen; ein origineller Mensch; er hat eine originelle Art, etwas zu erzählen; seine Unterschrift ist wirklich o.; er kann so o. lachen, erzählen.

Orkan, der; des Orkans, die Orkane: (bildungsspr.): *Sturm mit Windstärke 12, stärkster Sturm:* ein furchtbarer, verheerender O. verwüstete das Land; der Sturm entwickelte sich zum O. – /bildl./: sie fürchtete sich vor dem O. seiner Leidenschaft.

Orthopäde, der; des Orthopäden, die Orthopäden: /Med./ *Facharzt für Orthopädie:* einen Orthopäden aufsuchen, zu Rate ziehen; er ist bei einem Orthopäden in Behandlung.

Orthopädie, die; der Orthopädie ⟨ohne Mehrz.⟩: /Med./ *Spezialgebiet der Medizin, das sich mit der Erkennung und Behandlung angeborener oder erworbener Fehler im Bereich des Haltungs- und Bewegungsapparates beschäftigt:* er hat sich als Facharzt für O. niedergelassen.

orthopädisch ⟨Adj.; attr. und als Artangabe; ohne Vergleichsformen⟩: /Med./ *die Orthopädie betreffend; mit den Mitteln der Orthopädie [erfolgend]:* eine orthopädische Behandlung; er hat eine orthopädische Praxis eröffnet; die orthopädische Station einer Klinik; orthopädische Schuhe *(= Spezialschuhe für Gehbehinderte);* die Behandlung ist rein o.; einen Patienten o. behandeln.

ostentativ [...*if*] ⟨Adj.; attr. und als Artangabe, aber selten präd.; gew. ohne Vergleichsformen⟩ (bildungsspr.): *offensichtlich; nachdrücklich, betont; in herausfordernder Weise erfolgend:* die ostentative Absage der großen Parteien an die Rechtsradikalen; sein Nein zu den Vorschlägen war o.; er verließ o. den Saal; er blickte o. weg; sich o. verabschieden.

Ouvertüre [*uw*...], die; der Ouvertüre, die Ouvertüren: **1)** /Mus./ *einleitendes Instrumentalstück (bes. am Anfang einer Oper):* eine kurze O.; die O. zum Barbier von Sevilla, zu Figaros Hochzeit; eine O. spielen, komponieren. **2)** /übertr./ (bildungsspr.) *Einleitung, Auftakt, Vorspiel:* der Sketch bildete sozusagen die heitere, gelungene O. des bunten Abends; das Tor von G. Müller war nur die O. zu einem wahren Schützenfest.

Ovation [ow...], die; der Ovation, die Ovationen (bildungsspr.): *Huldigung, großer Beifall:* das Publikum bereitete dem Pianisten enthusiastische, wahre Ovationen.

Overall [o̱uwerả̱l, auch: o̱w...], der; des Overalls, die Overalls: *einteiliger Arbeits- oder Schutzanzug:* einen [wasserdichten] O. tragen, anziehen.

Ovulation [ow...], die; der Ovulation, die Ovulationen: /Biol./ *Eisprung, Ausstoßung des reifen Eies aus dem Eierstock bei geschlechtsreifen weiblichen Säugetieren und beim Menschen:* eine vorzeitige, unregelmäßige O.; die O. erfolgt beim Menschen in der Regel alle 28 Tage; durch die Antibabypille wird die O. unterdrückt, gehemmt.

Oxer, der; des Oxers, die Oxer: /Pferdesport/ *Hindernis aus übereinandergelegten Stangen beim Springreiten:* das Pferd hat den O. gerissen, übersprungen; er machte einen Springfehler am O.

oxydieren, oxydierte, ist/hat oxydiert ⟨intr.⟩: /Chem./ *sich mit Sauerstoff verbinden (oder Wasserstoff abgeben) und sich dadurch chemisch verändern* (von chem. Elementen oder Verbindungen gesagt): Kohlenstoff oxydiert in reinem Sauerstoff zu Kohlendioxyd. 2) (volkst.) *sich mit einer [dunklen] Schicht oder einem Belag überziehen, anlaufen* (von Metallen, bes. Edelmetallen, gesagt): das Silberbesteck ist oxydiert; Eisen oxydiert an der Luft und setzt Rost an.

Ozean, der; des Ozeans, die Ozeane: *großes Weltmeer:* der weite, große, endlose, stürmische O.; der Atlantische, Pazifische, Große (= Pazifische), Stille, Indische O.; den O. überqueren, überfliegen. – (geh., bildlich): ein O. von Blut, Tränen.

P

Pädagoge, der; des Pädagogen, die Pädagogen: *Erzieher, Lehrer; Erziehungswissenschaftler:* er ist ein guter, schlechter P.; er ist P. an einem Internat.

pädagogisch ⟨Adj.; attr. und als Artangabe; ohne Vergleichsformen⟩: *die Erziehungslehre betreffend; erzieherisch:* pädagogische Fähigkeiten, Prinzipien; er hat eine gute pädagogische Ausbildung; dieses Verhalten ist p. klug, geschickt, richtig, falsch; es ist nicht sehr p. von ihm, seinen Sohn vor anderen Leuten zu bestrafen; er hat p. (= *als Pädagoge oder bezüglich der richtigen Erziehung*) versagt.

paktieren, paktierte, hat paktiert ⟨intr., mit jmdm. p.⟩: *einen Pakt mit jmdm. schließen; mit jmdm. gemeinsame Sache machen:* Albanien paktiert seit langem mit Rotchina; mit dem Feind p.; er paktiert mit dem Teufel. (= *er ist mit dem Teufel im Bunde*).

Palaver [...wer], das; des Palavers, die Palaver (ugs.): *endloses Gerede; ausgedehnte und wortreiche Verhandlung:* ich hatte ein langes, stundenlanges, ermüdendes P. mit einigen Herren vom Stadtrat; wollt Ihr dieses sinnlose P. nicht beenden?

palavern [...wern], palaverte, hat palavert ⟨intr.⟩ (ugs.): *lange und ausführlich miteinander über etwas (häufig über Nichtigkeiten) reden:* wir haben ausführlich, lange, eingehend über diesen Fall palavert; wir haben noch ein bißchen über dieses und jenes palavert.

Paletot [palᵉto], der; des Paletots, die Paletots: /Mode/ *dreivierteIlanger Damen- oder Herrenmantel:* er trägt einen dunkelblauen, modischen P.

Palette, die; der Palette, die Paletten: 1) /Malerei/ *(meist ovales) mit einem Halteloch (für den Daumen) versehenes Farbenmischbrett:* die Farben auf

Pamphlet

der P. mischen. 2) /übertr./ (bildungsspr.) *etwas bunt Zusammengestelltes, Strauß, Reigen:* eine bunte P. von Melodien.

Pamphlet, das; des Pamphlet[e]s, die Pamphlete (bildungsspr.): *Streit-, Schmähschrift (bes. politischen Inhalts), verunglimpfende Flugschrift:* ein politisches P.; in der Presse erschien ein beleidigendes, unverschämtes P. des Schriftstellers X gegen die Regierung, gegen den Außenminister.

panieren, panierte, hat paniert ⟨tr., etwas p.⟩: /Gastr./ *bestimmte Lebensmittel (bes. Fleisch oder Fisch) vor dem Braten mit geriebener Semmel, Ei u. a. einkrusten:* ein Schnitzel dünn, dick mit Semmelbröseln p.; Fischfilet in, mit Milch und Mehl, Ei p.

Panik, die; der Panik, die Paniken ⟨Mehrz. selten⟩ (bildungsspr.): *unkontrolliertes Fehlverhalten einer Menschenmenge (seltener eines Einzelnen) als Schreck- oder Angstreaktion auf eine plötzlich eintretende akute Gefahrensituation:* unter den Zuschauern brach eine P. aus; der Verfolgte wurde von einer Panik ergriffen, geriet in eine P.; wir müssen vor allem eine P. unter den Passagieren vermeiden, verhüten, verhindern; der Brand löste eine Panik unter, bei den Kinogästen aus; sich in eine P. hineinsteigern.

panisch ⟨Adj.; attr. und als Artangabe, aber gew. nicht präd.; ohne Vergleichsformen⟩ (bildungsspr.): *den ganzen Menschen wie eine Panik erfassend, furchtbar, wild (auf Angst- oder Schrecksituationen bezogen):* panische Angst; ein panischer Schrecken; panisches Entsetzen; p. reagieren; die Zuschauer rannten p. durcheinander.

Panorama, das; des Panoramas, die Panoramen ⟨Mehrz. ungew.⟩ (bildungsspr.): *Rundblick, Rundsicht, Aussicht, Gesamtbild einer Landschaft:* ein schönes, herrliches, prächtiges P.; das P. der Alpen; in diesem Hochtal bietet sich den Augen ein überwältigendes P.

Pantomime: 1) die; der Pantomime, die Pantomimen ⟨Mehrz. ungew.⟩ (bildungsspr.): *Darstellung einer Szene nur durch Gebärden, stummes Gebärdenspiel:* eine P. aufführen; etwas durch eine P. darstellen. 2) der; des Pantomimen, die Pantomimen: *Darsteller einer Pantomime (1):* er ist ein hervorragender P.

pantomimisch ⟨Adj.; attr. und als Artangabe; ohne Vergleichsformen⟩ (bildungsspr.): *die Pantomime betreffend. durch Gebärdenspiel [erfolgend]:* die pantomimische Darstellung, Gestaltung einer Handlung; diese Szene ist rein p.; etwas p. darstellen.

Papagallo, der; des Papagallo[s], die Papagallos und die Papagalli (bildungsspr.): *auf erotische Abenteuer ausgehender südländischer (bes. italienischer) Playboytyp mit Halbstarkenmanieren:* sie wurde von mehreren schwarzhaarigen Papagallos verfolgt, belästigt.

Paprika, der; des Paprikas, die Paprikas (auch: die Paprika): 1) *südeuropäische und amerikanische Gemüse- und Gewürzpflanze mit charakteristischen Fruchtschoten:* roter, grüner, gelber P.; wir aßen Reis mit gefülltem P., mit gefüllten Paprikas. 2) ⟨nur Einz.⟩: *pfefferartig scharfes Gewürz aus getrockneten Paprikafrüchten:* eine Speise mit scharfem, edelsüßem P. würzen. - /bildl., in der festen Wendung/ * **P. im Blut haben**: *ein feuriges Temperament haben.*

Parabel, die; der Parabel, die Parabeln: 1) /Math./ *geometrische Kurve (Kegelschnitt), deren Punkte von einer festen Geraden und einem festen Punkt gleichen Abstand haben:* eine P. zeichnen; die Flugbahn des Geschosses beschreibt eine P. 2) (bildungsspr.) *lehrhafte Dichtung, lehrhafte Erzählung, Gleichnis:* die P. vom verlorenen Sohn; eine Grunderkenntnis in eine P. kleiden; etwas durch eine P. veranschaulichen.

Parade, die; der Parade, die Paraden: 1) *Truppenschau, Vorbeimarsch militärischer Verbände; prunkvoller Aufmarsch:* eine militärische P.; der Präsident nahm die P. der NATO-Streitkräfte ab. 2) /bes. Sport/ *Abwehr eines Angriffs:* eine gute, schlechte, glänzende P.; der Torwart konnte den Ball mit einer tollkühnen P. zur Ecke abwehren; eine gute P. zeigen; zur Abwehr eines Angriffs führt der Fechter Paraden aus. − /übertr.; in der festen Wendung / * **jmdm. in die P. fahren:** *jmdm. energisch entgegentreten, ins Wort fallen.*

paradieren, paradierte, hat paradiert ⟨intr.⟩ (bildungsspr.): **1)** ⟨vor jmdm. p.⟩: *vor jmdm. parademäßig vorbeimarschieren* (auf militär. oder militärähnliche Formationen bezogen): Truppen paradierten vor dem Bundespräsidenten. **2)** ⟨mit etwas p.⟩: *etwas stolz zur Schau tragen, mit etwas prunken:* er paradierte stolz mit seinem neuen Sportwagen.

paradox ⟨Adj.; attr. und als Artangabe⟩: *widersinnig, einen Widerspruch in sich enthaltend, unlogisch:* eine paradoxe Entscheidung; ein paradoxes Vorhaben; das Ergebnis dieses Spiels ist geradezu p.; der Wahlausgang kommt mir p. vor, mutet p. an.

Paradoxon, das; des Paradoxons, die Paradoxa ⟨Mehrz. selten⟩ (bildungsspr.): *paradoxe Situation, paradoxe Begebenheit; paradoxe Behauptung:* ein politisches, militärisches, sportliches, echtes P.

Paragraph, der; des Paragraphen (auch: des Paragraphs), die Paragraphen: **1)** *fortlaufend numerierter kleinerer Abschnitt eines Druckwerks, bes. eines Gesetzes[textes] und das Zeichen (§) dafür:* die Paragraphen eines Gesetzes, einer Verordnung, eines Vertrags, eines Lehrbuchs, einer Grammatik; dieses Lehrbuch ist in 20 Paragraphen eingeteilt, gegliedert; das deutsche Strafgesetzbuch enthielt bis zum 31. August 1969 einen speziellen Paragraphen über den Ehebruch; dieser Fall ist strafbar nach § 282 des Strafgesetzbuchs; das steht in § 8 der Zivilprozeßordnung; hier beginnt ein neuer P. in der Grammatik. **2)** *Gesetzesparagraph:* ein veralteter, verstaubter, unmenschlicher, umstrittener, grausamer P.; einen Paragraphen ändern, beseitigen, abschaffen, neu formulieren, neu einfügen; gegen Paragraphen verstoßen. − /bildl./: im Gestrüpp der Paragraphen hängenbleiben; über einen Paragraphen stolpern.

parallel ⟨Adj.; attr. und als Artangabe; ohne Vergleichsformen⟩: **a)** /bes. Math./ *im gleichen Abstand ohne gemeinsamen Schnittpunkt nebeneinander verlaufend:* parallele Linien, Strahlen; diese beiden Geraden sind p.; diese Straßen laufen p.; diese Straße verläuft p. zur Hauptstraße. **b)** /übertr./ *gleichlaufend, gleichsinnig, gleichzeitig [erfolgend], entsprechend, übereinstimmend:* parallele Vorgänge, Ereignisse; unsere Ansichten in diesem Punkt sind weitgehend p.; die Dinge haben sich p. entwickelt.

Parallele, die; der Parallele, die Parallelen: **a)** /Math./ *Gerade, die von einer anderen Geraden in allen Punkten den gleichen Abstand hat:* zeichne zu einer gegebenen Geraden die P. im Abstand von 2 cm! **2)** /übertr./ *Vergleich, vergleichbarer Fall; starke Ähnlichkeit, Übereinstimmung:* die P. zwischen zwei Personen, Dingen, Sachverhalten ziehen; ich kenne keine historische, politische, juristische P. zu diesem Fall; hierzu gibt es eine verblüffende P. in einer Sache, die . . .; dieser Fall ist ohne P. in der Geschichte.

paraphrasieren, paraphrasierte, hat paraphrasiert ⟨tr., etwas p.⟩ (bildungsspr.): *etwas mit anderen Worten verdeutlichend umschreiben:* können Sie diesen Gedanken bitte etwas p.?

Parasit, der; des Parasiten, die Parasiten: **1)** /Biol., Med./ *tierischer oder pflanzlicher Schmarotzer, Kleinlebewesen, das den Organismus eines anderen Lebewesens befällt und sich von dessen Körpersubstanz oder Körpersäften ernährt (bes. Krankheitserreger):* ein tierischer, pflanzlicher, einzelliger, harmloser, gefährlicher, krankheitserregender P.; die Parasiten im menschlichen Organismus; die

parat

in den Eingeweiden schmarotzenden Parasiten. **2)** /übertr./ (bildungsspr.) *Schmarotzer:* ein gefräßiger, ekelhafter, widerlicher P.; er ist ein P. am Volksvermögen.

parat ⟨Adj.; nicht attr., nur als Artangabe; ohne Vergleichsformen⟩: *bereit, [gebrauchs]fertig, zur Hand:* ein Beispiel, einen Witz, eine Antwort p. haben; er hat immer eine Ausrede p.; ich habe gerade kein Kleingeld p.; ich habe diesen Vorgang nicht mehr p. (= *nicht mehr im Gedächtnis);* für meine Gäste halte ich immer einen Whisky p.

Parcours [*parkur*], der; des Parcours [...*r[ß]*], die Parcours [...*rß*]: /Reitsport/ *abgestecktes, mit verschiedenen Hindernissen ausgestattetes Gelände für Jagdspringen oder Jagdrennen:* ein leichter, schwieriger, langer, ermüdender P.; ein P. von 600 m Länge, mit 16 Hindernissen; einen P. aufbauen, abstecken; als nächster Reiter geht H. G. Winkler über den P.

Pardon [*pardong*], der; des Pardons ⟨ohne Mehrz.⟩ (veraltend): *Verzeihung, Gnade, Nachsicht:* um P. bitten; * jmdm. kein P. gewähren; * kein P. kennen.

Parfum [*parfäng*], das; des Parfums, die Parfums; auch eingedeutscht: **Parfüm,** das; des Parfüms, die Parfüme und Parfüms: *alkoholische Lösung von Duftstoffen (bes. für kosmetische Zwecke):* ein herbes, süßes, teures, billiges, dezentes, diksretes, aufdringliches, starkes, männliches, aufregendes P.; sie benutzt, trägt französische Parfums; P. nehmen; sich P. hinters Ohr tupfen; dieses P. duftet sehr stark; er riecht stark nach P.

Parfümerie, die; der Parfümerie, die Parfümerien: *Betrieb zur Herstellung oder zum Verkauf von Parfums und anderen kosmetischen Artikeln:* ich habe dieses Rasierwasser in einer P. gekauft.

parfümieren, parfümierte, hat parfümiert ⟨tr. und refl.⟩: **1)** ⟨sich, (selten) jmdn., etwas p.⟩: *sich, jmdn., etwas mit Parfüm besprengen; Parfüm auflegen:* sie hat sich stark parfümiert; sie hat ihr Haar, ihre Kleider, ihre Wäsche parfümiert. **2)** ⟨etwas p.⟩: *etwas durch Duftstoffe aromatisch machen:* dieser Tabak, diese Zigarette ist stark parfümiert.

Paria, der; des Parias, die Parias (bildungsspr.): *aus der menschlichen Gesellschaft Ausgestoßener, Entrechteter:* die amerikanischen Neger wollen nicht länger als Parias angesehen werden.

parieren, parierte, hat pariert ⟨tr. und intr.⟩: **1)** ⟨etwas p.⟩: **a)** /bes. Sport/ *einen gegnerischen Angriff abwehren:* einen Schlag, Hieb, Stoß, Schuß, Wurf, Angriff p.; der Torwart hat den Strafstoß mühelos, glänzend pariert. **b)** *einer Sache ausweichen, mit einer Sache fertig werden:* eine Frage, einen Einwand [gut, mühelos, geistesgegenwärtig, schlecht] p. **2)** ⟨ein Reittier p.⟩: *ein Reittier (durch reiterliche Hilfen) in eine mäßigere Gangart oder zum Stehen bringen:* er vermochte das Pferd nur mit Mühe zu p. **3)** ⟨intr.⟩ (ugs.): *gehorchen, folgen:* sein Sohn pariert einfach nicht; er verlangt, daß man ihm, seinen Befehlen, seinen Weisungen blind pariert.

Parität, die; der Parität, die Paritäten: **1)** ⟨ohne Mehrz.⟩ (bildungsspr.): *Gleichstellung, Gleichberechtigtheit, Gleichgewicht:* die P. zwischen den einzelnen Mitgliedern eines Ausschusses; die P. beachten, wahren. **2)** /Wirtsch./ *das im amtlichen Wechselkurs zum Ausdruck kommende Austauschverhältnis zwischen zwei oder mehr Währungen:* die P. der DM zum französischen Franc ist korrekturbedürftig.

paritätisch ⟨Adj.; attr. und als Artangabe; ohne Vergleichsformen⟩ (bildungsspr.): **1)** *zu gleichen Anteilen, gleichmäßig, gleichberechtigt:* die paritätische Mitbestimmung der Arbeiter; die Kommission ist p. mit Mitgliedern aller Parteien besetzt.

Parkett, das; des Parkett[e]s, die Parkette: **1)** *getäfelter Holzfußboden:* teures, spiegelblankes P.; P. legen; das P. versiegeln, bohnern; er hat

Fußböden aus P. – * eine kesse Sohle aufs P. legen (salopp, scherzh.; = *schwungvoll tanzen*). – /übertr./: * **sich auf dem P. sicher, unsicher bewegen:** *sich in guter Gesellschaft [nicht] entsprechend benehmen können:* er bewegt sich sehr sicher auf dem internationalen, diplomatischen P. – * **auf dem P. ausrutschen, straucheln:** *in einer exponierten Stellung einen Fehler begehen:* er ist auf dem glatten P. der Politik ausgerutscht. 2) *zu ebener Erde gelegener vorderer Zuschauerraum im Theater (im Kino der gesamte Zuschauerraum zu ebener Erde):* P. sitzen, nehmen; im P. sitzen.

Parlament, das; des Parlament[e]s, die Parlamente: *repräsentative Versammlung, Volksvertretung mit gesetzgebender oder beratender Funktion:* das deutsche, englische, amerikanische P.; das europäische P. in Straßburg; ein demokratisches P.; das P. einberufen, auflösen; ein neues P. wählen; dem P. angehören; im P. vertreten sein; eine Sache im P. behandeln; ein Gesetz im P. einbringen; ins P. einziehen; aus dem P. ausscheiden; etwas vor dem P. zur Sprache bringen.

Parlamentär, der; des Parlamentärs, die Parlamentäre; /Mil./ *Unterhändler zwischen feindlichen Heeren:* der Feind hat einen P. geschickt.

Parlamentarier [...ri^er], der; des Parlamentariers, die Parlamentarier: /Pol./ *Abgeordneter, Mitglied eines Parlaments:* die Bonner P.; die dem Europarat angehörenden P.

Parodie, die; der Parodie, die Parodien (bildungsspr.): *komisch-satirische Verfremdung bes. eines literarischen oder musikalischen Werks:* eine gute, gelungene, schlechte P.; eine P. auf ein Theaterstück, auf eine Ballade, auf ein Musical schreiben; dieses Chanson ist eine freche P. auf die Bonner Politik, auf den Bundeskanzler.

parodieren, parodierte, hat parodiert ⟨tr.; etwas, jmdn. p.⟩: *etwas, jmdn. in Form einer Parodie verspotten:* ein Drama, ein Lied, eine Rede, jmds. Sprache, ein Ereignis, einen Politiker [gut, schlecht] p.

Parole, die; der Parole, die Parolen: 1) *Leitspruch, Wahlspruch; propagandistische Sentenz:* eine kapitalistische, kommunistische, politische P.; seine P. lautet, ist: Ohne mich!; eine P. verbreiten; jmds. Parolen vertrauen, Glauben schenken; einer P. folgen; er handelt nach der P. ... 2) *[militärisches]. Kennwort, Losung:* eine geheime, neue [militärische] P. vereinbaren; die P. ausgeben, kennen, sagen, vergessen, ändern; wie heißt die P.?

parterre [*partär*] ⟨Adv.⟩: *zu ebener Erde, im Erdgeschoß:* p. wohnen; meine Wohnung liegt p.

Paroli, nur in der festen Wendung: * **jmdm. P. bieten** (bildungsspr.): *jmdm. Widerstand entgegensetzen, sich jmdm. widersetzen:* du hättest deinem Chef in diesem Punkt stärker, nachdrücklicher P. bieten müssen.

Partie, die; der Partie, die Partien: 1) *Teil, Abschnitt, Ausschnitt:* die obere, untere P. des Gesichts, der Nase; einzelne Partien des Bildes sind unterbelichtet. 2) *Spiel[runde]:* eine P. Schach, Bridge, Tennis spielen; er hat fünf Partien (= Schachpartien) hintereinander verloren, gewonnen. 3) *die einzelne, ausgeschriebene Gesangsrolle in Oper, Operette und dgl.:* sie singt die P. der Aida. 4) (veraltet) *gemeinsamer Ausflug:* wir wollen übers Wochenende eine kleine P. in die Berge unternehmen. – /übertr./: * **mit von der P. sein** mitmachen. 5) (ugs.) *Heirat[smöglichkeit]:* eine gute P. mit jmdm. machen (= *sich gut verheiraten);* sie ist eine gute, keine schlechte P.; sie ist keine P. für ihn. 6) /Kaufm./ *Warenposten:* wir haben noch einige Partien leichter Sommerpullis auf Lager.

Partisan, der; des Partisans (selten auch: des Partisanen), die Partisanen: *bewaffneter Widerstandskämpfer im feindlichen Hinterland:* feindliche Partisanen haben die Brücke gesprengt; die Partisanen zogen sich in ihre Waldschlupfwinkel zurück.

partizipieren, partizipierte, hat partizipiert ⟨intr., an etwas p.⟩ (bildungsspr.): *an etwas Anteil haben, teilnehmen:* an jmds. Erfolg, Gewinn p.

partout [*partu*] ⟨Adv.⟩ (bildungsspr.): *unter allen Umständen, um jeden Preis, unbedingt:* er möchte p. ins Kino gehen; er will p. nichts essen.

Party [*pa̱ʳti*], die; der Party, die Partys und die Parties [*pa̱ʳtis*]: *zwangloses Hausfest:* eine aufregende, langweilige, gelungene, verrückte P.; eine P. geben, veranstalten; auf einer P. sein; auf eine, zu einer P. gehen; jmdn. zu einer P. einladen.

Parvenü [*parwenü*], der; des Parvenüs, die Parvenüs (bildungsspr.): *Emporkömmling, Neureicher:* er ist ein typischer, arroganter P.

Parzelle, die; der Parzelle, die Parzellen (bildungsspr.): *vermessenes Grundstück, Bodenanteil (als Bauland oder zur landwirtschaftlichen Nutzung):* eine kleine P. Bauland besitzen, erwerben, verkaufen; das Gebiet ist in Parzellen aufgeteilt.

passabel ⟨Adj.; attr. und als Artangabe⟩ (bildungsspr.): *annehmbar, gangbar, leidlich, zufriedenstellend, erträglich:* ein passabler Vorschlag, Plan; er ist ein passabler Finanzminister, Pädagoge; er ist als Arzt ganz p.; seine Leistungen sind p.; es geht mir ganz p.; das Essen schmeckt ganz p.; ich habe p. geschlafen.

Passage [*paßgascheˀ*], die; der Passage, die Passagen (bildungsspr.): **1a)** *Durchgang, [schmale] Durchfahrt:* eine breite, schmale, enge, gefährliche P. **b)** /meist in Zus. wie: Bahnhofspassage/ *Durchgang durch einen Wohnblock, überdachte [Laden]straße:* dieses Geschäft befindet sich in der P. am Wasserturm. **2)** *Schiffs- oder Flugreise:* wir haben eine P. [auf der „Bremen"] nach New York gebucht; die P. bezahlen. **3)** *fortlaufender, zusammenhängender Teil einer Rede, eines Textes oder eines Musikstücks:* ich habe diese P. seiner Rede, seines Aufsatzes nicht verstanden; einzelne schwierige Passagen dieser Sonate muß ich nochmals üben.

Passagier [...*sehiʳ*], der; des Passagiers, die Passagiere: *Schiffs-, Flugreisender:* die Passagiere eines Dampfers, einer Verkehrsmaschine; Passagiere werden abgefertigt, nehmen ihre Plätze ein, schnallen sich an. – *blinder P.: heimlich Mitreisender.

passé ⟨indekl. Adj.; nur präd.; ohne Vergleichsformen⟩ (ugs.): *vorbei, vergangen, abgetan:* die Sache ist [für mich] längst p.; mein Urlaub ist leider schon p.; dieser Mann ist als Politiker p. (= *seine Zeit ist vorbei*).

passieren: I. ⟨tr.; passierte, hat passiert⟩: **1)** ⟨etwas, (selten auch:) jmdn. p.⟩: *etwas durchreisen, durchqueren, überqueren, überfliegen; an etwas, jmdm. vorbeifahren, vorüberfahren, vorbeigehen:* eine Stadt, eine Brücke, einen Fluß, eine Landschaft p.; die Alpen im Flugzeug p.; den Atlantik mit dem Schiff p.; eine Landesgrenze, den Zoll [zu Fuß, mit dem Wagen] p.; der Zug passiert gerade das Stellwerk; er konnte den Wachtposten, die Wache, den Pförtner unbemerkt, ungehindert, unkontrolliert p. **2)** ⟨etwas p.⟩: *etwas (bes. bestimmte Nahrungsmittel) durch ein Sieb oder dgl. geben und fein pürieren:* Kartoffeln, Gemüse, Tomaten, Früchte, Quark, eine Suppe p. **II.** ⟨intr.; passierte, ist passiert⟩: **1)** *geschehen, sich ereignen, vorfallen, vorkommen:* ein Unglück, etwas Schlimmes, Unvorhergesehenes ist passiert; melden Sie mir bitte alles, was passiert!; ist etwas passiert?; solche Dummheiten dürfen nicht noch einmal p.; er fährt mit seinem Wagen aus der Garage, schon ist's passiert; was heute nicht alles auf der Welt passiert!; er tut, als ob nichts passiert sei. **2)** ⟨etwas passiert jmdm.⟩: *etwas stößt jmdm. zu, jmd. erlebt etwas:* mir ist neulich etwas Unangenehmes, Schlimmes, Peinliches, Komisches, Merkwürdiges, Lustiges passiert; das kann jedem p.; das durfte uns nicht p.; das passiert mir nicht noch einmal; dem alten Herrn wird doch nichts passiert sein?; ihr konnte gar nichts Besseres p., als daß ...

Passion, die; der Passion, die Passionen (bildungsspr.): **a)** *Leidenschaft, Liebhaberei, Steckenpferd:* das Schachspiel ist seine große P.; er hat verschiedene Passionen; er ist seiner P. treu geblieben; seinen Passionen nachgehen. **b)** ⟨ohne Mehrz.⟩: *Leidenschaftlichkeit, leidenschaftliche Hingabe an etwas:* die rechte P. für etwas haben; etwas aus P., mit [großer] P. tun; er ist Jäger aus P.

passioniert ⟨Adj.; nur attr.⟩: *leidenschaftlich, begeistert:* er ist ein passionierter Schachspieler, Angler, Rätsellöser, Bastler, Radiohörer.

passiv [*pásif*, auch: ...*if*] ⟨Adj.; attr. und als Artangabe⟩ (bildungsspr.): *untätig, teilnahmslos; still, duldend* (im Ggs. zu → aktiv): eine passive Rolle bei etwas spielen; in etwas p. sein, bleiben; sich in einer Sache völlig p. verhalten. – * **passive Bestechung:** *Bestechung durch Fordern oder Annehmen von Geschenken oder Vorteilen:* er hat sich der passiven Bestechung schuldig gemacht. – * **passive Handelsbilanz:** *Handelsbilanz mit einem Überwiegen der Gütereinfuhr gegenüber der Güterausfuhr:* die Handelsbilanz dieses Landes ist in diesem Jahr p. – * **passives Wahlrecht:** *das Recht, gewählt zu werden:* das passive Wahlrecht haben, besitzen, verlieren. – * **passiver Widerstand,** * **passiver Resistenz:** *Widerstand durch Nichtbefolgung von Weisungen oder durch Untätigkeit:* passiven Widerstand leisten. – * **passiver Wortschatz:** *Gesamtheit der Wörter einer Sprache, die ein Einzelner kennt, ohne sie in der konkreten Redesituation zu gebrauchen:* sein passiver Wortschatz umfaßt ca. 50 000 Wörter. – * **passives Mitglied:** *Mitglied eines Vereins, das lediglich Beiträge zahlt, ohne sich aktiv an der Vereinstätigkeit zu beteiligen:* ich bin lediglich passives Mitglied im Verein.

Passivität [...*iwi*...], die; der Passivität ⟨ohne Mehrz.⟩ (bildungsspr.): *Untätigkeit, Teilnahmslosigkeit:* in völliger P. verharren; aus seiner P. heraustreten.

Passus, der; des Passus, die Passus (bildungsspr.): *Abschnitt, Stelle in einem Text, in einem Schriftwerk oder in einer Rede:* ein kurzer, längerer, nebensächlicher, wichtiger P.; einen P. in einem Vertrag einfügen; einen P. anbringen, ändern; in dieser Rede, Erklärung gibt es einen bedeutsamen P. über die Vermögensbildung; in diesem Buch steht ein längerer P. über den Konjunktiv.

pasteurisieren [*pastör*...], pasteurisierte, hat pasteurisiert ⟨tr., etwas p.⟩: *flüssige Lebensmittel (bes. Milch) durch schonendes Erhitzen auf 60–80° entkeimen und dadurch haltbar machen:* Lebensmittel, Apfelsaft, Milch [bei 80°] p.

Pastille, die; der Pastille, die Pastillen: *Arzneiplätzchen, Arzneikügelchen:* Pastillen [gegen Heiserkeit] lutschen, im Mund zergehen lassen; Pastillen herstellen.

Pastor [auch: ...*or*], der; des Pastors, die Pastoren (nordd. auch: die Pastore) (bes. nordd.): *Pfarrer:* er ist P. in einer kleinen Landgemeinde; der Herr P.; P. Wildenbach; der P. predigt [in der Kirche], tauft, traut, betet, erteilt den Segen.

pastoral ⟨Adj.; attr. und als Artangabe; gew. ohne Vergleichsformen⟩ (bildungsspr.; häufig leicht abwertend): *feierlich, würdig, salbungsvoll:* etwas mit pastoraler Stimme verkünden; ich finde seinen Ton ziemlich p.; ..., sagte er p.

patent ⟨Adj.; attr. und als Artangabe⟩ (ugs.): *tüchtig und umgänglich, praktisch veranlagt und zugleich von angenehmer Wesensart; vernünftig, großartig, brauchbar:* ein patenter Mann, Junge, Chef, Mitarbeiter; sie ist eine patente Frau; seine Ansichten sind sehr p.; sie ist p. gekleidet, angezogen; sie sieht p. aus.

Patent, das; des Patent[e]s, die Patente: **1)** *patentamtlich verliehenes Recht zur alleinigen Benutzung und gewerblicher Verwertung einer Sache (bes. einer Erfindung):* ein P. suf eine Maschine haben; ein P. anmelden, auf eine Erfindung bekommen. **2)**

patentieren

Bestallungsurkunde eines [Schiffs]offiziers: er besitzt das P. eines Kapitäns der Handelsmarine; ein P. erwerben, verlieren. 3) (ugs., scherzh.) *etwas, das nur mit Hilfe eines besonderen Tricks oder Kniffs, den nur eine bestimmte Person kennt, funktioniert:* dieses Radiogerät ist ein besonderes P. von mir, das nur funktioniert, wenn man ...; er hat ein besonderes P. entwickelt, solche Rechenaufgaben in Sekundenschnelle zu lösen.

patentieren, patentierte, hat patentiert ⟨tr., etwas p.⟩: *einer Erfindung durch Gewährung eines Patents Rechtsschutz (vor Nachahmung und gewerblicher Verwertung) verleihen:* sich eine Erfindung p. lassen.

Pater, der; des Paters, die Patres (ugs. auch: die Pater): /Rel./ *katholischer Ordensgeistlicher:* P. Clemens; die Patres versammelten sich im Kreuzgang des Klosters.

Paternoster, der; des Paternosters, die Paternoster: *Personenaufzug mit zahlreichen, an einer endlosen Kette angebrachten, nach vorn offenen Kabinen, die ständig umlaufen:* den P. benutzen; mit dem P. [hinauf]fahren; der P. bleibt stecken.

pathetisch ⟨Adj.; attr. und als Artangabe⟩ (bildungsspr.; gew. abschätzig): *voller Pathos, überaus feierlich, salbungsvoll:* pathetische Worte; eine pathetische Rede, Geste; diese Musik ist sehr p.; sein Vortrag war, wirkte äußerst p.; p. reden; sich p. ausdrücken.

pathologisch ⟨Adj.; attr. und als Artangabe; ohne Vergleichsformen⟩: /Med./: **1a)** ⟨nicht präd.⟩: *die Lehre von den Krankheiten und den durch diese verursachten organisch-anatomischen Veränderungen betreffend:* ein pathologisches Institut; die pathologische Anatomie; eine Leiche p. untersuchen. **b)** *krankhaft [verändert]:* ein pathologischer Prozeß im Organismus; pathologische Vorgänge, Veränderungen in einem Organ; eine Herzvergrößerung solchen Ausmaßes ist, gilt als p.; die Zunge ist p. verändert. **2)** (bildungsspr.) *krankhaft, notorisch:* er ist von einer pathologischen Reizbarkeit; er ist ein pathologischer Lügner; deine Nervosität ist bereits p.; er lügt p.

Pathos, das; des Pathos ⟨ohne Mehrz.⟩ (bildungsspr.): *Leidenschaft, feierliche Ergriffenheit; übertriebene Gefühlsäußerung:* etwas mit feierlichem, großem P. vortragen: ..., sagte er mit P. in der Stimme; ich hasse das falsche, hohle, verlogene P. solcher Festakte.

Patient [*pazjänt*], der; des Patienten, die Patienten: *Kranker in ärztlicher Behandlung:* ein geduldiger, schwieriger P.; ich bin [langjähriger] P. von, bei Dr. Kraus; der P. ist bettlägerig, darf aufstehen, hat Ausgang, wird ins Krankenhaus eingeliefert, ist transportfähig; der Doktor muß noch einen Patienten besuchen; wir haben einen Patienten zu Hause; er gehört zu meinen Patienten; wie geht es unserem Patienten?

Patina, die; der Patina ⟨ohne Mehrz.⟩ (bildungsspr.): *grünliche Schutzschicht auf Kupfer oder Kupferlegierungen, Edelrost:* das Kuppeldach des Rathauses hat P. angesetzt, ist von P. überzogen. – /bildl./ (geh.): über seinen Kindheitserinnerungen lag eine zarte P. aus romantischen Träumen und verblaßter Wirklichkeit.

patriarchalisch ⟨Adj.; attr. und als Artangabe; gew. ohne Vergleichsformen⟩ (bildungsspr.): *nach Art eines Patriarchen [Gehorsam verlangend]; streng auf die Autorität des männlichen Familienoberhauptes bezogen:* patriarchalische Sitten; ein patriarchalisches Regiment führen; in dieser Familie ist das alltägliche Leben streng p. [geregelt]; das Familienoberhaupt regiert seine Familie ganz p.; p. bestimmen.

Patriot, der; des Patrioten, die Patrioten: *Mensch, der von großer Vaterlandsliebe erfüllt ist, Mensch von vaterländischer Gesinnung:* er ist ein guter, großer, aufrechter, wahrhafter, leidenschaftlicher, fanatischer P.; die deutschen, französischen Patrioten.

patriotisch ⟨Adj.; attr. und als Artangabe⟩: *vaterländisch [gesinnt], vaterlandsliebend:* eine patriotische Tat, Gesinnung, Pflicht; ein patriotisches Lied, Gedicht; patriotische Begeisterung; seine Haltung ist wahrhaft p.; sich p. begeistern; die Soldaten haben p. gekämpft.

Patriotismus, der; des Patriotismus ⟨ohne Mehrz.⟩: *Vaterlandsliebe, vaterländische Gesinnung, vaterländische Begeisterung:* großer, wahrer, gesunder, engstirniger P.

Patrone, die; der Patrone, die Patronen: **1)** *mit Sprengstoff, Zündung und Geschoß gefüllte Metallhülse als Munition für Handfeuerwaffen:* eine P. einlegen; im Lauf des Gewehrs war, steckte eine P.; * bis zur letzten P. (= *so lange man sich noch wehren kann*) kämpfen. **2)** /Phot./ *lichtundurchlässiger Behälter mit Spule für Kleinbildfilme:* den belichteten Film in die P. zurückspulen.

Patrouille [patrúljᵉ], die; der Patrouille die Patrouillen: **a)** *Spähtrupp; Streife, Kontrollgang:* eine nächtliche, gefährliche, ermüdende P.; auf P. sein, gehen; die Soldaten kamen erschöpft von der P. zurück; der Leutnant suchte Freiwillige für eine P.; die Polizei macht hier gelegentlich Patrouillen; Patrouillen durchführen. **b)** *Gruppe von Soldaten oder Polizisten, die auf Spähtrupp sind bzw. einen Kontrollgang durchführen:* eine P. zusammenstellen, losschicken, führen, leiten, anführen, aufspüren; unsere Späher entdeckten eine feindliche P. von 10 Mann; eine berittene P. der Polizei kontrollierte die Altstadt.

patrouillieren [patrujírᵉn, auch: *patrulírᵉn*], patrouillierte, hat patrouilliert ⟨intr.⟩: *als Posten oder Wache auf und ab gehen:* vor dem Kasernentor patrouillierte ein Wachtposten; nachts p. in dieser Straße regelmäßig zwei Polizisten.

pauschal ⟨Adj.; attr. und als Artangabe; ohne Vergleichsformen⟩: *alle[s] zusammengenommen; rund gerechnet:* eine pauschale Berechnung, Versicherung, Regelung, Behandlung, Kritik, Verurteilung; der Preis ist p.; das Angebot gilt p. für 10 Tage Vollpension mit Hin- und Rückflug; etwas p. behandeln, verurteilen, berechnen; p. gerechnet, kostet das...

pausieren, pausierte, hat pausiert ⟨intr.⟩: *eine längere Pause einlegen, einer bestimmten Tätigkeit vorübergehend nicht nachgehen:* der beste Spieler des Vereins muß wegen einer Fußverletzung einige Wochen p.

Pavillon [paviljoŋ, auch: paviljong], der; des Pavillons, die Pavillons (bildungsspr.): *freistehendes, kleines (meist offenes) Gebäude (z. B. Gartenhaus):* ein kleiner, großer, runder, achteckiger, hölzerner, gläserner P.; dieser Architekt hat den deutschen P. auf der New Yorker Weltausstellung konstruiert, gebaut; mitten im Park steht ein chinesischer P. (= *ein P. im chinesischen Stil*).

Pazifist, der; des Pazifisten, die Pazifisten, (bildungsspr.): *jmd., der jede Form einer kriegerischen Auseinandersetzung aus grundsätzlichen religiösen oder ethischen Motiven heraus ablehnt:* er ist ein leidenschaftlicher P.; er lehnt als P. jede Form von Gewaltanwendung ab.

pazifistisch ⟨Adj.; attr. und als Artangabe; gew. ohne Vergleichsformen⟩: *die Einstellung des Pazifisten betreffend, aus Überzeugung den Krieg (in jeder Form) ablehnend:* eine pazifistische Einstellung, Haltung, Flugschrift; pazifistische Literatur; der Charakter dieses Films ist p.; p. eingestellt sein, denken.

Pedal, das; des Pedals, die Pedale: *Fußhebel bes. zum Betätigen einer Mechanik oder einer Kraftmaschine:* **a)** /an einem Fahrrad/: das rechte, linke P.; sich in die Pedale stellen; * [kräftig] in die Pedale treten (= *sein Fahrtempo beschleunigen*). **b)** /an einem Klavier, Harmonium u. dgl./: mit P. spielen; das P. treten, nehmen, loslassen. **c)** /im allg. Kurzbez. für: Gaspedal (in einem Kraftwagen u. dgl.)/: das P. durchtreten; den Fuß auf dem P. stehen lassen; den Fuß vom P. nehmen.

Pedant, der; des Pedanten, die Pedanten: *pedantischer Mensch, Kleinigkeitskrämer, Umstandskrämer:* er ist ein großer, furchtbarer, unerträglicher, richtiger P.

Pedanterie, die; der Pedanterie, die Pedanterien ⟨Mehrz. selten⟩ (bildungsspr.): *übertriebene Genauigkeit, Kleinigkeitskrämerei:* er erledigt alles mit äußerster P.

pedantisch ⟨Adj.; attr. und als Artangabe⟩: *übergenau; kleinlich, engherzig; engstirnig:* ein pedantischer Mensch, Beamter; mit pedantischer Genauigkeit, Gründlichkeit; pedantische Ansichten; bei ihm herrscht eine pedantische Ordnung; er ist in allem sehr p.; sie hält p. auf Sauberkeit; er ist p. genau, gründlich; p. leben, vorgehen.

Pediküre, die; der Pediküre, die Pediküren: 1) ⟨ohne Mehrz.⟩: *Fußpflege, bes.: Fußnagelpflege:* zur P. gehen; was kostet bei Ihnen eine P.? 2) *Fußpflegerin:* zu einer P. gehen; sich von einer P. die Fußnägel schneiden lassen.

pekuniär ⟨Adj.; attr. und als Artangabe, aber nicht präd.; ohne Vergleichsformen⟩ (bildungsspr.): *geldlich, finanziell:* wie ist die pekunäre Lage?; einen pekunären Vorteil, Nachteil von etwas haben; hast du schon einmal die pekunäre Seite der Sache genauer betrachtet?; er ist in pekuniären Schwierigkeiten; es geht mir p. ganz gut; er hat sich p. verbessert, verschlechtert, verkalkuliert.

Penalty [*pänᵉlti*], der; des Penalty[s], die Penaltys: /Sport/ *Strafstoß (bes. im Eishockey):* der Schiedsrichter verhängte einen P., ahndete das Foul mit einem P.; einen P. ausführen, verwandeln.

Pendant [*pangdang*], das; des Pendants, die Pendants (bildungsspr.): *Gegenstück, Seitenstück, Entsprechung:* der Kerker ist das österreichische P. zu unserem Zuchhaus; zu diesem Fall gibt es kein [genaues] P.; der Rosenkranz hat ein P. in den Gebetsschnüren des Hinduismus.

penetrant ⟨Adj.; und als Artangabe⟩ (bildungsspr.): *durchdringend; hartnäckig, aufdringlich, auf die Nerven gehend, unverschämt:* ein penetranter Geruch; penetrante Fragen; deine Rechthaberei ist geradezu p.; hier riecht es aber p.!; p. fragen, lügen.

penibel ⟨Adj.; attr. und als Artangabe⟩ (bildungsspr.): *peinlich genau, pedantisch sorgfältig; kleinlich; empfindlich:* ich habe einen sehr peniblen Chef; bei ihm herrscht eine penible Ordnung; er ist in Geldangelegenheiten äußerst p.; er ist sehr p. erzogen.

Pension [*pangßjon*, auch: *pangßjon*, oberd. auch: *pänßjon*], die; der Pension, die Pensionen: 1) ⟨nur Einz.⟩: *Ruhestand:* in P. gehen, sein; jmdn. in P. schicken 2) *Ruhegehalt:* eine gute, schlechte, hohe, niedrige, große, kleine P. bekommen, beziehen, haben; er hat eine P. von 800 DM monatlich; der Staat will die Pensionen seiner Beamten erhöhen, kürzen; jmdm. eine P. aussetzen, bewilligen; auf seine P. verzichten; sie lebt von ihrer bescheidenen P. 3) *Fremdenheim:* wir wohnen in einer einfachen, kleinen, billigen, gutbürgerlichen, guten, sauberen, ruhig gelegenen, teuren P.; in einer P. übernachten; alle Hotels und Pensionen des Ortes sind belegt. 4) ⟨nur Einz.⟩: *Unterkunft und Verpflegung:* für die Kinder bezahlen wir die volle, nur die halbe P.; was zahlst du für P. in diesem Hotel?

Pensionär [*pangßj...*, auch: *pangßj...*, oberd. auch: *pänßj...*], der; des Pensionärs, die Pensionäre: *jmd., der sich im Ruhestand befindet, Ruhegeldempfänger:* ein alter, verwitweter P.; er ist seit drei Jahren P..

Pensionat [*pangß...*, auch: *pangßj...*, oberd. auch: *pänßj...*], das; des Pensionat[e]s, die Pensionate: *Erziehungsinstitut, in dem die Schüler (bes. Mädchen) auch beköstigt werden und untergebracht sind:* seine Tochter ist in einem berühmten Schweizer P.; er will seine Tochter in ein P. geben, schicken.

pensionieren, pensionierte, hat pensioniert ⟨tr., jmdn. p.⟩: *jmdn. in den Ruhestand versetzen:* Beamte, Lehrkräfte werden in der Regel mit 65 Jahren pensioniert; er wurde wegen Krankheit vorzeitig pensioniert.

Pensum, das; des Pensums, die Pensen und Pensa ⟨Mehrz. selten⟩: *Arbeit, die man innerhalb einer bestimmten Zeit zu erledigen hat; zugeteilte Aufgabe; Abschnitt, Lehrstoff:* ein kleines, großes P.; ein P. erledigen, bewältigen; sein tägliches P. schaffen, erfüllen.

Penthouse [*pänthauß*], das; des Penthouse, die Penthouses [*...ßis*] ⟨bildungsspr.⟩: *exklusive Apartmentwohnung unter oder auf dem Dach eines Hochhauses:* er bewohnt ein supermodernes P. auf dem Dach eines Hochhauses.

Pep, der; des Pep[s] ⟨ohne Mehrz.⟩ (bildungsspr.): *Elan, Schwung, Unternehmungsgeist:* mir fehlt der richtige P.; er bräuchte etwas mehr P.

perfekt ⟨Adj.; attr. und als Artangabe⟩: **a)** *vollendet, vollkommen:* er ist ein perfekter Gastgeber, Hausherr, Ehemann, Fußballspieler, Liebhaber; sie ist eine perfekte Sekretärin, Köchin, Autofahrerin; ein perfektes Verbrechen, ein perfekter Mord *(= Verbrechen bzw. Mord ohne Spuren und Indizien);* eine perfekte Ausrede haben; er spricht ein perfektes Englisch; diese Maschine ist technisch p.; die Verarbeitung des Wagens ist p.; sie ist p. in Stenographie, in Maschineschreiben; sie spricht p. Russisch; der Anzug sitzt p.; etwas p. beherrschen. **b)** ⟨gew. nicht attr.; ohne Vergleichsformen⟩ (alltagsspr.): *vollständig, ganz und gar, besiegelt:* mit diesem Tor war die Niederlage p.; er hat sich p. blamiert; das macht das Unglück p. **c)** ⟨gew. nicht attr.; ohne Vergleichsformen⟩ (alltagsspr.): *fest vereinbart, abgemacht, gültig:* die Sache, der Abschluß, der Vertrag ist p.; ich habe den Kauf p. gemacht; ist eure Hochzeit schon p.?

Perfektion [*pärfäkzjon*], die; der Perfektion ⟨ohne Mehrz.⟩ (bildungsspr.): *Vollendung, Vollkommenheit:* die technische P. des Mondflugs; etwas mit großer P. ausführen; P. in etwas anstreben; er hat im Schachspiel eine solche P. erreicht, daß ...

Perfidie, die; der Perfidie, die Perfidien ⟨Mehrz. ungebr.⟩ (bildungsspr.): *Treulosigkeit, Verrat; Arglist, Falschheit:* der Eintritt der SPD in die große Koalition wurde von vielen Wählern als ungeheure P. angesehen.

perforiert ⟨Adj.; gew. nur attr. und präd.; ohne Vergleichsformen⟩: *mit Löchern versehen, die in gleicher Größe und in gleichem Abstand hintereinander angeordnet sind* (auf verschiedenen Materialien, bes. Papier, bezogen): perforiertes Papier; der Film ist auf beiden Seiten p.

Periode, die; der Periode, die Perioden: **1)** *Zeitabschnitt, Zeitraum, Abschnitt:* eine längere, kürzere, neue, fruchtbare, produktive P.; die P. der Weimarer Republik; die P. von 1933 bis 1945; die P. des Wiederaufbaus nach 1945; etwas leitet eine neue P. ein; eine neue P. beginnt; eine P. endet, währt nur kurz; in eine neue P. eintreten. **2)** *Monatsblutung der Frau:* sie hat gerade ihre P.; seine P. bekommen; ihre P. ist ausgeblieben.

periodisch ⟨Adj.; attr. und als Artangabe; ohne Vergleichsformen⟩ (bildungsspr.): *in gleichen Abständen, regelmäßig [wiederkehrend]:* eine periodische, periodisch erscheinende Zeitschrift; die periodische Wiederkehr des Sommers; der periodische Wechsel der Jahreszeiten; die Schmerzanfälle sind p., treten p. auf; diese Zeitschrift erscheint p. alle 14 Tage; er ist p. krank.

peripher ⟨Adj.; attr. und als Artangabe; ohne Vergleichsformen⟩: **1)** (bildungsspr.) *am Rande [liegend]; nebensächlich, unbedeutend:* eine periphere Angelegenheit; diese Frage ist für mich ganz p.; das berührt mich nur ganz p.; ich bin nur p. davon betroffen. **2)** ⟨gew. nicht präd.⟩: /Med./

Peripherie

die Randbezirke des Körpers betreffend oder versorgend: die peripheren Gefäße; der periphere Kreislauf; er leidet an peripheren Durchblutungsstörungen; dieses Medikament wirkt vorwiegend p.

Peripherie, die; der Peripherie, die Peripherien ⟨Mehrz. selten⟩: **1)** /Math./ *Umfangslinie (bes. des Kreises):* die P. eines Kreises, einer Ellipse. **2)** (bildungsspr.) *Randgebiet, Randbezirk, [Stadt]rand:* er wohnt an der P. der Stadt; diese Blutgefäße versorgen die P. des Körpers. – /übertr./: diese Sache liegt ganz an der P. (= *ist von untergeordneter Bedeutung*).

permanent ⟨Adj.; attr. und als Artangabe, aber gew. nicht präd.; ohne Vergleichsformen⟩: *dauernd, anhaltend, ununterbrochen, ständig:* die permanente Krise im deutschen Berufsboxsport; permanente Kritik; seine permanenten Beleidigungen, Entgleisungen; die Teilung des Landes bedeutet eine permanente Gefahr; in diesem Land herrscht die permanente Revolution; er ist p. betrunken, blau; p. lügen, gegen das Gesetz verstoßen, entgleisen.

perplex ⟨Adj.; attr. und als Artangabe; ohne Vergleichsformen⟩ (ugs.): *verblüfft, überrascht; bestürzt, betroffen:* ein perplexes Gesicht, einen perplexen Eindruck machen; er ist ganz p. über deinen Plan; ich bin noch ganz p. von dieser Nachricht; p. aussehen, dreinschauen, fragen, antworten.

Persiflage [...*flaseh*ᵉ], die; der Persiflage, die Persiflagen (bildungsspr.): *versteckte, geistreiche Verspottung (auch in literarischer Form):* eine literarische, filmische, photographische, geistreiche, plumpe P.; dieses Fernsehstück ist eine gekonnte P. auf das moderne Wohlstandsbürgertum.

persiflieren, persiflierte, hat persifliert ⟨tr., etwas p.⟩ (bildungsspr.): *etwas auf geistreiche Art verspotten:* in diesem kabarettistischen Stück werden aktuelle Ereignisse aus der Politik persifliert.

Personal, das; des Personals ⟨ohne Mehrz.⟩: *Gruppe von Personen, die bei ein und demselben Arbeitgeber (bes. im Dienstleistungsgewerbe) in einem bestimmten Dienstverhältnis stehen:* das P. eines Kaufhauses, eines Betriebs, eines Hotels, einer Großküche, einer Behörde, eines D-Zugs, eines Passagierschiffs; unsere Versicherungsgesellschaft verfügt über geschultes P.; zu seinem P. gehören eine Köchin und ein Diener; sein P. überwachen; die Bundesbahn hat nicht genügend P. für ihre Züge und Omnibusse.

Personalien [...*i*ᵉ*n*], die ⟨Mehrz.⟩: *Angaben zur Person (wie Name, Lebensdaten usw.):* die Polizei hat seine P. aufgenommen; er hat falsche P. angegeben; jmds. P. feststellen; in Ihren P. fehlt der Geburtsort; seine P. stimmen nicht.

personell ⟨Adj.; attr. und als Artangabe, aber nicht präd.; ohne Vergleichsformen⟩ (bildungsspr.): *Menschen in ihrer Arbeitsfunktion betreffend; das Personal betreffend:* die personelle Eignung jmds. für etwas; in unserem Betrieb wurden personelle Änderungen, Umbesetzungen vorgenommen; der Betrieb hat sich p. vergrößert.

personifiziert ⟨Adj.; gew. nur attr.; ohne Vergleichsformen⟩ (bildungsspr.): *vermenschlicht, Gestalt geworden, ... in Person:* er ist die personifizierte Bosheit, Dummheit, Gerechtigkeit, sie ist die personifizierte Tugend.

Perspektive [...*tiwᵉ*], die; der Perspektive, die Perspektiven: **1)** *Darstellung räumlicher Verhältnisse in der Ebene, wie es der natürlichen Sehweise entspricht:* beim Zeichnen auf die P. achten; die P. dieser Zeichnung stimmt nicht. **2)** /übertr./ (bildungsspr.) *Blickwinkel, Sehweise:* die richtige, falsche P. bei etwas haben; etwas aus einer anderen, ungewöhnlichen P. sehen, betrachten; bei dieser P. sieht alles ganz anders aus. **3)** ⟨gew. nur Mehrz.⟩: *Aussichten, Zukunftsaussichten, Möglichkeiten:* hier eröffnen sich neue, erstaunliche, ungeahnte Perspektiven für die deutsche Wirtschaft.

Perücke, die; der Perücke, die Perücken: *unechter Haarschopf (bes. als Ersatz für fehlendes Kopfhaar oder zu Verwandlungszwecken):* eine blonde, schwarze P.; eine P. tragen; sich eine P. anfertigen lassen.

pervers [*pärwärß*]: ⟨attr. und als Artangabe⟩: **a)** *sexuell abartig [empfindend], sich sexuell abartig verhaltend, widernatürlich (in sexueller Beziehung):* perverse Liebespraktiken; er ist p. [veranlagt]; p. miteinander verkehren. **b)** *psychisch abnorm [reagierend, sich verhaltend], widernatürlich (allg.):* er hat eine perverse Lust am Töten; seine Grausamkeit ist doch p.; p. über etwas lachen; sich p. über etwas freuen.

Perversion [*pärw...*], die; der Perversion, die Perversionen (bildungsspr.): **a)** *Verkehrung des Empfindens (bes. im sexuellen Bereich) ins Krankhafte, abartiges [Sexual]empfinden:* sexuelle, geistige, seelische, moralische P.; eine P. des Geschlechtsempfindens, des Geistes. **b)** *perverse Handlung:* Geschlechtsverkehr zwischen Männern gilt bei vielen immer noch als P.

Perversität [*pärw...*], die; der Perversität, die Perversitäten (bildungsspr.): *abartiges sexuelles Verhalten, widernatürliche sexuelle Praktik:* Leichenschändung ist eine widerliche P.; sexuelle Befriedigung in [zügellosen] Perversitäten finden.

Pessimismus, der; des Pessimismus ⟨ohne Mehrz.⟩: *Grundeinstellung, die in allem eine Tendenz zum Negativen vermutet, Schwarzseherei; seelische Gedrücktheit* (im Ggs. zum → Optimismus): ein düsterer, dunkler P.; er neigt zum P.; er macht in P.

Pessimist, der; des Pessimisten, die Pessimisten: *Mensch, der immer nur Schlechtes erwartet, Schwarzseher* (im Ggs. zu → Optimist): er ist ein großer P.

pessimistisch ⟨Adj.; attr. und als Artangabe⟩: *dem Pessimismus zugeneigt, nichts Gutes erwartend; schwarzseherisch, trübsinnig:* ein pessimistischer Mensch; pessimistische Gedanken; das Zukunftsbild, das er entwirft, ist überaus p.; in der Frage der Wiedervereinigung bin, bleibe ich p.; sich p. geben, verhalten, zeigen.

Petticoat [*petiko^ut*], der; des Petticoats, die Petticoats: /Mode/ *versteifter Taillenunterrock:* sie trug unter ihrem Dirndl einen P. aus Perlon.

Petting, das; des Pettings, die Pettings (bildungsspr.): *Form des erotischsexuellen Kontaktes (ohne Ausübung des eigentlichen Geschlechtsverkehrs), bei der es vorwiegend durch wechselseitige [manuelle] Reizung der Geschlechtsteile zum sexuellen Erlebnis (bis zum Orgasmus) kommt:* P. üben, praktizieren.

peu à peu [*pöapö̱*] (bildungsspr.): *ganz allmählich, nach und nach:* so ganz peu à peu kehrten meine Lebensgeister zurück.

Phalanx, die; der Phalanx, die Phalangen [*falangg^en*] ⟨Mehrz. ungew.⟩: **a)** (hist.) *geschlossene Schlachtreihe:* das mazedonische Fußvolk pflegte sich in einer [breiten, geschlossenen, geordneten] P. aufzustellen; die feindliche Reiterei durchbrach die P. der Griechen. **b)** /übertr./ (bildungsspr.): *geschlossene Reihe, geschlossene Front:* eine P. sprengen; den deutschen Kugelstoßern gelang ein Einbruch in die P. der amerikanischen Zwanzigmeterwerfer; er sah sich einer geschlossenen P. von CDU-Anhängern gegenüber; wollen Sie auch in die P. der Wehrdienstverweigerer eintreten?

Phänomen, das; des Phänomens, die Phänomene: **a)** *Erscheinung, etwas sich den Sinnen Offenbarendes:* ein seltsames, sonderbares, merkwürdiges, unerklärliches P.; ein P. beobachten, erklären. **b)** ⟨häufig in Verbindung mit einem attributiven Genitiv⟩: *Erkenntnisgegenstand; Ereignis; Zustand:* das P. der optischen Täuschung, der deutsch-französischen Aussöhnung; der Tod ist ein biologisches P. **c)** *Sensation, Wunder, Kuriosum:* die Herzverpflanzung ist

phänomenal

ein erstaunliches P. **d)** *ungewöhnlicher Mensch, Wunder:* dieser Wunderläufer ist ein sportliches P.; jmdn. als P. bewundern.

phänomenal ⟨Adj.; attr. und als Artangabe; gew. ohne Vergleichsformen⟩ (bildungsspr.; häufig emotional übertreibend): *außergewöhnlich, erstaunlich, unglaublich, sagenhaft, einzigartig:* eine phänomenale Leistung; er kann p. viel essen; seine Kräfte sind p.; der Junge ist p. gewachsen; der Mittelstürmer spielt wirklich p.

Phantasie, die; der Phantasie, die Phantasien: **1 a)** ⟨nur Einz.⟩: *Einbildungskraft, Vorstellungskraft:* viel, wenig, keine, eine starke, wilde, lebhafte, krankhafte, skurrile, zügellose P. haben, besitzen; man braucht schon viel P., um das zu erkennen; seine P. hat sich daran entzündet; jmds. P. wird durch etwas angeregt, erregt. **b)** ⟨nur Einz.⟩: *Einbildung, Vorstellungswelt, Gedankenwelt:* die Frau, von der er träumt, existiert nur in seiner P.; sich etwas in seiner P. ausmalen. **2)** ⟨meist Einz.⟩: *Eingebildetes, Erfundenes, Traumgebilde:* was er da erzählt, ist doch reine P.; er läßt sich ganz von seinen versponnenen Phantasien leiten.

phantasieren, phantasierte, hat phantasiert ⟨intr.⟩: **a)** *seiner Phantasie ungezügelt freien Lauf lassen; träumen:* er phantasiert von einem eigenen Haus in den Bergen; der Lehrer ermahnte den Schüler, wörtlich zu übersetzen und nicht zu p. **b)** *in Fieberträumen liegen und irrereden:* heftig, wild, im Fieberdelirium p. **c)** *auf dem Klavier so spielen, wie es einem gerade in den Sinn kommt (ohne Noten und ohne Thema):* auf dem Klavier p.

Phantast, der; des Phantasten, die Phantasten (bildungsspr.): *Träumer, Schwärmer:* er ist ein großer P.

phantastisch ⟨Adj.; attr. und als Artangabe⟩ (bildungsspr.): **1)** *schwärmerisch, verstiegen, überspannt; wirklichkeitsfremd:* phantastische Ansichten über etwas haben; er hat um sich herum eine phantastische kleine Welt aufgebaut; er hat mir ganz phantastische Zahlen über den Umsatz der Firma genannt; seine Vorstellungen von Liebe und Ehe sind ziemlich p., kommen mir reichlich p. vor; sich im Phantastischen verlieren. **2)** (ugs.; emotional übertreibend) *das Vorstellungsvermögen übersteigend, unglaublich, großartig, wunderbar, sagenhaft; äußerst, sehr, unsagbar:* er hat hier geradezu phantastische Möglichkeiten; eine phantastische Frau, Idee, Wohnung, er ist in einer phantastischen Form; er ist p. reich; sie ist p. schön; der Wagen ist, fährt, läuft p.; diese Leistung ist geradezu p.; ihre Figur ist p.; der Gedanke... ist p.; sie sieht p. aus; wir wohnen p. [schön]; ich habe p. geschlafen.

Phantom, das; des Phantoms, die Phantome (bildungsspr.): *Trugbild:* einem P. nachjagen.

Phase, die; der Phase, die Phasen (bildungsspr.): *Abschnitt einer Entwicklung, Zustand, Stufe:* die erste, zweite, dritte, letzte P. [einer Auseinandersetzung]; die Mondlandung tritt jetzt in eine neue, schwierige, kritische P. ein; eine frühe, späte P. seiner schriftstellerischen Entwicklung; die einzelnen Phasen eines Wettkampfes; mehrere Phasen durchlaufen, durchmachen; etwas vollzieht sich in verschiedenen Phasen; eine neue P. einleiten.

Philosoph, der; des Philosophen, die Philosophen: **1)** *Forscher und Lehrer auf dem Gebiet der Philosophie:* ein großer, bedeutender, deutscher, altgriechischer, moderner P.; ein P. stellt eine These auf, errichtet ein Lehrgebäude. **2)** /übertr./ *Weiser, besinnlicher Mensch:* er ist ein richtiger P.

Philosophie, die; der Philosophie, die Philosophien: **1)** *Grundwissenschaft, die sich damit beschäftigt, gültige Aussagen über das Sein, das Seiende, über Gott und den Menschen zu finden:* die idealistische, materialistische, moderne, abendländische, klassische, hellenistische, griechische, römische, christliche, morgenländische, jüdische P.; die P. Platos, der Scholastik, Kants, der Neuzeit; eine P. schaffen, begründen, verbreiten, lehren; Vorlesungen über P. hören; P. studieren. **2)** /übertr./ (bildungsspr.): **a)** *etwas zum absoluten Prinzip Erhobenes:* die P. der Macht. **b)** *Maximen des Handelns und Denkens; Lebensweisheit:* sich eine private P. zurechtzimmern; das Alter hat seine eigene P.

philosophisch ⟨Adj.; attr. und als Artangabe; ohne Vergleichsformen⟩: *die Philosophie betreffend, zur Philosophie gehörend:* eine philosophische Lehre, Erkenntnis; philosophische Studien, Betrachtungen; diese Betrachtungsweise ist rein p.; etwas p. begründen.

Phlegma, das; des Phlegmas ⟨ohne Mehrz.⟩ (bildungsspr.): *[geistige] Trägheit, Schwerfälligkeit, Gleichgültigkeit, Dickfelligkeit:* er hat ein ziemliches P.; jmdn. aus seinem P. herausreißen.

Phlegmatiker, der; des Phlegmatikers, die Phlegmatiker: *körperlich träger, geistig wenig regsamer Mensch; jmd., der sich nur schwer aus der Ruhe bringen läßt:* er ist ein ausgeprägter, ausgesprochener, großer P.

phlegmatisch ⟨Adj.; attr. und als Artangabe⟩: *[geistig] träg, schwerfällig; nur schwer aus der Ruhe zu bringen, gleichgültig:* er hat ein phlegmatisches Temperament, einen phlegmatischen Charakter; er ist sehr p.; er erhob sich p. aus seinem Sessel.

phosphoreszieren, phosphoreszierte, hat phosphoresziert ⟨intr.; häufig im ersten Partizip⟩ (bildungsspr.): *nach vorheriger Bestrahlung nachleuchten (auf bestimmte Stoffe bezogen):* die Zeiger meiner Armbanduhr p., haben eine phosphoreszierende Schicht; phosphoreszierende Farben; eine phosphoreszierende Plakette.

Photo, das (schweiz.: die); des Photos (schweiz: der Photo), die Photos; auch eindeutschend: Foto, das; des Fotos, die Fotos: /Kurzbezeichnung für/ → *Photographie (2):* ein altes, neues, gelungenes, schönes, verwackeltes, unscharfes, gestelltes, vergilbtes, künstlerisches, gerahmtes, dokumentarisches P.; wir haben im Urlaub viele Photos gemacht; Photos betrachten, ins Album einkleben, einrahmen, aufstellen, aufhängen; dieser Apparat macht gute Photos; das P. zeigt meine Kinder beim Baden; auf diesem P. ist mein Hund zu sehen, abgebildet; die letzten Photos sind leider nichts geworden (alltagsspr.); ein P. von jmdm. in der Zeitung bringen, veröffentlichen; seine Photos entwickeln lassen, abziehen, vergrößern lassen.

photogen ⟨Adj.; attr. und als Artangabe⟩ (bildungsspr.): *zum Photographiertwerden geeignet, gut zu photographieren, bildwirksam:* eine photogene Schauspielerin; sie hat ein photogenes Gesicht; er ist, wirkt sehr p.; ihre Figur ist ausgesprochen p.; diese Seite des Hauses ist nicht p. genug; sie hat sich sehr p. frisiert.

Photograph, der; des Photographen, die Photographen; auch eindeutschend: Fotograf, der; des Fotografen, die Fotografen: /Berufsbez./ *jmd., der die Kunst des Photographierens beherrscht und berufsmäßig ausübt:* sich von einem Photographen Bilder machen lassen.

Photographie, die; der Photographie, die Photographien; auch eindeutschend: Fotografie, die; der Fotografie, die Fotografien: **1)** ⟨nur Einz.⟩: *Verfahren zur Herstellung dauerhafter, durch elektromagnetische Strahlen oder Licht erzeugter Bilder:* die technische Anwendung der P.; angewandte, experimentelle P. **2)** *Lichtbild* (dafür meist die Kurzbez. →Photo): eine alte, vergilbte P.; diese P. zeigt meinen Großvater.

photographieren, photographierte, hat photographiert; auch eindeutschend: fotografieren, fotografierte, hat fotografiert ⟨tr., intr. und refl.⟩: **a)** ⟨jmdn., etwas jn.; auch intr.⟩: *jmdn. oder etwas mit dem Photoapparat aufnehmen; Lichtbilder machen:* gut, glänzend, schlecht p.; jmdn. in Großaufnahme, im Profil, von vorn, bei der Arbeit p.; bei Tageslicht, bei

photographisch

Kunstlicht, mit Blitzlicht, gegen die Sonne, mit der Sonne p.; mein Bruder, diese Kamera photographiert gut, schlecht; P. verboten! **b)** ⟨sich p. + Artangabe⟩: *mehr oder weniger photogen sein:* sie photographiert sich gut, schlecht.

photographisch, auch eindeutschend: fotografisch ⟨Adj.; attr. und als Artangabe, aber gew. nicht präd.; ohne Vergleichsformen⟩: *die Photographie, das Photographieren betreffend; mit Hilfe der Photographie [erfolgend]:* ein photographischer Apparat; photographische Effekte; die photographische (= lichtempfindliche) Schicht eines Films; etwas p. (= auf einem Bild) festhalten.

Photokopie, die; der Photokopie, die Photokopien: *photographisch hergestellte Kopie eines Schriftstücks, einer Druckseite oder eines Bildes, Ablichtung:* ich habe mir drei Photokopien von diesem Brief machen, anfertigen, herstellen lassen.

photokopieren, photokopierte, hat photokopiert ⟨tr., etwas p.⟩: *ein Schriftstück, eine Druckseite oder ein Bild photographisch vervielfältigen, ablichten:* eine Urkunde, ein Zeugnis, eine Buchseite, einen Brief p.

Phrase, die; der Phrase, die Phrasen: *abgegriffene, leere Redensart, nichtssagendes Gerede, Geschwätz:* eine gängige, landläufige, beliebte, lächerliche, alberne, leere, hohle, abgedroschene, politische, patriotische P.; billige Phrasen gebrauchen; Phrasen dreschen (ugs.); ich lasse mich nicht mit Phrasen abspeisen.

Physik, die; der Physik ⟨ohne Mehrz.⟩ *diejenige Naturwissenschaft, die sich auf der Basis der Logik und Mathematik mit der Erforschung und Formulierung der Gesetzmäßigkeiten alles Naturgeschehens befaßt:* die theoretische, angewandte, klassische, moderne P.; P. studieren.

physikalisch ⟨Adj.; attr. und als Artangabe; ohne Vergleichsformen⟩: *auf die Physik bezogen, mit den Mitteln der Physik [erfolgend]:* eine physikalische Größe, Konstante, Einheit, Formel; ein physikalisches System; physikalische Erscheinungen; diese Betrachtungsweise ist rein p.; etwas p. untersuchen.

Physiker, der; des Physikers, die Physiker: *Wissenschaftler auf dem Gebiet der Physik:* ein bedeutender, großer P.; er ist P.; er arbeitet als P. am Max-Planck-Institut.

physisch ⟨Adj.; attr. und als Artangabe; ohne Vergleichsformen⟩ (bildungsspr.): *körperlich* (meist im Ggs. zu →psychisch): eine physische Belastung, Anstrengung, Qual, Abneigung; physische Schmerzen; meine Abneigung gegen diesen Menschen ist rein p.; p. erschöpft sein; er hat sich p. völlig verausgabt; p. unter etwas leiden.

Pianist, der; des Pianisten, die Pianisten (bildungsspr.): *Klavierspieler; jmd., der das Klavierspielen als künstlerischen Beruf betreibt:* ein berühmter, erfolgreicher P.; der P. hat einen brillanten Anschlag; der Sänger wurde von einem hervorragenden Pianisten begleitet; in dem kleinen Café spielte ein alter P. unterhaltsame Weisen.

Picknick, das; des Picknicks, die Picknicke und Picknicks (bildungsspr.): *Mahlzeit im Freien:* wir machten ein ausgedehntes P. im Grünen.

picknicken, picknickte, hat gepicknickt ⟨intr.⟩: *ein Picknick abhalten:* wir wollen unterwegs irgendwo im Wald p.

Pietät [*pi-e...*], die; der Pietät ⟨ohne Mehrz.⟩ (bildungsspr.): *Ehrfurcht, ehrfürchtiger Respekt; taktvolle Rücksichtnahme auf die Gefühle anderer:* die P. gebietet, ...; Mangel an P.; etwas aus P. tun; jmdm. mit der schuldigen P. und Achtung begegnen.

pikant ⟨Adj.; attr. und als Artangabe⟩ (bildungsspr.): **1)** *gut gewürzt, scharf:* ein pikantes Essen; eine pikante Suppe, Sauce; der Salat ist, schmeckt sehr p.; die Suppe ist p. gewürzt; ich esse gern p. **2)** *prickelnd, reizvoll; gewagt, zweideutig, anstößig, anzüglich:* eine pikante Geschichte; ich habe eine sehr pikante Frau kennengelernt;

einen pikanten Witz erzählen; eine pikante Note ins Spiel bringen; die Angelegenheit ist äußerst p.; diese Aktphotos sind sehr p.; ihr Dekolleté ist recht p.; die Sache klingt sehr p., hört sich p. an; er photographiert gern p.

Pikanterie, die; der Pikanterie, die Pikanterien (bildungsspr.): *reizvolle Note, Würze; Anzüglichkeit:* die Angelegenheit ist nicht ohne P., entbehrt nicht einer gewissen P.

pikiert ⟨Adj.; attr. und als Artangabe; gew. ohne Vergleichsformen⟩ (bildungsspr.): *beleidigt, verstimmt, gereizt, verletzt:* ein pikiertes Gesicht machen; sie machte auf mich einen sehr pikierten Eindruck; ich bin p. über dein Verhalten; p. aussehen, fragen, antworten; sich p. abwenden; ..., sagte sie p.

Pilot, der; des Piloten, die Piloten: *Flugzeugführer:* ein guter, erfahrener P.; er ist P. bei der Lufthansa; welcher P. wird den Präsidenten fliegen?; der P. startet, landet die Maschine, klettert in sein Cockpit.

Pinzette, die; der Pinzette, die Pinzetten: /bes. Med./ *kleine Faßzange mit federnden Schenkeln, die am hinteren Ende zusammengelötet sind:* eine kleine, schmale, breite, große, spitze, glatte, gezähnte P.; etwas mit einer P. fassen, festhalten.

Pipette, die; der Pipette, die Pipetten: *gläsernes Saugröhrchen mit verengter Spitze zum Entnehmen, Abmessen und Übertragen sehr kleiner Flüssigkeitsmengen:* eine P. füllen; eine Flüssigkeit mit der P. aufnehmen; Augentropfen mit der P. ins Auge einträufeln.

Pirouette [*piruät*ᵉ], die; der Pirouette, die Pirouetten: **a)** /Sport, Ballett/ *Figur aus mehreren schnell hintereinander ausgeführten Drehungen um die eigene Längsachse:* eine P. drehen; sie hat mehrere Pirouetten in ihre Kür eingebaut; zur P. ansetzen. **b)** /Dressurreiten, Hohe Schule/ *Drehen des Pferdes auf der Hinterhand:* das Pferd machte einen Fehler, patzte bei der P.; die zweite P. war nicht exakt.

Pistole, die; der Pistole, die Pistolen: *kurze Handfeuerwaffe:* ein leichte, schwere, kleinkalibrige, großkalibrige P.; eine P. laden, sichern, entsichern, säubern, reinigen, auf jmdn. anlegen, abdrücken, abfeuern, tragen; mit der P. auf jmdn. zielen, schießen; jmdn. mit der P., mit vorgehaltener P. bedrohen; die P. geht los, knallt. − * **jmdm. die P. auf die Brust setzen:** *jmdn. zu einer Entscheidung zwingen.* − * **wie aus der P. geschossen:** *ohne nachzudenken, blitzschnell.*

placieren [*plaßir*ᵉ*n* oder *plazir*ᵉ*n*], placierte, hat placiert; auch eindeutschend: plazieren, plazierte, hat plaziert ⟨tr.⟩: **a)** ⟨jmdn., etwas p. + Raumergänzung⟩: *jmdm. oder einer Sache einen bestimmten Platz zuweisen, jmdn. oder etwas an einem bestimmten Platz setzen bzw. stellen:* der Platzanweiser placierte uns in die hinterste Reihe des Saals; wohin soll ich denn die Bodenvase p.? **b)** ⟨etwas p. + Raumergänzung; häufig im zweiten Partizip⟩: /Sport/ *einen Schuß, Wurf, Schlag, Hieb und dgl. so ausführen, daß eine bestimmte Stelle getroffen wird:* er placierte den Strafstoß genau in die linke obere Torecke; er traf ihn mit einer placierten Linken; ein placierter Weitschuß. **c)** ⟨sich p.⟩: /bes. Sport/ *einen vorderen Rang bei Wettkämpfen erringen, einen qualifizierten Platz erobern:* die deutschen Sprinter konnten sich nicht unter den ersten vier p.; er konnte sich nicht p.

plädieren, plädierte, hat plädiert ⟨intr.⟩: **1)** /Rechtsw./ *ein Plädoyer halten, in einem Plädoyer beantragen:* nachdem alle Verteidiger in diesem Massenprozeß nacheinander plädiert hatten, ...; der Staatsanwalt plädierte auf Mord, auf schweren Raub, auf „lebenslänglich", auf Zuchthaus, für eine Freiheitsstrafe, für eine Gefängnisstrafe von zehn Monaten, für/auf „schuldig"; der Verteidiger plädierte auf/für Freispruch, für/auf unschuldig. **2)** /übertr./ (bildungsspr.) *sich für etwas aussprechen, etwas befürworten:* er plädiert für die Abschaf-

Plädoyer

fung der Todesstrafe; ich plädiere dafür, daß berufstätige Mütter einen Mindesturlaub von sechs Wochen bekommen.

Plädoyer [...*doaie̯*], das; des Plädoyers, die Plädoyers: **1)** /Rechtsw./ *zusammenfassender Schlußvortrag des Strafverteidigers (für seinen Mandanten) oder Staatsanwaltes (gegen oder für den Angeklagten) vor Gericht:* ein kurzes, langes, ausführliches, glänzendes P.; der Verteidiger, Staatsanwalt hält sein P.; sein P. verschieben; auf ein P. verzichten; in seinem P. beantragen. **2)** /übertr./ (bildungsspr.) *Bekenntnisrede:* er hielt ein mutiges, flammendes, begeisterndes P. für den Frieden, für die Freiheit, für die Jugend.

Plakat, das; des Plakat[e]s, die Plakate: *öffentlicher Aushang, Anschlag (bes. zu Werbezwecken):* ein großes, buntes, farbiges, knalliges P.; ein P. entwerfen, zeichnen, drucken, ankleben, anschlagen, herunterreißen; ein P. kündigt etwas an, wirbt für etwas.

Plakette, die; der Plakette, die Plaketten: *kleines, bes. ovales oder viereckiges, flaches Abzeichen bes. zum Anstecken oder Ankleben:* eine metallene, silberne, goldene, bronzene P.; eine P. aus Metall, Silber, Leinen, Stoff, Papier; eine P. anstecken, tragen, anbringen, ankleben.

Planet, der; des Planeten, die Planeten: *Wandelstern, nicht selbst leuchtender Himmelskörper, der sich um eine Sonne bewegt:* die Erde ist ein P.; die Planeten bewegen sich um die Sonne; der P. Pluto wurde 1930 entdeckt.

planieren, planierte, hat planiert ⟨tr., etwas p.⟩: *etwas [ein]ebnen, glätten, eben machen:* das Gelände, den Boden, einen Weg, eine Straße, einen Rasen p.

Plantage [...*taseh^e*], die; der Plantage, die Plantagen: *größere Pflanzung, landwirtschaftlicher Großbetrieb in tropischen Ländern:* er besitzt riesige, ergiebige Plantagen in Brasilien; auf seinen Plantagen wird vorwiegend Kaffee, Baumwolle angepflanzt.

Plastik, die; der Plastik, die Plastiken: **1)** ⟨ohne Mehrz. und ohne Artikel⟩: *Kunststoff:* weiche, biegsame hitzebeständige, säurefeste, farbige, rote P.; in der Technik wird P. vielfach verwendet; der Lampenschirm ist aus P.; kann ich den Ventilator auch in P. haben? **2)** *Erzeugnis der Bildhauerkunst:* eine bronzene, buntgefaßte, monumentale P.; eine P. aus Bronze, aus Metall; eine P. von Barlach; eine P. herstellen, aufstellen; eine P. zeigt etwas, stellt etwas dar; im Museum stehen zahlreiche moderne Plastiken des Bildhauers X. **3)** /Med.; meist in Zus. wie: Gesichtsplastik, Nasenplastik, Knochenplastik, Hautplastik/ *operative Formung oder [künstliche] Wiederherstellung von Organen und Gewebeteilen (z. B. bei Verletzungen oder Mißbildungen), häufig mittels Transplantation:* sich eine P. machen lassen.

plastisch ⟨Adj.; attr. und als Artangabe⟩: **1)** *anschaulich, bildhaft, einprägsam, lebendig:* eine plastische Darstellung, Schilderung; sein Bericht ist recht p.; etwas p. schildern, darstellen; p. erzählen, berichten; etwas p. vor seinen Augen haben; die Ereignisse stehen ganz p. vor mir, vor meinen Augen; der Schriftsteller schreibt sehr p. **2)** ⟨gew. nur attr.⟩: *dreidimensional [wirkend]:* plastische Bilder, Photographien; ein plastischer Film. **3 a)** ⟨gew. nur attr.⟩: *die Bildhauerkunst betreffend:* die plastischen Arbeiten Barlachs. **b)** ⟨gew. nur attr. und präd.⟩: *modellierbar, knetbar; formbar, verformbar:* plastisches Material; manche Kunststoffe sind in höchstem Maße p. **4)** ⟨gew. nur attr.⟩: */Med./ die operative Formung oder Wiederherstellung von Organen und Geweben betreffend:* die plastische Chirurgie; eine plastische Operation.

Plateau [*plato̯*], das; des Plateaus, die Plateaus: /Geogr., Geol./ *Hochebene, Tafelland:* ein ausgedehntes P.

Platitüde, die; der Platitüde, die Platitüden (bildungsspr.): *Plattheit, abgedroschene Redewendung, Gemein-*

platz: Platitüden reden, von sich geben; sich in Platitüden ergehen.

platonisch ⟨Adj.; attr. und als Artangabe; ohne Vergleichsformen⟩ (bildungsspr.): *unsinnlich, rein geistigseelisch:* platonische Liebe, Freundschaft; unsere Verbindung ist rein p.; sich p. lieben.

plausibel ⟨Adj.; attr. und als Artangabe⟩ (bildungsspr.): *einleuchtend, verständlich, überzeugend, begreiflich; stichhaltig, triftig:* ein plausibler Grund, Einwand; eine plausible Entschuldigung, Erklärung; seine Argumente sind, erscheinen, klingen p.; jmdm. etwas p. machen; ich finde das durchaus p.

Playboy [ple̱ibeu], der; des Playboys, die Playboys: *reicher [junger] Mann der großen Gesellschaft mit einer auffallenden und aufwendigen, weitgehend vom Vergnügen bestimmten Lebensweise:* ein internationaler, alternder P.

Playgirl [ple̱igö̱rl], das; des Playgirls, die Playgirls (bildungsspr.): *leichtlebiges, attraktives Mädchen, das häufig in Begleitung reicher Männer zu finden ist:* ein internationales, stadtbekanntes P.

Plazenta, die; der Plazenta, die Plazentas oder die Plazenten: /Med., Biol./ *Mutterkuchen, Nachgeburt:* die P. löst sich ab, wird ausgestoßen, abgestoßen.

Plazet, das; des Plazets, die Plazets (bildungsspr.): *Zustimmung, Einverständnis, Bestätigung:* sein P. geben, dazugeben, verweigern; jmds. P. einholen, haben.

plazieren vgl. placieren.

Plenum, das; des Plenums ⟨ohne Mehrz.⟩ (bildungsspr.): *Vollversammlung einer [politischen] Körperschaft, insbes. der Mitglieder eines Parlaments:* das P. des Bundestags, des Landtags; etwas im P. behandeln; etwas vor dem P. erörtern; die FDP will die Sache vor das P. des Bundestags bringen.

Plombe, die; der Plombe, die Plomben: 1) *Zahnfüllung aus Metall oder Porzellan:* eine P. aus Amalgam, aus Porzellan; ich habe eine P. verloren. 2) *Metallsiegel zum Verschließen von Behältern und Räumen und zur Gütekennzeichnung einer Ware:* die P. an diesem Güterwagen ist unversehrt, ist beschädigt, ist entfernt worden; eine P. an einem Behälter anbringen; etwas mit einer P. versiegeln.

plombieren, plombierte, hat plombiert ⟨tr., etwas p.⟩: *eine schadhafte Stelle im Zahn mit einer Metall- oder Porzellanfüllung ausfüllen:* mein Zahnarzt hat mir gestern zwei Zähne plombiert.

Plural [selten auch: ...a̱l], der; des Plurals, die Plurale: /Sprachw./ *Mehrzahl* (im Ggs. zu → Singular): den P. eines Hauptworts bilden; ein Hauptwort in den P. setzen; das Wort steht im P., kommt nur im P. vor, hat keinen P.

plus: 1) ⟨Konj.⟩: /Math./ *und* (Zeichen: +): zwei p. sieben ist neun (2 + 7 = 9). 2) ⟨Präp.⟩: /bes. Kaufm./ *zuzüglich:* er verdient monatlich 1000 DM p. Spesen. 3) ⟨Adv.⟩: **a)** /Elektrot./ *positiv* (auf die Ladung bezogen; Zeichen: +): der Strom fließt von p. (+) nach minus (−). **b)** *über dem Nullpunkt (Gefrierpunkt) liegend* (auf die Temperaturskala bezogen; nur als Zeichen geschrieben: +): gestern hatten wir eine Temperatur von +30° (gesprochen: plus dreißig Grad) im Schatten. − Vgl. auch: *minus.*

Plus, das; des Plus, die Plus: **a)** *Gewinn, Überschuß* (im Ggs. zu → Minus): ich habe in diesem Jahr in meinem Geschäft ein P. von 20 000 DM gemacht. **b)** *Vorteil:* das jugendliche Alter bedeutet für diesen Läufer ein großes, erhebliches P.

Podest, das oder der; des Podestes, die Podeste (bildungsspr.): **a)** *Treppenabsatz:* er hatte gerade den untersten, obersten P. der Treppe erreicht, als ... **b)** *Stufe, Podium:* der etwas kleingeratene Redner stand ziemlich hilflos und verloren auf dem großen hölzernen P.; das P. besteigen; auf das P. hinaufsteigen; auf dem P. des Siegers stehen.

Poesie [*po-e...*], die; der Poesie, die Poesien ⟨Mehrz. ungew.⟩: **1)** (veraltend): *Dichtkunst, [Vers]dichtung:* die römische, griechische, lyrische P.; die Liebe zur P. **2)** /übertr./ (bildungsspr.) *Stimmungsgehalt, Zauber:* die P. einer Musik, einer Landschaft, eines Sommerabends.

poetisch ⟨Adj.; attr. und als Artangabe; ohne Vergleichsformen⟩ (bildungsspr.): **1)** *die Dichtkunst betreffend, dichterisch:* eine poetische Sprache, Ausdrucksweise; (ugs.): er hat eine poetische Ader (= *Veranlagung*). **2)** *bilderreich, ausdrucksvoll:* eine poetische Landschaftsbeschreibung; seine Schilderungen sind immer sehr p.; p. schreiben, erzählen; sich p. ausdrücken.

Pointe [*poä͂gt^e*], die; der Pointe, die Pointen (bildungsspr.): *geistreicher, überraschender Schlußeffekt (bes. eines Witzes), gedankliche Spitze, Kernpunkt, Clou:* die Geschichte hat eine amüsante, überraschende P.; dieser Witz hat eine gute, geistreiche, keine richtige, keine P.; die P. vorwegnehmen; die P. eines Witzes verderben; wo, worin liegt denn nun die P. des Ganzen?; wir warten immer noch auf die eigentliche P.

pointiert ⟨Adj.; attr. und als Artangabe; gew. ohne Vergleichsformen⟩ (bildungsspr.): *prägnant formuliert; hervorgehoben, betont:* eine pointierte Aussage, Frage, Antwort; diese Bemerkung ist sehr p.; die Formulierung ist nicht p. genug; etwas p. sagen, formulieren.

Pokal, der; des Pokals, die Pokale: *[kostbares] Trinkgefäß aus Glas oder [Edel]metall mit Fuß [und Deckel] (häufig als Ehrenpreis bei sportlichen Veranstaltungen):* aus einem P. trinken; einen [wertvollen] P. gewinnen; die Königin überreichte dem Sieger den P.

Polemik, die; der Polemik, die Polemiken (bildungsspr.): *scharfe (bes. wissenschaftliche, literarische oder publizistische) Auseinandersetzung, Fehde; Schärfe und Aggressivität in der Form einer Auseinandersetzung:* eine heftige, öffentliche, politische, wissenschaftliche P.; die P. zwischen Professor X und Professor Y; die P. von Professor X gegen Professor Y; eine P. öffentlich, in der Presse, im Rundfunk, im Fernsehen austragen.

polemisch ⟨Adj.; attr. und als Artangabe⟩ (bildungsspr.): *aggressiv, scharf, bissig; Beleidigungen und persönliche Anfeindungen enthaltend, damit operierend:* eine polemische Frage, Antwort, Veröffentlichung, These, Bemerkung, Auseinandersetzung; ein polemischer Zeitungsartikel, Vortrag, Kommentar; p. sein, werden; seine Ausführungen waren sehr p.; p. gegen jmdn. schreiben; p. fragen, antworten.

polemisieren, polemisierte, hat polemisiert (bildungsspr.): *gegen jmdn. oder etwas [scharf] zu Felde ziehen:* er hat in der Presse heftig gegen den Bundeskanzler polemisiert.

Police [*poli̦ß^e*], die; der Police, die Policen: *Urkunde über einen bestehenden Versicherungsvertrag, Versicherungsschein, Versicherungsurkunde:* eine P. ausstellen, ausfüllen, ausfertigen, unterzeichnen; ich habe die P. meiner Lebensversicherung verlegt.

polieren, polierte, hat poliert ⟨tr., etwas p.⟩: **a)** *etwas glänzend machen, blank reiben:* Parkettfußboden, Gläser, Teller p.; er hat seinen Wagen auf Hochglanz poliert. **b)** *etwas glatt machen, glätten; abschleifen:* einen metallenen Werkstoff, die Fingernägel p. **c)** /übertr./; in den festen Wendungen/ * **jmdm. die Fresse, die Zähne p.** (derb): *jmdn. mit den Fäusten arg zurichten.* – * **jmdm. die Eier p.** (vulgär): *jmdn. hart hernehmen.*

Poliklinik, die; der Poliklinik, die Polikliniken: /Med./ *Krankenhausabteilung für (zumeist) ambulante Krankenbehandlung:* der Assistenzarzt hat Dienst in der P.; der Patient wurde in die P. gebracht, überwiesen, wurde in der P. versorgt, behandelt.

poliklinisch ⟨Adj.; attr. und als Artangabe, aber gew. nicht präd.; ohne Vergleichsformen⟩: /Med./ *die Poliklinik betreffend; in einer Poliklinik* *[erfolgend]*: die poliklinische Untersuchung, Versorgung eines Patienten; einen Patienten p. versorgen.

Politesse, die; der Politesse, die Politessen: *weiblicher Hilfspolizist im kommunalen Dienst mit beschränktem Aufgabenbereich (bes. zur Überwachung des ruhenden Verkehrs):* eine P. schreibt die im Parkverbot parkenden Wagen auf.

Politik, die; der Politik; die Politiken ⟨Mehrz. ungebr.⟩: **1)** *Gesamtheit der Maßnahmen, die sich auf die Ordnung, Erhaltung und Führung eines Gemeinwesens, bes. eines Staates,* erstrecken: die deutsche, amerikanische, internationale, nationale P.; eine demokratische, liberale, friedliche, kluge, praktische, erfolgreiche, aktive, aggressive, verfehlte, verhängnisvolle, gescheiterte, gefährliche, falsche P.; die große P. *(= die zentralen nationalen oder internationalen politischen Geschäfte);* die P. der Bundesregierung, des Kremls, der SPD; eine P. der Entspannung, des Ausgleichs, des Friedens, der Stärke, der Schwäche, der Wiedervereinigung; eine bestimmte P. betreiben, verfolgen, machen, unterstützen; seine P. auf etwas gründen; in der P. tätig sein; in die P. eintreten; sich aus der P. zurückziehen. **2)** /übertr./ *berechnendes, zielgerichtetes Verhalten, Berechnung:* eine planvolle P. der Bestechung treiben; alles, was er tut, ist doch nur P.

Politiker, der; des Politikers, die Politiker: *jmd., der aktiv in der Politik tätig ist; Staatsmann:* ein guter, schlechter, bedeutender, erfahrener P.; an der Konferenz nahmen namhafte deutsche, französische, englische, europäische P. teil; er will P. werden.

Politikum, das; des Politikums, die Politika ⟨Mehrz. ungew.⟩ (bildungsspr.): *Ereignis, Angelegenheit von großer politischer Bedeutung, Staatsaffäre:* der Beitritt Englands zur EWG wäre ein P. ersten Ranges; die antipersischen Demonstrationen drohten zum P. zu werden; ein P. schaffen.

politisch ⟨Adj.; attr. und als Artangabe; gew. ohne Vergleichsformen⟩: *die Politik betreffend, mit Politik zusammenhängend; staatsmännisch:* die politischen Parteien; die politische Lage, Wirklichkeit, Arbeit; ein politischer Gegner; eine politische Entscheidung treffen; im politischen Leben stehen *(= aktiv als Politiker tätig sein);* er ist p. zuverlässig; dieses Vorgehen ist p. nicht tragbar; seine Tätigkeit ist überwiegend p.; diese Entscheidung ist nicht sehr p.; p. handeln, vorgehen; jmdn. p. unterstützen, kaltstellen; sich p. betätigen; p. interessiert sein.

politisieren, politisierte, hat politisiert ⟨intr.; häufig im ersten Partizip⟩ (bildungsspr.): *über Politik reden oder schreiben; sich über Politik unterhalten:* müßt Ihr denn immer nur p., wenn ihr zusammensitzt?; ein politisierender Schriftsteller, Kirchenmann; eine politisierende Wochenzeitung; eine politisierende Justiz; in einem politisierenden Kommentar ...

Politur, die; der Politur, die Polituren: **1a)** ⟨Mehrz. selten⟩: *äußerer Glanz, Oberflächenglanz, der durch Polieren bewirkt wird:* die P. des Schrankes ist stumpf geworden, ist verblaßt. **b)** ⟨gew. nur Einz.⟩: *aus einem aufgetragenen Poliermittel bestehender Glanzüberzug:* die P. des Schreibtischs ist beschädigt; die P. erneuern. **c)** ⟨nur Einz.⟩ (scherzh.): /übertr./ *jugendlicher Glanz:* bei dieser Frau ist die P. längst ab. **2)** *Poliermittel:* P. kaufen, auftragen, entfernen.

polygam ⟨Adj.; attr. und als Artangabe; ohne Vergleichsformen⟩ (bildungsspr.): **a)** *in der Mehrehe lebend, zur Vielehe neigend:* eine polygame Lebensgemeinschaft; die Männer dieses Eingeborenenstammes sind, leben p. **b)** *dazu fähig oder veranlagt, mit mehreren Partnern gleichzeitig oder nacheinander eine echte erotische Bindung einzugehen:* die meisten Männer sind p.

Pomade, die; der Pomade, die Pomaden: *Haarfett zur Haarpflege:* eine wohlriechende, aufdringliche P.; sich P. ins Haar schmieren.

pomadig ⟨Adj.; attr. und als Artangabe⟩ (bildungsspr.): **1)** *fettig-glänzend* (auf das Kopfhaar bezogen): pomadiges Haar; seine Haare sind, glänzen p. **2)** (ugs.): *langsam, träge, gemächlich:* ein pomadiger Mensch; er ist ziemlich p.; seine Bewegungen sind, wirken p.

Pommes frites [*pomfrit*], die ⟨Mehrz.⟩: *in schwimmendem Fett roh gebackene Kartoffelstäbchen:* knusprige P. f.; zum Mittagessen gibt es Schnitzel mit P. f. und Salat.

Pomp, der; des Pomp[e]s ⟨ohne Mehrz.⟩: *[übertriebener] Prunk, Pracht, glanzvoller Aufzug, großartiges Auftreten:* großen P. entfalten, zeigen; das Haus ist mit fürstlichem P. ausgestattet; er wurde mit feierlichem P. zu Grabe getragen.

pompös ⟨Adj.; attr. und als Artangabe⟩ (bildungsspr.): *[übertrieben] prunkhaft, prächtig; hochtrabend:* eine pompöse Villa, Aufmachung; ein pompöses Begräbnis; eine pompöse Hochzeit; ein pompöses Hotel; der Rahmen des Bildes ist zu p.; p. wohnen, feiern.

Pony: 1) das; des Ponys, die Ponys: *Zwerg- oder Kleinpferd einer bestimmten kleinwüchsigen Pferderasse:* ein P., auf einem P. reiten. **2)** der; des Ponys, die Ponys: *kurze Damenfrisur mit fransenartig in die Stirn gekämmtem Haar:* sie trägt einen P.; der P. steht dir gut; sie läßt sich einen P. schneiden.

Poncho, der; des Ponchos, die Ponchos: /Mode/ *ärmelloser, nach unten radförmig ausfallender, mantelartiger Umhang (bes. für Frauen):* ein weiter, enger P.; einen P. tragen.

populär ⟨Adj.; attr. und als Artangabe⟩: **a)** *volkstümlich, beliebt, weithin bekannt:* ein populärer Politiker, Sportler, Schauspieler; ein populärer Schlager; eine populäre Sportart; das Fußballspiel ist in Deutschland sehr p.; er ist als Schauspieler sehr p.; Faustball wird bei uns wohl nie richtig p. werden; etwas p. machen. **b)** *volkstümlich, volksnah, gemeinverständlich:* eine populäre Ausdrucksweise; die Ausdrucksmittel der modernen Filmregisseure sind wenig p.; sich p. ausdrücken; p. schreiben, reden. **c)** *volkstümlich, für die Masse akzeptabel:* populäre Maßnahmen; diese Entscheidung, dieses Urteil ist nicht p. (= *ist nicht nach dem Gefallen der Masse);* p. handeln.

Popularität, die; der Popularität ⟨ohne Mehrz.⟩: *Volkstümlichkeit, Beliebtheit:* große, ungeheure, wenig, nur geringe, keine P. genießen; seine P. als Politiker, bei den Wählern ist gestiegen; seine P. verlieren; diese Tat wird ihm viel P. bringen; auf jede P. verzichten.

Pornographie, die; der Pornographie ⟨ohne Mehrz.⟩ (bildungsspr.): *unzüchtiges Material* (bes. auf Schriften und Bilder bezogen): dieser Roman gilt als P., zählt zur P.; ist diese Plastik ein Kunstwerk oder bloße P.?; P. verkaufen, verbreiten.

pornographisch ⟨Adj.; attr. und als Artangabe; gew. ohne Vergleichsformen⟩ (bildungsspr.): *unzüchtig, obszön* (bes. auf Schriften und Bilder bezogen): pornographische Literatur; ein pornographischer Roman, Film; ein pornographisches Magazin; eine pornographische Schallplatte; diese Bilder sind in höchstem Maße p.; dieser Autor schreibt vorwiegend p.

Portal, das; des Portals, die Portale: (bildungsspr.): *[prunkvolles] großes Eingangstor, Haupteingang:* ein großes, breites, schmiedeeisernes P.; das P. der Kirche ist [weit] geöffnet, ist geschlossen.

Portemonnaie [*portmone*], das; des Portemonnaies, die Portemonnaies: *Geldbeutel:* ein ledernes P.; kein Geld im P. haben; sein P. einstecken, herausziehen, öffnen. – * ein dickes P. haben (= *reich sein).*

Portier [*portie*, östr. auch: *portir*], der; des Portiers, die Portiers (bei östr. Ausspr.: die Portiere): *Pförtner:* der P. ließ uns erst um 15 Uhr in die Klinik hineingehen; der P. öffnet, schließt das Tor; der P. sitzt in seiner Pförtnerloge.

Portiere [*portjäre*], die; der Portiere,

die Portieren (bildungsspr.): *Türvorhang:* eine schwere, dicke, samtene, rote P.; eine P. an einer Tür anbringen; die P. aufziehen, zuziehen.

Portion [*porzjon*], die; der Portion, die Portionen: **a)** *meist für eine Person bestimmte, abgemessene Speisenmenge:* eine kleine, große, ausreichende P.; eine P. Kartoffeln, Fleisch, Gemüse, Butter; kann ich noch eine P. Pudding bekommen?; er hat sich eine P. Eis gekauft; du hast jetzt schon die dritte P. Kuchen; die Schokolade wurde in kleine Portionen eingeteilt. − /bildl./ (scherzh.): er ist doch nur eine halbe P. (ugs.; = *er ist unscheinbar und schmächtig*). **b)** ⟨nur Einz.⟩ (ugs.): /übertr./ *Teil, gehörige Menge, gehöriger Schuß:* eine P. Humor, Glück, Mut; dazu gehört schon eine große, tüchtige P. Frechheit, Unverschämtheit; er hat eine reichliche P. Schnaps getrunken.

Porto, das; des Portos, die Portos und Porti: *Gebühr für die Beförderung von Postsendungen:* der Brief kostet 0,50 DM P.; wie hoch ist das P. für Auslandsbriefe?; der Empfänger zahlt das P.; P. bezahlen, nachbezahlen, entrichten; hatten Sie Auslagen für Porti?; das Buch kostet einschließlich Verpackung und Porto P. 18,40 DM.

Porträt [...*trä*, auch: ...*trät*], das; des Porträts, die Porträts (bei dt. Aussprache: des Porträt[e]s, die Porträte): **a)** *(meist auf den Kopf und den Oberkörper beschränktes) Bildnis eines Menschen:* ein photographisches P.; ein P. in Öl, in Pastell; ein naturgetreues, schönes P.; ein P. [von jmdm.] malen, zeichnen, anfertigen, machen. **b)** /übertr./ (bildungsspr.): *beschreibende Darstellung einer Persönlichkeit, ihrer Entwicklung und ihrer bemerkenswerten Leistungen, Charakterstudie:* im Fernsehen wurde ein interessantes politisches P. des Bundeskanzlers ausgestrahlt; ein kurzes P. von jmdm. entwerfen.

porträtieren, porträtierte, hat porträtiert ⟨tr., jmdn. p.⟩: *von jmdm. ein Porträt anfertigen:* ein bedeutender Maler hat ihn in Öl porträtiert.

Pose, die; der Pose, die Posen (bildungsspr.): *[gekünstelte] Haltung, Stellung:* eine aufrechte, anmutige, elegante, strahlende, unnatürliche, verlogene, schauspielerische, tänzerische, zweideutige P.; eine [bestimmte] P. einnehmen; eine P. durchschauen; in einer bestimmten P. daliegen; jmdn. in einer bestimmten P. photographieren, malen; er gefällt sich in der P. des strahlenden Siegers.

posieren, posierte, hat posiert ⟨intr.⟩ (bildungsspr.): **a)** *eine Pose einnehmen, sich unnatürlich geben:* vor dem Spiegel, vor der Kamera, für eine Fernsehaufnahme p. **b)** *schauspielern, sich verstellen, etwas vortäuschen:* ich weiß nicht, ob sie in diesem Falle ehrlich ist oder ob sie nur posiert.

Position, die; der Position, die Positionen: **1)** *berufliche Stellung, Posten:* er hat eine gute, führende, leitende P. in seiner Firma; eine P. erringen, verlieren; jmdm., sich eine P. verschaffen; die wichtigsten Positionen in diesem Hause sind vergeben. **2)** *Standort eines Schiffs oder Flugzeugs* (gelegentlich auch auf andere Fahrzeuge bezogen): die P. eines Schiffs, Flugzeugs genau angeben, ermitteln, durchgeben. **3)** *Platz, Rang:* **a)** /Sport/: der Kampf um die Positionen *(= gute Ausgangsbasen)* setzte bereits etwa 500 m vor dem Ziel ein; der französische Rennwagen lag ausgangs der vorletzten Runde in günstiger, aussichtsreicher, aussichtsloser P.; er konnte die zweite P. bis ins Ziel behaupten. **b)** /allg./: seine P. im Betrieb hat sich verschlechtert; er konnte seine P. als Trainer festigen; seine P. ist gefährdet, schwach. **c)** /Mil./: diese Höhe stellt für die Vietnamesen eine strategisch wichtige P. dar. **4)** /Kaufm./ *Einzelposten [einer Warenliste]:* die Regierung mußte nachträglich einige Positionen vom Haushaltsplan streichen; die einzelnen Positionen einer Bestellung überprüfen.

positiv [selten auch: ...*tif*] ⟨Adj.; attr. und als Artangabe; ohne Vergleichsformen⟩: **1)** (bildungsspr.): **a)** *beja-*

Positur

hend: eine positive Antwort erhalten; der Bescheid ist p. [ausgefallen]; er hat sich p. dazu geäußert. **b)** *lebensbejahend, zuversichtlich:* er hat eine positive Einstellung zum Leben; seine Haltung ist durchaus p. **2)** (bildungsspr.): **a)** *günstig, vorteilhaft, erfreulich, nützlich:* eine positive Entwicklung; positive Kritik üben; die Aussichten sind recht p. [zu bewerten]; dieser Umstand hat sich p. ausgewirkt. **b)** *ein Ergebnis, einen Erfolg bringend, erfolgreich:* die Verhandlungen konnten zu einem positiven Abschluß, Ende geführt werden; die Untersuchungen waren, verliefen p. **3)** ⟨ohne Vergleichsformen⟩: /Med./ *einen krankhaften Befund zeigend:* eine positive Reaktion; die Blutuntersuchungen waren leider p.; seine Tochter hat auf den Tuberkulosetest p. reagiert. **4)** ⟨nur als Artangabe, aber gew. nicht präd.; gew. ohne Vergleichsformen⟩: *sicher, mit Sicherheit tatsächlich, genau:* ich weiß das p.; ich konnte das p. in Erfahrung bringen. **5)** ⟨gew. nur attr. und präd.; ohne Vergleichsformen⟩: /Math./ *größer als Null* (auf Zahlen oder mathematische Ausdrücke bezogen; Zeichen: +): eine positive Zahl; ein positiver Ausdruck; eine Zahl, eine Klammer mit positivem Vorzeichen; das Ergebnis der Gleichung ist p. **6)** ⟨ohne Vergleichsformen⟩: *eine der beiden Formen elektrischer Ladung bezeichnend* (im Ggs. zu → negativ; Zeichen: +): die positive Elektrode; der positive Pol einer Stromquelle; die Ladung ist p.; p. geladen sein. – Vgl. auch: *negativ*.

Positur, die; der Positur, die Posituren (ugs.): /gew. nur in den folgenden festen Wendungen/ *betonte, auffallende Haltung:* * sich in P. setzen, stellen, legen, werfen.

postalisch ⟨Adj.; attr. und als Artangabe, aber gew. nicht präd.; ohne Vergleichsformen⟩ (bildungsspr.): *die Post betreffend, Post...:* postalische Einrichtungen, Bestimmungen; eine Sendung p. bearbeiten; quadratische Briefe p. nicht mehr zugelassen.

Postament, das; des Postament[e]s, die Postamente (bildungsspr.): *Unterbau, Sockel einer Säule oder Statue:* ein hohes, niedriges, breites, viereckiges P.; diese Statue ruht auf einem [festen] P. aus Marmor; das P. trägt eine Inschrift.

postieren, postierte, hat postiert ⟨tr.; jmdn., sich, etwas an, auf eine Stelle p.⟩: *jmdn., sich, etwas irgendwo hinstellen, aufstellen:* der Kommandant hatte an allen Ecken des Lagers Wachen postiert; der Komplice des Einbrechers hatte sich am Tor des Gartens postiert; ich habe den Eßzimmertisch vor das Fenster postiert.

Postulat, das; des Postulat[e]s, die Postulate (bildungsspr.): *[sittliche] Forderung:* ein logisches, ästhetisches, wissenschaftliches, ethisches, sittliches, soziales P.; diese Handlungsweise ist ein P. der Vernunft, der Logik, der Wissenschaft, der Moral; ein P. aufstellen.

postulieren, postulierte, hat postuliert ⟨tr., etwas p.⟩ (bildungsspr.): *ein Postulat für etwas aufstellen, etwas als notwendig fordern:* der Minister postulierte für die deutsche Außenpolitik eine Verstärkung der Kontakte mit den osteuropäischen Staaten.

postum ⟨Adj.; attr. und als Artangabe, aber nicht präd.; ohne Vergleichsformen⟩ (bildungsspr.): *nach dem Tode des Betroffenen [erfolgend], nachgelassen:* postume Schriften, Werke; die postume Veröffentlichung einer Arbeit; diese Oper des bekannten Komponisten wurde erst p. uraufgeführt; jmds. Werke p. herausgeben.

Potentat, der; des Potentaten, die Potentaten (bildungsspr.): *Herrscher, regierender Fürst:* ein morgenländischer, orientalischer, mittelalterlicher P.

Potential [...*zi̯al*], das; des Potentials, die Potentiale (bildungsspr.): *Leistungsfähigkeit, Stärke, [Macht]mittel:* das militärische, atomare P. der Amerikaner; das wirtschaftliche P. der Bundesrepublik; ein P. vergrößern, verringern; sein geistiges P. reicht nicht aus, ...

potentiell [...*ziäll*] ⟨Adj.; gew. nur attr.; ohne Vergleichsformen⟩ (bildungsspr.): *möglich, denkbar:* ein potentieller Gegner; eine potentielle Gefahr, Bedrohung; die potentiellen Wähler einer Partei; er gehört zu den potentiellen Nachfolgern des Präsidenten.

Potenz, die; der Potenz, die Potenzen: **1)** /Math./ *Produkt mehrerer gleicher Faktoren:* eine Zahl in die zweite, dritte, vierte P. erheben; eine P. ausrechnen; mit Potenzen rechnen. – /übertr./ (ugs.): das ist Blödsinn in [höchster] P. *(= das ist das Dümmste, was man sich denken kann).* **2)** ⟨nur Einz.⟩ /Med./ *Beischlafs-, Zeugungsfähigkeit des Mannes:* die volle P. besitzen; keine P. mehr haben; seine P. verlieren, bewahren; dieses Mittel verringert, vermindert, erhöht, steigert die P.; seine P. läßt nach. **3)** ⟨nur Einz.⟩ (bildungsspr.): *Leistungsfähigkeit:* die geistige P. des Menschen; die wirtschaftliche P. der BRD.

Potpourri [*potpuri*], das; des Potpourris, die Potpourris (bildungsspr.): **a)** *bunte Zusammenstellung verschiedenartiger, durch Übergänge verbundener Musikstücke aus beliebten Musikwerken:* ein [musikalisches] P. aus Schlagern, aus Operettenmelodien; ein buntes P. zusammenstellen. **b)** /übertr./ *buntes Allerlei, Kunterbunt:* ein P. der guten Laune.

Poularde [*pulard^e*], die; der Poularde, die Poularden: /Gastr./ *junges, verschnittenes Masthuhn:* eine belgische, Brüsseler, magere, fleischige, fette, zarte P.; eine P. kochen, braten, füllen.

poussieren [*pußir^{e}n*], poussierte, hat poussiert ⟨tr. und intr.⟩: **1)** ⟨jmdn. p.⟩: **a)** (ugs.): *einem Mädchen den Hof machen; ein Liebesverhältnis mit einem Mädchen (bzw. mit einem jungen Mann) haben:* er poussiert die Tochter seines Chefs. **b)** /übertr./ (bildungsspr.): *jmdn., der bes. auf Grund seiner Stellung oder seines Ansehens für einen selbst eine gewisse Bedeutung hat, umschmeicheln, umwerben:* er poussiert seinen Chef; ein guter Kaufmann wird seine Kunden regelrecht p. **2)** ⟨mit jmdm. p.⟩ (ugs.): *mit einem Mädchen bzw. einem jungen Mann flirten; mit einem Mädchen bzw. einem jungen Mann ein Liebesverhältnis haben:* auf Betriebsausflügen pflegt er mit seinen Kolleginnen immer kräftig zu p.; er poussiert mit seiner früheren Sekretärin; die beiden p. miteinander.

Powerplay [*pau^{e}rple^i*], das; des Powerplay[s], die Powerplays ⟨Mehrz. ungew.⟩: /Eishockey/ *gemeinsames, anhaltendes Anstürmen aller fünf Feldspieler auf das gegnerische Tor im Verteidigungsdrittel des Gegners:* ein [starkes, erdrückendes] P. aufziehen, machen.

Präambel, die; der Präambel, die Präambeln (bildungsspr.): *feierliche Einleitung einer [Verfassungs]urkunde oder eines Staatsvertrags:* die P. der Verfassung, zum Grundgesetz; die P. zu der Satzung der Vereinten Nationen.

prädestiniert, in der Verbindung: * p. sein für etwas: *ideal geeignet sein für etwas, für etwas wie geschaffen sein:* er ist geradezu p. für diesen Posten.

Prädikat, das; des Prädikat[e]s, die Prädikate: **1)** /Sprachw./ *grammatischer Kern einer Aussage:* das P. eines Satzes bestimmen; in dem Satz „Vater schläft" ist „schläft" das P. **2)** (bildungsspr.): *Bewertung, Beurteilung; Auszeichnung:* das P. „sehr gut", „gut", „befriedigend" für eine Arbeit erhalten; sein Examen mit P., mit dem P. „ausgezeichnet" machen; man muß ihm das P. „tapfer" zubilligen, zuerkennen.

pragmatisch ⟨Adj.; attr. und als Artangabe⟩ (bildungsspr.): *sachlich, auf Tatsachen beruhend, auf Tatsachen gestützt:* eine pragmatische Analyse des Wählerverhaltens; diese Darstellung des zweiten Weltkriegs ist rein p.; p. denken, handeln, vorgehen.

prägnant ⟨Adj.; attr. und als Artangabe⟩ (bildungsspr.): *knapp und gehaltvoll, scharf und genau formuliert, eindrucks-; bedeutungsvoll:* eine prägnante Formulierung; ein prägnanter Ausdruck; etwas mit prägnanter Kürze sagen; diese Antwort ist kurz und p.;

Prägnanz

seine Auskünfte sind stets p. und sachlich; sich p. ausdrücken; etwas p. formulieren; p. antworten.

Prägnanz, die; der Prägnanz ⟨ohne Mehrz.⟩ (bildungsspr.): *bedeutungsvolle Kürze, Schärfe, Genauigkeit* (nur auf schriftliche oder mündliche Äußerungen bezogen): die P. des Ausdrucks, im Ausdruck, einer Formulierung, einer Aussage, einer Textstelle.

präjudizieren, präjudizierte, hat präjudiziert ⟨tr., etwas p.⟩ (bildungsspr.): *einer [richterlichen] Entscheidung in einer Sache vorgreifen:* der Staatsanwalt versucht, indem er den Angeklagten ständig als Mörder bezeichnet, das Urteil der Geschworenen zu p.; ich möchte die Entscheidung des Präsidenten nicht durch einen Kommentar in der Presse p.

Praktik, die; der Praktik, die Praktiken (bildungsspr.): **a)** ⟨gew. nur Einz.⟩: *Art und Weise, etwas zu tun, Handhabung, Verfahrensart:* ich bin mit der P. der Ausscheidungswettkämpfe nicht so vertraut. **b)** ⟨meist Mehrz.⟩: *Kunstgriffe, unsaubere Methoden, Kniffe:* sich bestimmter Praktiken bedienen; ich kenne die [unsauberen] Praktiken dieser Leute; bestimmte Praktiken anwenden.

praktikabel ⟨Adj.; attr. und als Artangabe; gew. ohne Vergleichsformen⟩ (bildungsspr.): *durchführbar, ausführbar, anwendbar, zweckmäßig:* ein praktikabler Vorschlag, Plan; dieser Entwurf ist nicht p., hat sich nicht als p. erwiesen; etwas p. gestalten.

Praktikant, der; des Praktikanten, die Praktikanten: *jmd., der sein Praktikum macht oder in der praktischen Ausbildung steht:* er arbeitet als P. in einer Lederfabrik.

Praktiker, der; des Praktikers, die Praktiker: **1)** *Mann mit praktischer Erfahrung auf einem bestimmten Gebiet:* er ist ein alter, erfahrener P.; er gehört zu den Praktikern der Raumfahrt. **2)** /Fachjargon der Mediziner/ *praktischer Arzt:* er hat sich als P. in einer Kleinstadt niedergelassen; das ist kein Fall für einen P.

Praktikum, das; des Praktikums, die Praktika, selten auch: die Praktiken: **a)** *notwendiger Abschnitt einer Gesamtausbildung, in dem die erworbenen theoretischen Kenntnisse im Rahmen einer entsprechenden praktischen Tätigkeit vertieft und ergänzt werden:* ein sechswöchiges, dreimonatiges P. machen; er macht, absolviert gerade sein P. als Ingenieur, als zukünftiger Lehrer, im Schuldienst. **b)** *praktische Übung, die ein Student an einer Hochschule zur Vertiefung des in Vorlesungen erworbenen Wissensstoffs absolviert:* er macht gerade sein physikalisches, chemisches P.

praktisch: I. ⟨Adj.; attr. und als Artangabe⟩: **1)** ⟨gew. nicht präd.; ohne Vergleichsformen⟩: *auf die Praxis, auf die Wirklichkeit, auf die Berufserfahrung bezogen; in der Praxis vorkommend:* praktische Erfahrungen sammeln; einen praktischen Verstand besitzen; eine Frage p. lösen. **2)** *zweckmäßig, gut zu handhaben:* eine praktische Einrichtung, Erfindung, Vorrichtung; dieser Rollschrank ist wirklich sehr p.; die Bedienungsknöpfe in diesem Wagen sind recht p. angeordnet. **3)** /nur auf Personen bezogen/ *geschickt, anstellig, zupackend:* ein praktischer Mensch; mein Mann ist [in allem] sehr p. [veranlagt]. **4)** ⟨nur attr.; ohne Vergleichsformen⟩: *tatsächlich, wirklich, greifbar; brauchbar:* die Verhandlung brachte kein praktisches Ergebnis; der praktische Erfolg der ganzen Behandlung ist gleich Null; er konnte die auftretenden praktischen Schwierigkeiten sehr schnell überwinden. **5)** /in der festen Verbindung/ * **praktischer Arzt:** *nicht spezialisierter Arzt, Nichtfacharzt:* er ist praktischer Arzt in Würzburg; er will sich als praktischer Arzt niederlassen. **II.** ⟨Adv.⟩: *in Wirklichkeit; so gut wie:* der Sieg ist ihm p. nicht mehr zu nehmen; er macht p. alles selbst; bei der ganzen Sache ist p. nichts herausgekommen.

praktizieren, praktizierte, hat praktiziert ⟨tr. und intr.⟩ (bildungsspr.): **1)** ⟨etwas p.⟩: *etwas betreiben, ins Werk* *setzen, praktisch anwenden:* eine Methode, eine bestimmte Politik, ein Verfahren p. 2) ⟨etwas p. + Raumergänzung⟩: *etwas mit einem gewissen Geschick an eine bestimmte Stelle bringen:* er praktizierte ihren Koffer in das Gepäcknetz; er hatte Mühe, die sperrige Fernsehantenne auf das Dach zu p.; ein Schild an die Hausfront p. 3) ⟨intr.; häufig im ersten Partizip⟩: *einen freien Beruf (bes. den eines Arztes) ausüben:* Dr. Heuberg praktiziert schon lange nicht mehr; als Arzt, als Facharzt, als Anwalt, als Steuerberater p.; ein praktizierender Arzt.

Präliminarien [...*i^e n*], die ⟨Mehrz.⟩ (bildungsspr.): *[diplomatische] Vorverhandlungen; Einleitung, Vorspiel:* obligate, notwendige, überflüssige, belanglose P.; die P. erledigen; nach diesen P. wollen wir jetzt zu unseren eigentlichen Problemen kommen.

Praline, die; der Praline, die Pralinen: *[gefülltes] Schokoladenplätzchen:* gefüllte, hochfeine Pralinen; ich habe meiner Frau einen Kasten Pralinen mitgebracht.

Prämie [...*i^e*], die; der Prämie, die Prämien: 1) *Belohnung, Sondervergütung (bes. als Anerkennung für außergewöhnliche [Arbeits]leistungen):* eine P. aussetzen, gewähren, verlangen, erhalten, bekommen; die Arbeiter forderten höhere Prämien für ihre Überstunden. 2) *ausgeloster Geldpreis:* im Zahlenlotto werden an diesem Wochenende wieder zahlreiche [kleinere, größere] zusätzliche Prämien ausgelost, verlost. 3) *Versicherungsgebühr:* hast du schon die P. für die Kfz-Versicherung bezahlt, überwiesen?; die P. für meine Unfallversicherung ist fällig; die Prämien der Kfz-Versicherung sind wieder erhöht worden.

prämiieren und **prämieren:** präm[i]ierte, hat präm[i]iert ⟨tr.; jmdn., etwas p.⟩: *jmdn., jmds. Arbeit, ein Tier mit einem Preis auszeichnen:* die Jury hat diesen Film auf dem Filmfestival mit einem Silbernen Bären prämiiert; sein Schäferhund wurde mehrfach auf Ausstellungen prämiert; er wurde für seine Arbeiten über ... prämiert; eine literarische, künstlerische Arbeit, ein Schachproblem p.

Präparat, das; des Präparat[e]s, die Präparate: 1) *Arzneimittel, chemisches Mittel:* ein gutes, schlechtes, harmloses, gefährliches, giftiges, chemisches, medizinisches, biologisches, gefärbtes P. 2) /Biol., Med./ *für eine mikroskopische Untersuchung hergestellter Gewebsschnitt:* ein P. herstellen, anfertigen, anfärben, mikroskopisch untersuchen.

präparieren, präparierte, hat präpariert ⟨tr.⟩: 1 a) ⟨veraltend⟩ *einen Lehrstoff vorbereiten:* wir müssen für morgen ein Kapitel Cicero p. b) ⟨sich p.⟩: *sich vorbereiten (bes. auf den Unterricht oder auf eine Prüfung):* er hat sich gut, schlecht, ungenügend, nicht richtig p.; hast du dich für die Geschichtsstunde, auf den Unterricht präpariert? 2) ⟨etwas p.⟩: a) *einen menschlichen, tierischen oder pflanzlichen Körper oder Teile davon durch chem. Spezialbehandlung haltbar machen:* einen Leichnam, einen Tierkadaver, einen Vogel, eine Pflanze p. b) *einen menschlichen, tierischen oder pflanzlichen Körper oder Teile davon zu Lehrzwecken kunstgerecht zerlegen:* die Studenten mußten in der anatomischen Übung Muskeln und Sehnen p.

präsent ⟨Adj.; nicht attr., nur als Artangabe; ohne Vergleichsformen⟩: a) (bildungsspr.) *anwesend; vorhanden:* der Chef ist im Augenblick nicht p.; wir haben diese Ware zur Zeit nicht p. b) (landsch., ugs.): *im Kopf, im Gedächtnis:* ich habe den Vorfall im Augenblick nicht p.

Präsent, das; des Präsent[e]s, die Präsente (bildungsspr.): *Geschenk, kleine Aufmerksamkeit;* ein kleines, hübsches, kostbares P.; jmdn. mit einem kleinen P. bedenken; etwas als P., zum P. geben.

präsentieren, präsentierte, hat präsentiert ⟨tr. und refl.⟩: 1 a) ⟨jmdm. etwas p.⟩: *jmdm. etwas darbieten, überreichen, bringen, vorlegen:* jmdm.

einen Wechsel, eine Rechnung p. (= *zur Begleichung vorlegen);* darf ich Ihnen mein neuestes Buch p.? – /übertr./: jmdm. die Rechnung für etwas p. (= *jmdn. nachträglich für ein vorwerfbares Verhalten büßen lassen).* b) ⟨jmdm. jmdm. p.⟩ (scherzh.): *jmdn. jmdm. übergeben, mitbringen:* der Kommissar versicherte: „Ich werde Ihnen bis morgen den Mörder p." 2) ⟨sich p.⟩: *sich [in einer besonderen Pose] zeigen:* sich in voller Größe p.; er präsentierte sich den Fernsehzuschauern als neuer Regierungschef.

Präservativ [...*watif*], das; des Präservativs, die Präservative [...wᵉ] (bildungsspr.): *Gummiüberzug für das männliche Glied (zur Schwangerschaftsverhütung oder zum Schutz gegen Geschlechtskrankheiten):* ein gutes, sicheres, hauchdünnes, farbiges, genopptes P. benutzen; ein P. anlegen.

Präsident, der; des Präsidenten, die Präsidenten: *Vorsitzender einer Versammlung, einer Konferenz u. dgl.; Leiter einer Behörde, einer Organisation oder Institution; Staatsoberhaupt; Regierungschef:* der amerikanische, französische P.; der P. der Bundesrepublik Deutschland, der USA, des deutschen Bundestages, des Bundesrates, des Bundesgerichtshofes, des Oberlandesgerichts, des Internationalen Olympischen Komitees, des Weltschachbundes, eines Vereins, einer Versammlung; einen Präsidenten wählen, ernennen; ein Gesuch an einen Präsidenten richten; der P. eröffnet die Sitzung, bestimmt die Tagesordnung, erteilt jmdm. das Wort.

präsidieren, präsidierte, hat präsidiert ⟨intr.⟩ (bildungsspr.): *den Vorsitz in einem Gremium haben, eine Versammlung, eine Konferenz u. dgl. leiten:* einer Versammlung, Sitzung, Konferenz, einem Ausschuß, einem Ministerium p.

Präsidium, das; des Präsidiums, die Präsidien [...iᵉn] ⟨Mehrz. ungew.⟩: a) *Vorsitz, Leitung:* das P. haben, übernehmen, abgeben. b) *leitendes Gremium:* ein neues P. wählen; das P. tagt, tritt zusammen, tritt zurück; das P. besteht aus vier Mitgliedern. c) *Amtsgebäude eines Präsidenten* (bes. auf das Polizeipräsidium bezogen): auf das, zum P. bestellt sein, vorgeladen werden.

prätentiös [...*tänzjöß*] ⟨Adj.; attr. und als Artangabe⟩ (bildungsspr.): *anspruchsvoll, anmaßend, selbstgefällig:* ein prätentiöser Stil; prätentiöse Äußerungen; der Titel des Buches ist sehr p.; er hat sich äußerst p. über diesen Fall verbreitet, geäußert.

präventiv [...*wäntif*] ⟨nur Adj.; selten auch präd.; ohne Vergleichsformen⟩ (bildungsspr.): *vorbeugend, verhütend:* präventive Maßnahmen, Mittel, Medikamente; der präventive Charakter der Strafe; diese Maßregeln sind rein p.

Praxis, die; der Praxis, die Praxen: **1 a)** ⟨Mehrz. selten⟩: *das Unternehmen eines Arztes oder eines freiberuflich tätigen Juristen oder Wirtschaftlers (besonderes eines Anwalts):* er hat eine gutgehende, eigene P. [als Facharzt, Anwalt, Steuerberater]; er hat eine P. als Rechtsanwalt eröffnet; seine P. schließen, verkaufen. b) ⟨gew. nur Einz.⟩: *die Arbeitsräume eines Arztes:* er hat mich für 9 Uhr in seine P. bestellt, gebeten; der Herr Doktor ist nicht mehr in seiner P.; er will seine P. neu einrichten. 2) ⟨ohne Mehrz.⟩: **a)** *Berufsausübung, berufliche Tätigkeit:* dies ist mir in meiner langjährigen, vieljährigen, zwanzigjährigen P. [als Fußballtrainer, als Flugzeugführer, als Arzt, als Anwalt] noch nicht vorgekommen. b) *Berufserfahrung, praktische Erfahrung:* ein Mann mit viel, wenig P.; er hat noch keine, noch nicht genügend P.; ihm fehlt die P. c) *praktische Arbeit, praktisches Leben, Wirklichkeit:* ein Fall aus der P.; der Gegensatz zwischen Theorie und P.; die P. lehrt, daß ...; das wird erst die P. zeigen; das kommt in der P. kaum vor; in der P. sieht vieles ganz anders aus.

Präzedenzfall, der; des Präzedenzfall[e]s, die Präzedenzfälle (bildungsspr.): *Musterfall, der für zukünftige, ähnlich gelagerte Fälle richtungsweisend ist:* einen [juristischen, politischen] P. schaffen; die Sache darf nicht zum P. werden.

präzis[e] ⟨Adj.; attr. und als Artangabe⟩ (bildungsspr.): *genau, pünktlich; unzweideutig, klar:* präzise Angaben, Kenntnisse, Gründe, Vorstellungen, Wünsche; eine präzise Formulierung, Frage, Antwort, Auskunft, Berechnung; die Darstellung der Vorgänge ist nicht p. genug; seine Angaben sind p.; wir fahren p. um fünf Uhr ab; der Start erfolgt p. um 14 Uhr; p. funktionieren; sich p. ausdrücken.

präzisieren, präzisierte, hat präzisiert ⟨tr., etwas p.⟩ (bildungsspr.): *etwas genauer bestimmen, eindeutiger formulieren:* können Sie bitte Ihre Behauptungen, Vorschläge, Bedingungen, Forderungen, Einwände p.?

Präzision, die; der Präzision ⟨ohne Mehrz.⟩ (bildungsspr.): *Genauigkeit, Feinheit:* große, äußerste, höchste, maschinelle P.; die P. eines Mikroskops; etwas funktioniert mit verblüffender, unheimlicher, gewohnter, mathematischer P.; sein Gehirn arbeitet mit der P. eines Uhrwerks; in seiner Rede vermisse ich vor allem die gedankliche P.

prekär ⟨Adj.; attr. und als Artangabe⟩ (bildungsspr.): *bedenklich, heikel, schwierig:* in eine prekäre Lage kommen; die Situation ist äußerst p.; sein Gesundheitszustand ist sehr p.; die Lage hat sich p. verschlechtert.

Premiere [*prᵉmjäᵉ*], die; der Premiere, die Premieren: *Erstaufführung, Uraufführung:* eine geglückte, gelungene, festliche, großartige, mißglückte P.; die P. eines Films, einer Oper, eines Schauspiels; dieser Film hat, feiert heute P.; zur P. gehen.

Prestige [...*tĩseh*ᵉ], das; des Prestiges ⟨ohne Mehrz.⟩ (bildungsspr.): *Ansehen, Ruf, Renommee:* privates, persönliches, soziales, gesellschaftliches, politisches, öffentliches, wissenschaftliches, künstlerisches P.; die Amerikaner setzen in Vietnam ihr militärisches P. aufs Spiel; er hat sein P. als Politiker, Arzt, Sportler verloren; das politische P., das diese Partei beim Wähler hat, genießt, ist gewachsen; jmds. P. nimmt zu, nimmt ab; viel, wenig P. bei jmdm. haben; an P. gewinnen, verlieren.

prima ⟨indekl. Adj.; attr. und als Artangabe; ohne Vergleichsformen⟩: **a)** ⟨nur attr.⟩ (veraltend): /Kaufm./ *erstklassig, vom Besten:* P. Ware, Äpfel, Leberwurst. **b)** (ugs.) *vorzüglich, ausgezeichnet, wunderbar, herrlich, sehr schön:* ein p. Mittagessen; wir haben einen p. Chef; er ist ein p. Kerl, Kamerad; der Wein ist p., schmeckt p.; wir vertragen uns p.; es geht mir p.

Prima, die; der Prima, die Primen: *in Unter- und Oberprima geteilte höchste Klasse einer höheren Lehranstalt:* die Schüler der beiden Primen; er ist in der P.; in die P. gehen.

Primaballerina, die; der Primaballerina, die Primaballerinen: *die erste Tänzerin einer Ballettgruppe:* eine berühmte, gefeierte P.; die P. des Bolschoiballetts; die P. tanzt die Weißen und den Schwarzen Schwan aus „Schwanensee".

Primadonna, die; der Primadonna, die Primadonnen: **a)** /Ehrenbezeichnung für überragende Opernsängerinnen/: berühmte, gefeierte Primadonnen des 19. Jhs.; die Callas ist die große, wahrhafte P. unter den weiblichen Opernstars. **b)** /in Vergleichen oder übertr./ (scherzh. oder ironisch): er benimmt sich, führt sich auf, spielt sich auf, läßt sich feiern wie eine [verwöhnte] P.; der Boxweltmeister ist eine eigenwillige, launische P., die keine Kritik verträgt; er ist die P. des Vereins.

Primaner, der; des Primaners, die Primaner: *Schüler einer Unter- oder Oberprima:* er ist P.

primär ⟨Adj.; attr. und als Artangabe; ohne Vergleichsformen⟩ (bildungsspr.): *zuerst vorhanden, in erster Linie, ursprünglich, vorrangig, vordringlich:* der primäre Eindruck von etwas; die primären Erwartungen; die primäre Krankheitsursache; das ist ein primäres Problem, Anliegen; diese Frage ist nicht p.; er ist p. Arzt und erst in zweiter Linie ...; die Vorwürfe richten sich p. gegen die Polizei.

Primas, der; des Primas, die Primasse, auch: die Primaten: /Rel./ Ehrentitel des würdehöchsten Erzbischofs eines Landes/: der P. der katholischen Kirche in Polen.

Primat, der oder das; des Primat[e]s, die Primate (bildungsspr.): *Vorrang, bevorzugte Stellung, Vorherrschaft, Herrschaft:* der P. des Willens, des Geistes; das P. der Außenpolitik über die Innenpolitik, der Naturwissenschaften vor, gegenüber den Geisteswissenschaften; etwas hat, besitzt den P.

²**Primat**, der; des Primaten, die Primaten ⟨meist Mehrz.⟩: /Biol./ *Herrentiere, Ordnung hochstehender Säugetiere, deren Großhirn hoch entwickelt ist, mit den Unterordnungen Halbaffen und Affen (der Mensch einbegriffen):* der Mensch wird zu den sog. Primaten gerechnet.

primitiv [...*tif*] ⟨Adj.; attr. und als Artangabe⟩: a) *ursprünglich, urzuständlich, einfach:* eine primitive Kulturstufe, Lebensform; primitive Tierarten, Pflanzenarten, Regungen; die Urbevölkerung dieses Landes ist, lebt noch sehr p. b) *dürftig, behelfsmäßig; wenig anspruchsvoll, sehr einfach; geistig unterentwickelt:* primitive Verhältnisse; eine primitive Wohnung; er ist ein primitiver Mensch, Rohling; diese Falle ist reichlich p.; er ist ziemlich p. eingerichtet; p. wohnen, leben, essen.

Primus, der; des Primus, die Primusse (selten auch: Primi) (bildungsspr.): *Erster, Klassenbester:* er ist der P. [in] der Klasse.

Prinzip, das; des Prinzips, die Prinzipien [...*iⁿn*], selten auch: die Prinzipe: *Grundsatz:* ein vernünftiges, starres, politisches, staatliches, militärisches, demokratisches, medizinisches P.; das P. der Gewaltenteilung im Staat, der Souveränität, der Nichteinmischung; ein P. aufstellen, befolgen, durchbrechen, umstoßen, verwirklichen, zu Tode reiten *(= im Übermaß anwenden);* einem P. treu bleiben; es ist mein P., mich nie in anderer Leute Angelegenheiten einzumischen; an einem bestimmten [überlebten] P. festhalten; sich von Prinzipien leiten lassen; nach einem bestimmten P. handeln, leben, arbeiten; hier geht es ums P.; im P. *(= grundsätzlich)* bin ich einverstanden; er ist aus P. *(= um des Prinzips und nicht so sehr um der Sache willen)* dagegen.

prinzipiell ⟨Adj.; attr. und als Artangabe, aber nicht präd.; ohne Vergleichsformen⟩: *grundsätzlich:* eine prinzipielle Frage, Entscheidung, Haltung; ich bin p. dafür, dagegen, einverstanden; etwas p. ablehnen.

Priorität, die; der Priorität, die Prioritäten ⟨Mehrz. selten⟩ (bildungsspr.): a) *Vorrang, Vorrecht, Erstrecht:* die P. der Wirtschafts- vor der Verteidigungspolitik; die Erforschung des Mondes wird auch in Zukunft bei den Amerikanern P. gegenüber allen anderen Raumfahrtprogrammen genießen. b) ⟨ohne Mehrz.⟩: *zeitliches Vorhergehen, das Frühervorhandensein von etwas gegenüber etwas:* er beansprucht für seine Publikation die P. gegenüber dem Aufsatz seines Kollegen; sich um die P. einer Veröffentlichung streiten.

privat [*priwat*] ⟨Adj.; attr. und als Artangabe⟩: **1 a)** *persönlich, ureigen:* mischen Sie sich bitte nicht in meine privaten Angelegenheiten, Interessen; in die private Sphäre eines Menschen eindringen; das ist meine ganz private Meinung; diese meine Ansicht ist höchst p.; sich p. zu etwas äußern. **b)** *persönlich, vertraulich:* ich hatte ein ganz privates Gespräch unter vier Augen mit ihm; diese Mitteilung ist streng p.; ich habe ihm das ganze p. mitgeteilt, gesagt. **c)** ⟨ohne Vergleichsformen⟩: *häuslich, vertraut, familiär:* er liebt mehr die private Atmosphäre; p.

miteinander verkehren; wir waren p. (= *in einem Privathaushalt, nicht im Hotel*) untergebracht. **2)** ⟨ohne Vergleichsformen⟩: *nicht öffentlich, nicht staatlich:* die private Wirtschaft, Industrie; private Abmachungen, Vereinbarungen; diese Bauten sind p. finanziert worden.

privatisieren [*priw*...], privatisierte, hat privatisiert ⟨intr.⟩ ⟨bildungsspr.⟩: *eine geregelte Erwerbstätigkeit [vorübergehend] aufgeben und sich ins Privatleben zurückziehen (wobei man seinen Lebensunterhalt aus seinem Vermögen oder aus fremden Geldmitteln bestreitet):* er will für einige Monate, Jahre p., um sich ganz seinen privaten Studien widmen zu können.

Privatissimum [*priw*...], das; des Privatissimums, die Privatissima ⟨Mehrz. ungebr.⟩ ⟨bildungsspr.⟩: **1)** *Vorlesung für einen kleinen, ausgewählten Hörerkreis:* der Professor hat diese Vorlesung, dieses Seminar als P. angesetzt; ein P. abhalten; der Professor hat einzelne Studenten zu einem P. eingeladen. **2)** *ernstes Gespräch unter vier Augen, Ermahnung:* jmdm. ein P. geben.

Privileg [*priw*...], das; des Privilegs, die Privilegien [...i*ᵉn*], auch: die Privilege ⟨bildungsspr.⟩: *Vorrecht, Sonderrecht:* ein altes, neues, wichtiges, großes P.; politische, soziale Privilegien; Privilegien anerkennen, antasten, beseitigen, abschaffen, schaffen; jmdm. besondere Privilegien einräumen; jmds. Privilegien beschneiden; er genießt alle Privilegien eines Beamten; er nahm für sich das P. in Anspruch, erst um 9 Uhr ins Büro zu kommen.

privilegiert [*priw*...] ⟨Adj.; attr. und als Artangabe; gew. ohne Vergleichsformen⟩ ⟨bildungsspr.⟩: *eine Sonderstellung, Vorrechte habend, mit Vorrechten ausgestattet; einer Minderheit vorbehalten, bevorzugt:* die privilegierte Oberschicht; eine privilegierte Minderheit; dieses Amt ist noch weitgehend p., gilt noch als p.

Pro vgl. Kontra (3).

probat ⟨Adj.; attr. und als Artangabe⟩ ⟨bildungsspr.⟩: *erprobt, bewährt, wirksam:* ein probates Mittel; diese Methode ist sehr p., hat sich als recht p. erwiesen.

probieren, probierte, hat probiert ⟨tr., etwas p.⟩: **a)** ⟨alltagsspr.⟩ *etwas prüfen, etwas auf seine Eignung testen:* einen Schlüssel, neue Schuhe p.; ich habe dieses Medikament noch nicht probiert. **b)** ⟨alltagsspr.⟩: *etwas versuchen, wagen:* hast du schon einmal probiert, auf dem Rücken zu schwimmen?; man könnte die Sache ja mal p.; *P. geht über Studieren (Sprw.). **c)** *etwas kosten, versuchen, schmecken:* hast du meinen Käsekuchen schon probiert?; ich habe die Soße noch nicht probiert.

Problem, das; des Problems, die Probleme: *zu lösende Aufgabe, unentschiedene Frage; Schwierigkeit, schwieriger Vorwurf:* ein menschliches, familiäres, persönliches, soziales, wirtschaftliches, juristisches, militärisches, technisches, zentrales, akutes, ernstes, schwieriges, großes P.; die Homosexualität ist ein heikles P.; die technischen Probleme der bemannten Mondlandung; ein P. angehen, aufwerfen, behandeln, anpacken, aufrollen, diskutieren, anschneiden, erläutern, lösen; diese Aufgabe bietet keine ernsthaften Probleme; die wachsende Jugendkriminalität ist ein ernstes P. für unseren Staat; das ist kein P. für mich!; ein P. taucht auf, stellt sich; das größte P. liegt darin, daß . . .; einem P. ausweichen; an ein P. herangehen; vor einem P. stehen; das stellt mich vor unerwartete Probleme; jmdn. mit seinen [privaten] Problemen belasten; sich mit einem P. auseinandersetzen, beschäftigen, befassen; etwas wird zum P.

Problematik, die; der Problematik ⟨ohne Mehrz.⟩ ⟨bildungsspr.⟩: *die Schwierigkeiten einer Sache, Problemfälle, Fragwürdigkeit:* dieser Fall zeigt die ganze P. des deutschen Leistungssports [auf]; dieser Vortrag will in die P. der deutschen Ostpolitik einführen.

problematisch ⟨Adj.; attr. und als Artangabe⟩: *voller Probleme, schwierig; ungewiß, zweifelhaft, fragwürdig:* eine problematische Angelegenheit, Natur; ein problematischer Mensch; diese Frage ist überaus p.; jetzt wird es langsam p. *(= jetzt beginnen die Schwierigkeiten);* ich halte seinen Plan für äußerst p.

pro domo (bildungsspr.): *in eigener Sache, zum eigenen Nutzen, für sich selbst:* p. d. reden, sprechen.

Produktion, die; der Produktion, die Produktionen: **a)** ⟨nur Einz.⟩: *Herstellung, Erzeugung, Fertigung:* die landwirtschaftliche, industrielle, geistige P.; die P. ankurbeln, stoppen, beginnen, umstellen, ausweiten; die laufende P. von Bedarfsgütern erweitern; die P. von Atombomben einstellen; die P. des neuen Wagens läuft im Frühjahr an. **b)** *[industriell] hergestellte Ware, Erzeugnis:* durch diesen Brand ging die P. eines ganzen Jahres verloren; dieser Film ist eine amerikanische, deutsche P. **c)** *Gesamtheit der Menschen und Einrichtungen, die mit der gewerblichen Herstellung von Gütern zusammenhängen, Herstellungsbranche; Herstellungsabteilung:* er ist in der P. tätig; nach Rücksprache mit der P. . . .

produktiv [...*tif*] ⟨Adj.; attr. und als Artangabe⟩: *ergiebig, fruchtbar, viel hervorbringend; leistungsstark, schöpferisch:* eine produktive Arbeit, Tätigkeit, Zusammenarbeit; ein produktives Unternehmen; ein produktiver Künstler, Schriftsteller; diese Tätigkeit ist nicht p. genug; er ist als Publizist sehr p.; p. arbeiten, zusammenarbeiten.

Produktivität [...*tiw*...], die; der Produktivität ⟨ohne Mehrz.⟩ (bildungsspr.): *Fruchtbarkeit, Ergiebigkeit; Schaffenskraft:* eine geringe, große P.; die wirtschaftliche, industrielle P. steigern; eine große P. entfalten.

Produzent, der; des Produzenten, die Produzenten (bildungsspr.): *Hersteller; Erzeuger:* der P. eines Films, eines Fernsehspiels, eines bunten Unterhaltungsprogramms, einer Ware; wir kaufen unsere Eier unmittelbar beim Produzenten *(= Landwirt, Hühnerhalter);* der Weg der Lebensmittel vom Produzenten zum Konsumenten.

produzieren, produzierte, hat produziert ⟨tr. und refl.⟩: **1)** ⟨etwas p.⟩: **a)** *etwas herstellen, erzeugen:* die Wirtschaft muß immer mehr Güter p.; diese Fabrik produziert landwirtschaftliche Maschinen, Zubehörteile für die Autoindustrie. **b)** (ugs., scherzh. oder tadelnd) *etwas machen, anstellen:* was hast du denn da wieder für einen Unsinn produziert? **2)** ⟨sich p.⟩ (ugs.): *sich [in einer bestimmten Weise] auffallend benehmen, sich aufführen:* er produziert sich gern vor seinen Mitmenschen; mußt du dich immer als Hanswurst p.?

profan ⟨Adj.; attr. und als Artangabe⟩ (bildungsspr.): **1)** ⟨gew. nur attr.; ohne Vergleichsformen⟩: *weltlich, nicht dem Gottesdienst dienend, ungeweiht:* profane Bauten; diese ehemalige Kirche dient nur noch profanen Zwecken; die profane Literatur, Musik. **2)** *alltäglich, gewöhnlich:* eine profane Äußerung, Bemerkung; die Festveranstaltung war ganz und gar p.; sich p. ausdrücken.

Professor, der; des Professors, die Professoren: /akademischer Titel für Hochschullehrer, Forscher, Künstler, gelegentlich auch für Lehrkräfte an höheren Schulen; auch Bez. für den Träger dieses Titels/: ein ordentlicher, außerordentlicher, außerplanmäßiger, beamteter, emeritierter P.; er ist P. für Psychologie an der Universität Mainz; er besitzt den Titel eines Professors; zum P. ernannt werden; er wurde als P. [der Theologie] an die Universität X berufen. – /übertr./: du bist ein zerstreuter P.

professoral ⟨Adj.; attr. und als Artangabe; gew. ohne Vergleichsformen⟩ (bildungsspr.): *würdevoll:* ein professoraler Ton; ein professorales Gehabe; sein Auftreten ist reichlich p.; sich p. geben; p. reden, dasitzen.

Professur, die; der Professur, die Professuren (bildungsspr.): *Lehrstuhl an* einer Hochschule, Lehramt eines Hochschulprofessors:* er hat die P. nicht bekommen; er hat die P. für neuere Geschichte an der Universität X übernommen; seine Gönner wollen ihm zu einer P. verhelfen.

Profi, der; des Profis, die Profis (ugs.): **a)** *jmd., der seinen Lebensunterhalt ganz oder überwiegend mit Einkünften aus einer sportlichen Tätigkeit bestreitet, Berufssportler:* die deutschen Bundesligafußballer sind in der Tat echte, richtige Profis; ins Lager der Profis übertreten; er will P. werden. **b)** /übertr./ (gelegentlich scherzh.) *Gauner oder Verbrecher, der über einschlägige Erfahrungen verfügt, Berufsganove, Berufsverbrecher:* dieser Einbruch wurde mit Sicherheit von erfahrenen Profis ausgeführt; hier waren vermutlich Profis am Werk; ein P. hinterläßt keine Spuren.

Profil, das; des Profils, die Profile ⟨Mehrz. selten⟩: **1)** *Seitenansicht (bes. des Gesichts); Umriß:* sie hat ein hübsches, schönes, klassisches, griechisches, scharfes, scharfgeschnittenes, ausdrucksvolles, grobes P.; das P. eines Menschen, eines Tierkopfes, eines Hauses; jmdm. das P. zeigen, zuwenden; jmdn. im P. sehen, zeichnen, darstellen, photographieren, malen; ein Gebäude, ein Schiff im P. photographieren. **2)** (bildungsspr.): *stark ausgeprägte Eigenart, Charakter, Linie:* dieser Mann hat [kein] P.; mit ihrem neuen Vorsitzenden hat die Partei an P. gewonnen; er hat an P. verloren. **3)** *Riffelung oder Kerbung bes. von Autoreifen oder Schuhsohlen:* die Reifen meines Wagens haben noch ein gutes, breites, hohes, starkes, dickes P.; deine Reifen haben kein P. mehr, haben nur noch ein dünnes P.; das P. an deinem Reifen ist fast vollständig abgefahren; das P. seiner schweren Schuhe hat sich deutlich im Schnee abgedrückt.

profiliert ⟨Adj.; attr. und als Artangabe⟩ (bildungsspr.): *markant, von ausgeprägter Eigenart* (personenbezogen); *scharf umrissen, sachverständig* (sachbezogen): eine profilierte Persönlichkeit; ein profilierter Politiker; er hat profilierte Ansichten, Vorstellungen; sein Urteil ist sehr p.; p. über etwas urteilen.

Profit [auch: ...*fit*], der; des Profit[e]s, die Profite ⟨Mehrz. selten⟩: *Vorteil, Nutzen, Gewinn:* ein kleiner, großer, bescheidener, geschäftlicher P.; seinen P. machen; P. aus etwas [heraus]schlagen; auf P. aussein (ugs.), ausgehen (ugs.); mit, ohne P. arbeiten.

profitieren, profitierte, hat profitiert ⟨intr.⟩: *seinen Nutzen aus etwas ziehen, seinen Vorteil von etwas oder jmdm. haben:* er hat bei diesem Geschäft viel, mächtig (ugs.), wenig, nichts profitiert; der Sieger beim Radrennen hat hauptsächlich vom Sturz seiner Hauptkonkurrenten profitiert; er hat viel von seinem älteren Bruder profitiert; er hat am Konkurs seines Gegners profitiert.

pro forma: a) *der Form halber, um der Form zu genügen:* er muß p. f. unterschreiben, zustimmen. **b)** *nach außen hin, nur zum Schein:* p. f. wickeln sie ihre Geschäfte über zwei verschiedene Firmen ab, in Wirklichkeit jedoch...

profund ⟨Adj.; gew. nur attr. und präd.⟩ (bildungsspr.): *tief, umfassend, gründlich:* er hat profunde Kenntnisse, ein profundes Wissen; er hat ein profundes Verständnis für politische Zusammenhänge; seine Erfahrungen auf diesem Sektor sind wirklich p.

Prognose, die; der Prognose, die Prognosen (bildungsspr.): *Vorhersage einer zukünftigen Entwicklung (insbes. eines Krankheitsverlaufs) auf Grund kritischer Beurteilung des Gegenwärtigen:* eine gute, günstige, optimistische, schlechte, ungünstige, pessimistische, düstere, gewagte, vorsichtige, richtige, falsche P.; eine P. [über einen Krankheitsverlauf, über das Wetter] stellen; seine P. stellte sich als richtig heraus, trat ein, bewahrheitete sich.

Programm, das; des Programms, die Programme: **1a)** *vorgesehener Ablauf einer Veranstaltung, Sendung u. dgl., Tagesordnung:* das P. dieses Abends ist recht lang, umfangreich, abwechslungsreich, bunt; das P. wurde fortwährend durch Zwischenrufe gestört; das Fernsehen beginnt sein P. um 18 Uhr, unterbricht das P. für zwei Minuten; dieser Auftritt war im P. nicht vorgesehen; diese Sendung wurde aus dem P. herausgenommen; was steht heute auf dem P.? – /bildl./: das paßt mir nicht ins P. *(= das kommt mir ungelegen);* das steht nicht auf meinem P. *(= das habe ich nicht vorgesehen).* **b)** *Gesamtheit der Darbietungen einer Veranstaltung, Sendung und dgl., Dargebotenes:* das zweite Deutsche Fernsehen zeigt in dieser Woche ein buntes, unterhaltsames, abwechslungsreiches, gutes P.; ein neues P. zusammenstellen; ich fand das P. des Germanistentags langweilig. **2)** *Ankündigungszettel, -heft, Programmheft:* Programme zu diesem Film sind an der Kasse erhältlich; das P. für die Veranstaltung kostet 50 Pfg., gilt zugleich als Eintrittskarte; ein P. kaufen; Programme drucken lassen; im P. nachlesen, blättern. **3)** *Zusammenstellung von Grundsätzen, Plan:* ein politisches, wirtschaftliches, militärisches, bildungspolitisches P.; ein P. vertreten, erfüllen, aufstellen; die Partei hat sich ein neues P. gegeben; das P., das man der Geschäftsleitung vorgelegt hat, ist nicht realisierbar; wir müssen noch einmal über das P. für die Produktion der kommenden Jahre sprechen. **4)** *der durch Zeichen dargestellte Rechengang, der einem Computer eingegeben wird:* ein P. für einen Raketenstart aufstellen, ausarbeiten, abändern; einem Computer ein P. eingeben; einen Computer mit einem P. füttern.

programmieren, programmierte, hat programmiert ⟨tr.⟩: **1)** ⟨etwas p.⟩: /Techn./ *ein Programm für eine elektronische Datenverarbeitungsmaschine aufstellen, d. h.: eine Datenverarbeitungsmaschine mit Informationen über einen bestimmten Vorgang oder Bereich füttern:* einen Raketenstart, die Flugbahn eines Raumschiffs, einen Lehrgang, einen Arbeitsvorgang p.; programmierter Unterricht; einen Computer richtig, falsch p. **2)** ⟨jmdn. p.⟩ (scherzh.): /übertr./ *jmdn. durch suggestive Beeinflussung soweit bringen, daß seine Gedankenabläufe und Reaktionen oder auch seine Verhaltensweisen in einem bestimmten Punkt im voraus festgelegt sind oder festgelegt zu sein scheinen:* wir sind bei Betriebsausflügen auf Kartenspielen programmiert.

Programmierer, der; des Programmierers, die Programmierer: /Berufsbez./ *Fachmann für die Erarbeitung und Aufstellung von Schaltungen und Ablaufplänen elektronischer Datenverarbeitungsmaschinen:* er arbeitet als P. bei der Firma X.; er will P. werden.

Projekt, das; des Projekt[e]s, die Projekte: *Plan, Entwurf, Vorhaben:* ein großes, interessantes, phantastisches, kühnes, teures P.; der bemannte Flug zum Mars ist ein wahrhaft gigantisches P.; ein P. entwerfen, durchführen, realisieren, unterstützen, aufgeben, fallenlassen; ein P. gelingt, mißlingt, scheitert.

projizieren, projizierte, hat projiziert ⟨tr.⟩ (bildungsspr.): **a)** ⟨etwas auf, an etwas p.⟩: *Bilder mit Hilfe eines entsprechenden Gerätes (Bildwerfers) auf eine Leinwand o. ä. übertragen:* Dias auf eine Leinwand, an die Wand p. **b)** ⟨etwas in etwas p.⟩: /übertr./ *Gedanken, Vorstellungen u. dgl. auf einen anderen Menschen übertragen, in diesen hineinsehen:* er projiziert seine Wünsche in seine Partnerin.

Proklamation, die; der Proklamation, die Proklamationen (bildungsspr.): *amtliche, öffentliche Verkündigung, Aufruf an die Bevölkerung:* die P. einer Verfassung, eines Gesetzes, einer Verordnung; eine P. verfassen, veröffentlichen; die Mitgliedsstaaten der UN erklärten in einer gemeinsamen P. ...

proklamieren, proklamierte, hat proklamiert (bildungsspr.): **1)** ⟨etwas p.⟩: *etwas öffentlich (in Form eines Aufrufs oder dgl.) verkündigen, kundgeben, etwas feierlich erklären:* eine Verfassung, ein Gesetz, den Frieden, die Revolution p.; die Regierung proklamierte die wiedergewonnene Souveränität. **2)** ⟨jmdn. als etwas p.⟩: *jmdn. als etwas ausrufen:* jmdn. als Kaiser, König, als Präsidenten der Republik p.

Prokura, die; der Prokura, die Prokuren ⟨Mehrz. ungew.⟩: /Kaufm./ *Handlungsvollmacht von gesetzlich bestimmtem Umfang:* die [volle] P. haben, besitzen, bekommen; er hat seine P. verloren; der Chef will ihm [die] P. geben, erteilen; eine P. erlischt durch Widerruf.

Prokurist, der; des Prokuristen, die Prokuristen: /Kaufm./ *Bevollmächtigter mit → Prokura:* er ist P. bei der Firma X; der P. ist zeichnungsberechtigt.

Prolet, der; des Proleten, die Proleten (abschätzig): *roher, ungehobelter, ungebildeter Mensch:* er ist ein richtiger, großer, widerlicher P.

Proletariat, das; des Proletariat[e]s, die Proletariate ⟨Mehrz. ungew.⟩ (bildungsspr.): *Gesamtheit der wirtschaftlich Abhängigen und Besitzlosen:* das deutsche, amerikanische, großstädtische, ländliche, akademische P.

Prolog, der; des Prolog[e]s, die Prologe: /Theater/ *einleitender Teil, Vorspiel eines dramatischen Bühnenstücks:* der P. im Himmel aus Goethes „Faust"; der P. zu Schillers „Wallenstein"; den P. sprechen.

Promenade, die; der Promenade, die Promenaden (bildungsspr.): *gepflegter, oft mit Grünanlagen gesäumter Spazierweg:* der Kurort hat eine herrliche, schöne P.; wir saßen an der P. und genossen den Sonnenuntergang.

promenieren, promenierte, ist (seltener: hat) promeniert ⟨intr.⟩ (geh.): *spazierengehen, sich ergehen:* wir promenierten noch ein wenig im Park, am Strand.

pro mille: *für Tausend; vom Tausend* (Abk.: p. m.; Zeichen: $^0/_{00}$): er hat 1,5 p. m. Alkohol im Blut; ich bin mit 2 $^0/_{00}$ am Gewinn beteiligt.

prominent ⟨Adj.; attr. und als Artangabe⟩: *hervorragend, bedeutend, maßgebend; weithin bekannt, berühmt:* ein prominenter Politiker, Wissenschaftler, Künstler, Besucher, Gast; ein prominentes Mitglied der Partei; einen prominenten Namen tragen; eine prominente Persönlichkeit; p. sein; als p. gelten; ich halte ihn nicht für p. genug.

Prominenz, die; der Prominenz ⟨ohne Mehrz.⟩: *Gesamtheit der prominenten Persönlichkeiten:* die gesamte P. aus Wissenschaft und Technik war vertreten; zur [politischen] P. gehören.

Promiskuität, die; der Promiskuität ⟨ohne Mehrz.⟩ (bildungsspr.): *wahllos wechselnder Geschlechtsverkehr ohne feste Partnerbeziehung:* eine zügellose, ungezügelte, hemmungslose P.

promovieren [...wir^en], promovierte, hat promoviert ⟨tr. und intr.⟩ (bildungsspr.): **a)** ⟨jmdn. p.⟩; gew. nur im Passiv⟩: *jmdm. die Doktorwürde verleihen:* er wurde an der Universität Hamburg zum Dr. med. promoviert. **b)** ⟨intr.⟩: *die Doktorwürde erlangen:* er hat an der Universität Hamburg zum Dr. med. promoviert; mit Auszeichnung, summa cum laude (= *mit Auszeichnung*), cum laude (= *mit der Note „befriedigend"*) p.; er hat mit einer Arbeit über das Thema ... promoviert.

prompt (alltagsspr.): **1)** ⟨Adj.; attr. und als Artangabe⟩: *sofort, unverzüglich, sogleich, unmittelbar; auf Anhieb, schlagfertig:* eine prompte Erledigung, Bedienung, Arbeit, Auskunft, Antwort; er antwortete mit einem promten Ja, Nein; die Abfertigung hier ist wirklich p.; alles p. erledigen; p. erwidern, reagieren; ich habe mein Geld p. bekommen; das Mittel hat p. geholfen. **2)** ⟨Adv.⟩: *gleich, natürlich, wie erwartet:* ich bin p. auf seinen Unsinn hereingefallen; als ich ihn nach meinem Geld fragte, war er p. beleidigt.

prononciert [*pronongßirt*] ⟨Adj.; attr. und als Artangabe; ohne Vergleichsformen⟩ (bildungsspr.): *[deutlich] ausgesprochen, [scharf] betont; ausgeprägt:* prononcierte Ansichten haben; seine Absage war sehr p.; sich p. über etwas äußern; p. zu etwas Stellung nehmen.

Propaganda, die; der Propaganda ⟨ohne Mehrz.⟩: *gezielte Einflußnahme auf die (bes. politische) Meinungsbildung durch geeignete [publizistische] Werbemittel; [politische] Werbetätigkeit:* große, marktschreierische, geschickte, erfolgreiche P.; P. für etwas, jmdn. machen; P. treiben; das ist doch alles nur leere P. (= Reklame).

propagieren, propagierte, hat propagiert ⟨tr., etwas p.⟩ (bildungsspr.): *für etwas werben, Propaganda machen, etwas verbreiten:* den Frieden, den Fortschritt, die sexuelle Freiheit p.; eine Absicht, eine Gesinnung [eifrig] p.; etwas als Ziel p.

Prophet [*profet*], der; des Propheten, die Propheten: **1)** (hist.) *[alttestamentlicher] Seher und Mahner, Weissager:* ein biblischer P.; Moses und die Propheten; ein falscher P. **2)** (gelegentlich scherzh.) *jmd., der Zukünftiges vorhersagen kann, Zukunftsdeuter:* er ist ein guter, schlechter P.; ich bin doch kein P.!; den Propheten spielen; man braucht kein P. zu sein, um zu erkennen, daß . . .

prophetisch [*prof...*] ⟨Adj.; attr. und als Artangabe, aber gew. nicht präd.; ohne Vergleichsformen⟩ (bildungsspr.): *vorausschauend, die Zukunft enthüllend; ahnungsvoll:* eine prophetische Gabe besitzen; prophetische Worte sprechen; etwas p. voraussagen; . . . ., sagte er p.

prophezeien [*prof...*], prophezeite, hat prophezeit ⟨tr., etwas p.⟩: *etwas voraussagen:* er hat dieses Unglück prophezeit.

prophylaktisch [*prof...*] ⟨Adj.; attr. und als Artangabe; ohne Vergleichsformen⟩: **a)** /bes. Med./ *vorbeugend, verhütend:* prophylaktische Maßnahmen; eine prophylaktische Untersuchung, Impfung, Isolierung; diese Maßnahmen sind rein p.; jmdn. p. untersuchen, impfen, röntgen. **b)** ⟨nur als Artangabe, aber nicht präd.⟩ (scherzh.): *vorsorglich, für alle Fälle:* ich habe mir p. meinen Wintermantel mitgenommen; ich habe p. nichts gegessen.

Proportion, die; der Proportion, die Proportionen (bildungsspr.): **a)** ⟨meist Einz.⟩: *Verhältnis:* Einkommen und Ausgaben stehen bei ihm nicht in der richtigen P.; Reichtum und Intelligenz stehen oft in umgekehrter P. zueinander (= je reicher einer ist, desto dümmer ist er oft). **b)** ⟨meist Mehrz.⟩: *Größenverhältnisse, Abmessungen:* an diesem Porträt stimmen die Proportionen nicht; sie hat die richtigen Proportionen (scherzh.; = sie ist ebenmäßig gebaut).

prosaisch ⟨Adj.; attr. und als Artangabe⟩ (bildungsspr.): *sachlich-nüchtern, trocken:* eine prosaische Geschichte, Liebesgeschichte; die Handlung des Films ist reichlich p.; er schreibt sehr p.; das klingt alles ziemlich p.

Prospekt [*proßp...*], der (landsch. auch: das); des Prospekt[e]s, die Prospekte: *kleines, häufig bebildertes, zu Werbezwecken hergestelltes Druckwerk, das in knapper Form über bestimmte Waren (z. B. über Bücher) oder über eine Landschaft, Gegend oder ein Hotel informiert:* ein dünner, dicker, ausführlicher, bunter, veralteter, neuer P.; der P. eines Ferienortes, eines Hotels, eines Arzneimittels; Prospekte über den Bodensee, vom Bodensee, über Gläser und Vasen, über ein Auto; einen P. entwerfen, drucken, herausgeben, studieren; in einem P. lesen, blättern; dieser P. enthält keine Preise, keine Angaben über . . .; sich auf einen P. verlassen, berufen.

Prosperität [*proßp...*], die; der Prosperität ⟨ohne Mehrz.⟩ (bildungsspr.): *Wohlstand, Blüte, Erfolg, wirtschaftlicher Aufschwung:* eine vorübergehende, zeitweilige, anhaltende P.; die wirtschaftliche P. der letzten Jahre hält weiter an.

Prostituierte [*proßt...*], die; der Prostituierten, die Prostituierten (bildungsspr.): *Dirne, Hure:* sie ist eine stadtbekannte, registrierte P.

Prostitution [*proßt...*] ⟨ohne Mehrz.⟩ (bildungsspr.): *gewerbsmäßige Unzucht:* öffentliche, registrierte, kontrollierte, heimliche, weibliche, männliche, gleichgeschlechtliche P.; der P. nachgehen; die P. unter Kontrolle haben.

Protegé [*protesehe*], der; des Protegés, die Protegés (bildungsspr.): *Günstling, Schützling:* er gilt als P. des Ministers, der Partei.

protegieren [*protesehir^en*], protegierte, hat protegiert ⟨tr., jmdn. p.⟩ (bildungsspr.): *jmdn. unter Ausnutzung einer einflußreichen Position begünstigen, fördern:* einen Sportler, Künstler, Schriftsteller, Journalisten p.; er wird von der Partei, von einem Großindustriellen protegiert.

Protektion, die; der Protektion, die Protektionen ⟨Mehrz. selten⟩ (bildungsspr.): *Bevorzugung, Begünstigung, Förderung seitens einer Person oder einer Personengruppe, die eine einflußreiche Position einnimmt:* jmds. P. haben, genießen; er steht unter der besonderen P. der Partei, des Präsidenten.

Protest, der; des Protestes, die Proteste: *Einspruch, Widerspruch:* scharfer, energischer, empörter, heftiger, leidenschaftlicher, ehrlicher, stummer P.; [schriftlichen, mündlichen] P. gegen etwas einlegen, erheben; P. einreichen; einen geharnischten P. anbringen, loslassen; einen verzweifelten P. gegen etwas, jmdn. anmelden; jmds. P. [nicht] anhören, ablehnen, zurückweisen; es hagelte von allen Seiten heftige Proteste (= *von allen Seiten wurde heftig protestiert*); mit einem P. nicht durchdringen; etwas aus P. (= *um sein Nichteinverständnis zu dokumentieren*) tun; unter P. (= *protestierend*) den Saal verlassen; etwas gegen jmds. P. (= *trotz Widerspruchs*) tun.

Protestant, der; des Protestanten, die Protestanten: /Rel./ *Angehöriger einer der evangelischen Bekenntnisgemeinschaften, die auf die Reformation zurückgehen:* ich bin P.

protestantisch ⟨Adj.; ohne Vergleichsformen⟩: /Rel./ *die auf die Reformation zurückgehenden evangelischen Bekenntnisgemeinschaften (Kirchen) betreffend, einer auf die Reformation zurückgehenden Bekenntnisgemeinschaften (Kirchen) angehörend:* die protestantischen Kirchen; er ist p.; diese Lehrmeinung ist typisch p.; seine Kinder streng p. erziehen.

protestieren, protestierte, hat protestiert ⟨tr.; gegen etwas, jmdn. p.⟩: *nachdrücklich zum Ausdruck bringen, daß man mit etwas oder jmdm. nicht einverstanden ist:* heftig, scharf, nachdrücklich, entschieden, energisch, leidenschaftlich, laut, schwach, stumm, erfolgreich, erfolglos p.; Studenten protestierten gegen die Verabschiedung der Notstandsgesetze, gegen den Schahbesuch; die Gefangenen protestierten schriftlich, mündlich bei der Gefängnisdirektion gegen das schlechte Essen, gegen die menschenunwürdige Behandlung; laut protestierend verließen sie den Saal.

Prothese, die; der Prothese, die Prothesen: /Med./ *künstlicher Ersatz für einen verlorengegangenen Körperteil, insbes. für verlorene Extremitäten oder Zähne:* eine P. tragen; er trägt am linken Arm eine P.; eine P. anziehen, ablegen, anfertigen; die P. sitzt gut, drückt.

Protokoll, das; des Protokolls, die Protokolle: **1)** *Niederschrift über die einzelnen Punkte und Ergebnisse einer Sitzung, Verhandlung, einer Diskussion, eines Vortrags oder eines Verhörs; [Tagungs]bericht:* ein kurzes, knappes, ausführliches P.; das P. einer Sitzung, Konferenz; wer führt P. über die Sitzung?; ein P. vorlesen, unterschreiben, anfertigen, aufsetzen; eine Aussage zu P. nehmen, geben; etwas im P. festhalten; etwas aus dem P., im P. streichen; dieser Satz steht nicht im P. **2)** *Gesamtheit der im diplomatischen Verkehr übli-*

Protokollant

chen Vorschriften und Verhaltensformen: der Chef des Protokolls; das P. schreibt vor . . .; das P. eines Staatsbesuchs festlegen, abändern; gegen das P. verstoßen; sich über das P. hinwegsetzen. **3)** (landsch., ugs.) *polizeiliches Strafmandat, gebührenpflichtige polizeiliche Verwarnung:* ein P. bekommen, kriegen; die Polizei hat mir ein P. gemacht.

Protokollant, der; des Protokollanten, die Protokollanten (bildungsspr.): *Schriftführer, jmd., der die einzelnen Gesprächspunkte einer Sitzung schriftlich festhält:* wir brauchen noch einen Protokollanten für unsere Sitzung.

protokollarisch ⟨Adj.; attr. und als Artangabe, aber nicht präd.; ohne Vergleichsformen⟩ (bildungsspr.): *durch Protokoll festgestellt, in einem Protokoll [festgehalten]:* protokollarische Aufzeichnungen; eine protokollarische Notiz; die protokollarische Zusammenfassung der einzelnen Gesprächspunkte einer Konferenz; etwas p. festhalten.

protokollieren, protokollierte, hat protokolliert ⟨tr. und intr.⟩: **a)** ⟨etwas p.⟩: *etwas zu Protokoll nehmen, urkundlich festhalten:* eine Zeugenaussage, die Einzelheiten eines Verkehrsunfalls, das Ergebnis einer Vernehmung p. **b)** ⟨etwas p.; auch intr.⟩: *den Verlauf einer Sitzung oder Konferenz, einen Vortrag und dgl. zusammenfassend schriftlich festhalten:* die Sitzung wurde von der Sekretärin protokolliert; wer wird bei diesem Vortrag p.?

Prototyp, der; des Prototyps, die Prototypen (bildungsspr.): *Urbild, Muster, Inbegriff:* er ist der P. des gerissenen Geschäftsmanns, des Managers, eines guten Mittelstürmers, eines Junggesellen.

Proviant [*prow*...], der; des Proviants, die Proviante ⟨Mehrz. ungew.⟩: *Mundvorrat, Wegzehrung, Marschverpflegung:* hast du genügend P. für die Reise mitgenommen?; wir haben P. für acht Tage dabei; unser P. reicht noch für einen Tag, geht zu Ende; sich mit P. versorgen, eindecken.

Provinz [*prow*...], die; der Provinz, die Provinzen: **1)** *Land, Landesteil, größeres Verwaltungsgebiet:* die ehemalige preußische P. Pommern; die italienische P. Bozen; eine kanadische, niederländische P.; Spanien ist in Provinzen eingeteilt. **2)** ⟨nur Einz.⟩ (abschätzig oder ironisch): *Land, Hinterland (im Ggs. zur Stadt), kulturell rückständige (meist ländliche) Gegend:* man merkt gleich, daß er aus der P. kommt; diese Kleinstadt ist finsterste P.; in der P. leben, wohnen.

provinziell [*prow*...] ⟨Adj.; attr. und als Artangabe; ohne Vergleichsformen⟩ (bildungsspr.): **1)** ⟨gew. nur attr.⟩ *landschaftlich:* provinzielle Eigenarten, Unterschiede. **2)** *kleinbürgerlich, hinterwäldlerisch, rückständig; laienhaft:* eine provinzielle Stadt; provinzielle Ansichten; die Theateraufführung war, wirkte recht p.

Provision [*prow*...], die; der Provision, die Provisionen: /Kaufm./ *Vergütung in Form einer prozentualen Beteiligung am Umsatz; Vermittlungsgebühr:* eine kleine, niedrige, hohe, große P.; er hat eine P. von 10%; eine P. vereinbaren, beanspruchen, zahlen; ich habe meine P. für die Vermittlung dieses Geschäfts noch zu bekommen; er hat eine anständige P. dafür eingestrichen (ugs.); gegen, auf P. arbeiten.

provisorisch [*prow*...] ⟨Adj.; attr. und als Artangabe; gew. ohne Vergleichsformen⟩: *vorläufig, behelfsmäßig, probeweise, vorübergehend:* eine provisorische Einrichtung, Unterkunft, Regelung, Regierung; diese Lösung ist nur p.; ein Amt p. bekleiden; eine Frage p. regeln; sich irgendwo p. einrichten; ich habe die Mauer p. abgestützt; etwas p. reparieren.

Provisorium [*prow*...], das; des Provisoriums, die Provisorien [...*i^en*] (bildungsspr.): *vorläufige Einrichtung, vorläufige Regelung, Behelfs...:* die DDR ist ein politisches P.

Provokation [*prow*...], die; der Provokation, die Provokationen (bildungsspr.): *Herausforderung; Aufwieglung:*

eine dreiste, unverschämte, gefährliche, militärische, politische P.; die Sitzung der Bundesversammlung in Berlin wurde von den Russen als P. [gegenüber dem Ostblock] angesehen; eine P. zurückweisen; auf eine P. reagieren.

provokatorisch [*prow...*] ⟨Adj.; attr. und als Artangabe; gew. ohne Vergleichsformen⟩ (bildungsspr.): *herausfordernd, aufreizend:* provokatorische Maßnahmen, Schritte; eine provokatorische Handlung, Frage; das Verhalten der Studenten war ausgesprochen p.; sich p. benehmen, verhalten; p. fragen, lächeln.

Prozedur, die; der Prozedur, die Prozeduren ⟨bildungsspr.⟩: *Verfahren, Behandlungsweise:* eine schwierige, umständliche, langwierige, verwickelte P.; eine P. abkürzen; eine P. über sich ergehen lassen; eine P. [gut, erfolgreich, schlecht] überstehen; wir mußten uns der P. der vorgeschriebenen medizinischen Untersuchungen unterziehen.

Prozent, das; des Prozent[e]s, die Prozente: **1)** ⟨meist Einz.⟩: *hundertster Teil, Hundertstel* (Zeichen: %): ich bekomme 3% Rabatt, Skonto auf den Bruttopreis; 20 P. der Belegschaftsmitglieder sind krank; der Schnaps enthält 33% Alkohol; achtzig P. aller Deutschen sind Biertrinker; etwas in Prozenten ausrechnen, ausdrücken. **2)** ⟨nur Mehrz.⟩ (ugs.): *Gewinnanteil, Verdienstanteil; Rabatt, prozentuale Preisermäßigung:* er hat an diesem Geschäft seine Prozente; ich verlange meine Prozente für ...; ich bekomme Prozente auf Elektrogeräte; jmdm. Prozente geben, gewähren; er hat mir höhere Prozente angeboten, eingeräumt, zugebilligt.

prozentual ⟨Adj.; attr. und als Artangabe, aber nicht präd.; ohne Vergleichsformen⟩ (bildungsspr.): *anteilmäßig, im Verhältnis zum vollen Hundert oder zum Ganzen; in Prozenten ausgedrückt, berechnet:* eine prozentuale Beteiligung; er ist p. am Umsatz, am Gewinn beteiligt; p. gut, schlecht abschneiden.

Prozeß, der; des Prozesses, die Prozesse: **1)** *systematische gerichtliche Durchführung eines Rechtsstreits nach den Grundsätzen des Verfahrensrechts:* einen P. gegen jmdn. anstrengen; einen P. führen, gewinnen, verlieren, eröffnen, einleiten; er hatte einen fairen P.; ich werde es [nicht] zu einem P. kommen lassen; in einen P. verwickelt sein; mit jmdm. im P. liegen; in einem P. unterliegen; * jmdm. den P. machen *(= jmdn. verklagen). –* /übertr./: * kurzen P. mit jmdm. machen (ugs.; = *mit jmdm. ohne große Umstände verfahren).* **2)** *Vorgang, Verlauf, Ablauf, Entwicklung:* ein historischer, mechanischer, chemischer, physikalischer, medizinischer, langwieriger, rückläufiger P.; der P. der Wiedereingliederung der Straftäter in die Gesellschaft; ein P. der Auflösung, der Zersetzung; einen P. beschleunigen; ein P. ist abgeschlossen.

prozessieren, prozessierte, hat prozessiert ⟨intr.⟩ (bildungsspr.): *einen Prozeß führen:* er will gegen seinen früheren Geschäftspartner p.; seit einem halben Jahr prozessiert er nun schon mit der Stadt wegen dieses Grundstücks.

Prozession, die; der Prozession, die Prozessionen: /Rel./ *feierlicher kirchlicher Umzug:* eine feierliche, lange, endlose P.; die P. zog durch die Felder, durch die Straßen der Innenstadt; die P. wurde von den Meßdienern angeführt; an der P. teilnehmen; mit der P. gehen.

prüde ⟨Adj.; attr. und als Artangabe⟩ (bildungsspr.): *in sittlich-erotischer Beziehung sehr empfindlich und enghergig, zimperlich:* ein prüder Mensch, Mann; sie ist ziemlich p.; seine Ansichten über erotische Dinge sind sehr p.; etwas p. verschweigen, verheimlichen.

Pseudonym, das; des Pseudonyms, die Pseudonyme ⟨bildungsspr.⟩: *Deckname, Künstlername:* er schreibt, veröffentlicht, publiziert unter einem P.

Psyche, die; der Psyche, die Psychen ⟨bildungsspr.⟩: *Seele, Gemüt; Seelenleben:* die weibliche, männliche,

Psychiater

kindliche P.; jmds. P. verletzen; sie hat eine sehr empfindsame P.

Psychi̱ater, der; des Psychiaters, die Psychiater: /Med./ *Facharzt für seelische Störungen und Geisteskrankheiten:* einen P. aufsuchen; zu einem P. gehen; jmdn. zu einem P. schicken; er ist bei einem P. in Behandlung; der Angeklagte wurde von einem P. untersucht.

Psychiatri̱e, die; der Psychiatrie ⟨ohne Mehrz.⟩: /Med./ *Wissenschaft von den seelischen Störungen und Geisteskrankheiten:* er ist Facharzt für P.; das ist ein Fall für die P.

psychi̱atrisch ⟨Adj.; attr. und als Artangabe, aber gew. nicht präd.; ohne Vergleichsformen⟩: /Med./ *die Psychiatrie betreffend, mit den Mitteln der Psychiatrie [erfolgend]:* eine psychiatrische Klinik, Untersuchung, Behandlung; einen Patienten p. untersuchen, behandeln.

psy̱chisch ⟨Adj.; attr. und als Artangabe; ohne Vergleichsformen⟩ (bildungsspr.): *seelisch:* eine psychische Störung, Hemmung, Verkrampfung, Erkrankung, Erschöpfung; diese Sache bedeutet für mich eine große psychische Belastung, Erleichterung; das ist eine enorme psychische Leistung; unter psychischem Druck stehen, arbeiten; er ist p. gesund, krank, zerrüttet; dieses Leiden ist rein p. [bedingt]; p. normal reagieren; das wird sich bei ihm p. auswirken; jmdn. p. betreuen.

Psycho̱loge, der; des Psychologen, die Psychologen: **1)** *Wissenschaftler auf dem Gebiet der →Psychologie:* diese Firma läßt alle Bewerber von einem [ausgebildeten] Psychologen begutachten, testen. **2)** (alltagsspr.) *Menschenkenner:* er ist ein guter, schlechter P.

Psycholo̱gie, die; der Psychologie ⟨ohne Mehrz.⟩: **1)** *Wissenschaft, die sich mit den seelischen Vorgängen und ihren Verknüpfungen mit den realen Erlebnissituationen beschäftigt:* angewandte, praktische P.; P. studieren. **2)** (bildungsspr.) *Menschenkenntnis, Einfühlungsvermögen:* das ist nur eine Frage der [richtigen] P.; mit P., ohne jede P. vorgehen.

psycholo̱gisch ⟨Adj.; attr. und als Artangabe, aber gew. nicht präd.; ohne Vergleichsformen⟩: **1)** *die Psychologie betreffend, mit den Mitteln der Psychologie [erfolgend]:* psychologische Vorlesungen; eine psychologische Prüfung; eine psychologische Untersuchung, Deutung; er ist p. ausgebildet, geschult. **2)** (alltagsspr.) *die Menschenkenntnis, die Menschenbehandlung betreffend:* die Aufstellung der Fußballnationalmannschaft ist für den Bundestrainer immer auch ein psychologisches Problem; p. richtig, falsch handeln; p. vorgehen.

Pubertä̱t, die; der Pubertät ⟨ohne Mehrz.⟩ (bildungsspr.): *die zur Geschlechtsreife führende Entwicklungsphase des jugendlichen Menschen:* eine frühe, vorzeitige, späte P.; in der P. sein; sich in der P. befinden; in die P. eintreten, kommen.

pubertie̱ren, pubertierte, hat pubertiert ⟨intr.⟩ (bildungsspr.): *in die →Pubertät eintreten, sich in der Pubertät befinden:* ein Junge, der gerade pubertiert, ist meist sehr schwierig; wir haben es hier mit pubertierenden Halbstarken zu tun.

Publicity [pablißiti], die; der Publicity ⟨ohne Mehrz.⟩ (bildungsspr.): *Reklame, Propaganda; [Bemühung um] öffentliches Aufsehen:* P. machen; sie braucht keine P. mehr; für [die notwendige] P. sorgen.

publi̱k ⟨indekl. Adj.; nicht attr.; ohne Vergleichsformen⟩ (bildungsspr.): *allgemein bekannt:* die Angelegenheit darf nicht [vorzeitig] p. werden; die Sache ist längst p.; etwas p. machen.

Publikatio̱n, die; der Publikation, die Publikationen: **a)** ⟨nur Einz.⟩ (bildungsspr.): *Veröffentlichung, das Veröffentlichen:* die P. einer wissenschaftlichen Arbeit, eines Romans; die P. eines Artikels hinausschieben, verzögern, verhindern, verweigern, ablehnen, übernehmen; die P. einer Serie in einer Illustrierten. **b)** *im Druck erschienenes (literarisches oder wissenschaftliches) Werk:* über dieses

Thema gibt es zahlreiche [neuere, ältere] Publikationen; an weiteren, wichtigen, bedeutenden Publikationen von Dr. X sind zu nennen ...; eine P. kennen, gelesen haben.

Publikum, das; des Publikums ⟨ohne Mehrz.⟩: **1)** *Gesamtheit der Personen, die an einer Darbietung oder Veranstaltung passiv teilnehmen, die Zuschauer, die Zuhörer:* ein interessiertes, aufgeschlossenes, zufriedenes, dankbares, murrendes, johlendes, gelangweiltes P.; das Hallenhandballländerspiel fand vor einem sachverständigen P. statt; er sprach vor einem ausgewählten P.; dem P. gefallen wollen; die Mannschaft spielt zu sehr für das P. (= *um zu gefallen);* sich unters P. mischen. **2)** /übertr./: **a)** *Anhängerschar:* er hat als Schriftsteller ein treues, festes P.; sein P. erobern, verlieren; dieser Roman wird sein P. finden. **b)** *Zaungäste:* ich möchte beim Baden möglichst wenig, kein P. haben. **3)** *Gäste eines Restaurationsbetriebs oder eines Fremdenverkehrsortes:* in diesem Café, Lokal, Restaurant, Hotel verkehrt nur gutes, bestes P.; das P. in diesem Kurort ist recht gemischt.

publizieren, publizierte, hat publiziert ⟨tr., etwas p.⟩ (bildungsspr.): *etwas in schriftlicher (gedruckter) Form veröffentlichen:* eine wissenschaftliche Arbeit, einen Artikel, eine Abhandlung, Gedichte, einen Roman p.; der Autor hat schon sehr viel auf diesem Gebiet publiziert; der Verlag will auch meine anderen Arbeiten p.; in einer Zeitschrift, Tageszeitung p.

Publizist, der; des Publizisten, die Publizisten: *Schriftsteller, der mit journalistischen Beiträgen (in Form von Kommentaren und Analysen) zu aktuellen (bes. politischen) Ereignissen wesentlich an der öffentlichen Meinungsbildung teilhat:* ein bekannter, erfolgreicher, deutscher, amerikanischer P.; er hat sich als P. einen Namen erworben.

Pulk, der; des Pulks, die Pulks, selten auch: die Pulke (bildungsspr.): **a)** *loser Verband von Kampfflugzeugen, Kriegsschiffen oder anderen militärischen Fahrzeugen:* ein P. Jagdbomber; ein P. von Düsenjägern, von U-Booten; im P. fliegen. **b)** *Haufen, Schar, Schwarm:* ein ganzer, riesiger P. von Radrennfahrern versperrte die Straße; die Rennwagen fuhren im dichten, geschlossenen P. vom Start weg; ein großer P. von Möwen folgte dem Schiff; ich befand mich plötzlich mitten in einem P. von Menschen.

Pullover [...ow^{e}r], der; des Pullovers, die Pullover: *gestricktes blusenartiges Kleidungsstück für den Oberkörper, das man über den Kopf anzieht:* ein dünner, leichter, dicker, enger, weiter, enganliegender, schwerer, wollener, seidener, ärmelloser, halbärmeliger, blauer, gestreifter P.; ein P. aus Baumwolle, aus Perlon, mit langem Arm, mit kurzem Arm, mit Reißverschluß, mit Rollkragen, mit spitzem Ausschnitt; einen P. anziehen, ausziehen, tragen; dieser P. steht dir gut.

pulsieren, pulsierte, hat pulsiert ⟨intr.⟩ (bildungsspr.): **a)** *lebendig strömen, fließen* (gew. nur auf das Blut im Körper bezogen): das Blut pulsiert in den, seinen Adern. **b)** /übertr./ *spürbar lebendig sein, in ständiger Bewegung sein:* das Leben in der Großstadt pulsiert bei Tag und Nacht; der pulsierende Verkehr in den Straßen.

Pumps [pǫmpß], der; des Pumps, die Pumps ⟨meist Mehrz.⟩: /Mode/ *ausgeschnittener, nicht durch Riemen oder Schnüre gehaltener Damenschuh:* leichte, elegante, schwarze, weiße, sommerliche P.; P. mit hohem, niederem Absatz; sie trägt neue, spitze P.

punktieren, punktierte, hat punktiert ⟨tr.; jmdn., etwas p.⟩: **1)** /Med./ *Flüssigkeit (seltener: Gewebe) mittels einer Hohlnadel aus einer Körperhöhle oder einem Organ entnehmen:* Knochenmark, die Leber, die Milz, einen Abszeß p.; er wurde am Kopf, am Kopf punktiert. **2)** ⟨gew. im zweiten Partizip⟩: *mit zahlreichen kleinen Punkten darstellen, zeichnen; tüpfeln:* eine punktierte Linie.

Punktion, die; der Punktion, die Punktionen: /Med./ *Entnahme von Flüssig-*

keit (seltener: von Geweben) aus einer Körperhöhle oder einem Körperorgan mittels einer Hohlnadel: eine P. der Leber, der Milz, des Rückenmarks vornehmen.

punktuell ⟨Adj.; attr. und als Artangabe; ohne Vergleichsformen⟩ (bildungsspr.): *auf einen bestimmten Punkt oder auf mehrere Punkte bezogen; punktweise:* eine punktuelle Kritik, Untersuchung; diese Betrachtungsweise ist mir zu p.; p. arbeiten, vorgehen.

Pupille, die; der Pupille, die Pupillen: *die kreisrunde, dunkel erscheinende Sehöffnung in der Mitte der Regenbogenhaut des Auges:* eine starre, verengte, erweiterte, schmale, große, kleine P.

Püree, das; des Pürees, die Pürees: /Gastr.; häufig in Zus. wie: K a r t o f f e l p ü r e e, E r b s p ü r e e/ *breiförmige Speise (bes. aus gekochten Kartoffeln)* lockeres, sahniges, schmackhaftes P.; P. herstellen, zubereiten.

puritanisch ⟨Adj.; attr. und als Artangabe⟩ (bildungsspr.): *sittenstreng:* mit puritanischer Strenge; eine puritanische Moral; seine Arbeitsauffassung ist p. [streng]; er hat seine Kinder p. erzogen.

Pyjama [*püdsehgma*, auch: *püsehgma*, gelegentlich auch (östr. nur): *pidsehgma* oder *pisehgma*, selten: *püjama* oder *pijama*], der (östr. und schweiz. auch: das); des Pyjamas, die Pyjamas: *Schlafanzug:* ein leichter, bequemer, seidener, gestreifter P.; er trägt nur Pyjamas mit kurzer Hose.

Pyramide, die; der Pyramide, die Pyramiden: **1)** /Math./ *geometrischer Körper, dessen Grundfläche ein Vieleck ist und dessen Seitenflächen in einer Spitze zusammentreffende Dreiecke sind:* eine dreieckige, viereckige, sechseckige, achteckige, regelmäßige, schiefe P.; eine P. konstruieren, zeichnen. **2)** (hist.) *monumentaler Grabbau der altägyptischen Pharaonen in Form einer vierseitigen Pyramide (1):* die Pyramiden des Pharaonen Cheops besuchen, besteigen; die Grabanlagen befinden sich im Inneren der Pyramiden.

Q

Quadrat, das; des Quadrat[e]s, die Quadrate: /Math./: **a)** *Viereck mit vier gleichen Seiten, die im rechten Winkel zueinander stehen:* ein kleines, großes Q.; ein Q. zeichnen. **b)** *zweite Potenz einer Zahl:* eine Zahl ins Q. erheben; fünf im Q. (in Ziffern: 5^2). – /übertr./: etwas nimmt zu, nimmt ab, wächst ins Q. der Entfernung *(= mit zunehmender Entfernung nimmt etwas ungleich viel mehr zu oder ab).*

quadratisch ⟨Adj.; attr. und als Artangabe; ohne Vergleichsformen⟩: **1)** *von der Form eines Quadrates, quadratförmig:* ein quadratischer Raum; der Garten ist q. [angelegt]. **2)** ⟨gew. nur attr.⟩: /Math./ *in der zweiten Potenz vorkommend* (auf die Unbekannte in Gleichungen bezogen): eine quadratische Gleichung.

Qualifikation, die; der Qualifikation, die Qualifikationen: **1 a)** *Befähigung, Eignung,* die Q. für etwas haben; keine Q. für etwas mitbringen. **b)** *Befähigungsnachweis:* die Q. für etwas erbringen. **2)** /Sport/: **a)** *Teilnahmeberechtigung für einen sportlichen Wettkampf auf Grund bestimmter sportlicher Leistungen:* die deutsche Nationalelf hat die Q. für die Fußballweltmeisterschaft errungen; mit jmdm. um die Q. kämpfen. **b)** *Ausscheidungswettkampf für einen sportlichen Endkampf:* die deutschen Weitspringer sind in der Q. hängengeblieben, haben die Q. nicht überstanden; in der Q. gewinnen.

qualifizieren, qualifizierte, hat qualifiziert ⟨tr. und refl.⟩: **1)** ⟨etwas qualifiziert jmdn. als etwas⟩: *etwas erweist,* daß jmd. bestimmte ausgeprägte Eigenschaften hat, auf Grund deren er sich für bestimmte Dinge eignet: seine langjährige praktische Erfahrung auf diesem Sektor qualifiziert ihn als neuen Verbandstrainer. **2)** ⟨sich q.⟩: *die Qualifikation für etwas erringen; den Befähigungsnachweis für etwas erbringen:* der deutsche Fußballmeister hat sich für das Endspiel im Europapokal qualifiziert; er hat sich für diesen Posten qualifiziert.

qualifiziert ⟨Adj.; attr. und als Artangabe⟩ (bildungsspr.): *tauglich, geeignet; sachgerecht, sachverständig:* ein qualifizierter Vorschlag, Plan, Mitarbeiter; qualifizierte Ansichten über etwas haben; dieser Mann dürfte als Schiedsrichter weitaus qualifizierter sein als X; deine Vorstellungen sind mir nicht q. genug; sich q. über etwas äußern. − * **qualifizierte Mehrheit:** */Abstimmungsmehrheit, die um eine vorgeschriebene Zahl über der Hälfte der abgegebenen Stimmen liegt.* − * **qualifizierte Straftat:** /Rechtsw./ *Straftat, die unter besonders erschwerenden Umständen begangen wird.*

Qualität, die; der Qualität, die Qualitäten: **a)** *Beschaffenheit; Güteklasse; Eigenschaft:* dieser Stoff ist von guter, bester, hervorragender, erstklassiger, mittlerer, minderer, schlechter Q.; diese Ware ist erste Q.; der Arzt überzeugte sich von der Qualität seiner Venen; dieser Mann hat keine besonderen Qualitäten; der Name bürgt für Q. **b)** ⟨gew. nur Mehrz.⟩: *gute Eigenschaften, Vorzüge* (auf Personen bezogen): dieser Mann hat durchaus seine [menschlichen, politischen, geistigen] Qualitäten.

qualitativ [...*if*] ⟨Adj.; attr. und als Artangabe; ohne Vergleichsformen⟩: *die Beschaffenheit betreffend; wertmäßig:* in qualitativer Hinsicht; der Vorteil ist rein q.; ein q. hochwertiger Stoff; etwas q. untersuchen, analysieren.

Quantität, die; der Quantität, die Quantitäten: *Menge, Masse, Anzahl:* es kommt bei dieser Arbeit mehr auf die Qualität als auf die Q. an; der Q. nach seid Ihr uns gegenüber im Vorteil.

quantitativ [...*if*] ⟨Adj.; attr. und als Artangabe; ohne Vergleichsformen⟩: *mengenmäßig, zahlenmäßig:* ein quantitativer Vorteil; in quantitativer Hinsicht; eure Überlegenheit ist rein q.; etwas q. untersuchen, bestimmen, analysieren.

Quantum, das; des Quantums, die Quanten: *bestimmte Menge, Anzahl; Anteil:* ein kleines, großes, ziemliches, bestimmtes Q.; ein Q. Brot, Butter, Wein, Salz, Humor, Witz; ich brauche mein tägliches Q. Bohnenkaffee; er hat sein Q. bereits bekommen; etwas in kleinen Quanten verteilen.

Quarantäne [*kar*...], die; der Quarantäne, die Quarantänen ⟨Mehrz. ungebr.⟩: **1)** /Med./ *zeitlich begrenzte Isolierung bestimmter Infektionsträger als Schutzmaßnahme gegen Einschleppung und Verbreitung bestimmter Infektionskrankheiten:* das Schiff liegt in Q.; die Passagiere des Flugzeugs wurden unter Q. gestellt; jmdn. der Q. unterwerfen; die Q. über etwas, jmdn. verhängen; die Q. aufheben. **2)** /Pol./ = *Blockade:* die militärische Q. über ein Land verhängen.

Quarta, die; der Quarta, die Quarten: *dritte Klasse einer höheren Schule:* er ist in der Q. des Gymnasiums; er geht in die Q.; in die Q. versetzt werden.

Quartal, das; des Quartals, die Quartale: *Vierteljahr:* das erste, zweite, dritte, vierte, letzte Q.; die Kündigung muß zum Ende des Quartals erfolgen; der Krankenschein gilt immer nur für ein Q.

Quartaner, der; des Quartaners, die Quartaner: *Schüler einer* → *Quarta:* Q. sein.

Quartett, das; des Quartett[e]s, die Quartette: **1)** /Mus./: **a)** *Tonstück für vier Singstimmen oder vier Instrumente:* ein Q. von Haydn, Mozart; ein Q. spielen, singen. **b)** *Gruppe von vier Musikern:* dieses Q. spielt, singt hervorragend; in einem Q. spielen, singen. − /übertr./ (scherzh.) *Gruppe von vier Personen:* die Polizei konnte das berüchtigte Q., auf dessen Konto zahlreiche Bankeinbrüche gehen,

Quartier

festnehmen. **2)** /Kartenspiele/: **a)** *bes. für Kinder geeignetes Kartenspiel, bei dem die Karten so lange ergänzt werden müssen, bis jeweils vier gleiche Karten in einer Hand sind und abgelegt werden können:* Susanne hat zum Geburtstag ein lustiges Q. geschenkt bekommen; Q. spielen. **b)** *Satz von vier gleichen Karten:* ein Q. bilden, ablegen; ich habe schon zwei Quartette.

Quartier [...*tir*], das; des Quartiers, die Quartiere: *Unterkunft, Wohnung* (auch auf Soldaten bezogen, wenn sie vorübergehend außerhalb der Kaserne wohnen müssen): wir haben ein schönes, gutes, angenehmes, preiswertes Q. in einer Privatpension, bei einer netten Familie gefunden; ein Q. für eine Nacht suchen, bestellen; ich muß mir noch ein Q. für diese Tagung besorgen; sein Q. wechseln, ein neues Q. beziehen; sein Q. irgendwo aufschlagen; sein Q. abschlagen; diese Familie haust in einem armseligen, elenden Q.; die Soldaten machten Q. in einem kleinen Dorf; wir lagen im Q. in der Nähe der Stadt X; der Hauptfeldwebel mußte für zwei Kompanien Q. machen *(= Unterkünfte beschaffen);* die Kompanie in die Quartiere einweisen.

quasi ⟨Adv.⟩: *gewissermaßen, gleichsam, sozusagen:* die Koalition zwischen diesen beiden Parteien ist q. perfekt; die beiden sind q. verlobt; er hat mir q. versprochen, ...; er hat q. abgelehnt.

Querulant, der; des Querulanten, die Querulanten: *Nörgler, Quertreiber:* er ist ein notorischer Q.; er ist als Q. verschrien.

Quinta, die; der Quinta, die Quinten: *zweite Klasse einer höheren Schule:* in der Q. sein; in die Q. gehen, versetzt werden.

Quintaner, der; des Quintaners, die Quintaner: *Schüler einer → Quinta:* Q. sein.

Quintessenz, die; der Quintessenz, die Quintessenzen: *Hauptgedanke, Hauptinhalt, Wesenskern einer Sache, Hauptergebnis:* die Q. eines Romans, einer Tragödie, eines Films, einer Rede, einer Diskussion, eines Vortrags; welches ist denn nun die Q. seiner philosophischen Untersuchungen?; die Q. von etwas geben.

Quivive [*kiwif*]: /nur in der festen Wendung/ * **auf dem Q. sein** (ugs.): *auf der Hut sein, aufpassen:* hier muß man ständig auf dem Q. sein, daß man nicht angeschmiert wird.

quitt ⟨Adj.; nur als Artangabe; ohne Vergleichsformen⟩: **a)** (ugs.) *frei von Rücksichten oder Verbindlichkeiten, fertig, wett:* wir sind q. [miteinander] *(= wir schulden einander nichts mehr, wir sind fertig miteinander);* ich bin mit ihm q.; ich möchte möglichst schnell mit ihm q. werden. **b)** /nur in der festen Verbindung/ * **jmdn., etwas q. sein** (landsch.): *jmdn., etwas los sein:* ich bin froh, daß ich diesen Mann, diese Sache, diese Arbeit endlich q. bin.

quittieren, quittierte, hat quittiert ⟨tr.⟩: **1)** ⟨etwas q.⟩: *den Empfang einer Leistung durch Quittung bescheinigen:* eine Rechnung q. *(= bescheinigen, daß die Rechnung bezahlt ist);* können Sie mir bitte den Empfang des Buches auf diesem Zettel q.? **2)** ⟨etwas q.⟩: *eine bestimmte berufliche Tätigkeit aufgeben:* seinen Dienst, eine Tätigkeit q. **3)** ⟨etwas q. + Artergänzung⟩: *etwas in einer bestimmten Weise aufnehmen, hinnehmen, auf etwas in einer bestimmten Weise reagieren:* eine Frage mit einem Achselzucken, mit einem Lächeln, lächelnd, belustigt, gerührt, ohne jegliches Interesse q.; das Publikum quittierte das Urteil des Kampfrichters mit Pfuirufen; er hat meine Bemerkung mit großer Befriedigung quittiert.

Quiz [*kwiß*], das; des Quiz, die Quiz: *Frage-und-Antwort-Spiel; Denksportaufgabe:* ein unterhaltsames, lustiges, amüsantes, leichtes, schweres Q.; im Rundfunk gibt es heute abend ein öffentliches Q. zwischen mehreren Städten; ein Q. machen, veranstalten; im Q. gewinnen.

Quote, die; der Quote, die Quoten: *Anteil, der bei der Aufteilung eines*

Ganzen auf jmdn. oder etwas entfällt; bestimmte Anzahl: im Fußballtoto gab es hohe, niedrige, mäßige Quoten im ersten und zweiten Rang; eine Q. feststellen, ermitteln, ausrechnen; die Q. der Sexualdelikte an der Gesamtzahl der Verbrechen ist zurückgegangen, hat sich verringert, hat sich vergrößert, hat zugenommen.

Quotient, der; des Quotienten, die Quotienten: /Math./ *aus Zähler und Nenner bestehender Zahlenausdruck; Ergebnis einer Division:* den Quotienten ermitteln, bestimmen.

R

Rabatt, der; des Rabatt[e]s, die Rabatte: *Preisnachlaß:* ein kleiner, geringer, großer R.; einen R. gewähren, geben; ich bekomme auf fast alle Lebensmittel einen R. von 5%.

rabiat ⟨Adj.; attr. und als Artangabe⟩ (bildungsspr.): *grob, roh; gewalttätig:* ein rabiater Kerl, Bursche; r. sein, werden; er hat mich ganz r. hinausgeworfen; jmdn. r. behandeln.

Rachitis, auch: Rhachitis, die; der R[h]achitis, die R[h]achitiden: /Med./ *Vitamin-D-Mangel-Krankheit (bes. des frühen Kleinkindalters), die besonders durch eine mangelhafte Verkalkung des Knochengewebes, Knochenerweichung, Wirbelsäulenverkrümmungen und Verbiegungen der Beinknochen charakterisiert ist:* dieses Kind hat eine [ausgeprägte, schwere] R.; an R. leiden; die Symptome einer R. zeigen.

rachitisch, auch: rhachitisch ⟨Adj.; attr. und als Artangabe; ohne Vergleichsformen⟩: /Med./ *die Rachitis betreffend; an Rachitis leidend; die besonderen Symptome der Rachitis zeigend:* rachitische Symptome, Veränderungen; dieses Kind hat rachitische Beine, ist r., sieht r. aus.

radieren, radierte, hat radiert ⟨tr. und intr.⟩: **1)** ⟨etwas r.⟩: /Kunstw./ *eine Zeichnung auf eine Kupferplatte einritzen:* ein Bild r. **2)** ⟨intr.⟩: *Geschriebenes oder Gezeichnetes mit einem Radiergummi oder Radiermesser zu tilgen versuchen:* ihr sollt in euren Heften nicht r.!; an dieser Stelle, an diesem Wort ist radiert worden.

radikal ⟨Adj.; attr. und als Artangabe⟩

a) *gründlich; hart, rücksichtslos:* eine radikale Änderung, Ablehnung, Vereinfachung; er ist in allem sehr r.; r. durchgreifen vorgehen; etwas r. ändern, abschaffen, zerstören, beseitigen, ablehnen, vereinfachen. b) *extrem, übersteigert, scharf:* eine radikale Haltung, Einstellung, Richtung, Politik, Partei; der radikale Flügel einer Partei; radikale Elemente, Grundsätze, Forderungen; das Programm dieser Partei ist denkbar r.; r. eingestellt sein, denken, gesinnt sein; eine Partei r. ausrichten.

Radio, das (ugs., auch schweiz.: der); des Radios, die Radios: **a)** *Rundfunkgerät:* ein neues, modernes, altes R.; das R. einschalten, anstellen, abschalten, ausschalten; das R. auf Zimmerlautstärke stellen; vor dem R. sitzen; sein R. spielt den ganzen Tag. **b)** *Rundfunk, Rundfunkstation:* R. hören; das Fußballspiel wird im R. übertragen; R. Luxemburg sendet Musik.

radioaktiv [...*tif*] ⟨Adj.; attr. und als Artangabe; ohne Vergleichsformen⟩: *gefährliche, durchdringende Teilchen- oder Wellenstrahlen aussendend:* radioaktives Metall, Material; die Luft ist r.; seine Kleider sind r. verseucht.

Radius, der; des Radius, die Radien [...i^{e}n]: **1)** /Math./ *Halbmesser eines Kreises oder einer Kugel:* den R. eines Kreises, einer Kugel berechnen, bestimmen; ein Kreis mit einem R. von 2 cm [Länge]. **2)** *(die von der Größe des gedachten Radius abhängige) Krümmungsstärke einer Kurve:* diese Kurve hat einen engen R. (= ist

Raffinement

stark gekrümmt), einen weiten R. *(= ist schwach gekrümmt).*

Raffinement [rafin^emã̱ŋ, schweiz. auch: ...mä̱nt], das; des Raffinements, die Raffinements (schweiz. auch: die Raffinemente) ⟨Mehrz. ungew.⟩ (bildungsspr.): *Überfeinerung; verführerische Durchtriebenheit; kunstvolles Arrangement:* ein großes, ausgesuchtes R.; mit R. vorgehen, arbeiten.

Raffinerie, die; der Raffinerie, die Raffinerien: /Technik/ *meist größere chem. Fabrik, in der Naturstoffe gereinigt oder veredelt werden:* das Rohöl wird in modernen Raffinerien verarbeitet; Kristallzucker wird in Raffinerien gewonnen, hergestellt.

Raffinesse, die; der Raffinesse, die Raffinessen: **1)** (bildungsspr.) *[übertriebene] Feinheit, erlesener Geschmack:* sie hat das Menü mit aller R. zusammengestellt; der Wagen ist mit allen Raffinessen *(= mit allem modernen, luxuriösen Zubehör)* ausgestattet. **2)** ⟨gew. nur Einz.⟩: *Durchtriebenheit, Schlauheit, Gerissenheit:* weibliche R.; R. zeigen, entwickeln; mit großer R. vorgehen.

raffiniert ⟨Adj.; attr. und als Artangabe⟩: *durchtrieben, gerissen, abgefeimt; schlau ausgedacht, klug eingefädelt:* ein raffinierter Geschäftsmann, Betrüger, Plan, Schachzug; diese Frau ist überaus r.; diese Taktik ist sehr r.; etwas r. ausdenken, einfädeln.

Rakete, die; der Rakete, die Raketen: **a)** *mit Treibstoff gefüllter röhrenartiger Flugkörper, der sich nach Zündung der Treibladung durch den Rückstoß fortbewegt:* eine zweistufige, mehrstufige, interkontinentale R.; eine R. an die Startrampe fahren, starten, in den Weltraum schießen, abfeuern, konstruieren; eine R. zündet, hebt ab, steigt, erreicht eine Höhe von x Metern; dieser Zerstörer ist mit den modernsten Raketen vom Typ X ausgerüstet. **b)** *kleinerer, mit einem Treibsatz gefüllter, für kurze Distanzen bestimmter Flugkörper (u. a. als Feuerwerkskörper oder für bestimmte Materialtransporte):* Raketen abbrennen; eine R. abschießen; die R. zog eine Leuchtspur hinter sich her. **c)** /in Vergleichen oder bildl.; auf Personen oder Fahrzeuge bezogen; in bestimmten festen Verbindungen/: der Wagen geht ab wie eine R., ist eine R.; der neue 100-m-Weltrekordler geht ab wie eine R., ist eine regelrechte R.

ramponiert ⟨Adj.; attr. und als Artangabe; gew. ohne Vergleichsformen⟩ (ugs.): *stark beschädigt; arg mitgenommen, angeschlagen, zerrupft:* ein ramponiertes Auto; eine stark ramponierte Wohnungseinrichtung; einen ramponierten Eindruck machen; seine Gesundheit, sein Selbstbewußtsein, sein Ruf ist ziemlich r.; r. aussehen.

rangieren [ra̱ŋsehir^en, auch: ra̱ŋsehir^en], rangierte, hat/ist rangiert ⟨tr. und intr.⟩: **1)** ⟨etwas r.; auch intr.⟩: **a)** *Eisenbahnwagen durch entsprechende Fahrmanöver auf andere Geleise verschieben:* der Zugführer rangierte die drei vorderen Wagen des Güterzugs auf das Abstellgeleis; die Straßenschranke blieb längere Zeit geschlossen, weil hier ein Güterzug rangierte. **b)** /übertr./ (ugs.) *etwas durch geeignete Bewegungsmanöver räumlich verschieben:* er versucht gerade, seinen Wagen in die Parklücke zu r.; seit fünf Minuten rangiert diese Frau mit ihrem Wagen sinnlos vor der Parklücke. **2)** ⟨r. + Raumergänzung⟩: *einen bestimmten Rang innehaben:* Bayern München rangiert zur Zeit noch vor Gladbach auf dem zweiten Tabellenplatz; er rangiert im [Dienst]alter hinter mir; an erster, zweiter, letzter Stelle r.

rapid, auch: **rapide** ⟨Adj.; attr. und als Artangabe⟩ (bildungsspr.): *blitzschnell, beschleunigt, stürmisch, reißend:* eine rapide Entwicklung; ein rapides Tempo; das rapide Anwachsen der Jugendkriminalität; diese Entwicklung ist wirklich r.; r. anwachsen; sich r. entwickeln, steigern; der Kurswert dieses Wagens ist r. gesunken; es geht r. abwärts mit unserer Wirtschaft; die Weltbevölkerung hat sich r. vermehrt.

Rapport, der; des Rapport[e]s, die

Rapporte (veraltend): *dienstliche Meldung, Bericht:* er wurde von seinem Minister zum R. bestellt, befohlen; der Kommissar muß zum [täglichen, wöchentlichen] R. bei seinem Vorgesetzten antreten.

Rarität, die; der Rarität, die Raritäten: **a)** ⟨gew. nur Einz.⟩: *Seltenheit, seltenes Ereignis:* Erdbeben sind in diesem Gebiet Gott sei Dank eine R. **b)** ⟨meist Mehrz.⟩: *seltenes und darum kostbares [Sammler]stück:* diese Briefmarke gehört zu den ausgesprochenen Raritäten; in seiner Schmetterlingssammlung befinden sich einige exotische Raritäten.

rasant ⟨Adj.; attr. und als Artangabe⟩: *sehr schnell, flott; stürmisch; schneidig:* ein rasantes Tempo; ein rasanter Sportwagen; eine rasante Entwicklung; das Fußballspiel war sehr r.; die deutsche Mannschaft spielte r. auf; der Wagen geht r. in die Kurve.

Rasanz, die; der Rasanz ⟨ohne Mehrz.⟩: *flottes Tempo, Schnelligkeit; Stürmischkeit; Schneidigkeit:* die [große] R. einer Fahrt, eines Laufs, eines Fußballspiels, einer Entwicklung; mit R. in die Kurve gehen.

rasieren, rasierte, hat rasiert ⟨tr. und refl.⟩: **1)** ⟨jmdn., sich, etwas r.⟩: **a)** *jmdm., sich mit einem entsprechenden Instrument (Rasierapparat) die Barthaare entfernen:* der Friseur hat mich gut, sauber, glatt, schlecht rasiert; ich rasiere mich elektrisch, mit Klinge, mit dem Messer, konservativ *(= mit Klinge);* ich bin frisch rasiert; er muß sich jeden Tag zweimal r. **b)** *jmdm., sich Körperhaare mit einem entsprechenden Instrument entfernen:* sie rasiert sich unter den Achselhöhlen, die Haare in den Achselhöhlen, (mit Objektvertauschung:) die Achselhöhlen, die Beine; Frauen werden vor der Entbindung am Unterleib kahl rasiert. **2)** ⟨jmdn., etwas r.⟩ (salopp): *jmdn. fertigmachen; etwas zusammenhauen, stark beschädigen:* der Spitzenreiter der Bundesliga wurde vom Neuling ganz schön rasiert; der Lkw hat den Pkw bei diesem Zusammenstoß furchtbar rasiert.

Räson [*räsong* oder *räsong*], die; der Räson ⟨ohne Mehrz.⟩: /gew. nur in den aufgeführten festen Wendungen/ *Vernunft, Einsicht:* * jmdn. zur R. bringen; * zur R. kommen.

räsonieren, räsonierte, hat räsoniert ⟨intr.⟩ (bildungsspr., veraltend): *seiner Unzufriedenheit Luft machen, laut schimpfen, nörgeln:* er räsoniert den ganzen Tag; eine räsonierende Presse.

Rasur, die; der Rasur, die Rasuren: **1)** *das Rasieren, Entfernung des Bartes:* die tägliche, morgendliche, abendliche R.; eine sanfte R.; diese Klinge reicht für zehn Rasuren. **2)** /nur in der festen Verbindung/ * **eine scharfe Rasur** (ugs.): *mit großer Not und mit viel Glück erreichter positiver Ausgang einer Sache:* dieser in der 89. Minute errungene knappe Sieg war wirklich eine scharfe R.

Ratifikation, die; der Ratifikation, die Ratifikationen: /Pol./ *Bestätigung eines von der Regierung abgeschlossenen völkerrechtlichen Vertrags durch die gesetzgebende Körperschaft:* die R. des deutsch-französischen Freundschaftsvertrags durch den Deutschen Bundestag; die R. eines Vertrags beschleunigen, ablehnen.

ratifizieren, ratifizierte, hat ratifiziert ⟨tr., etwas r.⟩: /Pol./ *einen von der Regierung abgeschlossenen völkerrechtlichen Vertrag bestätigen und dadurch in Kraft setzen* (auf die gesetzgebende Körperschaft bezogen): der deutsche Bundestag ratifizierte den deutschfranzösischen Freundschaftsvertrag.

Ration, die; der Ration, die Rationen: *zugeteilte Menge, Anteil; [täglicher] Verpflegungssatz:* eine kleine, große R.; die doppelte, volle, halbe R. bekommen; auf halbe R. gesetzt werden; heute gibt es die doppelte R. Fleisch, Wurst, Brot; die täglichen, wöchentlichen Rationen für die Soldaten einteilen, bestimmen, ausgeben; die Rationen verkleinern, kürzen, verdoppeln; * eiserne R. *(= Proviant für den Notfall).*

rational ⟨Adj.; attr. und als Artangabe; ohne Vergleichsformen⟩ (bil-

rationalisieren

dungsspr.): *die Vernunft betreffend, vernunftgemäß, vernünftig, verstandesgemäß:* rationale Überlegungen, Erwägungen; seine Bedenken sind mehr gefühlsmäßig als r.; etwas r. erfassen, begreifen.

rationalisieren, rationalisierte, hat rationalisiert ⟨tr., etwas r.⟩: *etwas bes. durch Vereinheitlichung und Straffung zweckmäßiger und ökonomischer gestalten:* die Produktion, die Fabrikation, die Arbeit r.; die Buchherstellung soll durch stärkeren Einsatz von Computern noch mehr rationalisiert werden.

rationell ⟨Adj.; attr. und als Artangabe⟩ (bildungsspr.): *zweckmäßig; haushälterisch, sparsam:* die rationelle Ausnutzung, Anwendung vorhandener Mittel; rationelle Fertigungsmethoden; der Einsatz des Computers ist dem Chef noch nicht r. genug; r. arbeiten.

rationieren, rationierte, hat rationiert ⟨tr., etwas r.⟩: *etwas einteilen, beschränken; etwas in beschränkten Rationen zuteilen:* Lebensmittel, den Verpflegungssatz, Benzin, Heizöl [vorübergehend] r.

Razzia, die; der Razzia, die Razzien [...*jᵉn*], selten auch: die Razzias: *polizeiliche Fahndungsaktion, Fahndungsstreife* (auch auf militär. Aktionen bezogen): die Polizei führt regelmäßig Razzien in den Kneipen dieser Straße durch; er wurde bei einer R. festgenommen.

reagieren, reagierte, hat reagiert ⟨intr.⟩: **1)** *auf etwas ansprechen, antworten, eingehen:* heftig, unerwartet, vernünftig, ruhig, gelassen, nervös, abnorm, empfindlich, sauer (ugs.), vorschnell, körperlich, seelisch auf etwas r.; er hat auf meinen Brief bis jetzt nicht reagiert; ich kann mit ihm anstellen, was ich will, er reagiert einfach nicht; der Motor dieses Wagens reagiert beim flüchtigen Antippen des Gaspedals. **2)** /Chem./ *eine chemische Reaktion eingehen, im Sinne einer chemischen Reaktion aufeinander einwirken* (auf Stoffe bezogen): Wasserstoff und Sauerstoff r. bei Erwärmung sehr heftig miteinander; Natrium reagiert mit Chlor unter Bildung von Natriumchlorid (Kochsalz); dieser Stoff reagiert basisch, alkalisch, sauer.

Reaktion, die; der Reaktion, die Reaktionen: **1)** *das Reagieren, Antwortverhalten:* eine starke, heftige, unerwartete, natürliche, menschliche, gefühlsmäßige, seelische, psychische, physische, vernünftige, nervöse, abnorme, sinnlose R.; meine Müdigkeit ist nichts weiter als eine natürliche R. auf die starken körperlichen Strapazen; die R. des Organismus auf einen Umweltreiz; er zeigte keinerlei R. auf meine Drohungen; eine R. provozieren, vorhersehen, auslösen, erwarten. **2)** /Chem.; Kurzbez. für/ **chemische R** : *chemischer Vorgang, der unter stofflichen Veränderungen abläuft:* die R. zwischen einem Metall und einer Säure, eines Metalls mit einer Säure; eine R. beginnt, setzt ein, findet statt. **3)** ⟨gew. nur Einz.⟩: (abschätzig): *Gesamtheit aller nicht fortschrittlichen politischen Kräfte:* die R. bekämpfen.

reaktionär ⟨Adj.; attr. und als Artangabe⟩ (bildungsspr.): *rückschrittlich, fortschrittsfeindlich, streng konservativ:* reaktionäre Kräfte in einer Partei; eine reaktionäre Politik; seine Ansichten sind weitgehend r.; als r. gelten; sich r. geben.

Reaktionär, der; des Reaktionärs, die Reaktionäre (bildungsspr., abschätzig): *fortschrittsfeindlicher Mensch:* ein politischer, sozialistischer R.

real ⟨Adj.; attr. und als Artangabe⟩: **a)** ⟨ohne Vergleichsformen⟩: *wirklich, vorhanden, existierend:* die reale Welt, die realen Tatsachen; etwas ist r. vorhanden; r. existieren. **b)** *wirklichkeitsbezogen, wirklichkeitsnah, tatsächlich, stofflich, greifbar:* reale Vorstellungen, Ansichten; eine reale Beurteilung der Lage; er hat ein reales Einkommen von ...; die realen Hintergründe von etwas; diese Überlegungen sind nicht r. genug; nur der reale Erfolg zählt; er sollte die Lage etwas realer einschätzen.

realisieren, realisierte, hat realisiert ⟨tr., etwas r.⟩: **1)** *etwas verwirklichen:* einen Plan, ein Projekt, Wünsche r.: **2)** (bildungsspr.) *klar erkennen, begreifen, einsehen:* ich bezweifle, ob er in diesem Augenblick noch r. konnte, was eigentlich geschehen war; die CDU wird ihre neue Rolle als Oppositionspartei nur schwer r. können.

Realist, der; des Realisten, die Realisten: *sachlich-nüchtern denkender und handelnder Mensch:* ein harter, politischer, militärischer, wirtschaftlicher R.; er ist ein, kein R.

realistisch ⟨Adj.; attr. und als Artangabe⟩: **1)** ⟨gew. ohne Vergleichsformen⟩: *wirklichkeitsgetreu, lebensnah:* eine realistische Darstellung, Schilderung; ein realistischer Bericht; dieses Gemälde ist sehr r.; r. malen, zeichnen, schildern. **2)** *sachlich-nüchtern, ungeschminkt:* ein realistischer Mensch, Politiker; ihr Mann ist in allem sehr r.; die Außenpolitik der neuen Regierung ist nicht r. genug; die Lage r. beurteilen, einschätzen; r. denken, handeln.

Realität, die; der Realität, die Realitäten: *Wirklichkeit, tatsächliche Lage, Gegebenheit:* das zweigeteilte Deutschland ist eine [harte, grausame, unleugbare, politische] R.; die [wirtschaftlichen, sozialen] Realitäten sehen, begreifen, leugnen.

Rebell, der; des Rebellen, die Rebellen: **a)** *Aufrührer, Aufständischer:* bewaffnete Rebellen; der General ließ die Rebellen erschießen. **b)** /übertr./ *jmd., der sich gegen etwas oder jmdn. auflehnt, Aufbegehrender:* er gehört zu den Rebellen innerhalb der Partei.

rebellieren, rebellierte, hat rebelliert ⟨intr.⟩ (bildungsspr.): *sich auflehnen, sich widersetzen, aufbegehren:* die Gefangenen rebellierten gegen die unmenschliche Behandlung; wenn ich das verlange, r. meine Töchter.

Rebellion, die; der Rebellion, die Rebellionen (bildungsspr.): **a)** *Aufruhr, Aufstand:* eine bewaffnete, gefährliche R.; eine R. verhindern, unterdrücken; an einer R. teilnehmen. **b)** /übertr./ *Auflehnung, Aufbegehren:* die R. der Jugend gegen die verlogene Moral der älteren Generation.

rebellisch ⟨Adj.; attr. und als Artangabe⟩: **a)** ⟨gew. nur attr. ; ohne Vergleichsformen⟩: *aufrührerisch, sich an einem Aufstand beteiligend:* rebellische Truppen, Soldaten, Offiziere. **b)** *aufsässig, aufbegehrend:* die rebellische Jugend; die Studenten sind, werden r.; sich r. benehmen; r. reagieren.

Recherche [*reschärsch^e*], die; der Recherche, die Recherchen ⟨meist Mehrz.⟩ (bildungsspr.): *Nachforschung, Ermittlung:* umfangreiche, eingehende, genaue, sorgfältige, zeitraubende, ergebnislose Recherchen; über einen Fall, über jmdn., in einer Sache Recherchen anstellen; die Recherchen unserer Zeitung haben nichts ergeben; die Recherchen einstellen, aufgeben.

recherchieren [*reschärschir^en*], recherchierte, hat recherchiert ⟨intr.⟩ (bildungsspr.): *Ermittlungen anstellen, Nachforschungen anstellen, ermitteln:* ein Reporterteam unserer Zeitschrift hat in diesem Fall erfolgreich, erfolglos, ergebnislos recherchiert.

Redakteur [...*tör*], der; des Redakteurs, die Redakteure: *jmd., der Beiträge für die Veröffentlichung in Zeitungen, Zeitschriften, Sammelwerken u. dgl. bearbeitet oder eigene Artikel verfaßt:* er ist R. beim „Mannheimer Morgen", in einem Verlag.

Redaktion, die; der Redaktion, die Redaktionen: **a)** *Tätigkeit des Redigierens:* die R. eines Aufsatzes machen, übernehmen; er ist für die gesamte R. des Buchs verantwortlich. **b)** *selbständige Verlagsabteilung aus Redakteuren und entsprechenden Hilfskräften:* er gehört zur R. dieser Zeitung; der Verlag gliedert sich in mehrere Redaktionen. **c)** *Arbeitsräume der Redakteure:* der Chef hat die R. gerade verlassen; Sie können mich in der R. finden.

redaktionell ⟨Adj.; attr. und als Artangabe, aber nicht präd.; ohne Vergleichsformen⟩: *die Manuskriptbearbeitung betreffend; in einer Redaktion erfolgend:* die redaktionelle Bearbeitung eines Artikels; ein Buch r. betreuen.

redigieren, redigierte, hat redigiert ⟨tr., etwas r.⟩: *einen Text für die Publikation überarbeiten, druckreif machen; etwas als Redakteur betreuen:* ein Manuskript, einen Artikel, einen Aufsatz, den Lokalteil einer Tageszeitung r.

reduzieren, reduzierte, hat reduziert ⟨tr., etwas r.⟩: *etwas einschränken, auf ein geringeres Maß zurückführen, verringern, verkleinern:* den Verbrauch, den Zigarettenkonsum, die Ausgaben, die Preise, das Personal, die Mitarbeiterzahl r.; die Amerikaner wollen ihre Streitkräfte, Truppen in Vietnam [schrittweise, stufenweise, langsam, allmählich] r.; der Arzt hat mir gesagt, daß ich die Tablettendosis allmählich auf zweimal eine Tablette täglich r. soll.

reell ⟨Adj.; attr. und als Artangabe⟩: **1)** *zuverlässig, ehrlich, redlich, einwandfrei, [geschäftlich] sauber, anständig, wie sich's gehört:* ein reeller Geschäftsmann, Partner, Vorschlag; eine reelle Politik, Bedienung; dieses Angebot ist durchaus r.; in diesem Land wird man r. bedient; die Mannschaft hat r. gewonnen. **2)** ⟨gew. nur attr. und präd.⟩: *realisierbar, erfolgversprechend; echt, tatsächlich vorhanden:* er hat reelle Chancen, Aussichten; ich halte diese Politik für r.; seine Chancen sind nicht r. genug, sind als r. zu beurteilen; die Möglichkeiten auf diesem Gebiet sind wenig r.

Referat, das; des Referat[e]s, die Referate (bildungsspr.): **1)** *Sachgebiet eines → Referenten, kleinere Abteilung:* ein R. übernehmen, leiten, abgeben, aufbauen; er ist zuständig für das R. „Wirtschaftliche Zusammenarbeit" im Bundesfinanzministerium. **2)** *Gutachten, Vortrag; kürzere wissenshaftliche Arbeit über ein bestimmtes Thema:* ein R. ausarbeiten, halten, vortragen; er muß im Seminar ein R. über Pestalozzi, über Goethes Wahlverwandtschaften, über den Begriff des subjektiven Unrechtsbewußtsein im Strafrecht, mit dem Thema „Homosexualität bei Tieren" halten.

Referent, der; des Referenten, die Referenten: **1)** *jmd., der ein Referat hält; jmd., der über etwas vorträgt, berichtet:* für diesen Vormittag haben wir noch drei Referenten, die wir aus Zeitgründen herzlich bitten, sich möglichst kurz zu fassen; der Gesprächsleiter erteilte dem nächsten Referenten das Wort. **2)** *Sachbearbeiter [in einer Dienststelle]:* er ist R. für Zollfragen im Bundesfinanzministerium; er ist der in dieser Angelegenheit zuständige R. – * **persönlicher R.:** *jmd., der einem Vorgesetzten alle Hilfsdienste leistet, die zur raschen und reibungslosen Bewältigung der in seinem Ressort anfallenden Aufgaben erforderlich sind:* er ist der persönliche R. des Bundeskanzlers, des Ministers, des Direktors, des Chefs.

Referenz, die; der Referenz, die Referenzen ⟨meist Mehrz.⟩: *Empfehlung; Stelle, auf deren Empfehlungen man sich berufen will oder kann:* gute, hervorragende, erstklassige Referenzen; Referenzen haben, aufweisen, nachweisen, beibringen; von jmdm. Referenzen verlangen; jmdn. als R. angeben; über gute Referenzen verfügen; er benötigt für seine Bewerbung mindestens zwei Referenzen angesehener Persönlichkeiten.

referieren, referierte, hat referiert ⟨intr., über etwas r.⟩: *ein Referat über etwas halten, über eine Sache vortragen, berichten:* kurz, ausführlich über etwas r.; über eine Tagung, Sitzung, über ein neu erschienenes Buch r.; er muß beim Chef über den Stand der Verhandlungen r.

reflektieren, reflektierte, hat reflektiert ⟨tr. und intr.⟩: **I.** ⟨tr., etwas reflektiert etwas⟩: **a)** /Phys./ *etwas wirft (strahlt) etwas zurück:* Strahlen, Wellen werden an, von rauhen Grenzflächen diffus, ungleichmäßig reflektiert; Lichtstrahlen werden an, von glatten Grenzflächen gleichmäßig, regelmäßig, gerichtet reflektiert; Schallwellen werden von, an Filzplatten schlecht, von festen Wänden gut reflektiert; das Fenster reflektiert die Sonnenstrahlen, das Sonnenlicht. **b)** /übertr./ (bildungsspr.) *etwas spiegelt etwas wider:* seine Augen r. seinen Schmerz, seine Freude, seine glückliche Stimmung. **II.** ⟨intr.⟩: **1)** ⟨auf etwas r.⟩: *etwas erstreben, im Auge haben, gern haben wollen:* er reflektiert auf den Posten des Staatssekretärs; er reflektiert auf den Sportwagen seines Bruders. **2)** ⟨über etwas r.⟩ (bildungsspr.): *über etwas nachdenken, Betrachtungen über etwas anstellen:* ich habe lange über mich selbst, über meine Zukunft, über unsere Ehe, über die Frage nach dem Sinn des Lebens reflektiert.

Reflex, der; des Reflexes, die Reflexe: **1)** /bes. Biol. und Med./ *angeborene oder erworbene unwillkürliche Bewegungsreaktion (eines Muskels oder einer bestimmten Muskelgruppe) auf einen auslösenden Außenreiz:* ein angeborener, erworbener, bedingter (= *nur zeitweilig auslösbarer*), unbedingter (= *immer auslösbarer*), krankhafter, frühkindlicher R.; einen R. auslösen, prüfen; ein R. ist vorhanden, tritt auf; meine Reflexe sind gut; diese Bewegung war nur ein R. [auf den Schlag meines Gegners]. **2a)** /bes. Phys./ *von einem spiegelnden Körper zurückgeworfener Widerschein:* ein starker, schwacher R.; er beobachtete die Reflexe des Sonnenlichts auf dem Wasser; das Licht wirft Reflexe auf die Fensterscheibe; der R. des Lichts in den Gläsern einer Brille. **b)** /übertr./ (bildungsspr.) *Widerschein, Abglanz:* er sah in ihren Augen den R. eines Lächelns.

Reform, die; der Reform, die Reformen: *Umgestaltung, Neuordnung:* eine kleine, große, umfassende, tiefgreifende, einschneidende, notwendige, politische, soziale, wirtschaftliche R.; eine R. des Verwaltungsapparates, der wissenschaftlichen Ausbildung, des Strafrechts, der Wirtschaft, der Steuergesetze, der Partei; eine R. durchführen, in Angriff nehmen, durchsetzen, fordern; etwas durch Reformen verbessern; * eine R. an Haupt und Gliedern (= *eine totale, umfassende R.*).

Reformer, der; des Reformers, die Reformer (bildungsspr.): *jmd., der Reformen plant oder durchführt, Umgestalter, Erneuerer:* ein mutiger, kühner, freudiger, politischer, sozialer Reformer.

reformieren, reformierte, hat reformiert ⟨tr., etwas r.⟩: *etwas neu ordnen, neu gestalten, umgestalten, planmäßig verbessern:* Gesetze, das Strafrecht, das Hochschulwesen, die Kirche, die Liturgie, den Kalender r.

Refrain [*refräng*], der; des Refrains, die Refrains: *regelmäßig wiederkehrende gleiche Laut- oder Wortfolge in einem Gedicht oder Lied, Kehrreim:* dieses Lied hat einen lustigen, einprägsamen R.; den R. singen wir alle im Chor!

Regal, das; des Regals, die Regale: *mit Fächern versehenes Gestell bes. für Bücher oder Waren:* ein kleines, großes, hölzernes, eichenes, eisernes R.; ein R. für Bücher, für Akten, für Flaschen, für Konserven; ein R. einräumen, ausräumen; alle seine Regale sind bis oben mit Büchern gefüllt; ein Buch aus einem R. [heraus]nehmen, in ein R. einstellen.

Regie [*reschi*], die; der Regie, die Regien: **a)** *Spielleitung, künstlerische Leitung (eines Films, Schauspiels u. dgl.):* in einem Film, bei einem Schauspiel R. führen; die R. eines Fernsehspiels übernehmen. **b)** /übertr./ /in bestimmten festen Verbindungen/ *verantwortliche Leitung, Verwaltung:* etwas in eigener R. tun; Beckenbauer führte im Mittelfeld R. (= *organisierte den Aufbau des Spiels*).

Regatta, die; der Regatta, die Regatten: *Bootswettfahrt:* der Ruderclub veranstaltet eine internationale R. auf dem Bodensee; eine R., in einer R. gewinnen; an einer R. teilnehmen.

Regeneration, die; der Regeneration, die Regenerationen (bildungsspr.): *Wiederherstellung, Erneuerung:* die körperliche, seelische, geistige, wirtschaftliche, sittliche R.

regieren, regierte, hat regiert ⟨tr. und intr.⟩: **1 a)** ⟨jmdn., etwas r.; auch intr.⟩: *eine größere Gemeinschaft als Obrigkeit leiten, einen Staat verwalten und führen; die Herrschaft über jmdn., etwas haben, an der Macht sein:* ein Volk, ein Land, einen Staat, eine Stadt r.; streng, mild, mit starker Hand, lange, kurz r.; der König regierte von ... bis ...; die CDU hat in Bonn 20 Jahre lang regiert; der Schah regiert über rund 23 Millionen Menschen. **b)** /übertr./ *etwas beherrschen; herrschen:* Geld regiert die Welt (Sprw.); in dieser Stadt regiert die Gewalt, der Terror, die Korruption; in unserem Land regiert die Vernunft. **2)** ⟨etwas regiert etwas⟩: /Sprachw./ *ein Wort erfordert für ein abhängiges Wort einen bestimmten Kasus:* dieses Verb regiert den Akkusativ, den Dativ; dieses Adjektiv regiert den Genitiv.

Regierung, die; der Regierung, die Regierungen: **1)** ⟨nur Einz.⟩: *Tätigkeit des Regierens, Staatsgewalt, Herrschaft:* die R. antreten, übernehmen, übergeben. **2)** *Gesamtheit der Minister und Beamten, die einen Staat oder ein Land regieren:* die Bonner, Berliner, Stuttgarter R.; die französische, englische R.; die R. Nixon, Brandt; die R. in Washington, in Paris, in Nordrhein-Westfalen; eine starke, schwache R.; SPD und FDP werden [gemeinsam] die neue R. bilden; die R. auflösen, angreifen, anerkennen, unterstützen; die R. ist zurückgetreten, hat versagt; aus der R. austreten; sich an die R. wenden.

Regime [*resehim*], das; des Regime[s], die Regime [*resehime*], selten auch noch: des Regimes (bildungsspr., meist abschätzig): *Regierungsform, Regierungssystem; Regierung:* ein diktatorisches, kapitalistisches, kommunistisches R.; das nationalsozialistische, stalinistische R.; ein R. kommt, gelangt an die Macht; ein R. stürzen.

Regiment: 1) das; des Regiment[e]s, die Regimenter: /Mil./; häufig in Zus. wie: Infanterieregiment, Panzerregiment/*größere, aus mehreren Bataillonen bestehende Truppeneinheit:* das erste, zweite R.; ein R. kommandieren, befehligen; einem R. angehören, zugeteilt werden. **2)** das; des Regiment[e]s, die Regimente ⟨Mehrz. ungew.⟩ (geh., veraltend): *Regierung, Herrschaft:* das geistliche, kirchliche R.; das Volk litt unter seinem strengen, grausamen, unmenschlichen R.; das R. antreten, an sich reißen; er führt in seinem Betrieb ein strenges R. (= *er ist ein strenger Chef*); sie führt zu Hause das R. (= *sie bestimmt, gibt den Ton an*). – /bildl./: der Winter führt ein strenges R. (= *es ist sehr kalt draußen und alles ist unter Eis und Schnee erstarrt*).

Region, die; der Region, die Regionen: *Gegend, Bereich, Abschnitt:* die nördliche, südliche R. der Alpen; die höher gelegenen Regionen der Alpen; die tieferen Regionen des Meeres; die einzelnen Regionen des menschlichen Körpers, des Bauches. – /übertr.; nur in den festen Wendungen /* in höheren Regionen schweben (= *sich so intensiv mit etwas beschäftigen, daß man alles um sich herum vergißt*); * ständig, immer in höheren Regionen schweben (= *ein unrealistischer Träumer sein*).

regional ⟨Adj.; attr. und als Artangabe, aber gew. nicht präd.; ohne Vergleichsformen⟩: *ein bestimmtes Gebiet betreffend; gebietsweise, gebietsmäßig; landschaftlich:* eine regionale Tageszeitung, Fernsehsendung; die regionale Funkwerbung; regionale Wahlen; regionale Unterschiede, Abweichungen; etwas ist nur von regionalem Interesse; etwas ist r. begrenzt, beschränkt, verschieden; die Krankheit ist bisher nur r. aufgetreten.

Regisseur [*resehißör*], der; des Regisseurs, die Regisseure: **a)** *jmd., der in einem Film, in einem Theaterstück,* *in einem Fernsehspiel oder allgemein in einer Rundfunk- oder Fernsehsendung Regie führt:* ein junger, erfahrener, erfolgreicher, avantgardistischer, deutscher, polnischer R.; R. sein, werden; der R. eines Films, eines Fernsehspiels, einer Rundfunkübertragung; er versucht sich zum ersten Mal als R. in einem Spielfilm. **b)** /übertr., bes. Fußball/ *spielgestaltende Persönlichkeit in einem Mannschaftswettkampf:* Fritz Walter war der große R. [im Mittelfeld] in der deutschen Elf.

Register, das; des Registers, die Register: **1)** *Verzeichnis:* **a)** *amtliches Verzeichnis, in dem rechtlich wichtige Vorgänge registriert werden:* etwas in ein [öffentliches] R. eintragen; etwas in einem R. verzeichnen; eine Eintragung in einem R. löschen; das Standesamt führt ein R. über die Geburten, Eheschließungen, Todesfälle. **b)** *[alphabetisches] Inhaltsverzeichnis zu einem Schriftwerk, Wort-, Sachweiser:* dieses Buch enthält ein ausführliches, kurzes, alphabetisches R.; ein R. anlegen, anfertigen; das Wort fehlt im R. **2)** /Mus./ *an der Orgel die jeweils meist den ganzen Tonumfang abdeckende Pfeifengruppe mit charakteristischer Klangfärbung:* ein R. ziehen; mehrere R. mischen. – /übertr.; nur in der festen Wendung/ * **alle, sämtliche R. ziehen** (ugs.): *alle verfügbaren Mittel einsetzen.*

registrieren, registrierte, hat registriert ⟨tr.⟩: **1)** ⟨jmdn., etwas r.⟩: *jmdn., etwas in ein Register, in eine Kartei eintragen; jmdn., etwas durch Eintragung in ein Register oder eine Kartei behördlich erfassen:* er ist in der Flensburger Kartei als vorbestraft registriert; Prostituierte müssen sich beim Gesundheitsamt r. lassen; der Beamte hat die Waffe, das Patent, den Vorgang registriert. **2)** ⟨etwas registriert etwas⟩: *etwas zeichnet etwas selbsttätig auf, etwas vermerkt etwas selbsttätig:* dieses Instrument registriert die geringsten Druckschwankungen, die Temperaturunterschiede, die jeweilige Luftfeuchtigkeit, die Herztätigkeit, die Aktionsströme des Gehirns, die Atmung; die Kasse registriert automatisch alle Einnahmen. **3)** ⟨etwas r.⟩ *etwas ins Bewußtsein aufnehmen, bewußt wahrnehmen, gedanklich festhalten; etwas feststellen, als Tatsache vermerken:* er hatte diesen Vorfall im Unterbewußtsein registriert; er registrierte meine Vorschläge und Einwände ganz sachlich und nüchtern, ohne sich in irgendeiner Form dazu zu äußern; Presse und Rundfunk haben sich damit begnügt, die Angelegenheit zu r.

Reglement [regl^{e}m$a$ng, schweiz.: ...mänt], das; des Reglements, die Reglements (schweiz.: die Reglemente) (bildungsspr.): *Dienstvorschrift; Geschäftsordnung; Bestimmungen, Statuten:* das R. der deutschen Tennismeisterschaften; das R. für die Ausscheidungsturniere zur Ermittlung des Schachweltmeisters; ein R. aufstellen, ändern; das R. beachten; gegen das R. verstoßen; das R. besagt, daß ...; dieser Fall ist im R. nicht vorgesehen.

regulär ⟨Adj.; attr. und als Artangabe; gew. ohne Vergleichsformen⟩: **1)** *der Regel entsprechend, vorschriftsmäßig; üblich, gewöhnlich:* ein reguläres Geschäft, Spiel, Verfahren, Ergebnis; reguläre Maßnahmen; die reguläre Spielzeit ist vorbei; das Ergebnis dieses Fußballspiels ist völlig r.; der Ausgang des Boxkampfes ist leider nicht r.; dieser Treffer wurde r. erzielt; das Fernsehgerät kostet r. (= *normalerweise*) bereits 850 DM; er hat seinen Gegner ganz r. besiegt. – * **reguläre Truppen** (= *Soldaten, die als solche ausgebildet wurden; im Ggs. zu den Partisanen*). **2)** ⟨nicht präd.; ohne Vergleichsformen⟩ (ugs.): *ausgesprochen, regelrecht:* das ist reguläre Volksdummung; er hat mich r. umgestoßen.

regulieren, regulierte, hat reguliert ⟨tr., etwas r.⟩: *dafür sorgen, daß etwas [wieder] richtig funktioniert; etwas regeln, in Ordnung bringen:* eine Uhr

rehabilitieren

r.; die Temperatur in diesem Raum wird von einem Thermostat reguliert; dieses Mittel reguliert die Verdauung, den Kreislauf; meine Versicherung wird den Unfallschaden r.; eine Forderung, Rechnung r.; einen Fluß r. (= *begradigen*).

rehabilitieren, rehabilitierte, hat rehabilitiert ⟨tr. und refl.⟩ (bildungsspr.): **a)** ⟨jmdn. r.⟩: *jmds. guten Ruf wiederherstellen; jmds. Verhalten nachträglich rechtfertigen, als untadelig erweisen:* durch diese Zeugenaussage wurde er nach zehn Jahren vollständig rehabilitiert; der Staat ist verpflichtet, diesen Pädagogen vor seinen Kollegen und Mitmenschen zu r. **b)** ⟨sich r.⟩ *sich nachträglich für etwas rechtfertigen, seinen guten Ruf zurückgewinnen:* er konnte sich vor der Öffentlichkeit, vor seinen Mitarbeitern [vollständig] r.

rekapitulieren, rekapitulierte, hat rekapituliert ⟨tr., etwas r.⟩ (bildungsspr.): *etwas zusammenfassend wiederholen:* die Hauptpunkte eines Vortrags, einer Diskussion r.; wir wollen einmal kurz r., was wir besprochen haben.

Reklamation, die; der Reklamation, die Reklamationen: *Beanstandung, Beschwerde:* eine unverzügliche, sofortige, verspätete, begründete, unberechtigte, vergebliche R.; eine R. gegen etwas vorbringen; eine R. zurückweisen, anerkennen.

Reklame, die; der Reklame, die Reklamen: *Werbung; Werbemittel:* eine gute, schlechte, geschmacklose, marktschreierische, aufdringliche, wirksame R.; die R. im Rundfunk, im Fernsehen, in den Illustrierten, in den Zeitungen; für eine Zigarettenmarke, für ein neues Automodell, für einen Film R. machen. – * **mit etwas, jmdm. R. machen** (alltagsspr.): *andere mit etwas oder jmdm. beeindrucken wollen, mit etwas oder jmdm. angeben:* er macht [bei seinen Kollegen] schwer R. mit seinem neuen Wagen, mit seiner neuen Sekretärin.

reklamieren, reklamierte, hat reklamiert ⟨tr., etwas r.; auch intr.⟩: *dagegen Einspruch erheben, daß etwas nicht, nicht korrekt oder nicht vollständig ausgeführt wird oder nicht so abläuft, wie man es eigentlich erwarten darf:* einen Brief, ein Paket, eine Sendung, einen Geldbetrag bei der Post r.; ich habe wegen dieser Sache schon bei der Bahn, bei der Post, auf der Post reklamiert; die Spieler reklamierten beim Schiedsrichter einen Elfmeter, einen Eckball, Abseits.

rekonstruieren, rekonstruierte, hat rekonstruiert ⟨tr., etwas r.⟩ (bildungsspr.): *etwas Vergangenes so nachbilden oder nachzeichnen, daß es bis in die Einzelheiten hinein wieder lebendig wird:* das Modell dieser alten Festungsanlage wurde aus, nach Aufzeichnungen rekonstruiert; den Hergang einer Tat, ein Verbrechen [aus den Indizien, nach den Zeugenaussagen], eine Unterhaltung, ein Gespräch, den Inhalt einer Rede r.; wir haben den Autounfall in allen Einzelheiten rekonstruiert.

Rekord, der; des Rekord[e]s, die Rekorde: **a)** *meßbare oder zählbare Höchstleistung in einer bestimmten sportlichen Disziplin oder Übung:* der alte, noch gültige, seit sechs Jahren bestehende R. im Hochsprung liegt bei 2,28 m; er hat einen neuen, phantastischen R. im Weitsprung, im 10000-m-Lauf aufgestellt; diese Staffel hält den gesamtdeutschen R. über 4×100 m Freistilschwimmen; einen R. verbessern, überbieten, unterbieten, innehaben, brechen, erzielen, einstellen (= *einen bestehenden Rekord erreichen, aber nicht übertreffen*), übertreffen, verlieren, anmelden, anerkennen. **b)** /übertr./ *Höchstleistung, Spitzenleistung, maximale Anzahl, bisher nicht Dagewesenes:* bei der Schacholympiade erzielte der russische Meister am ersten Brett einen persönlichen R., indem er von 10 Partien 9 gewann; dieser Film ist auf den besten Wege, alle, sämtliche bisherigen Rekorde in puncto Laufzeit zu brechen, zu überbieten, zu schlagen; ein trauriger R.: 112 Verkehrstote an einem einzigen Wochenende.

Rekrut, der; des Rekruten, die Rekruten: *Soldat, der sich noch in der Grundausbildung befindet:* ein junger, neuer R.; Rekruten ausheben, einziehen, ausbilden.

rekrutieren, rekrutierte, hat rekrutiert ⟨refl. und tr.⟩ (bildungsspr.): **a)** ⟨sich aus etwas r.⟩: *sich aus etwas ergänzen, zusammensetzen:* die deutsche Nationalelf rekrutiert sich vorwiegend aus drei Bundesligavereinen. **b)** ⟨etwas, jmdn. aus etwas r.⟩ (selten): *etwas aus etwas ergänzen, zusammensetzen:* dieses Nachrichtenmagazin rekrutiert seine Spitzenkräfte vor allem aus ehemaligen Fernsehjournalisten.

Rektor, der; des Rektors, die Rektoren: *Leiter einer Grund-, Haupt- oder Mittelschule oder einer Hochschule:* er wurde zum R. der Hauptschule, an der Mittelschule ernannt; er wurde zum neuen R. der Universität gewählt; der R. der Universität ist zurückgetreten.

Relation, die; der Relation, die Relationen (bildungsspr.): *Beziehung, [richtiges] Verhältnis:* die R. zwischen Einnahmen und Ausgaben, zwischen Unterricht und Freizeit; Unterhaltungssendungen, kulturpolitische Sendungen und Informationssendungen im Fernsehen sollten in einer vernünftigen R. [zueinander] stehen; die R. zwischen dem tatsächlichen Aufwand und dem erzielten Erfolg stimmt in diesem Fall nicht mehr, ist in diesem Fall gestört.

relativ [...*if*]⟨Adj.; attr. und als Artangabe; ohne Vergleichsformen⟩: **a)** *auf andere vergleichbare Dinge bezogen, nicht absolut gültig:* der relative Wert des Geldes; die relative Luftfeuchtigkeit; „Schönheit" ist ein relativer Begriff; dieses Urteil, dieser Standpunkt ist sehr r.; etwas r. sehen, beurteilen; etwas trifft nur r. (= *bedingt*) zu. – * **relative Mehrheit:** *einfache Mehrheit der anwesenden Abstimmungsberechtigten.* **b)** ⟨nur attr.; in Verbindung mit anderen Adjektiven⟩: *verhältnismäßig, vergleichsweise; den Umständen entsprechend:* der Bundeskanzler verfügt im Kabinett über eine r. kleine, geringe, schwache, große, hohe, starke Mehrheit; er hat sich r. gut aus der Affäre gezogen; es geht ihr r. gut, schlecht; er hat mir r. viel, wenig geholfen.

relegieren, relegierte, hat relegiert ⟨tr., jmdn. r.⟩ (bildungsspr.): *jmdn. vom Unterricht an einer höheren oder Hochschule ausschließen, jmdn. von einer Schule verweisen:* der Rektor der Universität drohte, die Rädelsführer der Demonstranten von der Universität zu r.

relevant [...*vạnt*] ⟨Adj.; attr. und als Artangabe, meist präd.; ohne Vergleichsformen⟩ (bildungsspr.): *erheblich, bedeutsam, wichtig:* einen relevanten Einwand vorbringen; diese Angelegenheit ist r. genug, im Bundestag behandelt zu werden; ich halte seine Einwände nicht für r.

Religion, die; der Religion, die Religionen: **1)** *an bestimmte Riten und Vorschriften gebundene, im allgemeinen von einer größeren Gemeinschaft akzeptierte selbständige Form kultischer Gottesverehrung:* die abendländischen, christlichen, morgenländischen, heidnischen Religionen; die katholische, evangelische, jüdische, hinduistische R.; eine R. begründen, ausüben; sich zu einer R. bekennen. **2)** ⟨ohne Mehrz.⟩: *persönlicher Gottesglaube, Frömmigkeit:* er hat keine R.; er ist ein Mensch ohne R.; er glaubt, ohne R. leben zu können; wir haben über R. diskutiert.

religiös ⟨Adj.; attr. und als Artangabe⟩: **1)** ⟨gew. nicht präd.; ohne Vergleichsformen⟩: *auf die Religion oder die Religionsausübung bezogen, Religions...:* religiöse Fragen, Bindungen, Vorschriften, Gebote; ein religiöses Buch; religiöses Brauchtum; eine religiöse Gemeinschaft; sich r. binden, engagieren. **2)** *gottesfürchtig, fromm:* ein religiöser Mensch; ein religiöses Leben führen; religiöse Ergriffenheit; ein religiöser Schwärmer; sie ist sehr r. [eingestellt]; r. leben; seine Kinder r. erziehen.

Religiosität, die; der Religiosität ⟨ohne Mehrz.⟩ (bildungsspr.): *Frömmigkeit,*

Gläubigkeit: eine übertriebene R. zur Schau tragen.

Relikt, das; des Relikt[e]s, die Relikte (bildungsspr.): *Überbleibsel, Rest:* seine Abneigung gegen Eintopfgerichte ist ein R. aus seiner Militärzeit.

Reliquie [...i^e], die; der Reliquie, die Reliquien: *materieller Überrest eines Heiligen oder eines diesem zugeschriebenen Besitzstücks als Gegenstand religiöser Verehrung:* eine R. des heiligen Laurentius; eine R. verehren, küssen, ausstellen; bei der Prozession wurde eine R. mitgeführt.

Reminiszenz, die; der Reminiszenz, die Reminiszenzen (bildungsspr.): *Erinnerung, Nachklang, Überbleibsel:* der Muttertag ist eine [unzeitgemäße] R. aus der Nazizeit.

remis [r^emi] ⟨indekl. Adj.; nicht attr., nur als Artangabe; ohne Vergleichsformen⟩: *unentschieden:* diese Schachpartie ist r., wird r. enden, ausgehen; der Wettkampf, das Fußballspiel ist r.; Kaiserslautern und Nürnberg spielten r.

Remis [r^emi], das; des Remis [r^emi(ß)], die Remis [r^emi(ß)] oder die Remisen [r^emis^en]: *Unentschieden, unentschiedener Ausgang einer Schachpartie oder eines anderen sportlichen Wettkampfs:* ein gerechtes, verdientes, unverdientes, überraschendes R.; die beiden Schachpartner einigten sich auf ein R.; der Weltmeister bot seinem Gegner ein R. an; ein R. erzielen, erkämpfen; das Fußballpokalspiel endete mit einem R.; er begnügte sich mit einem R.

Renaissance [r^enäßạngß], die; der Renaissance, die Renaissancen [...ß^en]: **1)** ⟨ohne Mehrz.⟩: *kulturgeschichtliche Epoche (etwa des 14. bis 16. Jh.s), die unter dem Leitgedanken einer gesamteuropäischen Erneuerung der antiken Lebensform auf geistigem und künstlerischem Gebiet stand:* die Baukunst, die Malerei, der Stil, die Literatur, die Dichter, die großen Meister der R.; die deutsche, italienische, frühe, späte R. **2)** ⟨Mehrz. selten⟩ /übertr./ (bildungsspr.): *jedes Wiederaufleben einer früheren Kulturerscheinung; Wiederaufleben, Wiedergeburt, zweite Blüte:* wir erlebten jetzt eine ausgesprochene R. des Biedermeiers, der Mode um die Jahrhundertwende, des Fahrrads.

Rendezvous [rạngdewụ], das; des Rendezvous [...wụß], die Rendezvous [...wụß]: **a)** *Stelldichein, Verabredung, Zusammentreffen:* ein heimliches, zärtliches R.; ein R. vereinbaren, verabreden; zu einem R. mit jmdm. gehen; sich zu einem R. einfinden. **b)** *Begegnung [und Kopplung] von Raumfahrzeugen im Weltall:* das R. der beiden Raumfahrzeuge, der Astronauten im Weltraum.

Rendite, die; der Rendite, die Renditen: *Ertrag, den ein angelegtes Kapital in einem bestimmten Zeitraum einbringt:* eine kleine, große R.; dieses Geschäft bringt eine jährliche R. von mindestens 5–6%; das Häuschen wird eine kleine R. für mich abwerfen.

renitent ⟨Adj.; attr. und als Artangabe⟩ (bildungsspr.): *widerspenstig, widersetzlich, störrisch:* ein renitenter Junge, Bursche, Schüler; eine renitente Haltung; mehrere Parteimitglieder sind in der Frage der kleinen Koalition ziemlich r.; sich r. weigern.

Renommee, das; des Renommees, die Renommees ⟨Mehrz. ungew.⟩: *[guter] Ruf, Ansehen, Leumund:* ein gutes, schlechtes R. haben; sein R. aufs Spiel setzen, verlieren; das wird seinem R. als Arzt schaden.

renommieren, renommierte, hat renommiert ⟨intr.⟩: *angeben, prahlen, großtun:* er renommiert gern [mit seinen Erfolgen, mit seinen Liebesabenteuern].

renommiert ⟨Adj.; gew. nur attr. und präd.⟩: *angesehen, namhaft:* ein renommierter Wissenschaftler, Arzt, Politiker, Geschäftsmann, Sportverein, Verlag; dieses Hotel ist sehr r.

renovieren [...wịr^en], renovierte, hat renoviert ⟨tr., etwas r.⟩: *etwas erneuern, instand setzen; etwas so bearbeiten, daß es fast neuwertig ist:* ein Haus, eine Wohnung, ein Zimmer, die Decke, den Gartenzaun r.

rentabel ⟨Adj.; attr. und als Artangabe⟩: *lohnend, ertragreich, zinsbringend, gewinnbringend:* ein rentables Unternehmen, Hotel, Geschäft; dieser Betrieb ist nicht r., arbeitet, wirtschaftet nicht r.

rentieren, sich; rentierte sich, hat sich rentiert ⟨refl.⟩: *sich lohnen, sinnvoll sein:* die Anschaffung eines Computers dürfte sich für kleinere Betriebe kaum, nicht r.; es rentiert sich sicher, wenn wir die Sache noch einmal genau durchsprechen.

Reparatur, die; der Reparatur, die Reparaturen: *Ausbesserung, Instandsetzung, Wiederherstellung:* eine erfolgreiche, zufriedenstellende, einfache, teure R.; die R. einer Maschine, eines Motors, einer Uhr, einer Steckdose, eines Schuhs; Reparaturen annehmen, ausführen.

reparieren, reparierte, hat repariert ⟨tr., etwas r.⟩: **a)** *etwas so herrichten, daß es wieder funktioniert, einen Schaden an etwas beheben, etwas instand setzen, ausbessern:* ein Fahrrad, ein Bügeleisen, ein Fernsehgerät, einen Lichtschalter, einen Gartenzaun, ein zersprungenes Fenster, einen Schaden r.; ich habe den Wasserhahn notdürftig, provisorisch repariert; er hat die Leitungen fachmännisch, sachgemäß, tadellos repariert. **b)** /übertr./ *etwas wieder in Ordnung bringen, kitten:* eine Freundschaft, ein Verhältnis r.

Repertoire [...*toar*], das; des Repertoires, die Repertoires (bildungsspr.): *Gesamtheit der zu einem bestimmten [einstudierten, vorbereiteten] Programm gehörenden Einzelelemente:* der Intendant hat diese Oper neu in das R. des Theaters aufgenommen; ein Stück aus dem R. einer Bühne streichen; zum R. der Künstlerin gehören Opernarien, Lieder und Chansons; dieser Boxer hat, besitzt ein großes R. an Schlägen.

Reportage [...*tasch*ᵉ], die; der Reportage, die Reportagen: *über Presse, Funk oder Fernsehen verbreiteter aktueller Bericht über ein bestimmtes Ereignis:* eine spannende, interessante, aufregende, gute, realistische, langweilige, schlechte R.; eine R. von einem Fußballspiel, von einem Boxkampf, von der Front, vom Kriegsschauplatz, von der Landung der Astronauten, über die Todesstrafe, über die Homosexualität, über die Bundeswehr; eine R. machen, bringen, schreiben, veröffentlichen.

Reporter, der; des Reporters, die Reporter: *Berichterstatter (in Presse, Rundfunk oder Fernsehen):* ein guter, gerissener, cleverer, aufdringlicher R.; einem R. ein Interview geben; die Filmdiva wurde von Reportern umringt, bedrängt; das Spiel wird im Fernsehen übertragen. R. ist Rudi Michel.

Repräsentant, der; des Repräsentanten, die Repräsentanten (bildungsspr.): *[offizieller] Vertreter, Abgeordneter:* der Bundespräsident ist der höchste R. des deutschen Volkes; an den Trauerfeierlichkeiten nahmen zahlreiche Repräsentanten der Regierung, der Parteien, der Kirche, der Wirtschaft teil; er ist der [eigentliche] R. seiner Firma in Frankreich, im Ausland.

Repräsentation, die; der Repräsentation, die Repräsentationen ⟨Mehrz. ungew.⟩ (bildungsspr.): **a)** *angemessene Vertretung einer Institution oder einer Gruppe in der Öffentlichkeit:* er kümmert sich vorwiegend um die R. der Firma. **b)** *standesgemäßes Auftreten in der Öffentlichkeit (und der damit verbundene Aufwand):* dieser Wagen dient nur der R.

repräsentativ [...*if*] ⟨Adj.; attr. und als Artangabe; gew. ohne Vergleichsformen⟩ (bildungsspr.): **1 a)** *etwas darstellend, ansehnlich, eindrucksvoll:* eine repräsentative Wohnung; dieser Wagen ist ihm nicht r. genug; r. wohnen, bauen; eine Wohnung r. gestalten. **b)** ⟨gew. nur attr. und präd.⟩: *bedeutsam, maßgeblich:* eine repräsentative Stellungnahme; seine Ansichten über diese Sache sind nicht r. genug. **2)** ⟨gew. nur attr. und präd.⟩: **a)** *charakteristisch, typisch:* eine repräsentative Auswahl; dieser Roman ist

repräsentieren

durchaus r. für die deutsche Nachkriegsliteratur. **b)** *eine Gruppe oder eine Bevölkerungsschicht nach Beschaffenheit und Zusammensetzung kennzeichnend und vertretend:* ein repräsentativer Querschnitt; eine repräsentative Umfrage, Volksbefragung, Meinungsumfrage; das Ergebnis dieser Umfrage ist r. für die Struktur der Landbevölkerung, kann als r. gelten.

repräsentieren, repräsentierte, hat repräsentiert ⟨tr. und intr.⟩: **1)** ⟨etwas, jmdn. r.⟩: **a)** *etwas oder jmdn. vertreten, der Repräsentant von etwas oder jmdm. sein:* ein Land, einen Staat, eine Partei r.; er repräsentiert den deutschen Fußballbund im Ausland. **b)** *etwas oder jmdn. darstellen, etwas verkörpern; einen bestimmten Wert haben:* er repräsentiert die konservative Richtung in der Partei; diese Bibliothek repräsentiert einen Wert von einigen Millionen Mark. **2)** ⟨intr.⟩: *in der Öffentlichkeit (standesgemäß) auftreten, Repräsentationspflichten genügen:* der Chef der Firma hat sich nicht nur um die Organisation und Unternehmensleitung zu kümmern, er muß auch seiner Stellung gemäß r.

Repressalie [...i^e], die; der Repressalie, die Repressalien ⟨gew. nur Mehrz.⟩ (bildungsspr.): *Druckmittel, Vergeltungsmaßnahme:* die Bundesregierung rechnet mit weiteren, zusätzlichen Repressalien der Russen gegen West-Berlin; zu Repressalien greifen.

Reputation, die; der Reputation ⟨ohne Mehrz.⟩ (bildungsspr.): *[guter] Ruf, Name, Ansehen:* dieser Vorfall wird seiner R. als Minister schaden.

requirieren, requirierte, hat requiriert ⟨tr., etwas r.⟩: **a)** /bes. Mil./ *etwas [für militärische Zwecke] beschlagnahmen, einziehen:* die Soldaten requirieren Heu für die Pferde, Fahrzeuge für die Truppe. **b)** /übertr./ (scherzh.): *etwas auf nicht ganz redliche Art beschaffen, organisieren:* wir werden zunächst einmal etwas Schnaps und etwas zu essen r.

Requisit, das; des Requisit[e]s, die Requisiten (bildungsspr.): **a)** *Zubehör, Hilfsmittel, Handwerkszeug:* Schneeketten gehören im Winter, besonders im Gebirge, zu den wichtigsten Requisiten eines Wagens; das Hörrohr ist ein unentbehrliches R. des Arztes. **b)** ⟨nur Mehrz.⟩: *Ausstattungsgegenstände für das Theater:* die Requisiten erneuern, ergänzen, inspizieren; die Requisiten werden in diesem Raum aufbewahrt.

Reserve [...w^e], die; der Reserve, die Reserven: **1)** ⟨meist Mehrz.⟩: *Ersatz, Vorrat:* **a)** *etwas, das für den Notfall bereitgehalten wird:* unsere Reserven an Benzin, an Butter, an Lebensmitteln reichen für mindestens zwei Monate; [größere] Reserven anlegen; die [letzten] Reserven antasten, verbrauchen; keine Reserven mehr haben; * etwas in R. haben, halten (= *für alle Fälle zur Verfügung haben*). **b)** /bes. Wirtsch./ *Geld-, Kapitalrücklagen:* offene (= *in der Bilanz ausgewiesene*), stille (= *in der Bilanz nach außen hin nicht erkennbar werdende*) Reserven; Reserven bilden, auflösen; die Reserven antasten, verbrauchen. **2)** /Mil./: **a)** *im Frieden die Gesamtheit der ausgebildeten, aber nicht aktiv dienenden Soldaten:* er ist Leutnant der R.; die Reserven einberufen, einziehen. **b)** *im Krieg die einsatzbereiten Ersatztruppen:* die Reserven in den Kampf, an die Front werfen, mobilisieren; zur R. gehören; * in R. liegen. **3)** ⟨nur Einz.⟩: /in bestimmten festen Verbindungen/ *Zurückhaltung, Verschlossenheit:* * aus der, aus seiner R. heraustreten; * jmdn. aus der, aus seiner R. [heraus]locken; * sich [keine, starke, wenig] R. auferlegen.

reservieren [...wir^en], reservierte, hat reserviert ⟨tr., etwas r.⟩: **a)** *etwas aufbewahren, zurücklegen:* können Sie mir bitte von diesem Buch zwei Exemplare r.?; ich habe mir zwei Karten für diesen Film r. lassen. **b)** *etwas im voraus freihalten, belegen:* ich werde uns einen Tisch im Restaurant r. lassen; er hatte mir im Zug einen Platz reserviert; bitte r. Sie mir drei Logenplätze für den Opernabend.

reserviert [...*wi̱rt*] ⟨Adj.; attr. und als Artangabe⟩: *zurückhaltend, zugeknöpft, kühl, abweisend:* ein reserviertes Benehmen, Verhalten; er war mir gegenüber sehr, äußerst r.; sich r. verhalten, benehmen; jmdn. r. behandeln, grüßen.

Reservist [...*wi̱ßt*], der; des Reservisten, die Reservisten: *Soldat der Reserve:* die Reservisten werden einberufen, eingezogen.

Reservoir [...*wo̱ar*], das; des Reservoirs, die Reservoire: *Sammelbecken, Vorratsbehälter (bes. für Wasser):* in diesem riesigen R. befinden sich ca. 200 Millionen Kubikmeter Wasser. – /bildl./: die kleinen Dorfvereine bilden das unerschöpfliche R., aus dem die großen Fußballklubs ständig ihr Spielermaterial ergänzen; viele Amerikaner betrachten die Neger leider nur als R. billiger Arbeitskräfte; die Schauspieler der Provinzbühnen sind das R. für die großen Theaterbühnen.

residi̱eren, residierte, hat residiert ⟨intr.⟩ (bildungsspr.): *seinen Wohn- und Amtssitz haben* (auf Fürsten oder Staatsoberhäupter oder auch auf andere hochgestellte Persönlichkeiten des öffentlichen Lebens bezogen): Ludwig XIV. residierte in Versailles; der Bischof von Meißen residiert in Bautzen; der Bundespräsident residiert in der Villa Hammerschmidt.

Resignati̱on, die; der Resignation, ⟨ohne Mehrz.⟩: *Entsagung, Verzicht; Schicksalsergebenheit:* dumpfe, müde hilflose, große, stille R. erfaßte ihn, erfüllte ihn, ergriff ihn; R. zeigen; etwas mit R. sagen; das klingt nach R.

resigni̱eren, resignierte, hat resigniert ⟨intr.; häufig im ersten oder zweiten Partizip⟩: *entsagen, verzichten; sich widerspruchslos fügen, sich in eine Lage schicken, sich mit etwas abfinden:* hilflos, müde r.; resignierend hob er die Hände; er zuckte resigniert mit den Achseln.

resiste̱nt ⟨Adj.; attr. und als Artangabe; ohne Vergleichsformen⟩: /Med./: **a)** *widerstandsfähig gegenüber schädlichen Krankheitserregern oder schädigenden Einwirkungen* (auf den Organismus bezogen): ich bin ziemlich r. gegenüber Erkältungskrankheiten, gegen Schnupfenviren. **b)** *auf antibiotische Arzneimittel nicht ansprechend, durch chemotherapeutische Mittel nicht mehr beeinflußbar* (von Krankheitserregern, bes. Bakterien, oder vom Organismus gesagt): gegen Penizillin resistente Bakterien; sein Körper ist infolge häufiger Einnahme von Penizillin r. geworden gegenüber Penizillin; dieser Bakterienstamm verhält sich r. gegenüber allen herkömmlichen Antibiotika.

reso̱lut ⟨Adj.; attr. und als Artangabe⟩: *entschlossen, bestimmt; beherzt, zupackend, tatkräftig:* eine resolute Frau, alte Dame, Haltung; etwas mit resoluter Stimme sagen; sie ist sehr r.; sich r. für etwas einsetzen; ihre Antwort klang sehr r.

Resoluti̱on, die; der Resolution, die Resolutionen (bildungsspr.): *gemeinsame Willenserklärung einer Gruppe, Entschließung:* eine R. fassen, abfassen, einreichen, vorlegen, überreichen, annehmen, verabschieden, verwerfen; die Landesgruppe will im nächsten Parteitag eine R. über die Neugestaltung des Parteiapparates einbringen; über eine R. abstimmen.

Resona̱nz, die; der Resonanz, die Resonanzen: **1)** /Phys., Mus./ *Mitschwingen oder Mittönen eines Körpers mit einem anderen:* R. erzeugen; in R. geraten. **2)** /übertr./ *Anklang, Gegenliebe, Verständnis:* bei jmdm. mit etwas [keine] R. finden; bei jmdm. auf R. stoßen.

Respe̱kt, der; des Respekt[e]s ⟨ohne Mehrz.⟩: *Achtung, Hochachtung, Ehrerbietung; Scheu, Ehrfurcht:* großen R. vor jmdm., vor etwas haben, bekommen; ich habe R. vor dieser Leistung; R. verlangen, fordern; jmdm. R. zollen, schulden, entgegenbringen; jmdm. den [schuldigen] R. verweigern; das gebietet der R.; es am nötigen R. fehlen lassen; mit allem R.; er begegnet ihm ohne jeden R.

respekti̱eren, respektierte, hat respektiert ⟨tr.; jmdn., etwas r.⟩: *jmdn.*

respektabel

oder etwas *[respektvoll] anerkennen, achten, gelten lassen; Rücksicht auf etwas nehmen:* einen Menschen, einen Vorgesetzten, einen Lehrer, jmds. Ansichten, jmds. Haltung, jmds. Handlungsweise, jmds. Beweggründe, Gesetze, Vorschriften r.; du solltest bei allem Verständnis für deine Erregung doch auch die schwierige Situation, die besondere Stellung, das Alter, die Jugend, die Notlage dieses Mannes r.

respektabel ⟨Adj.; attr. und als Artangabe⟩: *Respekt verdienend, ansehnlich, beachtlich:* eine respektable Persönlichkeit, Größe, Leistung, Summe; seine Zähigkeit und seine Energie sind wirklich r.; er hat sich r. aus der Affäre gezogen.

respektive [...tiwᵉ] ⟨Konj.⟩ (bildungsspr.): *beziehungsweise, oder auch* (Abk.: resp.): der erste Preis ist eine vierzehntägige Urlaubsreise für zwei Personen an die Adria resp. 2000 DM in bar.

Ressentiment [reßangtimang], das; des Ressentiments, die Ressentiments (bildungsspr.): *heimlicher Groll, an negative Erlebnisse gebundenes starkes Vorurteil:* starke, erhebliche Ressentiments gegen jmdn. haben; ein R. überwinden; mit Ressentiments leben.

Ressort [reßor], das; des Ressorts, die Ressorts: *Geschäfts-, Amtsbereich; Arbeits-, Aufgabengebiet:* er leitet das R. „Materialprüfung" im Bundesverteidigungsministerium; er verlangt, fordert für seine Tätigkeit ein eigenes R., die Einrichtung eines besonderen Ressorts; ein R. schaffen, verwalten, übernehmen, abgeben, abschaffen, beanspruchen; das gehört nicht zu meinem R., in mein R.; das ist mein R.! (= *das ist mein ganz persönlicher Bereich, in dem ich mir von niemandem etwas sagen lasse);* das Unternehmen ist in mehrere selbstständige Ressorts gegliedert, unterteilt; für diese Angelegenheit ist mein R. nicht zuständig; diese Sache gehört in das R. des Wirtschaftsministers.

Restaurant [räßtorang], das; des Restaurants, die Restaurants: *Gaststätte:* ein gutbürgerliches, einfaches, teures, billiges, gemütliches, italienisches, griechisches R.; ein R. eröffnen; im R. essen.

restaurieren, restaurierte, hat restauriert ⟨tr., etwas r.⟩ (bildungsspr.): *etwas wiederherstellen, ausbessern* (bes. auf Kunstwerke oder Bauwerke bezogen): ein Bild, ein Gemälde, eine Plastik, eine Statue, eine Kirche, eine Hauswand, ein Haus r.

Restriktion, die; der Restriktion, die Restriktionen (bildungsspr.): *Einschränkung, Beschränkung (bes. im wirtschaftl. Bereich):* weitgehende, starke, erhebliche Restriktionen; im nächsten Jahr ist mit größeren wirtschaftlichen Restriktionen zu rechnen; im Leber-Plan sind erhebliche Restriktionen im Straßenverkehr für die Lastkraftwagen vorgesehen.

Resultat, das; des Resultat[es], die Resultate: **a)** *(in Zahlen ausdrückbares) Ergebnis:* das R. einer Rechnung, einer Addition, einer Rechenaufgabe, einer Multiplikation; das R. dieser Rechnung stimmt, stimmt nicht, ist fehlerhaft; kennst du die [genauen] Resultate der letzten Bundesligaspiele?; der Rundfunk hat gerade das vorläufige, endgültige R. der Wahl bekanntgegeben. **b)** *Ergebnis, Erfolg:* wir haben in den Verhandlungen ein gutes, günstiges, unerwartetes R. erzielt; die Verhandlungen haben kein greifbares, brauchbares R. gebracht; dies ist das R. unserer gemeinsamen Bemühungen; die Konferenz wurde ohne R. abgebrochen.

resultieren, resultierte, hat resultiert ⟨intr.; etwas resultiert aus etwas⟩ (bildungsspr.): *etwas ist die Folge von etwas, ergibt sich aus etwas, folgt aus etwas:* seine Niederlage resultiert letztlich aus seiner Ungenauigkeit in der Eröffnung dieser Schachpartie; daraus resultiert, daß ...

Resümee, das; des Resümees, die Resümees (bildungsspr.): *Zusammenfassung, (zusammenfassende) Übersicht:* ein kurzes, knappes R.; ein R.

von einer Rede, von einem Vortrag, von einer Diskussion geben.

retuschieren, retuschierte, hat retuschiert ⟨tr., etwas r.⟩: **a)** /Phot./ *eine Bildvorlage (Positiv oder Negativ) mit entsprechenden Werkzeugen (z. B. Pinsel, Farbstift) so überarbeiten, daß bestimmte Einzelheiten des Bildes stärker hervortreten oder zurücktreten bzw. ganz verschwinden:* einen Film, eine Photographie, ein Bild, ein Negativ, Schlagschatten r.; der Photograph hat die Gesichtspartie auf diesem Porträt leicht, ein wenig retuschiert. **b)** /übertr./ (bildungsspr.) *etwas überarbeiten, kleinere Änderungen und Verbesserungen im Detail an etwas vornehmen:* einen Text leicht, stärker r.; einen Entwurf, Plan r.

reüssieren, reüssierte, hat reüssiert ⟨intr.⟩ (bildungsspr.): *Erfolg, Glück haben, erfolgreich sein, sein Ziel erreichen:* es war nicht zu erwarten, daß der Regisseur mit einem solchen Film beim Publikum r. könnte; sie hat mit ihren Chansons im Inland und im Ausland reüssiert.

Revanche [rewɑ̃gsch⁽ᵉ⁾], ugs. auch: rewɑ̃gschᵉ], die; der Revanche, die Revanchen [...schᵉn]: **a)** *sportliche Vergeltung, Genugtuung für eine erlittene Wettkampfniederlage;* Chance*, eine frühere Wettkampfniederlage durch einen Sieg in einem zweiten Wettkampf der gleichen Art auszugleichen;* Rückkampf, Rückspiel: *eine gelungene, geglückte, erfolgreiche, mißlungene, mißglückte R.;* nachdem er die Partie verloren hatte, verlangte er von seinem Gegner sofort R.; an einem Gegner R. nehmen; die Mannschaft kann in diesem Spiel R. üben, nehmen für die peinlich hohe Hinspielniederlage; ich gebe Ihnen R.; Sie bekommen von mir R.; ich verzichte auf eine R.; er hat auch die R. verloren. **b)** *Vergeltung, Rache, persönliche Genutuung für erlittenes Unrecht:* sein Ausschluß aus dem Verein ist nichts weiter als eine billige R. der Vereinsleitung für die erlittene Abstimmungsniederlage.

revanchieren, sich [rewɑ̃gschirᵉn, ugs. auch: rewangschirᵉn], revanchierte sich, hat sich revanchiert ⟨refl.⟩: *jmdm. etwas, was man von ihm empfangen oder erlitten hat, in ähnlicher Weise erwidern:* **a)** ⟨sich r. + Präpositionalobjekt⟩: *Übles vergelten, sich für etwas rächen:* sich für eine Beleidigung, Frechheit, Unverschämtheit r.; er revanchierte sich [beim gegnerischen Verteidiger] mit einem groben Foul, mit einem Faustschlag. **b)** ⟨sich r. + Präpositionalobjekt⟩: *Revanche für eine erlittene sportliche Niederlage nehmen:* die Schalker vermochten sich für die im Hinspiel erlittene Niederlage nicht zu r.; sie revanchierten sich mit einem 5:1-Sieg, durch einen 5:1-Sieg. **c)** *sich bei jmdm. für etwas erkenntlich zeigen, eine gute Tat erwidern:* ich muß bei ihm noch für die Hilfsbereitschaft, Gefälligkeit, Einladung r.; ich möchte mich mit dieser kleinen Aufmerksamkeit für Ihr Entgegenkommen r.; Sie haben mir schon so oft geholfen, und ich hatte bis jetzt noch nicht einmal die Gelegenheit, mich zu r.

¹Revers [rewär], das oder (östr. nur:) der; des Revers [rewärß], die Revers [rewärß]: *Aufschlag an einem Jackett, an einer Jacke oder einem Mantel:* der Anzug hat schmale, breite, spitze, seidene Revers; ein Abzeichen am R. tragen.

²Revers [rewärß], der; des Reverses, die Reverse (bildungsspr., veraltend): *verpflichtende Erklärung, Schriftstück:* einen R. unterzeichnen, unterschreiben.

revidieren [rew...], revidierte, hat revidiert ⟨tr., etwas r.⟩ (bildungsspr.): **1)** *etwas nachprüfen, kontrollieren, inspizieren:* die Kasse, Rechnungen r.; zwei Herren vom Finanzamt haben gestern die Geschäftsbücher unserer Firma revidiert. **2)** *etwas nach eingehender Prüfung ändern:* seine Meinung, sein Urteil, seine Ansichten r.; die Regierung wird ihre seitherige Außenpolitik r. müssen.

Revier [rewir], das; des Reviers, die Reviere: **1)** /Kurzbez. für: Polizeirevier/ *kleinere Polizeidienststelle:*

ein R. leiten; einem R. vorstehen; er ist Polizeibeamter im 5. R.; diese Straße gehört nicht zu seinem R.; der Polizist brachte den Verdächtigen aufs R.; er muß sich jede Woche auf dem R. melden. 2) *kleinerer Jagdbezirk:* er hat 12 Rehe und zwei Rehböcke in seinem R.; der Hirsch ist in ein anderes R. [über]gewechselt. 3a) /Bergw./ *Abbaugebiet:* die rheinischen Reviere; in diesem R. gibt es ausschließlich Erzlagerstätten; diese Grube hat mehrere Reviere. b) (ugs.) *der Bergbau, die Bergleute:* die Unruhe im R. wächst. 4) /Mil./ *Krankenstube in einer Kaserne:* er wurde ins R. eingeliefert; er liegt im R. 5) *Bezirk, Tätigkeitsbereich:* er hat als Strichjunge ein ganz bestimmtes R.; die Bande beansprucht die Innenstadt als ihr R.

Revirement [rewir^{e}mang], das; des Revirements, die Revirements (bildungsspr.): *Umbesetzung von Stellen (Ämtern), bes. im staatlichen, diplomatischen oder militärischen Bereich:* der neue Bundeskanzler wird in einigen Ministerien sicher stärkere Revirements vornehmen.

Revision [rew...], die; der Revision, die Revisionen: 1) (bildungsspr.) *Überprüfung, Kontrolle, Inspizierung:* eine R. der Kasse, der Geschäftsbücher eines Unternehmens; eine R. vornehmen, durchführen. 2) (bildungsspr.) *Änderung nach eingehender Überprüfung :* eine R. der Ansichten, der Politik; durch diesen Umstand wurde die Regierung zu einer gründlichen R. ihrer bisherigen Wirtschaftspolitik gezwungen. 3) /Rechtsw./ *Anfechtung eines Gerichtsurteils bei einem Revisionsgericht (u. a. Oberlandesgerichte und Bundesgerichtshof);* er will beim Oberlandesgericht, beim Bundesgerichtshof gegen das Urteil [wegen angeblicher Verfahrensmängel] R. einlegen; eine R. begründen; der Bundesgerichtshof hat der R. stattgegeben, hat die R. verworfen, zurückgewiesen; eine R. gegen das Urteil ist zulässig, unzulässig.

Revolte [rew...], die; der Revolte, die Revolten (bildungsspr.): *bewaffneter Aufstand, Aufruhr* (meist auf kleinere Gruppen bezogen): eine R. in der Armee, unter den Soldaten, unter den Offizieren; unter den Gefangenen brach eine R. aus; eine R. niederschlagen, unterdrücken; er führte die R. an; sich an einer R. beteiligen.

revoltieren [rew...], revoltierte, hat revoltiert ⟨intr.⟩ (bildungsspr.): 1) *einen bewaffneten Aufstand machen, sich erheben, meutern:* die Truppen, Offiziere revoltierten. 2) ⟨gegen etwas r.⟩: a) *gegen etwas aufbegehren, sich gegen etwas auflehnen:* die Jugend revoltiert gegen die bürgerliche Moral unserer Väter; der Offizier hat gegen den Befehl revoltiert; die Fraktion hat heftig gegen den Beschluß der Parteiführung revoltiert. b) /bildl./: mein Magen revoltiert gegen kalte Speisen, Getränke; mein Kreislauf revoltiert, wenn ich zu schnell laufe.

Revolution [rew...], die; der Revolution, die Revolutionen: 1) *politische Bewegung, die einen [gewaltsamen] Umsturz der bestehenden politischen und sozialen Ordnung anstrebt:* die Französische R. (von 1789–1795); eine R. niederschlagen, beenden; eine R. bricht aus, bricht zusammen, scheitert, siegt; in Südamerika ist wieder eine R. ausgebrochen. 2) /übertr./ (bildungsspr.) *umwälzende Erneuerung, grundlegende Veränderung:* die soziale, wirtschaftliche, technische, sexuelle R.; eine R. der Mode, des Geschmacks, der Naturwissenschaften; eine R. im Flugverkehr bahnt sich an, wird vorerst nicht stattfinden.

revolutionär [rew...] ⟨Adj.; attr. und als Artangabe⟩: 1) ⟨ohne Vergleichsformen⟩: *auf eine Revolution abzielend:* revolutionäre Umtriebe; diese Gedanken sind ausgesprochen r.; r. denken. 2) *umwälzend, verblüffend neu:* eine revolutionäre Idee; dieser Plan ist, klingt ziemlich r.

Revolutionär [rew...], der; des Revolutionärs, die Revolutionäre: jmd., *der eine Revolution herbeiführen will oder sich an einer Revolution beteiligt, Umstürzler:* ein spanischer, südamerikanischer R.; er wurde als R. verurteilt.

revolutionieren [*rew...*], revolutionierte, hat revolutioniert ⟨tr., etwas r.⟩: *etwas von Grund auf umgestalten, grundlegend verändern:* diese Erfindung wird unser ganzes Leben r.; durch die Entwicklung der Herz-Lungen-Maschine wurde die Operationstechnik revolutioniert; eine revolutionierende Idee.

Rezept, das; des Rezept[e]s, die Rezepte: **1)** *schriftliche Anweisung des Arztes an den Apotheker zur Abgabe eines bestimmten Arzneimittels:* der Arzt hat mir ein R. ausgeschrieben; ein R. in der Apotheke einlösen; dieses Mittel bekommt man nur auf, gegen [ärztliches] R. **2)** *Back-, Kochanweisung:* ein neues R. ausprobieren; ein R. kennen, aufschreiben; Rezepte sammeln; ein Kochbuch mit zahlreichen Rezepten für Suppen und Salate; sie kocht, bäckt nur nach R. **3)** /übertr./ (alltagsspr.) *Mittel, Patentlösung:* ich kenne ein gutes, bewährtes R. gegen Langeweile; ich will dir ein sicheres R. gegen Mißmut verraten; der Verteidiger findet einfach kein Rezept gegen die hohen Flankenbälle des Rechtsaußen.

rezitieren, rezitierte, hat rezitiert ⟨tr., etwas r.⟩ (bildungsspr.): *einen lyrischen, epischen oder dramatischen Text künstlerisch vortragen:* ein Gedicht r.; eine längere Passage aus Goethes „Faust" r.

Rhachitis vgl. Rachitis.

rhachitisch vgl. rachitisch.

rhetorisch ⟨Adj.; attr. und als Artangabe; ohne Vergleichsformen⟩: **a)** ⟨gew. nicht präd.⟩: *die Redekunst betreffend, rednerisch:* eine rhetorische Begabung; ein rhetorisches Talent haben; dieser Vortrag war eine rhetorische Glanzleistung; er ist r. geschult, ausgebildet, begabt; sein Vortrag hat mich r. stark beeindruckt. **b)** *nur als Redeschmuck dienend, nicht ernst gemeint* (bes. auf Fragen bezogen): eine [rein] rhetorische Frage, Bemerkung, Floskel; diese Frage ist rein r.; etwas rein r. fragen, bemerken; diese Äußerung ist nur r. gemeint.

Rheuma, das; des Rheumas ⟨ohne Mehrz.⟩: /ugs. Kurzbez. für/ *Rheumatismus:* an R. leiden; er hat ein neues Mittel gegen R.

rheumatisch ⟨Adj.; attr. und als Artangabe; ohne Vergleichsformen⟩: /Med./ *durch Rheumatismus bedingt, auf ihn bezüglich:* eine rheumatische Erkrankung Entzündung; rheumatisches Fieber; rheumatische Knoten; seine Beschwerden sind rein r.; die Gelenke des Patienten sind r. verändert.

Rheumatismus, der; des Rheumatismus, die Rheumatismen ⟨Mehrz. ungew.⟩: /Med./ *schmerzhafte, das Allgemeinbefinden vielfach beeinträchtigende Systemerkrankung der Gelenke, Muskeln, Nerven und Sehnen:* entzündlicher R.; an R. leiden.

rhythmisch ⟨Adj.; attr. und als Artangabe⟩: *den Rhythmus betreffend; in einem bestimmten Rhythmus [erfolgend]; voller Rhythmus; in gleichmäßigen Bewegungen erfolgend, gleichmäßig:* rhythmischer Wechsel; rhythmische Veränderungen; rhythmische Störungen der Herztätigkeit; rhythmische Bewegungen, Spiele; rhythmische Gymnastik; diese Musik ist streng r.; die Bewegungen sind wenig r.; sich r. bewegen; r. tanzen; das Herz schlägt r.

Rhythmus, der; des Rhythmus, die Rhythmen: **1)** /Mus./: **a)** *die einem Musikstück zugrunde liegende Gliederung des Zeitmaßes, die im regelmäßigen Wechsel von betonten und unbetonten Taktteilen ausdrückt:* dieses Musikstück hat einen schnellen, langsamen, flotten, ruhigen, schleppenden, ungewohnten, keinen richtigen R.; sich im R. der Musik bewegen; im R. tanzen; aus dem R. kommen. **b)** ⟨nur Mehrz.⟩: *Jazz-, Beatmusik:* das Orchester spielte heiße Rhythmen von ... **2)** /Sprachw./ *der einer bestimmten Regel folgende* harmonische Wechsel von betonten und unbetonten Silben, Wörtern oder Satzteilen in einem literarischen Werk, bes. in einem Gedicht: strenger, freier R.; der R. eines Verses, Gedichtes. 3) (bildungsspr.) Gleichmaß, gleichmäßiger Bewegungsablauf; periodischer Wechsel, periodische Wiederkehr (bes. auf Lebensvorgänge bezogen): der R. des Lebens, des Herzschlags, der Jahreszeiten, von Tag und Nacht, von Ebbe und Flut; seinen R. haben, finden, verlieren; etwas verläuft in einem bestimmten R., folgt einem bestimmten R.

rigoros ⟨Adj.; attr. und als Artangabe⟩: *unerbittlich, hart, rücksichtslos:* eine rigorose Absage; diese Maßnahmen sind mir zu r.; r. einschreiten, durchgreifen; jmdm. r. die Wahrheit sagen; er hat mir r. erklärt, daß ...

Risiko, das; des Risikos, die Risikos und Risiken: *Gefahr, etwas zu verlieren oder einzubüßen; Wagnis:* ein kleines, großes, geringes, erhöhtes, berufliches, persönliches, militärisches, wirtschaftliches R.; ein R. auf sich nehmen, eingehen, vermeiden, scheuen, einschränken; etwas birgt ein R. in sich, enthält ein erhebliches R.; er will das R. der Verantwortung nicht übernehmen, nicht tragen; diese Fahrt ist für ihn kein allzu großes R.; diese Tätigkeit ist ohne jedes R., ist mit mancherlei Risiken verbunden, verknüpft, belastet; die Regierung muß die Risiken in der Wirtschaft besser verteilen; auf eigenes R. arbeiten.

riskant ⟨Adj.; attr. und als Artangabe⟩: *gefährlich, gewagt, mit einem Risiko verbunden:* ein riskantes Unternehmen; ein riskanter Versuch; diese Wirtschaftspolitik ist sehr r.; r. leben; er geht mit seinem Wagen r. in die Kurve.

riskieren, riskierte, hat riskiert ⟨tr., etwas r.⟩: *etwas wagen, aufs Spiel setzen; Gefahr laufen:* viel, wenig, nichts, alles, das Äußerste, sein Leben, seine Stellung, seinen Beruf, ein Vermögen, seinen Kopf, Kopf und Kragen (= *alles, was man hat, das Äußerste),* Kopf und Arsch (derb; = *alles, was man hat, das Äußerste)* r.; er hat immerhin sein Leben für diese Frau riskiert; man riskiert dabei so gut wie gar nichts; du riskierst dabei höchstens, hinausgeworfen zu werden; was gibt es da schon zu r.? (= *das ist doch völlig ungefährlich).* – * einen großen Mund, eine große Lippe, einen großen Rand r. (ugs.; = *großsprecherisch, unverschämt reden);* * einen Blick, ein Auge r. (ugs.; = *eben mal heimlich hinsehen);* * ein Wort r. (= *auch selbst einmal etwas sagen);* * ein [zaghaftes] Lächeln r. (= *ganz zaghaft lächeln).*

rituell ⟨Adj.; attr. und als Artangabe; ohne Vergleichsformen⟩: **a)** (bildungsspr.) *auf einen bestimmten (meist heidnischen) Ritus bezogen; nach einem bestimmten kultischen Zeremoniell [erfolgend]; in einem bestimmten kultischen Zeremoniell begründet:* rituelle Menschenopfer in der Antike, bei den Eingeborenen; eine rituelle Tötung; einen rituellen Mord begehen; dieser Tanz der Eingeborenen ist im höchsten Maße r.; etwas r. vollziehen. **b)** ⟨gew. nur attr.⟩ (scherzh.) /übertr./ *nach einem ganz bestimmten feierlichen Zeremoniell erfolgend, betont feierlich:* das Öffnen einer Weinflasche ist für ihn immer eine rituelle Handlung.

Rivale [*riwgle*], der; des Rivalen, die Rivalen: *Mitbewerber, Konkurrent, Nebenbuhler; Gegenspieler, Gegner:* ein gefährlicher, ernsthafter, erbitterter, persönlicher, geschäftlicher R.; er ist kein ernsthafter R. von ihm, für ihn; jmdn. als Rivalen betrachten, ansehen; einen Rivalen haben, loswerden, abschütteln, verdrängen, ausstechen; er hat auf diesem Gebiet keinen Rivalen zu fürchten; einem Rivalen unterliegen; über einen Rivalen triumphieren; diese beiden Konzerne sind seit langem Rivalen auf dem Automarkt.

rivalisieren [*riw*...], rivalisierte, hat rivalisiert ⟨tr.; häufig im ersten Partizip⟩: *als Gegner von jmdm. auf-*

treten, mit jmdm. um etwas wetteifern; sich gegenseitig befehden: diese beiden Konzerne r. seit langem [miteinander] auf dem Automarkt; er rivalisiert mit ihm um die Gunst dieser Frau; rivalisierende Unternehmen, Parteien, Mächte [Gangster]banden.

Rivalität [*riw...*], die; der Rivalität, die Rivalitäten (bildungsspr.): *Gegnerschaft, Nebenbuhlerschaft:* zwischen den beiden Männern besteht, herrscht seit langem eine starke, große R.; die R. zweier Städte, zweier Gemeinden, zwischen zwei Vereinen; zwischen den beiden Fußballnationalspielern gibt es angeblich eine ernsthafte R. um den Platz des Liberos; eine R. entsteht, verstärkt sich, verliert sich.

Roastbeef [*róßtbif*], das; des Roastbeefs, die Roastbeefs: /Gastr./ *[gebratenes] Nierenstück vom Rind:* saftiges, zartes, abgehangenes, mageres, fettes, zähes, trockenes R.; zum Abendessen gab es R. englisch *(= nicht durchgebraten, blutig)* mit jungen Spargeln; R. braten, anbraten.

Robe, die; der Robe, die Roben: 1) *Amtstracht der Geistlichen, Juristen u. a. Amtspersonen:* in schwarzer, dunkler, roter, feierlicher R.; die Robe der Richter, Staatsanwälte, Rechtsanwälte, Priester, Universitätsprofessoren; eine R. tragen. 2) ⟨gew. nur Mehrz.⟩: *[bodenlanges] Abend-, Gesellschaftskleid:* die Damen trugen kostbare, festliche Roben.

Robinsonade, die; der Robinsonade, die Robinsonaden: *kühne, meist im Hechtsprung ausgeführte Abwehraktion eines Tormanns (im Fußball oder Handball):* er konnte den Ball mit einer phantastischen, tollkühnen R. um den Eckpfosten lenken.

Roboter, der; des Roboters, die Roboter: **a)** *Apparatur von der Gestalt eines Menschen, die bestimmte manuelle Funktionen eines Menschen ausüben kann (sog. Maschinenmensch):* einen R. erfinden, konstruieren; diese Aufgaben werden von einem R. ausgeführt. **b)** /in Vergleichen und übertr./: er gleicht einem R.; er arbeitet wie ein R.; er ist ein [seelenloser, typischer] R. *(= er ist ein Mensch, der nahezu pausenlos arbeitet und alle anfallenden Arbeiten rein mechanisch verrichtet).*

robust ⟨Adj.; attr. und als Artangabe⟩: *stark, widerstandsfähig, unempfindlich; stämmig, vierschrötig, derb:* ein robuster Mensch, Junge, Motor, Anzug; ein robustes Bauernmädchen; er hat eine robuste Gesundheit, Natur; er ist sehr r.; diese Schuhe sind äußerst r.; r. aussehen, wirken.

Rochade [*roch...*, auch: *rosch...*], die; der Rochade, die Rochaden: /Schach/ *unter bestimmten Voraussetzungen zulässiger Doppelzug von König und Turm, dergestalt, daß der König in der Grundstellung um zwei Felder nach links oder nach rechts und der entsprechende Turm über den König hinweg auf das unmittelbar angrenzende Feld zieht:* die kleine R. *(= R. mit dem in der Grundstellung am nächsten stehenden Turm);* die große R. *(= R. mit dem in der Grundstellung entfernter stehenden Turm);* die R. machen, ausführen, unterlassen; die R. ist zulässig, unzulässig, verwirkt.

rochieren [*roch...* oder *rosch...*], rochierte, hat rochiert ⟨intr.⟩: 1) /Schach/ *die → Rochade ausführen:* klein r. *(= die Rochade mit dem am nächsten stehenden Turm ausführen);* groß r. *(= die Rochade mit dem entfernter stehenden Turm ausführen).* 2) /übertr.; bes. Fußball/ *die Positionen wechseln:* im modernen Fußballspiel sollen die Außenstürmer ständig mit dem Mittelstürmer oder mit den Innenstürmern r.

Romantik, die; der Romantik ⟨ohne Mehrz.⟩: 1) *geistige Strömung des 18./19. Jh.s, die im Gegensatz zur Klassik und zur Aufklärung das Gefühlsmäßige und Irrationale betonte:* die Blütezeit der R.; die Dichter, Philosophen, Musiker der R.; die deutsche, englische R. 2) *romantisches Wesen, Verträumtheit; romantische Stimmung:* er hat einen Hang zur R.; ich liebe die bizarre R. eines

Romantiker

Sonnenuntergangs; er hat keinen Sinn für R.; er sehnt sich nach einem Leben voller R.

Romantiker, der; des Romantikers, die Romantiker (häufig abschätzig): *gefühlsbetonter, schwärmerischer Mensch:* er ist ein R.

romantisch ⟨Adj.; attr. und als Artangabe⟩: **a)** (häufig abschätzig) *gefühlsbetont, schwärmerisch; unwirklich-phantastisch:* ein romantischer Mensch; eine romantische Natur; ein romantisches Gemüt; er ist sehr r. [veranlagt]; seine Vorstellungen vom Alltag eines Fischers sind überaus r.; r. empfinden; die Welt r. sehen, betrachten. **b)** *malerisch, reizvoll, stimmungsvoll, wunderbar, phantastisch:* eine romantische Stadt, Gegend, Liebesszene, Stimmung; der Abend ist sehr r.; die Stadt liegt ganz r. auf einem Bergrücken oberhalb des Flusses; r. aussehen.

Romanze, die; der Romanze, die Romanzen: *romantische Liebesgeschichte, sentimentales Liebesabenteuer:* eine zärtliche, heimliche, glückliche, unglückliche R.; die R. zwischen der Prinzessin X und dem Filmschauspieler Y war nur von kurzer Dauer; er hatte eine R. mit einer Sportlerin; eine R. erleben; eine R. beginnt, endet.

rotieren, rotierte, hat rotiert ⟨intr.⟩ (bildungsspr.): **a)** *sich gleichmäßig um eine feste Achse drehen, umlaufen:* langsam, schnell r.; der Motor rotiert; die Flügel eines Hubschraubers rotieren; in 200 m Höhe ist ein kleines Café in den Fernsehturm eingebaut, das ganz unmerklich um die Turmachse rotiert. **b)** /übertr./ *kreisen:* seine Gedanken r. immer um den gleichen Gegenstand.

Rouge [*ruseh*], das; des Rouges, die Rouges ⟨Mehrz. ungebr.⟩ (bildungsspr.): *rote Wangen-, Gesichtsschminke; Lippenrot, roter Lippenstift:* R. auflegen, auftun.

Route [*rut^e*], die; der Route, die Routen (bildungsspr.): **a)** *(vorgeschriebener oder geplanter) Reiseweg, Flugweg, Schiffsweg:* die kürzeste R. von Mannheim nach Stuttgart führt über die Autobahn Karlsruhe–Pforzheim; eine neue R. ausfindig machen, auswählen; das Flugzeug hat die vorgeschriebene R. verlassen. **b)** /übertr./ *Kurs, Marschrichtung:* die neue Regierungskoalition wird in der Außenpolitik vermutlich eine andere R. befolgen; welche R. sollen wir einschlagen?

Routine [*rutin^e*], die; der Routine ⟨ohne Mehrz.⟩: **a)** *Übung, Fertigkeit, Erfahrung:* er hat große, viel, wenig, keine R. auf diesem Sektor; der Bundestrainer braucht die R. der alten Stammspieler. **b)** *Gewohnheit, die daraus resultiert, daß man immer wieder dasselbe tut und darin allmählich eine gewisse mechanische Fertigkeit erlangt hat:* seine ganze Arbeit ist letzten Endes nur R.; etwas aus R. tun; etwas wird zur [reinen] R.

Routinier [*rutinie*], der; des Routiniers die Routiniers: *erfahrener Praktiker, alter Fuchs:* er ist ein alter, erfahrener, großer R. in der Außenpolitik.

routiniert [*ru*...] ⟨Adj.; attr. und als Artangabe⟩: *durch Erfahrung gewitzt, geschickt, gerissen; durch Übung gewandt:* ein routinierter Fußballspieler, Boxer, Autofahrer, Geschäftsmann, Politiker, Wahlredner, Werbefachmann; er ist als Kriminalist nicht r. genug; sie ist mit ihren 18 Jahren schon ziemlich r. in der Liebe; sein Auftreten ist mir zu r.; r. spielen, verhandeln, vorgehen.

Rowdy [*raudi*], der; des Rowdys, die Rowdys, auch: die Rowdies [...*dis*]: *Raufbold, Rohling, Lümmel:* ein wilder, rücksichtsloser, unverschämter R.; er wurde von einer Horde junger Rowdys zusammengeschlagen.

Rubrik, die; der Rubrik, die Rubriken: *Abschnitt, Spalte; Fach, Kategorie:* die Zeitung unterhält eine ständige R. „Leserzuschriften"; diese Sache gehört in die R. „soziale Härtefälle"; etwas in eine bestimmte R. einordnen; etwas unter einer bestimmten R. finden.

rüde, östr. überwiegend: **rüd** ⟨Adj.;

attr. und als Artangabe⟩ (bildungsspr.): *rauh, derb, grob, ungesittet:* rüde Gesellen, Burschen; hier herrscht ein rüder Ton; die Unterhaltung ist recht r.; er hat mich sehr r. behandelt, beschimpft; sich r. benehmen.

ruinieren, ruinierte, hat ruiniert ⟨tr. und refl.⟩: **a)** ⟨jmdn., sich, etwas r.⟩: *jmdn., sich selbst, etwas zugrunderichten:* der Alkohol hat ihn körperlich, gesundheitlich ruiniert; durch mehrere Fehlspekulationen hat er sich, sein Geschäft wirtschaftlich ruiniert; er wird seine Familie noch ruinieren; er ist ein [seelisch] ruinierter Mann. **b)** ⟨etwas r.⟩: *etwas beschädigen, demolieren; etwas verwüsten, zerstören:* ich habe mir beim Reifenwechsel den ganzen Anzug ruiniert; die Maulwürfe haben mir den Garten vollständig ruiniert.

ruinös ⟨Adj.; attr. und als Artangabe; gew. ohne Vergleichsformen⟩ (bildungsspr.): *zum Ruin führend, verderblich, verheerend:* eine ruinöse Wirtschaftspolitik; ruinöse Preissteigerungen; diese Entwicklung ist wirklich r.; die ständigen Lohnerhöhungen werden sich r. auf unsere Gesamtwirtschaft auswirken.

Run [*rɐn*], der; des Runs, die Runs (bildungsspr.): *Ansturm:* der R. auf die Deutsche Mark; mit Beginn der Urlaubszeit setzt wieder der R. auf die Autobahnen, auf die Hotels ein.

rustikal ⟨Adj.; attr. und als Artangabe; gew. ohne Vergleichsformen⟩ (bildungsspr.): *ländlich, bäuerlich, einfach, aber gediegen:* rustikale Möbel; unsere Einrichtung ist überwiegend r.; r. leben, eingerichtet sein.

S

Sabotage [...*taːʃəˀ*], die; der Sabotage, die Sabotagen ⟨Mehrz. selten⟩: *absichtliche [planmäßige] Beeinträchtigung von militärischen oder politischen Aktionen oder von Produktionsabläufen in der Wirtschaft durch geeignete Störungsmaßnahmen oder durch Widerstand:* militärische, wirtschaftliche, planmäßige, fortgesetzte S.; S. treiben; dieses Verhalten ist eine S. an unserer Arbeit.

Saboteur [...*tø̞ːɐ̯*], der; des Saboteurs, die Saboteure (bildungsspr.): *jmd., der etwas sabotiert:* in unserer Fabrik sind offensichtlich Saboteure am Werk; die Brücke wurde von Saboteuren gesprengt; er wurde als S. überführt, entlarvt.

sabotieren, sabotierte, hat sabotiert ⟨tr., etwas s.⟩ (bildungsspr.): *etwas durch Sabotagemaßnahmen stören oder zu vereiteln versuchen:* er sabotiert durch seinen Widerstand unsere gemeinsame Arbeit, unseren Plan.

Sadist, der; des Sadisten, die Sadisten: *jmd., der in Grausamkeit und körperlichen oder seelischen Quälereien sexuelle Befriedigung sucht; jmd., der Freude daran hat, andere zu mißhandeln oder zu quälen:* er ist ein [widerlicher] S.

sadistisch ⟨Adj.; attr. und als Artangabe; gew. ohne Vergleichsformen⟩: *in der Art eines Sadisten, wie ein Sadist; eine wollüstige Freude am Quälen habend:* ein sadistischer Mensch; sadistische Freude; sadistische Grausamkeit, Quälereien; er ist s. [veranlagt]; sein Lachen war, klang s.; sich s. freuen; jmdn. s. quälen.

Safe [*ßeⁱf*], der (auch: das); des Safes, die Safes: *gegen Einbruchdiebstahl besonders gesicherter Stahlbehälter zur Aufbewahrung von Wertsachen und Geld, Geldschrank, Tresor:* einen S. öffnen, schließen, aufschweißen, sprengen, knacken (ugs.); die Nummer, Kombination eines Safes kennen; etwas in den S. legen, aus dem S. nehmen, holen; etwas im S. aufbewahren; sie hat ihren Schmuck im S. des Hotels deponiert.

Saison [säsong oder säsong], die; der Saison, die Saisons: *größerer Zeitabschnitt im Jahr, in dem für einen bestimmten Bereich Hochbetrieb herrscht, bes.: Hauptgeschäfts-, Hauptreisezeit; Theaterspielzeit:* eine kurze, lange, anstrengende S.; jetzt ist hier die S. für Gurken, Zuckerrüben, für den Austernfang; die S. beginnt, ist vorbei, geht zu Ende; die [neue] S. wurde mit einem Galakonzert eröffnet; wir sind mitten in der S.; außerhalb der S. kostet dieses Zimmer mit Frühstück nur 5 DM; das ist die Mode für die nächste, kommende S.

sakral ⟨Adj.; meist attr., selten als Artangabe; ohne Vergleichsformen⟩ (bildungsspr.): *den Gottesdienst betreffend; heilig, geweiht* (im Ggs. zu → profan): sakrale Einrichtungen, Bauten; dieses Wort stammt aus dem sakralen Bereich; der Bereich, in dem dieses Wort verwendet wird, ist vorwiegend s.; diese Gefäße werden nur s. verwendet.

Sakrament, das; des Sakrament[e]s, die Sakramente: /Rel./ *in einem äußeren Akt vermittelte Gnadengabe der christlichen Kirche, göttliches Gnadenzeichen:* das S. der heiligen Taufe, des heiligen Abendmahls, der Buße, der Ehe; die sieben Sakramente der katholischen Kirche; ein S. empfangen, austeilen, spenden.

salopp ⟨Adj.; attr. und als Artangabe⟩: *betont ungezwungen, lässig; nachlässig:* eine saloppe Ausdrucksweise, Kleidung; er hat einen ausgesprochen saloppen Stil; dieser Pullover ist sehr s.; seine Ansichten sind reichlich s.; sich s. kleiden, ausdrücken, geben, benehmen.

Salto, der; des Saltos, die Saltos und Salti: *Luftrolle, freier Überschlag um die Querachse des Körpers:* ein vollständiger, einfacher, anderthalbfacher, zweifacher, dreifacher, gelungener, mißlungener, gefährlicher S.; einen S. vorwärts, rückwärts, aus dem Stand, vom Dreimeterbrett machen; er schlug mit seinem Wagen einen regelrechten S.

Salut, der; des Salut[e]s, die Salute: *[militärische] Ehrenbegrüßung oder Ehrenbezeigung (für Staatsmänner und andere hochgestellte Persönlichkeiten) durch eine Salve von [Kanonen]schüssen:* S. schießen; der Präsident wurde mit einem S. von 100 Schüssen empfangen.

salutieren, salutierte, hat salutiert ⟨intr.⟩: **a)** *vor einem militärischen Vorgesetzten stramme Haltung annehmen und militärisch grüßen:* der Kompanieführer salutierte vor dem Regimentskommandeur. **b)** (seiten) *Salut schießen:* beim Einlaufen der Yacht in den Hafen salutierten die Küstenbatterien.

Sandwich [sändwitsch], der oder das; des Sandwich[s] oder Sandwiches, die Sandwichs oder Sandwiches, auch: die Sandwiche (bildungsspr.): *belegte und zusammengeklappte Weißbrotschnitte; belegtes Brot:* er bestellte sich zwei Sandwiches mit Schinken, mit kaltem Braten.

Sanguiniker, der; des Sanguinikers, die Sanguiniker (bildungsspr.): *lebhafter und temperamentvoller Mensch von heiterer und optimistischer Grundstimmung:* er ist ein ausgesprochener S.

sanguinisch ⟨Adj.; attr. und als Artangabe; ohne Vergleichsformen⟩ (bildungsspr.): *lebhaft-heiter, lebensbejahend und dabei temperamentvoll:* er hat ein sanguinisches Temperament, Naturell; sein Temperament, er ist ausgesprochen s.; s. reagieren.

sanieren, sanierte, hat saniert ⟨tr. und refl.⟩: **1)** ⟨etwas, jmdn. s.⟩: *einem Unternehmen, einer Personengruppe durch geeignete Maßnahmen aus wirtschaftlichen Schwierigkeiten heraushelfen:* dieser Plan der Regierung soll die deutsche Landwirtschaft, die deutschen Bauern s.; er will den verschuldeten Verein durch den Verkauf des Stadions s. **2)** ⟨sich s.⟩: **a)** *wirtschaftlich gesunden, eine wirtschaftliche Krise überwinden:* dieser Industriezweig wird sich durch die hohen Subventionen sicher bald saniert haben. **b)** (abschätzig) *sich auf* *fragwürdige Weise wirtschaftlich bereichern:* diese Rüstungsfirma hat sich durch überhöhte Preise auf Kosten des Steuerzahlers ganz schön saniert.

sanitär ⟨Adj.; gew. nur attr.; ohne Vergleichsformen⟩: *der Gesundheit, der Hygiene, den körperlichen Bedürfnissen dienend:* sanitäre Einrichtungen; * sanitäre Anlagen *(= öffentliche Bedürfnisanstalt)*.

Sanitäter, der; des Sanitäters, die Sanitäter: *jmd., der in der Ersten Hilfe ausgebildet ist; Sanitätssoldat:* zwei S. trugen den verletzten Spieler vom Platz.

Sanktion, die; der Sanktion, die Sanktionen ⟨gew. nur Mehrz.⟩: /Pol./ *Strafmaßnahmen, Zwangsmaßnahmen:* Sanktionen über, gegen ein Land verhängen; zu Sanktionen greifen.

sanktionieren, sanktionierte, hat sanktioniert ⟨tr., etwas s.⟩ (bildungsspr.): *etwas bestätigen, billigen, gutheißen; einer Sache (von Staats wegen) Gesetzeskraft verleihen:* ein Verhalten, eine Maßnahme, ein Verbrechen, einen Plan, einen Vertrag s.; die Regierung hat dieses Gesetz sanktioniert.

Sarkasmus, der; des Sarkasmus, die Sarkasmen ⟨Mehrz. selten⟩ (bildungsspr.): *beißender, ätzender Spott:* eine Bemerkung voller S.; er ist bekannt für seinen verletzenden S.; ich liebe solche Sarkasmen *(= sarkastische Bemerkungen)* nicht.

sarkastisch ⟨Adj.; attr. und als Artangabe⟩ (bildungsspr.): *höhnisch-spöttisch, mit ätzendem Spott:* eine sarkastische Bemerkung, Antwort; sein Humor ist reichlich s.; ..., sagte er s.; ..., bemerkte er s.

Satellit, der; des Satelliten, die Satelliten: **1)** /Astron./ *Himmelskörper, der einen Planeten umkreist:* der Mond ist ein S. der Erde. **2)** /Raumfahrt/ *künstlicher Erdmond:* ein künstlicher S.; einen Satelliten in eine Umlaufbahn um die Erde bringen; zahlreiche künstliche Satelliten umkreisen die Erde.

saturiert ⟨Adj.; attr. und als Artangabe; gew. ohne Vergleichsformen⟩ (bildungsspr.): *ohne geistige Ansprüche, selbstzufrieden:* die saturierte Gesellschaft; die deutschen Wohlstandsbürger sind, wirken, geben sich, leben ziemlich s.

Schablone, die; der Schablone, die Schablonen: **a)** *ausgeschnittene Vorlage, Form, Muster:* nach der S. zeichnen, arbeiten; ein Maschinenteil nach der S. herstellen; sich streng an die S. halten; * nach S. *(= routinemäßig, nach Schema F)* arbeiten. **b)** /übertr./ *Unselbständiges, Nachgemachtes, erstarrte Form:* was er tut, ist doch alles nur S.; dieser Film ist nur S.

Schafott, das; des Schafott[e]s, die Schafotte (hist.): *erhöhtes Gerüst für Hinrichtungen (durch Enthauptung):* das S. besteigen; jmdn. aufs S. bringen, schleppen; auf dem S. enden.

Scharlatan, der; des Scharlatans, die Scharlatane: *jmd., der zwar wie ein Fachmann auftritt, in Wirklichkeit jedoch nur sehr wenig von seinem Fach versteht, Aufschneider, Schwindler; bes.: Quacksalber, Kurpfuscher:* leider gibt es immer wieder verantwortungslose Scharlatane, die vorgeben, Krebs mit allen möglichen Wundermitteln heilen zu können; er ist leider einem S. in die Hände gefallen.

Scharm vgl. Charme.

scharmant vgl. charmant.

Schema, das; des Schemas, die Schemas und Schemata, seiten auch: die Schemen: *Muster, Plan, Aufriß, Entwurf, Form:* ein festes, starres, einfaches, instruktives, übersichtliches S.; das S. einer Lösung, einer Schaltung aufzeichnen; ein S. aufstellen; nach einem bestimmten S. arbeiten, vorgehen; bei etwas einem bestimmten S. folgen; er hält sich in diesem Kriminalfilm leider streng an das übliche S.; wir sind hierbei an kein S. gebunden; etwas durch ein S., an Hand eines Schemas veranschaulichen; dieser Mann paßt in kein S., läßt sich nicht in ein S. pressen *(= läßt sich nicht mit den üblichen Maßstäben messen).* – * **nach Schema F:** *gedankenlos, schablonenhaft, routinemäßig.*

schematisch ⟨Adj.; attr. und als Artangabe⟩: **a)** *einem Schema folgend; anschaulich zusammenfassend:* eine schematische Darstellung, Zeichnung; diese Wiedergabe ist sehr s.; etwas s. darstellen, zeichnen. **b)** /übertr./ *am Buchstaben klebend, gedankenlos, einfallslos;* die rein schematische Erledigung eines Auftrags; die Ausführung ist mir zu s.; eine Anweisung rein s. ausführen, befolgen.

Schikane, die; der Schikane, die Schikanen: **1)** *böswillig bereitete Schwierigkeit, Bosheit:* jmdm. allerlei Schikanen machen, bereiten; dieses Verbot ist doch pure S.; etwas aus reiner S. tun; jmds. Schikanen ertragen. **2)** /in der festen Wendung/ * **mit allen Schikanen** (ugs.): *mit allen Feinheiten, Raffinessen, Annehmlichkeiten:* ein Sportwagen mit allen Schikanen; diese Küche ist mit allen [modernen, erdenklichen] Schikanen ausgestattet, ausgerüstet.

Schikaneur [...nǫ̈r], der; des Schikaneurs, die Schikaneure: *jmd., der andere schikaniert:* er ist ein widerlicher S.

schikanös ⟨Adj.; attr. und als Artangabe⟩: *voller Schikanen, boshaft, gemein, auf Quälereien bedacht:* eine schikanöse Behandlung; der Ausbilder war ganz schön s.; jmdn. s. behandeln.

schizophren ⟨Adj.; attr. und als Artangabe; gew. ohne Vergleichsformen⟩: **1)** /Med./ *an Schizophrenie leidend; zum Erscheinungsbild der Schizophrenie gehörend; auf Schizophrenie beruhend:* ein schizophrener Mensch, Gesichtsausdruck; diese Frau ist s.; s. reden, lachen. **2)** /übertr./ (salopp) *verrückt, unsinnig, absurd:* ein schizophrener Vorschlag, Plan; dieser Mann muß völlig s. sein, sonst hätte er das nicht getan; dieser Schiedsrichter pfeift doch geradezu s.

Schizophrenie, die; der Schizophrenie ⟨ohne Mehrz.⟩: /Med./ *Spaltungsirresein:* an S. leiden, erkranken.

schockieren, schockierte, hat schockiert ⟨tr., jmdn. s.⟩: *jmdm. einen Schock versetzen, jmdn. bestürzt machen, jmdn. aus der Fassung bringen:* sein Benehmen hat mich [schwer, einigermaßen] schockiert; ich bin schockiert über diese Unverschämtheit; eine schockierende Frage; es ist schockierend, wie ...

Schwulität, die; der Schwulität, die Schwulitäten (ugs.): /gew. nur in den folgenden festen Wendungen/ * **in Schwulitäten sein:** *in Verlegenheit sein, Schwierigkeiten haben;* * **in [große, ziemliche] Schwulitäten kommen, geraten:** *in Schwierigkeiten kommen.*

Score [*ßkoˑr*], der oder das; des Scores, die Scores (bildungsspr.): /bes. Sport/ *Spielergebnis, erzielte Punkt- oder Trefferzahl, Ergebnis:* der Schütze erreichte ein S. von 198 Ringen; die Mannschaft gewann das Lokalderby mit dem bisher besten S. von 5 : 2.

Sekret, das; des Sekret[e]s, die Sekrete: /Med., Biol./: **a)** *von einer Drüse produzierter und abgesonderter Stoff, der im Organismus bestimmte biochemische Aufgaben zu erfüllen hat:* der Speichel ist das S. der Speicheldrüse. **b)** *Ausscheidung, Absonderung:* das S. einer Wunde; wäßriges, eitriges, blutiges S.

Sekretär, der; des Sekretärs, die Sekretäre: **1 a)** *jmd., der einen leitenden Persönlichkeit des öffentlichen Lebens oder der Wirtschaft bes. zur Abwicklung der Korrespondenz zur persönlichen Verfügung steht:* der S. eines Ministers, eines Schriftstellers, eines Künstlers; er hält sich, leistet sich einen S. **b)** *Schriftführer:* er ist S. des Vereins. **2)** *Beamter des mittleren Dienstes:* er ist S. im Kriminaldienst, bei der Post. **3)** (veraltend) *Schreibschrank:* den S. abschließen, absperren; etwas im S. einschließen.

Sekretariat, das; des Sekretariat[e]s, die Sekretariate: *Kanzlei, Geschäftsstelle:* das S. einer Universität, einer Behörde; ein S. leiten; einem S. vorstehen; Sie können Ihre Papiere auf dem S. abholen.

Sekretion, die; der Sekretion, die Sekretionen ⟨Mehrz. ungew.⟩: /Med./ *Vorgang der Produktion und Absonderung von Sekreten durch Drüsen:* die Schweißdrüsen sind Drüsen mit äußerer S. *(= geben ihr Sekret an die Körperoberfläche ab);* die Schilddrüse ist eine Drüse mit innerer S. *(= gibt ihr Hormon an die Blutbahn ab);* die S. einer Drüse anregen, hemmen, unterdrücken.

Sektion, die; der Sektion, die Sektionen: **1)** *Abteilung, Gruppe (innerhalb einer Behörde oder Institution):* er leitet die deutsche S. des Internationalen Kunstkritikerverbandes; in der Stadt X wurde eine neue S. Hessen-Süd des Odenwaldklubs gegründet. **2)** /Med./ *kunstgerechte Öffnung und Zerlegung eines Leichnams:* eine S. vornehmen, durchführen; die S. des Getöteten bestätigte den Verdacht auf innere Blutungen.

Sektor, der; des Sektors, die Sektoren: **1)** *Sachgebiet; Gebiet, Bezirk, Bereich:* der politische, innenpolitische, außenpolitische, wirtschaftliche, militärische, soziale, naturwissenschaftliche, medizinische, kulturelle S.; auf einem bestimmten S. tätig sein, beschlagen sein; sich auf einem S. auskennen. **2)** /Pol./ *eines der vier Besatzungsgebiete von Berlin:* die vier Sektoren von Berlin; der amerikanische, russische S. **3)** /Math./ *Kreis-, Kugelausschnitt:* ein spitzwinkliger S.; den Flächeninhalt eines Sektors bestimmen.

Sekunda, die; der Sekunda, die Sekunden: *die sechste (Untersekunda) oder siebte (Obersekunda) Klasse einer höheren Schule:* er unterrichtet Griechisch in beiden Sekunden; er hätte als Klassenführer gern eine S. übernommen.

Sekundaner, der; des Sekundaners, die Sekundaner: *Schüler einer Sekunda:* er ist S.

Sekundant, der; des Sekundanten, die Sekundanten: **1)** (früher) *Beistand, Zeuge bei einem Duell:* jmdn. zu seinem Sekundanten bestimmen; die Sekundanten vereinbarten den genauen Zeitpunkt des Duells, prüften die Waffen. **2)** *jmd., der einen Sportler während eines Wettkampfs betreut und berät (bes. beim Boxen und Schach):* der S. des Boxers warf das Handtuch zum Zeichen der Aufgabe; die Sekundanten des Schachweltmeisters analysierten die Hängepartie bis spät in die Nacht hinein.

sekundär ⟨Adj.; attr. und als Artangabe; ohne Vergleichsformen⟩: *in zweiter Linie [in Betracht kommend], zweitrangig, zweiter Ordnung:* diese Frage ist von sekundärem Interesse, von sekundärer Bedeutung; dieses Problem ist, erscheint mir ganz s.; das betrifft mich nur s. *(= indirekt);* das kommt nur s. in Betracht.

Sekunde, die; der Sekunde, die Sekunden: **a)** *der sechzigste Teil einer Minute (als Zeiteinheit):* es ist jetzt 10 Sekunden nach 3 Uhr; er läuft die 100 Meter immer noch in, unter 11 Sekunden; ich habe für diese Strecke genau 25 Sekunden gebraucht, benötigt; nur noch wenige Sekunden trennen uns vom neuen Jahr; hier kommt es auf jede S. an; die Sekunden verstrichen, verrannen; ich warte noch genau 10 Sekunden. **b)** /übertr./ (alltagsspr.) *sehr kurze Zeitspanne, kurzer Augenblick, ganz kurze Zeit:* ich bin in zwei Sekunden *(= gleich)* wieder da; er kommt alle paar Sekunden mit einem anderen Wunsch; warte doch bitte nur eine S.!; [eine] S.! (ugs.; *= einen Augenblick!);* es dauert nur ein paar Sekunden.

Semester, das; des Semesters, die Semester: **1)** *Studienhalbjahr:* ein Studium von acht Semestern; er hat zehn S. Jura studiert; er ist, studiert jetzt im zweiten S.; das S. beginnt, endet am ... **2)** /Studentensprache/ *Studierender:* er gehört noch zu den jüngeren, schon zu den höheren, älteren Semestern; er ist schon ein höheres S. **3)** (scherzh.) *älterer Mensch:* diese Frau ist auch schon älteres S., gehört zu den älteren Semestern.

Semifinale, das; des Semifinales, die Semifinale, selten auch: die Semifinales: /Sport/ *Vorschlußrunde bei Sportwettbewerben, die in mehreren Ausscheidungsrunden durchgeführt werden:* das S. erreichen; im S. unterliegen, ausscheiden; ins S. vorstoßen; das S. bestreiten die folgenden vier Mannschaften.

Seminar, das; des Seminars, die Seminare: **1a)** *Hochschulinstitut für eine bestimmte Fachrichtung:* das germanistische S. der Universität Köln; das S. für vergleichende Sprachwissenschaft an der Universität X; im S. arbeiten. **b)** *wissenschaftliche Übung, wissenschaftliche Arbeitsgemeinschaft im Rahmen eines Fachstudiums:* ein S. belegen, mitmachen, halten; an einem S. [über moderne Lyrik] teilnehmen; das S. fällt heute aus. **2)** *Ausbildungsstätte für katholische Geistliche (früher auch: für Volksschullehrer):* ein S. besuchen; im S. wohnen; er kommt frisch vom S.

Senat, der; des Senat[e]s, die Senate: **a)** *die Regierung in den Ländern West-Berlin, Bremen und Hamburg:* der Berliner S.; der S. der Stadt Bremen hat beschlossen, ... **b)** *in den USA die erste Kammer des Kongresses:* der amerikanische S.; er gehört dem S. an; der S. hat dem Gesetz zugestimmt.

Senator, der; des Senators, die Senatoren: *Mitglied eines →Senats:* der amerikanische S. Kennedy; er ist S. für Inneres in der Hamburger Bürgerschaft.

senil ⟨Adj.; attr. und als Artangabe⟩ (abschätzig): *greisenhaft, verkalkt:* senile Ansichten; er ist reichlich s. [geworden]; s. daherreden.

senior ⟨indekl. Adj.; nur in Verbindung mit einem vorangestellten Personennamen⟩: *der Ältere* (Abk.: sen.; Ggs.: →junior): Herbert Kohlmann sen., senior.

Senior, der; des Seniors, die Senioren: **1)** ⟨gew. nur Einz.⟩ (selten): *Seniorchef:* ich habe mit dem S. und dem Junior der Firma verhandelt. **2)** ⟨gew. nur Mehrz.⟩: /Sport/ *Sportler einer bestimmten, zwischen den Junioren und der Erwachsenenklasse stehenden Altersklasse:* er spielt bei den Senioren des Vereins; er gehört zu den Senioren.

Sensation, die; der Sensation, die Sensationen: *aufsehenerregendes Ereignis; Riesenüberraschung; erstaunliche, verblüffende Leistung:* die plötzliche Abwertung des Franc wurde allgemein als S. empfunden; seine Rede war eine politische S.; diese Niederlage ist für mich eine echte S.; der dreifache Axel ist heute im Eiskunstlauf längst keine S. mehr; das Publikum will immer nur Sensationen [sehen], verlangt nach Sensationen; auf Sensationen aussein (ugs.); hinter Sensationen herjagen, über Sensationen berichten.

sensationell ⟨Adj.; attr. und als Artangabe⟩: *aufsehenerregend, verblüffend; unerwartet, außerordentlich überraschend:* eine sensationelle Erfindung, Entdeckung, Leistung, Niederlage, Nachricht, Wendung; ein sensationeller Plan, Weltrekord; der Ausgang der Wahlen war s.; dieser Sieg ist s.; die Mannschaft hat s. hoch verloren; dieser Sieg wirkt s., mutet s. an; der Prozeß verlief, endete einigermaßen s.

sensibel ⟨Adj.; attr. und als Artangabe⟩: *empfindsam, feinfühlig, überempfindlich:* ein sensibler Mensch, Junge, Künstler; sie hat ein überaus sensibles Nervenkostüm; sie ist sehr s.; s. reagieren.

Sentenz, die; der Sentenz, die Sentenzen (bildungsspr.): *kurz und treffend formulierter und darum einprägsamer Ausspruch, Sinnspruch, Denkspruch:* eine tiefgründige S.; er hat immer eine geeignete S. zur Hand.

sentimental ⟨Adj.; attr. und als Artangabe⟩: *gefühlsbetont, [übertrieben] gefühlvoll, rührselig, romantisch:* ein sentimentaler Roman, Film, Schlager; eine sentimentale Stimmung; sentimentale Gedanken, Erinnerungen; sie ist sehr s.; bei dieser Musik kann man richtig s. werden; er schreibt sehr s.; s. erzählen.

Sepsis, die; der Sepsis, die Sepsen ⟨Mehrz. ungew.⟩: /Med./ *Blutvergiftung:* eine schwere, akute, schleichende S.; eine S. bekommen.

septisch ⟨Adj.; attr. und als Artangabe; ohne Vergleichsformen⟩: /Med./: **a)** ⟨gew. nur attr.⟩: *mit einer Blutvergiftung einhergehend oder verbunden:* eine septische Angina. **b)** *nicht keimfrei, durch Krankheitserreger verseucht:* eine septische Operation; unter septischen Bedingungen operieren; das Verbandsmaterial ist leider s.; s. operieren.

Serie [...i^e], die; der Serie, die Serien: *Reihe, Folge; Satz:* eine lange, kürzere, ununterbrochene S.; eine S. von Briefmarken, Bildern, Versuchen, Erfolgen, Niederlagen, Unfällen; beim Schießen gelang ihm eine größere S. von Treffern; diese Illustrierte will jetzt eine neue S. über die Massenmörder des 20. Jahrhunderts bringen; der Wagen geht jetzt in S. *(= in Serienproduktion);* dieses Modell wird noch nicht in S. *(= serienmäßig)* hergestellt.

Sermon [auch: *ßär...*], der; des Sermons, die Sermone ⟨Mehrz. selten⟩ (ugs.): *Redeschwall, langweiliges Geschwätz, nichtssagendes Gerede:* hoffentlich ist er bald fertig mit seinem [langen] S.

Serpentine, die; der Serpentine, die Serpentinen: *in Schlangenlinie ansteigender Weg; Windung, Kehre:* das Hotel ist nur über eine schmale und gefährliche S. erreichbar; die Straße führt in zahlreichen steilen Serpentinen zur Paßhöhe hinauf.

Serum, das; des Serums, die Seren: /Med./: **a)** *der flüssige, hauptsächlich Eiweißkörper enthaltende, nicht mehr gerinnbare Anteil des Blutplasmas:* bei der Blutgerinnung setzt sich das S. vom Blutkuchen ab. **b)** *mit Immunkörpern angereichertes, als Impfstoff verwendetes Blutserum:* ein neues, wirksames S.; ein S. gegen Keuchhusten, Kinderlähmung, Grippe; ein S. entwickeln, injizieren, einspritzen.

Service [*ßärwiß*], das; des Service oder Services [...ß^eß], die Service [...wiß oder ...wiß^e]: *Geschirrsatz, Gläsersatz:* ein kostbares, silbernes, teures, einfaches, billiges S.; wir aßen aus einem alten, rustikalen S.; ich habe noch ein S. Sektschalen gekauft.

Service [*ßö^rwiß*], der oder das; des Service (auch: des Services), die Service [...wiß, auch: ...wiß^e] ⟨Mehrz. ungew.⟩: *Kundendienst:* diese Werkstatt bietet ein erstklassiges S.; der S. an dieser Tankstelle ist kostenlos.

servieren [...wi...], servierte, hat serviert ⟨tr. und intr.⟩: **1)** ⟨etwas s.; auch intr.⟩: *bei Tisch die Speisen und Getränke auftragen, anrichten:* darf ich jetzt die Suppe, das Fleisch, die Nachspeise, den Mokka s.?; Herr Ober, Sie können jetzt s.; er serviert *(ist Kellner)* in einem exklusiven Speiserestaurant; sie serviert noch ein wenig ungeschickt, schon sehr gut. **2)** (Sportjargon): **a)** ⟨gew. intr.; selten: etwas s.⟩: /Tennis/ *den Aufschlag haben, aufschlagen:* Bungert serviert zu Beginn des zweiten Satzes; ein As servieren *(= so aufschlagen, daß der Gegner den Ball nicht mehr zurückschlagen kann).* **b)** ⟨etwas s.⟩: /Mannschaftsballspiele, bes. Fußball/ *den Ball (bzw. im Eishockey: die Scheibe) einem Mitspieler zuspielen, zupassen:* er servierte seinem Mittelstürmer den Ball direkt vor die Füße, auf den Kopf; er hat ihm eine prächtige Vorlage serviert.

Serviette [*ßärwiät^e*], die; der Serviette, die Servietten: *Tuch oder Papier, das man beim Essen zum Säubern des Mundes und zum Schutz der Kleider verwendet:* eine weiße, rote, gestärkte, papierne S.; seine S. zusammenlegen; eine S. vortun (alltagsspr.), umbinden.

servil [...wil] ⟨Adj.; attr. und als Artangabe⟩ (bildungsspr.): *unterwürfig, kriecherisch, knechtisch:* eine servile Kreatur, Haltung; seine Mitarbeiter sind alle ausgesprochen s.; sich s. vor jmdm. demütigen.

Set, das oder der; des Set[s], die Sets (bildungsspr.): **a)** *Satz zusammengehörender (meist gleichartiger) Dinge:* ein S. Schüsseln, Gläser, Tischtennisbälle. **b)** ⟨meist Mehrz.⟩: *Vorlegedeckchen:* die Tische waren mit kleinen, bunten Sets anstelle von Tischdecken gedeckt.

Sex, der; des Sex oder Sexes ⟨ohne Mehrz.⟩ (ugs.): **a)** = *Sexualität:* dieser Film zeigt billigsten, primitivsten S.; der S. im Leben der Frau von vierzig Jahren; S. verkauft sich gut. **b)** = *Sex-Appeal:* sie hat viel, wenig, keinen S.; sie zeigt viel S.

Sex-Appeal [...ᵉpi̱l], der; des Sex-Appeals ⟨ohne Mehrz.⟩: *starke erotische Anziehungskraft, erotische Ausstrahlung* (bes. auf Frauen bezogen): sie hat viel, wenig, keinen S.

Sexta, die; der Sexta, die Sexten: *erste (unterste) Klasse einer höheren Schule:* er besucht die S. des Gymnasiums; er geht in die S.

Sextaner, der; des Sextaners, die Sextaner: *Schüler einer →Sexta:* er ist S.; die S. haben heute schulfrei.

Sexualität, die; der Sexualität ⟨ohne Mehrz.⟩: *Geschlechtlichkeit, geschlechtliches Verhalten; die Gesamtheit der Erscheinungsformen des Geschlechtstriebs:* die männliche, weibliche, frühkindliche S.; die S. des Mannes, der Frau, zwischen Mann und Frau, zwischen Erwachsenen, bei den Indios; die S. überbewerten, überbetonen; sie hat ein gestörtes Verhältnis zur S.

sexuell ⟨Adj.; attr. und als Artangabe; ohne Vergleichsformen⟩: *geschlechtlich, die Sexualität betreffend:* sexuelle Erregung, Bindung, sexuelle Probleme, Verirrungen, Träume, Beziehungen; die sexuelle Aufklärung, Erziehung, Neugier; mein Interesse an dieser Frau ist rein s.; sich s. betätigen, austoben.

Sexus, der; des Sexus ⟨ohne Mehrz.⟩ (bildungsspr.): *Geschlechtstrieb:* der S. spielt eine bestimmende Rolle im menschlichen Verhalten.

sexy ⟨indekl. Adj.; nicht attr.; gew. ohne Vergleichsformen⟩ (salopp): *viel Sex-Appeal habend, mit Sex-Appeal, erotisch-attraktiv:* dieses Mädchen ist wirklich s.; sie sieht s. aus; sie tanzt, bewegt sich s.

sezieren, sezierte, hat seziert ⟨tr., etwas s.⟩: **a)** /Med./ *einen toten tierischen oder menschlichen Körper nach den Grundsätzen der Anatomie kunstgerecht aufschneiden oder zerlegen:* einen Leichnam, eine Leiche, einen Toten, einen toten Frosch; eine tote Maus s. **b)** /übertr./ (bildungsspr.) *etwas bis in alle Einzelheiten zerpflükken und analysieren:* einen Bericht, einen Roman, ein Kunstwerk s.; er hat das neue Wörterbuch in seiner Besprechung regelrecht seziert.

Shorts [schå̱ᵗtß], die ⟨Mehrz.⟩: *kurze, sportliche Damen- oder Herrenhose:* am Strand trage ich am liebsten bunte, weiße, leinene S.; sie läuft zu Hause immer in S. herum.

Show [schoᵘ], die; der Show, die Shows: *Schau, buntes Unterhaltungsprogramm:* eine gute, originelle, musikalische, artistische, internationale, bunte S.; eine S. machen, zusammenstellen; in einer S. auftreten, singen, tanzen; sie wirkt in der neuen S. von Peter Alexander mit.

Showbusineß [schoᵘbisniß], das; des Showbusineß ⟨ohne Mehrz.⟩ (bildungsspr.): *Schaugeschäft, Vergnügungs-, Unterhaltungsbranche:* er ist im S. tätig.

Sideboard [ßa̱idbå̱ʳd], das; des Sideboards, die Sideboards (bildungsspr.): *Anrichte, Büffet:* ein eichenes, teakenes, weißes S.; ein S. aus, in Nußbaum.

Signal, das; des Signals, die Signale: **a)** *optisches oder akustisches Zeichen mit festgelegter Bedeutung:* ein akustisches, optisches, deutlich hörbares, helles, schrilles S.; ein S. geben, verabreden, vereinbaren, erkennen, überhören, übersehen, beachten, falsch deuten; der Zugführer hat das S. überfahren; das S. steht auf Rot, Grün, „Halt!", „freie Fahrt"; ein S. ertönt; er hat den anderen mit der Lichthupe S. gegeben. **b)** /bildl./ *Zeichen:* das ist das S. zum Kampf; die Signale stehen auf Sturm; man muß die Signale der Zeit erkennen.

signalisieren, signalisierte, hat signalisiert ⟨tr., etwas s.⟩: *eine Nachricht* *durch ein [Hand]zeichen übermitteln, etwas ankündigen:* der Bundestrainer signalisierte seinem Verteidiger [mit der Hand, durch Handzeichen], daß nur noch vier Minuten zu spielen seien; er hat sein Kommen durch ein Telegramm signalisiert; der Hubschrauber signalisierte Feindberührung.

signieren, signierte, hat signiert ⟨tr., etwas s.⟩ (bildungsspr.): *sein Namenszeichen auf etwas anbringen, etwas unterzeichnen, abzeichnen:* der Autor signierte eigenhändig die ersten Exemplare seines neuen Romans; einen Brief, eine Urkunde, ein Bild s.

Silhouette [*siluät^e*], die; der Silhouette, die Silhouetten: *Schattenbild, Umriß[linie]; Schattenriß:* die S. eines Menschen, eines Baums, eines Hauses, eines Kirchturms; die S. der Berge hob sich gegen den Abendhimmel ab.

simpel ⟨Adj.; attr. und als Artangabe⟩: *einfach; einfältig:* eine simple Frage; der Wagen hat eine simple Ausstattung; ein simples Gemüt haben; simple Leute; ein simpler Bauer; das ist ein ganz simpler *(= durchsichtiger)* Trick; es gab nur ganz simplen *(= gewöhnlichen)* Schweinebraten; diese Bemerkung ist wirklich s.; die Lösung der Aufgabe ist ganz s.; diese Maschine ist wirklich sehr s. konstruiert; s. fragen.

simplifizieren, simplifizierte, hat simplifiziert ⟨tr., etwas s.⟩ (bildungsspr.): *etwas stark vereinfachen, vereinfacht darstellen:* ein Problem, einen Sachverhalt s.; die Presse hat meine Ausführungen in stark simplifizierter Form wiedergegeben.

Simulant, der; des Simulanten, die Simulanten: *jmd., der sich krank stellt:* er ist ein S.

simulieren, simulierte, hat simuliert ⟨tr. und intr.⟩: **1)** ⟨etwas s.; auch intr.⟩: *etwas vortäuschen, vorgeben, sich verstellen:* eine Krankheit, eine Ohnmacht, Schwäche, Trunkenheit, Unverständnis, Ahnungslosigkeit s.; er ist nicht wirklich krank, er simuliert nur. **2)** ⟨intr.⟩ (ugs.): *nachsinnen, grübeln:* ich weiß nicht, was mit dem Opa los ist. Er simuliert den ganzen Tag [über alles Mögliche].

Sinfonie, die; der Sinfonie, die Sinfonien; häufig auch: Symphonie [sü...], die; der Symphonie, die Symphonien: **a)** /Mus./ *meist viersätziges, auf das Zusammenklingen des ganzen Orchesters hin angelegtes Instrumentaltonwerk:* eine romantische, heroische S.; eine S. von Beethoven, Schubert, Strawinski; eine S. schreiben, komponieren, aufführen, dirigieren, spielen. **b)** /übertr./ (bildungsspr.) *harmonischer Zusammenklang:* eine S. der Farben.

Singular, der; des Singulars, die Singulare: /Sprachw./ *Einzahl:* der S. eines Substantivs; dieses Wort kommt nur, nicht im S. vor.

singulär ⟨Adj.; attr. und als Artangabe; ohne Vergleichsformen⟩ (bildungsspr.): *vereinzelt [vorkommend]; einen Einzel- oder Sonderfall darstellend; selten:* ein singulärer Fall; dieses Ergebnis ist doch recht s.; s. vorkommen, auftreten.

Sirene, die; der Sirene, die Sirenen: **1)** *Anlage zur Erzeugung eines Alarm- oder Warnsignals:* die S. ertönt, heult, gibt Alarm; wir müssen die S. überhört haben. **2)** (bildungsspr.) *Frau, die die Männer durch ihre Verfügungskünste einzufangen versteht:* sie ist eine [richtige] S.; diese S. hat ihn umgarnt.

Situation, die; der Situation, die Situationen: *Lage, Zustand:* eine schwierige, ernste, heikle, gefährliche, günstige, vielversprechende, mißliche, beunruhigende, kritische, hoffnungslose S.; die derzeitige S. der deutschen Naturwissenschaftler; die politische, wirtschaftliche S. in Westeuropa; die finanzielle S. dieses Verlags; die weltpolitische S.; die geistige S. der Studenten; eine S. überblicken, beherrschen, erfassen, klären, meistern, retten; seine S. wird bedenklich, hat sich verbessert, verschlechtert; sich einer neuen S. anpassen; was hätte ich in dieser S. sonst tun

Skala

sollen?; er hat mich in eine peinliche S. gebracht; aus einer S. herauskommen; mit einer S. fertig werden; es gibt Situationen im Leben, in denen ...

Skala, die; der Skala, die Skalen, auch: die Skalas; in der Technik häufig auch: **Skale**, die; der Skale, die Skalen: **1)** *Maßeinteilung an Meßinstrumenten:* eine geradlinige, kreisförmige S.; die S. eines Thermometers, eines Tachometers; die S. dieses Thermometers reicht von −50°C bis +50°C; die S. ist eingeteilt in ...; ein Meßergebnis von, auf einer S. ablesen; eine S. eichen, **2)** /übertr./ (bildungsspr.) *Stufenleiter, vollständige Reihe:* in dieser Szene wird die ganze S. der Gefühle durchgespielt; die S. der verwendeten Farben reicht vom tiefsten Rot bis Violett; die S. der [politischen] Möglichkeiten durchgehen, prüfen.

Skaie vgl. Skala.

Skalpell, das; des Skalpells, die Skalpelle: /Med./ *kleines chirurgisches Operationsmesser mit schmaler, feststehender Klinge:* mit dem S. operieren.

skalpieren, skalpierte, hat skalpiert ⟨tr., jmdn. s.⟩: *jmdm. die behaarte Kopfhaut abziehen:* die Indianer pflegten ihre gefangenen Feinde zu s.; neben der Autobahn wurde eine Frauenleiche gefunden, die regelrecht skalpiert war.

Skandal, der; des Skandals, die Skandale: *aufsehenerregendes, schockierendes Vorkommnis, Ärgernis, öffentliches Aufsehen:* ein großer, schrecklicher, häßlicher, richtiger, öffentlicher, politischer, militärischer S.; der S. um die Person des Heeresministers; die Zustände in unseren Schulen sind ein S.; es ist ein S. (= *es ist empörend),* wie man uns behandelt; ei nen S. verursachen, verhindern, vertuschen, fürchten; von Skandalen leben; sie war in zahlreiche Skandale verwickelt; leider kam es nach der Sitzung zu einem regelrechten S., als ...; etwas wächst sich zum S. aus; mach doch keinen S.!

skandalös ⟨Adj.; attr. und als Artangabe⟩: *empörend, unglaublich, unerhört:* eine skandalöse Affäre; skandalöse Zustände, Vorfälle; die Behandlung hier ist wirklich s.; jmdn. s. behandeln; sich s. aufführen, benehmen.

Skelett, das; des Skelett[e]s, die Skelette; med. fachspr. auch noch: Skelet, das; des Skelet[e]s, die Skelete: *Knochengrüst eines Körpers:* ein menschliches, tierisches, männliches, weibliches S.; das S. eines Menschen, eines Affen, eines Zebras. – /bildl. oder in Vergleichen/ (alltagsspr.): sie ist dürr wie ein S.; sie ist nur ein S. (= *sie ist bis auf die Knochen abgemagert).*

Skepsis, die; der Skepsis ⟨ohne Mehrz.⟩: *Zweifel, Bedenken, Mißtrauen; Zurückhaltung:* er ist voller S. meinem Vorschlag gegenüber; er betrachtet diese Entwicklung mit großer S.; hier ist S. am Platze.

Skeptiker, der; des Skeptikers, die Skeptiker: *Zweifler, mißtrauischer Mensch:* er ist ein großer, alter S.

skeptisch ⟨Adj.; attr. und als Artangabe⟩: *zum Zweifel neigend, grüblerisch; mißtrauisch, kritisch; besorgt:* ein skeptischer Mensch; eine skeptische Haltung, Betrachtung; seine Antwort war, klang sehr s.; ich bin wirklich s., ob sich dieser Plan verwirklichen läßt; seine Miene war s.; ich beurteile die Lage sehr s.

Skizze, die; der Skizze, die Skizzen: *[erster] Entwurf; flüchtig hingeworfene Zeichnung:* die S. eines Bildes, Gemäldes, einer Kurzgeschichte, einer Rede; mache mir doch mal eine kleine S. von diesem Projekt; er fertigte sich eine S. vom Unfallort, über den Hergang der Tat an; etwas in einer S. festhalten.

skizzieren, skizzierte, hat skizziert ⟨tr.; etwas, jmdn. s.⟩ (bildungsspr.): *etwas entwerfen; etwas umreißen, in einer Skizze festhalten; jmdn. in groben Umrissen beschreiben, schildern:* eine Rede, einen Vortrag, eine Kurzgeschichte, einen Plan, ein Vorhaben, ein Programm, eine Reiseroute, einen

Menschen, einen Politiker [mit wenigen Worten] s.

Sklave [...wᵉ], der; des Sklaven, die Sklaven: *Leibeigener, in völliger Abhängigkeit lebender Mensch:* ein afrikanischer, griechischer S.; Sklaven halten, kaufen, verkaufen; einen Sklaven bestrafen, mißhandeln, befreien, freilassen; einem Sklaven die Freiheit geben; jmdn. zum Sklaven machen; mit Sklaven handeln. – /in Vergleichen und bildl./: jmdn. wie einen Sklaven behandeln; ich bin doch nicht dein S.; er ist der S. seiner Leidenschaften, seiner Gewohnheiten, seiner Arbeit.

sklavisch [...aw...] ⟨Adj.; attr. und als Artangabe⟩ (bildungsspr.): *wie ein Sklave, unterwürfig, demütig, knechtisch, blind gehorchend:* sklavische Ergebenheit, Anhänglichkeit; sklavischer Gehorsam; diese Haltung ist feig und s.; jmdm. s. gehorchen, folgen, ergeben sein; er führt s. alle Befehle aus.

Skonto, der oder das; des Skontos, die Skontos, auch: die Skonti ⟨Mehrz. selten⟩: /Wirtsch./ *Preisnachlaß bei Barzahlung:* wir gewähren Ihnen bei Barzahlung 5 % S. [auf den Bruttobetrag, auf die Rechnung]; S. verlangen, bekommen; ich habe einen S. von 2 % bereits abgezogen.

Skrupel, der; des Skrupels, die Skrupel ⟨meist Mehrz.⟩: *Zweifel, Hemmungen, Bedenken, Gewissensbisse:* keine S. kennen; seine S. in einer Sache überwinden; ich bin voller S., ob ...; sich mit allerlei [moralischen] Skrupeln quälen; von Skrupeln geplagt werden; er ist ein Mensch ohne S.; etwas ohne jeden S. tun.

Skulptur, die; der Skulptur, die Skulpturen: *Bildhauerarbeit, Plastik:* der Künstler hat der Welt zahlreiche wertvolle Skulpturen hinterlassen.

skurril ⟨Adj.; attr. und als Artangabe⟩ (bildungsspr.): *sonderbar, verschroben, bizarr, schillernd:* ein skurriler Mensch; skurrile Ansichten, Vorstellungen, Pläne, Züge; eine skurrile Phantasie haben; dieser Vorschlag ist, klingt reichlich s.; s. aussehen.

Skyline [βkailain], die; der Skyline, die Skylines (bildungsspr.): *Silhouette einer Stadt:* aus dem Nebel tauchte plötzlich die S. der Millionenstadt auf; die imposante S. von New York.

Slalom, der; des Sloloms, die Sloloms: **1)** /Schi- und Kanusport/ *sportlicher Wettbewerb, bei dem eine mit Flaggenstangen abgesteckte Rennstrecke in einer bestimmten Weise durchfahren werden muß, Torlauf:* einen S. abstecken; er hat den, im S. gewonnen; am S. teilnehmen. **2)** /übertr./ *Zickzacklauf, Zickzackfahrt:* er fuhr mit dem Wagen S.; er kam im S. die Straße herunter.

Slip, der; des Slips, die Slips: /Textilk./ *beinloser Schlüpfer (für Damen oder Herren):* ein wollener, seidener, baumwollener, dünner, dicker S.; er trägt nicht gern Slips; er braucht einen S. Größe 7.

Slipper, der; des Slippers, die Slipper: *bequemer Sportschuh mit flachem Absatz und ohne Schnürung:* ich habe mir ein Paar [braune] S. gekauft; ich trage gern S.

Slogan [βloᵘgᵉn], der; des Slogans, die Slogans (bildungsspr.): *Werbespruch; Schlagwort:* ein guter, wirksamer, treffender, einprägsamer, neuer, abgedroschener S.; mit dem S. „Wir schaffen das moderne Deutschland" wollte die SPD vor allem die jungen Menschen ansprechen.

Slums [βlamß], die ⟨Mehrz.⟩ (bildungsspr.): *Elendsviertel:* die Slums der Großstädte, von London, von New York; in den S. wohnen.

smart ⟨Adj.; attr. und als Artangabe⟩ (bildungsspr.): *gerissen, geschäftstüchtig, clever; sportlich-elegant:* ein smarter Geschäftsmann, Jüngling, Politiker; er ist als Vertreter sehr s.; s. auftreten; sich s. kleiden.

Smoking, der; des Smokings, die Smokings: *meist schwarzer Gesellschaftsanzug mit seidenen Jackettaufschlägen:* ein schwarzer, roter, eleganter S.; im S. gehen; einen S. tragen.

Snob, der; des Snobs, die Snobs: *[eingebildeter] Mensch, der ein extravagantes Verhalten zur Schau trägt,*

Snobismus

überheblicher Vornehmtuer: er ist ein [richtiger, großer] S.

Snobismus, der; des Snobismus ⟨ohne Mehrz.⟩: *Haltung eines Snobs, Vornehmtuerei:* künstlerischer, politischer, wissenschaftlicher S.; etwas aus purem S. tun; daß er sich jedes Jahr jeweils das neueste Automodell kauft, ist reiner S.

snobistisch ⟨Adj.; attr. und als Artangabe⟩ (bildungsspr.): *in der Art eines Snobs, vornehmtuerisch:* eine snobistische Handlungsweise; ein snobistischer Mensch; dieses Verhalten ist reichlich s.; sich s. benehmen, geben, aufführen; s. leben, wohnen.

Sodomie, die; der Sodomie ⟨ohne Mehrz.⟩: /Med./ *Unzucht mit Tieren:* die verschiedenen Formen der S.; S. treiben; er wurde wegen S. verurteilt.

soigniert [*ßoanjirt*] ⟨Adj.; attr. und als Artangabe; gew. ohne Vergleichsformen⟩ (bildungsspr.): *gepflegt:* ein soignierter Herr, Geschäftsmann, er ist, wirkt sehr s.; er sieht sehr s. aus; s. gekleidet, angezogen sein.

Soiree [*ßoare*], die; der Soiree, die Soireen (bildungsspr.): *Abendgesellschaft; Abendveranstaltung:* eine musikalische, künstlerische, literarische S.; wir waren zu einer S. beim Konsul; der Minister hatte zu einer S. eingeladen; eine S. geben.

solenn ⟨Adj.; attr. und als Artangabe⟩ (geh.): *feierlich, festlich:* ein solennes Gedicht; eine solenne Festansprache; der musikalische Rahmen der Festveranstaltung war sehr s.; der Redner sprach sehr s.; der Trauerzug bewegte sich s. auf die Kirche zu.

solid vgl. solide.

solidarisch ⟨Adj.; attr. und als Artangabe; ohne Vergleichsformen⟩: *kameradschaftlich [für einander einstehend, verbunden], treu zusammenstehend:* eine solidarische Haltung, Erklärung; in solidarischer Übereinstimmung handeln; ich bin, erkläre mich mit ihm in dieser Angelegenheit s. (= *ich vertrete den gleichen Standpunkt wie er); s. vorgehen, handeln.*

Solidarität, die; der Solidarität ⟨ohne Mehrz.⟩: *Kameradschaftsgeist, kameradschaftliche Übereinstimmung, Zusammengehörigkeitsgefühl:* die S. zwischen, unter den Belegschaftsmitgliedern ist leider nicht allzu groß; in S. handeln.

solide, auch: solid ⟨Adj.; attr. und als Artangabe⟩: **1)** *fest, massiv, haltbar, gediegen* (nicht auf Personen bezogen): die Karosserie des Wagens ist aus solidem Material, Stahlblech gearbeitet; solide gearbeitete, verarbeitete Schuhe; er hat eine solide (= *gute*) Ausbildung; für eine solche Weinprobe bedarf es einer soliden Grundlage (= *hierfür muß man etwas Kräftiges essen);* die Konstruktion dieser Brücke ist sehr s.; die Basis dieses Geschäfts scheint mir nicht sehr s. (= *finanziell sicher*) zu sein. **2)** *anständig, nicht ausschweifend, moralisch einwandfrei* (auf Personen und deren Verhalten bezogen): ein solides Leben führen; sie ist, lebt sehr s.

solo ⟨Adv.⟩ (ugs.): *allein, ohne Partner, ohne Begleitung:* hast du deine Freundin mitgebracht, oder bist du s. [hier]?; s. gehen, kommen, singen, spielen, tanzen, arbeiten.

Solo, das; des Solos, die Solos und Soli: **a)** *von einer Person allein vorgetragener Gesangs-, Tanz- oder Instrumentalpart (im Rahmen eines Chors, Orchesters bzw. Balletts):* ein S. singen, spielen, tanzen. **b)** /Mannschaftsspiele, bes. Fußball/ *Alleingang eines Spielers:* ein geschicktes, glänzendes, mißlungenes S.; zu einem S. ansetzen. **c)** /Kartenspiele/ *Spiel, das einer der Teilnehmer einer Spielrunde gegen die anderen Teilnehmer allein bestreitet:* er hat ein [sicheres] S. ohne Vier verloren; ein S. gewinnen.

solvent [*...wänt*] ⟨Adj.; attr. und als Artangabe⟩ (bildungsspr.): *zahlungsfähig:* ich vermiete nur an solvente Mieter; seine Kunden sind offenbar nicht sehr s.; ich bin im Moment nicht s. genug, um mir ein neues Auto zu kaufen (= *ich habe im Moment nicht genügend Geld, um* ...); s. aussehen.

Sonde, die; der Sonde, die Sonden: **1)** /Med./ *meist dünnes, stab- oder röh-*

renförmiges Instrument aus Metall, Gummi oder Kunststoff zur Einführung in Körperhöhlen oder Gewebe: eine S. in den Magen, in die Harnblase einführen; er wird über eine S., mit einer S. ernährt; das Wundsekret wird durch eine S. abgeleitet; eine S. anlegen. **2)** *mit einem Sender und verschiedenen Meßinstrumenten versehener Ballon zur Wetterbeobachtung:* eine S. aufsteigen lassen; die S. funkt Meßwerte zur Erde.

sondieren, sondierte, hat sondiert ⟨tr., etwas s.; auch intr.⟩ (bildungsspr.): *etwas vorsichtig erkunden; vorfühlen:* die öffentliche Meinung s.; ein Terrain s.; der deutsche Botschafter soll zunächst einmal in Paris s. [,was die französische Regierung in dieser Sache zu tun gedenkt].

sophistisch ⟨Adj.; attr. und als Artangabe⟩ (bildungsspr.): *spitzfindig, haarspalterisch:* ein sophistischer Trick; seine Argumentation ist s.; s. argumentieren.

Sopran, der; des Soprans, die Soprane: /Mus./: **a)** *die höchste Stimmlage für Frauen- oder Knabenstimmen:* S. singen; sie hat einen weichen, klaren S. **b)** *Frau oder Knabe mit Sopranstimme:* der S. hat mir in dieser Oper am besten gefallen.

Sopranistin, die; der Sopranistin, die Sopranistinnen: /Mus./ *Sopransängerin:* eine gefeierte, berühmte S.

sortieren, sortierte, hat sortiert ⟨tr., etwas s.⟩: *etwas nach bestimmten Merkmalen (insbesondere der Qualität oder der Art) ordnen: etwas auslesen, sondern:* Äpfel, Birnen nach der Qualität, nach der Größe, nach der Handelsklasse s.; ich habe die gesammelten Pilze schon in verschiedene Körbchen sortiert; ich muß mal wieder meine Papiere s.; ein gut sortiertes *(= reichhaltiges)* Warenlager.

soupieren [*sup*...], soupierte, hat soupiert ⟨intr.⟩ (geh.): *[exklusiv] zu Abend speisen:* wir haben nach dem Theaterbesuch [sehr genüßlich] im Atlantik-Hotel soupiert.

Soutane [*su*...], die; der Soutane, die Soutanen: *bis zu den Knöcheln rei-*

chendes, enganliegendes Obergewand des katholischen Geistlichen: der Papst trägt eine weiße S.; die schwarze S. des katholischen Pfarrers; seine S. anlegen, ablegen.

Souterrain [*sut^{e}räng*, auch: *su*...], das; des Souterrains, die Souterrains: *Untergeschoß, Kellergeschoß:* das Haus hat eine abgeschlossene Wohnung im S.; ich habe mir im S. meines Hauses eine Kellerbar eingerichtet.

Souvenir [*suw^{e}nir*], das; des Souvenirs, die Souvenirs: *Andenken, Erinnerungsstück:* ein kleines, billiges, kitschiges S.; ein S. aus dem Urlaub, aus Paris, aus Italien, von der Nordsee; Souvenirs kaufen, mitbringen.

souverän [*suw*...] ⟨Adj.; attr. und als Artangabe⟩: **1)** ⟨ohne Vergleichsformen⟩: *die staatlichen Hoheitsrechte uneingeschränkt ausübend* (auf einen Staat oder dessen Regierung bezogen): ein souveräner Staat; eine souveräne Regierung; ein souveränes Staatsoberhaupt; die BRD ist seit 1955 s., wird s. regiert. **2)** *überlegen:* eine souveräne Haltung; eine Schwierigkeit mit souveränem Humor meistern; sein Wissen auf diesem Gebiet ist wirklich s.; er ist in seiner Haltung sehr s.; sich s. zeigen; etwas s. beherrschen, erledigen; er leitete die Konferenz sehr s.

Souveränität [*suw*...], die; der Souveränität ⟨ohne Mehrz.⟩: **1)** *die auf dem [uneingeschränkten] Besitz der Hoheitsrechte basierende Unabhängigkeit eines Staates:* dieser Staat besitzt, hat die volle S.; die S. erlangen, wiedererlangen, verlieren. **2)** *Überlegenheit:* er hat das mit großer S. erledigt; ich bewundere die S. seiner Haltung.

sozial ⟨Adj.; attr. und als Artangabe⟩ (bildungsspr.): **a)** ⟨meist attr., gew. nicht präd.; ohne Vergleichsformen⟩: *das menschliche Zusammenleben, die Gemeinschaft betreffend, gesellschaftlich:* soziale Probleme, Fragen, Errungenschaften, Spannungen, Mißstände, Leistungen, Einrichtungen; die sozialen Lasten; die soziale Gerechtigkeit, Revolution; in der sozialen Arbeit stehen; die Landbevöl-

Sozialismus

kerung wird durch den technischen Fortschritt s. umgeschichtet. **b)** *auf das Gemeinwohl gerichtet, gemeinnützig, gemeinschaftsfreundlich, wohltätig:* eine soziale Tätigkeit; einen sozialen Beruf ausüben; sein Handeln ist nicht sehr s.; s. gesinnt, eingestellt sein; s. denken, empfinden, handeln.

Sozialismus, der; des Sozialismus ⟨ohne Mehrz.⟩: *politische Bewegung, in der bes. eine gerechte Verteilung der Güter und Chancengleichheit für alle in einer demokratisch kontrollierten Staatsordnung angestrebt wird:* der westliche, östliche, deutsche S.; die Anhänger, Vertreter, Gegner des S.; einen gemäßigten, radikalen S. vertreten.

Sozialist, der; des Sozialisten, die Sozialisten: *Anhänger des Sozialismus:* ein deutscher, englischer, norwegischer, überzeugter, leidenschaftlicher S.; er ist ein S.

sozialistisch ⟨Adj.; attr. und als Artangabe; ohne Vergleichsformen⟩: *den Sozialismus betreffend, auf ihm beruhend, auf ihm begründet:* die sozialistische Gesellschaftsordnung; die sozialistischen Staaten; das sozialistische Lager (im allg. als Selbstbez.: = *die kommunistisch regierten Länder*); diese Partei ist s. [aufgebaut, orientiert].

Sozius, der; des Sozius, die Soziusse: **1)** /Wirtsch./ *Geschäftsteilhaber, Kompagnon:* er ist mein [langjähriger] S.; ich muß darüber erst mit meinem S. sprechen. **2 a)** (veraltend) *Beifahrer auf einem Motorrad oder Motorroller:* ich habe noch einen S. mitgenommen. **b)** *Beifahrersitz auf einem Motorrad oder Motorroller:* auf dem S. sitzen, mitfahren.

Spagat [*schp...*], der (östr. nur so), selten auch: das; des Spagat[e]s, die Spagate: *vollständiger Spreizschritt, bei dem die in entgegengesetzter Richtung ausgestreckten Beine eine fast gerade Linie bilden:* einen S. machen; im S. sitzen; in den S. springen.

Spalier [*schp...*], das; des Spaliers, die Spaliere: **1)** *vertikal aufgezogenes Gerüst (meist in Form einer Gitterwand) aus Latten, Eisenstäben oder Draht, an dem Obstbäume, Beerenpflanzen oder Zierpflanzen gezogen werden:* diese Äpfel, Weintrauben wachsen am S.; Rosen am S. ziehen. **2)** *[Ehren]formation aus Menschen, die sich dicht nebeneinander beiderseits eines Wegs aufgestellt haben:* ein S. von Journalisten, Polizisten, neugierigen Zuschauern; ein S. bilden; durch ein S. gehen; * S. stehen.

Sparring [*schp...*], das; des Sparrings, die Sparrings: /Boxsport/ *Trainingsboxen, das mit schweren Boxhandschuhen und Kopfschutz ausgeführt wird:* das S. aufnehmen, beenden; er hat sich beim S. verletzt.

spartanisch [*schp...*] ⟨Adj.; attr. und als Artangabe⟩: *einfach, anspruchslos; streng, hart:* eine spartanische Lebensweise, Erziehung, Ausbildung; das Leben, das diese Leute führen, ist sehr s.; mein Abendbrot ist meistens recht s.; s. leben, s. essen; seine Kinder s. erziehen.

Spediteur [*schp...tör*], der; des Spediteurs, die Spediteure: *Kaufmann, der gewerbsmäßig Transportgeschäfte betreibt; Transportunternehmen:* ein Hamburger S. wird meinen Umzug durchführen; er ist internationaler S.

Spedition [*schp...*], die; der Spedition, die Speditionen: **a)** *gewerbsmäßige Verfrachtung oder Versendung von Gütern:* die S. von Waren, Möbeln; der Schrank ist bei der S. beschädigt worden. **b)** *Transportunternehmen:* ich habe eine S. mit meinem Umzug beauftragt; er betreibt eine [internationale] S.

Speech [*ßpitsch*], der; des Speeches, die Speeche und Speeches [...*is*] (bildungsspr., salopp): *Gespräch; Unterhaltung; Rede:* einen kleinen, kurzen S. mit jmdm. machen; ich mußte mir den langweiligen S. leider anhören.

Speed [*ßpid*], der; des Speed[s], die Speeds ⟨Mehrz. ungew.⟩ (bildungsspr., salopp): *Geschwindigkeit, Tempo; Spurt:* der Wagen ging mit einem tollen S. in die Kurve; die anderen Läufer waren dem phantastischen S. des Siegers nicht gewachsen.

Spektakel: 1) [*schp...*], der; des Spektakels, die Spektakel ⟨Mehrz. ungew.⟩ (ugs.): *Lärm, Krach:* die beiden Betrunkenen machten einen großen, furchtbaren S.; auf der Straße ist ein ziemlicher S. **2)** [*schp... oder ßp...*], das; des Spektakels, die Spektakel ⟨Mehrz. selten⟩ (bildungsspr.): *großartiges Ereignis, Schauspiel:* Millionen Menschen durften das einzigartige, einmalige S. der amerikanischen Mondlandung am Fernsehschirm miterleben.

spektakulär [*schp... oder ßp...*], ⟨Adj.; attr. und als Artangabe⟩ (bildungsspr.): *aufsehenerregend, phantastisch, sensationell:* das Theaterstück hatte einen spektakulären Erfolg; der neue Weltrekord des Olympiasiegers im Weitsprung ist wirklich s.; der Weltmeister hat in dieser Schachpartie wirklich s. gespielt; eine Sache s. aufziehen.

Spekulation [*schp...*], die, der Spekulation, die Spekulationen ⟨meist Mehrz.⟩: **1)** *rein hypothetische Überlegung, Vermutung:* gedankliche, philosophische, theologische, politische, gewagte, verrückte, kühne Spekulationen; das ist reine S.; diese Zeitungsnotiz gab zu den wildesten Spekulationen Anlaß; Spekulationen anstellen; sich in Spekulationen ergehen; sich in Spekulationen verlieren. **2)** /Wirtsch./ *jedes wirtschaftliche Verhalten, das darauf ausgerichtet ist, aus der Entwicklung der Marktpreise (bes. an der Börse) finanziellen Nutzen zu ziehen:* er hat sein Vermögen durch [riskante, gewagte, geschickte, geglückte, erfolgreiche] Spekulationen [an der Börse] gewonnen; sein Geld durch verfehlte Spekulationen verlieren; laß dich nicht auf undurchsichtige Spekulationen ein!

spekulieren [*schp...*], spekulierte, hat spekuliert ⟨intr.⟩: **1)** /Wirtsch./ *Spekulationsgeschäfte machen:* er spekuliert an der Börse, mit Grundstücken. **2)** ⟨auf etwas s.⟩ (ugs.): *auf etwas rechnen, etwas gern haben wollen:* er spekuliert auf meinen Wagen; er hat auf ein hohes Trinkgeld spekuliert.

spendabel [*schp...*] ⟨Adj.; attr. und als Artangabe⟩ (ugs.): *freigebig, gebefreudig, großzügig (bes. im Geldausgeben für andere):* wir haben einen spendablen Vereinsvorsitzenden; unser Chef ist nicht sehr s.; sich s. zeigen; wir wurden s. bewirtet, verköstigt.

Spezi [*schp...*], der; des Spezis, die Spezis (oberd.): *bester Freund, Busenfreund:* er ist mein S.

spezialisieren, sich [*schp...*], spezialisierte sich, hat sich spezialisiert ⟨refl.⟩: *seine [beruflichen] Interessen überwiegend auf einem bestimmten Bereich haben und dort besondere Fähigkeiten oder Kenntnisse zu erwerben versuchen:* er arbeitet jetzt als Elektriker, aber später will er sich s.; er hat sich als Regisseur auf Wildwestfilme spezialisiert; er hat sich auf die neuere Geschichte spezialisiert; diese Bande hat sich auf Autodiebstähle spezialisiert.

Spezialist [*schp...*], der; des Spezialisten, die Spezialisten: **a)** *jmd., der besondere Kenntnisse oder Fähigkeiten auf einem bestimmten Gebiet hat:* er ist S. für komplizierte Mordfälle; er ist S. auf diesem Gebiet. **b)** (volkst.) *Facharzt:* er ist ein [ein hervorragender] S. für Herzleiden; einen Spezialisten aufsuchen, konsultieren; zu einem Spezialisten gehen.

Spezialität [*schp...*], die; der Spezialität, die Spezialitäten: *Besonderheit, die für jmdn. oder etwas typisch ist; persönliche Stärke oder Eigenart:* Nockerln sind eine österreichische S.; Weißwürste mit Bier ist eine Münchner S.; Apfelstrudel ist eine S. aus Wien; Freistöße aus 20 m Entfernung sind seine S., sind eine S. von ihm.

speziell [*schp...*] ⟨Adj.; attr. und als Artangabe⟩: *besonders, zusätzlich, eigen, eigens; eingehend:* eine spezielle Untersuchung, Anordnung; spezielle Fragen, Angaben, Wünsche; eine spezielle Vorliebe für etwas haben; Bergwanderungen sind mein spezielles Vergnügen; sie ist eine spezielle Freundin von mir (ironisch; = *mit*

spezifisch

der habe ich nicht gern etwas zu tun); deine Wünsche sind sehr s. *(= ausgefallen); seine Ausführungen hätten ruhig etwas spezieller sein können; wir wollen einmal ganz s.* diesen einen Punkt betrachten, untersuchen; ich habe den Käsekuchen s. für dich bestellt; dieser Ring hat mir s. gefallen.

spezifisch [*schp...*] ⟨Adj.; attr. und als Artangabe⟩: *besonders, typisch, eigentümlich, arteigen:* die spezifischen Eigenarten, Besonderheiten der Menschenaffen; die spezifische Form einer Vase, eines Kaffeeservice; diese Lebensweise ist s. amerikanisch, englisch; seine Interessen als Künstler sind sehr s. [ausgerichtet]; sein Talent hat sich früh ganz s. ausgeprägt, entwickelt.

spezifizieren [*schp...*], spezifizierte, hat spezifiziert ⟨tr., etwas s.⟩ (bildungsspr.): *etwas im einzelnen darlegen, etwas detailliert ausführen, etwas genauer angeben:* können Sie bitte Ihre Forderungen, Vorschläge s.?

Sphäre [*ßf...*], die; der Sphäre, die Sphären (bildungsspr.): *Wirkungsbereich; Gesichtskreis; Bereich:* die politische, wissenschaftliche, gesellschaftliche S.; er lebt in einer rein geistigen S.; das betrifft meine private S.; aus der kleinbürgerlichen S. heraustreten; sich in die S. der großen Politik wagen; er schwebt [ständig] in höheren Sphären *(= er lebt in einer Traumwelt).*

Spikes [*schpaikß*, auch noch: *ßpaikß*], die ⟨Mehrz.⟩: **1)** /Sport/: **a)** *Stahlstifte für die Sohlen von Rennschuhen:* er hatte nicht die richtigen S. auf seinen Rennschuhen; die S. an meinen Rennschuhen sind schon ziemlich abgelaufen. **b)** /übertr./ *Rennschuhe:* die S. anziehen, ausziehen. – * die S. an den Nagel hängen *(= seine aktive Laufbahn als Läufer beenden).* **2)** *Stahlstifte für die Lauffläche von Kraftfahrzeugreifen:* er fährt Gürtelreifen mit S.; ich habe mir S. an meinen Winterreifen anbringen lassen; S. in den Reifen schießen.

Spion [*schp...*], der; des Spions, die Spione: **1)** *jmd., der einer fremden Macht geheime politische, militärische oder wirtschaftliche Informationen über ein anderes Land liefert:* ein deutscher, russischer, englischer, gerissener S.; einen S. beobachten, überwachen, überführen, entlarven, verhaften, fassen, verurteilen, abschieben; er arbeitet als S. für den israelischen Geheimdienst. **2)** *heimlicher Beobachter:* unter den Zuschauern dieses Fußballspiels saß als S. der deutsche Bundestrainer. **3)** *kleines Guckloch an Haustüren, durch das man – selber ungesehen – nach draußen blicken kann:* sie beobachtete den Hausierer durch den S. der Korridortür; einen S. an der Haustür anbringen.

Spionage [*schpionaseh^e*], die; der Spionage, die Spionagen ⟨Mehrz. ungew.⟩: *Auskundschaftung von [geheimen] militärischen oder wirtschaftlichen Vorgängen und Einrichtungen (bes. im Auftrag einer fremden Macht):* militärische, wirtschaftliche S.; er treibt S. für die Russen; er ist der S. verdächtig, angeklagt, überführt; er wurde wegen S. zum Tode verurteilt.

spionieren [*schp...*], spionierte, hat spioniert ⟨intr.⟩: **1)** (selten) *Spionage treiben:* er hat jahrelang für die Russen spioniert. **2)** *herumschnüffeln:* mußt du immer hinter mir her s.?; er hat in meinen Papieren, in meinem Zimmer spioniert.

Spirale [*schp...*], die; der Spirale, die Spiralen: **a)** *gekrümmte Linie, die einen festen Punkt in unendlich vielen, immer weiter werdenden oder immer weiter auseinanderstrebenden Windungen umläuft:* etwas hat die Form einer S.; etwas bildet, beschreibt eine S. **b)** *Gegenstand (bes. Stahlfeder) von der Form einer Spirale (a):* der Aufzug wird durch Spiralen federnd gebremst.

Spirituosen [*schp...*], die ⟨Mehrz.⟩: *durch Destillation hergestellte Getränke, die stark alkoholhaltig sind:* Kognak, Schnaps und Likör sind S.; Wein gehört nicht zu den S.

Spiritus [*schp...*], der; des Spiritus

(auch: des Spiritusses), die Spiritusse: *Weingeist, Äthylalkohol:* gereinigter, denaturierter *(= durch Zusätze ungenießbar gemachter),* vergällter *(= denaturierter)* S.; S. herstellen; mit, auf S. kochen; etwas mit S. desinfizieren; etwas in S. legen.

Spleen [*schplin*, selten auch: *ßplin*], der; des Spleens, die Spleene, auch: die Spleens: **a)** *seltsame Eigenart, verrückte Angewohnheit, Marotte; verrückter Einfall:* er hat den S., immer nur schnelle Sportwagen zu fahren; das ist so ein richtiger S. von ihm, immer nur in eiskaltem Wasser zu baden. **b)** /gew. nur in der festen Wendung/ * **einen S. haben** (ugs.): *eingebildet sein; spinnen:* der hat einen ganz gehörigen S.!

spontan [*schp...*] ⟨Adj.; attr. und als Artangabe⟩: *aus eigenem Antrieb, unmittelbar, unvermittelt, unaufgefordert:* eine spontane Antwort; spontaner Beifall; ein spontanes Ja, Nein; seine Zustimmung war s.; s. Beifall klatschen, antworten, reagieren, zustimmen; diese Firma hat auf den Anruf hin s. 1000 DM gespendet.

Spontaneität [*schpo...e-i...*], die; der Spontaneität ⟨ohne Mehrz.⟩ (bildungsspr.): *Unmittelbarkeit, Unvermitteltheit eines Verhaltens (bes. einer Reaktion):* bemerkenswert war die [große] S., mit der sich alle Betroffenen an der Spendenaktion beteiligten.

sporadisch [*schp...* oder *ßp...*] ⟨Adj.; attr. und als Artangabe; ohne Vergleichsformen⟩: *vereinzelt [vorkommend, auftretend], gelegentlich, hin und wieder:* sporadische Versuche; die Anfälle sind jetzt nur noch s., treten nur noch s. auf; diese Pflanzenart kommt in unseren Breiten nur s. vor; er publiziert nur noch sehr s. in dieser Zeitschrift.

Spray [*schpre̱ⁱ* oder *ßpre̱ⁱ*], der oder das; des Sprays, die Sprays: *Sprühflüssigkeit; mit Hilfe eines Zerstäubers erzeugter Flüssigkeitsnebel:* sie macht sich S. auf die Haare, aufs Haar; Mittel gegen Mundgeruch gibt es jetzt auch in Form von S.

Sprint [*schp...*], der; des Sprints, die Sprints: /Sport/ *Kurzstreckenlauf:* im S. siegten die amerikanischen Leichtathleten überlegen vor den Franzosen.

sprinten [*schp...*], sprintete, hat/ist gesprintet ⟨intr.⟩: **a)** /Sport/ *über eine Kurzstrecke laufen:* er ist eigentlich ein Mittelstreckenläufer, jedoch hat er gelegentlich auch einmal gesprintet; er ist im letzten Jahr regelmäßig über 100 m, 200 m und 400 m gesprintet; ich sprinte die 100 m noch immer unter 11 Sekunden. **b)** /übertr./ (ugs.) *schnell laufen; mit großem Tempo fahren:* er ist mit einem Affenzahn über die Piste gesprintet; ich mußte regelrecht s., um den Zug noch zu erreichen.

Sprinter [*sch...*], der; des Sprinters, die Sprinter: **a)** /Sport/ *Kurzstreckenläufer:* unter den deutschen Sprintern gibt es zur Zeit leider keinen Weltklasseläufer; er war früher ein guter, hervorragender S. **b)** /übertr./ (ugs.) *Wagen mit einer rasanten Beschleunigung:* dieser Sportwagen ist ein toller S.

Sprit [*schprit*], der; des Sprit[e]s, die Sprite (ugs.): *Treibstoff, Benzin:* ich habe keinen S. mehr im Tank; billigen, teuren S. tanken, fahren; der S. ist wieder teurer geworden.

Spurt [*schp...*], der; des Spurt[e]s, die Spurts, selten auch: die Spurte: /bes. Sport/ *vorübergehende Steigerung der Geschwindigkeit (bes. gegen Ende eines Rennens):* ein kurzer, langgezogener, starker S.; etwa 200 m vor dem Ziel setzte er zum S. an, zog er den S. an; den S., im S. gewinnen; einen S. einlegen.

spurten [*schp...*], spurtete, hat/ist gespurtet ⟨intr.⟩: **a)** /Sport/ *einen Spurt machen, einlegen:* 800 Meter vor dem Ziel begann das Feld geschlossen zu s.; er spurtete zu früh, es war vergeblich. **b)** /übertr./ (ugs.) *sich sehr beeilen; sehr schnell laufen; mit großem Tempo fahren:* ich mußte ganz schön s., um nicht zu spät zu kommen; er spurtete mit seinem Wagen an die Spitze der Kolonne.

stabil [*schtabil*] ⟨Adj.; attr. und als Artangabe⟩: *fest, haltbar; widerstandsfähig, kräftig; beständig, dauerhaft, keinen Schwankungen unterworfen, ausgeglichen:* eine stabile Brückenkonstruktion, Bauweise, Karosserie; stabile Preise, Verhältnisse; eine stabile Wirtschaft, Währung, Gesundheit; dieses Gerüst ist nicht allzu s.; meine Gesundheit ist recht s.; er ist s. gebaut; das Regal ist s. mit der Wand verbunden, an der Wand angebracht.

stabilisieren [*scht...*], stabilisierte, hat stabilisiert ⟨tr. und refl.⟩: **a)** ⟨etwas s.⟩: *etwas stabil machen, einer Sache [größere] Stabilität verleihen:* dieses Medikament stabilisiert den Kreislauf. **b)** ⟨sich s.⟩: *stabil, stabiler werden, sich festigen:* sein Gesundheitszustand, die politische Lage hat sich stabilisiert.

Stabilität [*scht...*], die; der Stabilität ⟨ohne Mehrz.⟩: *Festheit, Haltbarkeit; Widerstandsfähigkeit; Beständigkeit:* die S. eines Gerüsts, einer Karosserie, einer Währung, der Wirtschaft, der Preise.

Stadion [*scht...*], das; des Stadions, die Stadien [...*i^en*]: **a)** *mit Zuschauerrängen ausgestattetes, meist ovales Sportfeld, Kampfbahn:* ein kleines, großes, riesiges, überdachtes S.; ein S. anlegen, bauen, umbauen, erweitern; das S. hat ein Fassungsvermögen von 80 000 Zuschauern; die Mannschaften laufen ins S. ein; das S. war bis auf den letzten Platz gefüllt. **b)** /übertr./ (ugs.) *die in einem Stadion anwesenden Zuschauer:* das ganze S. tobte und pfiff.

Stadium [*scht...*], das; des Stadiums, die Stadien [...*i^en*]: *Abschnitt; Entwicklungsstufe; Zustand:* ein frühes, spätes, fortgeschrittenes, kritisches, neues S.; die einzelnen Stadien einer Entwicklung, einer Krankheit; unsere Ostpolitik ist jetzt in ein neues, entscheidendes S. getreten; etwas läuft in verschiedenen Stadien ab.

Stafette [*scht...*], die; der Stafette, die Stafetten: *Staffel:* eine S. von Reitern, Fahrzeugen.

Staffage [*schtafaseh^e*], die; der Staffage, die Staffagen: *Beiwerk, Nebensächliches; trügerischer Schein:* das ist alles nur S., nichts weiter als S.

Stagnation [*scht...*, selten auch: *ßt...*], die; der Stagnation, die Stagnationen ⟨Mehrz. ungew.⟩ (bildungsspr.): *Stockung, Stillstand:* geistige, kulturelle, wirtschaftliche, politische S.; S. in der Wirtschaft, in der Bildung, in Wissenschaft und Forschung; eine S. verhindern, überwinden.

stagnieren [*scht...*, seltener auch: *ßt...*], stagnierte, hat stagniert ⟨intr.⟩ (bildungsspr.): *stocken, sich stauen; sich festfahren, nicht mehr weitergehen:* die industrielle Entwicklung in den Zonenrandgebieten stagniert seit langer Zeit; der Außenhandel, die Wirtschaft stagniert; die Vietnamverhandlungen s.

Standard [*scht...*], der; des Standards, die Standards ⟨Mehrz. ungew.⟩: *Normalmaß, Durchschnittsmaß, Norm; übliches Niveau:* die Ausstattung des Wagens entspricht dem derzeitigen, deutschen, europäischen, internationalen, sportlichen, allgemeinen S.; der S. in der Mode, in der Möbelbranche; der S. der Redakteursgehälter ist nicht allzu hoch; den S. einer Leistung verbessern.

standardisieren [*scht...*], standardisierte, hat standardisiert ⟨tr., etwas s.⟩: *etwas nach einem bestimmten Muster vereinheitlichen:* die meisten Mietwohnungen in Wohnsiedlungen sind heute standardisiert.

Star [*ßt...*, auch: *scht...*], der; des Stars, die Stars; /häufig in Zus. wie: Filmstar, Fernsehstar, Fußballstar/ *jmd., der wegen seiner besonderen Fähigkeiten oder Leistungen auf einem bestimmten Sektor in der Öffentlichkeit bewundert und gefeiert wird:* ein berühmter, gefeierter, beliebter, großer S.; viele internationale Stars vom Film, vom Theater, vom Fernsehen, vom Showbusineß waren zu diesem Festival erschienen; zum S. avancieren; ein S. sein; Beckenbauer ist der große S. in der deutschen Mannschaft; er hat die Allüren eines Stars; jmdn. zum S. machen; er war der S. des Abends, der Veranstaltung.

Station [*scht*...], die; der Station, die Stationen: **1)** *Haltestelle eines öffentlichen Verkehrsmittels; Bahnhof:* der Zug hält nicht auf allen Stationen; bei der nächsten S. müssen wir in die Linie 9 umsteigen. **2)** /nur in der festen Wendung/ * **S. machen:** *eine Reise für einen kürzeren Zwischenaufenthalt vorübergehend unterbrechen:* wir haben auf der Bretagnefahrt in Verdun und Paris S. gemacht. **3)** /nur in der festen Fügung/ * **freie S.:** *kostenlose Unterkunft und Verpflegung:* unser Hausmädchen verdient bei freier S. monatlich 500 DM. **4)** *Punkt oder Abschnitt eines Vorgangs oder einer Entwicklung:* die einzelnen, wichtigsten Stationen des Lebens, der Berufsausbildung; Hamburg war wohl die bedeutendste S. seiner künstlerischen Karriere. **5)** *Abteilung einer Krankenanstalt:* die chirurgische, gynäkologische S.; er liegt in der inneren S.; der Chefarzt ist gerade auf S. *(= ist im Dienst bzw. auf Visite auf seiner Station).* **6)** /bes. in Zus. wie: **Wetterstation, Polizeistation**/ *Ort, an dem sich eine bestimmte [technische] Einrichtung befindet; Posten:* die meteorologische S. der Zugspitze meldet: ...; er meldete den Unfall an die nächste S. der Landpolizei.

stationär [*scht*...] ⟨Adj.; attr. und als Artangabe; ohne Vergleichsformen⟩: **1)** /Med./ *auf einer Krankenhausstation, in einer Klinik [erfolgend]; die Behandlung in einer Klinik betreffend* (im Ggs. zu → ambulant): die stationäre Aufnahme, Untersuchung, Behandlung eines Patienten; einen Patienten s. *(= in die Klinik)* aufnehmen; jmdn. s. *(= in der Klinik)* behandeln, untersuchen. **2)** *an einen festen Standort gebunden, ortsfest:* stationäre Truppen, Verbände; ein stationäres Laboratorium; dieses Gewerbe ist heute nicht mehr unbedingt s.; eine Tätigkeit s. ausüben.

stationieren [*scht*...], stationierte, hat stationiert ⟨tr.⟩: **a)** ⟨jmdn. s. + Raumergänzung⟩: *Truppen in einem bestimmten Standort unterbringen:* diese Division soll in der Pfalz stationiert werden. **b)** ⟨etwas s. + Raumergänzung⟩: *etwas an einem bestimmten Ort in Bereitschaft halten:* die schweren Jagdbomber der NATO sind in der Eifel stationiert; die Regierung will verhindern, daß in diesem Gebiet Atomwaffen stationiert werden.

statisch [*schta*...] ⟨Adj.; attr. und als Artangabe; ohne Vergleichsformen⟩ (bildungsspr.): *ruhend, stillstehend, unbeweglich:* eine statische Wirtschaft; diese Politik ist mehr s. als dynamisch; s. agieren.

Statist [*scht*...], der; des Statisten, die Statisten: **a)** *stumme Nebenfigur ohne eigene Sprechrolle (im Film, Theater oder Fernsehspiel):* er verdient sich gelegentlich ein bißchen Geld als S. beim Film; als S. in einem Theaterstück mitwirken. **b)** /übertr./ *bedeutungslose Nebenfigur; unbeteiligter Zuschauer:* ich bin hier nur S. bei dieser ganzen Auseinandersetzung; die Rolle eines Statisten spielen; die gegnerischen Spieler wurden in diesem Match zu bloßen, hilflosen Statisten degradiert.

Statistik [*scht*...], die; der Statistik, die Statistiken: **1)** ⟨nur Einz.⟩: *wissenschaftliche Methode der zahlenmäßigen Erfassung und Auswertung von Massenerscheinungen:* S. ist Prüfungsfach in der Betriebswirtschaftslehre. **2)** *statistische Aufstellung:* nach der S. trinken die Deutschen pro Kopf 30 l Bier im Jahr; die S. befragen; die S. gibt Auskunft, wieviel ...

statistisch [*scht*...], ⟨Adj.; attr. und als Artangabe, aber gew. nicht präd.; ohne Vergleichsformen⟩: *die Statistik betreffend, mit den Mitteln der Statistik [erfolgend]:* statistische Erhebungen, Untersuchungen; die statistische Auswertung von Untersuchungsergebnissen; etwas s. auswerten.

Statue [schtatu̯e], die; der Statue, die Statuen: *plastische Darstellung eines Menschen oder Tiers, Standbild:* eine großartige, kolossale, überlebensgroße, antike, römische S.; eine S. aus Stein, aus Marmor, aus Bronze; die S. eines Reiters, eines Panthers; eine S. aufstellen, errichten, enthüllen, einweihen; auf dem großen Platz steht, erhebt sich eine moderne S. aus Ton. – /in Vergleichen/: dastehen wie eine S. *(= unbeweglich, starr).*

Statur [scht...], die; der Statur, die Staturen ⟨Mehrz. selten⟩: *Körperbau, Gestalt, Wuchs:* er hat die S. meines Bruders; er ist von kleiner, großer, mittlerer S.

Status [schta... oder ßta...], der; des Status, die Status ⟨Mehrz. selten⟩ (bildungsspr.): *Stand; Zustand, Verhältnisse:* der S. des Beamten, des Geistlichen, des Offiziers, des Intellektuellen; er besitzt den S. eines Diplomaten, eines Abgeordneten; der soziale, wirtschaftliche, gegenwärtige, künftige S. eines Landes; der schwierige, besondere S. Berlins; einen S. erringen, behaupten, verteidigen, verlieren. – * **Status quo:** *gegenwärtiger Zustand:* die Russen wollen am S. quo in Osteuropa festhalten.

Statut [scht... oder ßt...], das; des Statut[e]s, die Statuten ⟨meist Mehrz.⟩: *Satzung:* die Statuten eines Vereins; ein S. aufstellen; nach den Statuten verfahren; das ist nach den Statuten nicht statthaft.

Steak [ßtek, auch: schtek], das; des Steaks, die Steaks: *Fleischschnitte zum Kurzbraten:* ein mageres, zartes, saftiges, dickes, trockenes S.; ein S. braten, grillen.

Stenogramm [scht...], das; des Stenogramms, die Stenogramme: *stenographisch aufzuzeichnender Text, stenographische Aufzeichnung:* das S. eines Vortrags, eines Briefs; ein S. aufnehmen; einen Brief nach S. in die Maschine schreiben.

stenographieren [scht...], stenographierte, hat stenographiert ⟨tr., etwas s.; auch intr.⟩: *etwas in Kurzschrift schreiben:* kannst du s.?; hast du den Vortrag stenographiert?

Stenotypistin [scht...], die; der Stenotypistin, die Stenotypistinnen: /Berufsbez./ *weibliche Bürokraft, die Stenographie und Maschineschreiben beherrscht:* sie ist S. in einem Verlag.

stereotyp [scht... oder ßt...] ⟨Adj.; attr. und als Artangabe; ohne Vergleichsformen⟩ (bildungsspr.): *immer gleichbleibend, ständig in der gleichen Weise wiederkehrend, monoton; konstant derselbe (bzw. dieselbe bzw. dasselbe):* er stellt mir immer dieselbe stereotype Frage: „Wie gehen die Geschäfte?"; er hat immer das gleiche stereotype Lächeln im Gesicht; seine Antwort ist bereits s., ist s. dieselbe; etwas s. sagen, fragen, antworten, wiederholen; er singt s. immer nur diese Melodie.

steril [scht..., auch: ßt...] ⟨Adj.; attr. und als Artangabe⟩: **1)** /Med./ *keimfrei:* steriles Verbandszeug; sterile Instrumente; die Spritze ist nicht s.; etwas s. machen, verpacken; der Operationssaal muß ständig s. gehalten werden. **2a)** ⟨nur attr. und präd.⟩: /Biol., Med./ *unfruchtbar, nicht fortpflanzungsfähig:* eine sterile Frau; ihr Mann ist s.; sie ist durch diese Operation s. geworden. **b)** /übertr./ (bildungsspr.) *geistig unfruchtbar, unschöpferisch:* sterile Ansichten, Gedanken; das Leben, das er führt, ist reichlich s.; s. schreiben.

sterilisieren [scht..., auch: ßt...], sterilisierte, hat sterilisiert ⟨tr.⟩: **1)** ⟨jmdn. s.⟩: /Med./ *jmdn. unfruchtbar machen:* sie will sich durch operative Unterbindung der Eileiter s. lassen; manche Juristen plädieren dafür, Triebverbrecher zu s. **2)** ⟨etwas s.⟩: *etwas durch entsprechende Behandlung (bes. durch Abkochen) keimfrei [und dadurch haltbar] machen:* der Arzt sterilisiert seine Instrumente; Milch s.; Obst s. *(= einwecken).*

Stethoskop [ßt..., auch: scht...], das; des Stethoskops, die Stethoskope: /Med./ *Hörrohr:* der Arzt untersuchte ihn mit dem S., horchte seine Brust mit dem S. ab.

Stewardeß [ʃtju̯ᵉrdäß, auch: ...däß], die; der Stewardeß, die Stewardessen: /Berufsbez./ *Reisebegleiterin und Betreuerin in einem Passagierflugzeug oder in einem Fernreiseomnibus:* die S. brachte den Passagieren die Getränke.

stilisieren [scht... oder ßt...], stilisierte, hat stilisiert ⟨tr., etwas s.⟩ (bildungsspr.): *etwas in vereinfachter Weise so darstellen, daß nur die (meist idealisierten) Grundformen erkennbar sind:* er hat die einzelnen Ornamente in seiner Zeichnung stilisiert; stilisierte Formen; eine stilisierte Rose, Tierzeichnung.

Stilist [scht... oder ßt...], der; des Stilisten, die Stilisten (bildungsspr.): *jmd., dessen sprachliche Ausdrucksmittel (in einer bestimmten Weise) offenbar werden:* er ist ein guter, hervorragender, schlechter S.

stilistisch [scht... oder ßt...] ⟨Adj.; attr. und als Artangabe; ohne Vergleichsformen⟩: *den Stil betreffend:* stilistische Merkmale, Unterschiede; die stilistischen Feinheiten eines Textes; dieser Fehler ist rein s.; der Aufsatz ist s. gut, schlecht; einen Artikel s. überarbeiten, verbessern.

Stimulans, das; des Stimulans, die Stimulanzien [...iᵉn] oder die Stimulantia [...anzja]: **a)** /Med./ *Arzneimittel, das eine zentral anregende Wirkung hat:* der Arzt verordnete mir ein S. gegen meine Erschöpfung. **b)** /übertr./ (bildungsspr.) *etwas, das einem Auftrieb gibt:* die Beförderung war für ihn ein regelrechtes S.

Stipendium [scht...], das; des Stipendiums, die Stipendien [...iᵉn] (bildungsspr.): *finanzielle Ausbildungs- oder Forschungsbeihilfe:* er hat ein monatliches S. in Höhe von 500 DM; ein S. beantragen, bewilligen, bekommen.

Stoiker [scht... oder ßt...], der; des Stoikers, die Stoiker (bildungsspr.): *jmd., der in allen Lebenslagen seinen Gleichmut bewahrt:* er ist ein [richtiger, ausgesprochener] S.

stoisch [scht... oder (seltener) ßt...] ⟨Adj.; attr. und als Artangabe, aber gew. nicht präd.⟩: *unerschütterlich, gleichmütig, gelassen:* etwas mit stoischer Ruhe, Gelassenheit ertragen; ein stoischer Mensch; er ließ alles s. über sich ergehen; s. ertrug er alle ihre Vorwürfe.

Store [schtoʳ, selten auch: ßtoʳ], der; des Stores, die Stores: *durchsichtiger Fenstervorhang:* wir haben am Wohnzimmerfenster Stores aus Diolen, aus Tüll; die Stores aufhängen, waschen, reinigen.

stornieren [scht... oder ßt...], stornierte, hat storniert ⟨tr., etwas s.⟩: /Kaufm./ *etwas, bes. eine fehlerhafte Buchung oder eine Eintragung, berichtigen, einen Buchungsfehler durch Gegenbuchung ausgleichen:* einen Betrag, eine Rechnung, eine Eintragung, einen Kontoauszug, einen Auftrag s.

Story [ßtɔri oder ßtåri], die; der Story, die Storys, auch: die Stories (bildungsspr.): **a)** *Handlungsablauf:* die S. eines Films, eines Romans. **b)** *Geschichte, Begebenheit; Märchen:* das ist eine tolle S.; ich glaube nicht an die S. von seinen abenteuerlichen Pariser Nächten.

strangulieren [scht...], strangulierte, hat stranguliert ⟨tr., jmdn. s.⟩: *jmdm. die Kehle zudrücken, die Luftröhre abdrosseln, jmdn. erdrosseln, erwürgen:* er versuchte sein Opfer mit seinem Halstuch zu s.

Strapaze [scht...], die; der Strapaze, die Strapazen: *große [körperliche] Anstrengung, Beschwerlichkeit, Mühe:* körperliche, physische, seelische Strapazen; Strapazen ertragen, erdulden, auf sich nehmen; er war den großen Strapazen der Reise nicht gewachsen; unsere Urlaubsfahrt war eine einzige S.

strapazieren [scht...], strapazierte, hat strapaziert ⟨tr. und refl.; etwas, jmdn., sich s.⟩: *etwas, jmdn., sich übermäßig beanspruchen:* einen Wagen, den Motor, seinen Anzug, seine Schuhe, den Fußboden, den Teppich s.; der Flug hat uns alle arg, stark, ziemlich strapaziert; unsere Kinder haben uns im Urlaub leider sehr strapaziert; dieser Lärm strapaziert meine Ner-

strapaziös

ven, meine Ohren *(= ist eine starke Belastung für meine Nerven bzw. meine Ohren);* er soll sich, sein Hirn ruhig mal ein wenig s.! *(= er soll sich, seinen Geist mal anstrengen);* jmds. Vertrauen, Gutmütigkeit s. *(= über Gebühr ausnutzen);* wir wollen die guten Beziehungen zu Frankreich nicht unnötig s. *(= belasten).*

strapaziös [*scht...*] ⟨Adj.; gew. nur attr. und präd.⟩: *anstrengend, beschwerlich, ermüdend:* eine strapaziöse Reise, Autofahrt, Unterhaltung; er ist als Gesprächspartner sehr s.; dieser Vortrag war ziemlich s.

Strategie [*scht...* oder *ßt...*], die; der Strategie, die Strategien ⟨Mehrz. selten⟩ (bildungsspr.): **a)** *Kunst der militärischen Kriegführung, Feldherrnkunst:* dieser General war ein Meister der S.; dieses Truppenlandemanöver war Teil einer umfassenden, kühnen S. **b)** /übertr./ *die besondere Art und Weise, ein angestrebtes Ziel auf dem geeigneten Wege und mit den richtigen Mitteln und Maßnahmen zu erreichen; zweckbestimmtes Vorgehen:* Herbert Wehner gilt als Meister der [parteipolitischen] S.; die richtige, falsche S. anwenden; sich auf eine bestimmte S. einigen.

strategisch [*scht...* oder *ßt...*] ⟨Adj.; attr. und als Artangabe, aber gew. nicht präd.; ohne Vergleichsformen⟩: *die Strategie betreffend, mit der Strategie zusammenhängend; planvoll, auf eine Strategie bauend:* strategische Fragen, Probleme; strategische Planung; ein strategischer Erfolg, Fehlschlag; dieser Flugplatz ist für die USA s. wichtig; die strategische Luftflotte der Amerikaner *(= die Gesamtheit der amerikanischen Langstreckenatombomber, von denen sich eine bestimmte Anzahl ständig in der Luft befindet);* s. vorgehen; etwas s. vorbereiten.

Streß [*ßt...* selten auch: *scht...*], der; des Streß und des Stresses, die Stresse ⟨Mehrz. selten⟩ (bildungsspr.): *starke körperliche oder seelische Anspannung, Belastung:* unter einem starken S. stehen; einem ungewöhnlichen S. ausgesetzt sein.

strikt [*ßt...* oder *scht...*] ⟨Adj.; attr. und als Artangabe, aber gew. nicht präd.⟩: *streng; peinlich genau; bedingungslos:* ein strikter Befehl; strikte Anweisungen; ein striktes Nein; ich verlange von meinen Leuten strikten Gehorsam; einen Befehl s. befolgen, ausführen; sich s. an jmds. Weisungen halten; er hat das s. abgelehnt, verboten.

Striptease, selten auch: **Strip-tease** [*ßtríptis*], der (selten auch: das); des Striptease bzw. Strip-tease ⟨ohne Mehrz.⟩: *mit raffinierten [tänzerischen] Bewegungen und erotischen Gesten dargebotene Entkleidungsszene (bes. von Frauen in Nachtlokalen oder Varietés):* ein guter, gekonnter, frecher, unverschämter, langweiliger, schlechter, privater, häuslicher S.; einen S. vorführen, darbieten, zeigen, machen; (salopp:) sie legte einen tollen S. hin; ihre Spezialität ist S. zu Pferd.

Struktur [*scht...* oder *ßt...*], die; der Struktur, die Strukturen (bildungsspr.): *Gefüge, Bau, Aufbau, Gliederung, Anlage:* ein feste, veränderliche, deutliche, einfache, komplizierte S.; die S. des menschlichen Organismus, eines Organs, einer Pflanze, eines Kristalls, eines Stoffs, Gewebes; die innere S. eines Unternehmens; die geistige, seelische S. eines Menschen; die politische, wirtschaftliche, soziale, gesellschaftliche S. eines Landes; die militärische S. der NATO; eine S. ändert sich, wandelt sich.

strukturell [*scht...,* auch: *ßt...*] ⟨Adj.; attr. und als Artangabe, aber nicht präd.; ohne Vergleichsformen⟩ (bildungsspr.): *die Struktur betreffend:* strukturelle Probleme, Veränderungen; sich s. verändern, wandeln.

Student [*scht...*], der; des Studenten, die Studenten: *Studierender:* ein S. der Medizin, der Philosophie; die Studenten der Universität Mainz, der Pädagogischen Hochschule Heidelberg demonstrierten für ...; er ist noch S.

Studie [*schtudi^e*], die; der Studie, die Studien (bildungsspr.): *Entwurf, kurze (skizzenhafte) Darstellung; Vorarbeit zu einem wissenschaftlichen oder künstlerischen Werk:* eine kleine, kurze, interessante S.; eine S. über Jazzmusik; er hat mehrere Studien über dieses Motiv angefertigt, gemacht.

Studien [*schtudi^en*], die ⟨Mehrz.⟩: **1)** *Forschungsbeitrag; wissenschaftliche Beschäftigung mit einem bestimmten Thema:* germanistische, historische, sprachwissenschaftliche, literarische Studien; er hat über diesen Bereich mehrere selbständige Studien veröffentlicht. **2)** (alltagsspr.): *Beobachtungen, Betrachtungen:* bei einem solchen Fest kann man so seine Studien treiben, machen. **3)** Mehrz. von →Studie.

studieren [*scht...*], studierte, hat studiert ⟨tr. und intr.⟩: **1)** ⟨etwas s.; auch intr.⟩: *als eingeschriebener Student an einer Hochschule oder Universität eine regelrechte wissenschaftliche Ausbildung in einer bestimmten wissenschaftlichen Disziplin erfahren:* er studiert Mathematik, Medizin, Rechtswissenschaft; er hat sechs Semester Volkswirtschaft studiert; er hat in München und Heidelberg studiert; er hat bei Professor X studiert; er möchte nach dem Abitur gern s.; seinen Sohn s. lassen. **2)** ⟨etwas, jmdn. s.⟩: *sich eingehend mit etwas oder jmdm. beschäftigen; etwas oder jmdn. eingehend betrachten, erforschen, prüfen:* er studiert immer sehr aufmerksam den Wirtschaftsteil der Zeitung; den Fahrplan, die Speisekarte, das Kinoprogramm, ein Gesicht, einen Gesichtsausdruck, jmds. Charakter, jmds. Vergangenheit, s.; er hat die Herzen der Frauen gründlich studiert.

Studiker [*scht...*], der; des Studikers, die Studiker (bildungsspr., scherzh.): *Student:* er ist noch S.; sie ist mit einem S. befreundet.

Studio [*scht...*], das; des Studios, die Studios: **1)** *Aufnahmeraum (bei Film, Funk und Fernsehen):* das S. Heidelberg des Süddeutschen Rundfunks; die Sportschau wird heute nicht aus dem S. gesendet; dieser Film wurde in den Studios von Geiselgasteig gedreht. **2)** *Arbeitsraum eines Künstlers, Atelier:* ein S. einrichten; sie sitzt ihm in seinem S. Modell.

Studium [*scht...*], das; des Studiums, die Studien [*...i^en*]: **1)** ⟨ohne Mehrz.⟩: *wissenschaftliche Ausbildung an einer Hochschule:* ein kurzes, langes, zehnsemestriges, geisteswissenschaftliches, naturwissenschaftliches S.; das medizinische, juristische S.; das S. der Medizin, der Philosophie, der Chemie; ein S. beginnen, absolvieren, abschließen; das S. der Medizin dauert gewöhnlich 6–7 Jahre. **2)** *eingehende, besonders wissenschaftliche Beschäftigung mit etwas:* beim [eingehenden, näheren] S. der einschlägigen Literatur fand ich, daß ...; hier wird ein genaues S. der Akten unumgänglich sein. – Vgl. auch den Artikel *Studien.*

stupid[e] [*scht...* oder *ßt...*] ⟨Adj.; attr. und als Artangabe⟩ (bildungsspr.): *stumpfsinnig, geistlos; beschränkt, dumm:* eine stupide Arbeit, Tätigkeit; ein stupider Mensch; dieses Kartenspiel ist wirklich reichlich s.; s. dahinvegetieren, dasitzen, aus den Augen blicken.

Stupidität [*scht...* oder *ßt...*], die; der Stupidität ⟨ohne Mehrz.⟩ (bildungsspr.): *Stumpfsinnigkeit, Geistlosigkeit; Beschränktheit, Dummheit:* die S. einer Arbeit; er ist von einer seltenen S.

Styling [*ßtailing*], das; des Stylings ⟨ohne Mehrz.⟩ (bildungsspr.): *Formgebung, bes.: Karosseriegestaltung im Kraftfahrzeugbau:* modernes, zeitgemäßes S.; auffallend an dieser Karosserie ist der Einfluß des italienischen Stylings.

subaltern ⟨Adj.; gew. nur attr. und präd.; gew. ohne Vergleichsformen⟩: *untergeordnet, unselbständig:* ein subalterner Beamter, Angestellter; eine subalterne Stellung; die Rolle, die er spielt, ist doch recht s.

Subjekt, das; des Subjekt[e]s, die Subjekte: **1)** /Sprachw./ *Satzgegenstand:*

subjektiv

das S. eines Satzes bestimmen; in dem Satz „Karl spielt Fußball" ist „Karl" das S.; in dem Satz „Karl geht krank zur Arbeit" bezieht sich „krank" auf das S. **2)** (abschätzig) *Person, Mensch:* er ist ein widerliches, verkommenes S.; was will denn dieses gemeine S. schon wieder von dir.

subjektiv [...tif, auch: sub...] ⟨Adj.; attr. und als Artangabe⟩: **a)** ⟨ohne Vergleichsformen⟩: *auf die eigene Person bezogen, persönlich, das persönliche Empfinden betreffend, von der eigenen Person aus urteilend:* das ist deine subjektive Entscheidung; mein subjektives Befinden ist nicht allzu gut; mir geht es s. schlecht; er hat s. richtig gehandelt; diese Ansicht ist rein s.; s. gesehen fühle ich mich ganz wohl. **b)** *voreingenommen, einseitig:* eine höchst subjektive Stellungnahme; diese Beurteilung ist sehr s.; s. über etwas urteilen.

sublim ⟨Adj.; attr. und als Artangabe⟩ (geh.): *verfeinert, erhaben, geläutert; nur einem ausgeprägt feinen Empfinden zugänglich:* sublime Genüsse; ein sublimes Verständnis für etwas zeigen; seine Darstellung dieser Rolle war äußerst s.; der Maler hat es verstanden, seine Gedanken s. in Farben umzusetzen.

subskribieren, subskribierte, hat subskribiert ⟨tr., etwas s.⟩: /Buchw./ *sich vor Erscheinen eines Druckwerks durch Namensunterschrift verpflichten, das Druckwerk bei erscheinen zu kaufen:* ein Buch, ein Lexikon, eine Zeitschrift s.

Subskription, die; der Subskription, die Subskriptionen: /Buchw./ *bindende Vorausbestellung eines künftig erscheinenden Druckwerks:* die S. eines achtbändigen Lexikons; der Verkauf des Buchs ist durch etwa 10 000 Subskriptionen bereits gesichert.

Substanz, die; der Substanz, die Substanzen: **1)** *Materie, Stoff:* organische, anorganische, farblose, harte, weiche, feste S.; eine im Wasser lösliche S.; das Gehirn besteht aus einer weichen S. **2)** ⟨ohne Mehrz.⟩: *Wesen, Kern einer Sache, das Wesentliche:* die geistige, moralische S. eines Volkes, einer Generation; dieser Rede, diesem Vortrag fehlte die S. **3)** ⟨ohne Mehrz.⟩: **a)** *Vermögenswerte oder Kapitalreserven, die die Existenzgrundlage für jmdn. oder etwas bilden:* die Firma lebt leider schon seit einigen Monaten von der S.; wir mußten leider die S. angreifen, antasten, um nicht pleite zu gehen. **b)** /übertr./ *körperliche oder seelische Kraftreserven:* dieser Marsch, diese Krankheit geht an die S.

subtil ⟨Adj.; attr. und als Artangabe⟩ (bildungsspr.): *feinsinnig; gründlich, auch das kleinste Detail beachtend; erlesen, ausgesucht:* eine subtile Unterscheidung; ein subtiles Empfinden, Urteil; die Lektüre dieses Romans hat mir einen subtilen Genuß vermittelt; seine Kritik ist sehr s. [begründet]; diese Bemerkung ist wirklich s.; etwas s. darstellen; s. unterscheiden.

subtrahieren, subtrahierte, hat subtrahiert ⟨tr., etwas s.⟩: /Math./ *eine Zahl von einer anderen abziehen:* er soll 5364 von 6397 s.; du mußt die Zahlen zuerst s.; du mußt von deinem Bruttolohn die Abzüge für Steuer, Krankenkasse und Sozialversicherung s.

Subtraktion, die; der Subtraktion, die Subtraktionen: /Math./ *das Verfahren des Subtrahierens:* eine S. vornehmen, durchführen, ausführen; bei der S. zweier Zahlen verfährt man folgendermaßen: ...; die S. der Zahlen 20 und 15 ergibt 5.

Subvention [subw...], die; der Subvention, die Subventionen: *zweckgebundene Zuwendung bes. aus öffentlichen Mitteln, Finanzhilfe:* eine kleine, geringe, größere, bedeutende, unzulängliche S.; Subventionen für die Landwirtschaft verlangen, fordern; das Theater bekommt eine jährliche S. [in Höhe] von ...

subventionieren [subw...], subventionierte, hat subventioniert ⟨tr., etwas s.⟩: *etwas durch Subventionen unterstützen:* der Staat subventioniert die

Landwirtschaft, die Industrie in den Zonenrandgebieten, die Theater.

subversiv [*subwärsif*] ⟨Adj.; attr. und als Artangabe; ohne Vergleichsformen⟩ (bildungsspr.): *umstürzlerisch, auf einen Umsturz abzielend; destruktiv:* subversive Elemente, Pläne; das politische Programm dieser Gruppe ist vor allem s.; s. agitieren.

süffisant ⟨Adj.; attr. und als Artangabe⟩ (bildungsspr.): *dünkelhaft, selbstgefällig, herablassend-spöttisch:* eine süffisante Frage, Bemerkung; er schaute mich mit einem süffisanten Lächeln, mit süffisanter Miene an; diese Antwort war reichlich s.; s. fragen, antworten, lächeln.

suggerieren, suggerierte, hat suggeriert ⟨tr., jmdm. etwas s.⟩ (bildungsspr.): *jmdm. etwas einreden, einflüstern:* er hat mir diesen Gedanken, diesen Plan suggeriert; er versuchte ihr zu s., daß ihr Geld in seinem Geschäft besser angelegt sei als auf der Bank.

suggestiv [...*tif*] ⟨Adj.; attr. und als Artangabe; gew. ohne Vergleichsformen⟩ (bildungsspr.): *beeinflussen wollend, verfänglich; bestimmend, bannend:* eine suggestive Frage; suggestive Kraft; die suggestive Macht des Bösen; eine suggestive Wirkung; diese Frage ist s.; s. fragen; jmdn. s. beschwören.

Suite [*ßwįte*], die; der Suite, die Suiten (bildungsspr., veraltend): *Zimmerflucht (in einem Hotel):* er hat mit seiner Familie eine ganze S. im Hotel Atlantik belegt.

Sujet [*süsehe*], das; des Sujets, die Sujets (bildungsspr.): *Gegenstand, Thema, Vorwurf einer literarischen oder künstlerischen Arbeit:* ein interessantes, schwieriges, soziales, religiöses, alltägliches S.; der Produzent hat sich für seinen Film ein heikles S. ausgesucht, nämlich die Abtreibung; ein S. gestalten, verwenden.

sukzessiv [...*if*] ⟨Adj.; attr. und als Artangabe, aber gew. nicht präd.; ohne Vergleichsformen⟩ (bildungsspr.): *allmählich [eintretend]; nach und nach [erfolgend], stufenweise:* eine sukzessive Veränderung, Verbesserung, Anpassung; der sukzessive Abbau der Warenzölle im Bereich der EWG; s. erfolgen, eintreten; sich s. entwickeln; etwas s. verändern, verbessern, durchführen.

Sulky [selten auch in engl. Ausspr.: *salki*], das; des Sulkys, die Sulkys: /Sport/ *leichter, zweirädriger, gummibereifter, mit einem Spezialsitz ausgestatteter Wagen für Trabrennen:* im S. sitzen.

summarisch ⟨Adj.; attr. und als Artangabe; gew. ohne Vergleichsformen⟩: *kurz, auf das Wichtigste beschränkt, zusammenfassend:* eine summarische Wiederholung, Zusammenfassung, Darstellung; dieser Bericht ist nur s., beschränkt sich s. auf die wichtigsten Fakten; etwas s. zusammenfassen, wiedergeben, behandeln, darstellen, erläutern.

Superlativ [*su...tif*, selten auch noch: *su...tif*], der; des Superlativs, die Superlative [...w^e]: /Sprachw./ *zweite Steigerungsstufe, Höchststufe:* „beste" ist der S. zu, von „gut"; dieses Adjektiv hat keinen S.

Surrogat, das; des Surrogat[e]s, die Surrogate (bildungsspr.): *Ersatz, Ersatzmittel, Behelf:* ein billiges, schlechtes, minderwertiges S.; die von der Regierung geplanten finanzpolitischen Maßnahmen sind doch nur ein unzureichendes S. für die seit langem notwendige Steuerreform.

suspekt ⟨Adj.; attr. und als Artangabe⟩ (bildungsspr.): *verdächtig, zweifelhaft, anrüchig:* eine suspekte Angelegenheit; ein suspektes Benehmen, Verhalten; dieser Mann ist mir höchst s.; ich finde dieses Lokal reichlich s.; er hat sich s. benommen.

suspendieren, suspendierte, hat suspendiert ⟨tr., jmdn. von etwas s.⟩: *jmdn. seines Amtes entheben; jmdn. aus seiner Stellung beurlauben:* der Ministerialrat mußte aufgrund der schwerwiegenden Vorwürfe, die man gegen ihn erhoben hatte, [vorläufig, einstweilig] von seinem Amt, von seinem Dienst suspendiert werden; er wurde von allen Verpflichtungen suspendiert.

Symbol [sü...], das; des Symbols, die Symbole: **a)** *Sinnbild:* religiöse, weltliche Symbole; Christus gilt als S. der Erlösung; die Waage ist das S. der Gerechtigkeit. **b)** *[Formel]zeichen:* ein mathematisches, physikalisches, chemisches S. das Pluszeichen (+) ist; ein mathematisches S.
symbolisch [sü...] ⟨Adj.; attr. und als Artangabe; gew. ohne Vergleichsformen⟩ (bildungsspr.): *sinnbildlich; stellvertretend:* eine symbolische Handlung, Geste; der Preis für dieses Bild ist mehr s. [zu verstehen]; er drückte ihm s. für die ganze Mannschaft die Hand.
symbolisieren [sü...], symbolisierte, hat symbolisiert ⟨tr., etwas s.⟩: *etwas sinnbildlich darstellen; etwas verkörpern:* die Waage symbolisiert die Gerechtigkeit; John F. Kennedy symbolisierte für viele die Freiheit.
Symmetrie [sü...], die; der Symmetrie, die Symmetrien ⟨Mehrz. ungew.⟩: **1)** *Spiegelungsgleichheit ebener oder räumlicher Gebilde* (bezogen auf eine vorhandene oder gedachte Mittellinie): die S. zweier geometrischer Figuren; die S. wahren, beachten, vernachlässigen. **2)** (bildungsspr.) *Gleichmaß, Harmonie:* soziale S.
symmetrisch [sü...] ⟨Adj.; attr. und als Artangabe; ohne Vergleichsformen⟩: *spiegelungsgleich, spiegelbildlich:* symmetrische Figuren, Kreise; diese Dreiecke sind s. angeordnet, liegen s. beiderseits der X-Achse.
Sympathie [sü...], die; der Sympathie, die Sympathien: *Zuneigung, Neigung; Vorliebe; Geneigtheit, Wohlwollen; Mitgefühl:* jmdm. [viel, wenig, große, geringe] S. entgegenbringen; [wenig, viel, keine] S. für jmdn. haben; jmds. S. genießen, erwidern; ich habe herzlich wenig S. für diese Arbeit; seine S. an jmdn. verschwenden; sie kann für ihn lediglich noch S. empfinden; er verscherzt sich alle Sympathien; sich von S. und Antipathie leiten lassen; die beiden verbindet eine herzliche, ehrliche S.
sympathisch [sü...] ⟨Adj.; attr. und als Artangabe⟩: *Sympathie verdienend,* anziehend, ansprechend, liebenswert: ein sympathischer Junge, Mensch, Chef, Vorschlag, Plan; eine sympathische Erscheinung, Stimme; diese Frau ist mir [nicht, wenig, äußerst] s.; s. lächeln, aussehen, wirken, erzählen.
sympathisieren [sü...], sympathisierte, hat sympathisiert ⟨intr.; mit jmdm., etwas s.⟩: *mit jmdm. freundschaftlich verkehren, gut stehen, jmdm. besonders gewogen, zugetan sein; für etwas aufgeschlossen sein, etwas nicht ungern sehen:* er sympathisiert mit seinem Geschäftskonkurrenten; die Bevölkerung sympathisierte mit den Demonstranten; die Regierung dieses Landes sympathisiert mit den Russen; mit dem Kommunismus s.; er sympathisiert mit dem Plan, Gedanken einer Fusion der beiden Vereine.
Symphonie vgl. Sinfonie.
Symposion [sü...], auch: **Symposium**, das; des Symposions bzw. Symposiums, die Symposien [...i^en] (bildungsspr.): *wissenschaftliche Tagung mit zwanglosen Vorträgen und Diskussionen:* ein [medizinisches, politisches, juristisches] S. abhalten, veranstalten; in München findet vom 6. 5. bis 8. 5. ein internationales S. der Krebsforscher statt; sich zu einem S. treffen; an einem S. teilnehmen.
Symptom [sü...], das; des Symptoms, die Symptome: **a)** /Med./ *Krankheitszeichen, krankhafte Veränderung im Organismus, die auf das Vorhandensein oder die Ausbildung einer bestimmten Krankheit hinweist:* ein typisches, charakteristisches, objektives, subjektives, ausgeprägtes, klassisches, bekanntes S.; Magendruck, Völlegefühl und saures Aufstoßen sind wichtige Symptome für einen Magenkatarrh, bei Magenkatarrh; die Symptome einer Krankheit beschreiben, deuten, erkennen, falsch beurteilen, behandeln; ein S. tritt auf, tritt in Erscheinung, verstärkt sich, tritt zurück; eine Diagnose aus, nach den Symptomen stellen; nach den Symptomen zu urteilen, ist das eine Appendizitis. **b)** /übertr./ (bil-

dungsspr.) *Zeichen, Anzeichen, Kennzeichen, Vorbote:* zunehmende Arbeitslosigkeit ist ein beunruhigendes, alarmierendes, ernstes S. einer drohenden Wirtschaftskrise; Ausschweifung und Schlemmerei gelten als Symptome sittlichen Zerfalls; die Regierung wertet die Gesprächsbereitschaft der Russen als günstiges S. für eine politisch-militärische Entspannung; ich kenne diese Symptome genau: sie ist verliebt.

symptomatisch [*sü*...] ⟨Adj.; attr. und als Artangabe; ohne Vergleichsformen⟩: **a)** /Med./ *ein Symptom darstellend, charakterisierend* (von krankhaften Veränderungen gesagt); *die Krankheitssymptome betreffend, auf diese gerichtet:* eine symptomatische Rötung, Schwellung; eine symptomatische Behandlung; Druckschmerz in der Nierengegend ist s. bei, für Nierenbeckenentzündung; eine Krankheit s. *(= nicht ursächlich, sondern nur hinsichtlich der Symptome)* behandeln; das Blutbild ist s. verändert; der Stuhl ist s. verfärbt. **b)** /übertr./ *kennzeichnend, charakteristisch:* symptomatische Erscheinungen; ein symptomatisches Verhalten; der enorme Preisauftrieb ist s. für die derzeitige Konjunkturüberhitzung; die Lage hat sich s. verändert.

synchron [*sünkron*] ⟨Adj.; attr. und als Artangabe; ohne Vergleichsformen⟩ (bildungsspr.): *gleichlaufend; gleichzeitig:* synchrone Bewegungen; die Umlaufgeschwindigkeiten dieser Zahnräder sind s.; s. laufen, ablaufen.

synchronisieren [*sünkro*...], synchronisierte, hat synchronisiert ⟨tr., etwas s.⟩: *verschiedenartige [technische] Bewegungsabläufe aufeinander abstimmen, gleichschalten:* das Getriebe eines Kraftfahrzeugs s. *(= die Umlaufgeschwindigkeit von Zahnrädern, die ineinandergreifen sollen, im Bereich der Zähne zum Gleichlauf bringen);* die einzelnen Gänge dieses Wagens sind synchronisiert; einen Film s. *(= Bild, Sprechton und Musik aufeinander abstimmen;* auch: *= die fremdsprachigen Sprechpartien eines Films bewegungsecht übersetzen).*

synonym [*sünonüm*] ⟨Adj.; attr. und als Artangabe; ohne Vergleichsformen⟩: /Sprachw./ *bedeutungsähnlich, bedeutungsgleich; sinnverwandt:* synonyme Wörter, Begriffe; die synonyme Verwendung zweier Wörter; diese beiden Wörter sind [völlig, nahezu, teilweise] s.; das Wort „Reibekuchen" ist mit „Kartoffelpfannkuchen" s.; beide Wörter werden s. verwendet, gebraucht.

Synonym [*sünonüm*], das; des Synonyms, die Synonyme: /Sprachw./ *Wort, das die gleiche oder eine ähnliche Bedeutung wie ein anderes Wort hat, sinnverwandtes Wort:* „Teenager" und „Backfisch" sind Synonyme; „Fimmel" ist ein [umgangssprachliches] S. für „Spleen".

Synthese [*sü*...], die; der Synthese, die Synthesen (bildungsspr.): *Zusammenfügung, Verknüpfung, Einheit:* eine geglückte, gelungene, harmonische S.; das Werk Albrecht Dürers ist eine S. von Spätgotik und Renaissance; er strebt in seinen Theaterstücken eine S. zwischen epischen und dramatischen Elementen an; eine S. verwirklichen.

synthetisch [*sü*...] ⟨Adj.; attr. und als Artangabe; ohne Vergleichsformen⟩: /bes. Chem./ *durch künstlichen Aufbau aus einfacheren Stoffen hergestellt, künstlich [hergestellt]:* ein synthetischer Edelstein; eine synthetische Faser; dieser Stoff ist s.; etwas s. herstellen.

System [*sü*...], das; des Systems, die Systeme (bildungsspr.): **1)** *Ordnungs-, Gliederungsprinzip, Plan:* ein brauchbares, sinnvolles, veraltetes, neues S.; ein S. entwickeln, aufstellen, ändern, verbessern, anwenden; nach einem bestimmten S. arbeiten, verfahren; er hat leider kein [richtiges, vernünftiges] S. bei dieser Tätigkeit; darin liegt kein S.; S. in etwas bringen; in seinem Verhalten liegt S. *(= böse Absicht).* **2)** *Netz, Gefüge:* ein unterirdisches S. von Rohrleitungen; ein S. von Straßen, Kanälen; ein verwickeltes, kompliziertes S. von Nachrichtenverbindungen. **3)** *einheitlich geordnetes Ganzes; Lehrgebäude, Lehre:* ein sprachliches, terminologisches, philosophisches, physikalisches, biologisches S.; das metrische S. *(= das auf der Längeneinheit „Meter" und der Masseneinheit „Kilogramm" aufgebaute, international eingeführte Maßsystem);* ein S. aufbauen, errichten, einführen, verteidigen. **4)** *Regierungsform, Staatsform:* das kapitalistische, kommunistische, sozialistische, stalinistische, faschistische, marxistische S.; ein korruptes, verhaßtes S.; das herrschende S.; ein S. bekämpfen, unterstützen, beseitigen, ablösen.

Systematik [sü...], die; der Systematik, die Systematiken ⟨Mehrz. ungew.⟩ (bildungsspr.): *sinnvolle, zweckmäßige Anlage, Ordnung, planvoller Aufbau:* wissenschaftliche S.; die S. der Krankheitsnamen.

systematisch [sü...] ⟨Adj.; attr. und als Artangabe⟩: **a)** *nach einem bestimmten Ordnungsprinzip [erfolgend], gegliedert, planvoll [aufgebaut]:* eine systematische Ordnung, Darstellung, Durchführung, Gliederung, Untersuchung, Vorbereitung; der Aufbau dieser Bibliothek ist streng s.; etwas s. ordnen, aufbauen, durchführen, untersuchen, vorbereiten. **b)** ⟨gew. nicht präd.; ohne Vergleichsformen⟩ (alltagsspr.): *gezielt, absichtlich, regelrecht:* die systematische Verächtlichmachung eines Menschen; die systematische Vernichtung eines ganzen Stamms; man wollte ihn s. fertigmachen, kaputtmachen; etwas s. vernichten, zerstören.

Szene, die; der Szene, die Szenen: **1)** *kürzerer, abgeschlossener Teil eines Theaterstücks, Films oder dgl.:* der erste Aufzug des Stücks hat fünf Szenen; sein Auftritt ist nach der zweiten S.; eine S. drehen *(= filmen),* proben. – * **auf offener S.:** *während der Aufführung:* es gab Applaus auf offener S. – * *etwas in S.* **setzen:** *etwas anregen und zur Durchführung bringen.* – * **sich in S. setzen:** *sich auffällig benehmen, um beachtet zu werden.* – * **in S. gehen:** *stattfinden.* – * **die S. beherrschen:** *im Mittelpunkt stehen.* **2 a)** *[theatralischer] Auftritt, bewegender Vorgang:* am Grab spielten sich erschütternde Szenen ab; ich hasse diese rührseligen Szenen auf den Bahnsteigen; * Szenen machen. **b)** *Zank, Streit:* er war die dauernden häuslichen Szenen leid. – * jmdm. Szenen machen *(= jmdm. laute und heftige Vorwürfe wegen etwas machen).*

Szenerie, die; der Szenerie, die Szenerien: **1)** *Bühnendekoration, Bühnenbild:* eine moderne, überladene, einfache S. **2)** /übertr./ *Landschaft, Landschaftsbild; Rahmen, Schauplatz:* das Schirennen fand inmitten dieser phantastischen S. der Schweizer Alpen statt; die herrliche S. dieses Stadions ließ das Fußballspiel zu einem großartigen Erlebnis werden.

T

Tabak [auch: *tą...*, selten auch (bes. jedoch östr.): *...ąk*], der; des Tabaks, die Tabake: *die nikotinhaltigen Blätter der Tabakpflanze, die durch besondere Zubereitung (Trocknung, Fermentation) zu Genußmitteln (Rauchtabak, Kautabak, Schnupftabak) verarbeitet werden; das aus den Blättern der Tabakpflanze hergestellte Genußmittel (zum Rauchen, Kauen oder Schnupfen):* T. *(= Tabakpflanzen)* anbauen, schneiden, ernten, trocknen, fermentieren, beizen; T. rauchen, schnupfen, kauen; er raucht einen milden, starken, leichten, würzigen, aromatischen T.; dieser T. duftet, riecht sehr angenehm; T. in die Pfeife stopfen.

tabellarisch ⟨Adj.; attr. und als Artangabe; ohne Vergleichsformen⟩: *in Tabellenform, knapp und übersichtlich:* eine tabellarische Anordnung, Aufstellung, Übersicht; einen tabellarischen Lebenslauf einschicken; diese Darstellung ist mehr t.; etwas t. darstellen.

Tabelle, die; der Tabelle, die Tabellen: *listenförmige Zusammenstellung von Zahlenmaterial, Fakten, Namen u. a., Übersicht [Zahlen]tafel, Liste:* eine chronologische, alphabetische, mathematische, statistische T.; eine T. mit Ergebnissen, Zahlen, Daten; eine T. der Sieger und Placierten bei den Leichtathletikmeisterschaften; die letzte, neueste T. der Fußballbundesliga; eine T. aufstellen, zusammenstellen, berichtigen, ergänzen; Zahlen, Ergebnisse in eine T. eintragen; die Mannschaft steht an der Spitze der T., führt die T. an.

Tablett, das; des Tablett[e]s, die Tablette und Tabletts: *Servierbrett:* ein T. aus Kunststoff, aus Holz; das Tischgeschirr mit dem T. abräumen; sie ließ das T. mit den Sektgläsern fallen.

Tablette, die; der Tablette, die Tabletten: *in Form eines Kügelchens, Scheibchens oder Täfelchens gepreßtes Arzneimittel zum Einnehmen:* ich kann keine Tabletten einnehmen, schlucken; der Arzt hat mir Tabletten gegen die Grippe verschrieben, verordnet; eine T. lutschen, im Mund zergehen lassen.

tabu ⟨indekl. Adj.; nicht attr., gew. nur präd.; ohne Vergleichsformen⟩: *unantastbar, aus bestimmten, bes. moralischen Gründen dem menschlichen Zugriff entzogen:* sexuelle Probleme waren früher für eine öffentliche Erörterung absolut t.; die Frau meines Freundes ist für mich t. (ugs.; = *die rühre ich nicht an*); ich halte dieses heikle Thema für t.

Tabu, das; des Tabus, die Tabus (bildungsspr.): *etwas, das sich dem [sprachlichen] Zugriff aus Gründen moralischer, religiöser oder konventioneller Scheu entzieht; sittliche,* konventionelle *Schranke:* ein sittliches, religiöses, gesellschaftliches, politisches, starkes, altes T.; ein T. errichten, verletzen, brechen; an ein T. rühren; gegen ein T. verstoßen; sich über alle Tabus hinwegsetzen; an einem T. festhalten.

Tacho vgl. Tachometer.

Tachometer [*taeh*...], das (ugs. meist: der); des Tachometers, die Tachometer; dafür häufig die ugs. Kurzbez.: Tacho [*taeho*], der; des Tachos, die Tachos: *Meßinstrument (bes. an Motorfahrzeugen) zur Anzeigung der Stundengeschwindigkeit:* das T. eines Kraftwagens, eines Motorrads, eines Flugzeugs; das T. dieses Wagens ist geeicht, geht genau, funktioniert nicht, reicht bis 180 Stundenkilometer, hat einen Vorlauf von 10%; beim Fahren auf den T. schauen; die Geschwindigkeit vom T. ablesen; mein T. zeigt 100 Stundenkilometer an.

Taille [*talj*ᵉ], die; der Taille, die Taillen: **a)** *schmalste Stelle des Rumpfs:* sie hat eine schlanke, dünne, starke T.; der Anzug sitzt in der T. hervorragend; das Kleid ist auf T. (= *mit betonter Taille*) gearbeitet, ist in der T. betont. **b)** (ugs.) *Taillenweite, Gürtelweite:* sie hat T. 60; sie hat 56 cm T.

Takt, der; des Takt[e]s, die Takte: **1)** ⟨ohne Mehrz.⟩: /bes. Mus./ *das abgemessene Zeitmaß einer rhythmischen Bewegung:* der richtige, falsche T.; welchen T. hat dieser Tanz?; den T. angeben, ändern, wechseln, halten, schlagen; er trommelte, klopfte mit seinen Fingern den T. [auf dem Tisch]; im T. bleiben; im T. spielen, singen, tanzen, sich bewegen, rudern, paddeln; sie lief ihre Kür genau nach dem T. der Musik; jmdn. aus dem T. bringen (auch bildl.; = *jmdn. in Verwirrung bringen*); aus dem T. kommen, geraten (auch bildl.; = *den Faden verlieren*). **2)** /Mus./ *durch Taktstriche gekennzeichnete festgelegte Einheit im Aufbau eines Musikstücks:* er spielte ein paar Takte aus dem Musical ...; der Dirigent ließ die Takte 1–26 wiederholen; die Musik brach

taktieren

mitten im T. ab. 3) ⟨ohne Mehrz.⟩: *Gefühl für Anstand und Schicklichkeit, Feingefühl:* er hat sehr viel, wenig, keinen T.; ein Mann mit, ohne T.; Mangel an T.; es fehlt ihm an T.; er läßt den nötigen T. vermissen.

taktieren, taktierte, hat taktiert ⟨intr.⟩ (bildungsspr.): *in einer bestimmten Weise taktisch vorgehen, zu Werke gehen:* klug, geschickt, ungeschickt t.

Taktik, die; der Taktik, die Taktiken: *auf genauen Überlegungen basierende, von bestimmten Erwägungen bestimmte Art und Weise des Vorgehens, klugberechnendes, zweckbestimmtes Verhalten:* die richtige, falsche, eine besondere, geschickte, raffinierte T. anwenden; er hat mit dieser T. des Zögerns und Hinhaltens viel erreicht; die Mannschaft ging ohne besondere T. in dieses Spiel; er hat die T., die ihm sein Trainer empfohlen hatte, genau befolgt.

taktisch ⟨Adj.; attr. und als Artangabe; gew. ohne Vergleichsformen⟩: *die Art und Weise des Vorgehens betreffend; auf einer bestimmten Taktik beruhend, planvoll:* ein taktischer Fehler; eine taktische Maßnahme; taktische Gründe; etwas ist t. richtig, falsch; der Trainer gab seiner Mannschaft noch einige taktische Anweisungen; dieses Manöver war rein t. [begründet]; t. operieren, vorgehen; die Mannschaft spielte ihren Gegner t. vollkommen aus.

Talent, das; des Talent[e]s, die Talente: **a)** *die Anlage überdurchschnittlicher geistiger oder körperlicher Fähigkeiten auf einem bestimmten Gebiet, angeborene besondere Begabung:* er hat viel, wenig, großes, besonderes T.; er hat, besitzt T. zum Sänger, zum Koch, zum Schriftsteller, zum Schauspieler, zum Kochen, zum Schreiben, zum Fußballspielen; er besitzt ein ungewöhnliches musikalisches T.; T. entfalten; jmds. T. entdecken, fördern; sein T. verkümmern, brachliegen lassen; seine Arbeit verrät T.; etwas nicht ohne T. tun. **b)** *talentierter Mensch:* er ist ein großes, starkes, neues T. im deutschen Fußball, im Film; man muß die jungen Talente fördern.

talentiert ⟨Adj.; attr. und als Artangabe⟩: *Talent habend, zeigend, talentvoll, begabt:* ein talentierter junger Mann, Schüler, Künstler, Musiker, Zeichner, Fußballer, Boxer; eine talentierte Zeichnung, Arbeit; seine Springpferde sind, springen alle sehr t.; t. schreiben, zeichnen, spielen, boxen.

Talisman, der; des Talismans, die Talismane: *Glücksbringer, Maskottchen:* er trägt einen T. in der Tasche; diese Haarlocke ist mein T.; auf seinen T. vertrauen; er glaubt, daß sein T. ihm Glück gebracht hat.

Tamtam, der (auch: das); des Tamtams ⟨ohne Mehrz.⟩ (ugs.): *Lärm; Aufsehen, Aufhebens:* mache doch keinen solchen T.!; mit diesem Sänger wird viel zu viel T. gemacht.

tangieren, tangierte, hat tangiert ⟨tr., etwas tangiert jmdn.⟩ (geh.): *etwas berührt jmdn., etwas geht jmdn. an, etwas beeindruckt jmdn.:* die Wahlniederlage hat den Parteivorsitzenden mächtig tangiert; dieser Fall tangiert mich überhaupt nicht.

Tapet, nur noch in den festen Wendungen: * **etwas aufs T. bringen** (ugs.): *etwas zur Sprache bringen;* * **aufs T. kommen** (ugs.): *zur Sprache kommen:* bei der nächsten Vereinssitzung werde ich alle diese Fragen aufs T. bringen; dieses Problem wird noch einmal aufs T. kommen.

Tapete, der der Papete, die Tapeten: **a)** *Wandbekleidung aus bedrucktem oder in anderer Weise gemustertem Papier oder Stoff:* eine bunte, einfarbige, dezente, aufdringliche, geschmackvolle, ausgefallene, teure, kostbare, strapazierfähige, abwaschbare T.; diese T. paßt gut ins Kinderzimmer; die alten Tapeten abreißen; die Tapeten erneuern. **b)** ⟨nur Mehrz.⟩: /übertr., in bestimmten festen Wendungen/: * **die Tapeten wechseln** (= *aus der alten, gewohnten Umgebung herauskommen*); jeder Mensch braucht hin und wieder neue Tapeten (= *eine neue Umgebung*).

Technik

tapezieren, tapezierte, hat tapeziert ⟨tr., etwas t.⟩: *etwas mit Tapeten versehen, verkleiden:* die Wände, die Wohnung, die Decke, ein Zimmer [neu] t.; wir haben die Decke des Wohnzimmers grün, mit Rauhfasertapete tapeziert.

Tarif, der; des Tarifs, die Tarife: *verbindliches Verzeichnis von Güter- oder Leistungspreisen, Gebühren, Steuern u. a.; Preis-, Lohnstaffel; Gebührenordnung:* die Bundesbahn will ihre Tarife ändern; im Selbstwählverkehr gelten ab 1. Januar neue Tarife; einen T. aufstellen; die Metallarbeitergewerkschaft hat die Tarife gekündigt, hat mit den Unternehmern neue Tarife vereinbart, ausgehandelt; er wird nach, über, unter T. bezahlt; er verdient laut T. 204 DM in der Woche.

tätowieren, tätowierte, hat tätowiert ⟨tr.; etwas, jmdn. t.⟩: *jmdm. oder sich selbst Muster oder Zeichnungen mit bestimmten Farbstoffen bleibend in die Haut einritzen:* er hat sich eine Rose auf die Brust, auf den Arm t. lassen; die Polizei sucht nach dem Mann, der ihn tätowiert hat; er ist auf dem Rücken tätowiert; seine Hand ist tätowiert.

¹Taxe, die; der Taxe, die Taxen: **a)** *[amtlich] festgesetzter Preis, Gebühr:* sie brauchen nur die ortsübliche T. zu zahlen, zu entrichten. **b)** *[amtlicher] Schätzwert:* das Haus hat laut T. einen Einheitswert von ... **c)** *Gebührenordnung:* er darf laut T. ein Honorar von 120 DM verlangen; er hält sich in seinen Honoraren streng an die T.

²Taxe, die; der Taxe, die Taxen (ugs.): *Taxi:* eine T. bestellen, rufen; sich eine T. nehmen; mit der T. fahren.

Taxi, das; des Taxis, die Taxis: *Mietwagen (zur Personenbeförderung):* sich ein T. nehmen; mit dem T. fahren.

taxieren, taxierte, hat taxiert ⟨tr.⟩: **a)** ⟨etwas t.⟩: *etwas hinsichtlich Größe, Umfang, Gewicht oder Wert abschätzen, schätzen:* einen Gebrauchtwagen, den Wert eines alten Möbelstücks, ein Grundstück, ein Bild, ein Schmuckstück t.; er hat den Wert des Gemäldes auf ca. 500000 DM taxiert; er taxierte die zwei Körbchen Erdbeeren auf etwa 30 Pfund; er hat sein Haus t. lassen. **b)** ⟨jmdn. t.⟩ (meist abschätzig): *jmdn. prüfend betrachten und dabei zu einem Urteil über ihn kommen, jmdn. einschätzen:* er taxierte den neuen Mann mit ironischen Blicken; er taxierte ihre Figur mit abschätzenden Blicken; ich taxiere diesen Mann auf mindestens 10 Millionen DM Vermögen.

Team [*tīm*]*,* das; des Teams, die Teams: *Arbeitsgruppe; Mannschaft:* ein eingearbeitetes, erfahrenes, bewährtes, erfolgreiches, neues, junges T.; ein T. von Redakteuren, Ärzten, Physikern, Forschern; diese Fußballmannschaft ist eines der besten europäischen Teams; ein T. zusammenstellen, führen, leiten; in einem T. mitarbeiten, arbeiten.

Teamwork [*tīmwörk*]*,* das; des Teamworks, ⟨ohne Mehrz.⟩ (bildungsspr.): *Gemeinschaftsarbeit, gemeinsam Erarbeitetes:* diese Leistung ist echtes T.

Technik, die; der Technik, die Techniken: **1)** ⟨nur Einz.⟩: *alle Maßnahmen, Einrichtungen und Verfahren, die dazu dienen, die Erkenntnisse der Naturwissenschaften für den Menschen praktisch nutzbar zu machen, Ingenieurwissenschaft:* die moderne T.; die Errungenschaften der T.; in der T. werden immer Arbeitskräfte gebraucht. **2 a)** *die Gesamtheit der besonderen Handhabungen und Fertigkeiten, die zur richtigen Ausübung einer Sache notwendig sind:* die T. des Autofahrens, Schachspiels, des richtigen Atmens; dieser Maler bedient sich in seinen Arbeiten verschiedener Techniken; eine T. beherrschen, anwenden, erlernen. **b)** ⟨gew. nur Einz.⟩: *die individuelle Beherrschung der einzelnen Handhabungen und Fähigkeiten, die zur richtigen Ausübung einer Sache notwendig sind:* Beckenbauer hat als Fußballer eine blendende T.; diesem Boxer fehlt vor allem die T.

343

Techniker, der; des Technikers, die Techniker: **1)** *jmd., der einen technischen Beruf ausübt:* er ist T. **2)** *jmd., der die besonderen Raffinessen einer bestimmten Sportart in hohem Maße beherrscht:* Beckenbauer ist ein glänzender, blendender T.; die deutsche Fußballnationalelf verfügt über hervorragende T.

technisch ⟨Adj.; attr. und als Artangabe; ohne Vergleichsformen⟩: **1)** ⟨gew. nur attr.⟩: *die Technik als Ingenieurwissenschaft betreffend, zu ihr gehörend:* die technischen Berufe; technische Kenntnisse; das technische Zeitalter; technischer Unterricht; technisches Zeichnen; er ist t. begabt, interessiert; die technischen Hochschulen in Deutschland; die Technische Hochschule Darmstadt. **2)** ⟨nicht präd.⟩: *die besonderen Fähigkeiten eines Menschen betreffend:* ein t. hervorragender Fußballer; sein Violinsolo war t. brillant [vorgetragen]; er spielt t. hervorragend [Klavier]. **3)** *organisatorisch, verwaltungsmäßig; die Planung und den Ablauf, aber nicht die Sache selbst betreffend:* wir hatten einige technische Probleme zu lösen; aus technischen Gründen ...; die auftretenden Schwierigkeiten sind rein t.; wir haben das Problem t. gelöst, praktisch jedoch ...

Teenager [*tīne¹dsche*ʳ], der; des Teenagers, die Teenager: *junges Mädchen im Alter zwischen etwa 13 und 17 Jahren:* sie ist schon ein richtiger T.; der Sänger war von autogrammhungrigen Teenagern umlagert.

Teint [*täng*], der; des Teints, die Teints: *Beschaffenheit und Tönung der menschlichen Gesichtshaut, Gesichtsfarbe:* sie hat einen gesunden, kräftigen, frischen, bräunlichen, blassen, zarten, reinen, unreinen T.

Telefon vgl. Telephon.

telefonieren vgl. telephonieren.

telefonisch vgl. telephonisch.

telegen ⟨Adj.; attr. und als Artangabe⟩ (bildungsspr.): *für Fernsehaufnahmen geeignet, auf dem Bildschirm sich gut darstellend, bildschirmwirksam:* er hat ein telegenes Gesicht, Äußeres; sie ist sehr t.; ihre Beine sind nicht besonders t.; diese Landschaft ist nicht sehr t.; t. aussehen.

telegrafieren vgl. telegraphieren.

Telegramm, das; des Telegramms, die Telegramme: *telegraphisch übermittelte Nachricht:* ein gewöhnliches, normales, dringendes, chiffriertes, kurzes, langes T.; ein T. aufgeben, bekommen; jmdm. ein T. schicken; in seinem T. aus Hamburg steht, daß ...

telegraphieren, telegraphierte, hat telegraphiert; auch eindeutschend: telegrafieren ⟨tr., etwas t.⟩: *eine Nachricht über eine Kabelleitung oder drahtlos übermitteln, ein Telegramm schicken:* er hat aus Hamburg telegraphiert, daß er in zwei Tagen hier eintreffen wird.

Telephon, das; des Telephons, die Telephone; häufig auch eindeutschend: Telefon, das; des Telefons, die Telefone: *Fernsprecher:* das T. hat geläutet; darf ich einmal Ihr T. benutzen?; er wurde gerade ans T. gerufen; ich habe noch kein T. (= *Telefonanschluß);* wir haben letzte Woche T. (= *Telephonanschluß)* bekommen; ins T. schreien, brüllen.

telephonieren, telephonierte, hat telephoniert; häufig auch eindeutschend: telefonieren ⟨intr.⟩: *über Telephon mit jmdm. sprechen; anrufen:* ich habe eben mit deinem Bruder telephoniert; ich habe lange, ausführlich mit München (= *mit einem bestimmten Fernsprechteilnehmer in München)* telephoniert; hat jemand telephoniert?; wer hat eben telephoniert?; ich muß noch nach Frankfurt t.; er hat mir gerade die genauen Ergebnisse der Bundesligaspiele telephoniert (ugs., tr.; = *telephonisch durchgegeben).*

telephonisch, häufig auch eindeutschend: telefonisch ⟨Adj.; attr. und als Artangabe, aber gew. nicht präd.; ohne Vergleichsformen⟩: *das Telephon betreffend; mit Hilfe des Telephons [erfolgend], fernmündlich:* eine telephonische Verbindung, Auskunft, Durchsage, Nachricht; wir haben bereits darüber t. gesprochen; etwas t. vereinbaren.

Temperament, das; des Temperament[e]s, die Temperamente: **1)** *Wesensart, Gemütsart:* er hat ein sanguinisches, melancholisches, cholerisches, phlegmatisches, lebhaftes, ruhiges, ausgeglichenes, kühles, schwerfälliges, aufbrausendes T.; das ist eine Frage des Temperaments; jmds. T. kennen, studieren. **2)** ⟨nur Einz.⟩: *Lebhaftigkeit, Schwung, Feuer:* sie hat [viel, kein, wenig] T.; sein T. zügeln, durchgehen lassen.

Temperatur, die; der Temperatur, die Temperaturen: **1)** *in Graden gemessener Wärmezustand der Luft oder eines Körpers:* hohe, niedrige, mittlere Temperaturen; wir hatten in diesem Winter Temperaturen bis zu −30 °C; die T. steigt, fällt; in diesem Raum herrscht eine angenehme, gleichbleibende, konstante T. von 20 °C; im Süden des Landes wurden wieder extreme Temperaturen gemessen; hast du heute schon deine T. gemessen, kontrolliert? **2)** ⟨nur Einz.⟩ *[leichtes] Fieber:* er hat keine, leichte, hohe T.; T. bekommen.

Tempo, das; des Tempos ⟨ohne Mehrz.⟩ (alltagsspr.): *Geschwindigkeit, Schnelligkeit:* langsames, gemächliches, geringes, großes, schnelles, rasendes, wahnsinniges T.; der Wagen ging mit vollem T. in die Kurve; wir fuhren mit gleichbleibendem T.; mit T. 100 (= *mit einer Geschwindigkeit von 100 Stundenkilometern);* sein T. erhöhen, steigern, beschleunigen, vermindern; auf dieser Strecke müssen die Züge im T. zurückgehen; (ugs.:) ein ziemliches, irrsinniges T. draufhaben; T.! (= *schneller!);* Ihr müßt ein bißchen T. machen (ugs.; = *Ihr müßt euch beeilen.*

temporär ⟨Adj.; attr. und als Artangabe; ohne Vergleichsformen⟩ (bildungsspr.): *zeitweilig [auftretend], vorübergehend:* ein temporäres Unwohlsein, Unbehagen; dieser Zustand ist sicher nur t.; der Arzt sieht diese Anfälle als t. an; diese Bildstörungen treten nur t. auf.

Tendenz, die; der Tendenz, die Tendenzen: *Grundströmung, Entwicklungsrichtung, Zug, Absicht; Hang, Neigung:* die T. an der Börse ist steigend, fallend; die Wirtschaft zeigt eine ansteigende T.; er hat eine starke T. zum Liberalismus, zum Kommunismus; diese Zeitung verfolgt eine bestimmte T.; in seiner Rede war die deutliche T. erkennbar, die Gegensätze zwischen Regierung und Opposition abzubauen.

tendenziös ⟨Adj.; attr. und als Artangabe⟩ (bildungsspr.): *deutlich eine bestimmte Tendenz erkennen lassend; gefärbt, verzerrt:* ein tendenziöser Film, Roman; eine tendenziöse Fernsehsendung; dieser Bericht, dieses Buch, dieses Theaterstück ist mir zu t.; t. schreiben; einen Bericht t. färben, verändern.

tendieren, tendierte, hat tendiert ⟨intr.; t. + Präpositionalobjekt oder Raumergänzung⟩ (bildungsspr.): *zu etwas hinstreben, [hin]neigen, eine bestimmte Vorliebe entwickeln:* er tendiert sehr stark zum Zweiparteiensystem, zum Kommunismus; in Richtung Mehrheitswahlrecht; ich tendiere in die gleiche Richtung; ich tendiere auch dahin; die wirtschaftliche Entwicklung tendiert dahin, daß ...

¹**Tenor,** der; des Tenors ⟨ohne Mehrz.⟩ (bildungsspr.): *Wortlaut; Hauptinhalt:* der T. einer Rede, Ansprache, eines Aufsatzes; ich habe den T. (= *Kernpunkt, entscheidenden Teil)* des Gerichtsurteils noch nicht gelesen.

²**Tenor,** der; des Tenors, die Tenöre: /Mus./: **a)** ⟨gew. nur Einz.⟩: *hohe Männerstimme:* er hat einen wunderbaren, weichen T. **b)** ⟨gew. nur Einz.⟩ *Stimmlage für hohe Männerstimme:* T. singen. **c)** *Tenorsänger:* ein berühmter, italienischer T.; die Tenöre eines Chors.

Terrasse, die; der Terrasse, die Terrassen: **1)** *mit einem steinernen Fußbodenbelag versehener, gewöhnlich nicht überdachter, durch eine Zimmertür betretbarer freier [erhöhter] Raum eines Hauses, der sich zum*

Garten oder Hof hin öffnet; (auch im Sinne von:) *Dachgarten:* das Haus hat eine große T. zum Garten hin; auf der T. sitzen, essen, liegen. **2)** *Geländestufe, Hangstufe:* die Weinberge dieses Gebietes liegen in Terrassen übereinander.

Terrine, die; der Terrine, die Terrinen: *Suppenschüssel:* eine T. Linsensuppe mit Bockwurst kostet hier 3,50 DM.

territorial ⟨Adj.; gew. nur attr.; ohne Vergleichsformen⟩ (bildungsspr.): *zu einem [Hoheits]gebiet gehörend, ein [Hoheits]gebiet betreffend:* territoriale Ansprüche, Forderungen.

Territorium, das; des Territoriums, die Territorien [...i^{e}n]: *Hoheitsgebiet, Land, Gebiet:* du befindest dich hier auf fremdem, ausländischem, französischem T.; sich auf neutralem T. bewegen; hier betritt man Schweizer T.; der Mord ist auf dem T. des amerikanischen Bundesstaates Florida geschehen; das endlose, weite T. der Wüste Sahara; fremdes T. verletzen.

Terror, der; des Terrors ⟨ohne Mehrz.⟩: *Schrecken und Furcht; Schreckensherrschaft:* in dieser Stadt herrscht, regiert [blutiger] T.; T. verbreiten; dem T. weichen; unter jmds. T. zu leiden haben.

terrorisieren, terrorisierte, hat terrorisiert ⟨tr.; jmdn., etwas t.⟩: **a)** *Menschen durch willkürliche Gewaltakte in Angst und Schrecken halten:* Banditen und Gangster terrorisierten die Stadt, das Land, die Bevölkerung [durch fortwährende Überfälle, Plünderungen, Gewaltakte]. **b)** (ugs.) *Menschen durch hartnäckiges und aufdringliches Verhalten dazu bringen, daß sie sich immerzu mit einem beschäftigen müssen:* er terrorisiert die ganze Familie mit seinen verrückten Ideen.

Terrorist, der; des Terroristen, die Terroristen: *jmd., der Terror verbreitet:* faschistische, linksradikale, jugendliche Terroristen.

Tertia [*tärzja*], die; der Tertia, die Tertien [*tärzi^{e}n*]: *in Untertertia und Obertertia (vierte und fünfte Klasse) geteiltes Klassenpaar einer höheren Schule:* in beiden Tertien muß der Lateinunterricht in dieser Woche ausfallen; er geht in die T.; er ist in der T.; er unterrichtet eine T.

Tertial, das; des Tertials, die Tertiale: *Jahresdrittel, Dritteljahr:* das erste, zweite, dritte T.

Tertianer [*tärzjan^{e}r*], der; des Tertianers, die Tertianer: *Schüler einer Tertia:* die T. machen morgen einen Schulausflug; er ist T.

Test, der; des Test[e]s, die Teste und Tests: **a)** *Methode zur Eignungsprüfung* (bezogen auf Personen oder Materialien): ein wissenschaftlicher, psychologischer, sportlicher T.; einen T. ausarbeiten; eine Maschine, einen Wagen, einen Motor einem [genauen, letzten] T. unterziehen; die Bewerber mußten sich einem T. unterwerfen; einen T. mitmachen, bestehen. **b)** /Med./ *diagnostisches Untersuchungsverfahren (vor allem mit chemischen Mitteln):* an dem Patienten wurden mehrere klinische Tests durchgeführt; die Ergebnisse der letzten Tests waren negativ.

Testament, das; des Testament[e]s, die Testamente: **a)** *letztwillige Verfügung:* ein gültiges, ungültiges T.; sein, ein T. machen; ein T. aufsetzen, abfassen, errichten, ändern, widerrufen, eröffnen, anfechten; er hat kein T. hinterlassen; jmdn. in seinem T. bedenken. – /bildl./ (ugs.): sage ihm, daß er sein T. machen kann (= *daß es ihm übel ergehen wird*), wenn ich ihn erwische! **b)** /übertr./ *Vermächtnis:* das politische T. Adenauers.

testamentarisch ⟨Adj.; attr. und als Artangabe, aber gew. nicht präd.; ohne Vergleichsformen⟩: *durch letztwillige Verfügung [erfolgend]; letztwillig:* eine testamentarische Verfügung; ein testamentarisches Vermächtnis; t. über sein Vermögen verfügen; etwas t. bestimmen, festlegen.

testen, testete, hat getestet ⟨tr.⟩: **a)** ⟨etwas t.⟩: *eine Sache (bes. Waren oder Materialien) daraufhin prüfen, ob und in welchem Umfang sie die von ihr geforderten Eigenschaften besitzt:*

einen metallischen Werkstoff auf seine Festigkeit, eine Legierung auf ihre Hitzebeständigkeit, einen Kunststoff auf Säurefestigkeit t.; das neue Medikament ist noch nicht klinisch getestet; ein Flugzeug, einen Wagen, einen Motor [gründlich, unter schwierigen Bedingungen] t. **b)** ⟨jmdn., etwas t.⟩: *jmdn. auf seine Eignung für etwas prüfen; zu ermitteln suchen, in welchem Umfang bestimmte [Charakter]eigenschaften bei jmdm. ausgebildet sind:* die Bewerber wurden schriftlich, mündlich, eingehend auf ihre Intelligenz getestet; ich habe mit dieser Frage nur sein Reaktionsvermögen, seine Auffassungsgabe t. wollen.

Tête-à-tête [*tätatät*], das; des Tête-à-tête, die Tête-à-têtes: *trauliches, zärtliches Beisammensein, Liebesstündchen:* er hat ihn bei einem [zärtlichen, eindeutigen] T. mit seiner Sekretärin überrascht.

Text, der; des Textes, die Texte: *etwas Geschriebenes oder Gedrucktes; Wortlaut:* der genaue, vollständige, ursprüngliche T. einer Rede; der offizielle T. einer Regierungserklärung; der T. eines Aufsatzes, eines Zeitungsartikels, eines Briefs, einer Meldung, eines Drehbuchs, einer Bibelstelle, eines Vertrags, eines Schlagers, eines Lieds; einen T. verändern, verfälschen, kommentieren, rekonstruieren, interpretieren, in einem Buch nachlesen; wer hat den T. zu diesem Filmmusik, Operette geschrieben?; der genaue T. des Vertrags lautet: ...; der T. der Handschrift läßt verschiedene Lesarten zu; etwas nachträglich in den T. einfügen; * weiter im T.! (ugs.; = *fortfahren!*)

Textilien [...*iᵉn*], die ⟨Mehrz.⟩: *gewebte, gestrickte oder gewirkte, aus Faserstoffen hergestellte Waren (bes. Kleidungs- und Wäschestücke):* im Schlußverkauf werden T. im allgemeinen preiswert angeboten.

Theater, das; des Theaters, die Theater: **1a)** *Gebäude, in dem regelmäßig Schauspiele aufgeführt werden,* *Schauspielhaus:* ein kleines, intimes, großes, prächtiges, modernes T.; das T. war festlich erleuchtet, war bis auf den letzten Platz besetzt; unsere Stadt bekommt ein neues T. **b)** *künstlerisches Unternehmen, das die Aufführungen von Schauspielen, Opern u. ä. arrangiert:* wer wird der neue Intendant des Theaters?; wir haben ein gutes, schlechtes, mittelmäßiges T.; ein T. leiten; er ist beim T., am hiesigen T.; * zum T. gehen *(= Schauspieler werden).* **c)** ⟨ohne Mehrz.⟩: *Schauspiel-, Opernaufführung, Vorstellung:* diese Schauspieltruppe zeigte bestes, modernes T.; ins T. gehen; wir wollen nach dem T. noch ein Gläschen Wein zusammen trinken. – /bildl./: * T. spielen *(= schauspielern, eine Situation vortäuschen);* * jmdm. T. vormachen (ugs.; = *jmdm. etwas vorspielen, was in Wirklichkeit gar nicht so ist).* **2)** ⟨ohne Mehrz.⟩ (alltagsspr.): *Unruhe, Aufregung, Lärm:* was soll das ganze T. [mit seiner neuen Sekretärin, um den Bau des neuen Opernhauses]?; großes T. um etwas machen; mach doch nicht so viel T.!

theatralisch ⟨Adj.; attr. und als Artangabe⟩: *voller Pathos, schwülstig:* eine theatralische Geste, Sprache; sein Auftreten war mir ein wenig zu t.; t. auftreten; t. sein Mitgefühl bekunden; t. streckte sie die Arme zum Himmel empor.

Theke, die; der Theke, die Theken: **a)** *Schanktisch eines Restaurants, Cafés oder einer Gastwirtschaft:* sein Bier an der T. trinken; hinter der T. stand der dicke Wirt und zapfte Bier. **b)** (veraltend) *Ladentisch:* der Milchmann reichte mir die Milchkanne über die T.; etwas unter der T. (ugs.; = *heimlich und verbotenerweise*) kaufen, verkaufen, handeln.

Thema, das; des Themas, die Themen, älter auch: die Themata: **a)** *Hauptinhalt, Gegenstand, Kernpunkt, Leitgedanke, Leitmotiv:* das T. eines Aufsatzes, eines Vortrags, eines Gesprächs, eines Films, eines Romans; ein interessantes, ergiebiges, unerschöpfliches, wichtiges, schwieriges, heikles, aktuelles, abgedroschenes, beliebiges, T.; ein T. behandeln, umreißen, aufgreifen, verlassen, aufgeben, fallenlassen, strapazieren, beleuchten; er bearbeitet in seinen Bildern immer wieder die gleichen Themen; darf ich in diesem Zusammenhang noch einmal das T. Steuerreform anschneiden, berühren? vom T. abkommen, abschweifen; zum eigentlichen T. zurückkehren; über ein bestimmtes T. sprechen, schreiben; sich mit einem T. beschäftigen; sich an einem T. versuchen; sich einem anderen T. zuwenden; das ist kein T. für eine Kurzgeschichte; * T. eins, * T. 1 (= *Hauptthema; gew. = Liebe und Sexualität).* **b)** /Mus./ *Tonfolge, die einer Komposition als weiter zu verarbeitendes musikalisches Leitmotiv zu Grunde liegt:* das T. einer Sinfonie, einer Sonate; ein T. verarbeiten, variieren; diese Melodie ist das T. einer Etüde von Chopin; das T. eines Stückes singen, spielen.

Thematik, die; der Thematik, die Thematiken ⟨Mehrz. ungew.⟩ (bildungsspr.): *Themastellung, Leitgedanke; Komplexität eines Themas; Themenkreis:* dieser Film ist von der T. her besonders interessant; ich habe mich mit der T. dieses Falls noch nicht beschäftigt.

Theologe, der; des Theologen, die Theologen: *jmd., der Theologie studiert oder lehrt; Geistlicher:* ein evangelischer, katholischer, protestantischer, anglikanischer, deutscher, israelischer, führender, bedeutender, fortschrittlicher, konservativer T.; er ist T., will T. werden.

Theologie, die; der Theologie, die Theologien ⟨Mehrz. ungew.⟩: *wissenschaftliche Darstellung und Entfaltung von religiösen Glaubensinhalten, deren Offenbarung, Überlieferung und Geschichte:* er hat [katholische, evangelische] T. studiert; T. lehren.

theologisch ⟨Adj.; attr. und als Artangabe; ohne Vergleichsformen⟩: *die Theologie betreffend, auf ihr beruhend:* theologische Fragen, Probleme erörtern; ein theologisches Studium; diese Aussage, Erkenntnis ist rein t.; eine Glaubenserkenntnis t. erhärten, untermauern.

theoretisch ⟨Adj.; attr. und als Artangabe; ohne Vergleichsformen⟩: **a)** ⟨gew. nicht präd.⟩: *die Theorie als gedankliche Grundlage einer [wissenschaftlichen] Disziplin oder eines Bereichs betreffend:* die theoretische Physik; er besitzt hervorragende theoretische Kenntnisse auf dem Gebiet der Schacheröffnungen, des Schachendspiels; eine These t. untermauern; ein Problem t. untersuchen. **b)** *[nur] gedanklich, ohne unmittelbaren Bezug zur Wirklichkeit, nicht praktisch:* die theoretischen Möglichkeiten in einem Fall abwägen; was du sagst, ist t. durchaus richtig, möglich, aber praktisch ...; wir haben rein t. alle Eventualitäten durchgespielt; das ist mir alles zu t.

Theorie, die; der Theorie, die Theorien: **1)** ⟨gew. nur Einz.⟩: **a)** *wissenschaftliche oder abstrakte Betrachtungsweise oder Darstellung:* in der T. ist das ja alles sehr schön, die praktische Verwirklichung dieser Pläne jedoch ... **b)** *nur in der Vorstellung Vorhandenes, wirklichkeitsfremde Gedanken oder Vorstellungen:* das ist doch alles reine T. **2)** *Lehre, System; wissenschaftlich begründete Lehrmeinung; Anschauung:* die zahlreichen Theorien über die Entstehung der Erde; das ist eine schwierige komplizierte, unbeweisbare, richtige, falsche T.; eine T. begründen, aufstellen, ausbauen, beweisen, in die Praxis umsetzen, praktisch anwenden; diese T. beruht auf einem Irrtum; der Kommissar hatte sich bereits eine einleuchtende, überzeugende T. vom Hergang der Tat gebildet.

Therapie, die; der Therapie, die Therapien: **a)** /Med./ *Krankheits-, Heilbehandlung; Behandlungsmethode:* eine moderne, veraltete, geeignete, erfolgreiche, erfolglose, fragwürdige, gezielte, symptomatische (= *nur*

titulieren

gegen die Krankheitssymptome gerichtete) T.; die beste T. bei, gegen Grippe ist absolute Bettruhe; die wichtigste T. bei dieser Krankheit besteht darin, ...; eine bestimmte T. anwenden, ablehnen; der Arzt schlug als T. die Verabreichung von Penizillin und einem kreisiaufstärkenden Mittel vor; zu einer T. greifen; gegen diese Krankheit gibt es noch keine [richtige, vernünftige] T. **b)** /übertr./ *Heilmittel, Mittel:* Arbeit ist die beste T. gegen Schwermut.

These, die; der These, die Thesen (bildungsspr.): *(noch zu beweisende) Behauptung, Standpunkt:* eine kühne, überzeugende, fragwürdige, gefährliche, wissenschaftliche, politische, philosophische T.; die T. vom atomaren Gleichgewicht; eine T. aufstellen, entwickeln, verfechten, verteidigen, vertreten, aufrechterhalten, formulieren, anfechten, widerlegen; einer T. zustimmen; das erhärtet meine T.

Thriller [*thril^er*], der; des Thrillers, die Thriller (bildungsspr.): *ganz auf Spannungseffekte und Nervenkitzel abgestellter [Kriminal]film oder [Kriminal]roman, Reißer* (seltener auch auf Theaterstücke bezogen): im Kino wird ein neuer T. von Hitchcock gespielt.

Tic [*tik*], der; des Tics, die Tics; gemeinspr. auch: **Tick,** der; des Tick[e]s, die Ticke, auch: die Ticks: /Med./ *nervöse Muskelzuckung:* er hat einen T.; dieses Augenzwinkern ist bei ihm zum regelrechten T. geworden.

Tick, der; des Tick[e]s, die Ticks, auch: die Ticke: **1)** (ugs.) *wunderliche Angewohnheit, Schrulle, Fimmel; Stich:* er hat den T., seine Zähne nur mit Mineralwasser zu putzen; sich nach jedem Händedruck die Hände zu waschen, ist auch so ein T. von ihm; ich nehme den doch nicht ernst, der hat doch einen T. **2)** vgl. Tic.

Ticket, das; des Tickets, die Tickets (bildungsspr.): *Fahrkarte, Flugkarte:* ein T. kaufen, lösen; sein T. vorzeigen; dieses T. ist nicht mehr gültig.

Timbre [*tä<del>n</del>gbr^e*], das; des Timbres, die Timbres (bildungsspr.): *Klangfarbe der Singstimme:* seine Stimme hat ein helles, dunkles, rauhes, heiseres, eigenartiges T.; sie hat ein besonderes T. in ihrer Stimme.

Tirade, die; der Tirade, die Tiraden (bildungsspr.): *Worterguß, Redeschwall:* eine lange, ermüdende, weitschweifige, langweilige T.; eine T. des Hasses, der Verleumdung gegen jmdn. loslassen; sich in langen Tiraden über etwas ergehen.

Titel [auch: *ti...*], der; des Titels, die Titel: **1)** *Überschrift, Aufschrift; Name eines Buchs, Films u. a.:* der T. des Buchs, des Aufsatzes lautet: ...; er sucht noch einen geeigneten, zündenden T. für seinen Sexfilm; der Film hat einen verlockenden, treffenden T.; ich kenne den genauen T. der Zeitschrift nicht; das steht schon im T. des Buchs. **2)** *Zusatz zum Namen einer Person, der das Amt, den Stand oder den Rang der betreffenden Person kennzeichnet oder der lediglich eine ehrende Funktion erfüllt:* einen akademischen T. haben, führen, erwerben; er darf den T. Dr., Graf, Weihbischof, Hofrat führen; man hat ihm den T. eines Ehrendoktors der Philosophie verliehen; die Mannschaft versucht, den T. eines Fußballweltmeisters zum dritten Mal zu erringen; er verteidigt seinen T. im Schwergewicht gegen den Amerikaner X; er konnte seinen T. erfolgreich verteidigen; er behielt seinen T. als Weltmeister; jmdn. mit seinem [vollen] T. anreden.

titulieren, titulierte, hat tituliert ⟨tr.⟩: **a)** ⟨jmdn. mit etwas.⟩ (veraltend): *jmdn. mit seinem Titel anreden:* er hat ihn ganz feierlich mit „Herr Oberkonsistorialrat", mit „Herr Professor Dr." tituliert. **b)** (alltagsspr.) *jmdn. scherzhaft oder ironisch mit einem Titel belegen; jmdn. mit einem Schimpfwort belegen:* er pflegt ihn immer mit „Herr Direktor" zu t.; er hat mich [als] „Dummkopf" tituliert.

Toast [*toßt*], der; des Toast[e]s, die Toaste, seltener: die Toasts: **1)** *geröstete [Weiß]brotschnitte:* zarter, goldgelber, knuspriger T.; T. machen, rösten; als Vorspeise gab es geräucherte Forellenfilets auf gebuttertem T. mit Preiselbeeren. **2)** *Trinkspruch:* einen T. auf jmdn. ausbringen.

toasten [*toßtᵉn*], toastete, hat getoastet ⟨tr., etwas t.⟩: *Brotscheiben rösten:* Weißbrot, Schwarzbrot im Toaströster, auf der Herdplatte t.

Toilette [*toa...*], die; der Toilette, die Toiletten: **1)** *[Waschraum mit] Abort:* ich habe mir auf der T. die Hände gewaschen; auf die T. gehen; etwas in die T. schütten; die T. ist verstopft. **2)** ⟨nur Einz.⟩ (bildungsspr.): /zusammenfassende Bezeichnung für/ *Körperpflege, Sichwaschen und Sichankleiden:* die morgendliche, abendliche T.; eine ausgedehnte, kleine, große T.; T. machen; hast du deine T. bald beendet? **3)** (bildungsspr.) *festliche Gesellschaftskleidung der Dame:* in großer T. zum Ball gehen.

Toleranz, die; der Toleranz ⟨ohne Mehrz.⟩: **1)** *Duldsamkeit, Großzügigkeit (bes. in weltanschaulichen und politischen Fragen):* religiöse, politische, geistige, große T. gegen jmdn. üben; viel, wenig T. in Glaubensfragen beweisen, aufbringen; T. haben, besitzen. **2)** /Techn./ *zulässige Abweichung von der vorgeschriebenen Maßgröße:* für den Durchmesser dieser Bohrungen ist eine T. von 0,01 mm vertretbar; das Werkstück hat eine T. von ± 1 mm. **3)** /Med./ *begrenzte Widerstandsfähigkeit des Organismus gegenüber schädlichen Einwirkungen (z. B. gegenüber Giftstoffen, Strahlen u. a.):* die T. des Organismus gegenüber Röntgenstrahlen ist von Fall zu Fall verschieden.

tolerieren, tolerierte, hat toleriert ⟨tr.; etwas, jmdn. t.⟩: *etwas, jmdn. hinnehmen, dulden:* jmds. Ansichten, Weltanschauung, einen politischen Gegner [großzügig] t.

Tombola, die; der Tombola, die Tombolas: *Verlosung von Sachpreisen im Rahmen einer Festveranstaltung, Warenlotterie:* eine T. veranstalten, durchführen; nach den Gesangsdarbietungen fand eine T. statt; auf dieser T. wurden zahlreiche wertvolle Preise verlost; ich habe diesen Truthahn bei einer T. gewonnen.

Tonsur, die; der Tonsur, die Tonsuren: *[aus]geschorene Stelle auf dem Kopf als Standeszeichen bes. der katholischen Mönche und Weltgeistlichen:* eine T. tragen.

Tornister, der; des Tornisters, die Tornister: *Fellranzen, Segeltuchranzen:* einen T. packen, aufnehmen, auf dem Rücken tragen, ablegen; hast du noch etwas zu essen im T.?; er ist mit Fahrrad und T. unterwegs.

torpedieren, torpedierte, hat torpediert ⟨tr., etwas t.⟩: **1)** *ein Schiff mit Torpedos beschießen:* unser Schiff wurde von einem feindlichen Zerstörer torpediert. **2)** /übertr./ *etwas vereiteln, zu Fall bringen:* einen Vorschlag, Plan, ein Projekt, Maßnahmen [durch etwas] t.

Torpedo, der; des Torpedos, die Torpedos: *mit eigenem Antrieb und selbsttätiger Zielsteuerung ausgestattetes länglich-schmales, schweres Unterwassergeschoß:* einen T. abschießen, abfeuern; das Schiff wurde von einem T. getroffen, durch einen T. versenkt; das Schiff konnte dem T. ausweichen.

Torso, der; des Torsos, die Torsos (bildungsspr.): **a)** *unvollständige (auch: unvollendete), meist nur [noch] aus dem Rumpf mit Kopf bestehende Statue:* bei Ausgrabungen wurde der guterhaltene T. eines Zeusstandbildes gefunden. **b)** /übertr./ *unvollendetes, unvollständiges Werk, Fragment:* dieser Roman ist leider nur als T. erhalten; diese Arbeit ist ein T.

total ⟨Adj.; attr. nur als Artangabe; ohne Vergleichsformen⟩: *vollständig, restlos, völlig, gänzlich:* ein totaler Mißerfolg; eine totale Sonnenfinsternis; das ist t. falsch, verkehrt; diese Niederlage war wirklich t.; er ist t.

betrunken, verrückt; etwas t. vernichten, zerstören; sie hat ihn t. verhext.

totalitär ⟨Adj.; attr. und als Artangabe⟩: *die bedingungslose Unterwerfung aller Staatsbürger und aller privaten Einrichtungen unter den Willen einer regierenden Minderheit fordernd und realisierend:* eine totalitäre Regierung; es gibt durchaus Diktaturen, die nicht t. sind, wie z. B. Spanien; ein Land t. regieren.

Tour [*tur*], die; der Tour, die Touren: **1)** (alltagsspr.) *Ausflug, Fahrt, Wanderung, Reise:* wir wollen demnächst eine [kleine, größere, mehrtägige] T. in den Odenwald machen, unternehmen; * auf T. sein *(= unterwegs sein; auf Geschäftsreise sein);* * auf T. gehen *(= auf Geschäftsreise gehen).* **2)** (ugs.) *Art und Weise des Verhaltens und Vorgehens:* auf diese T. kann er bei mir nicht landen; versuche es doch einmal auf die ruhige, harte, sanfte T. mit ihm!; er macht es auf die langsame T.; auf die dumme T. reisen *(= jmdn. auf sehr plumpe Weise übertölpeln oder übervorteilen wollen);* bitte keine krummen Touren! *(= keine Mätzchen);* das ist doch eine ganz faule T.; jmdm. die T. vermasseln *(= jmds. Vorhaben stören, durchkreuzen).* **3)** (ugs) /nur in der festen Wendung/ * **in einer T.** (ugs.): *fortwährend:* mußt du denn in einer T. schreien? **4)** ⟨meist Mehrz.⟩ /Techn./ *Umlauf, Umdrehung einer Welle, eines Maschinenteils:* der Motor macht maximal 5400 Touren in der Minute; der Motor läuft auf vollen Touren; der Motor kommt auf Touren; eine Maschine auf Touren bringen. − /bildl./: ich komme morgens nur sehr langsam auf Touren (ugs.; = *ich brauche eine gewisse Zeit, bis ich in Schwung komme*).

Tourismus [*tu...*], der; des Tourismus ⟨ohne Mehrz.⟩: *Fremdenverkehr; Reisewesen:* dieses Land, dieser Ort lebt vor allem vom T.; ein Feriengebiet für den T., dem T. erschließen; in den Ostblockländern ist der T. naturgemäß noch nicht in dem Maße entwickelt, organisiert wie im Westen.

Tourist [*tu...*], der; des Touristen, die Touristen: *jmd., der eine Ferienreise macht, Urlauber; Ausflügler:* der Ort ist von inländischen, deutschen, ausländischen Touristen überlaufen; sonntags wimmelt es hier geradezu von Touristen.

touristisch [*tu...*] ⟨Adj.; attr. und als Artangabe, aber gew. nicht präd.; ohne Vergleichsformen⟩: *den Fremdenverkehr betreffend, mit ihm zusammenhängend:* eine touristische Attraktion, Besonderheit; zu den touristischen Neuheiten dieses Sommers zählt der Urlaub auf einem richtigen Schloß; dieses Gebiet ist t. nicht mehr interessant genug, ist t. unterentwickelt; ein Gebiet t. erschließen.

Tournee [*turne*], die; der Tournee, die Tournees und Tourneen: *Gastspielreise eines Künstlers oder einer Künstlergruppe:* eine T. unternehmen, starten; die Sängerin beginnt ihre dreimonatige T. durch Deutschland in München; auf T. sein; auf T. gehen; von einer T. zurückkehren.

Trabant, der; des Trabanten, die Trabanten: **1)** /Astron./ *Himmelskörper, der einen Planeten umkreist; künstlicher Erdmond:* der Mond ist ein T. der Erde. **2)** ⟨gew. nur Mehrz.⟩ (ugs., scherzh.): *lebhafte Kinder:* seid nicht so laut, ihr Trabanten!; ich habe meine beiden Trabanten zum Spielplatz geschickt.

Tradition, die; der Tradition, die Traditionen: *Überlieferung, . [alter] Brauch, allgemeine Gepflogenheit, Herkommen:* eine feste, geheiligte, ruhmreiche, große, alte, militärische, politische, literarische T.; dieser Verein hat eine lange, stolze karnevalistische T.; wir haben eine ehrwürdige humanistische T. zu verteidigen; eine T. pflegen, wiederaufnehmen; die T. wahren; der T. verhaftet sein; es entspricht einer alten deutschen, preußischen, englischen T., ...; dieser Umzug ist bei uns bereits T. [geworden]; an der T. festhalten; auf eine jahrhundertealte T.

traditionell

zurückblicken; ein Verein mit T.; mit der T. brechen; etwas lebt in der T. fort, weiter.

traditionell ⟨Adj.; attr. und als Artangabe; ohne Vergleichsformen⟩: *überliefert, herkömmlich; üblich:* die traditionelle Lehrmeinung; die traditionellen politischen Vorstellungen; der traditionelle Rosenmontagszug; die traditionelle Uniform der Polizei; die traditionellen Berufe; am Sonntag findet hier das traditionelle Preisangeln unseres Vereins statt; seine Ansichten über Politik sind mir zu t. *(= zu konservativ, zu sehr im herkömmlichen Denken befangen);* diese Veranstaltung ist bei uns schon t. *(= findet immer wieder zur gleichen Zeit statt);* dieses Rennen findet t. zu Silvester statt.

Tragik, die; der Tragik ⟨ohne Mehrz.⟩ (bildungsspr.): *tragische Verkettung, schicksalhafte Ausweglosigkeit:* die erschütternde T. dieses Falles liegt darin, daß . . .

tragisch ⟨Adj.; attr. und als Artangabe⟩: **a)** *erschütternd, ergreifend; schicksalhaft ins Unglück führend:* ein tragischer Unglücksfall; einen tragischen Verlust erleiden; eine tragische Verkettung der Umstände; sein Schicksal ist wirklich t. [zu nennen]; die Geschichte, der Film endet t. **b)** ⟨gew. nicht attr.⟩ (ugs.): *schlimm, ernst:* das ist alles nicht so t., nur halb so t.; nimm doch nicht alles gleich so t.!; das sieht tragischer aus, als es ist.

Tragödie [...*iᵉ*], die; der Tragödie, die Tragödien: **1)** *Trauerspiel (als dramatische Gattung):* die antike, altgriechische T.; eine T. in fünf Akten; im Theater wird eine T. von Sophokles gespielt, aufgeführt; eine T. schreiben, einstudieren. **2)** /übertr./ *tragisches Ereignis, Unglück:* in diesem Haus hat sich eine furchtbare, schreckliche, wahre T. abgespielt; welch eine T.!; (emotional übertreibend:) es ist eine T. mit diesem Auto, das ständig in der Reparaturwerkstatt ist; diese Niederlage ist eine T. für den deutschen Fußball.

Trainer [*trä*...], der; des Trainers, die Trainer: *jmd., der einen Sportler oder eine Sportmannschaft trainiert* (auch auf Rennpferde bezogen); *Sportlehrer:* ein erfahrender, erfolgreicher, guter T.; der T. eines Boxers, eines Leichtathleten, eines Fußballvereins, eines Rennpferdes; der Verein hat einen neuen T. engagiert, verpflichtet, hat den alten T. entlassen.

trainieren [*trä*...], trainierte, hat trainiert ⟨tr. und intr.⟩: **1 a)** ⟨jmdn., ein Pferd t.; auch intr., mit jmdm. t.⟩: /Sport/ *einen Sportler, eine Sportmannschaft oder ein Rennpferd durch geeignete Übungen systematisch in eine gute Wettkampfform bringen:* er trainiert [hauptamtlich, ehrenamtlich] die deutschen Amateurboxer, die Bundesligamannschaft von Bayern München; dieses Rennpferd wird von X trainiert; er will mit der Mannschaft täglich vier Stunden t. **b)** ⟨etwas t.⟩: /übertr./ *etwas durch systematische Beanspruchung leistungsfähiger machen:* seine Muskeln, seinen Geist t. **2)** ⟨intr.⟩: *sich durch geeignete planmäßige Übungen in eine gute Wettkampfform bringen:* er trainiert hart für die Olympischen Spiele, für den nächsten Boxkampf; der Herausforderer des amtierenden Schachweltmeisters hat für den Wettkampf wenig, kaum, intensiv trainiert; er darf bei der hiesigen Fußballmannschaft t. *(= als Gast am Training teilnehmen).*

Training [*trä*...], das; des Trainings, die Trainings ⟨Mehrz. selten⟩: **a)** /Sport/ *planmäßige Durchführung eines bestimmten Übungsprogramms zur Erhaltung oder Steigerung der Leistungsfähigkeit auf einem bestimmten sportlichen Sektor:* ein hartes, scharfes, regelmäßiges, kurzes, leichtes, spezielles T.; er leitet, übernimmt ab sofort das T. der deutschen Langstreckler; wir haben zweimal in der Woche T.; zum T. gehen; am T. teilnehmen; im T. sein *(= in der Übung sein, geübt sein).* **b)** *gezielte Beanspruchung des Körpers oder be-*

stimmter Teile davon zur Leistungssteigerung: das T. der Arm- und Beinmuskeln, der Augen, des Kreislaufs, des Gehirns, des Gedächtnisses; *körperliches, geistiges* T.; Treppensteigen ist ein gutes T. für das Herz und die Atmungsorgane.

Trakt, der; des Trakt[e]s, die Trakte: *größerer Gebäudeteil, Flügel:* der südliche T. des Schlosses ist unbewohnt; in diesem T. befindet sich die Lohnsteuerstelle des Finanzamtes.

trakt̲ie̲ren, traktierte, hat traktiert ⟨tr., jmdn. t.⟩ (ugs.): *jmdn. [mit etwas] plagen, immerzu behelligen; jmdn. quälen, schinden, übel behandeln:* er traktierte mich den ganzen Tag mit seinen Schulaufgaben, mit seinen idiotischen Fragen; dieser Aufseher soll die Gefangenen ganz schön traktiert haben.

trampen [*trä*..., selten auch: *tra*...], trampte, ist/hat getrampt ⟨intr.⟩: *per Anhalter fahren:* er ist drei Wochen lang durch Frankreich getrampt; er ist nach Paris getrampt; er hat im letzten Jahr viel getrampt.

Trance [*traⁿßß*, selten: ...*ßᵉ*], die; der Trance, die Trancen [...*ßᵉn*] ⟨Mehrz. ungew.⟩: *schlafähnlicher Zustand bei spiritistischen Medien; Dämmerzustand:* in T. sein; jmdn. in T. versetzen; jmdn. aus seiner T. aufwecken. – /in Vergleichen/: wie in T. *(= mit schlafwandlerischer Sicherheit)* handeln.

tranchieren [*traⁿschirᵉn*, auch: *trangschirᵉn* oder *transchirᵉn*], tranchierte, hat tranchiert ⟨tr., etwas t.⟩: /Gastr./ *Fleisch oder Geflügel kunstgerecht in Stücke zerlegen:* ein [gebratenes] Hähnchen, eine [gebratene] Gans, einen [gebratenen] Truthahn, Geflügel, eine gefüllte Kalbsbrust t.

Transaktio̲n, die; der Transaktion, die Transaktionen: *finanzielles Geschäft größeren Ausmaßes:* eine [bedeutende] T. vorbereiten, planen, vornehmen, durchführen.

transitiv [...*tif*, auch: ...*tif*] ⟨Adj.; attr. und als Artangabe; ohne Vergleichsformen⟩: /Sprachw./ *zielend, ein Objekt im Akkusativ verlangend* (auf die Verhaltensrichtung der Zeitwörter bezogen): ein transitives Verb, Zeitwort; „essen" ist überwiegend t., wird meist t. gebraucht.

transpare̲nt ⟨Adj.; attr. und als Artangabe⟩: 1) *durchscheinend, durchsichtig* (auf Materialien bezogen): transparentes Papier; diese Klebefolie ist t.; t. schimmern, aussehen. 2) /übertr./ (bildungsspr.) *einleuchtend, verständlich, klar:* er hat in seiner Rede eine durchaus transparente Darstellung der politischen Zusammenhänge gegeben; leider war nicht immer t., was er im einzelnen eigentlich meinte; etwas t. machen, darstellen.

Transpare̲nt, das; des Transparent[e]s, die Transparente: 1) *Spruchband:* die Demonstranten trugen große Transparente mit Aufschriften wie ... 2) *von der Rückseite her indirekt beleuchtetes und daher durchscheinendes Bild:* ein T. aufstellen.

transpiri̲e̲ren, transpirierte, hat transpiriert ⟨intr.⟩ (geh.): *schwitzen:* stark, schwach, unter den Achseln, auf der Stirn t.

Transplantatio̲n, die; der Transplantation, die Transplantationen: /Med./ *operative Organ- oder Gewebsverpflanzung:* eine schwierige, komplizierte, kühne, gewagte T.; die T. eines Organs, eines Herzens, einer Lunge, einer Leber, einer Niere, von Geweben, eines Hautlappens; diesem Chirurgen gelang als erstem die [erfolgreiche] T. einer Schweineleber auf den Menschen; eine T. vornehmen, durchführen.

Transpo̲rt, der; des Transport[e]s, die Transporte: 1) *Versendung, Beförderung von Gegenständen oder Lebewesen:* der T. von Gütern mit der Bahn, auf Schienen, mit, auf Lastkraftwagen, auf der Landstraße, auf dem Schiffsweg, auf dem Seeweg, auf dem Luftweg; der Wagen wurde beim T., auf dem T. beschädigt. 2) *zur Beförderung zusammengestellte Menge von Waren oder Lebewesen:* ein T. mit Lebensmitteln, Rindern; einen T. mit Flüchtlingen, Gefangenen zu-

transportieren

sammenstellen, leiten, überwachen; dieser T. geht nach Berlin, ist für Berlin bestimmt.

transportieren, transportierte, hat transportiert ⟨tr.⟩: **1)** ⟨jmdn., etwas t.⟩: *jmdn., etwas befördern, an einen anderen Ort bringen:* Waren, Güter auf Lastwagen, mit der Eisenbahn, per Schiff an einen Zielort t.; die Möbelträger mußten das schwere Klavier in den fünften Stock t.; Soldaten, Truppen an die Front t.; die Gefangenen wurden auf Lastwagen in ein anderes Lager transportiert; das Blut transportiert den Sauerstoff zu den einzelnen Geweben und Organen. **2)** ⟨etwas transportiert etwas⟩: /Techn./ *etwas bewirkt, daß sich etwas weiterbewegt, etwas bewegt etwas weiter:* ein Förderband transportiert die Fahrzeuge zu den einzelnen Montagestationen; der Film in einem Photoapparat wird durch ein Zahnrad transportiert.

Trapez, das; des Trapezes, die Trapeze: **1)** /Math./ *Viereck mit zwei parallelen, aber nicht notwendigerweise gleichlangen Seiten:* die Schenkel eines Trapezes; ein gleichschenkliges T.; ein T. zeichnen. **2)** *Schwebereck, Schaukelreck:* die Artisten zeigten eine sensationelle Nummer am fliegenden, schwingenden T.; am T. turnen.

Trauma, das; des Traumas, die Traumen und Traumata: /Psych./ *seelischer Schock, starke seelische Erschütterung:* ein frühkindliches, schweres [seelisches] T.; dieser brutale Liebesakt hat bei ihr ein schweres T. ausgelöst; dieses Erlebnis ist bei ihr zum T. geworden; ein T. überwinden, behandeln.

Trenchcoat [*träntschko*ᵘ*t*], der; des Trenchcoats, die Trenchcoats: *zweireihiger, mit Schulterklappen und Gürtel versehener [Regen]mantel aus Popeline oder Gabardine:* der Bankräuber trug nach Zeugenaussagen einen dunkelblauen, beigen T.

Trend, der; des Trends, die Trends: *erkennbare Grundrichtung einer Entwicklung, Entwicklungstendenz;*

Hang, Neigung: der allgemeine T. zur Automation; der T. in der Autoindustrie geht immer mehr zum sportlichen Mittelklassewagen; einen T. beobachten, feststellen; einem T. folgen.

Tresor, der; des Tresors, die Tresore: *Panzerschrank:* ein einbruchsicherer T.; einen T. öffnen, aufbrechen, knacken (ugs.); etwas in einem T. aufbewahren, deponieren; etwas in einen T. einschließen, verschließen.

Tresse, die; der Tresse, die Tressen: *mit Metallfäden durchzogene Borte als Zierbesatz an Kleidungsstücken oder zur Rangkennzeichnung auf Uniformen:* silberne, goldene Tressen; eine Livree, einen Uniformrock, eine Mütze mit Tressen besetzen; die Tressen verlieren (Soldatenspr.; = *degradiert werden*).

Tribüne, die; der Tribüne, die Tribünen: **1)** *Rednerbühne, Podium:* der Redner bestieg, erklomm die T.; von der T. herunter sprechen. **2a)** *Traggerüst aus Holz, Stahl oder Stahlbeton für Sitzgelegenheiten bei Schauveranstaltungen:* im Stadion werden für dieses Fußballspiel zusätzliche Tribünen errichtet, eingebaut, aufgebaut; wir saßen auf der T.; wir hatten uns Sitzplätze auf der T. besorgt. **b)** *die Zuschauer auf der Tribüne:* die T. tobte, raste, spendete Beifall.

Tribut, der; des Tribut[e]s, die Tribute: **1)** (hist.) *Zwangsabgaben, die der Sieger dem Unterlegenen auferlegt:* das besiegte Land hatte dem Kaiser einen jährlichen T. von ... zu zahlen; einem besiegten Land einen T. auferlegen; dem Sieger den T. verweigern. **2)** ⟨Mehrz. ungew.⟩ (bildungsspr.): /übertr./: **a)** *Opfer; Zugeständnisse:* dieser Sieg forderte auch von den Siegern einen hohen T. [an Menschen und Material]; der Mode, dem Zeitgeschmack T. zollen (= *sich dem Diktat der Mode bzw. des Zeitgeschmacks beugen);* dem Alter T. zollen (= *erkennen müssen, daß man nicht mehr der Jüngste ist);* er konnte nur eine Halbzeit lang voll mitspielen. Das Alter forderte halt seinen T.

b) *Ehrerbietung, Respekt:* jmdm., jmds. Leistung den schuldigen T. zollen.

Trikot [trikọ, auch: trịko], das; des Trikots, die Trikots: *enganliegendes, gewirktes, hemdartiges Kleidungsstück (oft in charakteristischen Vereinsfarben gehalten):* ein baumwollenes, enges, weißes, rotes T.; mein T. ist ganz verschwitzt, durchnäßt; sein T. anziehen, ausziehen, wechseln; in blauen Trikots. – * das gelbe T. (Radsport; = *traditionelles T., das der in der Gesamtwertung führende Radrennfahrer bei der Tour de France trägt).*

Trio, das; des Trios, die Trios: **1)** /Mus./: **a)** *Musikstück für drei Instrumente:* ein T. für Klavier, Violine und Cello; ein T. spielen. **b)** *die Gruppe der drei ausführenden Musiker:* es spielt das bekannte, berühmte T. ...; ein T. verpflichten, engagieren. **2)** /übertr./ (meist abschätzig oder scherzh.) *drei zusammengehörende oder als zusammengehörend empfundene Personen:* ein seltsames, sonderbares, verbrecherisches T.; die drei Ganoven bildeten ein merkwürdiges T.

Trip, der; des Trips, die Trips (bildungsspr.): *Ausflug, Reise:* wir wollen übers Wochenende einen kleinen T. in den Schwarzwald, an den Bodensee, nach München unternehmen, machen.

trist ⟨Adj.; attr. und als Artangabe⟩: *traurig, öde, trostlos; langweilig; unfreundlich; jämmerlich:* eine triste Gegend, Landschaft, Stadt, Atmosphäre, Gesellschaft, Unterhaltung; dieser Film war ziemlich t.; das Wetter ist wirklich t.; der Himmel sieht sehr t. aus; unsere Ferienwohnung war wirklich t. eingerichtet.

Triumph, der; des Triumph[e]s, die Triumphe: **1)** *glänzender Erfolg, [stolzer] Sieg:* ein großer, neuer T.; mit diesem Sieg konnte die Mannschaft einen weiteren großen T. über ihren traditionellen Gegner feiern; Triumphe feiern; dieser Sieg bedeutet den T. der Schnelligkeit über die Härte, ist ein T. der Zähigkeit, der Verbissenheit; daß dieser Sieg unserer Nationalelf so deutlich ausfiel, ist vor allem der persönliche T. eines Mannes, unseres unvergessenen Fritz Walter; für sie ist Hamburg die Stätte ihrer größten Triumphe. **2)** ⟨Mehrz. ungew.⟩: *Siegesfreude, Siegesjubel, Frohlocken, Genugtuung:* er empfand ein Gefühl des Triumphes; in seiner Miene spiegelte sich der T. über den errungenen Sieg; die Beförderung war ein großer T. für ihn; im T. *(= im festlichen Zug und von allen umjubelt)* durch die Straßen ziehen.

triumphal ⟨Adj.; attr. und als Artangabe⟩ (bildungsspr.): *herrlich, glanzvoll:* ein triumphaler Erfolg; dieser Sieg war wirklich t.; die Heimkehr der siegreichen deutschen Elf gestaltete sich wirklich t.

triumphieren, triumphierte, hat triumphiert ⟨intr.⟩ (bildungsspr.): **1)** *(vor Genugtuung) jubeln, frohlocken:* er triumphierte innerlich [darüber], daß seine Voraussagen sich so schnell als richtig erwiesen; ,,geschafft!", rief sie triumphierend aus; sie blickte ihn triumphierend an. **2 a)** ⟨über jmdn. t.⟩: *einen überlegenen Sieg über jmdn. davontragen, jmdm. hoch überlegen sein:* er triumphierte über seine Gegner, Feinde, Rivalen; die deutsche Eishockeymannschaft triumphierte erneut über den Lehrmeister Kanada. **b)** ⟨etwas triumphiert über etwas⟩: *etwas ist stärker als etwas:* die weibliche Neugier triumphierte über die Angst in ihr; in diesem Fußballspiel triumphierte deutsche Härte über südländische Eleganz.

trivial [triw...] ⟨Adj.; attr. und als Artangabe⟩ (bildungsspr.): *platt, abgedroschen, seicht, alltäglich, banal:* ein trivialer Gedanke, Plan, Satz; die Handlung dieses Films ist reichlich t.; diese Sätze klingen t., hören sich t. an.

Tropen, die ⟨Mehrz.⟩: *die heißen Zonen zwischen den Wendekreisen:* in den T. wohnen, leben; diese Pflanzenart gedeiht, wächst nur in den T. [Südamerikas].

Trophäe, die; der Trophäe, die Trophäen: *Jagdbeute; Siegeszeichen; Ehrenpreis für einen im Wettkampf errungenen sportlichen Erfolg:* ein Tigerfell, ein Elefantenzahn und zahlreiche ausgestopfte Tierköpfe sind die Trophäen, die er von seinen Großwildjagden in Afrika mitgebracht hat; für ihn sind Kriegsauszeichnungen immer recht zweifelhafte Trophäen gewesen; an den Wänden seines Zimmers hängen all die stolzen Trophäen, die von seinen großen Siegen als Boxer künden.

tropisch ⟨Adj.; gew. nur attr. und präd.; ohne Vergleichsformen⟩: *die Tropen betreffend, in den Tropen vorkommend, aus den Tropen stammend:* die tropischen Pflanzen, Tiere; die tropische Vegetation; tropische Krankheiten; das Klima in diesem Gebiet ist t. – /übertr./ *wie in den Tropen:* wir hatten in der letzten Woche hier in Deutschland eine geradezu tropische Hitze; die Temperaturen hier sind wirklich t.

Trottoir [*trotoar*], das; des Trottoirs, die Trottoire und Trottoirs (veralt., aber noch mdal.): *Bürgersteig:* auf dem T. gehen, laufen.

Trust [*traßt*], der; des Trust[e]s, die Truste und Trusts: /Wirtsch./ *Unternehmenszusammenschluß:* ein mächtiger T.; einen T. gründen, bilden, leiten, regieren.

tuberkulös ⟨Adj.; attr. und als Artangabe; ohne Vergleichsformen⟩: /Med./ *an Tuberkulose leidend, durch Tuberkulose hervorgerufen, auf Tuberkulose beruhend, diese betreffend:* tuberkulöse Veränderungen der Haut; diese Erkrankung ist t.; sein Organismus ist t. infiziert.

Tuberkulose, die; der Tuberkulose, die Tuberkulosen: /Med./ *durch Tuberkelbakterien verursachte chronische Infektionskrankheit bes. der Lunge (auch im Bereich anderer Organe und Systeme auftretend):* T. der Lunge, der Haut, der Knochen; eine offene, aktive, galoppierende, fortschreitende, passive T.; er hat T., leidet an T.

Tumor [ugs. auch: ...*or*], der; des Tumors, die Tumoren, ugs. auch: die Tumore: /Med./ *Geschwulst:* ein kleiner, großer, derber, weicher, harter, gutartiger, bösartiger, gefährlicher T.; er hat einen T. im Kopf; einen T. feststellen, operieren.

Tumult, der; des Tumult[e]s, die Tumulte: *Durcheinander lärmender und aufgeregter Menschen, Auflauf; Lärm, Unruhe:* die Fehlentscheidung des Schiedsrichters bewirkte einen großen, regelrechten T. im Stadion, unter den Zuschauern; in der Straßenbahn erhob sich ein T.; ich kann mich bei diesem T. nicht konzentrieren.

Tunell vgl. Tunnel.

Tunnel, der; des Tunnels, die Tunnel und Tunnels; häufig auch (bes. südd.): Tunell, das; des Tunells, die Tunelle oder Tunells: *unterirdischer Gang, durch den eine Straße oder ein Schienenweg führt, Unterführung:* der Zug fährt hier durch einen langen, dunklen T.; die Straße führt in einem langgezogenen T. unter der Schelde hindurch; einen T. bauen, in den Berg treiben, durch den Berg bohren.

Turbine, die; der Turbine, die Turbinen: *Kraftmaschine, die die Energie von strömenden Medien (Flüssigkeit, Wasser, Dampf, Gas) über ein mit gekrümmten Schaufeln besetztes Laufrad in Drehbewegung umsetzt:* das Schiff wird durch Turbinen angetrieben.

turbulent ⟨Adj.; attr. und als Artangabe⟩: *stürmisch, bewegt; lärmvoll, sehr laut:* ein turbulentes Wochenende; eine turbulente Urlaubsreise; auf dem Spielfeld des ausverkauften Stadions spielten sich turbulente Szenen ab; die Bundestagsdebatte war, verlief äußerst t.; in dieser Versammlung ging es t. zu.

Turf [selten auch: *törf*], der; des Turfs, die Turfs (bildungsspr.): *Pferderennbahn:* der T. war vom Regen aufgeweicht und stellte höchste Anforderungen an die Reiter; dieses Pferd ist bisher nur auf deutschen Turfs gegangen; der T. (= *der Pferderennsport*) ist seine große Leidenschaft.

Turnier, das; des Turniers, die Turniere: *aus mehreren Einzelwettkämpfen bestehender sportlicher Wettbewerb, an dem sich mehrere Einzelsportler oder Mannschaften beteiligen:* ein T. austragen, durchführen, veranstalten; an einem T. teilnehmen; in einem T. siegen, gewinnen; sich in einem internationalen T. gegenüberstehen; in einem T. aufeinandertreffen.

Turnus, der; des Turnus, die Turnusse: *festgelegte, sich wiederholende Reihenfolge, regelmäßiger Wechsel:* die Mitglieder dieser Konferenz lösen einander in einem bestimmten, einjährigen T. im Vorsitz ab.

Twen, der; des Twens, die Twens (bildungsspr.): *junger Mann (seltener: junge Frau) in den Zwanzigern:* er gehört zu den modern denkenden, realistischen, selbstbewußten Twens.

Typ, der; des Typs, die Typen: **1)** /bes. Techn./ *Modell, Bauart; Muster; Sachkategorie, Gattung:* Düsenjäger dieses Typs sieht man heute kaum noch; die Automobilindustrie bringt in jedem Jahr neue Typen auf den Markt; dieses Gedicht ist vom T. „Reim dich oder ich fress' dich!". **2)** *ausgeprägte Art einer Gruppe von Personen:* ein Mann vom nordischen, slawischen, südländischen T.; er ist dem athletischen T. zuzuordnen. **3)** *charakteristischer Vertreter einer bestimmten Gattung oder Kategorie von Menschen:* er ist der T. des smarten Geschäftsmannes; er hat in seinen Filmen einen neuen T. Superfrau geschaffen; diese Frau ist nicht mein T. (= *entspricht sehr wenig meinen Idealvorstellungen von einer Frau);* er hat seinen T. geheiratet; ich mag diesen T. Mann nicht.

Type, die; der Type, die Typen: **1)** *gegossener Druckbuchstabe, Letter:* an meiner Schreibmaschine sind einige Typen beschädigt. **2)** (ugs.) *eigenartiger, merkwürdiger Mensch, schrulliger Kauz, komische Figur:* Junge, das ist vielleicht eine [merkwürdige, sonderbare] T.!

Typhus [*tüf...*], der; des Typhus ⟨ohne Mehrz.⟩: /Med./ *gefährliche Infektionskrankheit des Verdauungstrakts, u. a. charakterisiert durch hohes Fieber, Durchfälle, Darmgeschwüre, Benommenheit und starke Bauchschmerzen:* T. verläuft in mehreren Stadien; er ist an T. erkrankt; er hat T.; er ist gegen T. geimpft.

typisch ⟨Adj.; attr. und als Artangabe⟩: *die besonderen Merkmale, die einer bestimmten Kategorie von Menschen oder Sachen eigentümlich sind, in charakteristischer Weise zeigend; charakteristisch, bezeichnend, unverkennbar:* er ist ein typischer Berliner; er klagt über typische Schmerzen im Unterbauch; auf dem Röntgenbild zeigen sich die für ein Magengeschwür typischen Schleimhautveränderungen; ein typisches Beispiel, Merkmal; dieser Text ist t. für seinen Stil; das ist wieder einmal t. von ihm, für ihn; (ugs.:) t. Manfred!; t. reagieren; seine Mundschleimhaut ist t. verändert.

Typus, der; des Typus, die Typen (bildungsspr.): *Vertreter einer bestimmten Menschenkategorie:* er ist der T. des modernen Managers, des gnadenlosen Ausbeuters, des rücksichtslosen Gangsters.

Tyrann, der; des Tyrannen, die Tyrannen: *Mensch, der seine Umgebung tyrannisiert:* er ist ein großer, richtiger, kleiner, widerlicher T.; er gebärdet sich zu Hause als richtiger T.

tyrannisch ⟨Adj.; attr. und als Artangabe⟩: *herrschsüchtig, herrisch, despotisch:* ein tyrannischer Mensch, Ehemann, Familienvater; ein tyrannisches Wesen; er ist t.; sich t. benehmen, aufführen; er regiert t. über seine ganze Sippe; er unterdrückt t. jede selbständige Meinung.

tyrannisieren, tyrannisierte, hat tyrannisiert ⟨tr., jmdn. t.⟩: *jmdm. rücksichtslos seinen Willen aufzwingen, jmdn. unterdrücken und schikanieren:* er tyrannisiert seine Familie, seine Umgebung, seine Untergebenen. – /bildl./: ich lasse mich doch nicht von der Mode t. (= *ich lasse mir doch nicht von der Mode meinen Geschmack diktieren).*

U

Ukas, der; des Ukasses, die Ukasse (scherzh. oder abschätzig): *Befehl, Erlaß, Anweisung, Vorschrift:* einen U. herausgeben.

Ultima ratio, die; der Ultima ratio ⟨ohne Mehrz.⟩ (bildungsspr.): *letztes geeignetes Mittel:* eine Geldaufwertung ist sicher nicht die U. r. zur Konjunkturdämpfung; ich lehne den Krieg als U. r. politischer Auseinandersetzungen ab.

ultimativ [...*tif*] ⟨Adj.; attr. und als Artangabe; gew. ohne Vergleichsformen⟩ (bildungsspr.): *durch Ausübung eines massiven Drucks eine Entscheidung erzwingen wollend; in Form eines Ultimatums [erfolgend]:* etwas in ultimativer Form vorbringen; ultimative Forderungen; diese Art des Vorgehens ist reichlich u.; etwas u. fordern, verlangen.

Ultimatum, das; des Ultimatums, die Ultimaten und Ultimatums ⟨Mehrz. ungebr.⟩: *mit einer empfindlichen Drohung verbundene letzte Aufforderung an einen anderen, etwas innerhalb einer festgesetzten Frist zu tun oder zu unterlassen (bes. im zwischenstaatlichen Bereich):* jmdm. ein U. stellen; ein U. zurückweisen, ablehnen; das U. ist abgelaufen.

Uniform [auch: *uni*...], die; der Uniform, die Uniformen: *einheitlich gestaltete [Dienst]kleidung bestimmter [Berufs]gruppen oder Verbände:* eine neue, grüne, blaue, elegante, fesche, militärische U.; die U. der deutschen Soldaten, der Polizei, der Eisenbahner, der Postbeamten, der Briefträger; die bunten Uniformen der Karnevalsvereine; die U. anziehen, tragen, ausziehen; in U. gehen, ausgehen; die U. steht ihm gut.

uniformiert ⟨Adj.; attr. und als Artangabe; ohne Vergleichsformen⟩: **a)** *eine Uniform tragend:* ein uniformierter Polizist, Straßenbahnschaffner; Kriminalbeamte sind bei uns nicht u.; u. herumlaufen, Dienst tun. **b)** /übertr./ (bildungsspr.) *einheitlich, gleichförmig:* uniformiertes Denken; in diesem Land ist alles u.; u. denken, leben, handeln.

Unikum [ugs. auch: *u*...], das; des Unikums, die Unikums ⟨Mehrz. ungew.⟩ (ugs.): *Person (auch: Tier) oder Sache, die in ihrer Art einzigartig, einmalig ist, bes.: origineller, schrulliger Mensch:* er ist ein wirkliches U.; dieses Tier, diese Pflanze ist ein biologisches U.

Union, die; der Union, die Unionen: **a)** *Vorgang des Zusammenschließens von Personen, Personengruppen oder Institutionen zu einem Verband, Vereinigung, Verbindung:* er strebt eine U. aus allen europäischen Staaten an; eine U. befürworten; sein Land will die wirtschaftliche, politische U. mit den EWG-Staaten. **b)** *bestehende enge Verbindung zwischen Personen, Personengruppen, Institutionen, Staaten; Bund, Allianz:* die Christlich-Soziale U. (= CSU); die Westeuropäische U. (= WEU); einer U. angehören, beitreten; aus einer U. austreten.

universal [...*wä*...] ⟨Adj.; attr. und als Artangabe; ohne Vergleichsformen⟩ (bildungsspr.): *umfassend, gesamt, weltweit; allgemein:* eine universale Bildung; universale Verhandlungen; seine Kenntnisse sind wirklich u.; die Studenten werden hier u. ausgebildet; er ist u. gebildet.

Universität [...*wä*...], die; der Universität, die Universitäten: *in einzelne Fakultäten gegliederte Anstalt für wissenschaftliche Ausbildung und Forschung, Hochschule:* eine deutsche, amerikanische, berühmte, bedeutende, große U.; die U. von Heidelberg, Paris; die Studenten, Professoren einer U.; eine U. gründen, besuchen; an einer U. studieren, sein Examen machen, promovieren; er hat sich an der U. Münster immatrikuliert.

Universum [...*wä*...], das; des Universums ⟨ohne Mehrz.⟩ (bildungsspr.): *Weltall, Weltraum:* das unendliche, weite U.

up to date [*aptudeˢt*] (bildungsspr.): **a)** *zeitgemäß, modern:* Miniröcke sind jetzt nicht mehr u. t. d.; er ist immer u. d. t. gekleidet. **b)** *gut unterrichtet, auf dem laufenden:* er ist immer u.t.d.

Urin, der; des Urins, die Urine: *Harn:* heller, wäßriger, trüber, bräunlicher, dicker, blutiger, eiweißhaltiger U.; den U. untersuchen; einen Blasenstein mit dem U. ausscheiden.

urinieren, urinierte, hat uriniert ⟨intr.⟩ (bildungsspr.): *Wasser lassen:* der Arzt fragte den Patienten, wie oft er an diesem Tag uriniert habe; in eine Urinflasche, an einen Baum u.

Usance [*üsaŋgß*], die; der Usance, die Usancen [...*ßᵉn*] ⟨meist Mehrz.⟩ (bildungsspr.): *Brauch, Gepflogenheit (bes. im Geschäftsverkehr):* das entspricht den handelsüblichen Usancen.

Usus, der; des Usus ⟨ohne Mehrz.⟩ (bildungsspr.): *Brauch, Sitte:* das ist hier so U.; Weihnachtsfeiern sind in unserem Betrieb nicht U.

Utensilien [...*iᵉn*], die ⟨Mehrz.⟩: *alle Gegenstände, die man zu einem bestimmten Zweck braucht, Siebensachen:* zu den wichtigsten U. für die Reise gehören Zahnbürste und Rasierapparat; seine U. zusammenhaben, zusammenpacken.

Utopie, die; der Utopie, die Utopien: *undurchführbarer Gedanke oder Plan, Hirngespinst:* die Wiedervereinigung Deutschlands wird von manchen als U. angesehen; der Flug zum Mars ist längst keine U. mehr.

utopisch ⟨Adj.; attr. und als Artangabe⟩: *mit der Wirklichkeit nicht vereinbar, undurchführbar, unerfüllbar, phantastisch:* ein utopischer Gedanke, Plan; der Flug zum Mars ist heute längst nicht mehr u.; dieser Satz klingt u., hört sich u. an. – * utopischer Roman: *(= Roman, der von phantastischen technischen oder naturwissenschaftlichen Zukunftsprojekten handelt).*

V

va banque [*wabaŋgk*]:/ nur in der Wendung/ **va banque spielen** (bildungsspr.): *in riskanter Weise alles aufs Spiel setzen, auf eine Karte setzen:* in einer solch prekären Situation sollte man besser nicht v. b. spielen.

Vagabund [*w*...], der; des Vagabunden, die Vagabunden: *Landstreicher, Herumtreiber:* ein zerlumpter, heruntergekommener, gehetzter V.; er führt das Leben eines Vagabunden; (auch als Schimpfwort:) du bist ein elender, widerlicher V.

vagabundieren [*w*...], vagabundierte, hat/ist vagabundiert ⟨intr.⟩ (bildungsspr.): *herumstrolchen, sich herumtreiben, zigeunern:* er ist tagelang, wochenlang, monatelang durch die bayrischen Wälder vagabundiert; diese Gammlergruppe hat längere Zeit in unserer Gegend vagabundiert.

vage [*wagᵉ*], auch: vag [*wag*]: ⟨Adj.; attr. und als Artangabe⟩: *unbestimmt, ungewiß, unsicher, dunkel, verschwommen:* vage Andeutungen, Vorstellungen; dieser Plan, diese Angabe, Auskunft ist doch recht v.; etwas v. andeuten, umreißen.

vakant [*wa*...] ⟨Adj.; nur attr. und präd.; ohne Vergleichsformen⟩ (bildungsspr.): *frei, unbesetzt, offen:* eine vakante Stelle; in unserem Haus ist, wird die Position eines Werbeleiters v.

Vakuum [*wa*...], das; des Vakuums, die Vakua, auch: die Vakuen [...*uᵉn*] ⟨Mehrz. selten⟩: *(nahezu) luftleerer Raum:* ein V. herstellen, erzeugen, aufrechterhalten; ein V. entsteht, bildet sich; Messungen in einem V. durchführen; Chemikalien unter V. aufbewahren. – /bildl./: in ein politisches, wirtschaftliches V. stoßen *(= in einen politisch bzw. wirtschaftlich unerschlossenen Bereich vordrin-*

gen); sich in einem geistigen V. *(= in geistiger Isolation)* bewegen.

Vamp [wämp], der; des Vamps, die Vamps (bildungsspr.): *erotisch-attraktive Frau von vordergründiger und berechnender Sinnlichkeit, der ein Mann leicht verfällt:* sie ist ein richtiger V.

variabel [w...] ⟨Adj.; attr. und als Artangabe⟩ (bildungsspr.): *veränderlich, abwandelbar; schwankend:* variable Größen; unsere Unkosten sind v.; seine Ansichten über Politik sind ziemlich v.; einen Terminplan v. gestalten.

Variante [w...], die; der Variante, die Varianten: **a)** *Abweichung, Abwandlung; Abart, Spielart; Lesart:* die deutsche Elf spielt eine V. des 4-2-4-Systems; zu dieser Textstelle gibt es mehrere Varianten. **b)** /Schach/ *Abart, Abwandlung, Fortsetzungsmöglichkeit, Abspiel:* er bevorzugte in seinen Partien eine selten gespielte V. des Königsgambits; er analysierte sehr genau die möglichen, spielbaren Varianten, die sich aus der Partiestellung ergaben; dieser Zug führt zu komplizierten, unübersichtlichen Varianten.

Variation [w...], die; der Variation, die Variationen (bildungsspr.): *Abänderung, Abwandlung:* von diesem Wagentyp gibt es verschiedene Variationen; Variationen über ein musikalisches Thema.

variieren [w...], variierte, hat variiert ⟨tr. und intr.⟩: **1 a)** ⟨etwas v.⟩: *etwas anders, abweichend gestalten, etwas abwandeln:* seinen Stil, seinen Ausdruck, ein Thema, ein Dessin v.; die japanischen Tischtennisspieler variieren häufiger ihre Angabe. **b)** ⟨intr.; mit, in etwas v.⟩: *etwas in verschiedener Weise handhaben, anwenden; mit etwas mal so, mal anders verfahren:* er variiert mit seinen Schmetterbällen; im Ausdruck.v. **2)** ⟨intr.⟩: *sich dauernd ändern, schwanken:* die Preise für Spargel v. in diesem Jahr sehr stark.

Vegetarier [we...iᵉr], der; des Vegetariers, die Vegetarier: *jmd., der sich ausschließlich oder überwiegend von pflanzlicher Kost (meist unter Einbeziehung von Milch, Milchprodukten und Eiern) ernährt:* er ist [strenger] V.

vegetarisch [w...] ⟨Adj.; attr. und als Artangabe; ohne Vergleichsformen⟩: *überwiegend auf pflanzlichen Stoffen basierend (auf die Nahrung bzw. Ernährung bezogen):* eine vegetarische Kost, Lebensweise; dieses Menü ist rein v.; v. leben, essen.

Vegetation [w...], die; der Vegetation, die Vegetationen: *Gesamtheit der Pflanzen, die ein bestimmtes Gebiet in größerer oder geringerer Geschlossenheit bedecken, Pflanzendecke, Pflanzenwuchs:* tropische, arktische, alpine V.; eine üppige, spärliche V.; die V. der Steppen, des Regenwaldes, der gemäßigten Zonen; eine V. ändert sich; eine V. zerstören, vernichten.

vegetativ [we...tif] ⟨Adj.; attr. und als Artangabe; ohne Vergleichsformen⟩: /Med./: **a)** /nur in der Fügung/ * **vegetatives Nervensystem:** *autonomes, gegenüber dem Zentralnervensystem selbständiges, dem Willen nicht unterliegendes Nervensystem, das bes. der Aufrechterhaltung der Lebensfunktionen (Atmung, Blutkreislauf, Verdauung u. a.) dient.* **b)** *das vegetative Nervensystem und seine Funktion betreffend:* eine vegetative Fehlsteuerung, Dysregulation, Dystonie; diese Erscheinungen, Beschwerden sind rein v. [bedingt]; er ist v. labil; die Atmung wird v. gesteuert.

vegetieren [w...], vegetierte, hat vegetiert ⟨intr.⟩: *ärmlich [dahin]leben, ein kümmerliches Leben führen:* er vegetiert in diesem armseligen Kellerraum.

vehement [w...] ⟨Adj.; attr. und als Artangabe⟩ (bildungsspr.): *heftig, ungestüm, stürmisch:* ein vehementer Angriff; eine vehemente Bewegung, Geste, Reaktion; seine Verteidigungsrede für die Jugend war sehr v.; sich v. gegen etwas verteidigen; die Debatte verlief recht v.

Vehemenz [w...], die; der Vehemenz ⟨ohne Mehrz.⟩ (bildungsspr.): *Heftigkeit, Wildheit, Ungebärdigkeit:* die V. eines Angriffs, einer Reaktion; sie erschauerte vor der V. seiner Leidenschaft; etwas mit V. (= *energisch und engagiert*) vertreten; die Flut kam mit solcher V., daß ...

Vehikel [w...], das; des Vehikels, die Vehikel (ugs., abschätzig oder ironisch): *Fahrzeug, Gefährt* (auf Autos, Motorräder, Fahrräder u. ä. bezogen): wohin willst du denn mit diesem alten, klapprigen V. fahren?

Vene [wen^e], die; der Vene, die Venen: /Med./ *Blutgefäß, das (mit Ausnahme der vier Lungenvenen) verbrauchtes Blut von den Körperorganen und von der Peripherie zum Herzen zurückführt:* er hat stark hervortretende Venen am Arm; ein Medikament in die V. einspritzen; aus einer V. Blut entnehmen.

Ventil [w...], das; des Ventils, die Ventile: /Techn./ *steuerbare Absperrvorrichtung bes. an Rohrleitungen:* das V. an einem Dampfkessel, an einem Wasserhahn, eines Autoreifens; ein V. öffnen, schließen, anbringen; ein V. ist defekt, undicht; das V. schließt nicht richtig. – /bildl./: Autofahren ist kein geeignetes V. für aufgestauten Ärger (= *man soll seinen Ärger nicht durch Autofahren abreagieren*).

Ventilation [w...], die; der Ventilation, die Ventilationen: **a)** *Lufterneuerung, Lüftung:* in Büroräumen sollte immer für eine gute, ausreichende V. gesorgt sein. **b)** *Belüftungsanlage:* die V. des Raums scheint kaputt zu sein, funktioniert nicht; die V. einschalten.

Ventilator [w...], der; des Ventilators, die Ventilatoren: *mit einem Elektromotor betriebenes Gerät, das mit Hilfe eines sich schnell drehenden Flügelrads Luft fördert oder umwälzt:* einen V. einschalten, ausschalten; der V. unter der Decke surrte; sein kleiner V. brachte eine leichte Kühlung.

ventilieren [w...], ventilierte, hat ventiliert ⟨tr., etwas v.⟩ (bildungsspr.): *etwas sorgfältig erwägen, prüfen; etwas eingehend erörtern:* ich habe Ihren Vorschlag sehr sorgfältig ventiliert; wir müssen diese Frage, dieses Problem, diesen Plan noch einmal eingehend, gründlich v.

verabsolutieren, verabsolutierte, hat verabsolutiert ⟨tr., etwas v.⟩ (bildungsspr.): *etwas verallgemeinern und dabei als absolut gültig hinstellen:* man darf die Ansicht, daß geschlechtliche Selbstbefriedigung im Kindesalter harmlos und ungefährlich sei, sicher nicht v.

Veranda [w...], die; der Veranda, die Veranden, auch: die Verandas: *gedeckter, meist an den Seiten verglaster Anbau (Vorbau) an einem Wohnhaus:* auf der V. sitzen, Kaffee trinken; eine V. anbauen.

verbarrikadieren, verbarrikadierte, hat verbarrikadiert ⟨tr. und refl.⟩: **a)** ⟨etwas v.⟩: *einen zugänglichen Ort oder den Zugang zu einem Ort durch schwere und sperrige Gegenstände so zuräumen, daß das Eindringen erschwert oder nahezu unmöglich wird:* er hatte sein Haus, seine Haustür verbarrikadiert. **b)** ⟨sich v.⟩: *sich durch Zusammenräumung von schweren und sperrigen Gegenständen des Zugriffs anderer erwehren:* der gesuchte Verbrecher hatte sich in einer Scheune, Hütte, in einem Haus verbarrikadiert; wir hatten uns hinter Tischen und Schränken vor der wilden Meute zu v. versucht.

Vers [*färß*], der; des Verses, die Verse: **a)** *Zeile eines Gedichts o. ä.:* gereimte, reimlose, holprige, achtsilbige, zehnsilbige, schwülstige Verse; Verse eines Gedichts, aus der Odyssee; Verse vortragen, aufsagen, drechseln, schmieden; Verse schreiben. – /übertr./: * sich keinen V. auf etwas machen können (ugs.; = *sich etwas nicht erklären können*). **b)** *kleinster Abschnitt des Bibeltextes:* die Weihnachtsgeschichte finden wir im Lukasevangelium, Lukas 2, V. 1–21.

versiert [w...] ⟨Adj.; attr. und als Artangabe⟩: *erfahren, bewandert, fachkundig; geschickt, gewitzt:* er ist ein versierter Autoschlosser, Versicherungskaufmann, Dolmetscher; er ist in Währungsfragen sehr v.; er hat sich recht v. über dieses Thema ausgelassen, verbreitet; etwas v. handhaben.

Version

Version [w...], die; der Version, die Versionen: *Art der Darstellung eines Sachverhaltes; Lesart; Auffassungsweise:* über den Hergang des Unglücks gibt es verschiedene Versionen; ich gebe Ihnen zunächst einmal die amtliche, offizielle, authentische, meine persönliche V. des Vorfalls; das ist eine neue, abweichende V.

versnobt ⟨Adj.; attr. und als Artangabe⟩ (bildungsspr., abschätzig): *überspannt und extravagant im Verhalten und in seinen Ansprüchen, das Außergewöhnliche suchend und dabei alles Herkömmliche verachtend:* ein versnobter Bursche, Kerl; ein versnobtes Leben führen; seine Ansichten sind ziemlich v.; v. aussehen; er kommt mir reichlich v. vor.

vertikal [w...] ⟨Adj.; attr. und als Artangabe; ohne Vergleichsformen⟩ (bildungsspr.): *senkrecht:* eine vertikale Linie; die Fallinie dieses Körpers ist, verläuft nicht genau v.; im Hochsommer fallen die Sonnenstrahlen fast v. auf die Erde ein.

Verve [wärwᵉ], die; der Verve ⟨ohne Mehrz.⟩ (bildungsspr., selten): *Schwung, Begeisterung:* mit V. an eine Sache herangehen; ihm fehlt einfach die richtige V.

Vestibül [w...], das; des Vestibüls, die Vestibüle (bildungsspr.): *Vorhalle, Eingangshalle:* wir trafen uns im V. des Theaters.

Veteran [w...], der; des Veteranen, die Veteranen: **a)** *altgedienter Soldat, der keinen aktiven Dienst mehr tut:* die Veteranen des ersten, zweiten Weltkriegs. **b)** /übertr./ *alter, erfahrener Routinier:* er gehört zu den Veteranen des deutschen Spielfilms; der Trainer mußte auf die bewährten Veteranen zurückgreifen.

Veterinär [w...], der; des Veterinärs, die Veterinäre: *Tierarzt:* er ist V.; sich als V. niederlassen; als V. zugelassen werden; einen V. holen.

Veto [weto], das; des Vetos, die Vetos: *Einspruch, Einspruchsrecht:* sein V. gegen etwas einlegen; von seinem V. Gebrauch machen.

vibrieren [w...], vibrierte, hat vibriert ⟨intr.⟩: *schwingen, zittern:* eine Stimmgabel vibriert; die Fensterscheiben vibrierten von der vorbeifahrenden Straßenbahn; ihre Stimme vibrierte unmerklich, sanft; es war, als ob die heiße Luft über den ausgetrockneten Feldern vibrierte.

Villa [wi...], die; der Villa, die Villen: *Landhaus, gediegenes Einfamilienhaus:* in der Oststadt stehen einige alte, moderne, herrliche, luxuriöse Villen; sie besitzt, bewohnt eine V. in Wasserburg.

violett [w...] ⟨Adj.; attr. und als Artangabe; ohne Vergleichsformen⟩: *veilchenfarbig:* diese Blume hat violette Blüten; ein violettes Halstuch; der Abendhimmel war, schimmerte fast v.; diese Blume blüht v.

viril [w...] ⟨Adj.; attr. und als Artangabe⟩: /Med./ *männlich, vermännlicht* (nur auf Mädchen oder Frauen bezogen): sie hat virile Züge; sie ist, wirkt recht v.; sie sieht v. aus.

virtuos [w...] ⟨Adj.; attr. und als Artangabe⟩ (bildungsspr.): *technisch vollendet, meisterhaft:* wir bewunderten das virtuose Spiel, die virtuose Technik des Pianisten; was die japanischen Kunstturner an fast allen Geräten zeigten, war einfach v.; der Pianist, Geiger spielte v.

Virtuose [w...], der; des Virtuosen, die Virtuosen (bildungsspr.): *ausübender Künstler (bes. Musiker), der seine Kunst in vollendeter technischer Meisterschaft beherrscht:* er ist ein [großer] V. auf dem Klavier, auf der Orgel, (übertr.:) auf dem Schachbrett.

Virus [wi...], das (alltagsspr.: der); des Virus, die Viren: /Med./ *Krankheitserreger von ultramikroskopischer Kleinheit, der nur auf lebendem Gewebe zu gedeihen vermag:* unbekannte, gefährliche, harmlose, kugelförmige, fadenförmige Viren; ein V. entdecken, übertragen, auf lebendem Gewebe züchten, abbilden, identifizieren; diese Krankheit wird durch Viren hervorgerufen. – /bildl./: der V. der Langeweile, der Angst.

Visage [wisaschᵉ], die; der Visage, die Visagen (derb, abschätzig): *Gesicht:*

er hat eine ganz dumme, blöde, komische, lächerliche V.; jmdm. in die [grinsende] V. schlagen, hauen.
Visavis [wisawí], das; des Visavis [wisawí(ß)], die Visavis [wisawíß]: *Gegenüber:* mein V. im Büro ist sehr verfroren, ist eine attraktive Blondine, ist ein Fußballfanatiker.
vis-à-vis [wisawí] ⟨Adv.⟩: *gegenüber:* ich saß v. von ihm; v. von unserem Haus steht eine alte Scheune. – ⟨auch als Präp.⟩: er saß mir direkt v.
Visier [w...], das; des Visiers, die Visiere: **1)** (hist.) *der bewegliche, das Gesicht bedeckende Teil eines [mittelalterlichen] Helms:* das V. herunterschlagen, herunterlassen, schließen, öffnen, aufklappen. – /bildl./: * mit offenem V. *(= offen und sauber)* kämpfen. **2)** *Zielvorrichtung an Handfeuerwaffen:* er hatte das Ziel, den Feind genau im V.
Vision [w...], die; der Vision, die Visionen: *Erscheinung, Traumgesicht; Zukunftstraum:* eine V., Visionen haben; die phantastische V. von einer Stadt auf dem Mars.
Visite [w...], die; der Visite, die Visiten: **a)** *turnusmäßiger Besuch der behandelnden Ärzte (nebst Schwestern) am Krankenbett (in der Klinik):* die morgendliche, tägliche V.; kleine V. *(= V. nur mit Stationsarzt, evtl. nebst einem Assistenzarzt, und Stationsschwester;* auch: *kurze, nicht sehr ausgedehnte Visite);* große V. *(= V. mit dem Chefarzt und/oder Oberarzt nebst allen Assistenzärzten und der zugehörigen Stationsschwester);* heute macht der Chefarzt selbst V.; der Stationsarzt ist, geht auf V.; der Chef ist gerade bei der V. [auf Zimmer 16]. **b)** (ugs.) *Gesamtheit der bei der Visite (a) anwesenden Ärzte und Schwestern:* die V. kommt gerade, ist schon unterwegs; wir warten auf die V.; die V. ist gerade in Zimmer 15.
visitieren [w...], visitierte, hat visitiert ⟨tr.; jmdn., etwas v.⟩ (veraltend): *jmdn., etwas durchsuchen:* wurdet ihr an der Grenze von den Zollbeamten visitiert?; seine Frau visitiert ihm jeden Tag die Taschen seines Anzugs.

Visum [wi...], das; des Visums, die Visa, auch: die Visen: *Sichtvermerk im Reisepaß, der als Ein- oder Durchreiseerlaubnis in bezug auf ein bestimmtes Land gilt:* ein V. [für Bulgarien] beantragen, bekommen, brauchen, benötigen; die meisten europäischen Länder verlangen heute kein V. mehr.
vital [w...] ⟨Adj.; attr. und als Artangabe⟩: **1)** *lebenskräftig, lebensvoll, kraftvoll; voller Energie und Tatendrang, schwungvoll:* ein vitaler Mann; er ist, wirkt trotz seiner 75 Jahre noch sehr v.; v. aussehen; die greise Pianistin spielte erstaunlich v. **2)** ⟨nur attr.⟩ (bildungsspr.): *lebenswichtig:* hier werden vitale Interessen des deutschen Volkes berührt; der Patient hatte keine Überlebenschance mehr, weil bereits vitale Teile des Organismus von Krebsmetastasen zerstört waren.
Vitalität [w...], die; der Vitalität ⟨ohne Mehrz.⟩: *[Lebens]kraft, Lebensenergie, Schwung:* er ist von einer erstaunlichen V.; wir bewunderten an dieser Pianistin immer wieder die enorme V. des Spiels.
Vitamin [w...], das; des Vitamins, die Vitamine: /Biol., Med./ *die biologischen Vorgänge im Organismus regulierender lebenswichtiger Wirkstoff, der dem Organismus mit der Nahrung zugeführt werden muß:* Vitamin A, B, C, D, B_{12}; dieses V. kommt vor allem in Hefe und Leber vor; Apfelsinen enthalten viel Vitamin C.
Vivat [wiwat], das; des Vivats, die Vivats (veraltend): *Hochruf, Lebehoch:* ein V. auf jmdn. ausbringen.
Volant [wolãŋg], der; des Volants [wolãŋgß], die Volants [wolãŋgß]: **1)** (bildungsspr., veraltend) *Lenkrad, Steuer eines Kraftwagens:* sich hinter den V. setzen; hintern, am V. sitzen. **2)** *Zierbesatz an Kleidungs- und Wäschestücken:* Volants aus Spitze, aus Batist; sie trägt gern Kleider mit breiten Volants.
volley [woli oder woléⁱ] ⟨Adv.⟩: /Sport, nur in Wendungen wie/ einen Ball v. *(= direkt, aus der Luft, ohne daß der Ball die Erde berührt)* aufnehmen,

nehmen, treten, schlagen, aufs Tor schießen.

Volontär [w...], der; des Volontärs, die Volontäre: *jmd., der sich im Rahmen seiner Ausbildung ohne ein oder nur gegen geringes Entgelt in die Praxis eines (bes. kaufmännischen) Berufs einarbeitet:* er ist, arbeitet als V. in einem Exportbetrieb; die hiesige Zeitung sucht Volontäre für die Redaktion.

volontieren [w...], volontierte, hat volontiert ⟨intr.⟩: *als Volontär tätig sein:* er volontiert in einem Verlag, bei der hiesigen Tageszeitung.

Volumen [w...], das; des Volumens, die Volumen und Volumina ⟨Mehrz. selten⟩: *Rauminhalt:* ein großes, beträchtliches, kleines, geringes, V.; dieser Zylinder, diese Kugel hat ein V. von 8 m³; das V. eines Körpers ermitteln, berechnen, messen; das V. dieser Gasflasche ändert sich.

votieren [w...], votierte, hat votiert ⟨intr.; für, gegen etwas, jmdn. v.⟩ (bildungsspr., selten): *seine Stimme für oder gegen etwas bzw. jmdn. abgeben, sich für oder gegen etwas bzw. jmdn. entscheiden:* die Mehrheit der Stimmberechtigten votierte für die Abschaffung der Todesstrafe, für den neuen Kandidaten, gegen die Gesetzesvorlage, gegen den Präsidenten.

Votum [wo...], das; des Votums, die Voten älter auch: die Vota (bildungsspr.): *Urteil, Stimmabgabe, Stimme; [Volks]entscheid:* diese Abstimmung war ein eindeutiges V. für die bisherige Politik der neuen Regierung, gegen die Todesstrafe, gegen die Rechtsradikalen.

vulgär [w...] ⟨Adj.; attr. und als Artangabe⟩ (bildungsspr.): *gewöhnlich, niedrig, gemein, ordinär:* ein vulgäres Wort; eine vulgäre Person; sie hat einen sehr vulgären Gesichtsausdruck; sie ist ziemlich v.; die Sprache dieses Romans ist ziemlich v.; sie sieht v. aus; v. reden; sich v. benehmen.

Vulkan [w...], der; des Vulkans, die Vulkane: *feuerspeiender Berg:* ein tätiger, untätiger, erloschener, unterirdischer V.; ein V. bricht aus. − /bildl. und in Vergleichen/: [wie] auf einem V. leben (= *sich in höchst gefährdeter Lage befinden*); sein Verhalten ist ein Tanz auf einem V. (= *ist ein leichtfertiges und herausforderndes Spiel mit der Gefahr*); sie ist in ihrer Liebe wie ein V. (= *explosiv, feurig, unberechenbar*).

W

Waggon [*wagong* und *wagong*], der; des Waggons, die Waggons: **a)** *Eisenbahnwagen, Güterwagen:* ein Güterzug mit 30 Waggons; wir saßen im vordersten W.; das Vieh wurde auf Waggons verladen. **b)** /Mengenangabe/ *Ladung, Inhalt eines Güterwagens:* 20 Waggon[s] Zuckerrüben.

wattieren, wattierte, hat wattiert ⟨tr., etwas w.; häufig im zweiten Partizip⟩: *etwas mit Watte oder anderem weichen Material füttern, auspolstern:* die Schultern eines Anzugs w.; dieser Mantel ist mit Kamelhaar wattiert; wattierte Schultern; sie trägt einen Büstenhalter mit wattierten Schalen.

Weekend [*wikänt*], das; des Weekends, die Weekends (geh.): *Wochenende:* wir haben ein bezauberndes W. in den Bergen verlebt, verbracht; wir wollen das verlängerte W. für einen Kurzurlaub am Bodensee benutzen.

Western, der; des Western[s], die Western (bildungsspr.): *Wildwestfilm:* dieser Film mit Gary Cooper gehört zu den klassischen W.; John Ford hat einige sehr spannende, knallharte (ugs.) Western geschaffen, gedreht; in einem W. mitspielen.

Whisky [*wißki*], der; des Whiskys, die Whiskys: *(bes. in den angelsächsischen Ländern und in Kanada) auf Ge-*

treidebasis hergestellter Trinkbranntwein mit charakteristischem Rauchgeschmack: schottischer, kanadischer, amerikanischer, deutscher, alter, gut abgelagerter W.; eine Flasche W.; ein Glas W. [mit] Soda *(= mit Sprudel),* on the rocks *(= mit Eiswürfeln);* ich habe drei W. getrunken.

Wodka, der; des Wodkas, die Wodkas: *aus Kartoffelmaischen oder Korn destillierter, weicher, reiner, hochprozentiger Trinkbranntwein:* das ist original-russischer, polnischer W.; ich habe einige Gläser W., einige W. getrunken.

Z

Zäsur, die; der Zäsur, die Zäsuren (bildungsspr.): *[gedanklicher] Einschnitt; Pause:* eine Z. in der [geistigen, politischen, wirtschaftlichen] Entwicklung; hier ist, liegt eine deutliche, starke Z. im Text; an dieser Stelle wollen wir eine [kleine] Z. in der Diskussion machen.

zelebrieren, zelebrierte, hat zelebriert ⟨tr., etwas z.⟩: **1)** /kath. Rel./ *eine Messe abhalten:* der Bischof zelebrierte das Hochamt, ein Pontifikalamt. **2)** /übertr./ (bildungsspr., ironisch oder scherzh.) *etwas mit übertriebener Inbrunst und Feierlichkeit tun:* ein Mittagessen, eine Ansprache z.; genüßlich zelebrierte er den an ihm verschuldeten Strafstoß.

zementieren, zementierte, hat zementiert ⟨tr., etwas z.⟩: **a)** *etwas mit Zement ausfüllen, verkitten, verputzen, verfestigen:* eine Mauer, eine Wand z.; wir haben unseren Hof, den Fußboden der Garage z. lassen. **b)** /übertr./ (bildungsspr.): *dazu beitragen, daß etwas starr und unverrückbar wird, etwas endgültig machen:* man wirft den Russen vor, daß sie die deutsche Teilung z. wollen.

Zenit, der; des Zenit[e]s ⟨ohne Mehrz.⟩: **1)** /Astron./ *senkrecht über dem Beobachtungspunkt gedachter höchster Punkt des Himmelsgewölbes:* die Sonne steht genau im Z.; die Sonne erreicht den Z. um die Mittagszeit. **2)** /übertr./ (bildungsspr.) *Gipfelpunkt, Scheitelpunkt:* den Z. des Lebens erreichen, überschreiten; er wurde aus dem Z. seines künstlerischen Schaffens fortgerissen; im Z. des Ruhms.

zensieren, zensierte, hat zensiert ⟨tr., etwas z.⟩: *etwas prüfen:* **a)** *eine Arbeit, Leistung bewertend beurteilen:* der Lehrer hat die Klassenarbeit noch nicht zensiert; er hat meinen Aufsatz mit „gut", „befriedigend" zensiert. – ⟨auch intr.⟩: er zensiert streng, mild. **b)** *ein Geistesprodukt im Hinblick auf unerlaubte oder unsittliche Inhalte kritisch prüfen:* die Tageszeitungen werden in diesem Lande scharf zensiert; die freiwillige Filmselbstkontrolle hat den Film zensiert und freigegeben.

Zensur, die; der Zensur, die Zensuren: **1)** ⟨meist Mehrz.⟩: *Beurteilungs-, Bewertungsnote* (bes. auf die Leistungen von Schülern und anderen Auszubildenden bezogen): unser Mathematiklehrer gibt strenge, milde Zensuren; er hat gute, schlechte Zensuren in Geschichte und Physik [bekommen]; manche Preisrichter verteilen ihre Zensuren für den sportlichen Wert einer Eislaufkür ziemlich willkürlich. **2)** ⟨Mehrz. ungew.⟩: **a)** *behördliche Prüfung von Druckschriften und anderen geistigen Produkten (in Wort und Bild), die für die Veröffentlichung bestimmt sind:* bei uns gibt es keine Z. der Presse; der Film ist anstandslos durch die Zensur gegangen. **b)** *Behörde oder sonstiges Gremium, das für die Prüfung von Druckschriften und anderen geistigen Produkten (in Wort und Bild), die zur Veröffentlichung bestimmt sind,*

zentral

zuständig ist: die Z. hat den Film gebilligt, nicht freigegeben; dieser Artikel hat der Z. nicht vorgelegen.

zentral ⟨Adj.; attr. und als Artangabe⟩: **a)** *im Zentrum [liegend], vom Zentrum ausgehend, nach allen Seiten hin günstig gelegen:* die zentrale Lage des Hauptbahnhofs; die Lage meiner Wohnung ist nicht z. genug; unsere Unterkunft liegt ziemlich z. in der Stadtmitte. **b)** *von einer [übergeordneten] Stelle aus [erfolgend]:* die zentrale Leitung mehrerer Unternehmen; die einzelnen Geschäftsstellen werden z. von München aus verwaltet. **c)** ⟨gew. nur attr.⟩: *sehr wichtig, sehr bedeutend, hauptsächlich, entscheidend, Haupt...:* ein zentrales Problem, Anliegen; diese Sache ist von zentraler Bedeutung.

Zentrale, die; der Zentrale, die Zentralen: *zentrale Stelle, von der aus etwas organisiert oder geleitet wird; Hauptstelle, Hauptort, Hauptschaltstelle:* er kommt gerade aus der Z. seiner Partei in der Nassestraße; das Gehirn ist die Z. für das Nervensystem; Telephongespräche, die nach draußen gehen, laufen über die Z. (= *Telephonzentrale*).

zentralisieren, zentralisierte, hat zentralisiert ⟨tr., etwas z.⟩ (bildungsspr.): *mehrere Dinge organisatorisch so zusammenfassen, daß sie von einer zentralen Stelle aus gemeinsam verwaltet und geleitet werden können:* wir müssen die einzelnen Bundesbehörden noch stärker als bisher z.

Zentrum, das; des Zentrums, die Zentren: *Mittelpunkt:* **a)** /konkret/ das Schauspielhaus liegt im Z. der Stadt; das Z. des Erdbebens lag in der Schwäbischen Alb; unsere Maschine flog durch das Z. des Wirbelsturms. **b)** /übertr./ diese Stadt ist das kulturelle Z. des Landes; Amsterdam ist das internationale Z. des Diamantenhandels; diese Gruppe war, bildete das Z. des Widerstandes; etwas steht im Z. des Interesses.

Zerberus, der; des Zerberus, die Zerberusse (scherzh.): *grimmiger Wächter, bes.: Torhüter (im Fußball,* *Handball u. dgl.):* die alte Portiersfrau ist ein wahrer Z.; die Mannschaft kann sich bei ihrem Z. im Tor bedanken, daß sie das Unentschieden über die Zeit retten konnte.

Zeremonie [auch: ...*onie*], die; der Zeremonie, die Zeremonien, auch: die Zeremonien [...*onien*]: *[traditionsgemäß begangene] feierliche Handlung:* die Z. der Trauung, der Bestattung, der Preisverleihung, des Pfeifeeinrauchens; an einer Z. festhalten.

Zeremoniell, das; des Zeremoniells, die Zeremonielle ⟨Mehrz. selten⟩: *Gesamtheit der Regeln und Verhaltensweisen, die zu bestimmten feierlichen Handlungen im gesellschaftlichen Verkehr notwendig gehören:* das höfische Z.; das Z. bei Hofe; er wurde mit militärischem Z. zu Grabe getragen.

Zertifikat, das; des Zertifikat[e]s, die Zertifikate: **1)** (bildungsspr., selten) *[amtliche] Bescheinigung; Zeugnis:* er muß ein Z. über eine amtsärztliche Untersuchung haben; ich habe noch kein Z. über meine Tätigkeit bekommen. **2)** /Wirtsch./ *Anteilschein an einem Wertpapier:* handelbare, sehr gesuchte Zertifikate; Zertifikate auf einen Aktienfonds ausgeben, verteilen; Zertifikate [des Rentenfonds] kaufen, erwerben, besitzen, verkaufen.

Zigarette, die; der Zigarette, die Zigaretten: *zum Rauchen bestimmtes, mit feingeschnittenem Tabak gefülltes Feinpapierröllchen:* ein Päckchen Zigaretten; eine leichte, milde, schwere Z.; eine Z. mit Filter, mit Mundstück; eine Z. rauchen; sich eine Z. anstecken; sich eine Z. selbst drehen; diese Z. schmeckt gut, enthält nur wenig Nikotin.

Zigarre, die; der Zigarre, die Zigarren: **1)** *zum Rauchen bestimmtes Genußmittel aus walzenförmig gewickelten und mit einem Deckblatt umhüllten Tabakblättern:* eine leichte, milde, schwere, starke, schwarze Z.; eine Z. anschneiden, rauchen; sich eine Z. anstecken; er hatte eine dicke Z. im

Mund; diese Z. brennt [un]gleichmäßig; ich habe ihm ein Kistchen Zigarren geschenkt. **2)** (ugs.) *Ermahnung, Rüffel, Verweis:* er hat von seinem Chef eine [mächtige] Z. bekommen; sich eine Z. einhandeln; jmdm. eine Z. verpassen.

zirka, auch circa [*zirka*] ⟨Adv.⟩: *ungefähr, etwa* (Abk.: ca.): er dürfte ca. 40 Jahre alt sein; unser Betrieb hat ca. 200 Angestellte.

Zirkulation, die; der Zirkulation, die Zirkulationen: *der Kreislauf, das Umlaufen:* die Z. des Blutes in den Adern, im Körper; die Z. des heißen Wassers in einem Heizungssystem; die Z. der Luft verbessern; die Z. des Geldes; die Z. ist gestört, stockt.

zirkulieren, zirkulierte, hat/ist zirkuliert ⟨intr.⟩: *kreisen, umlaufen:* das Blut zirkuliert in den Adern, im Körper; die Kühlflüssigkeit zirkuliert im Kühlsystem des Kraftfahrzeugmotors; in der Bundesrepublik zirkuliert Falschgeld.

Zirkus, der; des Zirkus, die Zirkusse: **1)** *im allgemeinen nicht ortsfestes Unternehmen, das in einem großen Zelt oder entsprechenden Gebäude mit Manege ein buntes artistisches Programm mit Tierdressuren, akrobatischen Nummern u. dgl. vorführt:* Z. Krone, Barley, Althoff, Busch; einen Z. besitzen, leiten; als Artist zum Z. gehen; in den Z. gehen (als Besucher); im Z. auftreten. **2)** ⟨ohne Mehrz.⟩ (ugs.): *Lärm, Trubel; Getue, Wirbel:* mach doch nicht so einen Z.!; ich kann diesen Z. nicht mehr hören.

Zitat, das; des Zitat[e]s, die Zitate: *[wörtlich angeführte] Stelle aus einem geschriebenen oder gesprochenen Text (bes. aus einem Druckwerk):* ein genaues, ungenaues, falsches, wörtliches Z.; er berief sich auf ein Z. aus der Rede des Bundeskanzlers; ein Z. aus einer wissenschaftlichen Arbeit, aus einem Roman, von Herbert Wehner; ein Z. bringen; ein bekanntes Z. (= *geflügeltes Wort*) von Goethe, Schiller, aus Goethes Faust; (ugs.:) mit Zitaten (= *geflügelten Worten*) um sich werfen.

zitieren, zitierte, hat zitiert ⟨tr.⟩: **1)** ⟨etwas, jmdn. z.⟩: *eine Stelle aus einem geschriebenen oder gesprochenen Text [wörtlich] anführen:* wörtlich, richtig, falsch, ungenau, dem Sinn nach z.; ich zitiere aus der Rede des Bundeskanzlers vom 16. März; (mit Objektvertauschung:) ich zitiere den Bundeskanzler [in seiner Rede vom 16. März]; einen Dichter, einen Schriftsteller (= *aus den Werken eines Dichters, Schriftstellers*) z. **2)** ⟨intr.; z. + Präpositionalobjekt⟩: *jmdn. vorladen; jmdn. zu sich kommen lassen, um ihn für etwas zur Rechenschaft zu ziehen:* er wurde vor Gericht, vor den Untersuchungsausschuß, zum Chef zitiert.

zivil [*ziwil*] ⟨Adj. attr. und als Artangabe; ohne Vergleichsformen⟩: **1)** ⟨gew. nur attr.⟩: *bürgerlich* (im Ggs. zu militärisch oder amtlich): zivile Kleidung; er ist im zivilen Leben, Beruf Rechtsanwalt; die zivile Luftfahrt. **2)** *gesittet, anständig, annehmbar:* ein ziviler Chef; zivile Bestimmungen, Bedingungen; die Arbeitsbedingungen hier sind recht z., könnten etwas ziviler sein; der Pensionspreis ist durchaus z.; er behandelte uns sehr z.

Zivil [*ziwil*], das; des Zivils ⟨ohne Mehrz.⟩: *bürgerliche Kleidung* (im Ggs. zur Uniform): Z. tragen, anlegen, anziehen; in Z. sein, ausgehen.

Zivilisation [*ziw...*], die; der Zivilisation ⟨ohne Mehrz.⟩ (bildungsspr.): *die Gesamtheit der durch den wissenschaftlichen und technischen Fortschritt geschaffenen verbesserten Lebensbedingungen:* die europäische Kultur und Z.; dieses Land hat eine niedrige, hohe Z.; manche Krankheiten werden durch die fortschreitende Z. gefördert.

zivilisiert [*ziw...*] ⟨Adj.; attr. und als Artangabe⟩ (bildungsspr.): *gesittet, Kultur habend oder zeigend:* ein zivilisierter Mensch; sein Benehmen ist äußerst z.; sich z. benehmen, betragen, aufführen.

Zivilist [*ziw...*], der; des Zivilisten, die Zivilisten: *jeder, der keine militäri-*

Zölibat

sche Uniform trägt, Bürger: bei diesem Bombenangriff kamen zahlreiche Zivilisten ums Leben.

Zölibat, das (seltener, aber bes. fachspr.: der); des Zölibat[e]s ⟨ohne Mehrz.⟩: /Rel./ *pflichtmäßige Ehelosigkeit und Keuschheit aus religiösen Gründen (bes. bei kath. Geistlichen):* im Z. leben; das Z. ist neuerdings sehr umstritten; es gibt zahlreiche katholische Priester, die den Z. abschaffen wollen; gegen das Z. verstoßen.

Zoo [zo], der; des Zoos, die Zoos: /Kurzwort/ *zoologischer Garten:* wir haben am Sonntag den Frankfurter Z. besucht; wir waren im Z.; dieser Schimpanse ist im Z. geboren.

Zoologe [zo-o...], der; des Zoologen, die Zoologen: *Wissenschaftler, Forscher, Lehrer oder Student auf dem Gebiet der Zoologie:* ein deutscher, bedeutender Z.; er ist Z., will Z. werden.

Zoologie [zo-o...], die; der Zoologie ⟨ohne Mehrz.⟩: *Lehre und Wissenschaft von den Tieren, Tierkunde (Zweig der Biologie):* Z. studieren, lehren.

zyklisch [zü...] ⟨Adj.; attr. und als Artangabe; ohne Vergleichsformen⟩ (bildungsspr.): *zu einem Zyklus gehörend; in regelmäßiger Folge [wiederkehrend]; kreisläufig:* ein zyklischer Wechsel; die zyklische Vertauschung der einzelnen Glieder einer Menge (= *jedes wird mit dem folgenden vertauscht);* der Ablauf des Lebens ist nicht unbedingt streng z.; z. wechseln; sich z. ändern; z. angeordnet sein; z. wiederkehren.

Zyklus [zü...], der; des Zyklus, die Zyklen (bildungsspr.): *periodisch ablaufendes Geschehen, Kreislauf regelmäßig wiederkehrender Dinge oder Ereignisse:* der Z. des Lebens, des Jahres, der Jahreszeiten; der weibliche Z. (= *die monatlichen Regelblutungen der Frau und die zwischen ihnen liegenden Intervalle);* sie hat einen normalen, regelmäßigen, unregelmäßigen Z., einen Z. von 28 Tagen; ein Z. (= *festgelegte Folge)* von Liedern, Gedichten, musikalischen Aufführungen.

zylindrisch [zi...] ⟨Adj.; attr. und als Artangabe; ohne Vergleichsformen⟩: *walzenförmig:* ein zylindrisches Gefäß; die Vase ist z. [geformt].

Zyniker [zü...], der; des Zynikers, die Zyniker: *zynischer Mensch:* er ist ein [großer] Z.

zynisch [zü...] ⟨Adj.; attr. und als Artangabe⟩: *verletzend – spöttisch, bissig, schamlos – verletzend:* ein zynischer Mensch; eine zynische Bemerkung, Antwort, Frage; sein Lachen war, klang sehr z.; z. lachen, antworten.

Zynismus [zü...], der; des Zynismus, die Zynismen (bildungsspr.): **a)** ⟨ohne Mehrz.⟩: *zynische Haltung, Einstellung, zynisches Wesen:* ich finde seinen Z. unerträglich; er ist bekannt für seinen überheblichen Z. **b)** *zynische Äußerung, Bemerkung:* seine ständigen Zynismen wirken verletzend.